# 에너지관리기사
## 필기 과년도 출제문제

마용화 편저

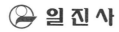 일 진 사

# 머리말

    에너지관리기사는 가정의 연료에서부터 산업용에 이르기까지 그 용도가 다양한 열에너지의 사용처에 있어서 연료 및 이를 열원으로 하는 연료 사용 기구의 품질을 향상시킴으로써 연료 자원의 보전과 기업의 합리화에 기여할 인력을 양성하기 위해 제정된 자격증이다. 최근 들어 에너지의 효율적 이용과 절약에 대한 필요성이 증대됨에 따라 에너지관리기사에 대한 수요는 앞으로도 계속 증가할 전망이다.

    이러한 흐름에 맞추어 필자는 수십여 년간의 현장과 강단에서의 경험을 바탕으로 에너지관리기사 필기시험을 준비하는 수험생들의 실력 배양 및 합격에 도움이 되고자 이 책을 출판하게 되었으며, 새롭게 개정된 출제기준을 적용하여 다음과 같은 특징으로 구성하였다.

    **첫째,** 새로운 출제기준에 따라 반드시 알아야 하는 중요 이론을 과목별로 일목요연하게 요약한 「핵심정리」를 수록하였다.
    **둘째,** 과년도 출제문제를 철저히 분석하여 과목별로 분류하였으며, 각 문제마다 상세한 해설을 달아줌으로써 문제 풀이 능력을 향상시킬 수 있도록 하였다.
    **셋째,** CBT 실전문제를 수록하여 줌으로써 자신의 실력을 점검하고 출제 경향을 파악하여 실전에 충분히 대비할 수 있도록 하였다.

    끝으로 이 책으로 에너지관리기사 필기시험을 준비하는 수험생 여러분께 합격의 영광이 함께 하길 바라며, 이 책이 나오기까지 여러모로 도와주신 모든 분들과 도서출판 **일진사** 직원 여러분께 깊은 감사를 드린다.

저자 씀

# 에너지관리기사 출제기준(필기)

| 직무<br>분야 | 환경 · 에너지 | 자격<br>종목 | 에너지관리기사 | 적용<br>기간 | 2024.1.1~2027.12.31 |
|---|---|---|---|---|---|

○ 직무내용 : 각종 산업, 건물 등에 생산공정이나 냉·난방을 위한 열을 공급하기 위하여 보일러 등 열사용 기자재의 설계, 제작, 설치, 시공, 감독을 하고 보일러 및 관련 장비를 안전하고 효율적으로 운전할 수 있도록 지도, 점검, 진단, 보수 등의 업무를 수행하는 직무이다.

| 필기검정방법 | 객관식 | 문제 수 | 100 | 시험시간 | 2시간 30분 |
|---|---|---|---|---|---|

| 필기과목명 | 문제 수 | 주요항목 | 세부항목 | 세세항목 |
|---|---|---|---|---|
| 연소공학 | 20 | 1. 연소이론 | 1. 연소기초 | 1. 연소의 정의<br>2. 연료의 종류 및 특성<br>3. 연소의 종류와 상태<br>4. 연소 속도 등 |
| | | | 2. 연소계산 | 1. 연소현상 이론<br>2. 이론 및 실제 공기량, 배기가스량<br>3. 공기비 및 완전연소 조건<br>4. 발열량 및 연소효율<br>5. 화염온도<br>6. 화염전파이론 등 |
| | | 2. 연소설비 | 1. 연소장치의 개요 | 1. 연료별 연소장치<br>2. 연소 방법<br>3. 연소기의 부품<br>4. 연료 저장 및 공급장치 |
| | | | 2. 연소장치 설계 | 1. 고부하 연소기술<br>2. 저공해 연소기술<br>3. 연소부하산출 |
| | | | 3. 통풍장치 | 1. 통풍방법<br>2. 통풍장치<br>3. 송풍기의 종류 및 특징 |
| | | | 4. 대기오염방지<br>장치 | 1. 대기오염 물질의 종류<br>2. 대기오염 물질의 농도 측정<br>3. 대기오염방지장치의 종류 및 특징 |
| | | 3. 연소안전 및<br>안전장치 | 1. 연소안전장치 | 1. 점화장치<br>2. 화염검출장치<br>3. 연소제어장치<br>3. 연료차단장치<br>4. 경보장치 |

| 필기과목명 | 문제 수 | 주요항목 | 세부항목 | 세세항목 |
|---|---|---|---|---|
| | | | 2. 연료누설 | 1. 외부누설<br>2. 내부누설 |
| | | | 3. 화재 및 폭발 | 1. 화재 및 폭발 이론<br>2. 가스폭발<br>3. 유증기폭발<br>4. 분진폭발<br>5. 자연발화 |
| 열역학 | 20 | 1. 열역학의 기초사항 | 1. 열역학적 상태량 | 1. 온도<br>2. 비체적, 비중량, 밀도<br>3. 압력 |
| | | | 2. 일 및 열에너지 | 1. 일<br>2. 열에너지<br>3. 동력 |
| | | 2. 열역학 법칙 | 1. 열역학 제1법칙 | 1. 내부에너지<br>2. 엔탈피<br>3. 에너지식 |
| | | | 2. 열역학 제2법칙 | 1. 엔트로피<br>2. 유효에너지와 무효에너지 |
| | | 3. 이상기체 및 관련 사이클 | 1. 기체의 상태변화 | 1. 정압 및 정적 변화<br>2. 등온 및 단열변화<br>3. 폴리트로픽 변화 |
| | | | 2. 기체동력기관의 기본 사이클 | 1. 기체사이클의 특성<br>2. 기체사이클의 비교 |
| | | 4. 증기 및 증기 동력사이클 | 1. 증기의 성질 | 1. 증기의 열적상태량<br>2. 증기의 상태변화 |
| | | | 2. 증기 동력사이클 | 1. 증기 동력사이클의 종류<br>2. 증기 동력사이클의 특성 및 비교<br>3. 열효율, 증기소비율, 열소비율<br>4. 증기표와 증기선도 |
| | | 5. 냉동사이클 | 1. 냉매 | 1. 냉매의 종류<br>2. 냉매의 열역학적 특성 |
| | | | 2. 냉동사이클 | 1. 냉동사이클의 종류<br>2. 냉동사이클의 특성<br>3. 냉동능력, 냉동률, 성능계수(COP)<br>4. 습공기선도 |

| 필기과목명 | 문제 수 | 주요항목 | 세부항목 | 세세항목 |
|---|---|---|---|---|
| 계측방법 | 20 | 1. 계측의 원리 | 1. 단위계와 표준 | 1. 단위 및 단위계<br>2. SI 기본단위<br>3. 차원 및 차원식 |
| | | | 2. 측정의 종류와 방식 | 1. 측정의 종류<br>2. 측정의 방식과 특성 |
| | | | 3. 측정의 오차 | 1. 오차의 종류<br>2. 측정의 정도(精度) |
| | | 2. 계측계의 구성 및 제어 | 1. 계측계의 구성 | 1. 계측계의 구성 요소<br>2. 계측의 변환 |
| | | | 2. 측정의 제어회로 및 장치 | 1. 자동제어의 종류 및 특성<br>2. 제어동작의 특성<br>3. 보일러의 자동제어 |
| | | 3. 유체 측정 | 1. 압력 | 1. 압력 측정방법<br>2. 압력계의 종류 및 특징 |
| | | | 2. 유량 | 1. 유량 측정방법<br>2. 유량계의 종류 및 특징 |
| | | | 3. 액면 | 1. 액면 측정방법<br>2. 액면계의 종류 및 특징 |
| | | | 4. 가스 | 1. 가스의 분석 방법<br>2. 가스분석계의 종류 및 특징 |
| | | 4. 열 측정 | 1. 온도 | 1. 온도 측정방법<br>2. 온도계의 종류 및 특징 |
| | | | 2. 열량 | 1. 열량 측정방법<br>2. 열량계의 종류 및 특징 |
| | | | 3. 습도 | 1. 습도 측정방법<br>2. 습도계의 종류 및 특징 |

| 필기과목명 | 문제 수 | 주요항목 | 세부항목 | 세세항목 |
|---|---|---|---|---|
| 열설비재료 및 관계법규 | 20 | 1. 요로 | 1. 요로의 개요 | 1. 요로의 정의<br>2. 요로의 분류<br>3. 요로일반 |
| | | | 2. 요로의 종류 및 특징 | 1. 철강용로의 구조 및 특징<br>2. 제강로의 구조 및 특징<br>3. 주물용해로의 구조 및 특징<br>4. 금속가열열처리로의 구조 및 특징<br>5. 축요의 구조 및 특징 |
| | | 2. 내화물, 단열재, 보온재 | 1. 내화물 | 1. 내화물의 일반<br>2. 내화물의 종류 및 특성 |
| | | | 2. 단열재 | 1. 단열재의 일반<br>2. 단열재의 종류 및 특성 |
| | | | 3. 보온재 | 1. 보온(냉)재의 일반<br>2. 보온(냉)재의 종류 및 특성 |
| | | 3. 배관 및 밸브 | 1. 배관 | 1. 배관자재 및 용도<br>2. 신축이음<br>3. 관 지지장치<br>4. 패킹 |
| | | | 2. 밸브 | 1. 밸브의 종류 및 용도 |
| | | 4. 에너지 관계법규 | 1. 에너지이용 및 신재생에너지 관련 법령에 관한 사항 | 1. 에너지법, 시행령, 시행규칙<br>2. 에너지이용 합리화법, 시행령, 시행규칙<br>3. 신에너지 및 재생에너지 개발·이용·보급 촉진법, 시행령, 시행규칙<br>4. 기계설비법, 시행령, 시행규칙 |

| 필기과목명 | 문제 수 | 주요항목 | 세부항목 | 세세항목 |
|---|---|---|---|---|
| 열설비설계 | 20 | 1. 열설비 | 1. 열설비 일반 | 1. 보일러의 종류 및 특징<br>2. 보일러 부속장치의 역할 및 종류<br>3. 열교환기의 종류 및 특징<br>4. 기타 열사용 기자재의 종류 및 특징 |
| | | | 2. 열설비설계 | 1. 열사용 기자재의 용량<br>2. 열설비<br>3. 관의 설계 및 규정<br>4. 용접 설계 |
| | | | 3. 열전달 | 1. 열전달 이론<br>2. 열관류율<br>3. 열교환기의 전열량 |
| | | | 4. 열정산 | 1. 입열, 출열<br>2. 손실열<br>3. 열효율 |
| | | 2. 수질관리 | 1. 급수의 성질 | 1. 수질의 기준<br>2. 불순물의 형태<br>3. 불순물에 의한 장애 |
| | | | 2. 급수 처리 | 1. 보일러 외처리법<br>2. 보일러 내처리법<br>3. 보일러수의 분출 및 배출기준 |
| | | 3. 안전관리 | 1. 보일러 정비 | 1. 보일러의 분해 및 정비<br>2. 보일러의 보존 |
| | | | 2. 사고 예방 및 진단 | 1. 보일러 및 압력용기 사고원인 및 대책<br>2. 보일러 및 압력용기 취급 요령 |

# 차 례

## Part 2    과목별 과년도 출제문제

## Part 3    CBT 실전문제

# 핵심정리

## 1과목 ▶ 연소공학

### 1-1 ⋯○ 연소 방법

① 연소의 3요소 : 가연물질, 산소 공급원, 점화원

② 완전 연소 : $C_m H_n + \left(m + \dfrac{n}{4}\right) O_2 \rightarrow m CO_2 + \dfrac{n}{2} H_2O$

③ 불완전 연소 : $C_m H_n + \left(m + \dfrac{n}{4}\right) O_2 \rightarrow m CO + \dfrac{m}{2} O_2 + \dfrac{n}{2} H_2O$

### 1-2 ⋯○ 연소 형태

① 고체연료
  • 표면연소 : 화염을 발생하지 않고 산화 반응하며 연소
      예 코크스, 목탄
  • 분해연소 : 불꽃을 발생하면서 연소
      예 석탄, 목재
  • 증발연소 : 연소 시 분해 과정 없이 증발하여 연소
      예 황

② 액체연료
  • 증발연소 : 액체 표면에서 증발한 가연성 증기에 의한 연소
      예 석유, 휘발유
  • 무화연소 : 연료의 표면적을 넓게 하여 연소 효율 증대
      예 중유

③ 기체연료
  • 확산연소 : 화염 주변으로 확산되어 연소
      예 수소
  • 혼합연소 : 가연성 가스와 공기의 혼합
      예 LPG, LNG
  • 예혼합연소 : 연소 전에 미리 공기와 기체연료를 혼합하는 방식

## 1-3 ┄o 고체연료의 특징

① 고정탄소(%) = 100−[수분(%) + 회분(%) + 휘발분(%)]

※ 회분 : 800℃ 정도에서 연소시켜 재로 변하게 되는 것으로 통풍에 저항을 일으키고 보일러 내벽에 부착되어 장치 부식을 촉진시키며 연소실 온도 저하로 효율이 감소한다.

② C/H(탄수소비) : 연료 분석으로 얻은 탄소와 수소의 중량비이며 연료 가치 판단에 사용된다.

> **참고** C/H비 증가에 따른 현상
> • 연소 시 그을음이 많이 발생한다.
> • 수소 원자의 감소로 인하여 발열량이 감소한다.
> • 착화온도가 높아진다.

## 1-4 ┄o 연소 계산

> • 고위발열량 : 수증기의 증발열을 포함한 발열량
> • 저위발열량 : 수증기의 증발열을 제외한 발열량
> • 저위발열량($H_L$) = 고위발열량($H_h$) − 600(9H+W)

① 고체, 액체연료의 고위발열량

$$고위발열량(H_h) = 34C + 144\left(H - \frac{O}{8}\right) + 10.5S[MJ/kg]$$

② 기체연료의 고위발열량

$$고위발열량(H_h) = 13H_2 + 13CO + 40CH_4 + 59C_2H_2 + 64C_2H_4 + \cdots [MJ/Nm^3]$$

③ 이론공기량

• 체적 기준 이론공기량($A_o$) = $\dfrac{이론산소량}{0.21}$

• 중량 기준 이론공기량($A_o$) = $\dfrac{이론산소량}{0.232}$

④ 고체, 액체연료의 이론공기량

- 체적 기준 이론공기량$(A_o) = 8.89\mathrm{C} + 26.67\left(\mathrm{H} - \dfrac{\mathrm{O}}{8}\right) + 3.33\mathrm{S}\,[\mathrm{Nm^3/kg}]$

- 중량 기준 이론공기량$(A_o) = 11.49\mathrm{C} + 34.5\left(\mathrm{H} - \dfrac{\mathrm{O}}{8}\right) + 4.3\mathrm{S}\,[\mathrm{kg/kg}]$

⑤ 기체연료의 이론공기량

이론공기량$(A_o) = 2.38\mathrm{H_2} + 2.38\mathrm{CO} + 9.52\mathrm{CH_4} + 14.3\mathrm{C_2H_4} - 4.8\mathrm{O_2}\,[\mathrm{Nm^3/Nm^3}]$

⑥ 공기비

- 공기비$(m) = \dfrac{\text{실제공기량}(A)}{\text{이론공기량}(A_o)} = \dfrac{21}{21 - \mathrm{O_2}} = \dfrac{(\mathrm{CO_2})_{\max}}{\mathrm{CO_2}}$

- 실제공기량$(A) = $ 이론공기량$(A_o) + $ 과잉공기

- 과잉공기비 $= \dfrac{A - A_o}{A_o} = \dfrac{A}{A_o} - 1 = m - 1$

- 불완전 연소 시 공기비$(m) = \dfrac{\mathrm{N_2}}{\mathrm{N_2} - 3.76(\mathrm{O_2} - 0.5\mathrm{CO})}$

  여기서, $\mathrm{N_2} = 100 - (\mathrm{CO_2} + \mathrm{O_2} + \mathrm{CO})$

⑦ 통풍력$(Z)[\mathrm{mmH_2O}]$

$$Z = 273H\left[\dfrac{\gamma_a}{273 + t_a} - \dfrac{\gamma_g}{273 + t_g}\right] = 355H\left[\dfrac{1}{273 + t_a} - \dfrac{1}{273 + t_g}\right]$$

  여기서, $H$ : 굴뚝의 높이(m)

  $\gamma_a$, $t_a$ : 공기의 비중량$(\mathrm{kg/m^3})$, 온도($\mathrm{℃}$)

  $\gamma_g$, $t_g$ : 배기가스의 비중량$(\mathrm{kg/m^3})$, 온도($\mathrm{℃}$)

⑧ 연돌 배출가스의 대수 평균 온도차$(MTD)$

$$MTD = \dfrac{t_1 - t_2}{\ln\dfrac{t_1}{t_2}}$$

  여기서, $t_1$ : 입구온도($\mathrm{℃}$), $t_2$ : 출구온도($\mathrm{℃}$)

⑨ 연돌의 상부 단면적 $F\,[\mathrm{m^2}]$

$$F = \dfrac{G(1 + 0.0037t)}{3600\,W}$$

  여기서, $G$ : 전 연소 가스량$(\mathrm{Nm^3/h})$

  $W$ : 유속(m/s)

  $t$ : 온도($\mathrm{℃}$)

---

**1-5** ─o **화재 및 폭발**

---

① 안전간격 : 8 L의 구형 용기 안에 폭발성 혼합 가스를 채우고 점화시켜 외부로 화염 전달 여부를 측정하는 시험에서 화염이 전달되지 않는 한계의 틈

② 폭발등급에 따른 안전간격

| 폭발등급 | 안전간격 | 해당물질 |
|---|---|---|
| 1등급 | 0.6 mm 초과 | 메탄, 에탄, 프로판, 일산화탄소, 부탄 등 |
| 2등급 | 0.4 mm 이상 0.6 mm 이하 | 에틸렌, 석탄가스 |
| 3등급 | 0.4 mm 미만 | 아세틸렌, 이황화탄소, 수소, 수성가스 |

③ 위험도$(H) = \dfrac{U-L}{L}$

　　여기서, $U$ : 폭발 상한계, $L$ : 폭발 하한계

④ 폭발범위

- 아세틸렌 : 2.5~81 %
- 수소 : 4~75 %
- 일산화탄소 : 12.5~74 %
- 프로판 : 2.2~9.5 %
- 부탄 : 1.8~8.4 %
- 메탄 : 5~15 %

---

**1-6** ─o **폭굉(detonation)**

---

① 폭굉 : 폭발 시 음속보다 화염전파속도가 빠른 경우로 충격파라고 하는 강력하게 솟구치는 압력파가 형성되는 폭발

② 폭굉유도거리(DID) : 최초의 완만한 연소가 격렬한 폭굉에 이르기까지의 거리

③ 폭굉유도거리가 짧아지는 조건

- 점화원 에너지가 강할수록
- 정상연소속도가 큰 혼합가스일수록
- 관 속에 방해물이 있거나 관경이 가늘수록
- 공급압력이 높을수록

| 2과목 | 열역학 |
|---|---|

## 2-1 ○ 압력

① 계기압력 : 대기압 상태를 0으로 기준해서 측정한 압력
② 절대압력 : 완전진공 상태를 0으로 기준하여 측정한 압력
③ 대기압 : 지구상의 모든 물질은 대기압을 받고 있다. 즉, 공기의 압력을 말하는 것이다.

> **참고** 대기압
>
> $1.0332 \text{ kg/cm}^2 \cdot \text{a} = 14.7 \text{ lb/in}^2 \cdot \text{a} = 10.332 \text{ mH}_2\text{O}$
> $= 10.332 \text{ mAq} = 1 \text{ atm} = 1기압 = 76 \text{ cmHg} = 30 \text{ inHg}$
> $= 1.01325 \text{ bar} = 1013.25 \text{ mbar} = 101325 \text{ Pa}$
> $= 101325 \text{ N/m}^2 = 101.325 \text{ kPa} = 101.325 \text{ kN/m}^2$

## 2-2 ○ 온도와 열량

① 온도
- 섭씨온도 : 대기압하에서 물의 결빙점을 0℃, 비등점을 100℃로 하여 그 사이를 100등분한 것으로서 ℃로 표시한다.
- 화씨온도 : 대기압하에서 물의 결빙점을 32℉, 비등점을 212℉로 하여 그 사이를 180등분한 것으로서 ℉로 표시한다.

$$℃ = \frac{5}{9}(℉ - 32) \qquad\qquad ℉ = \frac{9}{5}℃ + 32$$

- 절대온도 : 열역학적으로 가상한 최저의 온도($-273℃$, $-460℉$)를 0°로 기준하여 사용한 온도

  단위 : K = Kelvin, °R = Rankin

  $K = 273 + ℃$, $°R = 460 + ℉$

  $1 \text{ K} = 1.8°\text{R}$

② 비열 : 물질 1 kg을 1℃ 높이는 데 필요한 열량(단위 : kcal/kg · ℃, kJ/kg · ℃)

예 물의 비열 : 1 kcal/kg · ℃ = 4.186 kJ/kg · ℃

얼음의 비열 : 0.5 kcal/kg · ℃ = 2.093 kJ/kg · ℃

수증기의 비열 : 0.441 kcal/kg · ℃ = 1.846 kJ/kg · ℃

- 정압비열(constant pressure specific heat) : 어느 기체의 압력을 일정하게 할 때 1 kg을 1℃ 높이는 데 필요한 열량을 의미하며, 기호로 $C_P$이다.
- 정적비열(constant volume specific heat) : 어느 기체의 체적을 일정하게 할 때 1 kg을 1℃ 높이는 데 필요한 열량을 의미하며, 기호로 $C_V$이다.
- 비열비 : 정압비열($C_P$)을 정적비열($C_V$)로 나눈 값을 비열비라 한다.

③ 감열(현열 : sensible heat) : 상태의 변화 없이 온도가 변하는 데 필요한 열량

$$Q = GC\Delta t$$

여기서, $Q$ : 열량(kJ), $G$ : 질량(kg)

$C$ : 비열(kJ/kg · ℃), $\Delta t$ : 온도차(℃)

④ 잠열(latent heat) : 온도의 변화 없이 상태가 변하는 데 필요한 열량

$$Q = G\gamma$$

여기서, $Q$ : 열량(kJ), $G$ : 질량(kg), $\gamma$ : 잠열(kJ/kg)

## 2-3 ⚬ 열역학 기본 사항

① 열역학 제1법칙 : 에너지 불멸의 법칙이라고도 하며 기계적 일이 열로 변하거나 열이 기계적 일로 변할 때 이들의 비는 일정하다. 여기서, 일을 $W$, 열량을 $Q$라 하면 $Q = AW$, $W = JQ$로 표시되며 $A$와 $J$는 일정한 비율을 갖는다.

일의 열당량 $A = \dfrac{1}{427}$ kcal/kg · m $= \dfrac{4.186}{427}$ kJ/kg · m

열의 일당량 $J = 427$ kg · m/kcal $= 102$ kg · m/kJ → 427 kg · m의 일은 1 kcal 의 열로 바꾸어지는 것을 의미한다.

② 열역학 제2법칙 : 열은 고온도의 물체로부터 저온도의 물체로 옮겨질 수 있지만 그 자체는 저온도의 물체로부터 고온도의 물체로 옮겨갈 수 없다. 일이 열로 바뀌는 것은 쉽지만 반대로 열이 일로 바뀌는 것은 열기관의 힘을 빌리지 않는 한 그리 쉬운 일이 아니다.

## 2-4 ──o 기체의 성질

① 보일의 법칙(Boyle's law) : 기체의 온도를 일정하게 유지하면 그 기체의 압력과 체적(용적)은 서로 반비례한다.

$$PV = R_1(일정), \ P_1V_1 = P_2V_2$$

여기서, $P$ : 압력, $V$ : 용적, $R_1$ : 기체에 관한 상수

② 샤를의 법칙(Charle's law) : 기체의 압력을 일정하게 하면 그 기체의 용적과 절대온도는 서로 정비례한다.

$$\frac{V}{T} = R_2(일정), \ \frac{V_1}{T_1} = \frac{V_2}{T_2}(P_1 = P_2), \ \frac{P_1}{T_1} = \frac{P_2}{T_2}(V_1 = V_2)$$

여기서, $V$ : 체적, $T$ : 절대온도, $R_2$ : 기체에 관한 상수

③ 보일-샤를의 법칙 : 기체의 체적은 압력에 반비례하고 절대온도에 비례한다.

$$\frac{PV}{T} = R_3(일정), \ \frac{P_1V_1}{T_1} = \frac{P_2V_2}{T_2}$$

## 2-5 ──o 단열변화, 등온변화, 폴리트로픽 변화

① 단열변화 : 기체가 외부로부터 가열되거나 냉각되는 일 없이 팽창 또는 압축할 때의 변화를 단열변화라 하고 각각 단열팽창 또는 단열압축이라 한다.

$$PV^k = 일정$$

여기서, $k$ : 단열지수(비열비) $= \dfrac{C_P}{C_V}$

② 등온변화 : 기체가 외부로부터 가열되거나 냉각되어 일정한 온도를 유지하면서 팽창 또는 압축할 때의 변화를 등온변화라 하며 각각 등온팽창, 등온압축이라 한다.

$$PV^n = 일정(n = 1)$$

③ 폴리트로픽 변화(polytropic change) : 단열변화와 등온변화의 중간적인 변화를 말하며 실제의 압축기에서는 폴리트로픽 압축을 하는데 계산의 편의상 단열압축으로 간주한다.

$$PV^n = 일정(1 < n < \frac{C_P}{C_V})$$

## 2-6 ─○ 전열

① 대류 : 유체가 온도에 의해 밀도차가 생겨 이 밀도차에 의해 유체가 이동하면서 열을 운반시키는 것

② 복사 : 고온의 물체는 복사선을 내고 자기 자신은 냉각된다. 이 복사선은 빛과 같이 전파의 일종으로 매질이 없는 진공 중에서도 전달된다. 이와 같은 것을 열의 복사라 한다.

③ 전도 : 도체에서 도체로 열이 이동하는 것

$$Q = \frac{\lambda}{l} \cdot F \cdot \Delta t$$

여기서, $Q$ : 한 시간 동안에 전해진 열량(kJ/h)

$\lambda$ : 열전도율(kJ/m·h·℃)

$F$ : 전열면적($m^2$)

$\Delta t$ : 온도차(℃)

$l$ : 길이 또는 두께(m)

④ 전달 : 유체와 고체 간의 열의 이동

$$Q = \alpha F \Delta t$$

여기서, $Q$ : 1시간 동안에 전해진 열량(kJ/h)

$\alpha$ : 열전달률(kJ/$m^2$·h·℃)

$F$ : 전열면적($m^2$)

$\Delta t$ : 온도차(℃)

⑤ 통과 : 고체를 사이에 둔 유체 간의 열의 이동

$$Q = K F \Delta t_m$$

여기서, $Q$ : 1시간 동안에 통과한 열량(kJ/h)

$K$ : 열통과율(kJ/$m^2$·h·℃)

$F$ : 전열면적($m^2$)

$\Delta t_m$ : 평균 온도차(℃)

## 2-7 ─○ 카르노 사이클 및 역카르노 사이클

이상적인 열기관이 행하는 사이클로서 다음 그림과 같이 두 개의 등온선과 두 개의 단열선으로 이루어진다.

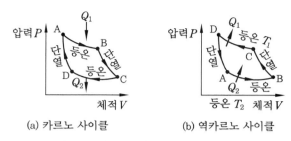

(a) 카르노 사이클          (b) 역카르노 사이클

**카르노 사이클 및 역카르노 사이클**

① 카르노 사이클 : 크게 네 개의 과정으로 이루어지며, 각 과정은 가역적이고 이상적
인 상태 변화를 포함하고 있다.

- A→B(등온팽창) : 고온 열원과 접촉한 상태에서 가스가 등온 상태로 팽창하면
서 열을 흡수하는 과정으로 이때 온도는 일정하게 유지되며, 가스의 부피는 증가
하고 압력은 감소하게 된다.

- B→C(단열팽창) : 가스가 열원으로부터 격리된 상태에서 팽창하면서 온도가 감
소하게 되나 외부로부터 열이 출입하지 않으며, 내부 에너지만으로 상태 변화가
이루어진다.

- C→D(등온압축) : 저온 열원과 접촉한 상태에서 가스가 등온 상태로 압축되면
서 열을 방출하는 단계로 온도는 일정하게 유지되며, 가스의 부피는 감소하고 압
력은 증가한다.

- D→A(단열압축) : 가스가 열원으로부터 격리된 상태에서 압축되면서 온도가 증
가하게 되며 외부로부터 열이 출입하지 않으며, 내부 에너지만으로 상태 변화가
이루어진다.

② 역카르노 사이클 : 두 개의 등온선과 두 개의 단열선으로 이루어지며 카르노 사이
클의 역방향으로 이루어진다.

- B→C(단열압축) : 압축기에 해당한다. 이때 압축기에서 하는 일이 열로 바꾸어
그 양을 $AW$로 표시한다.

- C→D(등온압축) : 응축기에 해당한다. 이때는 고온인 $T_1$에서 $Q_1$의 열을 방출
하여 냉매를 응축하게 된다.

- D→A(단열팽창) : 팽창밸브에 해당한다. 이때는 단열팽창으로 외부에서 열을
받지 않고 외부로 열을 버리지도 않으므로 엔탈피는 변함없이 고온인 $T_1$에서 저
온인 $T_2$로 온도와 압력을 낮추어 준다.

- A→B(등온팽창) : 증발기에 해당한다. 이때는 저온인 $T_2$에서 $Q_2$의 열을 흡수
하여 냉매가 증발한다.

| 3과목 | 계측방법 |
|---|---|

## 3-1 ○ SI 기본 단위

① 길이 : 미터(meter, m)
② 질량 : 킬로그램(kilogram, kg)
③ 시간 : 초(second, s)
④ 전류 : 암페어(ampere, A)
⑤ 온도 : 켈빈(kelvin, K)
⑥ 광도 : 칸델라(candela, cd)
⑦ 물질량 : 몰(mole, mol)

## 3-2 ○ 유도 단위

① 압력 : Pa
② 힘 : N
③ 일, 열량, 에너지 : J
④ 속도 : m/s
⑤ 가속도 : $m/s^2$

## 3-3 ○ 계측 방식

① 편위법 : 측정하려는 양의 작용에 의하여 계측기의 지침에 편위를 일으켜 이 편위를 눈금과 비교함으로써 측정을 행하는 방식을 말한다.
   예 다이얼 게이지, 지시 전기 계기, 부르동관 압력계

② 영위법 : 측정하려고 하는 양과 같은 종류로서 크기를 조정할 수 있는 기준량을 준비하고 기준량을 측정량에 평행시켜 계측기의 지시가 0 위치를 나타낼 때의 기준량의 크기로부터 측정량의 크기를 간접으로 측정하는 방식을 말한다.
예 전위차계, 마이크로미터, 휘트스톤 브리지

③ 치환법 : 이미 알고 있는 양으로부터 측정량을 아는 방법으로, 다이얼 게이지를 이용하여 길이를 측정할 때 블록 게이지를 올려놓고 측정한 다음 피측정물을 바꾸어 넣었을 때 지시의 차를 읽고 사용한 블록 게이지의 높이를 알면 피측정물의 높이를 구할 수 있다. 예 다이얼 게이지

④ 보상법 : 크기가 거의 같은 미리 알고 있는 양의 분동을 준비하여 분동과 측정량의 차이로부터 측정량을 구하는 방법으로 천평을 이용하여 물체의 질량을 측정할 때 불평형 정도를 지침의 눈금값으로 읽어 물체의 질량을 알 수 있다. 예 천평

## 3-4 ○ 오차와 특성

① 오차 = 측정값 – 참값

② 오차율 = $\dfrac{오차}{참값} = \dfrac{측정값 - 참값}{참값} = \dfrac{측정값}{참값} - 1$

③ 오차의 종류
- 개인오차 : 개인마다 측정 과정에서의 일관된 습관에 따라 발생하는 오차
- 우연오차 : 오차의 원인을 통제할 수 없는 우연한 상황에서 발생되는 오차
- 과실오차 : 불규칙한 실수에 의해 발생되는 오차
- 계기오차 : 측정에 사용되는 계기가 교정되지 않아 발생하는 오차

**참고** 우연오차

　측정실의 기온의 미소 변화, 공기의 유동, 측정장치대의 이동이나 진동, 조명도의 변화, 관측자 주위의 산만함이나 동요 등 그 발생 원인이 명확하지 못함에서 오는 오차이다.

④ 계통오차
- 계측기오차 : 측정기의 불안정, 마찰이나 경년 변화, 사용상의 제한 등에서 오는 오차이다.
- 환경오차 : 온도, 압력, 습도 등 환경 변화에 의하여 측정기의 측정량이 규칙적으로 변화하기 때문에 생기는 오차이다.
- 개인오차 : 개인이 가지는 버릇에 의한 판단으로 생기는 오차이다.
- 이론오차(방법오차) : 사용하는 공식이나 계산 등에서 생기는 오차이다.

## 3-5 ···o 온도계 종류

① 열전대 온도계 : 서로 다른 금속을 접속하여 양단의 온도차가 발생하면 열전류가 흐르고, 한 끝을 개방하였을 때는 양단에 기전력이 존재하는 열전 효과를 이용하여 열전대를 온도 측정에 이용하게 하는 것이며 보호관 속에 충전되는 물질은 마그네시아(MgO), 알루미나($Al_2O_3$)와 함께 열전대 소선을 넣어 고정한 것으로 응답속도가 빠르고 진동에 강하다.

> **참고** 열전대의 사용온도 범위
> • PR(백금 – 백금·로듐) : 0~1600℃
> • CA(크로멜 – 알루멜) : 0~1200℃
> • IC(철 – 콘스탄탄) : −200~800℃
> • CC(동 – 콘스탄탄) : −200~350℃
> ※ 측정온도에 대한 기전력의 크기 : IC > CC > CA > PR

② 저항 온도계 : 금속선의 전기저항이 온도에 의해 변화하는 것을 이용한 것으로 금속의 온도 범위는 백금이 −200~500℃, 니켈이 −50~300℃, 구리가 150℃ 이하로 최근에 많이 이용되고 있는 서미스터는 −50~200℃에서 감도가 좋고 응답이 빠르다.

> **참고** 저항 온도계의 사용온도 범위
> • 백금선 : −200~500℃
> • 구리선 : 0~200℃
> • 니켈선 : −50~300℃
> • 서미스터 : −100~300℃

③ 비접촉식 온도계의 특징 및 종류
- 접촉에 의한 열손실이 없고 응답이 빠르며 내구성이 있다.
- 고온 측정이 가능하고 이동 물체의 온도 측정이 가능하나 방사율의 보정이 필요하다.
- 표면 온도 측정이라서 측정 시 오차가 발생한다.
- 종류 : 광고 온도계, 방사 온도계, 광전관 온도계, 적외선 온도계, 색온도계

## 3-6 ─○ 압력계 종류

① 액주식 압력계 : 단관식 압력계, U자관식 압력계, 경사관식 압력계, 마노미터
② 침종식 압력계 : 단종식 압력계, 복종식 압력계
③ 탄성식 압력계 : 부르동관식 압력계, 벨로스식 압력계, 다이어프램식 압력계
④ 전기식 압력계 : 전기저항식 압력계, 자기 스트레인식 압력계, 압전기식 압력계

## 3-7 ─○ 유량계 종류

① 용적식 유량계 : 압력차가 일정하게 되도록 유로의 단면적을 변화시키는 유량계
② 전자기 유량계 : 패러데이의 전자 유도의 법칙을 응용한 유량계로 자기장 가운데를
   전도성 유체가 이동함에 따라 발생하는 전기를 이용하는 유량계
③ 조리개 유량계 : 유로에 놓인 물체의 전후 압력 차이를 측정하는 유량계
④ 터빈 유량계 : 터빈의 회전수와 체적 유량의 비례 관계를 이용한 유량계

## 3-8 ─○ 자동 제어

① 피드백 제어 : 제어 대상의 시스템에서 그 장치의 출력을 확인하면서 목표치에 접
   근하도록 조절기의 입력을 조절하는 제어 방법
② 시퀀스 제어 : 미리 정한 조건에 따라서 그 제어 목표 상태가 달성되도록 정해진
   순서대로 조작부가 동작하는 제어
③ 프로그램 제어 : 목표값이 미리 정해진 시간적 변화를 하는 경우, 제어량을 그것에
   추종시키기 위한 제어
④ 오픈 루프 제어 : 출력을 제어할 때 입력만 고려하고 출력은 전혀 고려하지 않는
   개회로 제어 방식
⑤ 추종 제어 : 목표값이 임의의 시간적 변화를 하는 경우, 제어량을 그것에 추종시키
   기 위한 제어로 위치, 방위, 자세 등이 포함된다.
⑥ 정치 제어 : 시간에 관계없이 값이 일정한 제어

## 3-9 ─o 흡수분석 가스분석법

① 오르자트법 : $CO_2 \rightarrow O_2 \rightarrow CO$
② 헴펠법 : $CO \rightarrow C_mH_n \rightarrow O_2 \rightarrow CO$
③ 게겔법 : $CO_2 \rightarrow C_2H_2 \rightarrow C_3H_6 \rightarrow C_2H_4 \rightarrow O_2 \rightarrow CO$

> **참고** 게겔법 가스분석 흡수제
> - $CO_2$ : 33 % KOH 수용액
> - $C_3H_6$ : 87 % $H_2SO_4$
> - $O_2$ : 알칼리성 피로갈롤 용액
> - $C_2H_2$ : 요오드화 수은 칼륨 용액
> - $C_2H_4$ : 취화수소 수용액
> - CO : 암모니아성 염화제1동 용액

④ 화학적인 가스분석계
- 오르자트계(흡수법)
- 자동화학식 $CO_2$계
- 헴펠식 가스분석계(흡수법)
- 연소식 $O_2$계
- 미연소 가스분석계
- 게겔법(흡수법)

⑤ 물리적인 가스분석계
- 열전도율법
- 적외선법
- 세라믹법
- 밀도법
- 자화율법
- 가스 크로마토그래피법

## 3-10 ─o 가스 크로마토그래피법에서 사용하는 검출기 종류

① 전자포획검출기(ECD) : 할로겐화합물 등의 친전자 성분이 포착하여 음이온이 되고, 이것이 양이온과 결합하는 결과 이온화 전류 값이 감소하는 것을 검출 원리로 한다.
② 불꽃이온화검출기(FID) : 시약을 수소염 속에 넣어 시약의 분해, 이온화로 전기 전도율의 증대를 도모하는 것을 원리로 한 검출기로 탄화수소류에 대해 높은 감도를 나타낸다.
③ 열전도도검출기(TCD) : 가열된 물체가 주위에 있는 기체에 의해 열을 잃어버리는 원리를 적용한 것으로, 열전도가 기체의 조성에 따라 달라질 때 필라멘트에 흐르는 저항의 차이를 휘트스톤 브리지(Wheatstone bridge) 회로로 측정한다.
④ 불꽃광도검출기(FPD) : 황과 인에 선택적으로 작용하여 이들 원소를 함유한 물질의 분석에 사용이 가능하다. 불꽃의 신호를 전기적 신호로 바꿀 수 있는 광전관이 추가로 부착되어 있다.

## 4과목 ▶ 열설비재료 및 관계법규

### 4-1 ─o 요로

요로는 재료를 가열하여 물리적 및 화학적 성질을 변화시키는 환원반응을 하며 조업 방식에 따라 불연속식, 반연속식, 연속식으로 분류된다.

① 조업 방식에 따른 분류
  • 연속가마 : 소성 작업이 연속적으로 이루어지는 가마
    예 윤요, 터널요, 견요(선가마)
  • 불연속가마 : 가마의 크기가 작아서 한 번 불을 땔 때마다 예열과 소성, 냉각의 과정을 반복하는 가마로 단가마라고도 한다. 예 승염식, 횡염식, 도염식
  • 반연속가마 : 경사진 언덕에 설치하며, 밑에서부터 굽기 시작하여 가마 전체의 온도를 일정하게 조절하므로 길이에 관계없이 균일하게 굽는 것이 가능하다.
    예 셔틀요, 등요
② 연소가스의 진행방향에 따른 분류 : 횡염식 가마, 승염식 가마, 도염식 가마
③ 소성 작업 형식에 따른 분류 : 불연속가마(단가마·단독가마), 반연속가마, 연속가마
④ 불꽃과 피소성물과의 접촉 상황에 따른 분류 : 직화식 가마(직접가열식 가마), 반머플(semimuffle) 가마, 머플 가마(간접가열식 가마)
⑤ 사용 연료의 종류에 따른 분류 : 장작가마, 석탄가마, 가스 가마, 중유가마, 전기가마
⑥ 소성 목적에 따른 분류 : 초벌구이 가마, 굳힘구이 가마, 참구이 가마, 플린트(flint) 가마
⑦ 형식에 따른 분류 : 둥근가마, 각가마, 선가마, 고리가마, 터널가마, 회전가마, 통굴가마

### 4-2 ─o 고로(용광로)

고로는 높은 온도로 광석을 녹여서 쇠붙이를 뽑아내는 가마로 1일 생산하는 선철의 톤수로 표시한다.

① 노구(throat) : 노의 최상부(원료 장입장치)
② 샤프트(shaft, 노흉) : 고로 본체 및 수도설비 고로의 상부
③ 보시(bosh, 조안) : 노 바닥과 노 가운데 사이의 부분
④ 노상(hearth) : 용융한 선철과 슬래그가 모이는 곳(하부에 위치)

## 4-3 ○ 전기로의 분류

① 저항로 : 니크롬선 등 금속발열체 또는 탄화규소 등 비금속 발열체에 통전 가열하여 간접적으로 피열물을 가열하는 간접 가열식과 피열물에 직접 통전하여 피열물을 가열하는 직접 가열식이 있다.
② 아크로 : 직접식과 간접식으로 분류되며, 직접식은 피열물을 아크의 한쪽의 전극으로 하여 통전하는 방식이며, 간접식은 아크의 열을 복사에 의하여 피열물에 가열하는 것이다.
③ 유도로 : 직접식은 도전성 피열물에 직접 전류를 유기시켜서 가열하는 방식이고, 간접식은 피열물을 흑연 도가니에 넣어서 흑연 도가니를 유도식에 의하여 가열하여 그 열을 피열물에 주는 방식이다.

## 4-4 ○ 보온재

① 유기질 보온재 : 기포성 수지, 코르크, 펠트, 텍스류
② 무기질 보온재 : 암면, 석면, 규조토, 탄산마그네슘, 글라스울, 세라믹 파이버, 규산칼슘

## 4-5 ○ 보온 단열재의 안전사용온도

① 단열재 : 800~1200℃
② 보온재 : 200~800℃
③ 보냉재 : 100℃ 이하
④ 내화 단열재 : 1200~1500℃

### 4-6 ○ 열처리 현상

① 버스팅 : 용적의 영구 팽창에 의한 붕괴로 크롬이나 크롬마그네시아질 내화물에 철분이 많은 스크랩이 반응하고 벽돌 표면이 산화철을 흡수해서 생기는 현상
② 큐어링 : 상처를 치유하는 것
③ 슬래킹 : 고결(固結)된 바위가 흡습·건조의 반복에 의하여 붕괴되어 가는 현상
④ 스폴링 : 표면 균열 등이 있는 곳에 하중이 가해져서 표면이 서서히 박리하는 현상
⑤ 필링 : 섬유가 직물이나 편성물에서 빠져나오지 않고 직물의 표면에서 뭉쳐져 섬유의 작은 방울을 형성한 것
⑥ 스웰링 : 고체 안에 기체가 발생해 고체가 부푸는 현상
⑦ 에로존 : 물체가 배관 등을 통과할 때 발생하는 일반적인 마모 현상

### 4-7 ○ 배관용 강관

① SPP : 배관용 탄소 강관
② SPPS : 압력 배관용 탄소 강관
③ SPPH : 고압 배관용 탄소 강관
④ SPHT : 고온 배관용 탄소 강관
⑤ SPLT : 저온 배관용 탄소 강관
⑥ STS : 배관용 스테인리스 강관
⑦ SPA : 배관용 합금강 강관

> **참고** 스케줄 번호(SCH NO) $= 10 \times \dfrac{P}{S}$
>
> 여기서, $P$ : 사용압력(kg/cm$^2$), $S$ : 허용응력(kg/mm$^2$)

### 4-8 ○ 배관 지지

① 브레이스 : 기기의 진동을 억제하는 데 사용하는 것
② 앵커 : 배관 지지점에서의 이동 및 회전을 방지하기 위해 지지점 위치에 완전히 고정하는 것

③ 스톱 : 배관의 일정한 방향으로 이동 및 회전만 구속하고 다른 방향으로 자유롭게 이동하는 것

④ 가이드 : 축과 직각 방향으로의 이동을 구속하는 데 사용하는 것

## 4-9 ─○ 에너지 관계법규

① 에너지이용 합리화법 : 에너지의 수급을 안정시키고 에너지의 합리적이고 효율적인 이용을 증진하며 에너지소비로 인한 환경피해를 줄임으로써 국민경제의 건전한 발전 및 국민복지의 증진과 지구온난화의 최소화에 이바지함을 목적으로 한다.

> **참고** 에너지법에 따른 용어의 정의
> - "에너지사용자"란 에너지사용시설의 소유자 또는 관리자를 말한다.
> - "에너지사용시설"이란 에너지를 사용하는 공장, 사업장 등의 시설이나 에너지를 전환하여 사용하는 시설을 말한다.
> - "에너지공급자"란 에너지를 생산, 수입, 전환, 수송, 저장, 판매하는 사업자를 말한다.
> - "연료"란 석유, 가스, 석탄 그 밖의 열을 발생하는 열원을 말하고 제품의 원료로 사용되는 것은 제외한다.

② 신·재생에너지 : 기존의 화석연료를 변환시켜 이용하거나 햇빛·물·지열·강수·생물유기체 등을 포함하는 재생 가능한 에너지를 변환시켜 이용하는 에너지
- 신에너지 : 연료전지, 수소, 석탄액화·가스화 및 중질잔사유 가스화
- 재생에너지 : 태양광, 태양열, 바이오, 풍력, 수력, 해양, 폐기물, 지열
  ※ 의무공급량이 지정되어 있는 에너지는 태양에너지이다.

> **참고** 바이오 에너지
> 바이오매스(나무나 고구마, 사탕수수나 해조류와 같은 유기체나 종이, 음식물 쓰레기, 폐식용유와 같은 유기계 폐기물)를 태워서 열과 빛을 얻거나 가스나 액체, 고체 연료 형태로 가공한 것

③ 1종 압력용기
- 증기 기타 열매체를 받아들이거나 증기를 발생시켜 고체 또는 액체를 가열하는 기기로서 용기 안의 압력이 대기압을 넘는 것
- 용기 안의 화학반응에 의하여 증기를 발생하는 용기로서 용기 안의 압력이 대기압을 넘는 것
- 용기 안의 액체의 성분을 분리하기 위하여 해당 액체를 가열하거나 증기를 발생시키는 용기로서 용기 안의 압력이 대기압을 넘는 것

• 용기 안의 액체의 온도가 대기압에서의 비점을 넘는 것

④ 2종 압력 용기 : 최고사용압력이 $0.2\,MPa(2\,kg/cm^2)$를 초과하는 기체를 그 안에 보유하는 용기로서 다음의 것

• 내용적이 $0.04\,m^3$ 이상인 것

• 동체의 안지름이 200 mm 이상(단, 증기헤더의 경우에는 안지름이 300 mm 초과)이고 그 길이가 1천 mm 이상인 것

⑤ 에너지이용 합리화법령에 따른 검사대상기기

• 정격용량이 0.58 MW를 초과하는 철금속가열로

• 가스를 사용하는 것으로서 가스사용량이 17 kg/h를 초과하는 소형 온수보일러

• 강철제 보일러, 주철제 보일러

  - 최고사용압력이 0.1 MPa 이하이고, 동체의 안지름이 300 mm 이하이며, 길이가 600 mm 이하인 것

  - 최고사용압력이 0.1 MPa 이하이고, 전열면적이 $5\,m^2$ 이하인 것

  - 2종 관류보일러

  - 온수를 발생시키는 보일러로서 대기개방형인 것

⑥ 열사용 기자재의 적용범위

| 구분 | 품목명 | 적용범위 |
|---|---|---|
| 보일러 | 강철제보일러<br>주철제보일러 | 다음 각 호의 어느 하나에 해당하는 것을 말한다.<br>1. 1종 관류보일러 : 강철제보일러 중 헤더의 안지름이 150 mm 이하이고, 전열면적이 $5\,m^2$ 초과 $10\,m^2$ 이하이며, 최고사용압력이 1 MPa 이하인 관류보일러(기수분리기를 장치한 경우에는 기수분리기의 안지름이 300 mm 이하이고, 그 내용적이 $0.07\,m^3$ 이하인 것에 한한다)를 말한다.<br>2. 2종 관류보일러 : 강철제 보일러 중 헤더의 안지름이 150 mm 이하이고, 전열면적이 $5\,m^2$ 이하이며, 최고사용압력이 1 MPa 이하인 관류보일러(기수분리기를 장치한 경우에는 기수분리기의 안지름이 200 mm 이하이고, 그 내부 부피가 $0.02\,m^3$ 이하인 것에 한정한다)<br>3. 제1호 및 제2호 외에 금속(주철을 포함한다)으로 만든 것. 다만, 소형온수보일러·구멍탄용 온수보일러 및 축열식 전기보일러 및 가정용 화목보일러는 제외한다. |
| | 소형<br>온수보일러 | 전열면적이 $14\,m^2$ 이하이며 최고사용압력이 $0.35\,MPa(3.5\,kg/cm^2)$ 이하의 온수를 발생하는 것. 다만, 구멍탄용 온수보일러·축열식 전기보일러·가정용 화목보일러 및 가스사용량이 17 kg/h(도시가스는 232.6 kW) 이하인 가스용 온수보일러는 제외한다. |
| | 구멍탄용<br>온수보일러 | 「석탄산업법시행령」 제2조제2호의 규정에 의한 연탄을 연료로 사용하여 온수를 발생시키는 것으로서 금속제에 한한다. |

| 구분 | 품목명 | 적용범위 |
|---|---|---|
| 보일러 | 축열식 전기보일러 | 심야전력을 사용하여 온수를 발생시켜 축열조에 저장하였다가 난방에 이용하는 것으로서 정격소비전력이 30 kW 이하이며 최고사용압력이 0.35 MPa(3.5 kg/cm$^2$) 이하인 것 |
| | 캐스케이드 보일러 | 「산업표준화법」 제12조제1항에 따른 한국산업표준에 적합함을 인증받거나 「액화석유가스의 안전관리 및 사업법」 제39조제1항에 따라 가스용품의 검사에 합격한 제품으로서, 최고사용압력이 대기압을 초과하는 온수보일러 또는 온수기 2대 이상이 단일 연통으로 연결되어 서로 연동되도록 설치되며, 최대 가스사용량의 합이 17 kg/h(도시가스는 232.6 kW)를 초과하는 것 |
| | 가정용 화목보일러 | 화목(火木) 등 목재연료를 사용하여 90℃ 이하의 난방수 또는 65℃ 이하의 온수를 발생하는 것으로서 표시 난방출력이 70 kW 이하로서 옥외에 설치하는 것 |
| 태양열 집열기 | | 태양열 집열기 |
| 압력용기 | 1종 압력용기 | 최고사용압력(MPa)과 내부 부피(m$^3$)를 곱한 수치가 0.004를 초과하는 다음의 것<br>1. 증기 기타 열매체를 받아들이거나 증기를 발생시켜 고체 또는 액체를 가열하는 기기로서 용기 안의 압력이 대기압을 넘는 것<br>2. 용기 안의 화학반응에 의하여 증기를 발생하는 용기로서 용기 안의 압력이 대기압을 넘는 것<br>3. 용기 안의 액체의 성분을 분리하기 위하여 해당 액체를 가열하거나 증기를 발생시키는 용기로서 용기 안의 압력이 대기압을 넘는 것<br>4. 용기 안의 액체의 온도가 대기압에서의 끓는점을 넘는 것 |
| | 2종 압력용기 | 최고사용압력이 0.2 MPa를 초과하는 기체를 그 안에 보유하는 용기로서 다음의 것<br>1. 내부 부피가 0.04 m$^3$ 이상인 것<br>2. 동체의 안지름이 200 mm 이상(단, 증기헤더의 경우에는 안지름이 300 mm 초과)이고 그 길이가 1천 mm 이상인 것 |
| 요로 | 요업요로 | 연속식유리용융가마, 불연속식유리용융가마, 유리용융도가니가마, 터널가마, 도염식 가마, 셔틀가마, 회전가마 및 석회용선가마 |
| | 금속요로 | 용선로, 비철금속용융로, 금속소둔로, 철금속가열로 및 금속균열로 |

⑦ 에너지다소비사업자의 신고에 대한 설명

• 에너지다소비사업자는 매년 1월 31일까지 사무소가 소재하는 지역을 관할하는 시·도지사에게 신고하여야 한다.

• 에너지다소비사업자의 신고를 받은 시·도지사는 이를 매년 2월 말일까지 산업통상자원부장관에게 보고하여야 한다.

- 에너지 사용량 신고에는 전년도 에너지 사용량 제품 생산량 등을 신고하여야 한다.
- 에너지다소비사업자는 연료·열 및 전력의 연간 사용량의 합계가 2천 티오이 이상인 자를 말한다.

⑧ 에너지의 절약을 위해 정한 "자발적 협약"의 평가 기준
- 에너지 절감량 또는 에너지의 합리적인 이용을 통한 온실가스배출 감축량
- 자원 및 에너지의 재활용 노력
- 계획대비 달성률 및 투자실적
- 그 밖에 에너지 절감 또는 에너지의 합리적인 이용을 통한 온실가스배출 감축에 관한 사항

⑨ 에너지이용 합리화법령에 따른 검사의 종류 및 대상
- 설치검사 : 신설한 경우의 검사(사용연료의 변경으로 검사대상이 아닌 보일러가 검사 대상으로 되는 경우의 검사 포함)
- 개조검사
  - 증기보일러를 온수보일러로 개조하는 경우
  - 보일러 섹션의 증감으로 용량을 변경하는 경우
  - 동체·돔·노통·연소실·경판·천정판·관판·관모음 또는 스테이를 변경하는 경우로 산업통상자원부장관이 정하여 고시하는 대수리인 경우
  - 연료 또는 연소방법을 변경하는 경우
  - 철금속가열로로서 산업통상자원부장관이 정하여 고시하는 경우의 수리
- 설치장소 변경검사 : 설치장소를 변경한 경우에 실시하는 검사(다만, 이동식 보일러 제외)
- 재사용검사 : 사용중지 후 재사용하려는 경우에 실시하는 검사
- 계속사용을 위한 안전검사 : 설치검사·개조검사·설치장소 변경검사 또는 재사용검사 후 안전부문에 대한 유효기간을 연장하려는 경우에 실시하는 검사
- 계속사용을 위한 운전성능검사 : 다음 중 어느 하나에 해당하는 기기에 대한 검사로서 설치검사 후 운전성능부문에 대한 유효기간을 연장하려는 경우에 실시하는 검사
  - 용량이 1 t/h(난방용의 경우에는 5 t/h) 이상인 강철제 보일러 및 주철제 보일러
  - 철금속가열로

⑩ 에너지이용 합리화법에 따른 효율관리기자재의 종류
- 전기냉장고
- 전기냉방기
- 전기세탁기
- 조명기기
- 삼상유도전동기

- 자동차
- 그 밖에 산업통상자원부장관이 그 효율의 향상이 특히 필요하다고 인정하여 고시하는 기자재 및 설비

⑪ 에너지절약전문기업 등록의 취소요건

- 거짓이나 그 밖의 부정한 방법으로 등록을 한 경우
- 거짓이나 그 밖의 부정한 방법으로 지원을 받거나 지원받은 자금을 다른 용도로 사용한 경우
- 에너지절약전문기업으로 등록한 업체가 그 등록의 취소를 신청한 경우
- 타인에게 자기의 성명이나 상호를 사용하여 해당하는 사업을 수행하게 하거나 산업통상자원부장관이 에너지절약전문기업에 내준 등록증을 대여한 경우
- 등록기준에 미달하게 된 경우
- 보고를 하지 아니하거나 거짓으로 보고한 경우 또는 같은 항에 따른 검사를 거부·방해 또는 기피한 경우
- 정당한 사유 없이 등록한 후 3년 이내에 사업을 시작하지 아니하거나 3년 이상 계속하여 사업수행실적이 없는 경우

※ 등록이 취소된 에너지절약전문기업은 등록 취소일부터 2년이 지나지 아니하면 등록을 할 수 없다.

| 5과목 | 열설비설계 |
|---|---|

## 5-1 ─o 수관식 보일러의 장점

① 관수량이 많아 급격히 변동하는 증기공급에 대응이 원활하다.
② 관리가 편리하고 수명이 길다.
③ 보유수량이 작아 압력변동이 적으며 내압에 대한 안정성이 높다.
※ 보일러 본체 : 노통, 노벽, 수관, 동체

## 5-2 ─o 노통연관식 보일러의 특징

① 보유수량이 많아 부하변동에 안전하며, 수면이 넓어 급수조절이 용이하다.
② 수처리가 비교적 간단하고, 설치가 간단하며, 열손실이 적고 설치면적이 작다.
③ 수명이 짧고 가격이 비싸며, 스케일 생성이 빠르다.
④ 수관식에 비하여 증발속도가 빨라서 스케일이 부착되기 쉽고 파열 시 위험이 크다.

## 5-3 ─o 보일러 용어

① 1종 관류보일러 : 강철제 보일러 중 헤더의 안지름이 150 mm 이하이고, 전열면적이 $5\,m^2$ 초과 $10\,m^2$ 이하이며, 최고사용압력이 1 MPa 이하인 관류보일러
② 2종 관류보일러 : 강철제 보일러 중 헤더의 안지름이 150 mm 이하이고, 전열면적이 $5\,m^2$ 이하이며, 최고사용압력이 1 MPa 이하인 관류보일러

## 5-4 · 보일러 부속기기

① 절탄기 : 연통으로 배출되는 연소가스의 열로 급수를 데워서 보일러에 공급하는 장치
② 과열기 : 보일러에서 발생된 포화 증기를 다시 가열하여 과열 증기로 만들기 위해 연도 내에 설치
③ 재열기 : 고압 터빈에서 쓰인 증기를 다시 가열하는 장치
④ 복수기 : 배수기를 냉각수에 의하여 냉각시켜 복수시키는 장치

## 5-5 · 보일러의 열정산 시 입열 항목 및 출열 항목

① 입열 항목 : 공기의 현열, 연료의 현열, 연료의 발열량, 노내 분압 증기의 보유열
② 출열 항목
 • 불완전연소에 의한 손실열
 • 미연소가스에 의한 손실열
 • 배기가스에 의한 손실열
 • 방사 열손실
 • 발생증기 보유열
 • 스케일의 현열

## 5-6 · 보일러의 성능시험방법 및 기준

① 측정은 10분마다 실시한다.
② 증기 건도 : 강철제(0.98), 주철제(0.97)

## 5-7 · 보일러에서 연소가스가 통과하는 순서

송풍기 → 공기예열기 → 연소실 → 과열기 → 절탄기 → 굴뚝

> **참고** 연도에서 폐열회수장치의 설치 순서
> 본체 → 과열기 → 재열기 → 절탄기 → 공기예열기 → 연돌

## 5-8 ─○ 열교환기

① 향류 : 외기와 배기가 서로 역류하면서 열교환이 이루어지며, 전열이 가장 양호하다.
② 직교류 : 환기의 열을 외부로부터의 급기로 옮겨 실내로 되돌아오게 하는 열교환기로 70 % 정도 효율을 얻을 수 있다.
③ 병류 : 외기와 배기가 같은 방향으로 흐르는 것으로 열교환이 가장 나쁘다.

## 5-9 ─○ 기수분리기

수관 보일러에 있어서, 기수 드럼 속에서 발생하는 증기 내의 함유 수분을 분리 제거하여 수실로 되돌려 보내고, 증기만을 과열기로 공급하도록 하는 장치로서, 기수 분리는 증기 흐름의 방향 전환, 원심력 작용, 충격 작용 등으로 행해진다.
① 사이클론형 : 원심분리기 이용
② 스크레버형 : 파형의 다수강판 이용
③ 건조 스크린형 : 금속망 이용
④ 배플형 : 증기의 방향 전환 이용
⑤ 다공판식 : 여러 개의 작은 구멍 이용

## 5-10 ─○ 육용 강제 보일러의 구조에서 동체의 최소 두께

① 안지름이 900 mm 이하인 것 : 6 mm
② 안지름이 900 mm 초과, 1350 mm 이하인 것 : 8 mm
③ 안지름이 1350 mm 초과, 1850 mm 이하인 것 : 10 mm
④ 안지름이 1850 mm를 초과하는 것 : 12 mm

## 5-11 ━o 보일러 내부에 미치는 영향

① 프라이밍 : 보일러의 수면으로부터 격렬하게 증발하는 수증기와 동반하여 보일러 수가 물보라처럼 다량으로 비산하여 보일러 밖으로 송출되는 현상
② 포밍 : 물속의 유지류, 용해 고형물, 부유물 등으로 인하여 수면에 다량의 거품이 발생하는 현상
③ 캐리오버 : 보일러수 속의 용해 또는 현탁 고형물이 증기에 섞여 보일러 밖으로 튀어 나가는 현상
④ 피팅 : 보일러수가 접하는 위치에 국부적으로 군데군데 깊숙이 발생하는 부식

## 5-12 ━o 보일러에 스케일이 부착되었을 때 연료의 손실 정도

① 스케일
  • 1 mm일 때 : 2.2 % 열손실
  • 2 mm일 때 : 4.0 % 열손실
  • 3 mm일 때 : 4.7 % 열손실
  • 4 mm일 때 : 6.3 % 열손실
  • 5 mm일 때 : 6.8 % 열손실
② 그을음 : 0.8 mm 부착 시 2.2 % 열손실
※ 그을음 1 mm, 스케일 1 mm 제거 시 4.4 % 효율 상승 효과가 있다.

## 5-13 ━o 증발배수

① 보일러의 증발량과 그 증기를 발생시키기 위해 사용된 연료량과의 비
② 연료 1 kg(기체 연료에서는 1 Nm³)당의 환산증발량
③ 증발배수 = $\dfrac{환산증발량(\text{kg 또는 Nm}^3)}{연료소비량(\text{kg 또는 Nm}^3)}$
④ 동일 조건의 연료를 연소시킬 경우, 증발배수의 값이 큰 보일러일수록 보일러 효율이 높고 고성능 보일러이다.

## 5-14 ──o 맞대기 용접의 그루브(끝 벌림) 형상

① 판 두께 1~5 mm : I형
② 판 두께 6~16 mm : V형(R형, J형)
③ 판 두께 12~38 mm : X형, U형
④ 판 두께 19 mm 이상 : H형

## 5-15 ──o 관 스테이를 용접으로 부착하는 경우

① 용접의 다리길이를 4 mm 이상으로 한다.
② 스테이의 끝은 판의 외면보다 안쪽에 있으면 안 된다.
③ 관 스테이의 두께는 4 mm 이상으로 한다.
④ 스테이의 끝은 화염에 접촉하는 판의 바깥으로 10 mm를 초과하여 돌출해서는 안 된다.
⑤ 탄소 함유량은 0.35 % 이하로 한다.

## 5-16 ──o 증기 트랩의 종류

① 플로트식 트랩 : 플로트의 부력에 의해 밸브를 개폐하여 비례 동작식으로 드레인만을 배제하는 증기 트랩
② 버킷 트랩 : 버킷에 들어 있는 응축수가 일정량이 되면 버킷이 부력을 상실하여 떨어져 밸브를 열고 증기압으로 배수하는 구조의 트랩
③ 바이메탈식 트랩 : 드레인이 스팀 트랩 내에 고이면 트랩 내의 온도가 저하하여 바이메탈의 작용에 의해서 볼 밸브가 열려서 드레인이 배출된다.
④ 디스크식 트랩 : 드레인이 스팀 트랩 내에 고이면 트랩 내의 온도가 낮아져서 변압실 내의 압력이 저하되기 때문에 디스크는 들어 올려져 드레인이 배출된다.

## 5-17 ──o 물의 탁도 표준

물 1 L 중에 정제 카올린 1 mg을 포함한 경우의 탁도를 1도 또는 1 ppm이라 한다.

## 5-18 ∘ 수관 보일러의 급수 수질기준

① 최고사용압력이 3.0 MPa 이하

　　pH : 8~9.5, 경도 : 0 mg $CaCO_3$/L, 용존 산소 : 0.1 mg O/L 이하

② 최고사용압력이 3.0 MPa 초과 5.0 MPa 이하

　　pH : 8~9.5, 경도 : 0 mg $CaCO_3$/L, 용존 산소 : 0.03 mg O/L 이하

## 5-19 ∘ 수면계의 부착위치(안전저수위)

① 입형 횡관 보일러 : 화실 천장판에서 상부 75 mm 지점
② 직립형 연관 보일러 : 화실 관판 최고부 위 연관길이 1/3
③ 횡연관식 보일러 : 최상단 연관 최고부 위 75 mm
④ 노통 보일러 : 노통 최고부 위 100 mm
⑤ 노통 연관식 보일러
　• 연관이 높을 경우 : 최상단 부위 75 mm
　• 노통이 높을 경우 : 노즐 최상단 100 mm

## 5-20 ∘ 보일러 청소

① 내부 청소
　• 보일러 사용시간이 1500~2000시간 정도에서 청소를 하며 연간 1회 이상 청소를 실시한다.
　• 급수처리를 하지 않는 저압보일러는 연간 2회 이상 실시한다.
　• 본체나 노통 수관, 연관 등에 부착한 스케일 두께가 1~1.5 mm 정도 달하면 청소한다.
② 외부 청소
　• 장기간 매연이 발생할 경우에 실시하며 월 2회 정도 청소한다.
　• 통풍력이 갑자기 저하되거나 배기가스 온도가 급격히 높아지는 경우
　• 보일러 증기 발생시간이 길어지는 경우
　• 수트 블로어를 연관 내경보다 조금 작은 것을 사용한다.

## ◉ 관류 보일러 계통도 설명

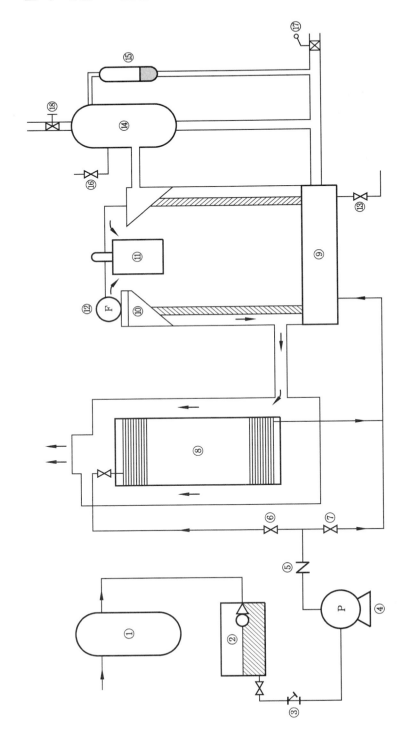

### 1 연수기(경수 연화 장치)

연수기는 물속의 경도를 제거하는 장치(물속 $Ca^{2+}$, $Mg^{2+}$ 이온을 제거하는 장치)로 양이온교환수지 과정을 거쳐 경수(센물)를 연수(단물)로 만드는 장치이다. 양이온 교환수지는 연수기에 공급되는 물의 성분 중에서 칼슘과 마그네슘을 이온교환으로 흡착하여 없애는 것이다. 일정량의 연수를 생산하면 이온교환반응의 효율이 떨어진다. 이때 일정량의 소금을 넣어 세척해 주면 다시 사용이 가능하다.

### 2 급수 탱크

보일러용 급수를 저장하는 탱크로서 고가 탱크, 옥상 탱크, 압력 탱크 등이 있다.

① 수도직결방식 : 도로에 매설되어 있는 수도 본관에서 수도관을 연결하여 건물 내의 필요한 곳에 직접 급수하는 방식으로 1~2층 정도의 낮은 건물이나 주택과 같은 소규모 건축물에 이용된다.

  ※ 양수펌프가 필요 없으며 정전 시 단수되지 않는다.

② 옥상(고가)탱크방식 : 물을 지하 저수조로 공급하여 이를 양수 펌프를 이용하여 고가수조로 양수한 후 낙차를 이용하여 하향 급수관으로 급수하는 방식

  상수 → 지하수조 → 양수 펌프 → 고가(옥상) 수조 → 급수관 → 각 수전

  ㈎ 대용량의 급수에 적합하며 단수 시에도 일정 시간 동안 급수가 가능하다.

  ㈏ 급수 오염 가능성이 가장 크며 설비비가 비싸다.

③ 저수조의 용량 : 일반적으로 1일 급수량 이상으로 하며 소화용수는 저수조에 2/3, 옥상 탱크에 1/3을 저장한다.

④ 옥상탱크의 용량 1시간＝최대사용량($m^3$)×1~3시간

  ㈎ 응축수 탱크 : 증기가 응축된 응축수가 모이는 곳이고 대부분 증기로 열사용을 하고 나면 응축수로 변하게 되는데 재사용하면 효율이 좋아진다.

  ㈏ 응축수 탱크는 주기적으로 비우거나 점검하여야 한다. 만약 운전자가 응축수 탱크를 점검하지 않으면 수위가 높아져 넘칠 수 있으므로 에너지 손실을 초래하기 때문이다.

  ㈐ 집수정 : 지하에 물이 고이지 않게끔 유지시켜 주는 역할

### 3 급수 스트레이너

보일러에서 급수할 때 불순물을 걸러내는 장치로 재료는 주로 철망·직포·거름종이·유리솜·다공관 등이 사용된다.

**4 급수 펌프**
① 고속 회전에도 안전할 것
② 유량 변동에도 효율적일 것
③ 병렬 운전에 지장이 없는 것일 것
※ 종류
  ㉮ 왕복식 : 피스톤, 플런저
  ㉯ 원심식 : 벌류트, 터빈

**5 체크 밸브**
유체를 한쪽 방향으로만 흐르게 하는 밸브로 스윙형은 수직, 수평배관에 모두 사용 가능하며 리프트형은 수평배관에만 사용 가능하다.

**6 급수 예열기 입구 밸브**

**7 급수 예열기 바이패스 밸브**

**8 급수 예열기**
보일러를 가동하고 나오는 배기가스의 폐열을 이용하여 급수온도를 상승시키고 보일러 효율을 높이며 연료를 절감하는 장치로 절탄기 또는 이코노마이저라고도 한다.

**9 하부 헤더**
예열기를 거쳐 들어오는 보일러수가 모이는 곳

**10 상부 헤더**
가열되어 스팀이 된 증기가 모인 곳

**11 가스버너**
보일러수를 스팀으로 만들기 위해 가열해 주는 곳

**12 송풍기**
보일러 노통 내에 원활한 연소를 위해 공기를 공급해 주는 역할

**13 관체 블로 밸브**
불순물의 침전은 물이 증기로 전환되는 경우 스케일을 형성하여 열의 흐름을 방해하고 절연층 역할을 하며 유체의 흐름 속도를 방해하므로 이를 신속히 방출하는 역할을 한다.

🏷 **스팀 헤더**

상부 헤드에 모인 스팀을 주 배관으로 일정하게 공급하기 위한 장소

🏷 **수면계**

보일러통 또는 드럼 내부 등의 수면을 외부에 나타내는 계기

🏷 **공기빼기 밸브**

유체의 흐름이 공기로 인하여 방해되는 것을 방지하기 위하여 설비 내에 설치하여 존재하는 공기를 배제할 목적으로 설치하는 밸브

🏷 **수면계 글로브 밸브**

🏷 **주증기 밸브**

◆ **급탕설비**

물을 가열하여 필요한 장소에 온수를 공급하는 설비

① 내분식 연소실 : 보일러 본체 내에서 연소가 이루어진다(현재 거의 사용되지 않는다).
  ㉮ 장점
- 설치면적이 작으며 설치가 용이하다.
- 복사열의 흡수가 크며 열손실이 적다.

  ㉯ 단점
- 양질의 연료를 사용하여야 하며 완전연소가 불가능하다.
- 역화(逆火)나 가스폭발의 위험성이 크다.

② 외분식 연소실 : 보일러 본체 외부에 내화벽돌로 연소실을 만들어 사용한다(수관식 보일러).
  ㉮ 장점
- 노내의 온도가 내분식보다 높으며 열등탄 연료 사용도 가능하다.
- 연소효율이 높고 완전연소가 가능하다.

  ㉯ 단점
- 설치 시 장소를 많이 차지하며 제작비가 많이 든다.
- 복사열의 흡수가 적으며 열손실이 많다.

◆ **보일러 마력**

1시간에 100℃ 물 15.65 kg을 100℃ 증기로 증발시키는 능력

① 1마력의 상당증발량($G_e$) = 15.65 kg/h

② 1보일러 마력 = 15.65 × 2256.25 = 35310.3 kJ/h

◆ **열출력(유효열, 유효출력, 정격출력), $Q$(단위 : kJ/h)**

$$Q = G \times (h'' - h') = G_e \times 2256.25$$

여기서, $G$ : 증기량(급수량), 증기발생량(단위 : kg/h)

$\quad\quad h''$ : (과열)증기엔탈피(단위 : kJ/kg)

$\quad\quad h'$ : 급수엔탈피(단위 : kJ/kg)

$\quad\quad G_e$ : 상당증발량(단위 : kg/h)

$\quad\quad 2256.25$ : 증발잠열(100℃ 물→100℃ 증기)(단위 : kJ/kg)

◆ **상당증발량(환산증발량), $G_e$(단위 : kg/h)**

보일러에서 증기 생성을 위하여 사용한 열량과 같은 열량으로 100℃의 물에서 100℃의 증기를 생성하였을 때 발생한 증기량으로 환산한 값

$$G_e = \frac{G \times (h'' - h')}{2256.25} \ (100℃ \ 물→100℃ \ 증기)$$

◆ **보일러에 사용하는 배관**

① 급수 급탕관이 난방 코일 배관용으로 사용되는 P.B(폴리부틸렌 수지를 원료) 파이프는 유연성이 좋아 시공이 용이하며 수명도 반영구적이어서 많이 사용된다.

② 난방코일 배관용으로 사용되는 XL 파이프(폴리에틸렌)는 유연성이 양호하고 부식의 우려가 없으나 열전도율이 저하되며 강도가 약하여 파손 우려가 있다.

③ 동관은 전열 및 효율성이 우수하고 가공이 용이하므로 급수 급탕관이나 난방코일 및 냉난방 배관용으로 많이 사용되지만 단가가 비싸다.

④ 강관은 동관 다음으로 열전도율이 좋으나 유연성이 부족하고 부식이 심하므로 급수, 급탕관으로 사용하지 않고 주로 일반배관, 가스관, 소화배관 등에 사용한다.

에 너 지 관 리 기 사

**Part 2**

# 과목별
# 과년도 출제문제

# 1과목 연소공학

**1.** 연소의 정의를 가장 옳게 나타낸 것은? [2016. 5. 8.]
① 연료가 환원하면서 발열하는 현상
② 화학변화에서 산화로 인한 흡열 반응
③ 물질의 산화로 에너지의 전부가 직접 빛으로 변하는 현상
④ 온도가 높은 분위기 속에서 산소와 화합하여 빛과 열을 발생하는 현상

해설 연소는 3요소와 연쇄반응으로 빛과 열을 발생하는 현상이다.
※ 연소의 3요소 : 가연물질, 산소공급원, 점화원

**2.** 일반적인 정상연소의 연소속도를 결정하는 요인으로 가장 거리가 먼 것은? [2020. 8. 22.]
① 산소농도      ② 이론공기량
③ 반응온도      ④ 촉매

해설 정상연소의 연소속도를 결정하는 요인
• 산소농도
• 반응온도
• 산화속도
• 촉매

**3.** 연소를 계속 유지시키는 데 필요한 조건에 대한 설명으로 옳은 것은? [2017. 5. 7.]
① 연료에 산소를 공급하고 착화온도 이하로 억제한다.
② 연료에 발화온도 미만의 저온 분위기를 유지시킨다.
③ 연료에 산소를 공급하고 착화온도 이상으로 유지한다.
④ 연료에 공기를 접촉시켜 연소속도를 저하시킨다.

해설 연소의 3요소는 가연물질(연료), 산소공급원, 점화원이며 연쇄반응이 지속적으로 일어나기 위해서는 3요소가 모두 갖추어져야 한다. 즉, 가연물질에 산소가 계속 공급되어야 하며 착화온도 이상으로 유지하여야 한다.

정답 ● 1. ④   2. ②   3. ③

**4.** 다음 중 일반적으로 연료가 갖추어야 할 구비조건이 아닌 것은? [2017. 5. 7.]

① 연소 시 배출물이 많아야 한다.

② 저장과 운반이 편리해야 한다.

③ 사용 시 위험성이 적어야 한다.

④ 취급이 용이하고 안전하며 무해하여야 한다.

해설 일반적인 연료는 완전 연소 후 배출되는 물질이 적을수록 좋다.

**5.** 연료를 구성하는 가연 원소로만 나열된 것은? [2019. 9. 21.]

① 질소, 탄소, 산소　　　　② 탄소, 질소, 불소

③ 탄소, 수소, 황　　　　　④ 질소, 수소, 황

해설 가연 원소는 탈 수 있는 원소로 산소와 반응하여 발열반응을 하는 것이다. 질소는 불연성 원소이다.

**6.** 이론공기량의 정의로 옳은 것은? [2015. 9. 19.]

① 연소장치의 공급 가능한 최대의 공기량

② 단위량의 연료를 완전 연소시키는 데 필요한 최대의 공기량

③ 단위량의 연료를 완전 연소시키는 데 필요한 최소의 공기량

④ 단위량의 연료를 지속적으로 연소시키는 데 필요한 최대의 공기량

해설 이론공기량은 일정한 양의 연료에 포함되어 있는 탄소·수소 등의 가연성분을 완전 연소시킬 때의 화학 변화에서 구한 최소한도 필요 공기의 양이다.

**7.** 다음 중 연소온도에 가장 많은 영향을 주는 것은? [2015. 3. 8.]

① 외기온도

② 공기비

③ 공급되는 연료의 현열

④ 열매체의 온도

해설 공기비가 크면 연소실 내의 연소온도가 저하하며 배기가스에 의한 열손실이 많아진다. 또한 공기비가 작으면 불완전 연소가 되어 매연 발생이 심하다. 따라서 연소온도에 가장 많은 영향을 주는 것은 공기비이다.

정답 ● 4. ①　5. ③　6. ③　7. ②

**8.** 1차, 2차 연소 중 2차 연소란 어떤 것을 말하는가? [2015. 3. 8.] [2017. 9. 23.]

① 공기보다 먼저 연료를 공급했을 경우 1차, 2차 반응에 의해서 연소하는 것
② 불완전 연소에 의해 발생한 미연가스가 연도 내에서 다시 연소하는 것
③ 완전 연소에 의한 연소가스가 2차 공기에 의해서 폭발되는 것
④ 점화할 때 착화가 늦었을 경우 재점화에 의해서 연소하는 것

**해설** • 1차 연소 : 연소실 내에서 이루어지는 정상연소
• 2차 연소 : 연도 등에서 이루어지는 미연가스가 다시 연소하는 현상

**9.** 위험성을 나타내는 성질에 관한 설명으로 옳지 않은 것은? [2019. 3. 3.] [2021. 5. 15.]

① 착화온도와 위험성은 반비례한다.
② 비등점이 낮으면 인화 위험성이 높아진다.
③ 인화점이 낮은 연료는 대체로 착화온도가 낮다.
④ 물과 혼합하기 쉬운 가연성 액체는 물과의 혼합에 의해 증기압이 높아져 인화점이 낮아진다.

**해설** 물과 혼합한 용액은 증기압이 낮아지는 반면 인화점은 높아진다.

**10.** 증기의 성질에 대한 설명으로 틀린 것은? [2019. 3. 3.]

① 증기의 압력이 높아지면 증발열이 커진다.
② 증기의 압력이 높아지면 비체적이 감소한다.
③ 증기의 압력이 높아지면 엔탈피가 커진다.
④ 증기의 압력이 높아지면 포화온도가 높아진다.

**해설** 증기는 압력이 낮아질수록 증발잠열이 증가하게 된다.

**11.** 목탄이나 코크스 등 휘발분이 없는 고체연료에서 일어나는 일반적인 연소 형태는? [2019. 3. 3.]

① 표면연소　　　　　　　　② 분해연소
③ 증발연소　　　　　　　　④ 확산연소

**해설** 연소의 종류
• 표면연소 : 휘발성 성분이 없는 고체연료의 연소 형태 예 코크스, 목탄
• 분해연소 : 열분해에 의해 가연성 가스가 발생하고 이로 인하여 연소하며, 고체, 액체연료의 두 가지 연소 형태로 존재한다. 예 목재, 석탄, 타르
• 증발연소 : 열을 가하면 가연성 증기가 발생하면서 연소된다. 예 휘발유, 등유, 알코올, 벤젠
• 확산연소 : 공기와 혼합하여 확산연소된다. 예 LPG, LNG

**정답** 8. ②　　9. ④　　10. ①　　11. ①

**12.** 액체연료가 갖는 일반적이 특징이 아닌 것은? [2021. 5. 15.]

① 연소온도가 높기 때문에 국부과열을 일으키기 쉽다.
② 발열량은 높지만 품질이 일정하지 않다.
③ 화재, 역화 등의 위험이 크다.
④ 연소할 때 소음이 발생한다.

**해설** (1) 고체연료의 특징
- 인화·폭발 위험성이 작으며 간단하고 저렴한 연소장치
- 고체연료비가 클수록 발열량이 크다.

$$고체연료비 = \frac{고정탄소(\%)}{휘발분(\%)} \qquad 고정탄소(\%) = 100 - (휘발분 + 수분 + 회분)$$

- 연소 시 다량의 과잉공기가 필요하고 연소효율이 낮으며 연소 조절 어려움이 있다.
- 착화 및 소화가 힘들고 완전 연소가 어렵다.
- 연소 시 많은 매연과 회분 발생이 심하며 운반 및 취급이 어렵다.
- 구입이 용이하고 가격이 저렴하다.

(2) 액체연료의 특징
- 점화, 소화 및 연소 조절이 용이하며 고체연료보다 완전 연소가 용이하다.
- 품질이 일정하며 단위 중량당 발열량이 높으나 국부과열의 우려가 있다.
- 수송, 저장 및 취급이 용이하며 제품의 변질이 적다.
- 가격이 비싸며 취급 시 인화 및 역화 위험성이 크다.

(3) 기체연료의 특징
- 균일한 연소로 연소의 자동 제어에 적합하다.
- 가장 적은 공기비($m$)로 완전 연소가 가능하다.
- 연소효율이 높으며 연소 온도 조절, 점화 및 소화가 용이하다.

$$연소효율 = \frac{연소열}{발열량}$$

- 고체, 액체연료에 비하여 대기 오염도가 작으며 제조비용이 높다.
- 수송 및 저장의 어려움이 있으며 누출 및 폭발 위험성이 크다.

**13.** 기체연료에 대한 일반적인 설명으로 틀린 것은? [2021. 9. 12.]

① 회분 및 유해물질의 배출량이 적다.
② 연소 조절 및 점화, 소화가 용이하다.
③ 인화의 위험성이 적고 연소장치가 간단하다.
④ 소량의 공기로 완전 연소할 수 있다.

**해설** 기체연료는 수송 및 저장의 어려움이 있으며 누출 및 인화, 폭발 위험성이 크다.

**정답** 12. ② 13. ③

**14.** 기체연료의 일반적인 특징에 대한 설명으로 틀린 것은?          [2016. 10. 1.]
① 화염온도의 상승이 비교적 용이하다.
② 연소 후에 유해성분의 잔류가 거의 없다.
③ 연소장치의 온도 및 온도분포의 조절이 어렵다.
④ 액체연료에 비해 연소공기비가 적다.

**해설** 기체연료는 고체, 액체연료에 비해 온도 및 온도분포의 조절이 용이하다.

**15.** 기체연료의 장점이 아닌 것은?          [2021. 3. 7.]
① 연소 조절이 용이하다.               ② 운반과 저장이 용이하다.
③ 회분이나 매연이 적어 청결하다.        ④ 적은 공기로 완전 연소가 가능하다.

**해설** 기체연료(LNG, LPG)는 대부분 고압으로 유지되므로 고압가스 법에 적용되어 운반이나 저장에 어려움이 따른다.

**16.** 기체연료의 장점이 아닌 것은?          [2020. 9. 26]
① 열효율이 높다.
② 연소의 조절이 용이하다.
③ 다른 연료에 비하여 제조비용이 싸다.
④ 다른 연료에 비하여 회분이나 매연이 나오지 않고 청결하다.

**해설** 기체연료의 경우 액체, 고체연료에 비하여 제조비용이 비싸며 보관, 운반이 어렵다.

**17.** 기체연료의 특징으로 틀린 것은?          [2017. 3. 5.]
① 연소효율이 높다.                  ② 고온을 얻기 쉽다.
③ 단위 용적당 발열량이 크다.          ④ 누출되기 쉽고 폭발의 위험성이 크다.

**해설** 단위 용적당 발열량이 큰 것은 고체연료이다.

**18.** 제조 기체연료에 포함된 성분이 아닌 것은?          [2020. 9. 26.]
① C                              ② $H_2$
③ $CH_4$                         ④ $N_2$

**해설** 제조 기체연료는 가공 기체연료라고도 하며, 주성분은 $H_2$, $O_2$, $CH_4$, $CO_2$, $N_2$ 등이다.

**정답** ► **14.** ③   **15.** ②   **16.** ③   **17.** ③   **18.** ①

**19.** 기체연료의 연소 방법에 해당하는 것은? [2016. 10. 1]
① 증발연소      ② 표면연소
③ 분무연소      ④ 확산연소

**해설** 기체연료는 확산연소 또는 예혼합연소 방식이다. 확산연소란 연료와 산소가 반응하여 확산하면서 연소하는 것이며 예혼합연소는 가연성 기체와 지연성 기체가 미리 혼합된 상태에서 연소하는 것이다. 확산연소와 예혼합연소의 차이점은 열방출 속도, 화염전파 유무, 재해형태 등에 의해 구분된다.

**20.** 기체연료가 다른 연료에 비하여 연소용 공기가 적게 소요되는 가장 큰 이유는? [2019. 3. 3]
① 확산연소가 되므로      ② 인화가 용이하므로
③ 열전도도가 크므로      ④ 착화온도가 낮으므로

**해설** 기체연료는 공기와 혼합하여 확산연소한다.

**21.** 다음 기체연료에 대한 설명 중 틀린 것은? [2018. 9. 15.]
① 고온연소에 의한 국부가열의 염려가 크다.
② 연소조절 및 점화, 소화가 용이하다.
③ 연료의 예열이 쉽고 전열효율이 좋다.
④ 적은 공기로 완전 연소시킬 수 있으며 연소효율이 높다.

**해설** 기체연료는 주로 확산연소가 많이 일어나며 국부연소는 고체연료에서 발생한다.

**22.** 기체연료의 연소속도에 대한 설명으로 틀린 것은? [2015. 5. 31.]
① 연소속도는 가연한계 내에서 혼합기체의 농도에 영향을 크게 받는다.
② 연소속도는 메탄의 경우 당량비가 1.1 부근에서 최저가 된다.
③ 보통의 탄화수소와 공기의 혼합기체 연소속도는 약 40~50 cm/s 정도로 느린 편이다.
④ 혼합기체의 초기온도가 올라갈수록 연소속도도 빨라진다.

**해설** 당량비($\phi$)는 공기 과잉률의 역수로서 공기비를 기준으로 한 값이다.
- $\phi = \dfrac{\text{이론 공연비}}{\text{실제 공급 공연비}}$
- $\phi > 1.0$이면 연소 공정은 연료 부족 또는 산소 과잉 운전
- $\phi < 1.0$이면 공기 부족 또는 연료 과잉 공급

**정답** 19. ④   20. ①   21. ①   22. ②

**23.** 고체연료에 비해 액체연료의 장점에 대한 설명으로 틀린 것은? [2021. 9. 12.]
① 화재, 역화 등의 위험이 적다. ② 회분이 거의 없다.
③ 연소효율 및 열효율이 좋다. ④ 저장운반이 용이하다.

**해설** 액체연료의 경우 흐름에 역류가 일어날 경우 역화의 위험이 있다.

**24.** 액체연료가 갖는 일반적인 특징이 아닌 것은? [2015. 3. 8.]
① 연소온도가 높기 때문에 국부과열을 일으키기 쉽다.
② 발열량은 높지만 품질이 일정하지 않다.
③ 화재, 역화 등의 위험이 크다.
④ 연소할 때 소음이 발생한다.

**해설** ②항은 고체연료에 대한 설명이다.

**25.** 액체연료에 대한 가장 적합한 연소 방법은? [2020. 6. 6.]
① 화격자 연소 ② 스토커 연소
③ 버너연소 ④ 확산연소

**해설** 연료에 따른 연소 방법
• 기체연료 : 확산연소
• 액체연료 : 버너연소
• 고체연료 : 화격자 연소, 스토커 연소

**26.** 액체연료의 연소 방법으로 틀린 것은? [2020. 9. 26.]
① 유동층 연소 ② 등심연소 ③ 분무연소 ④ 증발연소

**해설** 유동층 연소 : 고체연료를 사용할 경우 유동층 연소실 내에서 고체연료가 연소실 하부에서 공급되는 1차 연소공기에 의해 층을 형성시켜주는 매체로, 유동층 연소 보일러는 연료 및 노내 탈황을 위한 석회석을 혼합, 연소시키며, 연소열에 의해 증기를 발생시키는 형식의 보일러이다.

**27.** 액체연료의 유동점은 응고점보다 몇 ℃ 높은가? [2019. 9. 21]
① 1.5 ② 2.0 ③ 2.5 ④ 3.0

**해설** 유동점은 응고점보다 2.5℃ 정도 높고 예열온도는 인화점보다 5℃ 낮다.

**정답** ● 23. ① 24. ② 25. ③ 26. ① 27. ③

**28.** 액체연료 중 고온 건류하여 얻은, 타르계 중유의 특징에 대한 설명으로 틀린 것은? [2020. 8. 22.]
① 화염의 방사율이 크다.　② 황의 영향이 적다.
③ 슬러지를 발생시킨다.　④ 석유계 액체연료이다.

**해설** 타르계 중유는 석탄을 저온 또는 고온하에서 건류할 때 부산물로서 얻어지는 기름이다. 고온 건류에서 얻은 타르가 콜타르(coal tar)이며 원료 석유의 4~5 %가 된다. 비중은 1.1~1.2이며 점도가 크다. 또 저온 건류에서 얻은 것이 저온 타르이며 원료탄의 약 10 %가 된다. 비중은 1이며 이들 타르류는 증류 기타 방법으로 정제되며 여기서 얻은 타르계 등유가 버너용 연료로 사용된다.

**29.** 액체의 인화점에 영향을 미치는 요인으로 가장 거리가 먼 것은? [2019. 4. 27.]
① 온도　② 압력
③ 발화지연시간　④ 용액의 농도

**해설** 발화지연시간은 가연성물질과 조연성물질 혼합물의 온도가 상승되는 시간으로부터 화재 및 폭발이 발생할 때까지의 경과되는 시간으로 인화점과는 무관하다.

**30.** 액체연료의 미립화 방법이 아닌 것은? [2019. 9. 21.]
① 고속기류　② 충돌식　③ 와류식　④ 혼합식

**해설** 액체연료의 미립화는 액체연료의 증발 표면적을 증가시켜 줌으로써 연소가 원활하게 이루어질 수 있는 것으로 고속기류식, 충돌식, 와류식 등이 있다.

**31.** 액체연료의 미립화 시 평균 분무입경에 직접적인 영향을 미치는 것이 아닌 것은? [2017. 5. 7.]
① 액체연료의 표면장력　② 액체연료의 점성계수
③ 액체연료의 탁도　④ 액체연료의 밀도

**해설** 탁도는 액체의 탁한 정도를 측정하는 지표로, 수질을 판단하기 위한 가장 간단하고 기본적인 척도이며 분무입경과는 무관하다.

**32.** 다음 액체연료 중 비중이 가장 낮은 것은? [2018. 9. 15.]
① 중유　② 등유
③ 경유　④ 가솔린

**정답** 28. ④　29. ③　30. ④　31. ③　32. ④

**해설** 물과 동일한 체적으로 중량을 비교한 것을 비중이라 한다.
- 중유 : 0.9~0.95
- 등유 : 0.8~0.84
- 경유 : 0.8~0.85
- 가솔린 : 0.75(휘발유)

---

**33.** 비중이 0.8(60°F/60°F)인 액체연료의 API도는? [2017. 5. 7.]

① 10.1 　　　　　　　　　② 21.9

③ 36.8 　　　　　　　　　④ 45.4

**해설** API도란 원유의 비중을 나타내는 지표이다.

$$API도 = \frac{141.5}{비중(60°F/60°F)} - 131.5 = \frac{141.5}{0.8} - 131.5 = 45.375$$

---

**34.** 고체연료의 일반적인 특징으로 옳은 것은? [2017. 3. 5.]

① 점화 및 소화가 쉽다. 　　　　② 연료의 품질이 균일하다.

③ 완전 연소가 가능하며 연소효율이 높다. ④ 연료비가 저렴하고 연료를 구하기 쉽다.

**해설** 고체연료는 성분이 일정하지 않아 완전 연소가 어렵지만 구입이 용이하며 경제적이다.

---

**35.** 고체연료의 일반적인 특징에 대한 설명으로 틀린 것은? [2016. 10. 1.]

① 회분이 많고 발열량이 적다.

② 연소효율이 낮고 고온을 얻기 어렵다.

③ 점화 및 소화가 곤란하고 온도조절이 어렵다.

④ 완전 연소가 가능하고 연료의 품질이 균일하다.

**해설** ④항은 기체연료에 대한 설명이다.

---

**36.** 고체연료의 연료비(fuel ratio)를 옳게 나타낸 것은? [2020. 6. 6.]

① 고정탄소(%) / 휘발분(%) 　　　② 휘발분(%) / 고정탄소(%)

③ 고정탄소(%) / 수분(%) 　　　　④ 수분(%) / 고정탄소(%)

**해설** 고체연료비 $= \dfrac{고정탄소(\%)}{휘발분(\%)}$

고정탄소(%) = 100 - (휘발분 + 수분 + 회분)

---

**정답** ● 33. ④　34. ④　35. ④　36. ①

**37.** 고체연료의 연소 방식으로 옳은 것은? [2020. 6. 6.]

① 포트식 연소    ② 화격자 연소    ③ 심지식 연소    ④ 증발식 연소

**해설** 연료에 따른 연소 방법
- 기체연료 : 확산연소
- 액체연료 : 버너연소
- 고체연료 : 화격자 연소, 스토커 연소

**38.** 고체연료의 일반적인 연소 반응의 종류로 틀린 것은? [2020. 6. 6.]

① 유동층 연소    ② 증발연소    ③ 표면연소    ④ 분해연소

**해설** 고체연료의 연소 형태
- 표면연소 : 열분해에 의해 가연성 가스를 발생하지 않고 그 물질 자체가 연소하는 현상 (금속분, 숯, 나트륨, 목탄, 코크스)
- 자기연소(내부연소) : 자체가 함유하고 있는 산소에 의해 연소하는 현상(히드라진류, 니트로화합물류, 셀룰로이드류, 질산에스테르류(질화면))
- 분해연소 : 열분해에 의한 가연성 가스가 공기와 혼합하여 연소하는 현상(종이, 석탄, 목재, 섬유, 플라스틱)
- 증발연소 : 물질의 표면에서 증발한 가연성 가스와 공기 중의 산소가 화합하여 연소하는 현상(유황, 나프탈렌, 파라핀(촛불), 왁스)

**39.** 품질이 좋은 고체연료의 조건으로 옳은 것은? [2020. 8. 22.]

① 고정탄소가 많을 것
② 회분이 많을 것
③ 황분이 많을 것
④ 수분이 많을 것

**해설** 고체연료의 특징 : 고체연료비가 클수록 발열량이 크다(고정탄소가 많다).
고체연료비 = 고정탄소(%)/휘발분(%), 고정탄소(%) = 100 − (휘발분 + 수분 + 회분)

**40.** 고체연료의 연소가스 관계식으로 옳은 것은? (단, $G$ : 연소가스량, $G_o$ : 이론연소가스량, $A$ : 실제공기량, $A_o$ : 이론공기량, $a$ : 연소생성 수증기량) [2020. 6. 6.]

① $G_o = A_o + 1 - a$
② $G = G_o - A + A_o$
③ $G = G_o + A - A_o$
④ $G_o = A_o - 1 + a$

**정답** ● 37. ②   38. ①   39. ①   40. ③

**해설** 실제연소가스량 = 이론연소가스량 + 과잉공기량(실제공기량 − 이론공기량)

$$G = G_o + (A - A_o)$$

---

**41.** 고체연료의 연소 방법 중 미분탄연소의 특징이 아닌 것은? [2016. 10. 1.]

① 연소실의 공간을 유효하게 이용할 수 있다.
② 부하변동에 대한 응답성이 우수하다.
③ 소형의 연소로에 적합하다.
④ 낮은 공기비로 높은 연소효율을 얻을 수 있다.

**해설** 미분탄연소의 특징

• 화격자 연소보다 낮은 공기비로써 높은 연소효율을 얻을 수 있다.
• 적은 공기비로 완전 연소가 가능하다.
• 점화, 소화가 쉽고 부하변동에 대응하기 쉽다.
• 대용량에 적당하고, 사용 연료 범위가 넓다.
• 분진처리시설이 필요하므로 설비비, 유지비가 많이 소요된다.
• 연소실 면적이 크고, 폭발의 위험성이 있다.

---

**42.** 미분탄연소의 일반적인 특징에 대한 설명으로 틀린 것은? [2015. 3. 8.]

① 사용 연료의 범위가 좁다.
② 소량의 과잉공기로 단시간에 완전 연소가 되므로 연소효율이 높다.
③ 부하변동에 대한 적응성이 좋다.
④ 회(灰), 먼지 등이 많이 발생하여 집진장치가 필요하다.

**해설** 미분탄연소는 대용량에 적당하고, 사용 연료 범위가 넓다.

---

**43.** 가연성 액체에서 발생한 증기의 공기 중 농도가 연소범위 내에 있을 경우 불꽃을 접근시키면 불이 붙는데 이때 필요한 최저온도를 무엇이라고 하는가? [2021. 3. 7.]

① 기화온도          ② 인화온도
③ 착화온도          ④ 임계온도

**해설** 인화온도와 착화온도

• 인화온도 : 점화원에 의해 연소할 수 있는 최저온도
• 착화(발화)온도 : 점화원 없이 일정 온도에 달하면 스스로 연소할 수 있는 최저온도

**정답** ● 41. ③  42. ①  43. ②

**44.** 착화열에 대한 설명으로 옳은 것은? [2015. 3. 8.]
① 연료가 착화해서 발생하는 전 열량
② 외부로부터의 점화에 의하지 않고 스스로 연소하여 발생하는 열량
③ 연료 1 kg이 착화하여 연소할 때 발생하는 총 열량
④ 연료를 최초의 온도부터 착화온도까지 가열하는 데 사용된 열량

**해설** 문제 43번 해설 참조

**45.** 다음 중 착화온도가 가장 높은 연료는? [2017. 9. 23.]
① 갈탄　　　　　② 메탄　　　　　③ 중유　　　　　④ 목탄

**해설** 착화온도
• 갈탄 : 254℃
• 중유 : 530~580℃
• 메탄 : 650~750℃
• 목탄 : 360~400℃

**46.** 화염온도를 높이려고 할 때 조작 방법으로 틀린 것은? [2016. 10. 1.] [2020. 8. 22.]
① 공기를 예열한다.
② 과잉공기를 사용한다.
③ 연료를 완전 연소시킨다.
④ 노벽 등의 열손실을 막는다.

**해설** 과잉공기를 사용하면 열손실이 많아지므로 연소실 온도는 낮아지게 된다.
(1) 공기비가 클 때 연소에 미치는 영향
• 연소실 내의 연소온도가 저하한다.
• 통풍력이 강하여 배기가스에 의한 열손실이 많아진다.
• 연소가스 중에 SOx의 함유량이 많아져서 저온부식이 촉진된다.
(2) 공기비가 작을 때 연소에 미치는 영향
• 불완전 연소가 되어 매연 발생이 심하다.
• 미연소에 의한 열손실이 증가한다.
• 미연소 가스로 인한 폭발사고가 일어나기 쉽다.

**47.** 폭굉 현상에 대한 설명으로 옳지 않은 것은? [2017. 9. 23.] [2021. 5. 15.]
① 확산이나 열전도의 영향을 주로 받는 기체역학적 현상이다.
② 물질 내에 충격파가 발생하여 반응을 일으킨다.
③ 충격파에 의해 유지되는 화학 반응 현상이다.
④ 반응의 전파속도가 그 물질 내에서 음속보다 빠른 것을 말한다.

해설 • 폭굉(detonation) : 폭발 중에서도 격렬한 폭발로서 화염의 전파속도가 음속보다 빠른 경우로 파면선단에 충격파라고 하는 강력하게 솟구치는 압력파가 형성되는 폭발로 폭굉속도가 클수록 파괴 작용은 격렬해진다.
  • 폭연(deflagration) : 폭연은 폭굉과 반대되는데, 폭발속도가 음속보다 느리며, 연속적이다.
  ※ 폭굉유도거리가 짧아지는 조건
   • 정상연소속도가 큰 혼합가스일수록
   • 관 속에 방해물이 있거나 관경이 가늘수록
   • 공급압력이 높을수록
   • 점화원 에너지가 강할수록

---

**48.** 가스 연소 시 강력한 충격파와 함께 폭발의 전파속도가 초음속이 되는 현상은? [2021. 9. 12.]
  ① 폭발연소　　　　　　　　　② 충격파연소
  ③ 폭연(deflagration)　　　　　④ 폭굉(detonation)

해설 문제 47번 해설 참조

---

**49.** 다음 연소범위에 대한 설명 중 틀린 것은? [2019. 9. 21.]
  ① 연소 가능한 상한치와 하한치의 값을 가지고 있다.
  ② 연소에 필요한 혼합 가스의 농도를 말한다.
  ③ 연소범위가 좁으면 좁을수록 위험하다.
  ④ 연소범위의 하한치가 낮을수록 위험도는 크다.

해설 연소범위는 폭발범위라고도 하며 폭발하한치가 낮을수록, 폭발상한치가 높을수록 위험도는 증가한다. 또한, 압력이 높을수록 폭발범위는 넓어진다.

---

**50.** 가연성 혼합 가스의 폭발한계 측정에 영향을 주는 요소로 가장 거리가 먼 것은? [2019. 9. 21.]
  ① 온도
  ② 산소농도
  ③ 점화에너지
  ④ 용기의 두께

해설 가연성 혼합 가스의 폭발한계 측정에 영향을 주는 요소 : 주위 온도가 높을수록, 공급압력이 높을수록, 점화원 에너지가 강할수록, 정상 연소속도가 클수록, 산소의 농도가 높을수록 가연성 혼합 가스의 폭발한계치는 증가하게 된다.

---

정답 ● 48. ④　49. ③　50. ④

**51.** 다음 기체 중 폭발범위가 가장 넓은 것은? [2018. 3. 4.]

① 수소      ② 메탄      ③ 벤젠      ④ 프로판

해설 폭발범위
- 아세틸렌 : 2.5~81 %
- 수소 : 4~75 %
- 메탄 : 5~15 %
- 부탄 : 1.8~8.4 %
- 산화에틸렌 : 3~80 %
- 일산화탄소 : 12.5~74 %
- 프로판 : 2.2 ~ 9.5 %
- 벤젠 : 1.4~7.1 %

**52.** 각종 천연가스(유전가스, 수용성가스, 탄전가스 등)의 주성분은? [2016. 3. 6.]

① $CH_4$      ② $C_2H_6$      ③ $C_3H_8$      ④ $C_4H_{10}$

해설
- 액화천연가스(LNG)의 주성분 : 메탄($CH_4$)
- 액화석유가스(LPG)의 주성분 : 프로판($C_3H_8$), 부탄($C_4H_{10}$)

**53.** $1\,Nm^3$의 질량이 $2.59\,kg$인 기체는 무엇인가? [2020. 8. 22.]

① 메테인($CH_4$)      ② 에테인($C_2H_6$)
③ 프로페인($C_3H_8$)      ④ 뷰테인($C_4H_{10}$)

해설 $1\,Nm^3$의 질량이 $2.59\,kg \longrightarrow 2.59\,kg/1\,Nm^3$
표준상태에서의 기체의 부피는 $22.4\,Nm^3$이다.
∴ $2.59\,kg/1\,Nm^3 \times 22.4\,Nm^3 = 58.016\,kg$(기체의 분자량)
※ 메테인($CH_4$) = 16, 에테인($C_2H_6$) = 30, 프로페인($C_3H_8$) = 44, 뷰테인($C_4H_{10}$) = 58

**54.** 다음 중 분해폭발성 물질이 아닌 것은? [2018. 4. 28.]

① 아세틸렌      ② 히드라진      ③ 에틸렌      ④ 수소

해설 분해폭발 : 공기와 산소가 혼합하지 않더라도 가연성가스 자체의 분해 반응열에 의해 폭발하는 현상으로 아세틸렌, 산화에틸렌, 에틸렌, 히드라진, 오존, 아산화질소, 산화질소 등이 있다.

**55.** 다음 중 연소온도에 직접적인 영향을 주는 요소로 가장 거리가 먼 것은? [2017. 9. 23.]

① 공기 중의 산소농도      ② 연료의 저위발열량
③ 연소실의 크기      ④ 공기비

정답 ▶ **51.** ①   **52.** ①   **53.** ④   **54.** ④   **55.** ③

**해설** 연소온도에 직접적인 영향을 주는 요소로 공기비 및 산소의 농도가 큰 영향을 미치며 연료의 저위발열량, 연소기의 효율 등이 영향을 미친다.

---

**56.** 공기나 연료의 예열효과에 대한 설명으로 옳지 않은 것은?  [2017. 9. 23.]
① 연소실 온도를 높게 유지
② 착화열을 감소시켜 연료를 절약
③ 연소효율 향상과 연소상태의 안정
④ 이론공기량이 감소함

**해설** 공기나 연료를 예열하면 예열하는 만큼 실제공기량은 감소하지만 이론공기량은 항상 일정하게 유지된다.

---

**57.** 다음 연소범위에 대한 설명으로 옳은 것은?  [2017. 9. 23.]
① 온도가 높아지면 좁아진다.
② 압력이 상승하면 좁아진다.
③ 연소상한계 이상의 농도에서는 산소농도가 너무 높다.
④ 연소하한계 이하의 농도에서는 가연성 증기의 농도가 너무 낮다.

**해설** 연소범위는 폭발범위라고도 하며 폭발하한이 낮을수록, 폭발상한이 높을수록 위험도는 증가한다. 또한, 압력이 증가할수록 폭발하한은 거의 변화가 없으나 폭발상한이 증가한다. 연소상한계 이상의 농도에서는 연소물질의 농도가 증가하므로 산소농도가 상대적으로 낮아진다.

---

**58.** 일반적인 천연가스에 대한 설명으로 가장 거리가 먼 것은?  [2017. 5. 7]
① 주성분은 메탄이다.
② 발열량이 비교적 높다.
③ 프로판가스보다 무겁다.
④ LNG는 대기압하에서 비등점이 −162℃인 액체이다.

**해설** 천연가스(LNG)는 주로 메탄(분자량 : 16)이며, 액화석유가스(LPG)의 주성분은 프로판(분자량 : 44)이다.
∴ 천연가스는 공기보다 가볍고 프로판은 공기보다 무겁다.

---

**59.** 액화석유가스(LPG)의 성질에 대한 설명으로 틀린 것은?  [2018. 3. 4.]
① 인화폭발의 위험성이 크다.
② 상온, 대기압에서는 액체이다.
③ 가스의 비중은 공기보다 무겁다.
④ 기화잠열이 커서 냉각제로도 이용 가능하다.

---

**정답** ⟶ 56. ④   57. ④   58. ③   59. ②

**해설** 액화석유가스(LPG)는 프로판과 부탄이 주성분이며 각각의 비등점은 $-42.1℃$, $-0.5℃$로 상온, 대기압에서 기체 상태이다.

---

**60.** LPG 용기의 안전관리 유의사항으로 **틀린** 것은? [2020. 8. 22.]

① 밸브는 천천히 열고 닫는다.
② 통풍이 잘되는 곳에 저장한다.
③ 용기의 저장 및 운반 중에는 항상 40℃ 이상을 유지한다.
④ 용기의 전락 또는 충격을 피하고 가까운 곳에 인화성 물질을 피한다.

**해설** 고압가스에 해당되는 용기는 40℃ 이하로 운반 또는 저장하여야 한다.

---

**61.** 메탄 50 V%, 에탄 25 V%, 프로판 25 V%가 섞여 있는 혼합 기체의 공기 중에서 연소하한계는 약 몇 % 인가? (단, 메탄, 에탄, 프로판의 연소하한계는 각각 5 V%, 3 V%, 2.1 V%이다.) [2017. 3. 5] [2020. 9. 26]

① 2.3      ② 3.3      ③ 4.3      ④ 5.3

**해설** 르 샤틀리에 공식에 의하여 $\dfrac{100}{L} = \dfrac{50}{5} + \dfrac{25}{3} + \dfrac{25}{2.1}$

∴ $L = 3.3\%$

---

**62.** 탄소 1 kg의 연소에 소요되는 공기량은 약 몇 $Nm^3$인가? [2018. 9. 15.]

① 5.0      ② 7.0      ③ 9.0      ④ 11.0

**해설** $C + O_2 \rightarrow CO_2$

$12\,kg : \dfrac{22.4\,Nm^3}{0.21}$

$1\,kg : X$

$X = \dfrac{1\,kg \times 22.4\,Nm^3}{0.21 \times 12\,kg} = 8.888 = 9.0\,Nm^3$

---

**63.** 일산화탄소 $1\,Nm^3$를 연소시키는 데 필요한 공기량($Nm^3$)은 약 얼마인가? [2017. 3. 5.]

① 2.38      ② 2.67      ③ 4.31      ④ 4.76

**해설** $CO + \dfrac{1}{2}O_2 \rightarrow CO_2$에서 $1 : 0.5$(체적비)이므로

∴ 필요한 공기량($Nm^3$) $= \dfrac{0.5\,Nm^3}{0.21} = 2.38\,Nm^3$

---

**정답** 60. ③   61. ②   62. ③   63. ①

**64.** 열효율 향상 대책이 아닌 것은? [2016. 5. 8.]

① 과잉공기를 증가시킨다.
② 손실열을 가급적 적게 한다.
③ 전열량이 증가되는 방법을 취한다.
④ 장치의 최적 설계조건과 운전조건을 일치시킨다.

해설 과잉공기량(공기비)이 증가하면 배기가스가 증가하므로 환경오염 및 열손실이 증가하고, 연소실 온도가 낮아져 열효율이 저하된다.

**65.** 최소 점화에너지에 대한 설명으로 틀린 것은? [2017. 5. 7.]

① 혼합기의 종류에 의해서 변한다.
② 불꽃 방전 시 일어나는 에너지의 크기는 전압의 제곱에 비례한다.
③ 최소 점화에너지는 연소속도 및 열전도가 작을수록 큰 값을 갖는다.
④ 가연성 혼합기체를 점화시키는 데 필요한 최소 에너지를 최소 점화에너지라 한다.

해설 최소 점화에너지는 인화성 가스나 액체의 증기 또는 폭발성 물질이 연소범위 내에 있을 때 점화시키는 데 필요한 최소의 에너지로 압력이 높을수록, 산소농도가 증가할수록, 연소속도 및 열전도가 작을수록 낮아진다.

**66.** 다음 중 중유의 성질에 대한 설명으로 옳은 것은? [2021. 3. 7.]

① 점도에 따라 1, 2, 3급 중유로 구분한다.
② 원소 조성은 H가 가장 많다.
③ 비중은 약 0.72~0.76 정도이다.
④ 인화점은 약 60~150℃ 정도이다.

해설 중유의 성질 : 점도에 따라 A, B, C급 중유(A, B, C 중유 순으로 점도가 높고 황 성분이 많다)로 구분하며 탄소 함유량이 크고 비중은 0.95 정도이다.

**67.** 중유에 대한 설명으로 틀린 것은? [2020. 9. 26.]

① A중유는 C중유보다 점성이 작다.
② A중유는 C중유보다 수분 함유량이 작다.
③ 중유는 점도에 따라 A급, B급, C급으로 나뉜다.
④ C중유는 소형 디젤 기관 및 소형 보일러에 사용된다.

**해설** A, B, C중유의 용도
- A중유 : 어선의 내연기관용
- B중유 : 중유의 가열설비를 갖추지 않은 중·소형 공장 등의 보일러용
- C중유 : 대규모 산업 보일러용

---

**68.** 중유의 탄수소비가 증가함에 따른 발열량의 변화는? [2019. 3. 3.] [2021. 5. 15.]

① 무관하다. ② 증가한다.

③ 감소한다. ④ 초기에는 증가하다가 점차 감소한다.

**해설** 중유의 탄수소비(C/H) 증가에 따른 변화
- 수소수가 감소하므로 발열량은 감소하게 된다.
- 탄소수가 증가하므로 착화온도가 높아진다.
- 연소 시 불완전 연소로 그을음이 발생한다.

---

**69.** 다음 중 중유의 착화온도($℃$)로 가장 적합한 것은? [2019. 3. 3.]

① 250~300 ② 325~400 ③ 400~440 ④ 530~580

**해설** 착화점
- 등유 : 250℃
- 경유 : 260℃
- 가솔린 : 300℃
- 중유 : 580℃

---

**70.** 다음 중 중유 연소의 장점이 아닌 것은? [2018. 4. 28.]

① 회분을 전혀 함유하지 않으므로 이것에 의한 장해는 없다.

② 점화 및 소화가 용이하며, 화력의 가감이 자유로워 부하 변동에 적용이 용이하다.

③ 발열량이 석탄보다 크고, 과잉공기가 적어도 완전 연소시킬 수 있다.

④ 재가 적게 남으며, 발열량, 품질 등이 고체연료에 비해 일정하다.

**해설** 중유 중에는 소량이기는 하지만 각종 무기염이 함유되어 있어 이것들은 연소 후 회분으로서 남는다.

---

**71.** 중유의 점도가 높아질수록 연소에 미치는 영향에 대한 설명으로 틀린 것은? [2016. 5. 8.]

① 오일탱크로부터 버너까지의 이송이 곤란해진다.

② 기름의 분무현상(automization)이 양호해진다.

③ 버너 화구(火口)에 유리탄소가 생긴다.

④ 버너의 연소상태가 나빠진다.

---

**정답** ● 68. ③ 69. ④ 70. ① 71. ②

**해설** 중유의 점도가 높아진다는 것은 끈적거리는 정도가 커지는 것으로 중유의 이송에 문제가 생기며 연소 및 분무가 어려워진다.

---

**72.** 중유 연소에 있어서 화염이 불안정하게 되는 원인이 아닌 것은? [2015. 9. 19.]
① 유압의 변동
② 노내 온도가 높을 때
③ 연소용 공기의 과다(過多)
④ 물 및 기타 협잡물에 의한 분부의 단속(斷續)

**해설** 중유는 점화 및 소화가 용이하며, 화력의 가감이 자유로워 부하 변동에 적용이 용이하다. 과잉공기가 적어도 완전 연소시킬 수 있으며 노내 온도가 낮으면 화염이 불안정하게 된다.

---

**73.** 중유를 A급, B급, C급으로 구분하는 기준은? [2016. 3. 6.]
① 발열량
② 인화점
③ 착화점
④ 점도

**해설** 문제 66번 해설 참조

---

**74.** 중유 연소과정에서 발생하는 그을음의 주된 원인은? [2016. 3. 6.]
① 연료 중 미립탄소의 불완전 연소
② 연료 중 불순물의 연소
③ 연료 중 회분과 수분의 중합
④ 연료 중 파라핀 성분 함유

**해설** 중유 연소과정에서 미세한 탄소 알갱이(미립탄소)의 불완전 연소에 의하여 그을음이 발생하게 된다.

---

**75.** 다음 중 중유 첨가제의 종류에 포함되지 않는 것은? [2017. 9. 23.]
① 슬러지 분산제
② 안티녹제
③ 조연제
④ 부식 방지제

**해설** 안티녹제는 가솔린 기관의 노킹(내연기관의 실린더 내에서 이상 점화로 발생하는 금속음)을 방지하기 위해 연료 중에 첨가하는 제폭제이다. 중유 첨가제의 종류에는 슬러지 분산제, 조연제, 부식 방지제, 탈수제 등이 있다.

**정답** 72. ② 73. ④ 74. ① 75. ②

**76.** 석탄가스에 대한 설명으로 틀린 것은? [2016. 3. 6.]

① 주성분은 수소와 메탄이다.
② 저온 건류가스와 고온 건류가스로 분류된다.
③ 탄전에서 발생되는 가스이다.
④ 제철소의 코크스 제조 시 부산물로 생성되는 가스이다.

**해설** 석탄을 밀폐한 용기 속에서 고온으로 건류하여 얻는 가연성의 기체로 메탄·수소·일산화탄소 등을 얻으며 건류 온도에 따라 고온 건류가스, 저온 건류가스로 구분된다. 건류장치는 대부분 코크스로이다.

**77.** 석탄을 분석한 결과가 아래와 같을 때 연소성 황은 몇 %인가? [2016. 3. 6.]

> 탄소 68.52 %, 수소 5.79 %, 전체 황 0.72 %, 불연성 황 0.21 %,
> 회분 22.31 %, 수분 2.45 %

① 0.82 %
② 0.70 %
③ 0.65 %
④ 0.53 %

**해설** 연소성 유황 = 전황분 $\times \dfrac{100}{100 - 수분}$ − 불연성 유황 = $0.72 \times \dfrac{100}{100 - 2.45} - 0.21 = 0.528$ %

**78.** 연료 중에 회분이 많을 경우 연소에 미치는 영향으로 옳은 것은? [2016. 10. 1.] [2019. 4. 27.]

① 발열량이 증가한다.
② 연소상태가 고르게 된다.
③ 클링커의 발생으로 통풍을 방해한다.
④ 완전 연소되어 잔류물을 남기지 않는다.

**해설** 회는 재를 나타내며 클링커는 석탄재가 녹아 덩어리로 굳은 것으로 통풍을 방해한다.

**79.** 건조한 석탄층을 공기 중에 오래 방치할 때 일어나는 현상 중에서 틀린 것은? [2015. 3. 8.]

① 공기 중 산소를 흡수하여 서서히 발열량이 감소한다.
② 점결탄의 경우 점결성이 감소한다.
③ 불순물이 증발하여 발열량이 증가한다.
④ 산소에 의하여 산화와 직사광선으로 열을 발생하여 자연발화할 수도 있다.

**정답** ➔ **76.** ③ **77.** ④ **78.** ③ **79.** ③

**해설** 건조한 석탄층을 공기 중에 장시간 방치하게 되면 풍화작용 등에 의하여 질이 저하되며 이로 인하여 발열량 감소현상이 일어나게 된다.

---

**80.** 다음 석탄의 성질 중 연소성과 가장 관계가 적은 것은? [2018. 4. 28.]

① 비열
② 기공률
③ 점결성
④ 열전도율

**해설** 점결성은 석탄을 건류할 때 생기는 괴상의 코크스로 되는 성질을 나타내는 것이다.

---

**81.** 석탄을 완전 연소시키기 위하여 필요한 조건에 대한 설명 중 틀린 것은? [2015. 3. 8.] [2018. 9. 15.]

① 공기를 적당하게 보내 피연물과 잘 접촉시킨다.
② 연료를 착화온도 이하로 유지한다.
③ 통풍력을 좋게 한다.
④ 공기를 예열한다.

**해설** 석탄을 완전 연소시키기 위하여 필요한 조건
• 연료를 인화점 가까이 예열하여 공급한다.
• 적당한 양의 공기를 공급하고 연소실 온도를 높게 유지하며 연료와 잘 혼합하도록 한다.
• 연소실은 통풍력이 양호하여야 하며 완전 연소에 필요한 체적을 유지하여야 한다.

---

**82.** 증기운 폭발의 특징에 대한 설명으로 틀린 것은? [2017. 5. 7.] [2021. 9. 12.]

① 폭발보다 화재가 많다.
② 연소에너지의 약 20 %만 폭풍파로 변한다.
③ 증기운의 크기가 클수록 점화될 가능성이 커진다.
④ 점화위치가 방출점에서 가까울수록 폭발위력이 크다.

**해설** 증기운 폭발은 가압상태의 저장용기 내부의 가연성 액체가 대기 중에 유출되어 구름 상태로 존재하다가 순간적으로 점화원에 의해 점화되어 폭발되는 현상으로 점화위치가 방출점에서 멀수록 폭발위력이 커진다.

---

**83.** $C_2H_6$ 1 $Nm^3$을 연소했을 때의 건연소가스량($Nm^3$)은? (단, 공기 중 산소의 부피비는 21 %이다.) [2020. 8. 22.]

① 4.5
② 15.2
③ 18.1
④ 22.4

---

**해설** $C_2H_6 + 3.5O_2 \rightarrow 2CO_2 + 3H_2O$

건연소가스량$(G_{od}) = (1-0.21)A_o + CO_2 = (1-0.21) \times \dfrac{3.5}{0.21} + 2 = 15.166 \, Nm^3$

---

**84.** 이론 습연소가스량 $G_{ow}$와 이론 건연소가스량 $G_{od}$의 관계를 나타낸 식으로 옳은 것은? (단, $H$는 수소체적비, $w$는 수분체적비를 나타내고, 식의 단위는 $Nm^3/kg$이다.) [2020. 9. 26.]

① $G_{od} = G_{ow} + 1.25(9H+w)$　　　② $G_{od} = G_{ow} - 1.25(9H+w)$

③ $G_{od} = G_{ow} + (9H+w)$　　　　　④ $G_{od} = G_{ow} - (9H-w)$

**해설** $G_{ow} = G_{od} + 1.25(9H+w)$, $G_{od} = G_{ow} - 1.25(9H+w)$

---

**85.** 다음 성분 중 연료의 조성을 분석하는 방법 중에서 공업분석으로 알 수 없는 것은? [2020. 9. 26.]

① 수분(W)　　　　　　　② 회분(A)

③ 휘발분(V)　　　　　　④ 수소(H)

**해설** 공업분석

질소 = 100 − (수분 + 회분 + 휘발분)

---

**86.** 수소 1kg을 완전히 연소시키는 데 요구되는 이론산소량은 몇 $Nm^3$인가? [2020. 9. 26.]

① 1.86　　　② 2.8　　　③ 5.6　　　④ 26.7

**해설**
$2H_2 \quad + \quad O_2 \quad \rightarrow \quad 2H_2O$

$4\,kg \quad : \quad 22.4\,Nm^3$

$1\,kg \quad : \quad X$

$X = \dfrac{1\,kg \times 22.4\,Nm^3}{4\,kg} = 5.6\,Nm^3$

---

**87.** $C_mH_n$ 1$Nm^3$를 완전 연소시켰을 때 생기는 $H_2O$의 양($Nm^3$)은? (단, 분자식의 첨자 $m$, $n$과 답항의 $n$은 상수이다.) [2019. 4. 27.]

① $\dfrac{n}{4}$　　　② $\dfrac{n}{2}$　　　③ $n$　　　④ $2n$

**해설** 탄화수소 완전 연소 반응식

$C_mH_n + \left(m + \dfrac{n}{4}\right)O_2 \rightarrow mCO_2 + \dfrac{n}{2}H_2O$

---

**정답** ● 84. ②　85. ④　86. ③　87. ②

**88.** 과잉공기가 너무 많을 때 발생하는 현상으로 옳은 것은? [2019. 4. 27.]

① 연소온도가 높아진다.　　　　② 보일러 효율이 높아진다.
③ 이산화탄소 비율이 많아진다.　④ 배기가스의 열손실이 많아진다.

해설 과잉공기를 사용하면 열손실이 많아지므로 연소실 온도는 낮아지게 된다.

(1) 공기비가 클 때 연소에 미치는 영향
　• 연소실 내의 연소온도가 저하한다.
　• 통풍력이 강하여 배기가스에 의한 열손실이 많아진다.
　• 연소가스 중에 SOx의 함유량이 많아져서 저온부식이 촉진된다.

(2) 공기비가 작을 때 연소에 미치는 영향
　• 불완전 연소가 되어 매연 발생이 심하다.
　• 미연소에 의한 열손실이 증가한다.
　• 미연소 가스로 인한 폭발사고가 일어나기 쉽다.

**89.** 어느 용기에서 압력($P$)과 체적($V$)의 관계가 $P = (50V+10) \times 10^2$ kPa과 같을 때 체적이 $2\,m^3$에서 $4\,m^3$로 변하는 경우 일량은 몇 MJ인가? (단, 체적의 단위는 $m^3$이다.) [2019. 4. 27.]

① 32　　　　② 34　　　　③ 36　　　　④ 38

해설 $W = P \cdot dV = [50V+10]_2^4 \times 10^2 = \left[ 50 \times \frac{1}{2}(4^2-2^2) + 10(4-2) \right] \times 10^2$

$= 32000\,kJ = 32\,MJ$

**90.** 다음 중 폭발의 원인이 나머지 셋과 크게 다른 것은? [2019. 4. 27.]

① 분진 폭발　　　　② 분해 폭발
③ 산화 폭발　　　　④ 증기 폭발

해설 • 분진, 분해, 산화 폭발 : 화학적 폭발
　　• 증기, 수증기 폭발 : 물리적 폭발

**91.** 전압은 분압의 합과 같다는 법칙은? [2018. 3. 4.]

① 아마겟의 법칙　　　　② 뤼삭의 법칙
③ 돌턴의 법칙　　　　④ 헨리의 법칙

해설 돌턴의 분압법칙
　　전압 = 분압 + 분압 + 분압 + ⋯

정답 88. ④　89. ①　90. ④　91. ③

**92.** 불꽃연소(flaming combustion)에 대한 설명으로 틀린 것은? [2018. 3. 4.]
① 연소속도가 느리다.      ② 연쇄반응을 수반한다.
③ 연소사면체에 의한 연소이다.      ④ 가솔린의 연소가 이에 해당한다.

해설 불꽃연소는 액체가 기화하거나, 기체에 산소가 공급되어 연쇄반응을 일으키는 현상으로 연소속도가 매우 빠르고 화세도 강하다.

**93.** $N_2$와 $O_2$의 가스정수가 다음과 같을 때, $N_2$가 70 %인 $N_2$와 $O_2$의 혼합가스의 가스정수는 약 몇 $kgf \cdot m/kg \cdot K$인가? (단, 가스정수는 $N_2$ : 30.26 $kgf \cdot m/kg \cdot K$, $O_2$ : 26.49 $kgf \cdot m/kg \cdot K$이다.) [2018. 3. 4.]
① 19.24      ② 23.24
③ 29.13      ④ 34.47

해설 혼합가스의 가스정수
$= 30.26 \, kgf \cdot m/kg \cdot K \times 0.7 + 26.49 \, kgf \cdot m/kg \cdot K \times 0.3$
$= 29.129 \, kgf \cdot m/kg \cdot K$

**94.** 과잉공기량이 연소에 미치는 영향으로 가장 거리가 먼 것은? [2018. 4. 28.]
① 열효율      ② CO 배출량
③ 노 내 온도      ④ 연소 시 와류 형성

해설 과잉공기량(공기비)이 증가할 때 배기가스가 증가하므로 환경오염 및 열손실이 증가하고, 연소실 온도가 저하된다. 와류 형성은 유체의 흐름이 소용돌이치며 흐르는 현상으로 공기비 증가보다는 유체의 급격한 압력변화와 관계있다.

**95.** 최소 착화에너지(MIE)의 특징에 대한 설명으로 옳은 것은? [2018. 4. 28.]
① 질소농도의 증가는 최소 착화에너지를 감소시킨다.
② 산소농도가 많아지면 최소 착화에너지는 증가한다.
③ 최소 착화에너지는 압력 증가에 따라 감소한다.
④ 일반적으로 분진의 최소 착화에너지는 가연성가스보다 작다.

해설 최소 착화에너지(MIE)
• 인화성 물질의 증기 또는 가연성가스를 연소범위 내에서 점화시키기에 필요한 최저 에너지를 최소 착화에너지(MIE : Minimum Ignition Energy)라 한다.

**정답** → **92.** ①    **93.** ③    **94.** ④    **95.** ③

- 최소 착화에너지에 영향을 주는 인자는 온도, 압력 등이며 또한 전극의 형태에 따라서도 영향을 받는다.
- 일반적으로 온도, 압력이 높을수록 최소 착화에너지가 낮아지므로 위험도는 증가한다.

---

**96.** 수소가 완전 연소하여 물이 될 때 수소와 연소용 산소와 물의 몰(mol)비는 어느 것인가?

① 1 : 1 : 1  　　　　　　　② 1 : 2 : 1　　　[2021. 5. 15.] [2018. 4. 28.]
③ 2 : 1 : 2  　　　　　　　④ 2 : 1 : 3

**해설** $2H_2 + O_2 \longrightarrow 2H_2O$
2몰 : 1몰 : 2몰

---

**97.** 프로판(propane)가스 2 kg을 완전 연소시킬 때 필요한 이론공기량은 약 몇 $Nm^3$인가?

① 6  　　　　　　　② 8　　　[2015. 3. 8.] [2018. 4. 28.]
③ 16  　　　　　　　④ 24

**해설** $C_3H_8 \quad + \quad 5O_2 \longrightarrow \quad 3CO_2 \quad + \quad 4H_2O$

$$44 \text{ kg} : \quad \frac{5 \times 22.4 \, Nm^3}{0.21}$$

$$2 \text{ kg} : \quad X$$

$$X = \frac{2 \text{ kg} \times 5 \times 22.4 \, Nm^3}{0.21 \times 44 \text{ kg}} = 24.24 \, Nm^3$$

---

**98.** 다음의 혼합 가스 $1 \, Nm^3$의 이론공기량($Nm^3/Nm^3$)은? (단, $C_3H_8$ : 70 %, $C_4H_{10}$ : 30 % 이다.)　　　[2017. 5. 7.]

① 24  　　　② 26  　　　③ 28  　　　④ 30

**해설** 탄화수소의 완전 연소 반응식
- $C_3H_8 + 5O_2 \longrightarrow 3CO_2 + 4H_2O$(산소 5몰)
- $C_4H_{10} + 6.5O_2 \longrightarrow 4CO_2 + 5H_2O$(산소 6.5몰)

$$\frac{5 \times 0.7}{0.21} + \frac{6.5 \times 0.3}{0.21} = 25.95 \, Nm^3/Nm^3$$

---

**99.** 어떤 연도가스의 조성이 아래와 같을 때 과잉공기의 백분율은 얼마인가? (단, $CO_2$는 11.9 %, CO는 1.6 %, $O_2$는 4.1 %, $N_2$는 82.4 %이고 공기 중 질소와 산소의 부피비는 79 : 21이다.)　　　[2017. 5. 7.]

① 15.7 %  　　　② 17.7 %  　　　③ 19.7 %  　　　④ 21.7 %

---

**정답** 96. ③　97. ④　98. ②　99. ②

해설 공기비$(m) = \dfrac{N_2}{N_2 - 3.76(O_2 - 0.5CO)} = \dfrac{82.4}{82.4 - 3.76(4.1 - 0.5 \times 1.6)} = 1.177$

과잉공기 백분율 $= (1.177 - 1) \times 100 = 17.7\,\%$

---

**100.** 기체연료의 체적 분석결과 $H_2$가 45 %, CO가 40 %, $CH_4$가 15 %이다. 이 연료 1 $m^3$를 연소하는 데 필요한 이론공기량은 몇 $m^3$인가? (단, 공기 중의 산소 : 질소의 체적비는 1 : 3.77 이다.)

[2017. 9. 23.]

① 3.12
② 2.14
③ 3.46
④ 4.43

해설 이론공기량$(A_o) = 2.38(H_2 + CO) + 9.52CH_4 + 14.3C_2H_4 - 4.8O_2$

$= 2.38(0.45 + 0.4) + 9.52 \times 0.15$ (에틸렌과 산소는 생략)

$= 3.451\ m^3$

---

**101.** 다음 연소 반응식 중 옳은 것은?

[2017. 9. 23.]

① $C_2H_6 + 3O_2 \rightarrow 2CO_2 + 4H_2O$
② $C_3H_3 + 5O_2 \rightarrow 2CO_2 + 6H_2O$
③ $C_4H_{10} + 6O_2 \rightarrow 4CO_2 + 5H_2O$
④ $CH_4 + 2O_2 \rightarrow CO_2 + 2H_2O$

해설 탄화수소 완전 연소 반응식에 대입해 본다.

$C_mH_n + \left(m + \dfrac{n}{4}\right)O_2 \rightarrow m\,CO_2 + \dfrac{n}{2}H_2O$

---

**102.** 공기비$(m)$에 대한 식으로 옳은 것은?

[2016. 3. 6.]

① $\dfrac{실제공기량}{이론공기량}$
② $\dfrac{이론공기량}{실제공기량}$
③ $1 - \dfrac{과잉공기량}{이론공기량}$
④ $\dfrac{실제공기량}{과잉공기량} - 1$

해설 공기비$(m) = \dfrac{실제공기량}{이론공기량} = 1 + \dfrac{과잉공기량}{이론공기량}$

---

**103.** 온도가 293 K인 이상기체를 단열 압축하여 체적을 1/6로 하였을 때 가스의 온도는 약 몇 K인가? (단, 가스의 정적비열$(C_v)$은 0.7 kJ/kg · K, 정압비열$(C_p)$은 0.98 kJ/kg · K이다.)

① 398
② 493
③ 558
④ 600

[2016. 5. 8.]

정답 ● 100. ③   101. ④   102. ①   103. ④

**해설** 비열비$(k) = \dfrac{C_p(정압비열)}{C_v(정적비열)} = \dfrac{0.98\,\mathrm{kJ/kg \cdot K}}{0.7\,\mathrm{kJ/kg \cdot K}} = 1.4$

$\dfrac{T_2}{T_1} = \left(\dfrac{V_1}{V_2}\right)^{k-1}$ 에서 $T_2 = T_1 \times \left(\dfrac{V_1}{V_2}\right)^{k-1} = 293 \times \left(\dfrac{1}{\frac{1}{6}}\right)^{1.4-1} = 293 \times 6^{1.4-1} = 599.968\,\mathrm{K}$

---

**104.** 다음 연료 중 발열량(kcal/kg)이 가장 큰 것은? [2016. 10. 1.]

① 중유   ② 프로판   ③ 무연탄   ④ 코크스

**해설** 단위 중량당 저위발열량
- 중유 : 10400 kcal/kg(43680 kJ/kg)
- 프로판 : 12000 kcal/kg(50400 kJ/kg)
- 무연탄 : 5000 kcal/kg(21000 kJ/kg)
- 코크스 : 6500 kcal/kg(27300 kJ/kg)

---

**105.** 고체연료의 전황분 측정 방법에 해당되는 것은? [2015. 3. 8.]

① 에슈카법   ② 쉐필드 고온법
③ 중량법   ④ 리비히법

**해설** 고체연료의 전황분 측정 방법
- 에슈카법 : 석탄 및 코크스 중의 황 또는 염소를 정량하는 분석 방법
- 리비히법 : 비전해질 시료 중의 황 정량법의 하나

---

**106.** 연소가스 중의 질소산화물 생성을 억제하기 위한 방법으로 틀린 것은 어느 것인가?

① 2단 연소   ② 고온 연소   [2015. 3. 8.] [2021. 3. 7.]
③ 농담 연소   ④ 배기가스 재순환 연소

**해설** 질소산화물 : 질소와 산소의 반응으로 생성되는 물질(NO, $NO_2$, $N_2O$ 등)

※ 질소산화물 생성 억제 방법
- 배기가스 재순환 연소
- 단계적 연소법(2단 연소법, 바이어스 연소법, 농담 연소법)
- 저연소법
- 연소실 열부하 저감
- 과잉공기 최소화
- 물 분사, 증기 분사
- 연료의 에멀션 현상

---

**107.** 연소 배기가스 중 가장 많이 포함된 기체는? [2015. 3. 8.] [2018. 3. 4.]

① $O_2$ ② $N_2$ ③ $CO_2$ ④ $SO_2$

해설 공기 중에 가장 많은 원소는 질소($N_2$)이며 연소 배기가스에도 질소가 가장 많이 함유되어 있다.

**108.** 인화점이 50℃ 이상인 원유, 경유 등에 사용되는 인화점 시험 방법으로 가장 적절한 것은? [2015. 5. 31.]

① 태그 밀폐식 ② 아벨펜스키 밀폐식
③ 클브렌드 개방식 ④ 펜스키마텐스 밀폐식

해설 인화점 시험 방법
- 태그 밀폐식 : 인화점이 80℃ 이하인 석유제품에 사용한다.
- 아벨펜스키 밀폐식 : 인화점이 20~50℃인 가솔린·등유 등의 석유제품에 적합하다.
- 클리브랜드 개방식 : 인화점이 80℃ 이상인 윤활유·아스팔트 등에 사용한다.
- 펜스키마텐스 밀폐식 : 인화점이 50℃ 이상인 등유, 경유, 중유, 윤활유 등에 적합하다.

**109.** 다음 연료 중 저위발열량이 가장 높은 것은? [2021. 3. 7.]

① 가솔린 ② 등유 ③ 경유 ④ 중유

해설 저위발열량은 연료 중에 포함되어 있는 수증기의 열량을 고려하지 않은 열량으로서, 실제 보일러에서 이용할 수 있는 열량이다. 고체와 액체연료의 경우 저위발열량으로 기준하는데 고체나 액체연료의 경우 연료를 기화시켜 연소시키기 위하여 연료 중에 함유된 수분을 증발시켜야 하기 때문이다.
- 가솔린 : 50232 kJ/kg
- 등유 : 46046 kJ/kg
- 경유 : 44790 kJ/kg
- 중유 : 43535 kJ/kg

**110.** 고체연료를 사용하는 어떤 열기관의 출력이 3000 kW이고 연료소비율이 1400 kg/h일 때 이 열기관의 열효율은 약 몇 %인가? (단, 이 고체연료의 저위발열량은 28 MJ/kg이다.) [2021. 3. 7.]

① 28 ② 38
③ 48 ④ 58

해설 열기관 출력과 연료소비가 같아야 하므로
$3000 \text{ kJ/s} \times 3600 \text{ s/h} = 28 \times 1000 \text{ kJ/kg} \times 1400 \text{ kg/h} \times \eta$
$\eta = 0.2755 = 28 \%$

**111.** 연소가스 분석결과가 $CO_2$ 13 %, $O_2$ 8 %, CO 0 %일 때 공기비는 약 얼마인가 ? (단, $(CO_2)_{max}$는 21 %이다.) [2021. 3. 7.]

① 1.22  ② 1.42  ③ 1.62  ④ 1.82

**해설** 공기비 $= \dfrac{(CO_2)_{max}}{CO_2} = \dfrac{21}{13} = 1.615$

**112.** 메탄($CH_4$)가스를 공기 중에 연소시키려 한다. $CH_4$의 저위발열량이 50000 kJ/kg이라면 고위발열량은 약 몇 kJ/kg인가 ? (단, 물의 증발잠열은 2450 kJ/kg으로 한다.) [2021. 3. 7.]

① 51700  ② 55500  ③ 58600  ④ 64200

**해설** 고위발열량 = 저위발열량 + 물의 잠열

$\qquad\qquad = 50000 \text{ kJ/kg} + 5512.5 \text{ kJ/kg}$

$\qquad\qquad = 55512.5 \text{ kJ/kg}$

※ $CH_4 + 2O_2 \longrightarrow CO_2 + 2H_2O$

$\quad$ 16 kg $\qquad : \qquad 2 \times 18$ kg

물의 잠열 $= \dfrac{2 \times 18\,\text{kg} \times 2450\,\text{kJ/kg}}{16\,\text{kg}} = 5512.5 \text{ kJ/kg}$

**113.** 질량비로 프로판 45 %, 공기 55 %인 혼합가스가 있다. 프로판 가스의 발열량이 100 $MJ/Nm^3$일 때 혼합가스의 발열량은 약 몇 $MJ/Nm^3$인가 ? (단, 공기의 발열량은 무시한다.) [2021. 3. 7.]

① 29  ② 31  ③ 33  ④ 35

**해설** 조건에 프로판 발열량이 체적유량으로 주어졌으므로 프로판과 공기의 질량비를 체적유량으로 바꾸어야 한다.

• 프로판 $= 44$ kg : $22.4 \text{ m}^3 = 0.45 : x$, $x = 0.229 \text{ m}^3$

$\quad$ 공기 $= 29$ kg : $22.4 \text{ m}^3 = 0.55 : x$, $x = 0.424 \text{ m}^3$

• 혼합가스 발열량 $= \dfrac{0.229\,\text{m}^3}{0.229\,\text{m}^3 + 0.424\,\text{m}^3} \times 100 \text{ MJ/Nm}^3 = 35.068 \text{ MJ/Nm}^3$

**114.** 다음 연료 중 이론공기량($Nm^3/Nm^3$)이 가장 큰 것은 ? [2021. 3. 7.]

① 오일가스  ② 석탄가스
③ 액화석유가스  ④ 천연가스

**정답** 111. ③  112. ②  113. ④  114. ③

해설 오일가스는 천연가스(셰일가스)이며 석탄가스는 수소, 메탄을 주성분으로 하는 가스이다.
※ 탄소의 성분이 많을수록 연소 시 공기량이 많이 소비된다. 천연가스는 메탄($CH_4$)을 주성분으로 하며 액화석유가스는 프로판($C_3H_8$), 부탄($C_4H_{10}$)을 주성분으로 한다.

---

**115.** 다음 반응식을 가지고 $CH_4$의 생성엔탈피를 구하면 몇 kJ인가? [2021. 3. 7.]

$$C + O_2 \rightarrow CO_2 + 394 \text{ kJ}$$

$$H_2 + \frac{1}{2}O_2 \rightarrow H_2O + 241 \text{ kJ}$$

$$CH_4 + 2O_2 \rightarrow CO_2 + 2H_2O + 802 \text{ kJ}$$

① −66  ② −70
③ −74  ④ −78

해설 생성엔탈피 = 성분 원소의 엔탈피 총합 − 화합물의 엔탈피
- 성분 원소의 엔탈피 = 802 kJ
- $CO_2$ = 394 kJ
- $2H_2O$ = 2×241 kJ

∴ 802 kJ − (394 kJ + 2×241 kJ) = −74 kJ

---

**116.** 분자식이 $C_mH_n$인 탄화수소가스 1 Nm³을 완전 연소시키는 데 필요한 이론공기량은 약 몇 Nm³인가? (단, $C_mH_n$의 $m$, $n$은 상수이다.) [2016. 3. 6.] [2021. 3. 7.]

① $m + 0.25n$  ② $1.19m + 4.76n$
③ $4m + 0.5n$  ④ $4.76m + 1.19n$

해설
- 탄화수소 완전 연소 반응식 : $C_mH_n + \left(m + \dfrac{n}{4}\right)O_2 \rightarrow m CO_2 + \dfrac{n}{2}H_2O$

- 산소량 : $m + \dfrac{n}{4}$  • 이론공기량 : $\dfrac{m + \dfrac{n}{4}}{0.21} = 4.76m + 1.19n$

---

**117.** 다음 가스 중 저위발열량(MJ/kg)이 가장 낮은 것은? [2021. 5. 15.]

① 수소  ② 메탄
③ 일산화탄소  ④ 에탄

---

정답 ● **115.** ③  **116.** ④  **117.** ③

**해설** 중량당 저위발열량(MJ/kg)
- 수소 : 143
- 일산화탄소 : 10
- 메탄 : 55
- 에탄 : 53

---

**118.** 프로판($C_3H_8$) 및 부탄($C_4H_{10}$)이 혼합된 LPG를 건조공기로 연소시킨 가스를 분석하였더니 $CO_2$ 11.32 %, $O_2$ 3.76 %, $N_2$ 84.92 %의 부피 조성을 얻었다. LPG 중의 프로판의 부피는 부탄의 약 몇 배인가? [2021. 5. 15.]

① 8배  ② 11배  ③ 15배  ④ 15배

**해설** 공기비$(m) = \dfrac{N_2}{N_2 - 3.76O_2} = \dfrac{84.92}{84.92 - 3.76 \times 3.76} = 1.199 \fallingdotseq 1.2$

- $C_3H_8 + 5O_2 \longrightarrow 3CO_2 + 4H_2O$

  공기량$(A_o) = \dfrac{5}{0.21} \times 1.2 = 28.57 \ \mathrm{m}^3$

- $C_4H_{10} + 6.5O_2 \longrightarrow 4CO_2 + 5H_2O$

  공기량$(A_o) = \dfrac{6.5}{0.21} \times 1.2 = 37.14 \ \mathrm{m}^3$

  프로판과 부탄의 혼합 평균 공기량$(A) = \dfrac{28.57 \, \mathrm{m}^3 + 37.14 \, \mathrm{m}^3}{2} = 32.86 \ \mathrm{m}^3$

  과잉공기량 $= (m-1) \times A_o = (1.2-1) \times \left( \dfrac{5 \times 0.5}{0.21} + \dfrac{6.5 \times 0.5}{0.21} \right) = 5.48 \ \mathrm{m}^3$

- LPG 중 부탄의 부피비 : $\dfrac{5.48 \, \mathrm{m}^3 \times 0.5}{32.86 \, \mathrm{m}^3} = 0.08338 = 8.338 \, \%$
- LPG 중 프로판의 부피비 : $100 - 8.338 = 91.662 \, \%$
- $\dfrac{91.662}{8.338} = 10.99 \fallingdotseq 11$배

---

**119.** 고체연료의 공업분석에서 고정탄소를 산출하는 식은? [2018. 3. 4.] [2021. 5. 15.]

① 100 − [수분(%) + 회분(%) + 질소(%)]  ② 100 − [수분(%) + 회분(%) + 황분(%)]
③ 100 − [수분(%) + 황분(%) + 휘발분(%)]  ④ 100 − [수분(%) + 회분(%) + 휘발분(%)]

**해설** 100 = 수분(%) + 회분(%) + 휘발분(%) + 고정탄소
회분은 석탄이나 목탄이 다 탄 뒤에 남는 불연성의 광물질이다.

---

**120.** 황 2 kg을 완전 연소시키는 데 필요한 산소의 양은 $Nm^3$인가? (단, S의 원자량은 32이다.) [2021. 5. 15.]

① 0.70  ② 1.00  ③ 1.40  ④ 3.33

---

**정답** • 118. ②  119. ④  120. ③

**해설** S + O$_2$ → SO$_2$

32 kg : 22.4 Nm$^3$

2 kg : X

$$X = \frac{2\,\mathrm{kg} \times 22.4\,\mathrm{Nm}^3}{32\,\mathrm{kg}} = 1.4\,\mathrm{Nm}^3$$

---

**121.** 연소 배기가스의 분석결과 CO$_2$의 함량이 13.4 %이다. 벙커C유(55 L/h)의 연소에 필요한 공기량은 약 몇 Nm$^3$/min인가? (단, 벙커C유의 이론공기량은 12.5 Nm$^3$/kg이고, 밀도는 0.93 g/cm$^3$이며 (CO$_2$)$_{max}$는 15.5 %이다.)  [2021. 5. 15.]

① 12.33      ② 49.03

③ 63.12      ④ 73.99

**해설** 벙커C유(55 L/h) → 55×10$^{-3}$ Nm$^3$/60 min

밀도 : 0.93 g/cm$^3$ = 0.93×10$^{-3}$ kg/10$^{-6}$ Nm$^3$ = 0.93×10$^3$ kg/Nm$^3$

이론 공기량($A_o$) = 12.5 Nm$^3$/kg × 55×10$^{-3}$ Nm$^3$/60 min × 0.93×10$^3$ kg/Nm$^3$

                 = 10.656 Nm$^3$/min

공기비($m$) = $\dfrac{(CO_2)_{max}}{CO_2\,농도} = \dfrac{15.5}{13.4} = 1.1567$

∴ 공기량($A$) = $A_o × m$ = 10.656 Nm$^3$/min × 1.1567 = 12.3257 Nm$^3$/min

---

**122.** 탄소 1 kg을 완전 연소시키는 데 필요한 공기량은 몇 Nm$^3$인가?  [2021. 5. 15.]

① 22.4      ② 11.2

③ 9.6      ④ 8.89

**해설** C + O$_2$ → CO$_2$

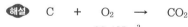

12 kg : $\dfrac{22.4\,\mathrm{Nm}^3}{0.21}$

1 kg : X

$$X = \frac{1\,\mathrm{kg} \times 22.4\,\mathrm{Nm}^3}{0.21 \times 12\,\mathrm{kg}} = 8.888 ≒ 9.0\,\mathrm{Nm}^3$$

---

**123.** 다음 연소 반응식 중에서 틀린 것은?  [2021. 5. 15.]

① CH$_4$ + 2O$_2$ → CO$_2$ + 2H$_2$O      ② C$_2$H$_6$ + 3$\frac{1}{2}$O$_2$ → 2CO$_2$ + 3H$_2$O

③ C$_3$H$_8$ + 5O$_2$ → 3CO$_2$ + 4H$_2$O      ④ C$_4$H$_{10}$ + 9O$_2$ → 4CO$_2$ + 5H$_2$O

---

**정답** → **121.** ①    **122.** ④    **123.** ④

**해설** 탄화수소 완전 연소 반응식 : $C_mH_n + \left(m + \dfrac{n}{4}\right)O_2 \longrightarrow m\,CO_2 + \dfrac{n}{2}\,H_2O$

$C_4H_{10} + 6.5O_2 \longrightarrow 4CO_2 + 5H_2O$

---

**124.** $CH_4$와 공기를 사용하는 열 설비의 온도를 높이기 위해 산소($O_2$)를 추가로 공급하였다. 연료 유량 10 $Nm^3$/h 의 조건에서 완전 연소가 이루어졌으며, 수증기 응축 후 배기가스에서 계측된 산소의 농도가 5 %이고 이산화탄소($CO_2$)의 농도가 10 %라면, 추가로 공급된 산소의 유량은 약 몇 $Nm^3$/h인가? [2021. 5. 15.]

① 2.4　　　② 2.9　　　③ 3.4　　　④ 3.9

**해설** 메탄의 완전 연소 반응식

$CH_4 + 2O_2 \longrightarrow CO_2 + 2H_2O$(메탄 : 산소 = 1몰 : 2몰)

공기량$(A_o) = \dfrac{2}{0.21} = 9.52$몰

공기비$(m) = \dfrac{21}{21 - O_2} = \dfrac{21}{21 - 5} = 1.3125$

$A = A_o \times m = 9.52 \times 1.3125 = 12.495$몰 ≒ 12.5몰

산소의 몰분율 $= \dfrac{1}{12.5 + 1} \times 100 = 7.41\%$

추가 산소(%) $= 7.41 - 5 = 2.41\%$

• 연료 10 $Nm^3$/h인 경우

　공기량 $= 10\ Nm^3/h \times \dfrac{2}{0.21} = 95.238\ Nm^3/h$

• 추가 산소량 $= 95.238\ Nm^3/h \times 0.0241 = 2.29\ Nm^3/h$

---

**125.** $C_2H_4$가 10 g 연소할 때 표준상태인 공기는 160 g 소모되었다. 이때 과잉공기량은 약 몇 g인가? (단, 공기 중 산소의 중량비는 23.2 %이다.) [2021. 9. 12]

① 12.22　　　② 13.22
③ 14.22　　　④ 15.22

**해설** 탄화수소 완전 연소 반응식에 의하여

$C_2H_4\quad + \quad 3O_2 \quad \longrightarrow \quad 2CO_2 \quad + \quad 2H_2O$

$28\ g \quad : \quad \dfrac{3 \times 32\,g}{0.232}$

$10\ g \quad : \quad X$

$X = \dfrac{10\,g \times 3 \times 32\,g}{0.232 \times 28\,g} = 147.78 g$

과잉공기량 = 실제공기량 − 이론공기량 = 160 g − 147.78 g = 12.22 g

**정답** 124. ①　125. ①

**126.** 프로판 1 Nm³를 공기비 1.1로서 완전 연소시킬 경우 건연소가스량은 약 몇 Nm³인가?

① 20.2                       ② 24.2

③ 26.2                       ④ 33.2          [2021. 9. 12]

**해설** 탄화수소 완전 연소 반응식에 의하여

$C_3H_8 + 5O_2 \rightarrow 3CO_2 + 4H_2O$(건연소가스량 : 수증기 생성량은 제외)

건연소가스량$(G_d) = (m - 0.21) \times A_o + CO_2 = (1.1 - 0.21) \times \dfrac{5}{0.21} + 3 = 24.19 \, \text{Nm}^3$

---

**127.** 탄소 12 kg을 과잉공기계수 1.2의 공기로 완전 연소시킬 때 발생하는 연소가스량은 약 몇 Nm³인가?

[2021. 9. 12]

① 84          ② 107          ③ 128          ④ 149

**해설** 연소가스량$(G_o) = 8.89 \, C + 21.07(H - \dfrac{O}{8}) = 8.89 \times 12 = 106.68 \, \text{Nm}^3$

과잉 연소가스량$(G_d) = 106.68 \, \text{Nm}^3 \times 1.2 = 128.016 \, \text{Nm}^3$

---

**128.** CH₄ 가스 1 Nm³를 30 % 과잉공기로 연소시킬 때 완전 연소에 의해 생성되는 실제 연소 가스의 총량은 약 몇 Nm³인가?

[2021. 9. 12]

① 2.4          ② 13.4          ③ 23.1          ④ 82.3

**해설** 메탄의 완전 연소 반응식

$CH_4 + 2O_2 \rightarrow CO_2 + 2H_2O$(메탄 : 산소 = 1몰 : 2몰)

공기량$(A_o) = \dfrac{2}{0.21} = 9.52 \, \text{Nm}^3$

실제 연소가스량$(G_w) = (m - 0.21)A_o + CO_2 + H_2O$

$\qquad\qquad\qquad = (1.3 - 0.21) \times 9.52 + 1 + 2 = 13.3768 \, \text{Nm}^3$

---

**129.** 어떤 연료 가스를 분석하였더니 다음과 같았다. 이 가스 1 Nm³를 연소시키는 데 필요한 이론산소량은 몇 Nm³인가?

[2021. 9. 12]

> 수소 : 40 %, 일산화탄소 : 10 %, 메탄 : 10 %,
>
> 질소 : 25 %, 이산화탄소 : 10 %, 산소 : 5 %

① 0.2          ② 0.4          ③ 0.6          ④ 0.8

---

**해설** 이론산소량 $= \frac{1}{2}(H_2 + CO) + 2CH_4 + C_2H_4 - O_2[Nm^3/Nm^3]$

$$= \frac{1}{2}(0.4 + 0.1) + 2 \times 0.1 - 0.05 = 0.4 \ Nm^3$$

---

**130.** 다음과 같은 질량 조성을 가진 석탄의 완전 연소에 필요한 이론공기량(kg/kg)은 얼마인가? [2020. 6. 6.]

> C : 64.0%, H : 5.3%, S : 0.1%, O : 8.8%, N : 0.8%, ash : 12.0%, water : 9.0%

① 7.5　　　　　　　　　　② 8.8
③ 9.7　　　　　　　　　　④ 10.4

**해설** 이론공기량$(A_o) = 11.49C + 34.5(H - \frac{O}{8}) + 4.3S$

$$= 11.49 \times 0.64 + 34.5(0.053 - \frac{0.088}{8}) + 4.3 \times 0.001$$

$$= 8.8069 \ kg/kg$$

---

**131.** 11 g의 프로판이 완전 연소 시 생성되는 물의 질량(g)은? [2020. 6. 6.]

① 44　　　　　　　　　　② 34
③ 28　　　　　　　　　　④ 18

**해설** $C_3H_8 + 5O_2 \longrightarrow 3CO_2 + 4H_2O$

44 g　　　　：　　　$4 \times 18$ g
11 g　　　　：　　　　$X$

$X = \frac{4 \times 18 \, g \times 11 \, g}{44 \, g} = 18 \, g$

---

**132.** 연료의 발열량에 대한 설명으로 틀린 것은? [2017. 5. 7.] [2020. 6. 6.]

① 기체연료는 그 성분으로부터 발열량을 계산할 수 있다.
② 발열량의 단위는 고체와 액체연료의 경우 단위중량당(통상 연료 kg당) 발열량으로 표시한다.
③ 고위발열량은 연료의 측정열량에 수증기 증발잠열을 포함한 연소열량이다.
④ 일반적으로 액체연료는 비중이 크면 체적당 발열량은 감소하고, 중량당 발열량은 증가한다.

**해설** 액체연료는 비중이 크면 체적당 발열량은 증가하고, 중량당 발열량은 감소한다. 탄화수소 분자량이 증가하면 비중도 증가하게 된다. 즉, 비중이 증가하면 탄화수소비(C/H)가 커지고 발열량이 감소하게 된다. 비중이 커지는 것은 제품의 품질이 저하되는 것이다.

---

**133.** 보일러 연소장치에 과잉공기 10 %가 필요한 연료를 완전 연소할 경우 실제 건연소가스 량(Nm³/kg)은 얼마인가? (단, 연료의 이론공기량 및 이론 건연소가스량은 각각 10.5, 9.9 Nm³/kg이다.) [2020. 6. 6]

① 12.03  ② 11.84
③ 10.95  ④ 9.98

**해설** 실제 건연소가스량($G_d$) = 과잉공기량 + 이론 건연소가스량
$$= 0.1 \times 10.5 + 9.9 = 10.95 \ \text{Nm}^3/\text{kg}$$

---

**134.** 연소가스량 10 Nm³/kg, 연소가스의 정압비열 1.34 kJ/Nm³·℃인 어떤 연료의 저위발 열량이 27200 kJ/kg이었다면 이론 연소온도(℃)는? (단, 연소용 공기 및 연료 온도는 5℃ 이다.) [2020. 6. 6]

① 1000  ② 1500
③ 2000  ④ 2500

**해설** $Q = G \times C_p \times \Delta t$
$$27200 \ \text{kJ/kg} = 10 \ \text{Nm}^3/\text{kg} \times 1.34 \ \text{kJ/Nm}^3 \cdot ℃ \times (t-5)℃$$
$$t = 5 + \frac{27200 \ \text{kJ/kg}}{10 \ \text{Nm}^3/\text{kg} \times 1.34 \ \text{kJ/Nm}^3 \cdot ℃}$$
$$= 2034.85 ℃$$

---

**135.** 표준 상태인 공기 중에서 완전 연소비로 아세틸렌이 함유되어 있을 때 이 혼합기체 1 L 당 발열량(kJ)은 얼마인가? (단, 아세틸렌의 발열량은 1308 kJ/mol이다.) [2020. 6. 6]

① 4.1  ② 4.5
③ 5.1  ④ 5.5

**해설** $C_2H_2 + 2.5O_2 \longrightarrow 2CO_2 + H_2O$

이론공기량($A_o$) $= \dfrac{2.5}{0.21} = 11.9 \ \text{L/mol}$

혼합가스량 $= (11.9 + 1) \times 22.4 \ \text{L/mol} = 288.96 \ \text{L/mol}$

발열량 $= \dfrac{1308 \ \text{kJ/mol}}{288.96 \ \text{L/mol}} = 4.526 \ \text{kJ/L}$

---

**정답** ⬤ 133. ③  134. ③  135. ②

**136.** 옥테인($C_8H_{18}$)이 과잉공기율 2로 연소 시 연소가스 중의 산소 부피비(%)는? [2020. 8. 22]

① 6.4  ② 10.1
③ 12.9  ④ 20.2

해설 $C_8H_{18} + 12.5O_2 \longrightarrow 8CO_2 + 9H_2O$

이론공기량($A_o$) $= \dfrac{12.5}{0.21} = 59.52$

실제 연소가스량($G_w$) $= (m-0.21)A_o + CO_2 + H_2O = (2-0.21) \times 59.52 + 8 + 9 = 123.54$

산소 부피비(%) $= \dfrac{12.5}{123.54} \times 100 = 10.11\%$

---

**137.** 헵테인($C_7H_{16}$) 1 kg을 완전 연소하는 데 필요한 이론공기량(kg)은? (단, 공기 중 산소 질량비는 23 %이다.) [2020. 8. 22]

① 11.64  ② 13.21
③ 15.30  ④ 17.17

해설 $C_7H_{16}$ $+$ $11O_2$ $\longrightarrow$ $7CO_2$ $+$ $8H_2O$

100 kg $: \dfrac{11 \times 32 \, kg}{0.23}$

1 kg $: X$

$X = \dfrac{1\,kg \times 11 \times 32\,kg}{0.23 \times 100\,kg} = 15.30\,kg$

---

**138.** 연소가스 부피 조성이 $CO_2$ : 13 %, $O_2$ : 8 %, $N_2$ : 79 %일 때 공기 과잉계수(공기비)는?

① 1.2  ② 1.4
③ 1.6  ④ 1.8

[2016. 5. 8.] [2020. 8. 22.]

해설 공기비($m$) $= \dfrac{N_2}{N_2 - 3.76(O_2 - 0.5CO)} = \dfrac{79}{79 - 3.76 \times 8} = 1.61$(CO는 해당되지 않음)

---

**139.** 가연성 혼합기의 공기비가 1.0일 때 당량비는? [2015. 5. 31.] [2020. 9. 26.]

① 0  ② 0.5  ③ 1.0  ④ 1.5

해설 당량비 $= \dfrac{\text{실제 연공비}}{\text{이론 연공비}} = \dfrac{1}{1} = 1$

혼합기 중의 연료와 공기의 중량비는 연공비로 공연비의 역수이다.

---

정답 ● 136. ②  137. ③  138. ③  139. ③

**140.** 다음 조성의 액체연료를 완전 연소시키기 위해 필요한 이론공기량은 약 몇 $Sm^3/kg$ 인가?

[2019. 3. 3.]

| | |
|---|---|
| C : 0.70 kg | H : 0.10 kg |
| O : 0.05 kg | S : 0.05 kg |
| N : 0.09 kg | ash : 0.01 kg |

① 8.9      ② 11.5      ③ 15.7      ④ 18.9

**해설** 이론공기량$(A_o) = 8.89C + 26.67(H - \dfrac{O}{8}) + 3.33S[Nm^3/kg]$

$$= 8.89 \times 0.7 + 26.67(0.1 - \dfrac{0.05}{8}) + 3.33 \times 0.05[Nm^3/kg]$$

$$= 8.89\, Sm^3/kg(Sm^3/kg = Nm^3/kg)$$

**141.** $1\, Nm^3$의 메탄가스를 공기를 사용하여 연소시킬 때 이론 연소온도는 약 몇 ℃인가? (단, 대기 온도는 15℃이고, 메탄가스의 고발열량은 39767 kJ/$Nm^3$이고, 물의 증발잠열은 2017.7 kJ/$Nm^3$이고, 연소가스의 평균정압비열은 1.423 kJ/$Nm^3 \cdot$ ℃이다.)

[2019. 4. 27.]

① 2387            ② 2402
③ 2417            ④ 2432

**해설** 메탄의 완전 연소 반응식

$CH_4 + 2O_2 \longrightarrow CO_2 + 2H_2O$

• 실제 연소공기량$(G_{ow}) = (1 - 0.21) \cdot A_o + CO_2 + H_2O$

$$= (1 - 0.21) \times \dfrac{2}{0.21} + 1 + 2 = 10.52\, Nm^3/Nm^3$$

• 저위발열량$(H_l)$ = 고위발열량$(H_h)$ − 증발잠열

$$= 39767\, kJ/Nm^3 - 2 \times 2017.7\, kJ/Nm^3 = 35731.6\, kJ/Nm^3$$

• $T_2 = T_1 + \dfrac{Q}{GC} = 15 + \dfrac{35731.6\,kJ/Nm^3}{10.52\,Nm^3/Nm^3 \times 1.423\,kJ/Nm^3 \cdot ℃} = 2401.886℃$

**142.** 상온, 상압에서 프로판−공기의 가연성 혼합기체를 완전 연소시킬 때 프로판 1 kg을 연소시키기 위하여 공기는 약 몇 kg이 필요한가? (단, 공기 중 산소는 23.15 wt%이다.) [2019. 9. 21.]

① 13.6            ② 15.7
③ 17.3            ④ 19.2

**정답** 140. ①    141. ②    142. ②

해설 $C_3H_8$ + $5O_2$ → $3CO_2$ + $4H_2O$

$44\,kg$ : $\dfrac{5 \times 32\,kg}{0.2315}$

$1\,kg$ : $X$

$X = \dfrac{1\,kg \times 5 \times 32\,kg}{0.2315 \times 44\,kg} = 15.707\,kg$

---

**143.** 도시가스의 조성을 조사하니 $H_2$ 30 v%, CO 6 v%, $CH_4$ 40 v%, $CO_2$ 24 v%이었다. 이 도시가스를 연소하기 위해 필요한 이론산소량보다 20 % 많게 공급했을 때 실제공기량은 약 몇 $Nm^3/Nm^3$인가? (단, 공기 중 산소는 21 v%이다.) [2019. 9. 21.]

① 2.6          ② 3.6          ③ 4.6          ④ 5.6

해설 기체연료의 이론공기량$(A_o) = 2.38(H_2 + CO) + 9.52CH_4 + 14.3C_2H_4 - 4.8O_2$

$\qquad\qquad\qquad = 2.38(0.3 + 0.06) + 9.52 \times 0.4 = 4.6648\,Nm^3/Nm^3$

실제공기량$(A) = A_o \times m = 4.6648\,Nm^3/Nm^3 \times 1.2 = 5.59776\,Nm^3/Nm^3$

---

**144.** 메탄$(CH_4)$ 64 kg을 연소시킬 때 이론적으로 필요한 산소량은 몇 kmol인가? [2019. 9. 21.]

① 1          ② 2          ③ 4          ④ 8

해설 $CH_4$ + $2O_2$ → $CO_2$ + $2H_2O$

$16\,kg$ : $2\,kmol$

$64\,kg$ : $X$

$X = \dfrac{64\,kg \times 2\,kmol}{16\,kg} = 8\,kmol$

---

**145.** 연소에 관한 용어, 단위 및 수식의 표현으로 옳은 것은? [2018. 3. 4.]

① 화격자 연소율의 단위 : $kg(g)/m^2 \cdot h$

② 공기비$(m)$ : $\dfrac{이론공기량(A_o)}{실제공기량(A)}(m > 1.0)$

③ 이론연소가스량(고체연료인 경우) : $Nm^3/Nm^3$

④ 고체연료의 저위발열량$(H_l)$의 관계식 : $H_l = H_h + 600(9H - W)(kcal/kg)$

해설 • 공기비 $= \dfrac{실제공기량}{이론공기량}$

• 이론연소가스량(고체연료인 경우) : $Nm^3/kg$

• $H_l = H_h - 600(9H + W)[kcal/kg]$

정답 ➤ 143. ④   144. ④   145. ①

**146.** 프로판가스 1 kg 연소시킬 때 필요한 이론공기량은 약 몇 Sm³/kg인가? [2018. 3. 4.]

① 10.2    ② 11.3    ③ 12.1    ④ 13.2

**해설** $C_3H_8$ + $5O_2$ → $3CO_2$ + $4H_2O$

$44\,kg$ : $\dfrac{5 \times 22.4\,m^3}{0.21}$

$1\,kg$ : $X$

$X = \dfrac{1\,kg \times 5 \times 22.4\,m^3}{0.21 \times 44\,kg} = 12.12\,Sm^3/kg(S : 표준상태)$

---

**147.** 등유($C_{10}H_{20}$)를 연소시킬 때 필요한 이론공기량은 약 몇 Nm³/kg인가? [2018. 4. 28.]

① 15.6    ② 13.5    ③ 11.4    ④ 9.2

**해설** $C_{10}H_{20}$ + $15O_2$ → $10CO_2$ + $10H_2O$

$140\,kg$ : $\dfrac{15 \times 22.4\,m^3}{0.21}$

$1\,kg$ : $X$

$X = \dfrac{1\,kg \times 15 \times 22.4\,m^3}{0.21 \times 140\,kg} = 11.428\,Nm^3/kg$

---

**148.** 다음과 같이 조성된 발생로 내 가스를 15 %의 과잉공기로 완전 연소시켰을 때 건연소가스량(Sm³/Sm³)은? (단, 발생로 가스의 조성은 CO 31.3 %, CH₄ 2.4 %, H₂ 6.3 %, CO₂ 0.7 %, N₂ 59.3 %이다.) [2018. 9. 15.]

① 1.99    ② 2.54    ③ 2.87    ④ 3.01

**해설** • 이론공기량$(A_o) = 2.38(H_2 + CO) + 9.52CH_4$

$= 2.38(0.063 + 0.313) + 9.52 \times 0.024$

$= 1.1234\,Sm^3/Sm^3$

• 건연소가스량$(G_d) = (m - 0.21)\,A_o + CO_2 + CO + CH_4 + N_2$

$= (1.15 - 0.21) \times 1.1234 + 0.007 + 0.313 + 0.024 + 0.593$

$= 1.99\,Sm^3/Sm^3$

---

**149.** 프로판가스($C_3H_8$) 1 Nm³을 완전 연소시키는 데 필요한 이론공기량은 약 몇 Nm³인가?

① 23.8    ② 11.9    ③ 9.52    ④ 5

[2018. 9. 15.]

---

**정답** ● 146. ③    147. ③    148. ①    149. ①

**해설** $C_3H_8$ $+$ $5O_2 \longrightarrow$ $3CO_2$ $+$ $4H_2O$

$22.4\,\mathrm{Nm}^3 : \dfrac{5 \times 22.4\,\mathrm{Nm}^3}{0.21}$

$1\,\mathrm{Nm}^3 \quad : \quad X$

$X = \dfrac{1\,\mathrm{Nm}^3 \times 5 \times 22.4\,\mathrm{Nm}^3}{0.21 \times 22.4\,\mathrm{Nm}^3} = 23.8095\,\mathrm{Nm}^3$

---

**150.** 프로판($C_3H_8$) 5 Nm³를 이론산소량으로 완전 연소시켰을 때의 건연소가스량은 몇 Nm³ 인가? [2017. 3. 5.]

① 5 ② 10 ③ 15 ④ 20

**해설** $C_3H_8$ $+$ $5O_2$ $\longrightarrow$ $3CO_2$ $+$ $4H_2O$

$1\,\mathrm{Nm}^3 \qquad\qquad : \qquad\qquad 3\,\mathrm{Nm}^3$

$5\,\mathrm{Nm}^3 \qquad\qquad : \qquad\qquad X$

$X = \dfrac{3\,\mathrm{Nm}^3 \times 5\,\mathrm{Nm}^3}{1\,\mathrm{Nm}^3} = 15\,\mathrm{Nm}^3$

---

**151.** 어떤 열 설비에서 연료가 완전 연소하였을 경우 배기가스 내의 과잉 산소농도가 10 %이 었다. 이때 연소기기의 공기비는 약 얼마인가? [2017. 3. 5.]

① 1.0 ② 1.5 ③ 1.9 ④ 2.5

**해설** 공기비$(m) = \dfrac{21}{21 - O_2} = \dfrac{21}{21 - 10} = 1.909$

---

**152.** 부탄($C_4H_{10}$) 1 kg의 이론 습배기가스량은 약 몇 Nm³/kg인가? [2017. 3. 5.]

① 10 ② 13
③ 16 ④ 19

**해설** $C_4H_{10} + 6.5O_2 \longrightarrow 4CO_2 + 5H_2O$

$58\,\mathrm{kg} : \left[ \dfrac{(1-0.21) \times 6.5 \times 22.4}{0.21} + (4+5) \times 22.4 \right] \mathrm{Nm}^3$

$1\,\mathrm{kg} : X$

실제 연소공기량$(G_{ow}) = (1 - 0.21)A_o + CO_2 + H_2O$

$= \dfrac{\left[ \dfrac{(1-0.21) \times 6.5 \times 22.4}{0.21} + (4+5) \times 22.4 \right] \mathrm{Nm}^3}{58\,\mathrm{kg}} = 12.92\,\mathrm{Nm}^3/\mathrm{kg}$

---

**정답** ━● **150.** ③ **151.** ③ **152.** ②

**153.** $(CO_2)_{max}$는 19.0 %, $CO_2$는 10.0 %, $O_2$는 0.3 %일 때 과잉공기계수($m$)는 얼마인가?

① 1.25

② 1.35

③ 1.46

④ 1.90

[2017. 3. 5.]

해설 공기비 $= \dfrac{(CO_2)_{max}}{CO_2} = \dfrac{19.0}{10} = 1.9$

---

**154.** 1 mol의 이상기체가 40℃, 35 atm으로부터 1 atm까지 단열 가역적으로 팽창하였다. 최종 온도는 약 몇 K가 되는가? (단, 비열비는 1.670이다.)

[2017. 3. 5.]

① 75

② 88

③ 98

④ 107

해설 $\dfrac{T_2}{T_1} = \left(\dfrac{P_2}{P_1}\right)^{\frac{k-1}{k}}$ 에서 $T_2 = T_1\left(\dfrac{P_2}{P_1}\right)^{\frac{k-1}{k}} = (273+40) \times \left(\dfrac{1}{35}\right)^{\frac{1.67-1}{1.67}} = 75.2\,\text{K}$

---

**155.** 중유 1 kg 속에 수소 0.15 kg, 수분 0.003 kg이 들어 있다면 이 중유의 고발열량이 $10^4$ kcal/kg일 때, 이 중유 2 kg의 총저위발열량은 약 몇 kJ인가?

[2017. 3. 5.]

① 50400

② 67200

③ 77280

④ 84000

해설 저위발열량($H_l$) = 고위발열량($H_h$) - 600 · (9H + W)

2 kg의 총저위발열량 = $[10^4 - 600 \times (9 \times 0.15 + 0.003)] \times 2\,\text{kg}$

$= 9188.2\,\text{kcal/kg} \times 2\,\text{kg} = 18376.4\,\text{kcal} \fallingdotseq 18400\,\text{kcal}$

$= 18400\,\text{kcal} \times 4.2\,\text{kJ/kcal} = 77280\,\text{kJ}$

---

**156.** 200 kg의 물체가 10 m의 높이에서 지면으로 떨어졌다. 최초의 위치 에너지가 모두 열로 변했다면 약 몇 kJ의 열이 발생하겠는가?

[2017. 3. 5.]

① 10.5

② 15.12

③ 19.66

④ 24.36

해설 열역학 제1법칙에 의하여 일은 열로 변하고 열은 일로 변하는 비율은 일정하다.

$Q = AW = \dfrac{1}{427}\,\text{kcal/kg} \cdot \text{m} \times 200\,\text{kg} \times 10\,\text{m} = 4.68\,\text{kcal}$

$= 4.68\,\text{kcal} \times 4.2\,\text{kJ/kcal} = 19.66\,\text{kJ}$

---

정답 ● 153. ④　154. ①　155. ③　156. ③

**157.** 단일기체 10 $Nm^3$의 연소가스를 분석한 결과 $CO_2$ : 8 $Nm^3$, CO : 2 $Nm^3$, $H_2O$ : 20 $Nm^3$ 을 얻었다면 이 기체연료는? [2017. 9. 23.]

① $CH_4$　　　　② $C_2H_2$　　　　③ $C_2H_4$　　　　④ $C_2H_6$

**해설** 탄화수소 완전 연소 반응식

$$C_mH_n + \left(m + \frac{n}{4}\right)O_2 \longrightarrow mCO_2 + \frac{n}{2}H_2O$$

수증기 20 $Nm^3 = \frac{n}{2}$

$\therefore n = 40$

이산화탄소 : 8 $Nm^3$, 일산화탄소 : 2 $Nm^3$

$\therefore 8 + 2 = m$

$m : n = 10 : 40 = 1 : 4$이므로 $CH_4$로 나타낸다.

**158.** 중량비로 탄소 84 %, 수소 13 %, 유황 2 %의 조성으로 되어 있는 경유의 이론공기량은 약 몇 $Nm^3/kg$인가? [2017. 9. 23.]

① 5　　　　② 7　　　　③ 9　　　　④ 11

**해설** 이론공기량$(A_o) = 8.89C + 26.67(H - \frac{O}{8}) + 3.33S[Nm^3/kg]$

$\qquad = 8.89 \times 0.84 + 26.67 \times 0.13 + 3.33 \times 0.02 = 11\,Nm^3/kg$

※ 산소는 주어진 조건이 없으므로 생략

**159.** 연료 조성이 C : 80 %, $H_2$ : 18 %, $O_2$ : 2 %인 연료를 사용하여 10.2 %의 $CO_2$가 계측되 었다면 이때의 최대 탄산가스율은? (단, 과잉공기량은 3 $Nm^3/kg$이다.) [2016. 3. 6.]

① 12.78 %　　　　　　　　② 13.25 %

③ 14.78 %　　　　　　　　④ 15.25 %

**해설** 이론공기량$(A_o) = 8.89C + 26.67(H - \frac{O}{8}) + 3.33S[Nm^3/kg]$

$\qquad = 8.89 \times 0.8 + 26.67(0.18 - \frac{0.02}{8})$(황은 생략)

$\qquad = 11.85\,Nm^3/kg$

실제공기량 = 이론공기량 + 과잉공기량 = 11.85 + 3 = 14.85 $Nm^3/kg$

공기비$(m) = \frac{실제공기량}{이론공기량} = \frac{14.85}{11.85} = 1.253$

최대 탄산가스율 = 공기비$(m) \times CO_2$량 = $1.253 \times 10.2 = 12.78$ %

**정답** ● 157. ①　158. ④　159. ①

**160.** 다음과 같은 조성을 가진 액체연료의 연소 시 생성되는 이론 건연소가스량은? [2016. 3. 6.]

| 탄소 1.2 kg | 산소 0.2 kg | 질소 0.17 kg |
|---|---|---|
| 수소 0.31 kg | 황 0.2 kg | |

① 13.5 $Nm^3$/kg
② 17.5 $Nm^3$/kg
③ 21.4 $Nm^3$/kg
④ 29.4 $Nm^3$/kg

**해설** 이론 건연소가스량($G_{od}$)

$$= 8.89C + 21.07(H - \frac{O}{8}) + 3.33S + 0.8N [Nm^3/kg]$$

$$= 8.89 \times 1.2 + 21.07(0.31 - \frac{0.2}{8}) + 3.33 \times 0.2 + 0.8 \times 0.17 \, Nm^3/kg$$

$$= 17.4749 \, Nm^3/kg$$

**161.** 탄소(C) $\frac{1}{12}$ kmol을 완전 연소시키는 데 필요한 이론산소량은? [2016. 3. 6.]

① $\frac{1}{12}$ kmol
② $\frac{1}{2}$ kmol
③ 1 kmol
④ 2 kmol

**해설**  C  +  $O_2$  →  $CO_2$
1 kmol : 1 kmol  :  1 kmol

즉, 탄소 1 kmol을 완전 연소시키는 데 산소 1 kmol이 필요하며 이산화탄소도 1 kmol 생성
된다. 따라서 탄소 $\frac{1}{12}$ kmol을 완전 연소시키는 데 필요한 이론산소량은 $\frac{1}{12}$ kmol이다.

**162.** $CH_4$ 가스 1 $Nm^3$을 30 % 과잉공기로 연소시킬 때 실제 연소가스량은? [2016. 3. 6.]
① 2.38 $Nm^3/Nm^3$
② 13.36 $Nm^3/Nm^3$
③ 23.1 $Nm^3/Nm^3$
④ 82.31 $Nm^3/Nm^3$

**해설** $CH_4 + 2O_2 \rightarrow CO_2 + 2H_2O$

이론공기량($A_o$) $= \frac{2}{0.21} = 9.52 \, Nm^3$

실제 연소가스량($G_w$) $= (m - 0.21)A_o + CO_2 + 2H_2O$

$$= (1.3 - 0.21) \times 9.52 + 1 + 2$$

$$= 13.376 \, Nm^3$$

※ 단위를 $Nm^3$ 또는 $Nm^3/Nm^3$으로 표현하는 것이 맞음

**정답**　● 160. ②　161. ①　162. ②

---

**163.** 배기가스 중 $O_2$의 계측값이 3 %일 때 공기비는 ? (단, 완전 연소로 가정한다.)　　[2016. 3. 6.]

① 1.07　　　　　　　　　　　② 1.11

③ 1.17　　　　　　　　　　　④ 1.24

**[해설]** 공기비$(m) = \dfrac{21}{21 - O_2} = \dfrac{21}{21 - 3} = 1.166$

---

**164.** 발열량이 5000 kcal/kg인 고체연료를 연소할 때 불완전 연소에 의한 열손실이 5 %, 연소재에 의한 열손실이 5 %이었다면 연소효율은 ?　　[2016. 5. 8.]

① 80 %　　　　　　　　　　　② 85 %

③ 90 %　　　　　　　　　　　④ 95 %

**[해설]** 연소효율 = 100 − (불완전 연소에 의한 열손실 + 연소재에 의한 열손실)

　　　　 = 100 − (5 + 5) = 90 %

---

**165.** 연소배기가스를 분석한 결과 $O_2$의 측정치가 4 %일 때 공기비$(m)$는 ?　　[2016. 5. 8.]

① 1.10　　　　　　　　　　　② 1.24

③ 1.30　　　　　　　　　　　④ 1.34

**[해설]** 공기비$(m) = \dfrac{21}{21 - O_2} = \dfrac{21}{21 - 4} = 1.235$

---

**166.** 산소 1 $Nm^3$을 연소에 이용하려면 필요한 공기량($Nm^3$)은 ?　　[2016. 5. 8.]

① 1.9　　　　　　　　　　　② 2.8

③ 3.7　　　　　　　　　　　④ 4.8

**[해설]** 이론공기량$(A_o) = \dfrac{1\,Nm^3}{0.21} = 4.76\,Nm^3$

---

**167.** 고체연료를 사용하는 어느 열기관의 출력이 3,000 kW이고 연료소비율이 매시간 1,400 kg일 때, 이 열기관의 열효율은 ? (단, 고체연료의 중량비는 C = 81.5 %, H = 4.5 %, O = 8 %, S = 2 %, W = 4 %이다.)　　[2016. 10. 1.]

① 25 %　　　　　　　　　　　② 28 %

③ 3 %　　　　　　　　　　　④ 32 %

---

**정답** ● 163. ③　164. ③　165. ②　166. ④　167. ①

**해설** 저위발열량$(H_L) = 8100C + 34000(H - \dfrac{O}{8}) + 2500S - 600(9H + W)[kcal/kg]$

$H_L = 8100 \times 0.815 + 34000(0.045 - \dfrac{0.08}{8}) + 2500 \times 0.02 - 600(9 \times 0.045 + 0.04)[kcal/kg]$

$= 7574.5 \, kcal/kg$

입열량 $= 1400 \, kg/h \times 7574.5 \, kcal/kg$

$= 10604300 \, kcal/h$

출열량 $= 3000 \, kW = 3000 \, kW \times 860 \, kcal/h \cdot kW$

$= 2580000 \, kcal/h$

$\therefore$ 열효율 $= \dfrac{출열량(out \ put)}{입열량(in \ put)} \times 100 = \dfrac{2580000 \, kcal/h}{10604300 \, kcal/h} \times 100 = 24.33 \, \%$

---

**168.** 수소 4 kg을 과잉공기계수 1.4의 공기로 완전 연소시킬 때 발생하는 연소가스 중의 산소량은?

[2016. 10. 1.]

① 3.20 kg

② 4.48 kg

③ 6.40 kg

④ 12.8 kg

**해설** $2H_2 \quad + \quad O_2 \quad \longrightarrow \quad 2H_2O$(수소 완전 연소 반응식)

$\quad 4 \, kg \quad : \quad 32 \, kg \quad : \quad 36 \, kg$

$\therefore$ 연소가스 중의 산소량 $=$ (과잉공기계수$-1) \times$ 산소 질량

$= (1.4 - 1) \times 32 \, kg = 12.8 \, kg$

---

**169.** 중량비로 C(86 %), H(14 %)의 조성을 갖는 액체연료를 매 시간당 100 kg 연소시켰을 때 생성되는 연소가스의 조성이 체적비로 $CO_2$(12.5 %), $O_2$(3.7 %), $N_2$(83.8 %)일 때 1시간당 필요한 연소용 공기량은?

[2016. 10. 1.]

① 11.4 $Sm^3$

② 1140 $Sm^3$

③ 13.7 $Sm^3$

④ 1368 $Sm^3$

**해설** 공기비$(m) = \dfrac{N_2}{N_2 - 3.76O_2} = \dfrac{83.8}{83.8 - 3.76 \times 3.7} = 1.2$

이론공기량$(A_o) = 8.89C + 26.67(H - \dfrac{O}{8}) + 3.33S[Nm^3/kg]$

$= 8.89 \times 0.86 + 26.67(0.14 - \dfrac{0.037}{8})[Nm^3/kg]$

$= 11.2558 \, Nm^3/kg$

100 kg에 대한 이론공기량 $= 11.2558 \, Nm^3/kg \times 100 \, kg = 1125.58 \, Nm^3$

1시간당 필요한 연소용 공기량 $= 1125.58 \, Nm^3 \times 1.2 = 1350.696 \, Nm^3$

**170.** 어떤 중유연소 가열로의 발생가스를 분석했을 때 체적비로 $CO_2$ 12.0 %, $O_2$ 8.0 %, $N_2$ 80 %의 결과를 얻었다. 이 경우 공기비는? (단, 연료 중에는 질소가 포함되어 있지 않다.)

① 1.2          ② 1.4          ③ 1.6          ④ 1.8          [2016. 10. 1.]

**해설** 공기비$(m) = \dfrac{N_2}{N_2 - 3.76 O_2} = \dfrac{80}{80 - 3.76 \times 8} = 1.6$

**171.** $CO_2$와 연료 중의 탄소분을 알고 있을 때 건연소가스량$(G)$을 구하는 식은? [2016. 10. 1.]

① $\dfrac{1.867 \cdot C}{(CO_2)}$ [Nm³/kg]

② $\dfrac{(CO_2)}{1.867 \cdot C}$ [Nm³/kg]

③ $\dfrac{1.867 \cdot C}{21 \cdot (CO_2)}$ [Nm³/kg]

④ $\dfrac{21 \cdot (CO_2)}{1.867 \cdot C}$ [Nm³/kg]

**172.** 건조공기를 사용하여 수성가스를 연소시킬 때 공기량은? (단, 공기과잉률 : 1.30, $CO_2$ : 4.5 %, $O_2$ : 0.2 %, CO : 38 %, $H_2$ : 52.0 %, $N_2$ : 5.3 %이다.)          [2016. 10. 1.]

① 4.95 Nm³/kg

② 4.27 Nm³/kg

③ 3.50 Nm³/kg

④ 2.77 Nm³/kg

**해설** 기체연료의 이론공기량$(A_o)$

$A_o = 2.38(H_2 + CO) + 9.52 CH_4 + 14.3 C_2H_4 - 4.8 O_2$

$= 2.38(0.52 + 0.38) + 9.52 \times 0 - 4.8 \times 0.002 = 2.13$ Nm³/kg

실제공기량$(A) = m \times A_o = 1.3 \times 2.13$ Nm³/kg $= 2.769$ Nm³/kg

**173.** 과잉공기량이 많을 때 일어나는 현상으로 옳은 것은?          [2016. 10. 1.]

① 배기가스에 의한 열손실이 감소한다.
② 연소실의 온도가 높아진다.
③ 연료소비량이 적어진다.
④ 불완전 연소물의 발생이 적어진다.

**해설** (1) 공기비가 클 때 연소에 미치는 영향
  • 연소실 내의 연소온도가 저하한다.
  • 통풍력이 강하여 배기가스에 의한 열손실이 많아진다.
  • 연소가스 중에 SOx의 함유량이 많아져서 저온부식이 촉진된다.

**정답** ● 170. ③   171. ①   172. ④   173. ④

(2) 공기비가 작을 때 연소에 미치는 영향
- 불완전 연소가 되어 매연 발생이 심하다.
- 미연소에 의한 열손실이 증가한다.
- 미연소 가스로 인한 폭발사고가 일어나기 쉽다.

---

**174.** C(85 %), H(15 %)의 조성을 가진 중유를 10 kg/h의 비율로 연소시키는 가열로가 있다. 오르자트 분석결과가 다음과 같았다면 연소 시 필요한 시간당 실제공기량은? (단, $CO_2$ = 12.5 %, $O_2$ = 3.2 %, $N_2$ = 84.3 %이다.)  [2015. 3. 8.]

① 약 121 $Nm^3$      ② 약 124 $Nm^3$
③ 약 135 $Nm^3$      ④ 약 143 $Nm^3$

**해설** 공기비$(m) = \dfrac{N_2}{N_2 - 3.76 O_2} = \dfrac{84.3}{84.3 - 3.76 \times 3.2} = 1.17$

이론공기량$(A_o) = 8.89 C + 26.67(H - \dfrac{O}{8}) + 3.33 S [Nm^3/kg]$

$A_o = 8.89 \times 0.85 + 26.67 \times 0.15 [Nm^3/kg] = 11.557 \ Nm^3/kg$

실제공기량$(A) = 11.557 \ Nm^3/kg \times 1.17 \times 10 kg/h = 135.216 \ Nm^3/h$

---

**175.** 벙커C유 연소배기가스를 분석한 결과 $CO_2$의 함량이 12.5 %이었다. 이때 벙커C유 500 L/h 연소에 필요한 공기량은? (단, 벙커C유 이론공기량은 10.5 $Nm^3/kg$, 비중 0.96, $(CO_2)_{max}$는 15.5 %로 한다.)  [2015. 3. 8.]

① 약 105 $Nm^3$/min      ② 약 150 $Nm^3$/min
③ 약 180 $Nm^3$/min      ④ 약 200 $Nm^3$/min

**해설** 공기비 $= \dfrac{(CO_2)_{max}}{CO_2} = \dfrac{15.5}{12.5} = 1.24$

- 실제공기량 $= 10.5 \ Nm^3/kg \times 1.24 = 13.02 \ Nm^3/kg$
- 연소공기량 $= 500 \ L/h \times 0.96 \ kg/L \times 13.02 \ Nm^3/kg$
  $= 6249.6 \ Nm^3/h = 104.16 \ Nm^3/min$

---

**176.** 메탄 1 $Nm^3$를 이론산소량으로 완전 연소시켰을 때의 습연소가스의 부피는 몇 $Nm^3$인가?

① 1      ② 2      ③ 3      ④ 4    [2015. 3. 8.]

**해설**
$$CH_4 \quad + \quad 2O_2 \quad \rightarrow \quad CO_2 \quad + \quad 2H_2O$$
$$1 \quad : \quad 2 \quad : \quad 1 \quad : \quad 2 \leftarrow 체적비$$

∴ 습연소가스 $= 1 + 2 = 3 \ Nm^3$

---

**177.** 연소 시 배기가스량을 구하는 식으로 옳은 것은? (단, $G$ : 배기가스량, $G_o$ : 이론 배기가스량, $A_o$ : 이론공기량, $m$ : 공기비이다.) [2015. 3. 8.] [2019. 9. 21.]

① $G = G_o + (m-1)A_o$　　　　② $G = G_o + (m+1)A_o$

③ $G = G_o - (m+1)A_o$　　　　④ $G = G_o + (1-m)A_o$

해설 실제 배기가스량($G$) = 이론 배기가스량($G_o$) + 과잉공기량

$G = G_o + (A - A_o) = G_o + (mA_o - A_o)$

$\quad = G_o + A_o(m-1)$

---

**178.** 기계분(機械焚) 연소에 대한 설명으로 틀린 것은? [2015. 3. 8.]

① 설비비 및 운전비가 높다.

② 산포식 스토커는 호퍼, 회전익차, 스크루피더가 주요 구성요소이다.

③ 고정화격자 연소의 경우 효율이 떨어진다.

④ 저질연료를 사용하여도 유효한 연소가 가능하다.

해설 고정화격자 연소 방식은 폐기물을 화격자의 상부에 공급하고 공기를 화격자 밑에서 송풍하여 연소하는 방식으로 분해속도가 빠르고 가연성이 큰 것은 불완전 연소가 되어 검댕이 발생하므로 재연소를 행할 필요가 있다. 화격자 연소에 있어서 연료를 화격자 위에 기계적으로 공급하는 것을 기계 연소 또는 스토커 연소라 한다.

---

**179.** 백 필터(bag-filter)에 대한 설명으로 틀린 것은? [2015. 3. 8.]

① 여과면의 가스 유속은 미세한 더스트일수록 적게 한다.

② 더스트 부하가 클수록 집진율은 커진다.

③ 여포재에 더스트 일차 부착층이 형성되면 집진율은 낮아진다.

④ 백의 밑에서 가스백 내부로 송입하여 집진한다.

해설 백 필터(bag-filter) : 글라스 섬유나 솜, 양모, 합성 섬유, 석면 등으로 미세한 자루 모양의 여재에 의해 분진 기류를 거르는 여과 집진장치로 여포재에 더스트 일차 부착층이 형성되면 집진율은 높아진다.

---

**180.** 탄소 1 kg을 완전히 연소시키는 데 요구되는 이론산소량은? [2015. 5. 31.]

① 약 0.82 Nm³/kg　　　　② 약 1.23 Nm³/kg

③ 약 1.87 Nm³/kg　　　　④ 약 2.45 Nm³/kg

---

**해설** $\quad \text{C} \quad + \quad \text{O}_2 \quad \longrightarrow \quad \text{CO}_2$

$\quad\quad 12\,\text{kg} \quad : \quad 22.4\,\text{Nm}^3$

$\quad\quad\; 1\,\text{kg} \quad : \quad X$

$$X = \frac{1\,\text{kg} \times 22.4\,\text{Nm}^3}{12\,\text{kg}} = 1.8666\,\text{Nm}^3$$

---

**181.** 순수한 탄소 1kg을 이론공기량으로 완전 연소시켜서 나오는 연소가스량은? [2015. 5. 31.]

① 약 8.89 Nm$^3$/kg

② 약 10.593 Nm$^3$/kg

③ 약 12.89 Nm$^3$/kg

④ 약 14.59 Nm$^3$/kg

**해설** $\quad \text{C} \quad + \quad \text{O}_2 \quad \longrightarrow \quad \text{CO}_2$

$\quad\quad 12\,\text{kg} \quad : \quad \dfrac{22.4}{0.21}\,\text{Nm}^3$

$\quad\quad\; 1\,\text{kg} \quad : \quad X$

$$X = \frac{1\,\text{kg} \times 22.4\,\text{Nm}^3}{0.21 \times 12\,\text{kg}} = 8.888\,\text{Nm}^3$$

---

**182.** 다음 각 성분의 조성을 나타낸 식 중에서 틀린 것은? (단, $m$ : 공기비, $L_o$ : 이론공기량, $G$ : 가스량, $G_o$ : 이론건연소가스량이다.) [2015. 5. 31.]

① $(\text{CO}_2) = \dfrac{1.867\text{C} - (\text{CO})}{G} \times 100$

② $(\text{O}_2) = \dfrac{0.21(m-1)L_o}{G} \times 100$

③ $(\text{N}_2) = \dfrac{0.8\text{N} + 0.79mL_o}{G} \times 100$

④ $(\text{CO}_2)_{max} = \dfrac{1.867\text{C} + 0.7\text{S}}{G_o} \times 100$

**해설** $(\text{CO}_2) = \dfrac{1.867\text{C}}{G} \times 100$

---

**183.** 고위발열량과 저위발열량의 차이는 어떤 성분과 관련이 있는가? [2015. 5. 31.]

① 황

② 탄소

③ 질소

④ 수소

**해설** 저위발열량($H_l$) = 고위발열량($H_h$) − 600(9H + W)

∴ 고위발열량과 저위발열량의 차이는 수소 및 수분에 의하여 발생한다.

---

**정답** ● **181.** ① **182.** ① **183.** ④

**184.** 다음과 같은 조성의 석탄가스를 연소시켰을 때의 이론습연소가스량($Nm^3/Nm^3$)은 ?

[2015. 9. 19.] [2020. 8. 22.]

| 성분 | CO | $CO_2$ | $H_2$ | $CH_4$ | $N_2$ |
|---|---|---|---|---|---|
| 부피(%) | 8 | 1 | 50 | 37 | 4 |

① 5.61　　　　② 4.61　　　　③ 3.94　　　　④ 2.94

**해설** 이론공기량($A_o$) $= 2.38(H_2 + CO) + 9.52CH_4 + 14.3C_2H_4 - 4.8O_2$

$\qquad\qquad\qquad = 2.38 \times (0.5 + 0.08) + 9.52 \times 0.37$(에틸렌과 산소는 생략)

$\qquad\qquad\qquad = 4.90 \ Nm^3/Nm^3$

$\therefore$ 이론습연소가스량($G_{ow}$) $= (1 - 0.21)A_o +$ 연소 생성물

$\qquad\qquad\qquad\qquad = (1 - 0.21) \times 4.90 + CO + CO_2 + H_2 + 3CH_4 + N_2$

$\qquad\qquad\qquad\qquad = (1 - 0.21) \times 4.90 + 0.08 + 0.01 + 0.5 + 3 \times 0.37 + 0.04$

$\qquad\qquad\qquad\qquad = 5.61 \ Nm^3/Nm^3$

---

**185.** 순수한 $CH_4$를 건조공기로 연소시키고 난 기체 화합물을 응축기로 보내 수증기를 제거시킨 다음, 나머지 기체를 Orsat법으로 분석한 결과, 부피비로 $CO_2$가 8.21 %, CO가 0.41 %, $O_2$가 5.02 %, $N_2$가 86.36 %이었다. $CH_4$ 1 kg－mol당 약 몇 kg－mol의 건조공기가 필요한가 ?

[2015. 9. 19.] [2018. 9. 15.]

① 7.2 kg－mol　　　　　　　　② 8.5 kg－mol

③ 10.3 kg－mol　　　　　　　　④ 12.1 kg－mol

**해설** $CH_4 \quad + \quad 2O_2 \quad \longrightarrow \quad CO_2 \quad + \quad 2H_2O$

$1 \ Nm^3 \quad : \quad \dfrac{2}{0.21} \ Nm^3 (9.523 \ Nm^3)$

공기비($m$) $= \dfrac{N_2}{N_2 - 3.76(O_2 - 0.5CO_2)} = \dfrac{86.36}{86.36 - 3.76(5.02 - 0.5 \times 0.41)} = 1.2655$

$\therefore$ 건조공기량 $= 9.52 \times 1.2655 = 12.05$ kg－mol

---

**186.** 어떤 중유 연소보일러의 연소배기가스의 조성이 $CO_2$($SO_2$ 포함) = 11.6 %, CO = 0 %, $O_2$ = 6.0 %, $N_2$ = 82.4 %이었다. 중유의 분석 결과는 중량단위로 탄소 84.6 %, 수소 12.9 %, 황 1.6 %, 산소 0.9 %로서 비중은 0.924이었다. 연소할 때 사용된 공기의 공기비는 ? [2015. 9. 19.]

① 1.08　　　　② 1.18　　　　③ 1.28　　　　④ 1.38

**해설** 공기비($m$) $= \dfrac{N_2}{N_2 - 3.76(O_2 - 0.5CO_2)} = \dfrac{82.4}{82.4 - 3.76(6.0 - 0.5 \times 0)} = 1.377$

**정답** ● 184. ①　185. ④　186. ④

**187.** 고체연료의 연료비(fuel ratio)를 옳게 나타낸 것은? [2015. 9. 19.]

① 휘발분 / 고정탄소
② 고정탄소 / 휘발분
③ 탄소 / 수소
④ 수소 / 탄소

**해설** 고체연료비 = $\dfrac{고정탄소(\%)}{휘발분(\%)}$

고정탄소(%) = 100 − (휘발분 + 수분 + 회분)

**188.** 고체연료의 연소 방법이 아닌 것은? [2021. 3. 7.]

① 미분탄 연소
② 유동층 연소
③ 화격자 연소
④ 액중 연소

**해설** 액중 연소장치는 물속에서 연료(주로 LNG : 액화천연가스)를 태워 연소공기로 직접 물을 데우는 직접 방식이며 공기 속에서 연소시킨 뒤 연소공기로 물이 들어 있는 열교환기의 파이프를 데우는 간접 방식의 일반 보일러보다 고효율이다.

**189.** 저질탄 또는 조분탄의 연소 방식이 아닌 것은? [2021. 5. 15.]

① 분무식
② 산포식
③ 쇄상식
④ 계단식

**해설** 저질탄이나 조분탄은 고체연료로 연소 방식에는 하입식 스토커, 산포식, 쇄상식, 계단식 등이 있으며 분무식은 액체연료에 사용되는 연소 방식이다.

**190.** 액체연료 연소장치 중 회전식 버너의 특징에 대한 설명으로 틀린 것은? [2021. 5. 15.]

① 분무각은 10~40° 정도이다.
② 유량조절범위는 1 : 5 정도이다.
③ 자동 제어에 편리한 구조로 되어 있다.
④ 부속설비가 없으며 화염이 짧고 안정한 연소를 얻을 수 있다.

**해설** 회전식 버너의 분무 각도는 40~80° 정도이다.

**191.** 과잉공기량이 증가할 때 나타나는 현상이 아닌 것은? [2021. 9. 12.]

① 연소실의 온도가 저하된다.
② 배기가스에 의한 열손실이 많아진다.
③ 연소가스 중의 $SO_3$이 현저히 줄어 저온부식이 촉진된다.
④ 연소가스 중의 질소산화물 발생이 심하여 대기오염을 초래한다.

해설 과잉공기량(공기비)이 증가할 때 배기가스가 증가하므로 환경오염 및 열손실이 증가하고, 연소실 온도가 저하된다.

---

**192.** 다음 중 연소 시 발생하는 질소산화물(NOx)의 감소 방안으로 틀린 것은? [2020. 6. 6.]

① 질소 성분이 적은 연료를 사용한다.　　② 화염의 온도를 높게 연소한다.
③ 화실을 크게 한다.　　④ 배기가스 순환을 원활하게 한다.

해설 질소산화물(NOx)의 감소 방안
- 산소의 분압을 낮게 하고 연소실 열부하를 저감한다.
- 과잉공기를 최소화하고 배기가스 재순환법을 이용한다.
- 물 또는 증기를 분사하며 단계적 연소법을 사용한다.
- 화염의 온도를 낮게 하고(저연소 온도) 에멀션 연료를 사용한다.

---

**193.** 연소장치의 연소효율($E_c$) 식이 아래와 같을 때 $H_2$는 무엇을 의미하는가? (단, $H_c$ : 연료의 발열량, $H_1$ : 연재 중의 미연탄소에 의한 손실이다.) [2017. 5. 7.] [2020. 6. 6.]

$$E_c = \frac{H_c - H_1 - H_2}{H_c}$$

① 전열손실　　② 현열손실
③ 연료의 저발열량　　④ 불완전 연소에 따른 손실

해설 연소효율($E_c$) $= \dfrac{H_c - H_1 - H_2}{H_c}$

　여기서, $H_c$ : 연료의 발열량
　　　　$H_1$ : 연재 중의 미연탄소에 의한 손실
　　　　$H_2$ : 불완전 연소 손실

---

**194.** 연료비가 크면 나타나는 일반적인 현상이 아닌 것은? [2020. 8. 22.]

① 고정 탄소량이 증가한다.　　② 불꽃은 단염이 된다.
③ 매연의 발생이 적다.　　④ 착화온도가 낮아진다.

해설 연료비는 고정탄소/휘발분으로 표시되며 연료비가 증가하면 탄소량이 크게 되므로 착화 온도가 높아지고 불꽃은 단염(짧은 불꽃)이 된다.

---

정답 ➥ 192. ②　193. ④　194. ④

**195.** 저압공기 분무식 버너의 특징이 아닌 것은? [2020. 9. 26.]

① 구조가 간단하여 취급이 간편하다.　② 공기압이 높으면 무화공기량이 줄어든다.

③ 점도가 낮은 중유도 연소할 수 있다.　④ 대형 보일러에 사용된다.

해설 • 소형 보일러 : 저압공기 분무식 버너

　　 • 중 · 대형 보일러 : 고압공기 분무식 버너

**196.** 분젠 버너를 사용할 때 가스의 유출 속도를 점차 빠르게 하면 불꽃 모양은 어떻게 되는가? [2020. 9. 26.]

① 불꽃이 엉클어지면서 짧아진다.　② 불꽃이 엉클어지면서 길어진다.

③ 불꽃의 형태는 변화 없고 밝아진다.　④ 아무런 변화가 없다.

해설 분젠 버너는 가스를 이용해 불을 일으키는 도구로 실험실용으로도 사용하지만 일반 가정에서 사용하는 가스레인지 등이 해당되며 가스의 유출 속도를 점차 빠르게 하면 흐름의 난류로 인하여 연소가 빨라지며 불꽃은 일정치 못하고 길이 또한 짧아진다.

**197.** 중유의 저위발열량이 41860 kJ/kg인 원료 1 kg을 연소시킨 결과 연소열이 31400 kJ/kg이고 유효출열이 30270 kJ/kg일 때, 전열효율과 연소효율은 각각 얼마인가? [2020. 9. 26.]

① 96.4 %, 70 %　② 96.4 %, 75 %

③ 72.3 %, 75 %　④ 72.3 %, 96.4 %

해설 보일러 효율 = 연소효율 × 전열효율

• 연소효율 $= \dfrac{\text{실제 연소열}}{\text{공급열}} = \dfrac{31400 \text{ kJ/kg}}{41860 \text{ kJ/kg}} = 0.75$

• 전열효율 $= \dfrac{\text{증기의 보유열}}{\text{실제 연소열}} = \dfrac{30270 \text{ kJ/kg}}{31400 \text{ kJ/kg}} = 0.964$

• 보일러 효율 $= 0.75 \times 0.964 = 0.723$

**198.** 다음 중 연료의 발열량을 측정하는 방법으로 가장 거리가 먼 것은? [2019. 3. 3.]

① 열량계에 의한 방법　② 연소 방식에 의한 방법

③ 공업 분석에 의한 방법　④ 원소 분석에 의한 방법

해설 연소 방식에 의한 방법은 연소 시 발생하는 기체 성분을 확인하는 데 사용한다.

정답 ◆◆ 195. ④　196. ①　197. ②　198. ②

---

**199.** 질량 기준으로 C 85 %, H 12 %, S 3 %의 조성으로 되어 있는 중유를 공기비 1.1로 연소시킬 때 건연소가스량은 약 몇 Nm³/kg인가? [2019. 3. 3.]

① 9.7    ② 10.5    ③ 11.3    ④ 12.1

---

**해설** • 이론공기량($A_o$) $= 8.89C + 26.67(H - \dfrac{O}{8}) + 3.33S$

$\qquad\qquad = 8.89 \times 0.85 + 26.67 \times 0.12 + 3.33 \times 0.03$ (O : 생략)

$\qquad\qquad = 10.8568 \, \text{Nm}^3/\text{kg}$

• 건연소가스량($G_d$) $= (m - 0.21)A_o + 1.867C + 0.7S + 0.8N$

$\qquad\qquad = (1.1 - 0.21) \times 10.8568 + 1.867 \times 0.85 + 0.7 \times 0.03$

$\qquad\qquad = 11.27 \, \text{Nm}^3/\text{kg}$

---

**200.** 공기와 연료의 혼합기체의 표시에 대한 설명 중 옳은 것은? [2019. 3. 3.]

① 공기비는 연공비의 역수와 같다.
② 연공비(fuel air ratio)라 함은 가연 혼합기 중의 공기와 연료의 질량비로 정의된다.
③ 공연비(air fual ratio)라 함은 가연 혼합기 중의 연료와 공기의 질량비로 정의된다.
④ 당량비(equivalence ratio)는 실제연공비와 이론연공비의 비로 정의된다.

---

**해설** • 공기비 $= \dfrac{\text{실제공기량}}{\text{이론공기량}}$

• 혼합기 중의 연료와 공기의 중량비는 연공비로 공연비의 역수이다.

• 당량비 $= \dfrac{\text{실제연공비}}{\text{이론연공비}}$

---

**201.** 석탄에 함유되어 있는 성분 중 ㉠ 수분, ㉡ 휘발분, ㉢ 황분이 연소에 미치는 영향으로 가장 적합하게 각각 나열한 것은? [2019. 3. 3.]

① ㉠ 발열량 감소, ㉡ 연소 시 긴 불꽃 생성, ㉢ 연소기관의 부식
② ㉠ 매연발생, ㉡ 대기오염 감소, ㉢ 착화 및 연소방해
③ ㉠ 연소방해, ㉡ 발열량 감소, ㉢ 매연발생
④ ㉠ 매연발생, ㉡ 발열량 감소, ㉢ 점화방해

---

**해설** 석탄에 함유된 성분의 특성
• 수분 : 발열량 감소
• 휘발분 : 매연 및 긴 불꽃 형성
• 황 : 황산 생성으로 기계설비 부식

---

**202.** 그림은 어떤 로의 열정산도이다. 발열량이 8400 kJ/Nm³인 연료를 이 가열로에서 연소시켰을 때 강재가 함유하는 열량은 약 몇 kJ/Nm³인가? [2019. 3. 3.]

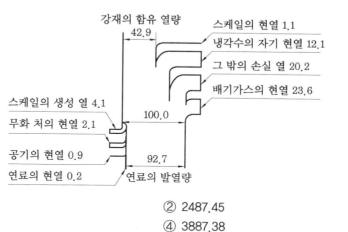

① 1090.95
② 2487.45
③ 3643.21
④ 3887.38

해설 $8400\ \text{kJ/Nm}^3 \times \dfrac{42.9}{92.7} = 3887.38\ \text{kJ/Nm}^3$

**203.** 탄소 1 kg을 완전 연소시키는 데 필요한 공기량(Nm³)은? (단, 공기 중의 산소와 질소의 체적 함유 비를 각각 21 %와 79 %로 하며 공기 1 kmol의 체적은 22.4 m³이다.) [2019. 4. 27]

① 6.75
② 7.23
③ 8.89
④ 9.97

해설
$$C \quad + \quad O_2 \quad \longrightarrow \quad CO_2$$

$12\ \text{kg} : \dfrac{22.4\ \text{m}^3}{0.21}$

$1\ \text{kg} \quad : \quad X$

$X = \dfrac{1\ \text{kg} \times 22.4\ \text{m}^3}{12\ \text{kg} \times 0.21} = 8.888\ \text{m}^3$

**204.** 다음 중 고체연료의 공업분석에서 계산만으로 산출되는 것은? [2019. 4. 27.]

① 회분
② 수분
③ 휘발분
④ 고정탄소

해설 고정탄소 = 100 − (수분 + 회분 + 휘발분)

수분 → 회분 → 휘발분 순으로 공업분석을 한다.

**205.** 연소 생성물($CO_2$, $N_2$) 등의 농도가 높아지면 연소속도에 미치는 영향은?　　[2019. 4. 27.]
① 연소속도가 빨라진다.　　　　　　② 연소속도가 저하된다.
③ 연소속도가 변화없다.　　　　　　④ 처음에는 저하되나, 나중에는 빨라진다.

해설 과잉 공기량(공기비)이 증가하면 연소 생성물($CO_2$, $N_2$)이 많아지므로 환경오염 및 열손실이 증가하고 연소실 온도 및 연소속도가 저하된다.

**206.** 열정산을 할 때 입열 항에 해당하지 않는 것은?　　[2019. 4. 27.]
① 연료의 연소열　　　　　　　　　② 연료의 현열
③ 공기의 현열　　　　　　　　　　④ 발생 증기열

해설 열정산 : 열을 사용하는 기기에서 어느 정도의 열이 발생하였으며 또한 발생한 열이 어디에서 어떠한 형태로 얼마만큼 나왔느냐를 계산하는 것으로서 입열 항과 출열 항은 다음과 같다.
(1) 입열 항
· 사용 연료의 발열량
· 공기의 현열
· 연료의 현열
· 노내 취입증기 또는 온수에 의한 입열
(2) 출열 항
· 발생증기의 흡수열
· 연소에 의해서 생기는 배기가스의 열손실
· 노내 분입증기 또는 온수에 의한 배기가스 열손실
· 불완전 연소가스에 의한 열손실
· 방열, 전열 및 기타 손실열

**207.** 다음 기체연료 중 고발열량($kJ/Sm^3$)이 가장 큰 것은?　　[2019. 4. 27.]
① 고로가스　　② 수성가스　　③ 도시가스　　④ 액화석유가스

해설 발열량 큰 순서 : LPG > LNG > 오일가스 > 석탄가스 > 수성가스 > 발생로 가스 > 고로가스

**208.** 도시가스의 호환성을 판단하는 데 사용되는 지수는?　　[2019. 4. 27.]
① 웨버지수(Webbe Index)　　　　② 듀롱지수(Dulong Index)
③ 릴리지수(Lilly Index)　　　　　④ 제이도비흐지수(Zeldovich Index)

해설 웨버지수 : 가스기구에 대한 가스의 입열량을 표시하려는 지수로서 단위체적당 총발열량($kcal/m^3$)을 가스비중의 평방근으로 나눈 것으로 도시가스 호환성 판단에 사용한다.

정답 ● 205. ②　206. ④　207. ④　208. ①

**209.** 고체연료에 대비 액체연료의 성분 조성비는? [2018. 3. 4.]
① H₂ 함량이 적고 O₂ 함량이 적다.
② H₂ 함량이 크고 O₂ 함량이 적다.
③ O₂ 함량이 크고 H₂ 함량이 크다.
④ O₂ 함량이 크고 H₂ 함량이 적다.

해설 액체연료에는 석유나 알코올, LPG, LNG 등이 있으며 이들은 고체연료(석탄, 나무 등)에 비해 수소 함량이 크고 산소 함량은 작은 편이다.

**210.** 일반적으로 기체연료의 연소 방식을 크게 2가지로 분류한 것은? [2018. 3. 4.]
① 등심연소와 분산연소
② 액면연소와 증발연소
③ 증발연소와 분해연소
④ 예혼합연소와 확산연소

해설 확산연소와 예혼합연소
• 확산연소 : 연소의 과정 중 혼합의 과정에서 확산에 의해 공기와 가연물이 적절히 혼합되면서 연소하는 방식으로 층류 확산연소와 난류 확산연소가 있다.
• 예혼합연소 : 미리 공기와 가연물이 적절히 혼합된 상태에서 연소하는 것이다.

**211.** 석탄을 연소시킬 경우 필요한 이론산소량은 약 몇 Nm³/kg인가? (단, 중량비 조성은 C : 86 %, H : 4 %, O : 8 %, S : 2 %이다.) [2018. 3. 4.]
① 1.49
② 1.78
③ 2.03
④ 2.45

해설 석탄 연소 시 이론산소량

$1.867C + 5.6(H - \dfrac{O}{8}) + 0.7S[Nm^3/kg]$

$= 1.867 \times 0.86 + 5.6(0.04 - \dfrac{0.08}{8}) + 0.7 \times 0.02\ Nm^3/kg$

$= 1.7876\ Nm^3/kg$

**212.** 연소관리에 있어서 과잉공기량 조절 시 다음 중 최소가 되게 조절하여야 할 것은? (단, $L_s$ : 배기가스에 의한 열손실량, $L_i$ : 불완전연소에 의한 열손실량, $L_c$ : 연소에 의한 열손실량, $L_r$ : 열복사에 의한 열손실량일 때를 나타낸다.) [2018. 4. 28.]
① $L_s + L_i$
② $L_s + L_r$
③ $L_i + L_c$
④ $L_i$

**해설** 배기가스의 열손실량과 불완전 연소에 의한 열손실량을 최소화하여야 과잉공기량을 줄일
수 있다.

---

**213.** 다음 석탄류 중 연료비가 가장 높은 것은? [2018. 9. 15]

① 갈탄 ② 무연탄

③ 흑갈탄 ④ 반역청탄

**해설** 고체연료비가 클수록 발열량이 크다.

$$고체연료비 = \frac{고정탄소(\%)}{휘발분(\%)}$$

고정탄소(%) = 100 − (휘발분 + 수분 + 회분)

※ 연료비

 • 갈탄 : 1 이하

 • 무연탄 : 7 이상

 • 유연탄 : 1~7

---

**214.** 기체연료의 저장 방식이 아닌 것은? [2017. 3. 5.] [2021. 5. 15.]

① 유수식 ② 고압식

③ 가열식 ④ 무수식

**해설** 기체연료 저장에는 가스 홀더를 주로 사용한다. 구조에 따라 유수식과 무수식·수봉식·건식
·고압식 등으로 분류된다. 유수식은 물통 속에 뚜껑이 있는 원통을 설치해 놓은 것으로,
그것이 상하하는 기구에 따라 유주식과 무주식이 있고, 가스가 수주 30 mm 이하의 압력으로
저장되며, 도시가스용으로 널리 사용된다. 무수식에는 다각통형과 구형으로 된 것이 있으
며, 다각통형은 내부의 피스톤이 가스량의 증감에 따라 오르내리도록 되어 있고, 보통 타르
나 그리스로 밀폐되어, 수주 600 mm 정도의 압력을 한도로 저장된다. 구형 탱크는 수기
압하에서 가스를 저장할 수 있는 내압성의 것으로 각각 특징과 이점이 있다.

---

**215.** 코크스 고온 건류온도(℃)는? [2017. 3. 5.]

① 500~600 ② 1000~1200

③ 1500~1800 ④ 2000~2500

**해설** 점결성이 있는 원료탄을 밀폐된 코크스로에 장입하여 공기를 차단하고 고온(1000~1300℃)
에서 원료탄을 건류하여 회백색의 건류탄을 얻는데 이를 코크스라 한다.

**정답** → **213.** ② **214.** ③ **215.** ②

**216.** 액화석유가스를 저장하는 가스설비의 내압성능에 대한 설명으로 옳은 것은? [2017. 3. 5.]
① 최대압력의 1.2배 이상의 압력으로 내압시험을 실시하여 이상이 없어야 한다.
② 최대압력의 1.5배 이상의 압력으로 내압시험을 실시하여 이상이 없어야 한다.
③ 상용압력의 1.2배 이상의 압력으로 내압시험을 실시하여 이상이 없어야 한다.
④ 상용압력의 1.5배 이상의 압력으로 내압시험을 실시하여 이상이 없어야 한다.

**해설** 액화석유가스를 저장하는 가스설비의 내압성능시험 : 상용압력의 1.5배 이상의 압력으로 실시하는 내압시험에 합격한 것으로서 상용압력 이상의 압력으로 행하는 기밀시험에 합격한 것일 것

**217.** 환열실의 전열면적($m^2$)과 전열량(kcal/h) 사이의 관계는? (단, 전열면적은 $F$, 전열량은 $Q$, 총괄전열계수는 $V$이며, $\Delta t_m$은 평균온도차이다.) [2017. 3. 5.] [2020. 9. 26.]
① $Q = \dfrac{F}{\Delta t_m}$
② $Q = F \times \Delta t_m$
③ $Q = F \times V \times \Delta t_m$
④ $Q = \dfrac{V}{F \times \Delta t_m}$

**해설** 열통과율 공식에 의하여
$Q = V \times F \times \Delta t_m$
여기서, $Q$ : 전열량(kW)
$V$ : 전열계수(kW/$m^2 \cdot$ ℃)
$F$ : 전열면적($m^2$)
$\Delta t_m$ : 평균온도차(℃)

**218.** 탄소의 발열량은 약 몇 kJ/kg인가? [2017. 3. 5.]

$$C + O_2 \rightarrow CO_2 + 409920 \text{ kJ/kmol}$$

① 34160 ② 40992 ③ 204960 ④ 409920

**해설** 탄소 1 kmol당 분자량은 12 kg이다.
409920 kJ/kmol → 409920 kJ/12 kg → 34160 kJ/kg

**219.** 고체연료의 연소 방식으로 옳은 것은? [2017. 3. 5.]
① 포트식 연소 ② 화격자 연소 ③ 심지식 연소 ④ 증발식 연소

**정답** 216. ④ 217. ③ 218. ① 219. ②

해설 고체연료의 연소 방식 : 화격자 연소, 유동층 연소, 미분탄 연소
- 화격자 연소 : 격자 위에 고체연료를 놓고 공기를 불어넣어 연소시키는 고정층 연소 방법
- 유동층 연소 : 고체연료를 사용할 경우 유동층 연소실 내에서 고체연료가 연소실 하부에서 공급되는 1차 연소공기에 의해 층(bed)을 형성시켜주는 매체(주로 모래), 탈황을 위한 석회석 등과 함께 혼합된 형태로 공중에 떠있게 되는 상태로 유동매체, 연료 및 노내 탈황을 위한 석회석을 혼합, 연소시키며, 연소열에 의해 증기를 발생시키는 형식의 보일러
- 미분탄 연소 : 미분탄을 연소실에 불어 넣어 공기 속에 부유시켜 연소시키는 것

---

**220.** 보일러의 열정산 시 출열에 해당하지 않는 것은?  [2017. 5. 7.]
① 연소배가스 중 수증기의 보유열  ② 불완전 연소에 의한 손실열
③ 건연소배기가스의 현열  ④ 급수의 현열

해설 급수의 현열, 연료의 연소열, 연료의 현열, 공기의 현열 등은 입열항목에 해당된다.

---

**221.** 고위발열량이 9000 kcal/kg인 연료 3 kg이 연소할 때의 총저위발열량은 몇 kcal인가? (단, 이 연료 1 kg당 수소분은 15 %, 수분은 1 %의 비율로 들어있다.)  [2017. 5. 7.]
① 12300  ② 24552
③ 43882  ④ 51888

해설 $H_L = H_h - 600(9\text{H} + \text{W})$
$= 9000 - 600(9 \times 0.15 + 0.01) = 8184 \text{ kcal/kg}$
총저위발열량 $= 8184 \text{ kcal/kg} \times 3 \text{ kg} = 24552 \text{ kcal}$

---

**222.** 연료시험에 사용되는 장치 중에서 주로 기체연료 시험에 사용되는 것은?  [2017. 9. 23.]
① 세이볼트(Saybolt) 점도계
② 톰슨(Thomson) 열량계
③ 오르자트(Orsat) 분석장치
④ 펜스키 마텐스(Pensky Martens) 장치

해설 흡수 분석법
- 오르자트법 : $CO_2 \rightarrow O_2 \rightarrow CO \rightarrow N_2$ 순으로 흡수제에 흡수시켜 분석하는 장치
- 헴펠법 : $CO_2 \rightarrow C_mH_n \rightarrow O_2 \rightarrow CO \rightarrow N_2$ 순으로 흡수제에 흡수시켜 분석하는 장치
- 게겔법 : $CO_2 \rightarrow C_2H_2 \rightarrow C_3H_6 \rightarrow C_2H_6 \rightarrow O_2 \rightarrow CO \rightarrow N_2$ 순으로 흡수제에 흡수시켜 분석하는 장치

**223.** 탄화수소계 연료($C_xH_y$)를 연소시켜 얻은 연소생성물을 분석한 결과 $CO_2$ 9 %, CO 1 %, $O_2$ 8 %, $N_2$ 82 %의 체적비를 얻었다. $y/x$의 값은 얼마인가? [2017. 9. 23.]

① 1.52　　　② 1.72　　　③ 1.92　　　④ 2.12

**해설** $C_xH_y + A(O_2 + \dfrac{79}{21}N_2) \rightarrow 9CO_2 + CO + 8O_2 + 82N_2 + BH_2O$

$x$(탄소) $= 9 + 1 = 10$

$y$(수소) $= 2B$

O(산소)  $2A = 9 \times 2 + 1 + 8 \times 2 + B$

$\therefore 2A = 35 + B$

N(질소) $\dfrac{79}{21} \times 2A = 82 \times 2$

$\therefore A = 21.797$

$\therefore 2 \times 21.797 = 35 + B$

$B = 8.59$

$y = 2 \times 8.59 = 17.188$

$\therefore y/x = 17.188/10 = 1.7188$

**224.** 다음의 무게 조성을 가진 중유의 저위발열량은 약 몇 kJ/kg인가? (단, 아래의 조성은 중유 1 kg당 함유된 각 성분의 양이다.) [2017. 9. 23.]

C : 84 %, H : 13 %, O : 0.5 %, S : 2 %, W : 0.5 %

① 36120　　　② 44300
③ 57120　　　④ 73920

**해설** $H_L = 8100C + 34000(H - \dfrac{O}{8}) + 2500S - 600(9H + W)$

$= 8100 \times 0.84 + 34000(0.13 - \dfrac{0.005}{8}) + 2500 \times 0.02 - 600(9 \times 0.13 + 0.005)$

$= 10547.75 \text{ kcal/kg} = 10547.75 \text{ kcal/kg} \times 4.2 \text{ kJ/kcal} = 44300.55 \text{ kJ/kg}$

**225.** 연소효율은 실제의 연소에 의한 열량을 완전 연소했을 때의 열량으로 나눈 것으로 정의할 때, 실제의 연소에 의한 열량을 계산하는 데 필요한 요소가 아닌 것은? [2016. 5. 8.]

① 연소가스 유출 단면적　　　② 연소가스 밀도
③ 연소가스 열량　　　④ 연소가스 비열

**정답** ● 223. ②　224. ②　225. ③

**해설** 연소효율(%) = $\dfrac{\text{실제로 발생한 열량}}{\text{연료의 저발열량}} \times 100$

실제로 발생한 열량 = 연소가스 밀도(kg/m$^3$) × 연소가스 단면적(m$^2$) × 연소가스 높이(m)
× 연소가스 비열(kJ/kg·℃) × 온도차(℃)

---

**226.** 탄소(C) 80 %, 수소(H) 20 %의 중유를 완전 연소시켰을 때 (CO$_2$)$_{max}$[%]는? [2016. 5. 8.]

① 13.2　　　　② 17.2　　　　③ 19.1　　　　④ 21.1

**해설** $G_{od} = 8.89C + 21.07(H - \dfrac{O}{8}) + 3.33S + 0.8N_2$

$\qquad = 8.89 \times 0.8 + 21.07 \times 0.2$(산소와 황, 질소는 제외)

$\qquad = 11.326 \ \text{Nm}^3/\text{kg}$

$(CO_2)_{max} = \dfrac{1.867C + 0.7S}{G_{od}} \times 100 = \dfrac{1.867 \times 0.8}{11.326} \times 100 = 13.2 \ \%$

---

**227.** 보일러 등의 연소장치에서 질소산화물(NOx)의 생성을 억제할 수 있는 연소 방법이 아닌 것은? [2016. 5. 8.]

① 2단 연소　　　　　　　　　　② 저산소(저공기비) 연소
③ 배기의 재순환 연소　　　　　　④ 연소용 공기의 고온 예열

**해설** 질소산화물(NOx) 생성 특성
· 화염온도가 높을수록 질소산화물의 생성은 커진다.
· 배출가스 중 산소 분압이 높을수록 질소산화물의 생성이 커진다.
· 연료 NOx는 주로 질소성분을 함유하는 연료의 연소과정에 생성된다.
· 질소산화물 발생을 방지하기 위해서는 공기비를 줄이고 노내 압력을 낮게 유지한다.

---

**228.** 가연성 혼합기의 폭발 방지를 위한 방법으로 가장 거리가 먼 것은? [2016. 5. 8.]

① 산소농도의 최소화　　　　　　② 불활성가스의 치환
③ 불활성 가스의 첨가　　　　　　④ 이중용기 사용

**해설** 이중용기 사용은 가연성 혼합기의 폭발 시 피해를 최소화하기 위한 방법이며 폭발 방지에는 질소(N$_2$), 이산화탄소(CO$_2$) 등 불활성가스로 치환하여 산소농도를 최소화하여야 한다.

---

**229.** 다음 기체연료 중 단위 체적당 고위발열량이 가장 높은 것은? [2016. 5. 8.]

① LNG　　　　② 수성가스　　　　③ LPG　　　　④ 유(油)가스

---

**정답** 226. ①　227. ④　228. ④　229. ③

**해설** 체적당 고위발열량
- 수성가스 : 10500 kJ/Nm$^3$
- 유가스 : 37800 kJ/Nm$^3$
- LNG(액화천연가스) : 462 kJ/Nm$^3$
- LPG(액화석유가스) : 100800~130200 kJ/Nm$^3$

---

**230.** 이론 습연소가스량($G_{ow}$)과 이론 건연소가스량($G_{od}$)의 관계를 나타낸 식으로 옳은?
(단, $H$는 수소, W는 수분을 나타낸다.)                          [2016. 5. 8.]

① $G_{od} = G_{ow} + 1.25(9\text{H} + \text{W})$    ② $G_{od} = G_{ow} - 1.25(9\text{H} + \text{W})$

③ $G_{od} = G_{ow} + (9\text{H} + \text{W})$    ④ $G_{od} = G_{ow} - (9\text{H} + \text{W})$

**해설** 이론 습연소가스량($G_{ow}$) = 이론 건연소가스량($G_{od}$) + 1.244(9H + W)

---

**231.** NO$_2$의 배출을 최소화할 수 있는 방법이 아닌 것은?                          [2016. 5. 8.]

① 미연소분을 최소화하도록 한다.
② 연료와 공기의 혼합을 양호하게 하여 연소온도를 낮춘다.
③ 저온배출가스 일부를 연소용 공기에 혼입해서 연소용 공기 중의 산소농도를 저하시킨다.
④ 버너 부근의 화염온도는 높이고 배기가스 온도는 낮춘다.

**해설** 문제 227번 해설 참조

---

**232.** 액체를 미립화하기 위해 분무를 할 때 분무를 지배하는 요소로서 가장 거리가 먼 것은?                          [2016. 5. 8.]

① 액류의 운동량    ② 액류와 기체의 표면적에 따른 저항력
③ 액류와 액공 사이의 마찰력    ④ 액체와 기체 사이의 표면장력

**해설** 분무연소는 액체연료를 분무화하여 미세한 입자로 만들고 공기와 혼합하여 연소시키는 방법으로 액체연료의 표면장력, 저항력, 운동량 등이 분무를 지배하는 요소에 해당된다.

---

**233.** 가열실의 이론 효율($E_1$)을 옳게 나타낸 식은? (단, $t_r$ : 이론연소온도, $t_i$ : 파열물의 온도이다.)                          [2016. 5. 8.]

① $E_1 = \dfrac{t_r + t_i}{t_r}$    ② $E_1 = \dfrac{t_r - t_i}{t_r}$    ③ $E_1 = \dfrac{t_i - t_r}{t_i}$    ④ $E_1 = \dfrac{t_i + t_r}{t_i}$

---

**정답** → **230.** ②  **231.** ④  **232.** ③  **233.** ②

**234.** 연료 소비량이 50 kg/h인 로의 연소실 체적이 50 m$^3$, 사용연료의 저위발열량이 22680 kJ/kg이라 할 때 연소실의 열발생률은? (단, 공기의 예열온도에 의한 열량은 무시한다.)

① 22680 kJ/m$^3$ · h            ② 28560 kJ/m$^3$ · h     [2015. 5. 31.]

③ 30240 kJ/m$^3$ · h            ④ 35280 kJ/m$^3$ · h

**해설** 연소실의 열발생률(kcal/m$^3$ · h)

$$= \frac{\text{사용연료 저위발열량(kcal/kg)} \times \text{연료 소비량(kg/h)}}{\text{연소실 체적(m}^3)} = \frac{22680 \,\text{kJ/kg} \times 50 \,\text{kg/h}}{50 \,\text{m}^3}$$

$$= 22680 \,\text{kJ/m}^3 \cdot \text{h}$$

---

**235.** 화염이 공급 공기에 의해 꺼지지 않게 보호하며 선회기 방식과 보염판 방식으로 대별되는 장치는?      [2015. 9. 19.]

① 윈드박스                ② 스태빌라이저

③ 버너타일                ④ 콤버스터

**해설** (1) 보염장치 설치 목적
- 연소용 공기 흐름의 안정화로 화염의 불꽃이 일정하다.
- 착화가 신속하게 이루어지며 화염의 형상이 안정된다.
- 중질유의 분무를 촉진시키고 동시에 연료와 공기혼합을 촉진시킨다.
- 노내의 온도분포를 균일하게 하여 국부적인 과열을 방지한다.

(2) 보염장치 종류
- 버너타일 : 노의 입구에 부착하는 내화타일로서 화실 노내에 분사되는 연료와 공기의 속도 분포, 화염의 흐름 방향을 조정하여 와류 형성으로 화염 안정과 형상 조절을 한다.
- 콤버스터 : 버너타일에서 수평으로 설치한 불꽃 조정 파이프로서 다수의 구멍을 뚫어서 공기소통을 원활하게 한 화염 소멸을 막아준다.
- 윈드박스 : 공기와 연료의 혼합을 촉진하며 화염의 형상 조절로 안정된 착화를 이룬다.
- 스태빌라이저 : 저유속 흐름으로 화염이 공급공기에 의하여 꺼지지 않게 보호한다.

---

**236.** 저위발열량이 7492.8 kJ/kg인 석탄을 연소시켜 55440 kg/h의 증기를 발생시키는 보일러의 효율은? (단, 석탄의 사용량은 25368 kg/h이고, 증기의 엔탈피는 3116.4 kJ/kg, 급수의 엔탈피는 96.6 kJ/kg이다.)      [2015. 9. 19.]

① 64 %                ② 74 %

③ 88 %                ④ 94 %

**해설** 보일러 효율 $= \dfrac{55440 \,\text{kg/h} \times (3116.4 - 96.6)\text{kJ/kg}}{7492.8 \,\text{kJ/kg} \times 25368 \,\text{kg/h}} = 0.880787 = 88.08 \,\%$

---

**정답** ● 234. ①    235. ②    236. ③

**237.** 다음 중 건식 집진장치가 아닌 것은? [2015. 9. 19.]

① 사이클론(cyclone)
② 백필터(bag filter)
③ 멀티클론(multiclone)
④ 사이클론 스크러버(cyclone scrubber)

해설 사이클론 스크러버(cyclone scrubber) : 가스가 분무가 행해지는 흡수탑 내에 접선방향에서 유입되며, 비교적 간단한 구조로 다량의 함진 가스에 대하여 적용되는 습식 집진장치이다.

**238.** 연도가스를 분석한 결과 $CO_2$ 10.6 %, $O_2$ 4.4 %, CO가 0.0 %이었다. $(CO_2)_{max}$는? [2015. 9. 19.]

① 13.4 %
② 19.5 %
③ 22.6 %
④ 35.0 %

해설 $m = \dfrac{21}{21-O_2} = \dfrac{(CO_2)_{max}}{CO_2}$

$(CO_2)_{max} = \dfrac{CO_2 \times 21}{21-O_2} = \dfrac{10.6 \times 21}{21-4.4} = 13.4 \%$

**239.** 예혼합연소 방식의 특징으로 틀린 것은? [2015. 9. 19.]

① 내부 혼합형이다.
② 불꽃의 길이가 확산 연소 방식보다 짧다.
③ 가스와 공기의 사전 혼합형이다.
④ 역화 위험이 없다.

해설 예혼합 방식은 미리 기체연료와 1차 공기를 혼합하여 버너로 공급 연소시키는 방식으로 연소 반응이 빠르며 화염 길이는 짧고 고온이다. 과부하 연소 및 역화의 위험이 있으며 연소실 체적이 작아도 된다.

**240.** 다음 기체 중 폭발범위가 가장 넓은 것은? [2021. 3. 7.]

① 수소
② 메탄
③ 벤젠
④ 프로판

해설 공기 중에서 가연성물질이 점화원에 의해 연소할 수 있는 범위로 폭발범위가 넓을수록, 폭발하한이 낮을수록 위험도는 증가한다.

- 수소 : 4~75 %
- 메탄 : 5~15 %
- 벤젠 : 1.4~71 %
- 프로판 : 2.2~9.5 %

정답 237. ④  238. ①  239. ④  240. ①

**241.** 과잉공기를 공급하여 어떤 연료를 연소시켜 건연소가스를 분석하였다. 그 결과 $CO_2$, $O_2$, $N_2$의 함유율이 각각 16 %, 1 %, 83 %이었다면 이 연료의 최대 탄산가스율은 몇 %인가?

① 15.6　　　　　　　　　　② 16.8　　　　　　　　　[2021. 9. 12.]

③ 17.4　　　　　　　　　　④ 18.2

**해설** 공기비$(m) = \dfrac{(CO_2)_{max}}{CO_2} = \dfrac{21}{21-O_2}$

$$(CO_2)_{max} = \dfrac{21 \times CO_2}{21-O_2} = \dfrac{21 \times 16}{21-1} = 16.8\,\%$$

**242.** 아래 표와 같은 질량분율을 갖는 고체연료의 총 질량이 2.8 kg일 때 고위발열량과 저위발열량은 각각 약 몇 MJ인가?　　　　　　　　　　　　　　　　[2021. 9. 12.]

C(탄소) : 80.2 %　　　　　　H(수소) : 12.3 %

S(황) : 2.5 %　　　　　　　　W(수분) : 1.2 %

O(산소) : 1.1 %　　　　　　　회분 : 2.7 %

| 반응식 | 고위발열량(MJ/kg) | 저위발열량(MJ/kg) |
|---|---|---|
| $C + O_2 \rightarrow CO_2$ | 32.79 | 32.79 |
| $H + \dfrac{1}{4} O_2 \rightarrow \dfrac{1}{2} H_2O$ | 141.9 | 120.0 |
| $S + O_2 \rightarrow SO_2$ | 9.265 | 9.265 |

① 44, 41　　　　　　　　　　② 123, 115

③ 156, 141　　　　　　　　　④ 723, 786

**해설** 고체, 액체연료의 발열량

고위발열량$(H_h) = 8100C + 34000(H - \dfrac{O}{8}) + 2500S[kcal/kg]$

$$= 34C + 144(H - \dfrac{O}{8}) + 10.5S[MJ/kg]$$

$(1\,kcal = 4.2\,kJ,\ 1\,MJ = 1000\,kJ)$

문제에 주어진 조건에 따라 식을 나열하면

• $H_h = 32.79C + 141.9(H - O/8) + 9.265S[MJ/kg]$

$= [32.79 \times 0.802 + 141.9(0.123 - 0.011/8) + 9.2655 \times 0.025]MJ/kg \times 2.8\,kg$

$= 43.7878\,MJ/kg \times 2.8\,kg$

$= 122.605\,MJ$

**정답** ▸ **241.** ②　　**242.** ②

- $H_L = H_h - [600 \times 4.2 \times (9\mathrm{H} + \mathrm{W})/1000]$

  $= 43.7878 - [600 \times 4.2 \times (9 \times 0.123 + 0.012)/1000]\mathrm{MJ/kg} \times 2.8\,\mathrm{kg}$

  $= 40.97\,\mathrm{MJ/kg} \times 2.8\,\mathrm{kg}$

  $= 114.72\,\mathrm{MJ}$

※ 고체, 액체 발열량

(1) 고위발열량($H_h$ 총발열량) : 연료가 연소될 때 연소가스 중에 수증기의 응축잠열을 포함한 열량

　고위발열량 $= 8100\mathrm{C} + 34000 + 2500\mathrm{S}[\mathrm{kcal/kg}]$

(2) 저위발열량($H_L$ 진발열량) : 연료가 연소될 때 연소가스 중에 수증기의 응축잠열을 뺀 열량

　저위발열량 $= 8100\mathrm{C} + 28600 + 2500\mathrm{S}[\mathrm{kcal/kg}] - 600(9\mathrm{H} + \mathrm{W})$

---

**243.** 298.15 K, 0.1 MPa 상태의 일산화탄소를 같은 온도의 이론공기량으로 정상유동 과정으로 연소시킬 때 생성물의 단열화염 온도를 주어진 표를 이용하여 구하면 약 몇 K인가? (단, 이 조건에서 CO 및 $CO_2$의 생성엔탈피는 각각 $-110529\,\mathrm{kJ/kmol}$, $-393522\,\mathrm{kJ/kmol}$이다.) [2021. 9. 12.]

| $CO_2$의 기준상태에서 각각의 온도까지 엔탈피 차 | |
| --- | --- |
| 온도(K) | 엔탈피 차(kJ/kmol) |
| 4800 | 266500 |
| 5000 | 279295 |
| 5200 | 292123 |

① 4835　　　　　　② 5058
③ 5194　　　　　　④ 5306

해설 • CO 생성엔탈피 : $-110529\,\mathrm{kJ/kmol}$

• $CO_2$ 생성엔탈피 : $-393522\,\mathrm{kJ/kmol}$

• 두 물질 생성엔탈피 차이($\Delta H$) $= -110529\,\mathrm{kJ/kmol} - (-393522\,\mathrm{kJ/kmol})$

　　　　　　　　　$= 282993\,\mathrm{kJ/kmol}$

• 엔탈피 차이 값을 보면 5000 K와 5200 K 사이 온도가 유지된다.

• $5200\,\mathrm{K} - 5000\,\mathrm{K} = 200\,\mathrm{K}$

• $292123\,\mathrm{kJ/kmol} - 279295\,\mathrm{kJ/kmol} = 12828\,\mathrm{kJ/kmol}$

∴ $12828\,\mathrm{kJ/kmol}/200\,\mathrm{K} = 64.14\,\mathrm{kJ/kmol \cdot K}$

• $282993\,\mathrm{kJ/kmol} - 279295\,\mathrm{kJ/kmol} = 3698\,\mathrm{kJ/kmol}$

∴ $3698\,\mathrm{kJ/kmol}/64.14\,\mathrm{kJ/kmol \cdot K} = 57.6\,\mathrm{K}$

화염 온도 $= 5000\,\mathrm{K} + 57.6\,\mathrm{K} = 5057.6\,\mathrm{K}$

**244.** 공기와 혼합 시 가연범위(폭발범위)가 가장 넓은 것은? [2020. 6. 6.]

① 메탄
② 프로판
③ 메틸알코올
④ 아세틸렌

해설 폭발범위
- 아세틸렌 : 2.5~81 %
- 산화에틸렌 : 3~80 %
- 수소 : 4~75 %
- 일산화탄소 : 12.5~74 %
- 메탄 : 5~15 %
- 프로판 : 2.2~9.5 %
- 메틸 알코올 : 7.3~36 %
- 부탄 : 1.8~8.4 %

**245.** 고체연료의 연료비를 식으로 바르게 나타낸 것은? [2017. 3. 5.] [2020. 8. 22.]

① $\dfrac{\text{고정탄소}(\%)}{\text{휘발분}(\%)}$
② $\dfrac{\text{회분}(\%)}{\text{휘발분}(\%)}$
③ $\dfrac{\text{고정탄소}(\%)}{\text{회분}(\%)}$
④ $\dfrac{\text{가연성 성분 중 탄소}(\%)}{\text{유리수소}(\%)}$

해설 고체연료비가 클수록 발열량이 크다.

$$\text{고체연료비} = \dfrac{\text{고정탄소}(\%)}{\text{휘발분}(\%)}$$

고정탄소(%) = 100 − (휘발분 + 수분 + 회분)

**246.** 어떤 탄화수소 $C_aH_b$의 연소가스를 분석한 결과, 용적 %에서 $CO_2$ : 8.0 %, CO : 0.9 %, $O_2$ : 8.8 %, $N_2$ : 82.3 %이다. 이 경우의 공기와 연료의 질량비(공연비)는? (단, 공기의 분자량은 28.96이다.) [2020. 8. 22.]

① 6
② 24
③ 36
④ 162

해설 공연비는 혼합기 중의 공기와 연료의 중량비이며 혼합기 중의 연료와 공기의 중량비는 연공비로 공연비의 역수이다.

$C_aH_b + A(O_2 + 3.76N_2) \rightarrow 8CO_2 + 0.9CO + 8.8O_2 + 82.3N_2 + BH_2O$

C에서의 a = 8 + 0.9 = 8.9

H에서의 b = 2B

O에서의  $2A = 8 \times 2 + 0.9 + 8.8 \times 2 + B = 34.5 + B$

N에서의  $3.76 \times 2 \times A = 82.3 \times 2 = 164.6$

$\therefore  A = \dfrac{82.3 \times 2}{3.76 \times 2} = 21.89$

$2 \times 21.89 = 34.5 + B$,  $B = 9.28$,  $b = 18.56$

$\therefore  C_a H_b = C_{8.9} H_{18.56}$

연료의  질량 $= 12 \times 8.9 + 1 \times 18.56 = 125.36$ kg

• 완전 연소 반응식 : $C_{8.9}H_{18.56} + (8.9 + \dfrac{18.56}{4})O_2 \longrightarrow 8.9CO_2 + \dfrac{18.56}{2}H_2O$

$$C_{8.9}H_{18.56} + 13.54O_2 \longrightarrow 8.9CO_2 + 9.28H_2O$$

• 공기비$(m) = \dfrac{N_2}{N_2 - 3.76(O_2 - 0.5CO)} = \dfrac{82.3}{82.3 - 3.76(8.8 - 0.5 \times 0.9)} = 1.62$

$= 82.3/[82.3 - 3.76(8.8 - 0.5 \times 0.9)] = 1.62$

• 실제공기량$(A) = m \times A_o = 1.62 \times \dfrac{13.54 \times 32}{0.232} = 3025.49$ kg

• 공연비(질량비) $= \dfrac{\text{공기의 질량}}{\text{연료의 질량}} = \dfrac{3025.49\ \text{kg}}{125.36\ \text{kg}} = 24.13$

---

**247.** B중유 5 kg을 완전 연소시켰을 때 저위발열량은 약 몇 MJ인가 ? (단, B중유의 고위발열량은 41900 kJ/kg, 중유 1 kg에 수소 H는 0.2 kg, 수증기 W는 0.1 kg 함유되어 있다.) [2020. 9. 26.]

① 96　　　　　　　　　　　② 126

③ 156　　　　　　　　　　　④ 186

**해설** 저위발열량$(H_l) =$ 고위발열량$(H_h) - 600 \times 4.2(9H + W)$

$= 41900$ kJ/kg $- 600 \times 4.2(9 \times 0.2 + 0.1)$

$= 37112$ kJ/kg

5 kg에  대한  저위발열량$(H_l) = 37112$ kJ/kg $\times 5$ kg

$= 185560$ kJ $= 185.56$ MJ

---

**248.** 효율이 60 %인 보일러에서 12000 kJ/kg의 석탄을 150 kg을 연소시켰을 때의 열손실은 몇 MJ인가 ? [2020. 9. 26.]

① 720　　　　　　　　　　　② 1080

③ 1280　　　　　　　　　　　④ 1440

**해설** 효율이  60 %이므로 열손실은 40 %가 된다.

$\therefore$  열손실  열량 $= 12000$ kJ/kg $\times 150$ kg $\times 0.4 = 720000$ kJ $= 720$ MJ

**정답** ● 247. ④  248. ①

**249.** 다음 각 성분의 조성을 나타낸 식 중에서 틀린 것은? (단, $m$ : 공기비, $L_o$ : 이론공기량, $G$ : 가스량, $G_o$ : 이론 건연소가스량이다.) [2020. 9. 26.]

① $(CO_2) = \dfrac{1.867C - (CO)}{G} \times 100$

② $(O_2) = \dfrac{0.21(m-1)L_o}{G} \times 100$

③ $(N_2) = \dfrac{0.8N + 0.79\,mL_o}{G} \times 100$

④ $(CO_2)_{max} = \dfrac{1.867C + 0.7S}{G_o} \times 100$

해설  $(CO_2) = \dfrac{1.867C}{G} \times 100$

**250.** 다음 기체연료 중 고위발열량($MJ/Sm^3$)이 가장 큰 것은? [2019. 3. 3.]

① 고로가스     ② 천연가스     ③ 석탄가스     ④ 수성가스

해설  발열량($MJ/Sm^3$)
- LPG : $100.8 \sim 134.4\,MJ/Sm^3$
- LNG : $46.2\,MJ/Sm^3$
- 석탄가스 : $18.9\,MJ/Sm^3$
- 수성가스 : $10.5\,MJ/Sm^3$
- 고로가스 : $3.78\,MJ/Sm^3$

**251.** 고체 및 액체연료의 발열량을 측정할 때 정압 열량계가 주로 사용된다. 이 열량계 중에 2 L의 물이 있는데 5 g의 시료를 연소시킨 결과물의 온도가 20℃ 상승하였다. 이 열량계의 열손실률을 10 %라고 가정할 때, 발열량은 약 몇 J/g인가? [2019. 3. 3.]

① 20160     ② 28560     ③ 36960     ④ 45360

해설  $Q = G \times C \times \Delta t = 2000\,g \times 4.2\,J/g \cdot ℃ \times 20℃ = 168000\,J$ (물 1 L = 1 kg = 1000 g)
168000 J/5 g = 33600 J/g
열손실률 10 %를 보정하면 33600 J/g × 1.1 = 36960 J/g

**252.** 보일러의 열효율($\eta$) 계산식으로 옳은 것은? (단, $h_s$ : 발생증기, $h_w$ : 급수의 엔탈피, $G_a$ : 발생증기량, $G_f$ : 연료소비량, $H_l$ : 저위발열량이다.) [2019. 3. 3.]

① $\eta = \dfrac{H_l \times G_f}{(h_s + h_w)G_a}$

② $\eta = \dfrac{(h_s - h_w)G_a}{H_l \times G_f}$

③ $\eta = \dfrac{(h_s + h_w)G_a}{H_l \times G_f}$

④ $\eta = \dfrac{(h_s - h_w)G_a G_f}{H_l}$

해설  필요로 하는 발생증기열량 = 연료에서의 발생열량 × 보일러 효율

**정답**  249. ①   250. ②   251. ③   252. ②

**253.** 고부하의 연소설비에서 연료의 점화나 화염 안정화를 도모하고자 할 때 사용할 수 있는 장치로서 가장 적절하지 않은 것은? [2019. 4. 27.]

① 분젠 버너        ② 파일럿 버너

③ 플라스마 버너      ④ 스파크 플러그

해설 분젠 버너는 가스를 이용해 불을 일으키는 도구로 일반 가정에서 사용하는 가스레인지 등이 해당된다.

**254.** 연소 배기가스량의 계산식($Nm^3/kg$)으로 틀린 것은? (단, 습연소가스량 $V$, 건연소가스량 $V'$, 공기비 $m$, 이론공기량 $A$이고, H, O, N, C, S는 원소, W는 수분이다.) [2019. 4. 27.]

① $V = mA + 5.4H + 0.70O + 0.8N + 1.25W$

② $V = (m - 0.21)A + 1.87C + 11.2H + 0.7S + 0.8N + 1.25N$

③ $V' = mA - 5.6H - 0.7O + 0.8N$

④ $V' = (m - 0.21)A + 1.87C + 0.7S + 0.8N$

해설 연소 배기가스량의 계산식($Nm^3/kg$)

- $G_d(V') = (m - 0.21)A_o + 1.867C + 0.7S + 0.8N$
  $$= mA_o - 5.6H + 0.7O + 0.8N$$
- $G_w(V) = G_d + 1.244(9H + W)$
  $$= (m - 0.21)A_o + 1.867C + 0.7S + 0.8N + 11.2H + 1.244W$$
  $$= mA_o + 5.6H + 0.7O + 0.8N + 1.244W$$

**255.** 보일러의 급수 및 발생증기의 엔탈피를 각각 630, 2814 kJ/kg이라고 할 때 20000 kg/h의 증기를 얻으려면 공급열량은 약 몇 kJ/h인가? [2019. 4. 27.]

① $4.032 \times 10^7$        ② $4.368 \times 10^7$

③ $4.914 \times 10^7$        ④ $5.124 \times 10^7$

해설 $20000 \text{ kg/h} \times (2814 - 630) \text{kJ/kg} = 43680000 \text{ kJ/h} = 4.368 \times 10^7 \text{ kJ/h}$

**256.** 연소 배출가스 중 $CO_2$ 함량을 분석하는 이유로 가장 거리가 먼 것은? [2019. 9. 21.]

① 연소상태를 판단하기 위하여      ② CO 농도를 판단하기 위하여

③ 공기비를 계산하기 위하여        ④ 열효율을 높이기 위하여

해설 연소 배출가스 중 $CO_2$ 함량을 분석하는 이유는 완전 연소 여부에 따라 연소상태 및 열효율을 파악할 수 있으며 연소에 따른 공기비를 알 수 있기 때문이다.

정답 ➡ 253. ①    254. ③    255. ②    256. ②

---

**257.** 연료의 조성(wt%)이 다음과 같을 때의 고위발열량은 약 몇 kcal/kg인가? (단, C, H, S 의 고위발열량은 각각 8100 kcal/kg, 34200 kcal/kg, 2500 kcal/kg이다.)  [2019. 9. 21.]

> C : 47.20, H : 3.96, O : 8.36, S : 2.79, N : 0.61, $H_2O$ : 14.54, Ash : 22.54

① 4129　　　　② 4329　　　　③ 4890　　　　④ 4998

**해설** $H_h = 8100C + 34200(H - \dfrac{O}{8}) + 2500S = 34C + 144(H - \dfrac{O}{8}) + 10.5S[MJ/kg]$

$= 8100 \times 0.4720 + 34200(0.0396 - \dfrac{0.0836}{8}) + 2500 \times 0.0279$

$= 4889.8 \, kcal/kg$

---

**258.** 다음 중 연소효율($\eta_c$)을 옳게 나타낸 식은? (단, $H_L$ : 저위발열량, $L_i$ : 불완전 연소에 따른 손실열, $L_c$ : 탄 찌꺼기 속의 미연탄소분에 의한 손실열이다.)  [2019. 9. 21.]

① $\dfrac{H_L - (L_c + L_i)}{H_L}$　　　　② $\dfrac{H_L + (L_c - L_i)}{H_L}$

③ $\dfrac{H_L}{H_L + (L_c + L_i)}$　　　　④ $\dfrac{H_L}{H_L - (L_c - L_i)}$

**해설** 연소효율 : 가연성 물질을 연소할 때 완전 연소량에 대하여 실제 연소되는 양의 백분율

연소효율 $= \dfrac{\text{저위발열량} - \text{손실열량}}{\text{저위발열량}}$

---

**259.** A회사에 입하된 석탄의 성질을 조사하였더니 회분 6 %, 수분 3 %, 수소 5 % 및 고위발열 량이 6000 kcal/kg이었다. 실제 사용할 때의 저발열량은 약 몇 kcal/kg인가?  [2019. 9. 21.]

① 3341　　　　② 4341　　　　③ 5712　　　　④ 6341

**해설** $H_L = H_h - 600(9H + W) = 6000 - 600(9 \times 0.05 + 0.03) = 5712 \, kcal/kg$

---

**260.** 화염면이 벽면 사이를 통과할 때 화염면에서의 발열량보다 벽면으로의 열손실이 더욱 커서 화염이 더 이상 진행하지 못하고 꺼지게 될 때 벽면 사이의 거리는?  [2019. 9. 21.]

① 소염거리　　　　　　② 화염거리
③ 연소거리　　　　　　④ 점화거리

---

**해설** 소염거리는 화염이 전파되지 않을 때까지 좁혀간 두 장의 평행한 사이의 거리로 열의 발생보다 방출이 많은 경우에 발생한다(열의 발생 < 열의 방출).

---

**261.** 코크스로가스를 100 $Nm^3$ 연소한 경우 습연소가스량과 건연소가스량의 차이는 약 몇 $Nm^3$인가? (단, 코크스로가스의 조성(용량%)은 $CO_2$ 3 %, CO 8 %, $CH_4$ 30 %, $C_2H_4$ 4 %, $H_2$ 50 % 및 $N_2$ 5 %)                                                                 [2018. 3. 4.]

① 108          ② 118          ③ 128          ④ 138

**해설** 완전 연소 반응식에 따라

$CO_2 \rightarrow CO_2$(습 + 건, 1몰 생성, 3 %)

$CO + 1/2O_2 \rightarrow CO_2$(습 + 건, 1몰 생성, 8 %)

$CH_4 + 2O_2 \rightarrow CO_2 + 2H_2O$(습 + 건, 1몰 생성, 습, 2몰 생성, 30 %)

$C_2H_4 + 3O_2 \rightarrow 2CO_2 + 2H_2O$(습 + 건, 2몰 생성, 습, 2몰 생성, 4 %)

$H_2 + 1/2O_2 \rightarrow H_2O$(습, 1몰 생성, 50 %)

$N_2 \rightarrow N_2$(습 + 건, 1몰 생성, 5 %)

- 습연소가스량 = $1 \times 0.03 + 1 \times 0.08 + 3 \times 0.3 + 4 \times 0.04 + 1 \times 0.5 + 1 \times 0.05 = 1.72$
- 건연소가스량 = $1 \times 0.03 + 1 \times 0.08 + 1 \times 0.3 + 2 \times 0.04 + 1 \times 0.05 = 0.54$
- 습연소가스량 − 건연소가스량 = $1.72 - 0.54 = 1.18 \, Nm^3$
- ∴ 전체 차이량 = $100 \times 1.18 \, Nm^3 = 118 \, Nm^3$

---

**262.** 연소가스에 들어 있는 성분을 $CO_2$, $C_mH_n$, $O_2$, CO의 순서로 흡수 분리시킨 후 체적 변화로 조성을 구하고, 이어 잔류가스에 공기나 산소를 혼합, 연소시켜 성분을 분석하는 기체 연료 분석 방법은?                                                                 [2018. 4. 28.]

① 헴펠법          ② 치환법          ③ 리비히법          ④ 에슈카법

**해설** 흡수 분석법

- 오르자트법 : $CO_2 \rightarrow O_2 \rightarrow CO \rightarrow N_2$ 순으로 흡수제에 흡수시켜 분석하는 장치
- 헴펠법 : $CO_2 \rightarrow C_mH_n \rightarrow O_2 \rightarrow CO \rightarrow N_2$ 순으로 흡수제에 흡수시켜 분석하는 장치
- 게겔법 : $CO_2 \rightarrow C_2H_2 \rightarrow C_3H_6 \rightarrow C_2H_6 \rightarrow O_2 \rightarrow CO \rightarrow N_2$ 순으로 흡수제에 흡수시키는 장치

---

**263.** 보일러실에 자연환기가 안 될 때 실외로부터 공급하여야 할 공기는 벙커C유 1 L당 최소 몇 $Nm^3$이 필요한가? (단, 벙커C유의 이론공기량은 10.24 $Nm^3$/kg, 비중은 0.96, 연소장치의 공기비는 1.3으로 한다.)                                                                 [2018. 4. 28.]

① 11.34          ② 12.78          ③ 15.69          ④ 17.85

**해설** $10.24 \, Nm^3/kg \times 1 \, L \times 0.96 \, kg/L \times 1.3 = 12.779 \, Nm^3$

---

**정답** ● 261. ②   262. ①   263. ②

**264.** 액체연료 1kg 중에 같은 질량의 성분이 포함될 때, 다음 중 고위발열량에 가장 크게 기여하는 성분은? [2018. 4. 28.]

① 수소　　　　　　　　　　　② 탄소
③ 황　　　　　　　　　　　　④ 회분

**해설** $H_h = H_L + [600 \times 4.2 \times (9H + W)]$

고위발열량은 저위발열량에 물의 잠열을 더한 값으로 고위발열량에 가장 크게 기여하는 것은 수소 성분과 수증기 성분이다.

---

**265.** 표준 상태에서 고위발열량과 저위발열량의 차이는? [2018. 9. 15.]

① 336 J/mol　　　　　　　　② 2263.8 J/mol
③ 38640 J/mol　　　　　　　④ 40748.4 J/mol

**해설** 물의 증발잠열은 539 kcal/kg이며 고위발열량은 저위발열량에 물의 잠열을 더한 값이다. 즉, 고위발열량과 저위발열량의 차이는 물의 잠열이 된다.

• 539 kcal/kg = 539 × 1000 cal/1000 g = 539 cal/g
• 539 cal/g × 18 g/mol = 9702 cal/mol = 40748.4 J/mol

---

**266.** 경유의 1000 L를 연소시킬 때 발생하는 탄소량은 약 몇 TC인가? (단, 경유의 석유환산계수는 0.92 TOE/kL, 탄소배출계수는 0.837 TC/TOE이다.) [2018. 9. 15.]

① 77　　　　　　　　　　　　② 7.7
③ 0.77　　　　　　　　　　　④ 0.077

**해설** • TOE(석유환산계수) : 에너지(연료, 열, 전기)를 연간 사용한 전체량을 석유(오일)로 환산
　　※ T : 톤(1톤은 1000 kg), O : 오일, E : 환산
• TC($CO_2$ 발생량) : 연간 탄산가스 발생량을 톤으로 표시(Ton of Carbon)
　탄소량 = 1 kL(1000 L) × 0.92 TOE/kL × 0.837 TC/TOE = 0.77 TC

---

**267.** 공기비 1.3에서 메탄을 연소시킨 경우 단열연소온도는 약 몇 K인가? (단, 메탄의 저발열량은 49 MJ/kg, 배기가스의 평균비열은 1.29 kJ/kg · K이고 고온에서의 열분해는 무시하고, 연소 전 온도는 25℃이다.) [2018. 9. 15.]

① 1663　　　　　　　　　　　② 1932
③ 1965　　　　　　　　　　　④ 2230

---

**정답** ● 264. ①　265. ④　266. ③　267. ②

**해설** $CH_4 \quad + \quad 2O_2 \quad \rightarrow \quad CO_2 \quad + \quad 2H_2O$

$16\,kg \quad : \quad \dfrac{2 \times 32\,kg}{0.232} \quad : \quad 44\,kg \quad : \quad 2 \times 18\,kg$

$\quad 1\,kg \quad : \quad A_o \quad : \quad X \quad : \quad Y$(메탄 1 kg에 대한 발생량)

- $A_o = \dfrac{1\,kg \times 2 \times 32\,kg}{0.232 \times 16\,kg} = 17.24\,kg$

- $X = \dfrac{1\,kg \times 44\,kg}{16\,kg} = 2.75\,kg$

- $Y = \dfrac{1\,kg \times 2 \times 18\,kg}{16\,kg} = 2.25\,kg$

- $N_2 = A_o \times (1 - 0.232) = 17.24\,kg/kg \times (1 - 0.232) = 13.24\,kg/kg$

- $G = (m - 0.232) \times A_o + CO_2 + H_2O$

  $= (1.3 - 0.232) \times 17.24 + 2.75 + 2.25 = 23.41\,kg$

- $Q = G \times C \times \Delta t = G \times C \times (T_2 - T_1)$

  $T_2 = T_1 + \dfrac{Q}{GC}$

  $= (273 + 25) + \dfrac{49 \times 1000\,kJ/kg}{23.41\,kg \times 1.29\,kJ/kg \cdot K} = 1920.57\,K$

---

**268.** 연소에서 고온부식의 발생에 대한 설명으로 옳은 것은? [2021. 3. 7.]

① 연료 중 황분의 산화에 의해서 일어난다.
② 연료 중 바나듐의 산화에 의해서 일어난다.
③ 연료 중 수소의 산화에 의해서 일어난다.
④ 연료의 연소 후 생기는 수분이 응축해서 일어난다.

**해설** 보일러의 과열기나 재열기, 복사 전열면과 같은 고온부 전열면에 중유의 회분 속에 포함되어 있는 바나듐 화합물(오산화바나듐($V_2O_5$))이 고온에서 용융 부착하여, 금속 표면의 보호 피막을 깨뜨리고 부식시키는 현상으로 바나듐이 주원인이다.

---

**269.** 연소 시 100℃에서 500℃로 온도가 상승하였을 경우 500℃의 열복사 에너지는 100℃에서의 열복사 에너지의 약 몇 배가 되겠는가? [2017. 3. 5.]

① 16.2
② 17.1
③ 18.5
④ 19.3

**해설** 슈테판-볼츠만의 법칙 : 열복사 에너지는 절대온도의 4승에 비례한다.

$\dfrac{(500 + 273)^4}{(100 + 273)^4} = 18.445$

**270.** 연소가스의 조성에서 O₂를 옳게 나타낸 식은? (단, $L_o$: 이론공기량, $G$ : 실제 습연소가
스량, $m$ : 공기비이다.)                                                                              [2017. 3. 5.]

① $\dfrac{L_o}{G} \times 100$                        ② $\dfrac{0.2 L_o}{G} \times 100$

③ $\dfrac{(m-1) L_o}{G} \times 100$               ④ $\dfrac{0.21(m-1) L_o}{G} \times 100$

---

**271.** 다음 중 열정산의 목적이 아닌 것은?                                              [2017. 5. 7.]
① 열효율을 알 수 있다.
② 장치의 구조를 알 수 있다.
③ 새로운 장치설계를 위한 기초자료를 얻을 수 있다.
④ 장치의 효율향상을 위한 개조 또는 운전조건의 개선 등의 자료를 얻을 수 있다.

**해설** 열을 사용하는 기기에 어떠한 물질이 가지고 있는 열량과 얼마나 열이 방출되었는지를 계산하
는 것으로서 조업 방법 개선 및 열의 행방을 알 수 있으며 열수지 또는 열감정이라고도 한다.

---

**272.** 연료의 연소 시 (CO₂)ₘₐₓ[%]는 어느 때의 값인가?                          [2020. 9. 26.]
① 실제공기량으로 연소 시          ② 이론공기량으로 연소 시
③ 과잉공기량으로 연소 시          ④ 이론양보다 적은 공기량으로 연소 시

**해설** $(CO_2)_{max}[\%]$는 연소 시 최대로 발생하는 이론공기량을 표시하는 것이다.

---

**273.** $(CO_2)_{max}$가 24.0 %, CO₂가 14.2 %, CO가 3.0 %라면 연소가스 중의 산소는 약 몇 %
인가?                                                                                            [2017. 9. 23.]
① 3.8                                   ② 5.0
③ 7.1                                   ④ 10.1

**해설** $(CO_2)_{max} = \dfrac{(CO_2 + CO) \times 21}{(21 - O_2) + 0.395 CO}$

$24 = \dfrac{(14.2 + 3.0) \times 21}{(21 - O_2) + 0.395 \times 3.0}$

$O_2 = 7.1 \%$

---

**정답** • 270. ④   271. ②   272. ②   273. ③

**274.** 연돌에서의 배기가스 분석 결과 $CO_2$ 14.2 %, $O_2$ 4.5 %, CO 0 %일 때 탄산가스의 최대량 $(CO_2)_{max}$[%]는? [2018. 9. 15.] [2021. 5. 15.]

① 10  ② 15  ③ 18  ④ 20

**해설** $m = \dfrac{21}{21 - O_2} = \dfrac{(CO_2)_{max}}{CO_2}$

$(CO_2)_{max} = \dfrac{CO_2 \times 21}{21 - O_2} = \dfrac{14.2 \times 21}{21 - 4.5} = 18.07 \%$

**275.** 연도가스 분석 결과 $CO_2$ 12.0 %, $O_2$ 6.0 %, CO 0.0 %이라면 $(CO_2)_{max}$는 몇 %인가?

① 13.8  ② 14.8  ③ 15.8  ④ 16.8  [2018. 4. 28.]

**해설** $(CO_2)_{max} = \dfrac{CO_2 \times 21}{21 - O_2} = \dfrac{12 \times 21}{21 - 6.0} = 16.8 \%$

**276.** 연소가스를 분석한 결과 $CO_2$ : 12.5 %, $O_2$ : 3.0 %일 때, $(CO_2)_{max}$[%]는? (단, 해당 연소가스에 CO는 없는 것으로 가정한다.) [2020. 8. 22.]

① 12.62  ② 13.45
③ 14.58  ④ 15.03

**해설** $m = \dfrac{21}{21 - O_2} = \dfrac{21}{21 - 3} = 1.1666$

$(CO_2)_{max} = CO_2 \times m = 12.5 \times 1.1666 = 14.582 \%$

**277.** 어떤 연료를 분석한 결과 탄소(C), 수소(H), 산소(O), 황(S) 등으로 나타낼 때 이 연료를 연소시키는 데 필요한 이론산소량을 구하는 계산식은? (단, 각 원소의 원자량은 산소 16, 수소 1, 탄소 12, 황 32이다.) [2016. 3. 6.]

① $1.867C + 5.6\left(H + \dfrac{O}{8}\right) + 0.7S\,[\text{Nm}^3/\text{kg}]$

② $1.867C + 5.6\left(H - \dfrac{O}{8}\right) + 0.7S\,[\text{Nm}^3/\text{kg}]$

③ $1.867C + 11.2\left(H + \dfrac{O}{8}\right) + 0.7S\,[\text{Nm}^3/\text{kg}]$

④ $1.867C + 11.2\left(H - \dfrac{O}{8}\right) + 0.7S\,[\text{Nm}^3/\text{kg}]$

**278.** 상당 증발량이 0.05 ton/min의 보일러에 5800 kcal/kg의 석탄을 태우고자 한다. 보일러의 효율이 87 %이라 할 때 필요한 화상 면적은? (단, 무연탄의 화상 연소율은 73 kg/m$^2$ · h이다.)  [2016. 3. 6.]

① 2.3 m$^2$
② 4.4 m$^2$
③ 6.7 m$^2$
④ 10.9 m$^2$

**해설** 연료 사용량$(G) = \dfrac{539 \times 0.05 \text{ ton/min} \times 1000 \text{ kg/ton} \times 60 \text{ min/h}}{5800 \text{ kcal/kg} \times 0.87} = 320.45 \text{ kg/h}$

화상 면적 $= \dfrac{320.45 \text{ kg/h}}{73 \text{ kg/m}^2 \cdot \text{h}} = 4.389 \text{ m}^2$

**279.** 보일러의 연소장치에서 NOx의 생성을 억제할 수 있는 연소 방법으로 가장 거리가 먼 것은?  [2016. 3. 6.]

① 2단 연소
② 배기의 재순환 연소
③ 저산소 연소
④ 연소용 공기의 고온예열

**해설** NOx의 생성을 억제할 수 있는 연소 방법
- 2단연소법, 농담연소법 등 단계적 연소법을 행한다.
- 저산소 연소법(산소 분압을 낮게 유지) 또는 배기가스의 재순환연소법을 사용한다.
- 공기비를 줄이고 노내 압력을 낮게 유지한다.
- 화염온도를 낮추고 연소실 열부하를 저감시킨다.

**280.** 열병합 발전소에서 배기가스를 사이클론에서 전처리하고 전기 집진장치에서 먼지를 제거하고 있다. 사이클론 입구, 전기집진기 입구와 출구에서의 먼지 농도가 각각 95, 10, 0.5 g/Nm$^3$일 때 종합집진율은?  [2016. 5. 8.]

① 85.7 %
② 90.8 %
③ 95.0 %
④ 99.5 %

**해설** 종합집진율 $= \dfrac{\text{사이클론 입구 농도} - \text{전기집진기 출구 농도}}{\text{사이클론 입구 농도}}$

$= \dfrac{95 - 0.5}{95} \times 100 = 99.47 \%$

**정답** ● 278. ② 279. ④ 280. ④

**281.** 연돌의 실제 통풍압이 35 mmH₂O, 송풍기의 효율은 70 %, 연소가스량이 200 m³/min 일 때 송풍기의 소요 동력은 약 몇 kW인가? [2021. 3. 7.]
① 0.84  ② 1.15
③ 1.63  ④ 2.21

해설 $\dfrac{35\ \text{kg/m}^2 \times 200\ \text{m}^3/\text{min}}{102 \times 60\ \text{s/min} \times 0.7} = 1.63398\ \text{kW}(1\ \text{mmH}_2\text{O} = 1\ \text{kg/m}^2)$

**282.** 연소실에서 연소된 연소가스의 자연통풍력을 증가시키는 방법으로 틀린 것은? [2021. 5. 15.]
① 연돌의 높이를 높인다.
② 배기가스의 비중량을 크게 한다.
③ 배기가스 온도를 높인다.
④ 연도의 길이를 짧게 한다.

해설 자연통풍력을 증가시키는 방법
• 배기가스의 온도를 높인다.
• 외기온도가 낮을수록 통풍력 증대
• 연돌의 높이를 증대시킨다.
• 연도의 굴곡부를 최소화한다.
• 연돌의 상부 단면적을 크게 한다.

**283.** 연돌의 설치 목적이 아닌 것은? [2021. 9. 12.]
① 배기가스의 배출을 신속히 한다.  ② 가스를 멀리 확산시킨다.
③ 유효 통풍력을 얻는다.  ④ 통풍력을 조절해 준다.

해설 연돌은 굴뚝으로 배기가스 배출이 주목적이며 통풍력은 댐퍼나 베인으로 조절한다.

**284.** 다음 중 배기가스와 접촉되는 보일러 전열면으로 증기나 압축공기를 직접 분사시켜서 보일러에 회분, 그을음 등 열전달을 막는 퇴적물을 청소하고 쌓이지 않도록 유지하는 설비는? [2020. 6. 6.]
① 수트 블로어  ② 압입통풍 시스템
③ 흡입통풍 시스템  ④ 평형통풍 시스템

해설 수트 블로어는 증기나 압축공기를 배출하는 관내에 생긴 그을음을 제거하는 장치로 수관 보일러나 연관 보일러 등에서 사용한다.

정답 281. ③  282. ②  283. ④  284. ①

**285.** 연소장치의 연돌 통풍에 대한 설명으로 틀린 것은? [2020. 8. 22.]
① 연돌의 단면적은 연도의 경우와 마찬가지로 연소량과 가스의 유속에 관계한다.
② 연돌의 통풍력은 외기온도가 높아짐에 따라 통풍력이 감소하므로 주의가 필요하다.
③ 연돌의 통풍력은 공기의 습도 및 기압에 관계없이 외기온도에 따라 달라진다.
④ 연돌의 설계에서 연돌 상부 단면적을 하부 단면적 보다 작게 한다.

**해설** 연소장치의 연돌 통풍력을 증대시키는 방법
- 배기가스 온도는 높게 하고 외기온도가 낮으면 밀도 차이에 의해 뜨거운 공기의 상승기류가 강해서 통풍력이 증가하므로 온도차를 크게 한다.
- 연돌의 높이가 높을수록 기온이 낮아지므로(100 m당 0.6℃ 강하) 온도차를 크게 할 수 있다.
- 연돌의 굴곡부를 적게 하면 배기가스의 이동이 원활하여 통풍력이 증가하게 된다.
- 연도의 길이를 최소화하여 보일러에서 나온 고온의 기체가 최대한 열손실을 줄이고 연돌에 도달하게 하여야 한다.

**286.** 연소가스와 외부공기의 밀도 차에 의해서 생기는 압력차를 이용하는 통풍 방법은? [2020. 9. 26.]
① 자연통풍      ② 평형통풍      ③ 압입통풍      ④ 유인통풍

**해설** 통풍 방식
(1) 자연통풍 : 주위 공기와 연돌 내 배기가스와의 온도 차이에 따른 비중량 차이에 의해서 발생되는 통풍력으로 연소용 공기와 배기가스를 유통시키는 방식이다.
(2) 강제통풍
- 압입통풍 : 연소용 공기를 노 내부로 공급하고, 노에서 발생된 배기가스를 대기로 배출하는 방식으로 노의 내부 압력은 대기압보다 높은 150~450 mmAq 정도의 정압으로 유지하여야 한다. 주로 오일, 가스 연소 보일러에서 사용한다.
- 평형통풍 : 압입송풍기가 연소용 공기를 노내부로 공급하고, 유인송풍기가 배기가스를 대기로 배출시키는 방식으로, 주로 미분탄 연소 보일러에서 사용한다.
- 유인통풍 : 배풍기가 연도에 설치되어 노 내가 부압이 형성된다.

**287.** 다음 중 굴뚝의 통풍력을 나타내는 식은? (단, $h$는 굴뚝높이, $\gamma_a$는 외기의 비중량, $\gamma_g$는 굴뚝 속의 가스의 비중량, $g$는 중력가속도이다.) [2020. 9. 26.]
① $h(\gamma_g - \gamma_a)$      ② $h(\gamma_a - \gamma_g)$
③ $\dfrac{h(\gamma_g - \gamma_a)}{g}$      ④ $\dfrac{h(\gamma_a - \gamma_g)}{g}$

**288.** 통풍 방식 중 평형통풍에 대한 설명으로 틀린 것은? [2015. 9. 19.] [2019. 3. 3.]
① 통풍력이 커서 소음이 심하다.
② 안정한 연소를 유지할 수 있다.
③ 노내 정압을 임의로 조절할 수 있다.
④ 중형 이상의 보일러에는 사용할 수 없다.

해설 평형통풍 : 압입송풍기가 연소용 공기를 노 내부로 공급하고, 유인송풍기가 배기가스를 대기로 배출시키는 방식으로, 주로 미분탄 연소 보일러에서 사용하는 강제통풍 방식이다.

**289.** 댐퍼를 설치하는 목적으로 가장 거리가 먼 것은? [2019. 3. 3.]
① 통풍력을 조절한다.　　② 가스의 흐름을 조절한다.
③ 가스가 새어나가는 것을 방지한다.　　④ 덕트 내 흐르는 공기 등의 양을 제어한다.

해설 댐퍼 또는 베인은 덕트 속에 설치하여 유체 흐름과 유량 또는 방향을 제어한다.

**290.** 배기가스 출구 연도에 댐퍼를 부착하는 주된 이유가 아닌 것은? [2015. 9. 19.] [2019. 9. 21.]
① 통풍력을 조절한다.
② 과잉공기를 조절한다.
③ 가스의 흐름을 차단한다.
④ 주연도, 부연도가 있는 경우에는 가스의 흐름을 바꾼다.

해설 댐퍼는 덕트 내에 흐르는 배기가스의 통풍력 조절 및 개폐를 하는 역할을 한다.

**291.** 배기가스와 외기의 평균온도가 220℃와 25℃이고, 0℃, 1기압에서 배기가스와 대기의 밀도는 각각 0.770 kg/m³와 1.186 kg/m³일 때 연돌의 높이는 약 몇 m인가? (단, 연돌의 통풍력 $Z = 52.85$ mmH₂O이다.) [2019. 3. 3.]
① 60　　② 80
③ 100　　④ 120

해설 연돌의 통풍력$(Z) = 273H\left[\dfrac{\gamma_a}{273+t_a} - \dfrac{\gamma_b}{273+t_b}\right]$

$H = \dfrac{Z}{273\left[\dfrac{\gamma_a}{273+t_a} - \dfrac{\gamma_b}{273+t_b}\right]} = \dfrac{52.85}{273\left[\dfrac{1.186}{273+25} - \dfrac{0.770}{273+220}\right]}$

$= 80.075$ m

정답 288. ④　289. ③　290. ②　291. ②

**292.** 여과 집진장치의 여과재 중 내산성, 내알칼리성 모두 좋은 성질을 갖는 것은 어느 것인가? [2015. 9. 19.] [2019. 4. 27.]
① 테플론
② 사란
③ 비닐론
④ 글라스

**해설** 여과재 종류
- 테플론 : 불소와 탄소의 화학적 결합으로 비활성 및 내열성, 비점착성, 우수한 절연 안정성, 낮은 마찰계수 등의 특성들을 가지고 있어 여과재 등에 사용된다.
- 사란 : 염화 비닐의 중합으로 만들어진 비닐 수지로 유연성이 크며 탄성이 강하고 질기다.
- 글라스 : 유리제품
- 비닐론 : 내약품성(내알칼리성, 내산성), 기계적 성질, 광택성이 좋으며 가스 투과성이 낮아 여과재 등에 많이 사용한다.

**293.** 분무기로 노내에 분사된 연료에 연소용 공기를 유효하게 공급하여 연소를 좋게 하고, 확실한 착화와 화염의 안정을 도모하기 위해서 공기류를 적당히 조정하는 장치는? [2019. 9. 21.]
① 자연통풍(natural draft)
② 에어레지스터(air register)
③ 압입통풍 시스템(forced draft system)
④ 유인통풍 시스템(induced draft system)

**해설** 에어레지스터는 연소용 공기를 노내에 공급하여 연소에 적합한 양 및 흐름을 조절하여 공기 노즐로 송출하는 스로틀 밸브이다.

**294.** 연소가스는 연돌에 200℃로 들어가서 30℃가 되어 대기로 방출된다. 배기가스가 일정한 속도를 가지려면 연돌 입구와 출구의 면적비를 어떻게 하여야 하는가? [2019. 9. 21.]
① 1.56
② 1.93
③ 2.24
④ 3.02

**해설** 면적$(F) = \dfrac{G(1+0.0037t)}{3600\,W}$

- $F_1 = \dfrac{G(1+0.0037 \times 200)}{3600\,W} = \dfrac{1.74 \times G}{3600\,W}$

- $F_2 = \dfrac{G(1+0.0037 \times 30)}{3600\,W} = \dfrac{1.11 \times G}{3600\,W}$

$\therefore$ 면적비 $= \dfrac{F_1}{F_2} = \dfrac{1.74}{1.11} = 1.567$

**정답** ➡ 292. ③   293. ②   294. ①

**295.** 연돌 내의 배기가스 비중량 $\gamma_1$, 외기 비중량 $\gamma_2$, 연돌의 높이가 $H$일 때 연돌의 이론 통풍력($Z$)을 구하는 식은? [2019. 9. 21.]

① $Z = \dfrac{H}{\gamma_1 - \gamma_2}$

② $Z = \dfrac{\gamma_2 - \gamma_1}{H}$

③ $Z = \dfrac{\gamma_2 - 2\gamma_1}{2H}$

④ $Z = (\gamma_2 - \gamma_1) \times H$

**해설** 연돌의 이론 통풍력($Z$)

$$Z = 355H \left[ \frac{1}{273 + t_a} - \frac{1}{273 + t_g} \right] = 273H \left[ \frac{\gamma_a}{273 + t_a} - \frac{\gamma_g}{273 + t_g} \right]$$

여기서, $H$ : 굴뚝높이(m)

$t_a$ : 외기온도(℃)

$t_g$ : 가스온도(℃)

$\gamma_a$ : 외기의 비중량

$\gamma_g$ : 배출가스의 비중량

**296.** 연소관리에 있어 연소배기가스를 분석하는 가장 직접적인 목적은? [2018. 3. 4.]
① 공기비 계산
② 노내압 조절
③ 연소열량 계산
④ 매연농도 산출

**해설** 연소배기가스를 분석하면 그에 따르는 산소량 및 공기비를 알 수 있다.

**297.** 세정 집진장치의 입자 포집 원리에 대한 설명으로 틀린 것은? [2018. 3. 4.]
① 액적에 입자가 충돌하여 부착한다.
② 입자를 핵으로 한 증기의 응결에 의하여 응집성을 증가시킨다.
③ 미립자의 확산에 의하여 액적과의 접촉을 좋게 한다.
④ 배기의 습도 감소에 의하여 입자가 서로 응집한다.

**해설** 습식 세정법
• 액적, 액막, 기포 등의 함진 배기를 세정하여 입자에 부착, 응집시켜 입자를 분리하는 방법으로 배기의 습도가 증가하면 입자의 응집이 원활해진다.
• $0.1 \sim 100\ \mu\text{m}$의 입경을 처리하며 압력손실이 $300 \sim 800\ \text{mmH}_2\text{O}$로 비교적 크고 동력 소비가 크다.

**정답** ▶ **295.** ④  **296.** ①  **297.** ④

**298.** 연돌의 통풍력은 외기온도에 따라 변화한다. 만일 다른 조건이 일정하게 유지되고 외기 온도만 높아진다면 통풍력은 어떻게 되겠는가? [2017. 5. 7.]

① 통풍력은 감소한다.
② 통풍력은 증가한다.
③ 통풍력은 변화하지 않는다.
④ 통풍력은 증가하다 감소한다.

해설 통풍력 증가시키는 방법
• 연돌의 높이를 높게 하거나 단면적을 크게 한다.
• 연도의 길이는 짧고 굴곡부는 적게 한다.
• 배기가스의 온도를 높게 유지한다.(즉, 외기와 밀도 차이가 증가한다.)

**299.** 산포식 스토커를 이용한 강제통풍일 때 일반적인 화격자 부하는 어느 정도인가? [2017. 9. 23.]

① 90~110 kg/m² · h
② 150~200 kg/m² · h
③ 210~250 kg/m² · h
④ 260~300 kg/m² · h

해설 산포식 스토커는 고체연료를 화격자 위에 기계적으로 산포하여 연소시키는 장치로 화격자 부하는 150~200 kg/m² · h이다.

**300.** 다음 집진장치의 특성에 대한 설명으로 옳지 않은 것은? [2017. 9. 23.]

① 사이클론 집진기는 분진이 포함된 가스를 선회운동시켜 원심력에 의해 분진을 분리한다.
② 전기식 집진장치는 대치시킨 2개의 전극 사이에 고압의 교류전장을 가해 통과하는 미립자를 집진하는 장치이다.
③ 가스흡입구에 벤투리관을 조합하여 먼지를 세정하는 장치를 벤투리 스크러버라 한다.
④ 백 필터는 바닥을 위쪽으로 달아메고 하부에서 백내부로 송입하여 집전하는 방식이다.

해설 전기 집진기는 방전극을 음극, 집진극을 양극으로 하며 그 사이에 30~60 kV의 직류전압을 가하여 코로나방전을 이용하며 전기 집진은 쿨롱(coulomb)력에 의해 포집된다.

**301.** 연돌의 높이 100 m, 배기가스의 평균온도 210℃, 외기온도 20℃, 대기의 비중량 $\gamma_1$ = 1.29 kg/N · m³, 배기가스의 비중량 $\gamma_2$ = 1.35 kg/N · m³일 때, 연돌의 통풍력은? [2016. 3. 6.]

① 15.9 mmH₂O
② 16.4 mmH₂O
③ 43.9 mmH₂O
④ 52.7 mmH₂O

🔵 해설 통풍력$(Z) = 273H\left[\dfrac{\gamma_1}{273+t_1} - \dfrac{\gamma_2}{273+t_2}\right]$

$$= 273 \times 100 \times \left[\dfrac{1.29}{273+20} - \dfrac{1.35}{273+210}\right]$$

$$= 43.89 \text{ mmH}_2\text{O}$$

---

**302.** 보일러의 흡인통풍(induced draft) 방식에 가장 많이 사용되는 송풍기의 형식은? [2016. 5. 8.]

① 플레이트형          ② 터보형

③ 축류형             ④ 다익형

🔵 해설 강제통풍의 송풍기 형식

(1) 압입통풍(가압통풍) : 노앞에 설치된 송풍기에 의해 연소용 공기를 노안으로 압입하는 방식으로 노내의 압력이 대기압보다 높으므로 그 구조가 가스의 기밀을 유지할 수 있어야 하며 배기가스의 유속은 8 m/s 정도이다(터보형, 시로코형(다익형)).
  • 노내가 정압이 유지되어 연소가 용이하여 고부하 연소가 가능하다.
  • 300℃ 이상의 연소용 공기가 예열되고 가압연소가 되므로 연소율이 높다.
  • 연소용 공기 조절이 용이하며 통풍저항이 큰 보일러에 사용이 가능하다.
  • 송풍기의 고장이 적고 점검이나 보수가 용이하다.
  • 노내압이 높아 연소가스 누설이 있으므로 연소실 및 연도의 기밀유지가 필요하다.
  • 통풍력이 높아 노내 손실이 발생하며 송풍기 가동으로 동력소비가 많다.

(2) 흡인통풍(유인통풍) : 연소가스를 송풍기로 흡입하여 연도 끝에서 배출하도록 하는 방식으로 노내의 압력은 대기압보다 낮고 고온의 열가스가 송풍기에 접촉하는 경우가 많으므로 내열성, 내식성이 풍부한 재료를 사용하며 배기가스 유속은 10 m/s 정도이다 (플레이트형).
  • 노내가 항상 부압이 유지되므로 노내의 손상이 적으나 외기 침입으로 열손실이 많다.
  • 연돌 높이에 관계없이 연소가스가 배출된다.
  • 연소용 공기가 예열되지 않으며 배풍기의 동력소비가 많다.

(3) 평형통풍 : 노앞과 연돌 하부에 송풍기를 설치하여 대기압 이상의 공기를 압입송풍기로 노에 밀어 넣으나 노의 압력은 흡인송풍기로 항상 대기압보다 약간 낮은 압력으로 유지시킨다. 또한 항상 안전한 연소를 할 수 있으나 설비비가 많이 든다. 압입통풍과 흡인송풍기를 겸한 형식이며 배기가스의 유속은 10 m/s 이상이다.
  • 노내 압력을 자유로이 조절할 수 있으며 가스 누설이나 외기 침입이 없다.
  • 강한 통풍력을 얻을 수 있으며 대용량이 요구되는 곳에 사용이 가능하다.
  • 연소실 구조가 복잡하여도 통풍이 양호하다.
  • 설비비와 유지비가 많으며 송풍기에 의한 동력이 많이 소요된다.
  • 송풍기로부터 소음발생이 심하다.

**303.** 연소 시 점화 전에 연소실가스를 몰아내는 환기를 무엇이라 하는가? [2016. 10. 1.]
① 프리퍼지
② 가압퍼지
③ 불착화퍼지
④ 포스트퍼지

**해설** 환기 종류
- 프리퍼지 : 점화하기 전에 폭발 방지를 위하여 노 안에 있는 미연소가스를 밖으로 불어내는 것
- 포스트퍼지 : 보일러의 연소 정지 후에 연소실이나 연도에 있는 가스를 배출시키는 것

**304.** 연소 배기가스 중의 $O_2$나 $CO_2$ 함유량을 측정하는 경제적인 이유로 가장 적당한 것은?
① 연소 배가스량 계산을 위하여 [2016. 10. 1.]
② 공기비를 조절하여 열효율을 높이고 연료소비량을 줄이기 위하여
③ 환원염의 판정을 위하여
④ 완전 연소가 되는지 확인하기 위하여

**해설** 배기가스 중의 $O_2$나 $CO_2$ 함유량을 측정하는 것은 연소에 적정한 공기를 유지함으로써 연료소비량을 줄일 수 있으며 열효율을 높일 수 있다.

**305.** 연소가스와 외부공기의 밀도 차에 의해서 생기는 압력 차를 이용하는 통풍 방법은?
① 자연통풍
② 평형통풍 [2016. 10. 1.]
③ 압입통풍
④ 유인통풍

**해설** 연소가스와 외부공기의 밀도 차이를 이용하는 것, 즉 외기와 연소가스의 비중량(밀도) 차이를 이용하는 것은 자연통풍의 방법이며 평형, 압입, 유인통풍은 강제통풍에 해당된다.

**306.** 연소실에서 연소된 연소가스의 자연통풍력을 증가시키는 방법으로 틀린 것은? [2015. 3. 8.]
① 연돌의 높이를 높게 하면 증가한다.
② 배기가스의 비중량이 클수록 증가한다.
③ 배기가스 온도가 높아지면 증가한다.
④ 연도의 길이가 짧을수록 증가한다.

**해설** 통풍력을 증가시키는 방법
- 온도차를 크게 한다(배기가스 온도는 높게, 외기온도는 낮게).
- 연돌의 높이가 높을수록 기온이 낮아지므로(100 m당 0.6℃ 낮아짐) 온도차를 크게 할 수 있다.
- 연돌의 굴곡부를 적게 한다.
- 연도의 길이를 짧게 하여야 고온의 기체가 최대한 열손실을 줄이고 연돌에 도달한다.

**정답** 303. ① 304. ② 305. ① 306. ②

**307.** 연소로에서의 흡출(吸出)통풍에 대한 설명으로 틀린 것은? [2015. 5. 31.]
① 로안은 항상 부압(−)으로 유지된다.
② 흡출기로 배기가스를 방출하므로 연돌의 높이에 관계없이 연소할 수 있다.
③ 고온가스에 대한 송풍기의 재질이 견딜 수 있어야 한다.
④ 가열 연소용 공기를 사용하며 경제적이다.

**해설** 강제통풍
(1) 흡입(흡출)통풍 : 연소 가스를 연소실에서 연도로 흡입(吸入)하여 연돌로 배출하므로 연소실 부압에 의하여 연소용 공기가 유입되는 방식이다.
  • 연도에 대형 송풍기를 설치하나 송풍기 수명이 짧으며 보수 관리가 불편하다.
  • 대기압 이하의 연소실내 부압을 유지하며 연소 온도가 낮으면 역화 위험성은 적다.
(2) 압입 통풍 : 연소용 공기를 버너에서 연소실 방향으로 밀어 넣는 방식
  • 버너 또는 연소실 앞에 송풍기를 설치하며 보수 관리가 편리하다.
  • 대기압 이상의 연소실내 압력(정압)을 유지하며 고부하 연소가 가능하나 역화 위험성이 있다.
(3) 평형통풍 : 연소용 공기를 연소실내에 밀어 넣는 압입통풍과 연소 가스를 연도에서 흡인하여 연돌로 배출하는 흡입통풍이 조합된 겸용 통풍 방식
  • 연소실내 압력 조절이 용이하며 연소실 구조가 복잡한 보일러의 통풍 방식으로 적합하다.
  • 통풍력이 강해 대형 보일러에 적합한 반면 설비비와 유지비가 많이 소요된다.

**308.** 배기가스 질소산화물 제거 방법 중 건식법에서 사용되는 환원제가 아닌 것은? [2015. 5. 31.]
① 질소가스 ② 암모니아
③ 탄화수소 ④ 일산화탄소

**해설** 배기가스 질소산화물 제거 방법 중 건식법은 선택적 촉매 환원법으로 암모니아, 탄화수소, 일산화탄소, 황화수소 등의 환원가스를 작용시켜 질소산화물을 질소로 환원시키는 방법이다.

**309.** 다음 중 습식법과 건식법 배기가스 탈황설비에서 모두 사용할 수 있는 흡수제는? [2015. 5. 31.]
① 수산화나트륨 ② 마그네시아
③ 아황산칼륨 ④ 활성산화망간

**해설** MgO(마그네시아, 산화마그네슘)를 용해하여 $Mg(OH)_2$ 슬러리로 만든 다음 $SO_2$를 흡수하여 $MgSO_3$와 $MgSO_4$와 같은 고형물질을 생성하고 이 생성물은 원심분리하여 슬러리 상태에서 $MgSO_3$, $MgSO_4$ 수화물을 분리한 후 건조시킨다. 즉, 마그네시아는 탈황설비에서 건식, 습식법 모두에 사용된다.

**310.** 매연을 발생시키는 원인이 아닌 것은? [2021. 5. 15.]

① 통풍력이 부족할 때      ② 연소실 온도가 높을 때
③ 연료를 너무 많이 투입했을 때      ④ 공기와 연료가 잘 혼합되지 않을 때

**해설** 연소실 온도가 높으면 완전 연소가 일어나므로 매연의 발생이 방지되며 오히려 연소실 온도가 낮을 때 매연의 발생이 심해진다.

**311.** 다음 중 매연의 발생 원인으로 가장 거리가 먼 것은? [2021. 3. 7.]

① 연소실 온도가 높을 때      ② 연소장치가 불량한 때
③ 연료의 질이 나쁠 때      ④ 통풍력이 부족할 때

**해설** 문제 310번 해설 참조

**312.** 다음 중 매연 생성에 가장 큰 영향을 미치는 것은? [2019. 4. 27.]

① 연소속도      ② 발열량
③ 공기비      ④ 착화온도

**해설** 공기비가 작을 때 연소에 미치는 영향
• 불완전 연소가 되어 매연 발생이 심하다.
• 미연소에 의한 열손실이 증가한다.
• 미연소 가스로 인한 폭발사고가 일어나기 쉽다.

**313.** 연돌에서 배출되는 연기의 농도를 1시간 동안 측정한 결과가 다음과 같을 때 매연의 농도율은 몇 %인가? [2018. 3. 4.]

| | |
|---|---|
| • 농도 4도 : 10분 | • 농도 3도 : 15분 |
| • 농도 2도 : 15분 | • 농도 1도 : 20분 |

① 25      ② 35      ③ 45      ④ 55

**해설** 매연의 농도율
NO 0 : 0 %, NO 1 : 20 %, NO 2 : 40 %, NO 3 : 60 %, NO 4 : 80 %, NO5 : 100 %
$$0.8 \times \frac{10}{60} + 0.6 \times \frac{15}{60} + 0.4 \times \frac{15}{60} + 0.2 \times \frac{20}{60} = 0.45 = 45\%$$

**정답** ▸ **310.** ②    **311.** ①    **312.** ③    **313.** ③

**314.** 연소상태에 따라 매연 및 먼지의 발생량이 달라진다. 다음 설명 중 잘못된 것은? [2018. 4. 28.]

① 매연은 탄화수소가 분해 연소할 경우에 미연의 탄소 입자가 모여서 된 것이다.

② 매연의 종류 중 질소산화물 발생을 방지하기 위해서는 과잉공기량을 늘리고 노내압을 높게 한다.

③ 배기 먼지를 적게 배출하기 위한 건식집진장치는 사이클론, 멀티클론, 백필터 등이 있다.

④ 먼지 입자는 연료에 포함된 회분의 양, 연소 방식, 생산물질의 처리 방법 등에 따라서 발생하는 것이다.

**해설** 질소산화물(NOx) 생성 특성

• 화염온도가 높을수록 질소산화물의 생성은 커진다.

• 배출가스 중 산소 분압이 높을수록 질소산화물의 생성이 커진다.

• 연료 NOx는 주로 질소성분을 함유하는 연료의 연소과정에 생성된다.

• 질소산화물 발생을 방지하기 위해서는 공기비를 줄이고 노내 압력을 낮게 유지한다.

**315.** 연소가스 중의 질소산화물 생성을 억제하기 위한 방법으로 틀린 것은? [2018. 4. 28.]

① 2단 연소      ② 고온 연소

③ 농담 연소      ④ 배기가스 재순환 연소

**해설** 문제 314번 해설 참조

**316.** 링겔만 농도표는 어떤 목적으로 사용되는가? [2020. 8. 22.]

① 연돌에서 배출되는 매연 농도 측정

② 보일러수의 pH 측정

③ 연소가스 중의 탄산가스 농도 측정

④ 연소가스 중의 SOx 농도 측정

**해설** 링겔만 농도표는 배출가스의 연기의 농도와 표(0도~5도 : 6종류)를 비교하여 매연의 농도를 판정하는 기준이 된다.

**317.** 링겔만 농도표의 측정 대상은? [2020. 6. 6.]

① 배출가스 중 매연 농도      ② 배출가스 중 CO 농도

③ 배출가스 중 $CO_2$ 농도      ④ 화염의 투명도

**해설** 문제 316번 해설 참조

**정답** ● 314. ②    315. ②    316. ①    317. ①

**318.** 다음 중 매연 측정을 위해 사용하는 것은? [2015. 9. 19.]
① 보염장치 ② 링겔만 농도표
③ 레드우드 점도계 ④ 사이클론 장치

해설 링겔만 농도표 : 연기의 농도 측정에 사용하는 표로, 두께가 서로 다른 검은 선을 그어 0~5도까지 검은색이 차지하는 면적으로 구별한 것

**319.** 다음 연소가스의 성분 중, 대기오염물질이 아닌 것은? [2020. 8. 22.]
① 입자상물질 ② 이산화탄소
③ 황산화물 ④ 질소산화물

해설 대기오염물질
• 기체 : 질소산화물, 황산화물, 일산화탄소, 오존, 탄화수소류
• 입자 : 석면 입자, 꽃가루, 아스팔트, 시멘트 또는 흙 입자, 담배에서 발생하는 발암물질들

**320.** 액체연료의 미립화 시 평균 분무입경에 직접적인 영향을 미치는 것이 아닌 것은? [2020. 8. 22.]
① 액체연료의 표면장력 ② 액체연료의 점성계수
③ 액체연료의 탁도 ④ 액체연료의 밀도

해설 탁도는 액체의 탁한 정도를 측정하는 지표로, 수질을 판단하기 위한 가장 간단하고 기본적인 척도이며, 분무입경과는 무관하다.

**321.** 다음 대기오염물 제거 방법 중 분진의 제거 방법으로 가장 거리가 먼 것은? [2018. 3. 4.]
① 습식세정법 ② 원심분리법
③ 촉매산화법 ④ 중력침전법

해설 분진의 제거 방법
(1) 중력침전법
• 처리가스 중의 입자를 중력에 의한 자연 침강으로 분리 포집하는 장치
• 원리와 구조가 간단하여 설치가동비가 저렴하다.
• 집진율 40~50 %, 기본유속 1~3 m/s
(2) 원심력 집진장치
• 가스를 회전시킬 때 발생되는 원심력에 의해 입자를 분리시키는 장치

정답 318. ② 319. ② 320. ③ 321. ③

- 상대적으로 큰 입자(3~100 $\mu$m)를 처리하며 미세먼지 포집 효율이 낮다.
- 압력손실 50~150 mmH$_2$O, 집진효율 85~95 %이며 구조가 간단하다.

(3) 습식세정법

- 액적, 액막, 기포 등의 함진 배기를 세정하여 입자에 부착, 응집시켜 입자를 분리하는 장치로 배기의 습도가 증가하면 입자의 응집이 원활해진다.
- 0.1~100 $\mu$m의 입경을 처리하며 압력손실이 300~800 mmH$_2$O로 비교적 크고 동력 소비가 크다.

**322.** 연료를 공기 중에서 연소시킬 때 질소산화물에서 가장 많이 발생하는 오염물질은?

① NO                ② NO$_2$            [2017. 5. 7.]

③ N$_2$O              ④ NO$_3$

**해설** 일산화질소(NO)는 연료 연소 시 발생하는 대기오염물질이며, 초미세먼지를 생성하는 질소산화물의 95 % 이상을 이루고 있다.

**323.** 집진장치에 대한 설명으로 틀린 것은?        [2020. 9. 26.]

① 전기 집진기는 방전극을 음(陰), 집진극을 양(陽)으로 한다.
② 전기 집진은 쿨롱(coulomb)력에 의해 포집된다.
③ 소형 사이클론을 직렬시킨 원심력 분리장치를 멀티 스크러버(multi-scrubber)라 한다.
④ 여과 집진기는 함진 가스를 여과재에 통과시키면서 입자를 분리하는 장치이다.

**해설** 소형 사이클론을 2기 이상 병렬로 연결한 것을 멀티 사이클론이라고도 한다. 사이클론 집진기는 소형일수록 집진효율이 우수하므로, 대용량의 가스를 처리할 때는 여러 개의 소형 사이클론을 병렬로 연결해서 사용하면 압력손실이 지나치게 변하지 않기 때문에 효율을 올릴 수 있다.

**324.** 다음 중 습식 집진장치의 종류가 아닌 것은?       [2018. 4. 28]

① 멀티클론(multiclone)            ② 제트 스크러버(jet scrubber)
③ 사이클론 스크러버(cyclone scrubber)    ④ 벤투리 스크러버(venturi scrubber)

**해설** 습식 집진장치의 종류

- 제트 스크러버 : 이젝터에 의해 생성된 흡인력을 사용하여 먼지가 포함된 공기를 흡인하고 물에 의해 미립자를 씻어 떨어뜨린다.

**정답** 322. ①    323. ③    324. ①

- 사이클론 스크러버 : 함진 기체 속에 액을 분사하여 분진과 액체 방울을 충돌시킴과 동시에 선회 운동을 주어 원심력에 의해 충돌 입자를 포집한다.
- 벤투리 스크러버 : 함진가스를 벤투리관의 노즐부에 유속 60~90 m/s로 빠르게 공급하여 노즐로부터 세정액(물)이 흡입 분사되게 함으로써 포집하는 방식

※ 멀티클론 : 보일러의 연도가스 속에 포함되어 있는 비산재의 제거 등에 사용되며 집진기 제거로 건식 사이클론이 사용된다.

---

**325.** 다음 중 습한 함진가스에 가장 적절하지 않은 집진장치는? [2018. 9.15.]
① 사이클론　　　　　　　　　② 멀티클론
③ 스크러버　　　　　　　　　④ 여과식 집진기

**해설** (1) 습식 제거장치 : 입자상 오염물질에 함유된 기체흐름에 주입된 액적에 의하여 포획되므로 오염된 물의 부피가 적고 폐수처리 시설이 유용할 때 유리하며 종류에는 분무세정기 (spray scrubber), 습식 사이클론 세정기(wet cyclone scrubber), 벤투리 스크러버 (venturi scrubber) 등이 있다.
(2) 건식 제거장치
- 건식 제거장치에 의하여 포집된 입자상 오염물질은 건조 상태이기 때문에 분진의 폭발 위험성을 내포하고 있으므로 분진의 폭발에 대비한 장치가 필요하다.
- 질량적 분리기 : 중력침강장치, 사이클론
- 점착력 분리기 : 백필터(bag filter), 포켓 필터
- 전기력 분리기 : 전기 집진기
※ 여과식 집진기는 점착력에 의한 건식 집진기로 습한 함진가스에는 부적합하다.

---

**326.** 집진장치 중 하나인 사이클론의 특징으로 틀린 것은? [2017. 5. 7.]
① 원심력 집진장치이다.
② 다량의 물 또는 세정액을 필요로 한다.
③ 함진가스의 충돌로 집진기의 마모가 쉽다.
④ 사이클론 전체로서의 압력손실은 입구 헤드의 4배 정도이다.

**해설** 사이클론은 유체를 선회 흐름으로 하고 유체 속에 함유되는 이상 입자에 원심력을 작용시켜 액체에서 분리 포집하는 장치로 물 또는 세정액이 불필요하다.

---

**327.** 다음 대기오염 방지를 위한 집진장치 중 습식 집진장치에 해당하지 않는 것은? [2017. 9. 23.]
① 백 필터　　　　　　　　　② 충진탑
③ 벤투리 스크러버　　　　　④ 사이클론 스크러버

---

**정답** ● 325. ④　326. ②　327. ①

**해설** 백 필터(bag-filter) : 글라스 섬유나 솜, 양모, 합성 섬유, 석면 등으로 미세한 자루 모양의 여재에 의해 분진 기류를 거르는 여과 집진장치로 여포재에 더스트 일차 부착층이 형성되면 집진율은 높아지며 건식집진장치이다.

**328.** 세정식 집진장치의 집진형식에 따른 분류가 아닌 것은?  [2016. 3. 6.]
① 유수식
② 가압수식
③ 회전식
④ 관성식

**해설** (1) 세정식(습식) 집진장치 : 물이나 액체를 함진가스와 충돌시켜 매진을 처리한다.
- 유수식
- 가압수식
- 회전식

(2) 가압수식 집진장치 : 함진가스에 가압한 물을 분사, 충돌시켜 함진가스 내의 매연, 매진물을 처리한다.
- 벤투리 스크러버
- 사이클론 스크러버
- 제트 스크러버
- 충진탑

**329.** 전기식 집진장치에 대한 설명 중 틀린 것은?  [2021. 9. 12]
① 포집입자의 직경은 30~50 $\mu$m 정도이다.
② 집진효율이 90~99.9 %로서 높은 편이다.
③ 고전압장치 및 정전설비가 필요하다.
④ 낮은 압력손실로 대량의 가스처리가 가능하다.

**해설** 전기식 집진장치는 연도 가스 속의 재와 먼지에 전하를 주어, 이것을 직류 고압으로 흡수하여 회진을 제거하는 장치이다. 전기식 집진장치의 특징은 ②, ③, ④ 이외에 미세입자 0.1 $\mu$m까지 포집이 가능하며 광범위한 온도범위에서 설계가 가능하다.

**330.** 다음 집진장치 중에서 미립자 크기에 관계없이 집진효율이 가장 높은 장치는? [2017. 3. 5.]
① 세정 집진장치
② 여과 집진장치
③ 중력 집진장치
④ 원심력 집진장치

**해설** 전기식과 여과식 집진장치는 미립자 크기와 관계없이 집진효율이 높으며 특히 여과식 집진기는 점착력에 의한 건식 집진기로 습한 함진가스에는 부적합하다.

**정답** 328. ④  329. ①  330. ②

**331.** 관성력 집진장치의 집진율을 높이는 방법이 아닌 것은? [2020. 6. 6.]

① 방해판이 많을수록 집진효율이 우수하다.

② 충돌 직전 처리가스 속도가 느릴수록 좋다.

③ 출구가스 속도가 느릴수록 미세한 입자가 제거된다.

④ 기류의 방향 전환각도가 작고, 전환횟수가 많을수록 집진효율이 증가한다.

**해설** 관성력 집진장치는 기류의 흐르는 방향을 급변시켜 입자의 관성력을 이용하여 먼지를 분리시키는 장치로 충돌 직전 처리가스 속도가 빠를수록 관성력이 좋아진다.

**332.** 연소 설비에서 배출되는 다음의 공해물질 중 산성비의 원인이 되며 가성소다나 석회 등을 통해 제거할 수 있는 것은? [2019. 4. 27.]

① SOx                          ② NOx

③ CO                          ④ 매연

**해설** 황산화물은 연료의 연소 시 연료에 함유되어 있던 황이 공기 중의 산소와 결합(산화)하여 생성되고 공기 중의 수분과 반응하여 황산(산성비)을 생성하며 가성소다나 석회 등을 이용하여 제거할 수 있다.

**333.** 다음 중 층류 연소속도의 측정 방법이 아닌 것은? [2019. 9. 21.]

① 비누거품법                  ② 적하수은법

③ 슬롯노즐버너법              ④ 평면화염버너법

**해설** 층류 연소속도의 측정법
- 슬롯버너법          • 비누거품법          • 평면화염버너법
- 쌍화염핵법          • 분제버너법

※ 층류 확산연소는 일반적인 연소를 뜻하며 난류 확산연소는 화재와 같은 경우이다. 층류 연소속도는 난류 화염속도에 비해 화염이 길며 연소속도가 느리고 연소음은 낮다.

**334.** 다음 중 분진의 중력침강속도에 대한 설명으로 틀린 것은? [2019. 9. 21.]

① 점도에 반비례한다.

② 밀도차에 반비례한다.

③ 중력가속도에 비례한다.

④ 입자직경의 제곱에 비례한다.

**정답** 331. ② 332. ① 333. ② 334. ②

**해설** 분진의 중력침강속도는 입자와 유체의 밀도 차이에 비례하며 입자 크기의 제곱에 비례하고
유체의 점도에 반비례한다(스토크스의 법칙).

$$V_s = \frac{g(\rho_s - \rho_l) \times d^2}{18\mu}$$

여기서, $V_s$ : 침강속도(m/s), $g$ : 중력가속도(m/s$^2$)

$\rho_s$ : 입자의 밀도(kg/m$^3$), $\rho_l$ : 액체의 밀도(kg/m$^3$)

$d$ : 입자의 지름(m), $\mu$ : 액체의 점도(kg/m · s)

---

**335.** 폐열회수에 있어서 검토해야 할 사항이 아닌 것은? [2021. 5. 15.]

① 폐열의 증가 방법에 대해서 검토한다.
② 폐열회수의 경제적 가치에 대해서 검토한다.
③ 폐열의 양 및 질과 이용 가치에 대해서 검토한다.
④ 폐열회수 방법과 이용 방안에 대해서 검토한다.

**해설** 폐열의 감소 방안에 대하여 검토하여야 한다.

---

**336.** 99 % 집진을 요구하는 어느 공장에서 70 % 효율을 가진 전처리 장치를 이미 설치하였
다. 주처리 장치는 약 몇 %의 효율을 가진 것이어야 하는가? [2019. 3. 3.]

① 98.7  ② 96.7  ③ 94.7  ④ 92.7

**해설** $\eta = \dfrac{99-70}{100-70} \times 100 = 96.666\,\%$

---

**337.** 탄소 87 %, 수소 10 %, 황 3 %의 중유가 있다. 이때 중유의 탄산가스최대량$(CO_2)_{max}$는
약 몇 % 인가? [2019. 4. 27.]

① 10.23  ② 16.58
③ 21.35  ④ 25.83

**해설** $G_{od} = 8.89\,C + 21.07(H - \dfrac{O}{8}) + 3.33\,S + 0.8N_2$

$= 8.89 \times 0.87 + 21.07 \times 0.1 + 3.33 \times 0.03$(산소와 질소는 제외)

$= 9.9412\,Nm^3/kg$

$(CO_2)_{max} = \dfrac{1.867C + 0.7S}{G_{od}} \times 100$

$= \dfrac{1.867 \times 0.87 + 0.7 \times 0.03}{9.9412} \times 100 = 16.55\,\%$

---

**정답** ● **335.** ① **336.** ② **337.** ②

**338.** 탄산가스최대량[$(CO_2)_{max}$]에 대한 설명 중 (   )에 알맞은 것은? [2018. 3. 4.]

> (   )으로 연료를 완전 연소시킨다고 가정할 경우에 연소가스 중의 탄산가스량을 이론 건연소가스량에 대한 백분율로 표시한 것이다.

① 실제공기량  ② 과잉공기량
③ 부족공기량  ④ 이론공기량

**해설** 완전 연소에 필요한 최소한의 공기량을 이론공기량이라 한다. $(CO_2)_{max}$[%]는 이론공기량으로 연소 시 최대로 발생하는 탄산가스량을 표시한 것이다.

**339.** 다음 중 연료 연소 시 최대탄산가스농도[$(CO_2)_{max}$]가 가장 높은 것은? [2018. 3. 4.]
① 탄소  ② 연료유
③ 역청탄  ④ 코크스로가스

**해설** 연료를 다른 미연성분과 같이 불완전 연소시킬 때 배출가스 중의 $CO_2$ 농도는 최대가 되며, 이때의 $CO_2$량을 최대탄산가스량이라 한다.

**340.** 기체연료용 버너의 구성요소가 아닌 것은? [2018. 4. 28.]
① 가스량 조절부  ② 공기 / 가스 혼합부
③ 보염부  ④ 통풍구

**해설** 기체연료용 버너는 일반적으로 가스 버너를 나타내며 공기와 가스 혼합부(공기 열림, 닫힘), 가스량 조절부(불꽃 높낮이 조절), 보염부 등으로 구성되어 있다.

**341.** 공기를 사용하여 기름을 무화시키는 형식으로, 200~700 kPa의 고압공기를 이용하는 고압식과 5~200 kPa의 저압공기를 이용하는 저압식이 있으며, 혼합 방식에 의해 외부혼합식과 내부혼합식으로도 구분하는 버너의 종류는? [2021. 9. 12.]
① 유압분무식 버너  ② 회전식 버너
③ 기류분무식 버너  ④ 건타입 버너

**해설** 기류분무식 버너
• 압력 구분 : 저압기류식, 고압기류식
• 혼합 방식 : 내부혼합식, 외부혼합식

**정답** ● 338. ④  339. ①  340. ④  341. ③

**342.** 건타입 버너에 대한 설명으로 옳은 것은? [2016. 10. 1.]

① 연소가 다소 불량하다.

② 비교적 대형이며 구조가 복잡하다.

③ 버너에 송풍기가 장치되어 있다.

④ 보일러나 열교환기에는 사용할 수 없다.

**해설** 버너의 종류

- 건타입 버너 : 연료유에 10 kg/cm² 전후의 압력을 걸어 노즐을 통해 기름을 분사 무화해서 연소시킨다. 점화장치, 송풍기, 화염검출장치가 일체화되어 주로 소형 보일러에 쓰인다.
- 회전식 버너 : 고속 회전(1분에 3000~7000회)을 이용하여 컵에서 기름을 원심력으로 무화하여 연소시키며, 중소형 보일러에 광범위하게 쓰인다.
- 증기분무 버너 : 3 kg/cm² 전후의 증기압(또는 압축공기)을 사용하여 연료를 분무시키며, 대용량 보일러에 많이 쓰인다.
- 압력분무 버너 : 기름 자체에 고압(5~30 kg/cm²)을 작용시켜 분무하며, 중형 보일러에 많이 쓰인다.
- 가스 버너 : 구조가 간단하나 각종 안전장치가 많이 장착되며, 청정연소 지역에 쓰인다.
- 미분탄 버너 : 미세한 석탄을 연소하기 위한 버너로 공기로 압송하며, 대용량 보일러에 많이 쓰인다.
- 로스톨 연소 : 고체연료(석탄, 연탄, 목재, 쓰레기) 등을 연소시키는 장치로 발열량이 적은 소각 연소에 주로 쓰인다.

**343.** 로터리 버너로 벙커C유를 연소시킬 때 분무가 잘 되게 하기 위한 조치로서 가장 거리가 먼 것은? [2021. 3. 7.]

① 점도를 낮추기 위하여 중유를 예열한다.

② 중유 중의 수분을 분리, 제거한다.

③ 버너 입구 배관부에 스트레이너를 설치한다.

④ 버너 입구의 오일 압력을 100 kPa 이상으로 한다.

**해설** 회전식 버너 : 고속 회전을 이용하여 컵에서 기름을 원심력으로 무화하여 연소시킨다.

- 분무매체는 기계적 원심력과 공기이다.
- 부하변동이 있는 중소형 보일러용으로 사용된다.
- 분무각도는 45~90°이며 회전수는 5000~6000 rpm, 유압은 30~50 kPa 정도이다.
- 연료유의 점도가 작을수록 분무화 입경(50~100 $\mu$m)이 작아진다.

**344.** 다음 중 연소 전에 연료와 공기를 혼합하여 버너에서 연소하는 방식인 예혼합연소 방식 버너의 종류가 아닌 것은? [2021. 9. 12.]

① 포트형 버너

② 저압 버너

③ 고압 버너

④ 송풍 버너

해설 예혼합 방식은 미리 기체연료와 1차 공기를 혼합하여 버너로 공급 연소시키는 방식으로 연소 반응이 빠르며 화염 길이는 짧고 고온이다. 과부하 연소가 가능하며 연소실 체적이 작아도 된다.

※ 예혼합연소 방식 버너의 종류

• 고압 버너 : 연소실 내의 압력을 정압으로 하는 버너로 가스공급 압력이 0.2 MPa 이상이다.

• 저압 버너 : 송풍기를 사용하지 않고 연소실 내의 부압으로 하는 버너로 가스압력이 70~160 mmAq 정도로 저압이다.

• 송풍 버너 : 송풍기를 이용하여 연소용 공기를 가압하여 연소실 내로 송입하는 버너이다.

**345.** 유압분무식 버너의 특징에 대한 설명으로 틀린 것은? [2020. 6. 6.]

① 유량 조절 범위가 좁다.

② 연소의 제어 범위가 넓다.

③ 무화매체인 증기나 공기가 필요하지 않다.

④ 보일러 가동 중 버너 교환이 가능하다.

해설 유압분무식 버너의 특징

• 구조가 간단하고 유지보수가 용이하다.

• 발전용, 선박용, 대용량 보일러에 사용된다.

• 유량 조절 범위가 적어 부하변동이 적은 곳에 사용된다(연소의 제어 범위가 좁다).

• 연료유의 분무각도가 넓다($40 \sim 90°$).

• 오일의 점도가 크면 무화가 나빠진다.

**346.** 액체연료 연소장치 중 회전식 버너의 특징에 대한 설명으로 틀린 것은? [2017. 5. 7.]

① 분무각은 $10 \sim 40°$ 정도이다.

② 유량 조절 범위는 1 : 5 정도이다.

③ 자동 제어에 편리한 구조로 되어있다.

④ 부속설비가 없으며 화염이 짧고 안정한 연소를 얻을 수 있다.

해설 문제 343번 해설 참조

정답 344. ① 345. ② 346. ①

**347.** 다음 중 분젠식 가스 버너가 아닌 것은?  [2017. 5. 7.]
① 링 버너
② 슬릿 버너
③ 적외선 버너
④ 블라스트 버너

해설 분젠 버너는 가스를 이용해 불을 일으키는 도구로 실험실용으로도 사용하지만 일반 가정에서 사용하는 가스레인지 등이 해당되며 종류에는 링 버너, 슬릿 버너, 적외선 버너, 테클루 버너 등이 있다.

**348.** 분젠 버너의 가스 유속을 빠르게 했을 때 불꽃이 짧아지는 이유는?  [2015. 9. 19.]
① 층류 현상이 생기기 때문에
② 난류 현상으로 연소가 빨라지기 때문에
③ 가스와 공기의 혼합이 잘 안되기 때문에
④ 유속이 빨라서 미처 연소를 못하기 때문에

해설 분젠 버너는 가스를 이용해 불을 일으키는 도구로 실험실용으로도 사용하지만 일반 가정에서 사용하는 가스레인지 등이 해당되며 가스의 유출 속도를 점차 빠르게 하면 흐름의 난류로 인하여 연소가 빨라지며 불꽃은 일정하지 못하고 길이 또한 짧아진다.

**349.** 로터리 버너를 장시간 사용하였더니 노벽에 카본이 많이 붙어 있었다. 다음 중 주된 원인은?  [2018. 9. 15.]
① 공기비가 너무 컸다.
② 화염이 닿는 곳이 있었다.
③ 연소실 온도가 너무 높았다.
④ 중유의 예열 온도가 너무 높았다.

해설 노벽에 카본이 축적되는 원인
• 노내 온도가 너무 낮거나 기름 점도가 너무 클 경우
• 유압이 너무 높거나 무화된 기름이 직접 충돌할 경우
• 공기 공급이 부족하거나 불완전 연소가 되었을 경우
• 노폭이 너무 좁거나 화염이 노벽에 닿았을 경우

**350.** 내화재로 만든 화구에서 공기와 가스를 따로 연소실에 송입하여 연소시키는 방식으로 대형가마에 적합한 가스연료 연소장치는?  [2018. 9. 15.]
① 방사형 버너
② 포트형 버너
③ 선회형 버너
④ 건타입형 버너

정답 347. ④  348. ②  349. ②  350. ②

**해설** 포트형 버너
- 노벽이 내화벽돌로 조립되어 노 내부에 개구된 것이며, 가스와 공기를 함께 가열할 수 있다.
- 고발열량 탄화수소를 사용할 경우는 가스압력을 이용하여 노즐로부터 고속으로 분출케 하여 그 힘으로 공기를 흡인하는 방식을 사용한다.
- 밀도가 큰 공기는 출구 상부에, 밀도가 작은 가스는 출구 하부에 배치한다.
- 포트 입구가 작으면 슬래그가 부착해서 막힐 우려가 존재한다.

---

**351.** 다음 중 연소 전에 연료와 공기를 혼합하여 버너에서 연소하는 방식인 예혼합연소 방식 버너의 종류가 아닌 것은? [2018. 4. 28.]

① 저압 버너  ② 중압 버너
③ 고압 버너  ④ 송풍 버너

**해설** 문제 344번 해설 참조

---

**352.** 인화점이 50℃ 이상인 원유, 경유 등에 사용되는 인화점 시험 방법으로 가장 적절한 것은?

① 태그 밀폐식  ② 아벨펜스키 밀폐식  [2021. 9. 12.]
③ 클리브렌드 개방식  ④ 펜스키마텐스 밀폐식

**해설** 인화점 시험법
- 아벨펜스키 밀폐식 : 50℃ 이하의 석유제품 시험
- 펜스키마텐스 밀폐식 : 50℃ 이상의 석유제품 시험
- 태그 밀폐식 : 80℃ 이하의 석유제품 시험
- 클리브렌드 개방식 : 80℃ 이상의 석유제품 시험

---

**353.** 고온부식을 방지하기 위한 대책이 아닌 것은? [2021. 9. 12.]

① 연료에 첨가제를 사용하여 바나듐의 융점을 낮춘다.
② 연료를 전처리하여 바나듐, 나트륨, 황분을 제거한다.
③ 배기가스온도를 550℃ 이하로 유지한다.
④ 전열면을 내식재료로 피복한다.

**해설** 고온부식 : 보일러의 과열기나 재열기, 복사 전열면과 같은 고온부 전열면에 중유의 회분 속에 포함되어 있는 바나듐 화합물(오산화바나듐($V_2O_5$))이 고온에서 용융 부착하여, 금속 표면의 보호 피막을 깨뜨리고 부식시키는 현상으로 이를 방지하기 위하여 바나듐의 융점을 높여야 한다.

---

**정답** ▸ 351. ②  352. ④  353. ①

**354.** 다음 중 역화의 위험성이 가장 큰 연소 방식으로서, 설비의 시동 및 정지 시에 폭발 및 화재에 대비한 안전 확보에 각별한 주의를 요하는 방식은? [2020. 6. 6.]

① 예혼합연소　　　　　　② 미분탄 연소
③ 분무식 연소　　　　　　④ 확산연소

**해설** 예혼합연소
- 혼합기에 필요한 공기를 이미 함유하고 있기 때문에 연소 반응이 신속히 행해지고 화염은 짧다.
- 고온이고 고부하 연소가 가능하며 연소실 용적이 작아도 되지만 반면 역화의 위험성이 있다.

**355.** 버너에서 발생하는 역화의 방지대책과 거리가 먼 것은? [2018. 4. 28.]

① 버너 온도를 높게 유지한다.
② 리프트 한계가 큰 버너를 사용한다.
③ 다공 버너의 경우 각각의 연료분출구를 작게 한다.
④ 연소용 공기를 분할 공급하여 일차공기를 착화범위보다 적게 한다.

**해설** 역화(back fire)는 유출속도보다 연소속도가 빠른 경우로 불꽃이 염공으로 타 들어가는 현상이다. 특히 염공이나 가스 용접 팁 부분이 과열된 경우 심하게 일어나므로 이를 방지하기 위해서는 온도를 낮추어야 한다.

**356.** 고체연료 연소장치 중 쓰레기 소각에 적합한 스토커는? [2020. 8. 22.]

① 계단식 스토커　　　　　② 고정식 스토커
③ 산포식 스토커　　　　　④ 하압식 스토커

**해설** 계단식 스토커는 도시의 가연성 쓰레기나 저질탄의 소각에 사용되는 스토커로 화격자면의 각도는 30~40°이며 연료가 이 화격자면을 서서히 미끄러져 떨어지는 사이에 연소한다.

**357.** 공기를 사용하여 중유를 무화시키는 형식으로 아래의 조건을 만족하면서 부하변동이 많은 데 가장 적합한 버너의 형식은? [2017. 9. 23.]

- 유량 조절범위 = 1 : 10 정도 　　・ 연소 시 소음이 발생
- 점도가 커도 무화가 가능 　　　・ 분무각도가 30° 정도로 작음

① 로터리식　　　　　　　② 저압기류식
③ 고압기류식　　　　　　④ 유압식

**정답** ● 354. ① 　355. ① 　356. ① 　357. ③

**해설** 기류분무식 : 공기를 사용하여 기름을 무화시키는 형식으로, 200~700 kPa의 고압공기를 이용하는 고압기류식과 5~200 kPa의 저압공기를 이용하는 저압기류식이 있다.

---

**358.** 화염 검출기와 가장 거리가 먼 것은? [2016. 10. 1.]

① 플레임 아이      ② 플레임 로드
③ 스태빌라이저      ④ 스택 스위치

**해설** 화염 검출기
- 플레임 아이(flame eye)는 버너 염으로부터의 광선을 포착할 수 있는 위치에 부착되어 입사광의 에너지를 광전관에서 포착하여 출력 전류를 신호로 해서 조절부에 보내는 것이다.
- 스택 스위치(stack switch)는 연도에 설치된 바이메탈 온도 스위치이다.
- 플레임 로드(flame rod)는 버너의 분사구에 가까운 화염 중에 설치된 전극이다.

---

**359.** 석탄 연소 시 발생하는 버드 네스트(bird nest) 현상은 주로 어느 전열 면에서 가장 많은 피해를 일으키는가? [2016. 10. 1.]

① 과열기      ② 공기예열기
③ 급수예열기      ④ 화격자

**해설** 버드 네스트(bird nest) : 스토커나 미분탄 연소에 의해 생긴 재가 용융되어 전열 면에 부착하여 새 둥지처럼 되는 현상으로 주로 과열기나 재열기에 피해를 입힌다.

---

**360.** 저탄장 바닥의 구배와 실외에서의 탄층 높이로 가장 적절한 것은? [2019. 3. 3.]

① 구배 : 1/50~1/100, 높이 : 2 m 이하
② 구배 : 1/100~1/150, 높이 : 4 m 이하
③ 구배 : 1/150~1/200, 높이 : 2 m 이하
④ 구배 : 1/200~1/250, 높이 : 4 m 이하

**해설** 고체연료 저장법
- 저탄장의 넓이는 필요면적에 통로 등을 더한 넓이로 한다.
- 지면은 콘크리트 포장하거나 단단하게 다져 평평하게 한다.
- 저탄장에는 배수시설(1/100~1/150)과 지붕시설을 한다(고온 및 직사광선을 피하여야 한다).
- 탄층의 높이는 2 m(실외는 4 m) 이하로 쌓는다.
- 탄층의 내부온도는 자연발화를 방지하기 위하여 60℃ 이하로 유지한다.

**정답** ➡ 358. ③    359. ①    360. ②

**361.** 다음 중 기상 폭발에 해당되지 않는 것은? [2018. 9. 15]

① 가스 폭발　　　　　　　　　② 분무 폭발
③ 분진 폭발　　　　　　　　　④ 수증기 폭발

해설 • 기상 폭발 : 화염을 동반하는 가스, 분무, 분진, 분해, 증기운, 액화가스탱크 폭발
• 응상 폭발 : 화염을 동반하지 않는 수증기, 증기 폭발

**362.** 부탄가스의 폭발 하한값은 1.8 Vol%이다. 크기가 10 m×20 m×3 m인 실내에서 부탄의 질량이 최소 약 몇 kg일 때 폭발할 수 있는가? (단, 실내 온도는 25℃이다.) [2018. 9. 15]

① 24.1　　　　　　　　　　　② 26.1
③ 28.5　　　　　　　　　　　④ 30.5

해설 $10 \text{ m} \times 20 \text{ m} \times 3 \text{ m} \times \dfrac{58 \text{ kg}}{22.4 \text{ m}^3} \times \dfrac{273}{273+25} \times \dfrac{1.8}{100} = 25.62 \text{ kg}$

**363.** 가스 버너로 연료가스를 연소시키면서 가스의 유출 속도를 점차 빠르게 하였다. 이때 어떤 현상이 발생하겠는가? [2018. 9. 15]

① 불꽃이 엉클어지면서 짧아진다.
② 불꽃이 엉클어지면서 길어진다.
③ 불꽃 형태는 변함없으나 밝아진다.
④ 별다른 변화를 찾기 힘들다.

해설 가스의 유출 속도를 점차 빠르게 하면 흐름의 난류 현상으로 인하여 연소가 빨라지며 불꽃이 엉클어지면서 짧아진다.

# 2과목 열역학

---

**1.** 온도와 관련된 설명으로 틀린 것은? [2017. 9. 23.] [2021. 5. 15.]

① 온도 측정의 타당성에 대한 근거는 열역학 제0법칙이다.

② 온도가 0℃에서 10℃로 변화하면 절대온도는 0 K에서 283.15 K로 변화한다.

③ 섭씨온도는 물의 어는점과 끓는점을 기준으로 삼는다.

④ SI 단위계에서 온도의 단위는 켈빈 단위를 사용한다.

해설 온도가 0℃에서 10℃로 변화하면 절대온도는 273K에서 283K로 변화한다.

---

**2.** 80℃의 물 50 kg과 20℃의 물 100 kg을 혼합하면 이 혼합된 물의 온도는 약 몇 ℃인가? (단, 물의 비열은 4.2 kJ/kg · K이다.) [2020. 6. 6.]

① 33                    ② 40

③ 45                    ④ 50

해설 혼합 온도를 구하는 문제이므로 비열은 무관하다.

$$T = \frac{50\,\text{kg} \times 80℃ + 100\,\text{kg} \times 20℃}{50\,\text{kg} + 100\,\text{kg}} = 40℃$$

---

**3.** 열손실이 없는 단단한 용기 안에 20℃의 헬륨 0.5 kg을 15 W의 전열기로 20분간 가열하였다. 최종 온도(℃)는? (단, 헬륨의 정적비열은 3.116 kJ/kg · K, 정압비열은 5.193 kJ/kg · K이다.) [2020. 9. 26.]

① 23.6                    ② 27.1

③ 31.6                    ④ 39.5

해설 헬륨과 전열기 열교환이 이루어진 상태이며 체적변화가 없는 상태이므로

$0.5\,\text{kg} \times 3.116\,\text{kJ/kg} \cdot \text{K} \times (T - 20)\text{K} = 0.015\,\text{kJ/s}(0.015\,\text{kW}) \times 20 \times 60\,\text{s}$

$\therefore\ T = 31.6℃$

---

정답 ← 1. ②   2. ②   3. ③

**4.** 다음 중 온도에 따라 증가하지 않는 것은? [2015. 5. 31.]

① 증발잠열
② 포화액의 내부에너지
③ 포화증기의 엔탈피
④ 포화액의 엔트로피

**해설** 온도와 압력이 높아지면 증발잠열 및 비체적은 감소하고 엔탈피, 내부에너지는 증가하며 현열상태에서는 온도가 증가하더라도 열량 또한 증가하므로 엔트로피는 불변이 된다.

**5.** 노점온도(dew point temperature)를 가장 옳게 설명한 것은? [2015. 9. 19.]

① 공기, 수증기의 혼합물에서 수증기의 분압에 대한 수증기 과열상태 온도
② 공기, 가스의 혼합물에서 가스의 분압에 대한 가스 과열상태 온도
③ 공기, 수증기의 혼합물을 가열시켰을 때 증기가 없어지는 온도
④ 공기, 수증기의 혼합물에서 수증기의 분압에 해당하는 수증기 포화온도

**해설** 노점온도는 공기 중에 혼합된 수증기가 일정 온도 이하로 내려가면 이슬이 되어 맺히는 온도로서 수증기 분압에 대한 수증기 포화온도이다.

**6.** 노점온도(dew point temperature)에 대한 설명으로 옳은 것은? [2021. 5. 15.]

① 공기, 수증기의 혼합물에서 수증기의 분압에 대한 수증기 과열상태 온도
② 공기, 가스의 혼합물에서 가스의 분압에 대한 가스의 과냉상태 온도
③ 공기, 수증기의 혼합물을 가열시켰을 때 증기가 없어지는 온도
④ 공기, 수증기의 혼합물에서 수증기의 분압에 해당하는 수증기의 포화온도

**해설** 노점온도는 일정한 압력하에서 온도가 낮아지면 공기 중의 수증기가 포화되어 이슬이 되어 맺히는 온도이다.

**7.** 온도 45℃인 금속 덩어리 40 g을 15℃인 물 100 g에 넣었을 때, 열평형이 이루어진 후 두 물질의 최종 온도는 몇 ℃인가? (단, 금속의 비열은 0.9 J/g · ℃, 물의 비열은 4 J/g · ℃ 이다.) [2021. 9. 12.]

① 17.5
② 19.5
③ 27.4
④ 29.4

**해설** 금속과 물의 열평형이 이루어지면 금속의 온도는 내려가고 물의 온도는 올라가게 된다.
$$40 \, g \times 0.9 \, J/g \cdot ℃ \times (45-t)℃ = 100 \, g \times 4 \, J/g \cdot ℃ \times (t-15)℃$$
$$t = 17.47℃$$

**정답** ● 4. ① 5. ④ 6. ④ 7. ①

**8.** 80℃의 물 100 kg과 50℃의 물 50 kg을 혼합한 물의 온도는 약 몇 ℃인가? (단, 물의 비열은 일정하다.) [2019. 4. 27.]

① 70

② 65

③ 60

④ 55

해설 $\dfrac{80 \times 100 + 50 \times 50}{100 + 50} = 70℃$

**9.** 물의 삼중점(triple point)의 온도는? [2017. 5. 7.]

① 0 K

② 273.16℃

③ 73 K

④ 273.16 K

해설 물의 경우 삼중점의 온도는 0.0075℃로 절대온도 눈금의 기준점(273.16 K)이며, 압력은 4.58 mmHg(0.61 kPa)로 얼음, 물, 수증기가 안정하게 공존한다.

**10.** 최고 온도 500℃와 최저 온도 30℃ 사이에서 작동되는 열기관의 이론적 효율(%)은?

① 6

② 39 [2020. 6. 6.]

③ 61

④ 94

해설 $\eta = \dfrac{T_1 - T_2}{T_1} = \dfrac{773 - 303}{773} \times 100 = 60.8\,\%$

**11.** 부피 500 L인 탱크 내에 건도 0.95의 수증기가 압력 1600 kPa로 들어 있다. 이 수증기의 질량은 약 몇 kg인가? (단, 이 압력에서 건포화증기의 비체적은 $V_g = 0.1237\ \text{m}^3/\text{kg}$, 포화수의 비체적은 $V_f = 0.001\ \text{m}^3/\text{kg}$이다.) [2021. 3. 7.]

① 4.83

② 4.55

③ 4.25

④ 3.26

해설 수증기의 비체적($\text{m}^3/\text{kg}$) = $0.001\ \text{m}^3/\text{kg} + 0.95(0.1237\ \text{m}^3/\text{kg} - 0.001\ \text{m}^3/\text{kg})$

$\qquad = 0.117565\ \text{m}^3/\text{kg}$

수증기의 질량($G$) = $\dfrac{0.5\ \text{m}^3}{0.117565\ \text{m}^3/\text{kg}} = 4.252\ \text{kg}$

정답 8. ① 9. ④ 10. ③ 11. ③

**12.** 압력 3000 kPa, 온도 400℃인 증기의 내부에너지가 2926 kJ/kg이고 엔탈피는 3230 kJ/kg이다. 이 상태에서 비체적은 약 몇 m³/kg인가? [2021. 5. 15.]

① 0.0303        ② 0.0606

③ 0.101        ④ 0.303

**해설** 엔탈피($h$) = 내부에너지($U$) + 외부에너지($PV$) ($P$ : 압력, $V$ : 비체적)

$h = U + PV$에서

$$V = \frac{h-U}{P} = \frac{3230\,\mathrm{kJ/kg} - 2926\,\mathrm{kJ/kg}}{3000\,\mathrm{kPa}\,(\mathrm{kN/m^2})}$$

$$(3000\,\mathrm{kN \cdot m/m^2 \cdot m} = 3000\,\mathrm{kJ/m^3})$$

$$\therefore \ \frac{3230\,\mathrm{kJ/kg} - 2926\,\mathrm{kJ/kg}}{3000\,\mathrm{kJ/m^3}} = 0.101333\,\mathrm{m^3/kg}$$

**13.** 표준 기압(101.3 kPa), 20℃에서 상대 습도 65 %인 공기의 절대 습도(kg/kg)는? (단, 건조 공기와 수증기는 이상기체로 간주하며, 각각의 분자량은 29, 18로 하고, 20℃의 수증기의 포화압력은 2.24 kPa로 한다.) [2020. 9. 26.]

① 0.0091        ② 0.0202

③ 0.0452        ④ 0.0724

**해설** 절대습도($X$) = $0.622 \times \dfrac{P_w}{P - P_w}$

($P$ : 대기압, $P_w$ : 수증기 분압)

$$X = 0.622 \times \frac{2.24 \times 0.65}{101.3 - 2.24 \times 0.65} = 0.00907\,\mathrm{kg/kg}$$

**14.** 압력이 1.2 MPa이고 건도가 0.65인 습증기 10 m³의 질량은 약 몇 kg인가? (단, 1.2 MPa에서 포화액과 포화증기의 비체적은 각각 0.0011373 m³/kg, 0.1662 m³/kg이다.) [2019. 3. 3.]

① 87.83        ② 92.23

③ 95.11        ④ 99.45

**해설** 건도가 0.65일 때 비체적

$$V = 0.0011373\,\mathrm{m^3/kg} + (0.1662\,\mathrm{m^3/kg} - 0.0011373\,\mathrm{m^3/kg}) \times 0.65$$

$$= 0.108428\,\mathrm{m^3/kg}$$

$$질량(G) = \frac{10\,\mathrm{m^3}}{0.108428\,\mathrm{m^3/kg}} = 92.227\,\mathrm{kg}$$

**정답** ● **12.** ③    **13.** ①    **14.** ②

**15.** 밀도가 800 kg/m³인 액체와 비체적이 0.0015 m³/kg 인 액체를 질량비 1 : 1로 잘 섞으면 혼합액의 밀도는 약 몇 kg/m³인가? [2015. 5. 31.] [2019. 4. 27.]

① 721
② 727
③ 733
④ 739

**해설** 밀도 800 kg/m³인 액체의 비체적 = 0.00125 m³/kg

- 0.00125 m³/kg + 0.0015 m³/kg
= 0.00275 m³/kg(혼합 비체적) → 밀도 : 363.63 kg/m³
- 질량비 1 : 1 → 2배이므로 2×363.63 kg/m³ = 727.27 kg/m³

**16.** 0℃, 1기압(101.3 kPa)하에 공기 10 m³가 있다. 이를 정압 조건으로 80℃까지 가열하는 데 필요한 열량은 약 몇 kJ인가? (단, 공기의 정압비열은 1.0 kJ/kg · K이고, 정적비열은 0.71 kJ/kg · K이며 공기의 분자량은 28.96 kg/kmol이다.) [2018. 9. 15.]

① 238
② 546
③ 1033
④ 2320

**해설** 공기 10 m³에 해당하는 질량($G$) = 10 m³×28.96 kg/kmol/22.4 m³/kmol = 12.93 kg

$Q = GC_p t = 12.93 \text{ kg} \times 1.0 \text{ kJ/kg} \cdot \text{K} \times (353-273)\text{K} = 1034.4 \text{ kJ}$

**17.** 20℃의 물 10 kg을 대기압하에서 100℃의 수증기로 완전히 증발시키는 데 필요한 열량은 약 몇 kJ인가? (단, 수증기의 증발잠열은 2257 kJ/kg이고, 물의 평균비열은 4.2 kJ/kg · K 이다.) [2016. 3. 6.] [2021. 5. 15.]

① 800
② 6190
③ 25930
④ 61900

**해설** 20℃의 물 → 100℃의 물 → 100℃의 수증기

$Q = 10 \text{ kg} \times (4.2 \text{ kJ/kg} \cdot \text{K} \times 80 \text{ K} + 2257 \text{ kJ/kg}) = 25930 \text{ kJ}$

**18.** 포화액의 온도를 유지하면서 압력을 높이면 어떤 상태가 되는가? [2015. 3. 8.]

① 습증기
② 압축(과냉)액
③ 과열증기
④ 포화액

**해설** 포화액의 온도에서 압력을 높이면 과냉액이 되며 압력을 낮추면 습증기 상태가 된다($P-h$ 선도 참조).

**19.** 초기의 온도, 압력이 100℃, 100 kPa 상태인 이상기체를 가열하여 200℃, 200 kPa 상태가 되었다. 기체의 초기상태 비체적이 0.5 m³/kg일 때, 최종상태의 기체 비체적 (m³/kg)은?

[2020. 9. 26.]

① 0.16
② 0.25
③ 0.32
④ 0.50

**해설** $\dfrac{P_1 V_1}{T_1} = \dfrac{P_2 V_2}{T_2}$ 에서 $\dfrac{100\,\text{kPa} \times 0.5\,\text{m}^3/\text{kg}}{373\,\text{K}} = \dfrac{200\,\text{kPa} \times V_2}{473\,\text{K}}$

$V_2 = 0.317\,\text{m}^3/\text{kg}$

---

**20.** 체적이 3 L, 질량이 15 kg인 물질의 비체적(cm³/g)은?

[2017. 5. 7.]

① 0.2
② 1.0
③ 3.0
④ 5.0

**해설** $1\,\text{L} = 1000\,\text{cm}^3,\ 1\,\text{kg} = 1000\,\text{g}$

비체적$(\text{cm}^3/\text{g}) = \dfrac{3 \times 1000\,\text{cm}^3}{15 \times 1000\,\text{g}} = 0.2\,\text{cm}^3/\text{g}$

---

**21.** 반지름이 0.55 cm이고, 길이가 1.94 cm인 원통형 실린더 안에 어떤 기체가 들어 있다. 이 기체의 질량이 8 g이라면, 실린더 안에 들어 있는 기체의 밀도는 약 몇 g/cm³인가?

① 2.9
② 3.7
③ 4.3
④ 5.1

[2019. 4. 27.]

**해설** 원통형 실린더 체적 $= \dfrac{\pi}{4} \times d^2 \times l = \pi \times r^2 \times l$

$= \pi \times (0.55\,\text{cm})^2 \times 1.94\,\text{cm} = 1.84\,\text{cm}^3$

밀도 $= \dfrac{8\,\text{g}}{1.84\,\text{cm}^3} = 4.34\,\text{g/cm}^3$

---

**22.** 보일러의 게이지 압력이 800 kPa일 때 수은기압계가 측정한 대기 압력이 856 mmHg를 지시했다면 보일러 내의 절대압력은 약 몇 kPa인가? (단, 수은의 비중은 13.6이다.)

① 810
② 914
③ 1320
④ 1656

[2018. 9. 15.] [2021. 9. 12.]

---

**정답** ▶ **19.** ③  **20.** ①  **21.** ③  **22.** ②

**해설** 절대압력 = 대기압 + 계기압

$$856\,\mathrm{mmHg} \times \frac{101.325\,\mathrm{kPa}}{760\,\mathrm{mmHg}} = 114.12\,\mathrm{kPa}$$

$$\therefore \text{ 절대압력} = 114.12\,\mathrm{kPa} + 800\,\mathrm{kPa} = 914.12\,\mathrm{kPa}$$

---

**23.** 대기압이 100 kPa인 도시에서 두 지점의 계기압력비가 '5 : 2'라면 절대압력비는? [2021. 9. 12.]

① 1.5 : 1

② 1.75 : 1

③ 2 : 1

④ 주어진 정보로는 알 수 없다.

**해설** 절대압력 = 대기압 + 계기압력이므로 계기압력이 정확히 주어져야 절대압력비를 구할 수 있다. 계기압력비로는 구할 수가 없다.

---

**24.** 그림과 같은 피스톤 – 실린더 장치에서 피스톤의 질량은 40 kg이고, 피스톤 면적이 0.05 m$^2$일 때 실린더 내의 절대압력은 약 몇 bar인가? (단, 국소대기압은 0.96 bar이다.) [2018. 3. 4.]

① 0.964

② 0.982

③ 1.038

④ 1.122

**해설** 절대압력 = 대기압 + 계기압력

= 국소대기압 + 계기압력

- 피스톤 – 실린더 장치 압력(계기압력) $= \dfrac{40\,\mathrm{kg}}{0.05\,\mathrm{m}^2} = 800\,\mathrm{kg/m}^2$

$$= 800\,\mathrm{kg/m}^2 \times 1.01325\,\mathrm{bar}/10332\,\mathrm{kg/m}^2$$

$$= 0.078\,\mathrm{bar}$$

$$\therefore\ 0.96\,\mathrm{bar} + 0.078\,\mathrm{bar} = 1.038\,\mathrm{bar}$$

- 대기압 $1.0332\,\mathrm{kg/cm}^2 = 10332\,\mathrm{kg/m}^2 = 1.01325\,\mathrm{bar} = 101325\,\mathrm{Pa(N/m}^2)$

$$= 101.325\,\mathrm{kPa(kN/m}^2)$$

**25.** 공기가 표준 대기압하에 있을 때 산소의 분압은 몇 kPa인가? [2015. 5. 31.]
① 1.0
② 21.3
③ 80.0
④ 101.3

해설 • 대기압 = 101.325 kPa
• 공기의 조성 : 산소(21 %), 질소(78 %), 아르곤 및 기타(1 %)
∴ 산소의 분압 = 101.325 kPa × 0.21 = 21.278 kPa

**26.** 물에 관한 다음 설명 중 틀린 것은? [2015. 9. 19.]
① 물은 4℃ 부근에서 비체적이 최대가 된다.
② 물이 얼어 고체가 되면 밀도가 감소한다.
③ 임계온도보다 높은 온도에서는 액상과 기상을 구분할 수 없다.
④ 액체상태의 물을 가열하여 온도가 상승하는 경우, 이때 공급한 열을 현열이라고 한다.

해설 물은 4℃에서 비중량(kg/L)이 가장 크며 비체적은 비중량의 역수이므로 가장 작게 나타난다.

**27.** 다음 중 물의 임계압력에 가장 가까운 값은? [2015. 9. 19.]
① 1.03 kPa
② 100 kPa
③ 22 MPa
④ 63 MPa

해설 • 물의 임계압력 : 218.3 atm(22.119 MPa)
• 물의 임계온도 : 374℃

**28.** 다음 중에서 가장 높은 압력을 나타내는 것은? [2020. 8. 22.]
① 1 atm
② 10 kgf/cm$^2$
③ 105 Pa
④ 14.7 psi

해설 1 atm = 14.7 psi = 1.0332 kg/cm$^2$(대기압)

$$105\,Pa \times \frac{1.0332\,kg/cm^2}{101325\,Pa} = 0.001\,kg/cm^2$$

**29.** 분자량이 16, 28, 32 및 44인 이상기체를 각각 같은 용적으로 혼합하였다. 이 혼합 가스의 평균 분자량은? [2021. 3. 7.]
① 30
② 33
③ 35
④ 40

정답 ● 25. ② 26. ① 27. ③ 28. ② 29. ①

**해설** $\dfrac{16 \times 1 + 28 \times 1 + 32 \times 1 + 44 \times 1}{4} = 30$

---

**30.** 보일러에서 송풍기 입구의 공기가 15℃, 100 kPa 상태에서 공기예열기로 500 m³/min가 들어가 일정한 압력하에서 140℃까지 온도가 올라갔을 때 출구에서의 공기유량은 약 몇 m³/min인가? (단, 이상기체로 가정한다.)  [2021. 3. 7.]

① 617  ② 717
③ 817  ④ 917

**해설** 압력이 일정하므로 샤를의 법칙에 의하여

$$\frac{V_1}{T_1} = \frac{V_2}{T_2}, \quad \frac{500\,\mathrm{m^3/min}}{(273+15)\mathrm{K}} = \frac{V_2}{(273+140)\mathrm{K}}$$

$$\therefore \ V_2 = 717.01\,\mathrm{m^3/min}$$

---

**31.** 초기체적이 $V_i$ 상태에 있는 피스톤이 외부로 일을 하여 최종적으로 체적이 $V_f$인 상태로 되었다. 다음 중 외부로 가장 많은 일을 한 과정은? (단, $n$은 폴리트로픽 지수이다.) [2021. 5. 15.]

① 등온과정  ② 정압과정
③ 단열과정  ④ 폴리트로픽 과정($n>0$)

**해설** 일(kg·m)은 압력(kg/m²)×체적(m³)으로 표시되며 $\Delta$는 전체 과정 동안의 변화, $d$는 미분을 나타내는 것으로 압력이 일정하므로 $W = P\,\Delta V$로 나타내며 외부로 가장 많은 일을 나타내는 것은 정압(등압)과정이 된다.

---

**32.** 정압과정에서 어느 한 계(system)에 전달된 열량은 그 계에서 어떤 상태량의 변화량과 양이 같은가?  [2021. 5. 15]

① 내부에너지  ② 엔트로피
③ 엔탈피  ④ 절대일

**해설** 엔탈피($h$) = 내부에너지($U$) + 외부에너지($APV$)

---

**33.** 110 kPa, 20℃의 공기가 반지름 20 cm, 높이 40 cm인 원통형 용기 안에 채워져 있다. 이 공기의 무게는 몇 N인가? (단, 공기의 기체상수는 287 J/kg·K이다.)  [2021. 5. 15.]

① 0.066  ② 0.64
③ 6.7  ④ 66

---

**정답**  30. ②  31. ②  32. ③  33. ②

**해설** 원통형 용기 체적 $= \pi \times r^2 \times h = \pi \times (0.2\,\text{m})^2 \times 0.4\,\text{m} = 0.05\,\text{m}^3$

$PV = GRT$ (이상기체상태방정식)에서

$G = \dfrac{PV}{RT} = \dfrac{110\,\text{kN/m}^2 \times 0.05\,\text{m}^3}{0.287\,\text{kJ/kg} \cdot \text{K} \times 293\,\text{K}} = 0.0654\,\text{kg}(1\,\text{kg} = 9.8\,\text{N})$

$\quad = 0.0654\,\text{kg} \times 9.8\,\text{N/kg} = 0.64\,\text{N}$

---

**34.** 수증기가 노즐 내를 단열적으로 흐를 때 출구 엔탈피가 입구 엔탈피보다 15 kJ/kg만큼 작아진다. 노즐 입구에서의 속도를 무시할 때 노즐 출구에서의 수증기 속도는 약 몇 m/s 인가? [2021. 9. 12.]

① 173

② 200

③ 283

④ 346

**해설** $V = \sqrt{2(h_1 - h_2)} = \sqrt{2 \times 15 \times 1000} = 173.2\,\text{m/s}$

---

**35.** 매시간 2000 kg의 포화수증기를 발생하는 보일러가 있다. 보일러 내의 압력은 200 kPa 이고, 이 보일러에는 매시간 150 kg의 연료가 공급된다. 이 보일러의 효율은 약 얼마인가? (단, 보일러에 공급되는 물의 엔탈피는 84 kJ/kg이고, 200 kPa에서의 포화증기의 엔탈피는 2700 kJ/kg이며, 연료의 발열량은 42000 kJ/kg이다.) [2021. 9. 12.]

① 77 %

② 80 %

③ 83 %

④ 86 %

**해설** 보일러 효율 $= \dfrac{\text{증기 발생에 필요한 열량}}{\text{소비되는 열량}}$

$\quad = \dfrac{2000\,\text{kg} \times (2700\,\text{kJ/kg} - 84\,\text{kJ/kg})}{150\,\text{kg} \times 42000\,\text{kJ/kg}} \times 100 = 83.05\,\%$

---

**36.** 비열비는 1.3이고 정압비열이 0.845kJ/kg · K인 기체의 기체상수(kJ/kg · K)는 얼마 인가? [2020. 6. 6.]

① 0.195

② 0.5

③ 0.845

④ 1.345

**해설** $C_v = \dfrac{C_p}{k} = \dfrac{0.845\,\text{kJ/kg} \cdot \text{K}}{1.3} = 0.65\,\text{kJ/kg} \cdot \text{K}$

$R = C_p - C_v = 0.845\,\text{kJ/kg} \cdot \text{K} - 0.65\,\text{kJ/kg} \cdot \text{K} = 0.195\,\text{kJ/kg} \cdot \text{K}$

---

**정답** ● **34.** ① **35.** ③ **36.** ①

**37.** 수증기를 사용하는 기본 랭킨사이클의 복수기 압력이 10 kPa, 보일러 압력이 2 MPa, 터빈 일이 792 kJ/kg, 복수기에서 방출되는 열량이 1800 kJ/kg일 때 열효율(%)은? (단, 펌프에서 물의 비체적은 $1.01×10^{-3}$ m³/kg이다.)  [2020. 9. 26.]

① 30.5
② 32.5
③ 34.5
④ 36.5

**해설** 비체적의 역수는 비중량이 된다.

물의 비체적은 $1.01×10^{-3}$ m³/kg → 1.01 L/kg

비중량 $= \dfrac{1}{1.01\,\text{L/kg}} = 0.99\,\text{kg/L}(비중\ 0.99)$

물의 증발잠열 : 539 kcal/kg → 2263.8 kJ/kg

과열증기 엔탈피 $= 0.99×2263.8\,\text{kJ/kg} = 2241.16\,\text{kJ/kg}$

열효율 $= \dfrac{2241.16\,\text{kJ/kg} - 1800\,\text{kJ/kg}}{2241.16\,\text{kJ/kg} - 792\,\text{kJ/kg}} = 0.30442 = 30.44\,\%$

**38.** 다음 중 용량성 상태량(extensive property)에 해당하는 것은?  [2019. 3. 3.]

① 엔탈피
② 비체적
③ 압력
④ 절대온도

**해설** 상태량 비교
• 강도성 상태량 : 물질의 양에 따라 변하지 않는 양(압력, 온도, 밀도, 비체적 등)
• 용량성 상태량 : 물질의 양에 따라 변하는 양(체적, 엔탈피, 엔트로피, 내부에너지 등)

**39.** 다음 중 강도성 상태량이 아닌 것은?  [2020. 9. 26.]

① 압력
② 온도
③ 비체적
④ 체적

**해설** 문제 38번 해설 참조

**40.** 어떤 상태에서 질량이 반으로 줄면 강도성질(intensive property) 상태량의 값은?  [2020. 6. 6.]

① 반으로 줄어든다.
② 2배로 증가한다.
③ 4배로 증가한다.
④ 변하지 않는다.

**해설** 문제 38번 해설 참조

**정답** → 37. ① 38. ① 39. ④ 40. ④

**41.** 동일한 압력에서 100℃, 3 kg의 수증기와 0℃, 3 kg의 물의 엔탈피 차이는 약 몇 kJ인가?
(단, 물의 평균정압비열은 4.184 kJ/kg · K이고, 100℃에서 증발잠열은 2250 kJ/kg이다.)
[2019. 4. 27.]

① 8005

② 2668

③ 1918

④ 638

**해설** 동일한 조건으로 0℃를 기준으로 하면

- 0℃, 3 kg의 물의 엔탈피 = 3 kg × 4.184 kJ/kg · K × (0 − 0)℃ = 0
- 100℃, 3 kg의 수증기의 엔탈피(0℃ 물 → 100℃ 물 → 100℃ 수증기)

= 3 kg × [4.184 kJ/kg · K × (100 − 0)℃ + 2250 kJ/kg]

= 8005.2 kJ

∴ 8005.2 kJ − 0 kJ = 8005.2 kJ

**42.** 유체가 담겨 있는 밀폐계가 어떤 과정을 거칠 때 그 에너지식은 $\Delta U_{12} = Q_{12}$으로 표현된다. 이 밀폐계와 관련된 일은 팽창일 또는 압축일 뿐이라고 가정할 경우 이 계가 거쳐 간 과정에 해당하는 것은? (단, $U$는 내부에너지를, $Q$는 전달된 열량을 나타낸다.) [2020. 6. 6.]

① 등온과정

② 정압과정

③ 단열과정

④ 정적과정

**해설** 정적과정은 부피는 일정하게 유지된 채로 기체가 열에너지를 흡수·방출하며 압력과 온도가 변하는 과정으로, 내부에너지와 전달된 열량이 동일하다.

**43.** 압력이 일정한 용기 내에 이상기체를 외부에서 가열하였다. 온도가 $T_1$에서 $T_2$로 변화하였고, 기체의 부피가 $V_1$에서 $V_2$로 변화하였다. 공기의 정압비열 $C_p$에 대한 식으로 옳은 것은? (단, 이 이상기체의 압력은 $p$, 전달된 단위 질량당 열량은 $q$이다.) [2020. 8. 22.]

① $C_p = \dfrac{q}{p}$

② $C_p = \dfrac{q}{T_2 - T_1}$

③ $C_p = \dfrac{q}{V_2 - V_1}$

④ $C_p = p \times \dfrac{V_2 - V_1}{T_2 - T_1}$

**해설** $q = G C_p \Delta t = C_p (T_2 - T_1)$

(질량은 1 kg으로 생략)

$C_p = \dfrac{q}{T_2 - T_1}$

**정답** → ● 41. ① 42. ④ 43. ②

**44.** 압력 500 kPa, 온도 240℃인 과열증기와 압력 500 kPa의 포화수가 정상상태로 흘러 들어와 섞인 후 같은 압력의 포화증기 상태로 흘러나간다. 1 kg의 과열증기에 대하여 필요한 포화수의 양을 구하면 약 몇 kg인가? (단, 과열증기의 엔탈피는 3063 kJ/kg이고, 포화수의 엔탈피는 636 kJ/kg, 증발열은 2109 kJ/kg이다.) [2015. 5. 31.]

① 0.15  ② 0.45
③ 1.12  ④ 1.45

**해설** 과열증기 → 포화증기 ← 포화수
$$3063 \text{ kJ/kg} - (636 \text{ kJ/kg} + 2109 \text{ kJ/kg}) = 2109 \text{ kJ/kg} \times a[\text{kg}]$$
$$a = 0.15 \text{ kg}$$

**45.** 일정한 압력 300 kPa로 체적 0.5 m³의 공기가 외부로부터 160 kJ의 열을 받아 그 체적이 0.8 m³로 팽창하였다. 내부에너지 증가는 얼마인가? [2015. 5. 31.]

① 30 kJ  ② 70 kJ
③ 90 kJ  ④ 160 kJ

**해설** 내부에너지 $= 160 \text{ kJ} - 300 \text{ kN/m}^2 \times (0.8 - 0.5)\text{m}^3 = 70 \text{ kN} \cdot \text{m} = 70 \text{ kJ}$

**46.** 증기의 기본적 성질에 대한 설명으로 틀린 것은? [2020. 9. 26.]

① 임계압력에서 증발열은 0이다.
② 증발잠열은 포화압력이 높아질수록 커진다.
③ 임계점에서는 액체와 기체의 상에 대한 구분이 없다.
④ 물의 3중점은 물과 얼음과 증기의 3상이 공존하는 점이며 이 점의 온도는 0.01℃이다.

**해설** 임계점은 액체와 기체 상태의 공존 곡선이 끝나고 더는 상의 구별이 없어지는 온도 및 압력으로 액체는 액체로 존재하지 못하고 즉시 기체가 되며 임계점을 넘어선 기체는 다시는 액체로 돌아올 수 없는데, 이때의 압력을 임계압력, 온도를 임계온도라 한다. 고체, 액체, 기체가 동시에 공존하는 상태를 3중점이라 하며, 포화압력과 포화온도가 낮을수록 증발잠열과 비체적은 증가한다.

**47.** 물체의 온도 변화 없이 상(phase, 相) 변화를 일으키는 데 필요한 열량은? [2019. 3. 3.]

① 비열  ② 점화열
③ 잠열  ④ 반응열

**해설** 물체의 상태 변화
- 현열(감열) : 물질의 상태 변화 없이 온도 변화에 필요한 열
- 잠열 : 물질의 온도 변화 없이 상태 변화에 필요한 열

---

**48.** 다음 그림은 물의 상평형도를 나타내고 있다. a~d에 대한 용어로 옳은 것은? [2021. 3. 7.]

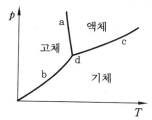

① a : 승화 곡선
② b : 용융 곡선
③ c : 증발 곡선
④ d : 임계점

**해설** 물의 상평형도
- a : 융해 곡선
- b : 승화 곡선
- c : 증발 곡선
- d : 삼중점

---

**49.** 물의 임계압력에서의 잠열은 몇 kJ/kg인가? [2021. 5. 15.]

① 0
② 333
③ 418
④ 2260

**해설** 임계온도, 임계압력에서 액체의 잠열은 "0"이 된다. 즉, 액체는 액체로 존재할 수 없고 즉시 기체가 되며 이 점을 임계점이라 한다.

---

**50.** 증기에 대한 설명 중 틀린 것은? [2015. 5. 31.] [2021. 9. 12.]

① 동일 압력에서 포화증기는 포화수보다 온도가 더 높다.
② 동일 압력에서 건포화증기를 가열한 것이 과열증기이다.
③ 동일 압력에서 과열증기는 건포화증기보다 온도가 더 높다.
④ 동일 압력에서 습포화증기와 건포화증기는 온도가 같다.

**해설** 동일 압력에서 포화수와 포화증기는 잠열상태에 있으므로 온도는 동일하다. 즉, 100℃ 물과 100℃ 수증기의 온도는 같다.

**정답** ● 48. ③  49. ①  50. ①

---

**51.** 정상 상태(steady state)에 대한 설명으로 옳은 것은? [2021. 9. 12.]

① 특정 위치에서만 물성값을 알 수 있다.
② 모든 위치에서 열역학적 함수값이 같다.
③ 열역학적 함수값은 시간에 따라 변하기도 한다.
④ 유체 물성이 시간에 따라 변하지 않는다.

**해설** 정상 상태는 운동 상태가 시간의 흐름과 더불어 변화하지 않는 상태에 있는 것으로 유동체, 온도, 전류, 음파 등의 물리적 변화가 시간에 대해 항상 일정 불변한 상태에 있는 것이다.

---

**52.** 이상기체를 가역단열 팽창시킨 후의 온도는? [2020. 6. 6.]

① 처음상태보다 낮게 된다.
② 처음상태보다 높게 된다.
③ 변함이 없다.
④ 높을 때도 있고 낮을 때도 있다.

**해설** 이상기체를 가역단열 팽창시키면 압력과 온도가 동시에 강하하게 된다.

---

**53.** 증기에 대한 설명 중 틀린 것은? [2020. 6. 6.]

① 포화액 1 kg을 정압하에서 가열하여 포화증기로 만드는 데 필요한 열량을 증발잠열이라 한다.
② 포화증기를 일정 체적하에서 압력을 상승시키면 과열증기가 된다.
③ 온도가 높아지면 내부에너지가 커진다.
④ 압력이 높아지면 증발잠열이 커진다.

**해설** 압력과 온도가 낮아질수록 증발잠열과 비체적은 증가하게 된다.

---

**54.** 동일한 온도, 압력 포화수 1 kg과 포화증기 4 kg을 혼합하였을 때 이 증기의 건도는?

① 20 %  ② 25 % [2015. 5. 31.] [2018. 4. 28.]
③ 75 %  ④ 80 %

**해설** 건도는 습포화증기 중의 건포화증기의 중량비이다.

증기의 건도 $= \dfrac{4\,\text{kg}}{1\,\text{kg} + 4\,\text{kg}} = 0.8 = 80\,\%$

---

**정답** ● 51. ④  52. ①  53. ④  54. ④

**55.** 액화공정을 나타낸 그래프에서 Ⓐ, Ⓑ, Ⓒ 과정 중 액화가 불가능한 공정을 나타낸 것은? [2016. 10. 1.]

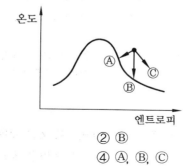

① Ⓐ
② Ⓑ
③ Ⓒ
④ Ⓐ, Ⓑ, Ⓒ

**해설** 액화가 가능한 것은 잠열상태이며 Ⓒ는 임계점을 벗어난 상태이다.

**56.** 다음 중 상대습도(relative humidity)를 가장 쉽고 빠르게 측정할 수 있는 방법은? [2015. 3. 8.]

① 건구온도와 습구온도를 측정한 다음 습공기 선도에서 상대습도를 읽는다.
② 건구온도와 습구온도를 측정한 다음 두 값 중 큰 값으로 작은 값을 나눈다.
③ 건구온도와 습구온도를 측정한 Mollier chart에서 읽는다.
④ 대기압을 측정한 다음 습도 곡선에서 읽는다.

**해설** 상대습도는 공기 중에 포함되어 있는 수증기의 양을 표시하는 것으로 건구온도와 습구온도, 건구온도와 노점온도 등을 이용하여 습공기 선도에서 쉽게 구할 수 있다.

**57.** 이상적인 교축과정(throttling process)에 대한 설명으로 옳은 것은? [2019. 9. 21.]

① 압력이 증가한다.
② 엔탈피가 일정하다.
③ 엔트로피가 감소한다.
④ 온도는 항상 증가한다.

**해설** 이상적인 교축작용은 압력과 온도가 저하되는 과정으로 이때 외부와 열 교환이 이루어지지 않는 단열변화이므로 엔탈피가 일정하다.

**58.** 열역학적 계란 고려하고자 하는 에너지 변화에 관계되는 물체를 포함하는 영역을 말하는데 이 중 폐쇄계(closed system)는 어떤 양의 교환이 없는 계를 말하는가? [2019. 9. 21.]

① 질량
② 에너지
③ 일
④ 열

**해설** 계(system)

- 닫힌계 : 물질의 유출, 유입이 없는 계(system)로, 계(system) 내부의 질량이 일정하므로 질량 보존 법칙이 성립한다. 에너지는 자유롭게 이동하나 질량을 가진 물질은 이동하지 못한다.
- 열린계 : 질량과 에너지가 자유롭게 이동할 수 있는 계이다.
- 고립계 : 에너지와 물질 모두 이동할 수 없다. 보온병과 같이 열이 차단된 계이다.

---

**59.** 포화증기를 가역 단열압축시켰을 때의 설명으로 옳은 것은? [2016. 5. 8.]

① 압력과 온도가 올라간다.　　　　② 압력은 올라가고 온도는 떨어진다.
③ 온도는 불변이며 압력은 올라간다.　④ 압력과 온도 모두 변하지 않는다.

**해설** 단열압축은 외부와의 열 교환 없이 압축되는 상태로 압력과 온도가 상승하므로 엔탈피는 증가하나 엔트로피는 불변이 된다.

---

**60.** 50℃의 물의 포화액체와 포화증기의 엔트로피는 각각 0.703 kJ/kg · K, 8.07 kJ/kg · K이다. 50℃의 습증기의 엔트로피가 4 kJ/kg · K일 때 습증기의 건도는 약 몇 %인가? [2017. 3. 5.]

① 31.7　　　　② 44.8　　　　③ 513　　　　④ 62.3

**해설** 건도$(x) = \dfrac{4\,\text{kJ/kg} \cdot \text{K} - 0.703\,\text{kJ/kg} \cdot \text{K}}{8.07\,\text{kJ/kg} \cdot \text{K} - 0.703\,\text{kJ/kg} \cdot \text{K}} = 0.4475 = 44.75\,\%$

---

**61.** 건포화증기(dry saturated vapor)의 건도는 얼마인가? [2018. 9. 15.]

① 0　　　　② 0.5　　　　③ 0.7　　　　④ 1

**해설** 건포화증기는 100 % 모두 기체이므로 건도는 "1"이며 포화액의 건도는 "0"이다.

---

**62.** 피스톤이 장치된 단열 실린더에 300 kPa, 건도 0.4인 포화액－증기 혼합물 0.1 kg이 들어 있고 실린더 내에는 전열기가 장치되어 있다. 220 V의 전원으로부터 0.5 A의 전류를 10분 동안 흘려보냈을 때 이 혼합물의 건도는 약 얼마인가? (단, 이 과정은 정압과정이고 300 kPa에서 포화액의 엔탈피는 561.43 kJ/kg이고 포화증기의 엔탈피는 2724.9 kJ/kg이다.) [2016. 3. 6.]

① 0.705　　　　　　　　② 0.642
③ 0.601　　　　　　　　④ 0.442

---

**해설** 건도 0.4일 때 엔탈피 $= 561.43 \, \text{kJ/kg} + 0.4 \times (2724.9 \, \text{kJ/kg} - 561.43 \, \text{kJ/kg})$
$= 1426.82 \, \text{kJ/kg}$

$W[\text{J}] = Q \times V = I \times t \times V$
$\quad\quad = 0.5 \, \text{A} \times 10 \, \text{min} \times 60 \, \text{s/min} \times 220 \, \text{V}$
$\quad\quad = 66000 \, \text{J} = 66 \, \text{kJ} \rightarrow 66 \, \text{kJ}/0.1 \, \text{kg} = 660 \, \text{kJ/kg}$

여기서, $W$ : 일(J), $Q$ : 전하량(C), $V$ : 전압(V)
$\quad\quad\quad\quad$ $I$ : 전류(A), $t$ : 시간(s)

전열기 작동 후 엔탈피 $= 1426.82 \, \text{kJ/kg} + 660 \, \text{kJ/kg} = 2086.82 \, \text{kJ/kg}$
혼합물의 건도를 $x$라 하면
$2086.82 \, \text{kJ/kg} = 561.43 \, \text{kJ/kg} + x(2724.9 \, \text{kJ/kg} - 561.43 \, \text{kJ/kg})$
$\therefore \ x = 0.705$

---

**63.** 다음 중 상온에서 비열비 값이 가장 큰 기체는? [2016. 10. 1.] [2020. 8. 22.]

① He
② $O_2$
③ $CO_2$
④ $CH_4$

**해설** 대체로 단원자 분자의 비열비가 높다.
He : 1.66, $O_2$ : 1.4, $CO_2$ : 1.3, $CH_4$ : 1.304

---

**64.** 어떤 기체의 이상기체상수는 2.08 kJ/kg · K이고 정압비열은 5.24 kJ/kg · K일 때, 이 가스의 정적비열은 약 몇 kJ/kg · K인가? [2018. 4. 28.]

① 2.18
② 3.16
③ 5.07
④ 7.20

**해설** $R = C_p - C_v$
$C_v = C_p - R = 5.24 \, \text{kJ/kg} \cdot \text{K} - 2.08 \, \text{kJ/kg} \cdot \text{K} = 3.16 \, \text{kJ/kg} \cdot \text{K}$

---

**65.** 폴리트로픽 과정을 나타내는 다음 식에서 폴리트로픽 지수 $n$과 관련하여 옳은 것은? (단, $P$는 압력, $V$는 부피이고, $C$는 상수이다. 또한, $k$는 비열비이다.) [2018. 3. 4.]

$$PV^n = C$$

① $n = \infty$ : 단열과정
② $n = 0$ : 정압과정
③ $n = k$ : 등온과정
④ $n = 1$ : 정적과정

**해설** 폴리트로픽(polytropic) 지수 $n$
- $n = 0 \longrightarrow$ 등압과정($P = C$)
- $n = 1 \longrightarrow$ 등온과정($PV = C$)
- $n = k \longrightarrow$ 단열과정($PV^k = C$)
- $n = \infty \longrightarrow$ 정적과정($V = C$)

**66.** 다음 4개의 물질에 대해 비열비가 거의 동일하다고 가정할 때, 동일한 온도 $T$에서 음속이 가장 큰 것은? [2018. 9. 15.]

① Ar(평균분자량 : 40 g/mol)　　② 공기(평균분자량 : 29 g/mol)
③ CO(평균분자량 : 28 g/mol)　　④ H₂(평균분자량 : 2 g/mol)

**해설** 압력과 온도가 높을수록, 기체의 분자량이 작을수록 음속은 증가한다.

**67.** 압력 1 MPa, 온도 400℃의 이상기체 2 kg이 가역단열과정으로 팽창하여 압력이 500 kPa로 변화한다. 이 기체의 최종온도는 약 몇 ℃인가? (단, 이 기체의 정적비열은 3.12 kJ/kg · K, 정압비열은 5.21 kJ/kg · K이다.) [2017. 5. 7.]

① 237　　　　　　　　　　　　② 279
③ 510　　　　　　　　　　　　④ 622

**해설** 비열비$(k) = \dfrac{C_p}{C_v} = \dfrac{5.21\,\text{kJ/kg} \cdot \text{K}}{3.12\,\text{kJ/kg} \cdot \text{K}} = 1.6698 = 1.67$

$T_2 = T_1 \left( \dfrac{P_2}{P_1} \right)^{\frac{k-1}{k}} = 673 \times \left( \dfrac{500}{1000} \right)^{\frac{1.67-1}{1.67}} = 509.62\,\text{K} = 236.62℃$

**68.** $PV^n = C$에서 이상기체의 등온변화인 경우 폴리트로프 지수$(n)$는? [2016. 5. 8.]

① ∞　　　　　　　　　　　　② 1.4
③ 1　　　　　　　　　　　　④ 0

**해설** 문제 65번 해설 참조

**69.** 단열변화에서 압력, 부피, 온도를 각각 $P$, $V$, $T$로 나타낼 때, 항상 일정한 식은? (단, $k$는 비열비이다.) [2021. 3. 7.]

① $PV^{k-1}$　　② $TV^{\frac{1-k}{k}}$　　③ $TP^k$　　④ $TP^{\frac{1-k}{k}}$

**정답**　　66. ④　67. ①　68. ③　69. ④

**해설** 단열변화 표시

- $PV^k = C$(일정)$(k = C_p/C_v)$
- $TV^{k-1} = C$
- $TP^{\frac{1-k}{k}} = C$

---

**70.** 초기조건이 100 kPa, 60℃인 공기를 정적과정을 통해 가열한 후 정압에서 냉각과정을 통하여 500 kPa, 60℃로 냉각할 때 이 과정에서 전체 열량의 변화는 약 몇 kJ/kmol인가? (단, 정적비열은 20 kJ/kmol · K, 정압비열은 28 kJ/kmol · K이며, 이상기체로 가정한다.)
[2017. 3. 5.] [2021. 3. 7.]

① $-964$  ② $-1964$

③ $-10656$  ④ $-20656$

**해설** $P_1 = 100$ kPa, $T_1 = 273 + 60 = 333$ K, $P_2 = 500$ kPa, $T_2 = ?(V_1 = V_2$ 정적과정)

- 샤를의 법칙에 의하여 $\dfrac{P_1}{T_1} = \dfrac{P_2}{T_2}$, $\dfrac{100\,\text{kPa}}{333\,\text{K}} = \dfrac{500\,\text{kPa}}{T_2}$

$\therefore\ T_2 = 1665$ K

- 정적과정으로 가열

$Q_1 = C_v \times \Delta t = 20$ kJ/kmol · K $\times (1665 - 333)$K $= 26640$ kJ/kmol

- 정압과정으로 냉각

$Q_2 = C_p \times \Delta t = 28$ kJ/kmol · K $\times (333 - 1665)$K $= -37296$ kJ/kmol

$\therefore\ \Delta Q = Q_1 + Q_2 = 26640$ kJ/kmol $+ (-37296$ kJ/kmol$) = -10656$ kJ/kmol

---

**71.** 피스톤이 장치된 실린더 안의 기체가 체적 $V_1$에서 $V_2$로 팽창할 때 피스톤에 해준 일은 $W = \displaystyle\int_{V_1}^{V_2} P\,dV$로 표시될 수 있다. 이 기체는 이 과정을 통하여 $PV^2 = C$(상수)의 관계를 만족시켜 준다면 $W$를 옳게 나타낸 것은?
[2021. 3. 7.]

① $P_1 V_1 - P_2 V_2$  ② $P_2 V_2 - P_1 V_1$

③ $P_1 V_1^2 - P_2 V_2^2$  ④ $P_2 V_2^2 - P_1 V_1^2$

**해설** $PV^n = C$에서 $n = 2$

$W = \dfrac{1}{n-1} \times (P_1 V_1 - P_2 V_2) = \dfrac{1}{2-1} \times (P_1 V_1 - P_2 V_2)$

$= P_1 V_1 - P_2 V_2$

---

**정답** ● **70.** ③　**71.** ①

**72.** 이상기체가 A상태($T_A$, $P_A$)에서 B상태($T_B$, $P_B$)로 변화하였다. 정압비열 $C_P$가 일정할 경우 비엔트로피의 변화 $\triangle S$를 옳게 나타낸 것은? [2021. 3. 7.]

① $\triangle S = C_P \ln \dfrac{T_A}{T_B} + R \ln \dfrac{P_B}{P_A}$

② $\triangle S = C_P \ln \dfrac{T_B}{T_A} + R \ln \dfrac{P_B}{P_A}$

③ $\triangle S = C_P \ln \dfrac{T_A}{T_B} - R \ln \dfrac{P_B}{P_A}$

④ $\triangle S = C_P \ln \dfrac{T_B}{T_A} - R \ln \dfrac{P_B}{P_A}$

**해설** $\triangle S$(엔트로피 변화) $= \dfrac{\triangle Q}{T}$ ($\triangle Q$ : 엔탈피의 변화, $T$ : 절대온도)

$$\triangle S = C_v \ln \frac{T_B}{T_A} + R \ln \frac{V_B}{V_A} = C_p \ln \frac{T_B}{T_A} - R \ln \frac{P_B}{P_A}$$

**73.** 노즐에서 임계상태에서의 압력을 $P_c$, 비체적을 $v_c$, 최대유량을 $G_c$, 비열비를 $k$라 할 때, 임계단면적에 대한 식으로 옳은 것은? [2021. 5. 15.]

① $2G_c \sqrt{\dfrac{v_c}{kP_c}}$

② $G_c \sqrt{\dfrac{v_c}{2kP_c}}$

③ $G_c \sqrt{\dfrac{v_c}{kP_c}}$

④ $G_c \sqrt{\dfrac{2v_c}{kP_c}}$

**74.** 아래와 같이 몰리에르(엔탈피 – 엔트로피) 선도에서 가역 단열과정을 나타내는 선의 형태로 옳은 것은? [2021. 5. 15.]

① 엔탈피축에 평행하다.

② 기울기가 양수(+)인 곡선이다.

③ 기울기가 음수(−)인 곡선이다.

④ 엔트로피축에 평행하다.

**해설** 가역 단열과정은 등엔트로피과정이므로 엔탈피축에 평행하게 된다.

**정답** ● 72. ④   73. ③   74. ①

**75.** 온도가 $T_1$인 이상기체를 가역 단열과정으로 압축하였다. 압력이 $P_1$에서 $P_2$로 변하였을 때, 압축 후의 온도 $T_2$를 옳게 나타낸 것은? (단, $k$는 이상기체의 비열비를 나타낸다.) [2021. 9. 12.]

① $T_2 = T_1\left(\dfrac{P_2}{P_1}\right)^{\frac{k}{k-1}}$ 　　　　② $T_2 = T_1\left(\dfrac{P_2}{P_1}\right)^{\frac{k}{1-k}}$

③ $T_2 = T_1\left(\dfrac{P_2}{P_1}\right)^{\frac{k-1}{k}}$ 　　　　④ $T_2 = T_1\left(\dfrac{P_2}{P_1}\right)^{\frac{1-k}{k}}$

**해설** 가역 단열압축 : $\dfrac{T_2}{T_1} = \left(\dfrac{P_2}{P_1}\right)^{\frac{k-1}{k}}$ 에서 $T_2 = T_1 \times \left(\dfrac{P_2}{P_1}\right)^{\frac{k-1}{k}}$

**76.** 비열이 $\alpha + \beta t + \gamma t^2$로 주어질 때, 온도가 $t_1$으로부터 $t_2$까지 변화할 때의 평균 비열($C_m$)의 식은? (단, $\alpha$, $\beta$, $\gamma$는 상수이다.) [2020. 6. 6.]

① $C_m = \alpha + \dfrac{1}{2}\beta(t_2 + t_1) + \dfrac{1}{3}\gamma(t_2^2 + t_2 t_1 + t_1^2)$

② $C_m = \alpha + \dfrac{1}{2}\beta(t_2 - t_1) + \dfrac{1}{3}\gamma(t_2^2 + t_2 t_1 + t_1^2)$

③ $C_m = \alpha - \dfrac{1}{2}\beta(t_2 + t_1) + \dfrac{1}{3}\gamma(t_2^2 - t_2 t_1 - t_1^2)$

④ $C_m = \alpha - \dfrac{1}{2}\beta(t_2 + t_1) - \dfrac{1}{3}\gamma(t_2^2 + t_2 t_1 - t_1^2)$

**77.** 그림은 물의 압력-체적 선도($P-V$)를 나타낸다. A′ACBB′ 곡선은 상들 사이의 경계를 나타내며, $T_1$, $T_2$, $T_3$는 물의 $P-V$ 관계를 나타내는 등온곡선들이다. 이 그림에서 점 C는 무엇을 의미하는가? [2020. 6. 6.]

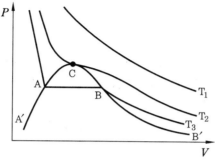

① 변곡점　　　　② 극대점　　　　③ 삼중점　　　　④ 임계점

**정답** ● **75.** ③　**76.** ①　**77.** ④

**해설** 임계점은 액체와 기체 상태의 공존 곡선이 끝나고 더는 상의 구별이 없어지는 온도 및 압력으로 액체는 액체로 존재하지 못하고 즉시 기체가 되며 임계점을 넘어선 기체는 다시는 액체로 돌아올 수 없는데, 이때의 압력을 임계압력, 온도를 임계온도라 한다.

---

**78.** 유동하는 기체의 압력을 $P$, 속력을 $V$, 밀도를 $\rho$, 중력 가속도를 $g$, 높이를 $z$, 절대온도는 $T$, 정적비열을 $C_v$라고 할 때, 기체의 단위질량당 역학적 에너지에 포함되지 않는 것은? [2020. 8. 22.]

① $\dfrac{P}{\rho}$        ② $\dfrac{V^2}{2}$        ③ $gz$        ④ $C_v T$

**해설** 베르누이의 정리에 의하여
① : 압력에너지
② : 속도에너지
③ : 위치에너지
④ : 내부에너지

---

**79.** 압력이 1300 kPa인 탱크에 저장된 건포화증기가 노즐로부터 100 kPa로 분출되고 있다. 임계압력 $P_c$는 몇 kPa인가? (단, 비열비는 1.135이다.) [2020. 8. 22.]

① 751        ② 643
③ 582        ④ 525

**해설** 임계압력 $P_c = P \times \left(\dfrac{2}{k+1}\right)^{\frac{k}{k-1}}$

$$= 1300\,\text{kPa} \times \left(\dfrac{2}{1.135+1}\right)^{\frac{1.135}{1.135-1}}$$

$$= 750.65\,\text{kPa}$$

---

**80.** 비엔탈피가 326 kJ/kg인 어떤 기체가 노즐을 통하여 단열적으로 팽창되어 비엔탈피가 322 kJ/kg으로 되어 나간다. 유입 속도를 무시할 때 유출 속도(m/s)는? (단, 노즐 속의 유동은 정상류이며 손실은 무시한다.) [2020. 8. 22.]

① 4.4        ② 22.6
③ 64.7        ④ 89.4

**해설** $V = \sqrt{2(h_1 - h_2)} = \sqrt{2(326-322) \times 1000} = 89.44\,\text{m/s}$

---

**정답** ● 78. ④    79. ①    80. ④

**81.** 일정한 질량유량으로 수평하게 증기가 흐르는 노즐이 있다. 노즐 입구에서 엔탈피는 3205 kJ/kg이고, 증기 속도는 15 m/s이다. 노즐 출구에서의 증기 엔탈피가 2994 kJ/kg일 때 노즐 출구에서의 증기의 속도는 약 몇 m/s인가? (단, 정상상태로서 외부와의 열교환은 없다고 가정한다.)

[2018. 4. 28.]

① 500
② 550
③ 600
④ 650

**해설** $V = \sqrt{2(h_1 - h_2)} = \sqrt{2(3205 - 2994) \times 1000} = 649.62$ m/s

**82.** 그림에서 압력 $P_1$, 온도 $t_s$의 과열증기의 비엔트로피는 6.16 kJ/kg·K이다. 상태 1로부터 2까지의 가역 단열팽창 후, 압력 $P_2$에서 습증기로 되었으면 상태 2인 습증기의 건도 $x$는 얼마인가? (단, 압력 $P_2$에서 포화수, 건포화증기의 비엔트로피는 각각 1.30 kJ/kg·K, 7.36 kJ/kg·K이다.)

[2020. 8. 22.]

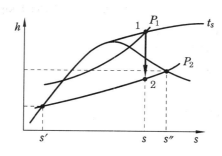

① 0.69
② 0.75
③ 0.79
④ 0.80

**해설** 단위 중량당의 엔트로피를 비엔트로피라 한다.
6.16 kJ/kg·K = 1.30kJ/kg·K + (7.36 kJ/kg·K − 1.30 kJ/kg·K)·$x$
∴ $x = 0.80$

**83.** 2 kg, 30℃인 이상기체가 100 kPa에서 300 kPa까지 가역 단열과정으로 압축되었다면 최종온도(℃)는? (단, 이 기체의 정적비열은 750 J/kg·K, 정압비열은 1000 J/kg·K이다.)

[2020. 9. 26.]

① 99
② 126
③ 267
④ 399

**정답** ● 81. ④  82. ④  83. ②

**[해설]** 비열비$(k) = \dfrac{C_p}{C_v} = \dfrac{1000\,\text{J/kg}\cdot\text{K}}{750\,\text{J/kg}\cdot\text{K}} = 1.33$

$\dfrac{T_2}{T_1} = \left(\dfrac{P_2}{P_1}\right)^{\frac{k-1}{k}}$ 에서 $\ T_2 = T_1\left(\dfrac{P_2}{P_1}\right)^{\frac{k-1}{k}}$

$T_2 = 303 \times \left(\dfrac{300}{100}\right)^{\frac{1.33-1}{1.33}} = 398.69\,\text{K} = 125.69\,℃$

---

**84.** 압력 100 kPa, 체적 3 m³인 이상기체가 등엔트로피 과정을 통하여 체적이 2 m³으로 변하였다. 이 과정 중에 기체가 한 일은 약 몇 kJ인가? (단, 기체상수는 0.488 kJ/kg · K, 정적 비열은 1.642 kJ/kg · K이다.) [2019. 4. 27]

① −113  ② −129

③ −137  ④ −143

**[해설]** $R = C_p - C_v$에서

$C_p = R + C_v = 0.488\,\text{kJ/kg}\cdot\text{K} + 1.642\,\text{kJ/kg}\cdot\text{K} = 2.13\,\text{kJ/kg}\cdot\text{K}$

비열비$(k) = \dfrac{C_p}{C_v} = \dfrac{2.13\,\text{kJ/kg}\cdot\text{K}}{1.642\,\text{kJ/kg}\cdot\text{K}} = 1.297 = 1.3$

$P_1 V_1^k = P_2 V_2^k$에서 $\ 100 \times 3^{1.3} = P_2 \times 2^{1.3}$

$\therefore\ P_2 = 169.4\,\text{kPa}$

$W = \dfrac{P_1 V_1 - P_2 V_2}{k-1} = \dfrac{100 \times 3 - 169.4 \times 2}{1.3-1} = -129.33\,\text{kJ}$

---

**85.** 110 kPa, 20℃의 공기가 정압과정으로 온도가 50℃만큼 상승한 다음(즉 70℃가 됨), 등온 과정으로 압력이 반으로 줄어들었다. 최종 비체적은 최초 비체적의 약 몇 배인가? [2017. 3. 5.]

① 0.585  ② 1.17

③ 1.71  ④ 2.34

**[해설]** 이상기체 상태 방정식에 의하여

- $P_1 V_1 = RT_1,\quad V_1 = \dfrac{RT_1}{P_1}$

- $P_2 V_2 = RT_2,\quad V_2 = \dfrac{RT_2}{P_2}$

$\dfrac{V_2}{V_1} = \dfrac{P_1 T_2}{P_2 T_1} = \dfrac{110\,\text{kPa} \times 343\,\text{K}}{55\,\text{kPa} \times 293\,\text{K}} = 2.34$

$\therefore\ V_2 = 2.34 \times V_1$

---

**정답** ● 84. ②  85. ④

**86.** 피스톤이 장치된 용기 속의 온도 $T_1$[K], 압력 $P_1$[Pa], 체적 $V_1$[m³]의 이상기체 $m$[kg]이 있고, 정압과정으로 체적이 원래의 2배가 되었다. 이때 이상기체로 전달된 열량은 어떻게 나타내는가? (단, $C_v$는 정적비열이다.) [2019. 9. 21.]

① $mC_vT_1$

② $2mC_vT_1$

③ $mC_vT_1 + P_1V_1$

④ $mC_vT_1 + 2P_1V_1$

**해설** $\Delta Q = \Delta U + P\Delta V = mC_vT_1 + P_1(V_2 - V_1)$
$$= mC_vT_1 + P_1(2V_1 - V_1)$$
$$= mC_vT_1 + P_1V_1$$

**87.** 그림과 같은 압력-부피 선도($P - V$ 선도)에서 A에서 C로의 정압과정 중 계는 50 J의 일을 받아들이고 25 J의 열을 방출하며, C에서 B로의 정적과정 중 75 J의 열을 받아들인다면, B에서 A로의 과정이 단열일 때 계가 얼마의 일(J)을 하겠는가? [2018. 3. 4.]

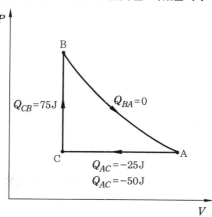

① 25

② 50

③ 75

④ 100

**해설** $W = 50\,\text{J} - 25\,\text{J} + 75\,\text{J} = 100\,\text{J}$

**88.** 어떤 연료의 1 kg의 발열량이 36000 kJ이다. 이 열이 전부 일로 바뀌고 1시간마다 30 kg의 연료가 소비된다고 하면 발생하는 동력은 약 몇 kW인가? [2018. 3. 4.]

① 4

② 10

③ 300

④ 1200

**해설** $H_{kW} = 36000\,\text{kJ/kg} \times 30\text{kg/h}$
$$= 1080000\,\text{kJ/h} = 300\,\text{kJ/s} = 300\,\text{kW}$$

**정답** 86. ③   87. ④   88. ③

**89.** 임계점(critical point)에 대한 설명 중 옳지 않은 것은? [2018. 3. 4.]
① 액상, 기상, 고상이 함께 존재하는 점을 말한다.
② 임계점에서는 액상과 기상을 구분할 수 없다.
③ 임계압력 이상이 되면 상변화 과정에 대한 구분이 나타나지 않는다.
④ 물의 임계점에서의 압력과 온도는 약 22.09 MPa, 374.14℃이다.

**해설** 임계점은 액체와 기체 상태의 공존 곡선이 끝나고 더는 상의 구별이 없어지는 온도 및 압력으로 액체는 액체로 존재하지 못하고 즉시 기체가 되며 임계점을 넘어선 기체는 다시는 액체로 돌아올 수 없는데, 이때의 압력을 임계압력, 온도를 임계온도라 한다. 고체, 액체, 기체가 동시에 공존하는 상태를 3중점이라 한다.

**90.** −30℃, 200 atm의 질소를 단열과정을 거쳐서 5 atm까지 팽창했을 때의 온도는 약 얼마인가? (단, 이상기체의 가역과정이고 질소의 비열비는 1.41이다.) [2018. 3. 4.]
① 6℃                          ② 83℃
③ −172℃                       ④ −190℃

**해설** $\dfrac{T_2}{T_1} = \left(\dfrac{P_2}{P_1}\right)^{\frac{k-1}{k}}$ 에서 $T_2 = T_1 \left(\dfrac{P_2}{P_1}\right)^{\frac{k-1}{k}}$

$$T_2 = (273 - 30)\text{K} \times \left(\frac{5}{200}\right)^{\frac{1.41-1}{1.41}} = 83\,\text{K} = -190℃$$

**91.** 비압축성 유체의 체적팽창계수 $\beta$에 대한 식으로 옳은 것은? [2018. 4. 28.]
① $\beta = 0$                 ② $\beta = 1$
③ $\beta > 0$                 ④ $\beta > 1$

**해설** 비압축성 유체의 체적팽창률은 "0"에 해당된다.

**92.** 압력 200 kPa, 체적 1.66 m³의 상태에 있는 기체가 정압조건에서 초기 체적의 1/2로 줄었을 때 이 기체가 행한 일은 약 몇 kJ인가? [2018. 4. 28.]
① −166                        ② −198.5
③ −236                        ④ −245.5

**해설** $W = P(V_2 - V_1) = 200\,\text{kN/m}^2 \times (1.66\,\text{m}^3 \times 1/2 - 1.66\,\text{m}^3)$
$= -166\,\text{kJ}$

**정답** ● 89. ①    90. ④    91. ①    92. ①

**93.** 공기를 작동유체로 하는 Diesel cycle의 온도범위가 32~3200℃이고 이 cycle의 최고 압력이 6.5 MPa, 최초 압력이 160 kPa일 경우 열효율은 약 얼마인가? (단, 공기의 비열비 는 1.4이다.) [2018. 4. 28.]

① 41.4 %                ② 46.5 %

③ 50.9 %                ④ 55.8 %

**해설** 압축비$(\varepsilon) = \dfrac{V_1}{V_2} = \left(\dfrac{P_2}{P_1}\right)^{\frac{1}{k}} = \left(\dfrac{6500\,\text{kPa}}{160\,\text{kPa}}\right)^{\frac{1}{1.4}} = 14.09$

$\dfrac{T_2}{T_1} = \left(\dfrac{V_1}{V_2}\right)^{k-1}$ 에서

$T_2 = T_1 \left(\dfrac{V_1}{V_2}\right)^{k-1} = (273 + 23) \times 14.09^{1.4-1} = 879\,\text{K}$

차단비$(\alpha) = \dfrac{273 + 3200}{879} = 3.95$

$\eta = 1 - \dfrac{\left(\dfrac{1}{\varepsilon}\right)^{k-1}(\alpha^k - 1)}{k(\alpha - 1)} = 1 - \dfrac{\left(\dfrac{1}{14.09}\right)^{1.4-1} \times (3.95^{1.4} - 1)}{1.4 \times (3.95 - 1)}$

$= 0.509 = 50.9\,\%$

**94.** 압력이 1000 kPa이고 온도가 400℃인 과열증기의 엔탈피는 약 몇 kJ/kg인가? (단, 압력이 1000kPa일 때 포화온도는 179.1℃, 포화증기의 엔탈피는 2775 kJ/kg이고, 과열증기의 평균 비열은 2.2 kJ/kg · K이다.) [2018. 4. 28.]

① 1547                ② 2452

③ 3261                ④ 4453

**해설** $h = 2775\,\text{kJ/kg} + 2.2\,\text{kJ/kg} \cdot \text{K} \times (400 - 179.1)\text{K}$

$= 3260.98\ \text{kJ/kg}$

**95.** 피스톤이 설치된 실린더에 압력 0.3 MPa, 체적 0.8 m³인 습증기 4 kg이 들어 있다. 압 력이 일정한 상태에서 가열하여 습증기의 건도가 0.9가 되었을 때 수증기에 의한 일은 몇 kJ인가? (단, 0.3 MPa에서 비체적은 포화액이 0.001 m³/kg, 건포화증기가 0.60 m³/kg 이다.) [2018. 9. 15.]

① 205.5                ② 237.2

③ 305.5                ④ 408.1

**해설** 체적 $0.8\,m^3$인 습증기 4 kg에 대한 비체적 $= \dfrac{0.8\,m^3}{4\,kg} = 0.2\,m^3/kg$

비체적 $0.2\,m^3/kg$에 대한 건도$(x_1) = \dfrac{0.2-0.001}{0.6-0.001} = 0.33$

일$(W) = 4\,kg \times 0.3 \times 1000\,kN/m^2 \times (0.6-0.001)m^3/kg \times (0.9-0.33)$

$\qquad = 409\,kJ$

---

**96.** 보일러로부터 압력 1 MPa로 공급되는 수증기의 건도가 0.95일 때 이 수증기 1 kg당 엔탈피는 약 몇 kcal인가? (단, 1 MPa에서 포화액의 비엔탈피는 181.2 kcal/kg, 포화증기의 엔탈피는 662.9 kcal/kg이다.) [2017. 3. 5.]

① 457.6

② 638.8

③ 810.9

④ 1120.5

**해설** 엔탈피$(h) = 181.2\,kcal/kg + 0.95 \times (662.9\,kcal/kg - 181.2\,kcal/kg)$

$\qquad = 638.815\,kcal/kg$

---

**97.** Gibbs의 상률(상법칙, phase rule)에 대한 설명 중 틀린 것은? [2017. 3. 5.]

① 상태의 자유도와 혼합물을 구성하는 성분 물질의 수, 그리고 상의 수에 관계되는 법칙이다.

② 평형이든 비평형이든 무관하게 존재하는 관계식이다.

③ Gibbs의 상률은 강도성 상태량과 관계한다.

④ 단일성분의 물질이 기상, 액상, 고상 중 임의의 2상이 공존할 때 상태의 자유도는 1이다.

**해설** Gibbs의 상률(상법칙, phase rule) : 계의 자유도 $F$는 총 변수에서 이들 변수 간의 총 평형관계와 화학양론적인 관계를 뺀 것과 같다. 즉 $F$는 계를 완전히 정의하기 위하여 나타내 주어야 할 변수의 총 수이며, 압력, 온도 및 농도가 변수인 계에서는 계의 자유도 $F$를 다음과 같이 나타낸다.

$P + F = C + N$

여기서, $P$ : 존재하는 상의 수

$\qquad\quad F$ : 자유도의 수(계의 상태를 정의하기 위한 외적 통제 변수)

$\qquad\quad C$ : 계의 성분의 수

$\qquad\quad N$ : 조성과 무관한 변수(예 : 압력, 온도 등)

**98.** 이상기체가 등온과정에서 외부에 하는 일에 대한 관계식으로 틀린 것은? (단, $R$은 기체 상수이고, 계에 대해서 $m$은 질량, $V$는 부피, $P$는 압력을 나타낸다. 또한 하첨자 "1"은 변경 전, 하첨자 "2"는 변경 후를 나타낸다.)

[2017. 5. 7.]

① $P_1 V_1 \ln \dfrac{V_2}{V_1}$　　　　　　② $P_1 V_1 \ln \dfrac{P_2}{P_1}$

③ $mRT \ln \dfrac{P_1}{P_2}$　　　　　　④ $mRT \ln \dfrac{V_2}{V_1}$

**해설** $W = PdV = RT \displaystyle\int_1^2 \dfrac{dV}{V} = P_1 V_1 \ln \dfrac{V_2}{V_1} = mRT_1 \ln \dfrac{P_1}{P_2} = mRT_1 \ln \dfrac{V_2}{V_1}$

---

**99.** 100℃ 건포화증기 2 kg이 온도 30℃인 주위로 열을 방출하여 100℃ 포화액으로 되었다. 전체(증기 및 주위)의 엔트로피 변화는 약 얼마인가? (단, 100℃에서의 증발잠열은 2257 kJ/kg이다.)

[2017. 5. 7.]

① −12.1 kJ/K　　　　　　② 2.8 kJ/K
③ 12.1 kJ/K　　　　　　④ 24.2 kJ/K

**해설** $S = G\dfrac{Q}{T} = G\left(\dfrac{Q}{T_1} - \dfrac{Q}{T_2}\right) = G\dfrac{Q(T_2 - T_1)}{T_1 T_2} = 2\,\text{kg} \times \dfrac{2257\,\text{kJ/kg} \times (373 - 303)\,\text{K}}{303\,\text{K} \times 373\,\text{K}} = 2.8\,\text{kJ/K}$

---

**100.** 폐쇄계에서 경로 A → C → B를 따라 110 J의 열이 계로 들어오고 50 J의 일을 외부에 할 경우 B → D → A를 따라 계가 되돌아 올 때 계가 40 J의 일을 받는다면 이 과정에서 계는 얼마의 열을 방출 또는 흡수하는가?

[2017. 9. 23.]

① 30 J 방출　　　　　　② 30 J 흡수
③ 100 J 방출　　　　　　④ 100 J 흡수

**해설** 110 − 50 = 60 J, 60 J + 40 J = 100 J 방출

---

**101.** 압력이 100 kPa인 공기를 정적과정으로 200 kPa의 압력이 되었다. 그 후 정압과정으로 비체적이 1 m³/kg에서 2 m³/kg으로 변하였다고 할 때 이 과정 동안의 총 엔트로피의 변화량은 약 몇 kJ/kg · K인가? (단, 공기의 정적비열은 0.7 kJ/kg · K, 정압비열은 1.0 kJ/kg · K)

[2017. 9. 23.]

① 0.31　　　　　　② 0.52
③ 1.04　　　　　　④ 1.18

---

**정답** ━● **98.** ②　**99.** ②　**100.** ③　**101.** ④

🔘해설 $\Delta S = C_v \ln \dfrac{P_2}{P_1} + C_p \ln \dfrac{V_2}{V_1}$

$\qquad = 0.7 \text{ kJ/kg} \cdot \text{K} \times \ln \dfrac{200}{100} + 1.0 \text{ kJ/kg} \cdot \text{K} \times \ln \dfrac{2}{1}$

$\qquad = 1.178 \text{ kJ/kg} \cdot \text{K}$

---

**102.** 피스톤과 실린더로 구성된 밀폐된 용기 내에 일정한 질량의 이상기체가 차 있다. 초기상태의 압력은 2 atm, 체적은 0.5 m³이다. 이 시스템의 온도가 일정하게 유지되면서 팽창하여 압력이 1 atm이 되었다. 이 과정 동안에 시스템이 한 일은 몇 kJ인가? [2016. 3. 6.]

① 64        ② 70        ③ 79        ④ 83

🔘해설 온도가 일정(등온과정)하므로

$\quad W = P_1 V_1 \ln \dfrac{V_2}{V_1} = P_1 V_1 \ln \dfrac{P_1}{P_2} \ (1 \text{ atm} = 101.325 \text{ kN/m}^2)$

$\qquad = 2 \times 101.325 \text{ kN/m}^2 \times 0.5 \text{ m}^3 \times \ln \left( \dfrac{2 \text{ atm}}{1 \text{ atm}} \right)$

$\qquad = 70.23 \text{ kN} \cdot \text{m} = 70.23 \text{ kJ}$

---

**103.** 20 MPa, 0℃의 공기를 100 kPa로 교축(throtting)하였을 때의 온도는 약 몇 ℃인가? (단, 엔탈피는 20 MPa, 0℃에서 439 kJ/kg, 100 kPa, 0℃에서 485 kJ/kg이고, 압력이 100 kPa인 등압과정에서 평균비열은 1.0 kJ/kg · ℃이다.) [2016. 3. 6.]

① −11                  ② −22

③ −36                  ④ −46

🔘해설 $Q = C \times \Delta t$ 에서

$\quad (485 \text{ kJ/kg} - 439 \text{ kJ/kg}) = 1.0 \text{kJ/kg} \cdot ℃ \times (0 - t)℃$

$\quad \therefore \ t = -46℃$

---

**104.** 정압과정으로 5 kg의 공기에 20 kcal의 열이 전달되어, 공기의 온도가 10℃에서 30℃로 올랐다. 이 온도 범위에서 공기의 평균 비열(kJ/kg · K)을 구하면? [2016. 3. 6.]

① 0.152                  ② 0.321

③ 0.463                  ④ 0.837

🔘해설 $Q = GC\Delta t$ 에서 $\quad C = \dfrac{Q}{G\Delta t} = \dfrac{20 \text{ kcal} \times 4.186 \text{ kJ/kcal}}{5 \text{ kg} \times 20℃} = 0.8372 \text{ kJ/kg} \cdot \text{K}$

$\quad$ ※ 1kcal = 4.186 kJ

---

**정답** ➤ 102. ②    103. ④    104. ④

**105.** 엔탈피가 3140 kJ/kg인 과열증기가 단열노즐에 저속상태로 들어와 출구에서 엔탈피가 3010 kJ/kg인 상태로 나갈 때 출구에서의 증기 속도(m/s)는? [2016. 5. 8.]

① 8

② 25

③ 160

④ 510

**해설** $V = \sqrt{2 \times (3140 - 3010) \times 1000} = 509.9 \text{ m/s}$

---

**106.** 비열이 일정하고 비열비가 $k$인 이상기체의 등엔트로피 과정에서 성립하지 않는 것은? (단, $T$, $P$, $v$는 각각 절대온도, 압력, 비체적이다.) [2016. 5. 8.]

① $Pv^k = $ 일정

② $Tv^{k-1} = $ 일정

③ $PT^{\frac{k}{k-1}} = $ 일정

④ $TP^{\frac{1-k}{k}} = $ 일정

**해설** 이상기체의 등엔트로피 과정은 단열과정에 해당되며 $Pv^k = $ 일정, $Tv^{k-1} = $ 일정, $TP^{\frac{1-k}{k}}$ = 일정 등으로 표기된다.

---

**107.** 체적 500 L인 탱크가 300℃로 보온되었고, 이 탱크 속에는 25 kg의 습증기가 들어있다. 이 증기의 건도를 구한 값은? (단, 증기표의 값은 300℃인 온도 기준일 때 $v' = $ 0.0014036 m³/kg, $v'' = $ 0.02163 m³/kg이다.) [2015. 5. 31.]

① 62 %

② 72 %

③ 82 %

④ 92 %

**해설** 탱크 내의 비체적 $= \dfrac{0.5 \text{ m}^3}{25 \text{ kg}} = 0.02 \text{ m}^3/\text{kg}$

건도 $= \dfrac{0.02 \text{ m}^3/\text{kg} - 0.0014036 \text{ m}^3/\text{kg}}{0.02163 \text{ m}^3/\text{kg} - 0.0014036 \text{ m}^3/\text{kg}} = 0.919 = 92 \%$

---

**108.** $PV^n = $ 일정인 과정에서 밀폐계가 하는 일을 나타낸 식은? [2015. 5. 31.]

① $P_2 V_2 - P_1 V_1$

② $\dfrac{P_1 V_1 - P_2 V_2}{n-1}$

③ $\dfrac{P_2 V_2^{n-1} - P_1 V_1^{n-1}}{n-1}$

④ $P_1 V_1^n (V_2 - V_1)$

---

**정답** ● 105. ④  106. ③  107. ④  108. ②

**해설** $PV^n = C$(일정)에서 $W = \dfrac{P_1V_1 - P_2V_2}{n-1}$

---

**109.** 동일한 압력하에서 포화수, 건포화증기의 비체적을 각각 $v'$, $v''$로 하고, 건도 $x$의 습 증기의 비체적을 $v_x$로 할 때 건도 $x$는 어떻게 표시되는가? [2015. 9. 19.]

① $x = \dfrac{v'' - v'}{v_x + v'}$　② $x = \dfrac{v_x + v'}{v'' - v'}$　③ $x = \dfrac{v'' - v'}{v_x - v'}$　④ $x = \dfrac{v_x - v'}{v'' - v'}$

**해설** $v_x = v' + x(v'' - v')$에서 $x = \dfrac{v_x - v'}{v'' - v'}$

---

**110.** 증기의 속도가 빠르고, 입출구 사이의 높이 차도 존재하여 운동에너지 및 위치에너지를 무시할 수 없다고 가정하고, 증기는 이상적인 단열 상태에서 개방시스템 내로 흘러 들어가 단위질량 유량당 축일($W_s$)을 외부로 제공하고 시스템으로부터 흘러나온다고 할 때, 단위질량 유량당 축일을 어떻게 구할 수 있는가? (단, $u$는 비체적, $P$는 압력, $V$는 속도, $g$는 중력가속도, $z$는 높이를 나타내며, 하첨자 $i$는 입구, $e$는 출구를 나타낸다.) [2016. 10. 1.]

① $W_s = \int_i^e P du$

② $W_s = -\int_i^e u dP$

③ $W_s = \int_i^e P du + \dfrac{1}{2}(V_i^2)g(z_i - z_e)$

④ $W_s = -\int_i^e u dP + \dfrac{1}{2}(V_i^2)g(z_i - z_e)$

**해설** 개방시스템에서 단위질량 유량당 축일($W_s$)은 공업일 + 속도에너지 + 위치에너지로 표기한다.

---

**111.** 다음 중 열역학적 계에 대한 에너지 보존의 법칙에 해당하는 것은? [2017. 5. 7.]
① 열역학 제0법칙　② 열역학 제1법칙
③ 열역학 제2법칙　④ 열역학 제3법칙

**해설** 열역학 법칙
- 제0법칙 : 두 물체의 온도가 같으면 열의 이동 없이 평형상태를 유지한다(온도계의 원리, 열평형의 법칙).
- 제1법칙 : 기계적 일은 열로, 열은 기계적 일로 변하는 비율은 일정하다($Q = AW$, $W = JQ$, 에너지 보존의 법칙).
- 제2법칙 : 기계적 일은 열로 변하기 쉬우나 열은 기계적 일로 변하기 어렵다. 열은 높은 곳에서 낮은 곳으로 흐른다(엔트로피의 법칙).
- 제3법칙 : 열은 어떠한 경우에도 그 절대온도인 $-273℃$에 도달할 수 없다.

**정답** 109. ④　110. ④　111. ②

**112.** 다음 중 열역학 제1법칙을 설명한 것으로 가장 옳은 것은? [2017. 9. 23.]

① 제3의 물체와 열평형에 있는 두 물체는 그들 상호간에도 열평형에 있으며, 물체의 온도는 서로 같다.

② 열을 일로 변환할 때 또는 일을 열로 변환할 때 전체 계의 에너지 총량은 변하지 않고 일정하다.

③ 흡수한 열을 전부 일로 바꿀 수는 없다.

④ 절대 영도 즉 0 K에는 도달할 수 없다.

**해설** 문제 111번 해설 참조

**113.** 일정한 압력 300 kPa으로, 체적 0.5 m$^3$의 공기가 외부로부터 160 kJ의 열을 받아 그 체적이 0.8 m$^3$로 팽창하였다. 내부에너지의 증가량은 몇 kJ인가? [2021. 9. 12.]

① 30          ② 70          ③ 90          ④ 160

**해설** 엔탈피($i$) = 내부에너지($u$) + 외부에너지

$u = 160 \text{ kJ} - 300 \text{ kN/m}^2 \times (0.8 - 0.5)\text{m}^3 = 70 \text{ kJ}$

※ 1 kJ = 1 kN · m

**114 .** 공기 100 kg을 400℃에서 120℃로 냉각할 때 엔탈피(kJ) 변화는? (단, 일정 정압비열은 1.0 kJ/kg · K 이다.) [2020. 6. 6.]

① −24000          ② −26000

③ −28000          ④ −30000

**해설** $Q = 100 \text{ kg} \times 1.0 \text{ kJ/kg} \cdot \text{K} \times (120 - 400)\text{K} = -28000 \text{ kJ}$

즉, 28000 kJ만큼 엔탈피가 감소하게 된다.

**115.** 다음 관계식 중에 틀린 것은? (단, $m$은 질량, $U$는 내부에너지, $H$는 엔탈피, $W$는 일, $C_p$와 $C_v$는 각각 정압비열과 정적비열이다.) [2020. 8. 22.]

① $dU = m C_v dT$

② $C_p = \dfrac{1}{m}\left(\dfrac{\partial H}{\partial T}\right)_p$

③ $\delta W = m C_v dT$

④ $C_v = \dfrac{1}{m}\left(\dfrac{\partial H}{\partial T}\right)_v$

**해설** ③항은 열량에 대한 공식으로 현열을 구할 때 사용한다.

**정답** ● 112. ②    113. ②    114. ③    115. ③

**116.** 100 kPa의 포화액이 펌프를 통과하여 1,000 kPa까지 단열압축된다. 이때 필요한 펌프의 단위 질량당 일은 약 몇 kJ/kg인가? (단, 포화액의 비체적은 0.001 m³/kg으로 일정하다.)   [2019. 3. 3.]

① 0.9　　　② 1.0　　　③ 900　　　④ 1,000

**해설** $W = 1000\,\text{kN/m}^2 \times 0.001\,\text{m}^3/\text{kg} - 100\,\text{kN/m}^2 \times 0.001\,\text{m}^3/\text{kg}$
$= 0.9\,\text{kN} \cdot \text{m/kg} = 0.9\,\text{kJ/kg}$

**117.** 열역학 제1법칙은 기본적으로 무엇에 관한 내용인가?   [2019. 4. 27.]

① 열의 전달　　　② 온도의 정의
③ 엔트로피의 정의　　　④ 에너지의 보존

**해설** 문제 111번 해설 참조

**118.** 열역학 제1법칙에 대한 설명으로 틀린 것은?   [2019. 9. 21.]

① 열은 에너지의 한 형태이다.
② 일을 열로 또는 열을 일로 변환할 때 그 에너지 총량은 변하지 않고 일정하다.
③ 제1종의 영구기관을 만드는 것은 불가능하다.
④ 제1종의 영구기관은 공급된 열에너지를 모두 일로 전환하는 가상적인 기관이다.

**해설** 제1종 영구기관 : 외부로부터 에너지 공급이 전혀 없는 환경에서 에너지를 생산해내는 기관으로 에너지 보존 법칙에 위배되며, 실제로 제작이 불가능하다.

**119.** 제1종 영구기관이 실현 불가능한 것과 관계있는 열역학 법칙은?   [2018. 9. 15.]

① 열역학 제0법칙　　　② 열역학 제1법칙
③ 열역학 제2법칙　　　④ 열역학 제3법칙

**해설** 제1종 영구기관은 외부로부터 에너지 공급이 전혀 없는 환경에서 에너지를 생산해내는 기관으로 열역학 제1법칙에 위배된다. 제2종 영구기관은 열역학 제2법칙에 위배된다.

**120.** 실린더 속에 100 g의 기체가 있다. 이 기체가 피스톤의 압축에 따라서 2 kJ의 일을 받고 외부로 3 kJ의 열을 방출했다. 이 기체의 단위 kg당 내부에너지는 어떻게 변화하는가? [2018. 4. 28.]

① 1 kJ/kg 증가한다.　　　② 1 kJ/kg 감소한다.
③ 10 kJ/kg 증가한다.　　　④ 10 kJ/kg 감소한다.

**정답**　116. ①　117. ④　118. ④　119. ②　120. ④

**[해설]** 100 g의 기체 → 0.1 kg의 기체

내부에너지 증감 = 2 kJ − 3 kJ = − 1 kJ

kg당 내부에너지 = − 1 kJ/0.1 kg = − 10 kJ/kg

∴ kg당 내부에너지는 10 kJ만큼 감소하였다.

---

**121.** $CO_2$ 기체 20 kg을 15℃에서 215℃로 가열할 때 내부에너지의 변화는 약 몇 kJ가? (단, 이 기체의 정적비열은 0.67 kJ/kg · K이다.)

[2018. 3. 4.]

① 134　　　　　　　　　　　　② 200

③ 2680　　　　　　　　　　　④ 4000

**[해설]** $Q = GC_v \Delta t$

$\quad = 20 \text{ kg} \times 0.67 \text{ kJ/kg} \cdot \text{K} \times (215 - 15)℃$

$\quad = 2680 \text{ kJ}$

---

**122.** 98.1 kPa, 60℃에서 질소 2.3 kg, 산소 1.8 kg의 기체 혼합물이 등엔트로피 상태로 압축되어 압력이 343 kPa로 되었다. 이때 내부에너지 변화는 약 몇 kJ인가? (단, 혼합 기체의 정적비열은 0.711 kJ/kg · K이고, 비열비는 1.4이다.)

[2018. 4. 28.]

① 325　　　　　　　　　　　　② 417

③ 498　　　　　　　　　　　④ 562

**[해설]** 혼합물의 중량 = 2.3 kg + 1.8 kg = 4.1 kg

$\dfrac{T_2}{T_1} = \left(\dfrac{P_2}{P_1}\right)^{\frac{k-1}{k}}$ 에서 $T_2 = T_1 \left(\dfrac{P_2}{P_1}\right)^{\frac{k-1}{k}}$

$T_2 = (273 + 60) \times \left(\dfrac{343 \text{ kPa}}{98.1 \text{ kPa}}\right)^{\frac{1.4-1}{1.4}} = 476.17 \text{ K}$

내부에너지($\Delta U$) $= GC_v \Delta t = 4.1 \text{ kg} \times 0.711 \text{ kJ/kg} \cdot \text{K} \times (476.17 - 333)\text{K}$

$\quad = 417.35 \text{ kJ}$

---

**123.** 1.5 MPa, 250℃의 공기 5 kg이 폴리트로픽 지수 1.3인 폴리트로픽 변화를 통해 팽창비가 5가 될 때까지 팽창하였다. 이때 내부에너지의 변화는 약 몇 kJ인가? (단, 공기의 정적비열은 0.72 kJ/kg · K이다.)

[2019. 4. 27.]

① − 1002　　　　　　　　　　② − 721

③ − 144　　　　　　　　　　④ − 72

---

**해설** $\dfrac{T_2}{T_1} = \left(\dfrac{V_1}{V_2}\right)^{n-1}$ 에서 $T_2 = T_1 \left(\dfrac{V_1}{V_2}\right)^{n-1}$

$T_2 = (273 + 250) \times \left(\dfrac{V_1}{5V_1}\right)^{1.3-1} = 322.71\ \text{K}$

$\Delta U = GC_v \Delta t = 5\ \text{kg} \times 0.72\ \text{kJ/kg} \cdot \text{K} \times (322.71 - 523)\text{K}$

$\quad = -721.04\ \text{kJ}$

---

**124.** 초기온도가 20℃인 암모니아(NH₃) 3 kg을 정적과정으로 가열시킬 때, 엔트로피가 1.255 kJ/K만큼 증가하는 경우 가열량은 약 몇 kJ인가? (단, 암모니아 정적비열은 1.56 kJ/kg · K이다.)  [2019. 4. 27.]

① 62.2  ② 101  ③ 238  ④ 422

**해설** $\Delta s = GC_v \ln \dfrac{T_2}{T_1}$ 에서 $1.255\ \text{kJ/K} = 3\ \text{kg} \times 1.56\ \text{kJ/kg} \cdot \text{K} \times \ln \dfrac{T_2}{293}$

$\therefore\ T_2 = 383.1\ \text{K}$

$\Delta Q = GC_v \Delta t = 3\ \text{kg} \times 1.56\ \text{kJ/kg} \cdot \text{K} \times (383.1 - 293)\text{K}$

$\quad = 421.7\ \text{kJ}$

---

**125.** 다음 설명과 가장 관계되는 열역학적 법칙은?  [2021. 3. 7.]

- 열은 그 자신만으로는 저온의 물체로부터 고온의 물체로 이동할 수 없다.
- 외부에 어떠한 영향을 남기지 않고 한 사이클 동안에 계가 열원으로부터 받은 열을 모두 일로 바꾸는 것은 불가능하다.

① 열역학 제0법칙  ② 열역학 제1법칙
③ 열역학 제2법칙  ④ 열역학 제3법칙

**해설** 열역학 법칙
- 제0법칙 : 두 물체의 온도가 같으면 열의 이동 없이 평형상태를 유지한다(온도계의 원리, 열평형의 법칙).
- 제1법칙 : 기계적 일은 열로, 열은 기계적 일로 변하는 비율은 일정하다($Q = AW$, $W = JQ$, 에너지 보존의 법칙).
- 제2법칙 : 기계적 일은 열로 변하기 쉬우나 열은 기계적 일로 변하기 어렵다. 열은 높은 곳에서 낮은 곳으로 흐른다(엔트로피의 법칙).
- 제3법칙 : 열은 어떠한 경우에도 그 절대온도인 −273℃에 도달할 수 없다.

**정답** 124. ④  125. ③

**126.** 다음 중 열역학 제2법칙과 관련된 것은? [2021. 9. 12.]
① 상태 변화 시 에너지는 보존된다.
② 일을 100 % 열로 변환시킬 수 있다.
③ 사이클과정에서 시스템이 한 일은 시스템이 받은 열량과 같다.
④ 열은 저온부로부터 고온부로 자연적으로 전달되지 않는다.

**해설** 문제 125번 해설 참조

**127.** 열역학 제2법칙을 설명한 것이 아닌 것은? [2020. 6. 6.]
① 사이클로 작동하면서 하나의 열원으로부터 열을 받아서 이 열을 전부 일로 바꾸는 것은 불가능하다.
② 에너지는 한 형태에서 다른 형태로 바뀔 뿐이다.
③ 제2종 영구기관을 만든다는 것은 불가능하다.
④ 주위에 아무런 변화를 남기지 않고 열을 저온의 열원으로부터 고온의 열원으로 전달하는 것은 불가능하다.

**해설** 문제 125번 해설 참조

**128.** 열역학 제2법칙에 대한 설명이 아닌 것은? [2020. 8. 22.]
① 제2종 영구기관의 제작은 불가능하다.
② 고립계의 엔트로피는 감소하지 않는다.
③ 열은 자체적으로 저온에서 고온으로 이동이 곤란하다.
④ 열과 일은 변환이 가능하며, 에너지보존 법칙이 성립한다.

**해설** 문제 125번 해설 참조

**129.** 다음은 열역학 기본법칙을 설명한 것이다. 0법칙, 1법칙, 2법칙, 3법칙 순으로 옳게 나열한 것은? [2020. 6. 6.]

㉮ 에너지 보존에 관한 법칙이다.
㉯ 에너지의 전달 방향에 관한 법칙이다.
㉰ 절대온도 0 K에서 완전 결정질의 절대 엔트로피는 0이다.
㉱ 시스템 A가 시스템 B와 열적 평형을 이루고 동시에 시스템 C와도 열적 평형을 이룰 때 시스템 B와 C의 온도는 동일하다.

① ㉮-㉯-㉰-㉱    ② ㉱-㉮-㉯-㉰    ③ ㉰-㉱-㉮-㉯    ④ ㉯-㉮-㉱-㉰

**정답** ● 126. ④   127. ②   128. ④   129. ②

**해설** 문제 125번 해설 참조

---

**130.** 임의의 과정에 대한 가역성과 비가역성을 논의하는 데 적용되는 법칙은? [2020. 9. 26.]
① 열역학 제0법칙　　② 열역학 제1법칙
③ 열역학 제2법칙　　④ 열역학 제3법칙

**해설** 엔트로피의 변화는 항상 증가하거나 일정하며 절대로 감소하지 않는다. 엔트로피의 법칙은 열역학 제2법칙에 해당된다.
• 비가역 : 엔트로피 변화의 총합이 증가
• 가역 : 엔트로피 변화의 총합이 "0"

---

**131.** 다음과 관계있는 법칙은? [2019. 4. 27.]

"계가 흡수한 열을 완전히 일로 전환할 수 있는 장치는 없다."

① 열역학 제3법칙　　② 열역학 제2법칙
③ 열역학 제1법칙　　④ 열역학 제0법칙

**해설** 문제 125번 해설 참조

---

**132.** 열역학 제2법칙에 관한 다음 설명 중 옳지 않은 것은? [2017. 3. 5.]
① 100 %의 열효율을 갖는 열기관은 존재할 수 없다.
② 단일열원으로부터 열을 전달받아 사이클 과정을 통해 모두 일로 변화시킬 수 있는 열기관이 존재할 수 있다.
③ 열은 저온부로부터 고온부로 자연적으로 전달되지는 않는다.
④ 고립계에서 엔트로피는 항상 증가하거나 일정하게 보존된다.

**해설** 제2종 영구기관은 열역학 제2법칙을 위반하는 것으로 열을 모두 일로 변환시킬 수 없다.

---

**133.** 물체 A와 B가 각각 물체 C와 열평형을 이루었다면 A와 B도 서로 열평형을 이룬다는 열역학 법칙은? [2016. 10. 1.]
① 제0법칙　　② 제1법칙
③ 제2법칙　　④ 제3법칙

**해설** 문제 125번 해설 참조

**정답** 130. ③　131. ②　132. ②　133. ①

**134.** 다음 중 열역학 2법칙과 관련된 것은? [2015. 3. 8.]

① 상태 변화 시 에너지는 보존된다.
② 일은 100 % 열로 변환시킬 수 있다.
③ 사이클 과정에서 시스템(계)이 한 일은 시스템이 받은 열량과 같다.
④ 열은 저온부로부터 고온부로 자연적으로(저절로) 전달되지 않는다.

**해설** 열은 저온부에서 고온부로 이동하려면 기계적인 힘을 빌려야 한다.

**135.** 97℃로 유지되고 있는 항온조가 실내 온도 27℃인 방에 놓여 있다. 어떤 시간에 1000 kJ의 열이 항온조에서 실내로 방출되었다면 다음 설명 중 틀린 것은? [2020. 9. 26.]

① 항온조 속의 물질의 엔트로피 변화는 −2.7 kJ/K이다.
② 실내 공기의 엔트로피의 변화는 약 3.3 kJ/K이다.
③ 이 과정은 비가역적이다.
④ 항온조와 실내 공기의 총 엔트로피는 감소하였다.

**해설** 엔트로피 변화

- 97℃일 때 : $\Delta S = \dfrac{\Delta Q}{T} = \dfrac{-1000\,\mathrm{kJ}}{(273+97)\mathrm{K}} = -2.7\,\mathrm{kJ/K}$(열 방출−)

- 27℃일 때 : $\Delta S = \dfrac{\Delta Q}{T} = \dfrac{1000\,\mathrm{kJ}}{(273+27)\mathrm{K}} = 3.3\,\mathrm{kJ/K}$(열 흡수+)

- 비가역과정으로 엔트로피는 $3.3\,\mathrm{kJ/K} - 2.7\,\mathrm{kJ/K} = 0.6\,\mathrm{kJ/K}$만큼 증가하였다.

**136.** 어느 밀폐계와 주위 사이에 열의 출입이 있다. 이것으로 인한 계와 주위의 엔트로피의 변화량을 각각 $\Delta S_1$, $\Delta S_2$로 하면 엔트로피 증가의 원리를 나타내는 식으로 옳은 것은?

① $\Delta S_1 > 0$       ② $\Delta S_2 > 0$ [2019. 3. 3.]

③ $\Delta S_1 + \Delta S_2 > 0$       ④ $\Delta S_1 - \Delta S_2 > 0$

**해설** 엔트로피의 총합 = 시스템 + 주위 변화량 = $\Delta S_1 + \Delta S_2 > 0$

**137.** 물 1 kg이 100℃의 포화액 상태로부터 동일 압력에서 100℃의 건포화증기로 증발할 때까지 2,280 kJ을 흡수하였다. 이때 엔트로피의 증가는 약 몇 kJ/K인가? [2019. 3. 3.]

① 6.1       ② 12.3
③ 18.4       ④ 25.6

**정답** 134. ④   135. ④   136. ③   137. ①

$$\boxed{\text{해설}}\ \Delta S = \frac{\Delta Q}{T} = \frac{2280\,\text{kJ}}{(273+100)\,\text{K}} = 6.11\,\text{kJ/K}$$

---

**138.** 이상적인 가역 단열변화에서 엔트로피는 어떻게 되는가? [2019. 4. 27.]

① 감소한다.　　　　　　　　　② 증가한다.

③ 변하지 않는다.　　　　　　　④ 감소하다 증가한다.

---

$\boxed{\text{해설}}$ 이상적인 가역 단열변화는 엔트로피를 일정하게 유지하는 단열변화로 기체의 상태변화 중 기체에 열의 출입이 없는 이론적인 변화이다.

---

**139.** 다음 중 등엔트로피 과정에 해당하는 것은? [2019. 9. 21.]

① 등적과정　　　　　　　　　　② 등압과정

③ 가역단열과정　　　　　　　　④ 가역등온과정

---

$\boxed{\text{해설}}$ 문제 138번 해설 참조

---

**140.** 카르노 사이클에서 공기 1 kg이 1사이클마다 하는 일이 100 kJ이고 고온 227℃, 저온 27℃ 사이에서 작용한다. 이 사이클의 작동 과정에서 생기는 저온 열원의 엔트로피 증가 (kJ/K)는? [2019. 9. 21.]

① 0.2　　　　　　　　　　　　② 0.4

③ 0.5　　　　　　　　　　　　④ 0.8

---

$$\boxed{\text{해설}}\ \Delta S = \frac{\Delta Q}{T} = \frac{100\,\text{kJ}}{(227-27)\,\text{K}} = 0.5\,\text{kJ/K}$$

---

**141.** 다음 중 엔트로피에 관한 설명으로 옳은 것은? [2018. 3. 4.]

① 비가역 사이클에서 클라우지우스(Clausius)의 적분은 영(0)이다.

② 두 상태 사이의 엔트로피 변화는 경로에는 무관하다.

③ 여러 종류의 기체가 서로 확산되어 혼합하는 과정은 엔트로피가 감소한다고 볼 수 있다.

④ 우주 전체의 엔트로피는 궁극적으로 감소되는 방향으로 변화한다.

---

**해설** 엔트로피
  • 클라우지우스(clausius)의 적분
    – 가역 사이클 : $\oint \dfrac{\Delta Q}{T} = 0$,
    – 비가역 사이클 : $\oint \dfrac{\Delta Q}{T} < 0$
  • 두 상태 사이의 엔트로피 변화는 경로에는 무관한 상태 함수이다.
  • 에너지는 엔트로피가 증가한 방향으로 흐른다.

---

**142.** 온도가 800 K이고 질량이 10 kg인 구리를 온도 290 K인 100 kg의 물속에 넣었을 때 이 계 전체의 엔트로피 변화는 몇 kJ/K인가? (단, 구리와 물의 비열은 각각 0.398 kJ/kg · K, 4.185 kJ/kg · K이고, 물은 단열된 용기에 담겨 있다.)   [2018. 4. 28.]

① −3.973

② 2.897

③ 4.424

④ 6.870

**해설** 구리와 물의 열 교환으로 중간 온도($t$)를 유지하면
$10\,\text{kg} \times 0.398\,\text{kJ/kg} \cdot \text{K} \times (800 - t)\text{K} = 100\,\text{kg} \times 4.185\,\text{kJ/kg} \cdot \text{K} \times (t - 290)\text{K}$
$t = 294.8\,\text{K}$

$\Delta S = \dfrac{\Delta Q}{T} = GC\ln\dfrac{T_2}{T_1}$

$= 10\,\text{kg} \times 0.398\,\text{kJ/kg} \cdot \text{K} \times \ln\dfrac{294.8}{800} + 100\,\text{kg} \times 4.185\,\text{kJ/kg} \cdot \text{K} \times \ln\dfrac{294.8}{290} = 2.897$

---

**143.** 밀폐계에서 비가역 단열과정에 대한 엔트로피 변화를 옳게 나타낸 식은? (단, $S$는 엔트로피, $C_p$는 정압비열, $T$는 온도, $R$은 기체상수, $P$는 압력, $Q$는 열량을 나타낸다.) [2018. 4. 28.]

① $dS = 0$

② $dS > 0$

③ $dS = C_p\dfrac{dT}{T} - R\dfrac{dP}{P}$

④ $dS = \dfrac{\delta Q}{T}$

**해설** 밀폐계에서 비가역 단열과정에 대한 엔트로피 변화 : $\Delta S > 0$

---

**144.** 400 K로 유지되는 항온조 내의 기체에 80 kJ의 열이 공급되었을 때, 기체의 엔트로피 변화량은 몇 kJ/K인가?   [2018. 9. 15.]

① 0.01

② 0.03

③ 0.2

④ 0.3

**해설** $\Delta S = \dfrac{\Delta Q}{T} = \dfrac{80\,\text{kJ}}{400\,\text{K}} = 0.2\,\text{kJ/K}$

---

**정답** ● 142. ②   143. ②   144. ③

**145.** 온도 127℃에서 포화수 엔탈피는 560 kJ/kg, 포화증기의 엔탈피는 2720 kJ/kg일 때 포화수 1kg이 포화증기로 변화하는 데 따르는 엔트로피의 증가는 몇 kJ/kg · K인가?

① 1.4　　　　　　　　　② 5.4　　　　　　[2015. 5. 31.] [2018. 9. 15.]

③ 9.8　　　　　　　　　④ 21.4

**해설** $\Delta S = \dfrac{\Delta Q}{T} = \dfrac{2720\,\text{kJ/kg} - 560\,\text{kJ/kg}}{(273 + 127)\,\text{K}} = 5.4\,\text{kJ/kg} \cdot \text{K}$

**146.** 다음 중 어떤 압력 상태의 과열 수증기 엔트로피가 가장 작은가? (단, 온도는 동일하다고 가정한다.)　　　　　　　　　　　　　　　　　　[2017. 5. 7.]

① 5기압　　　　　　　　② 10기압

③ 15기압　　　　　　　　④ 20기압

**해설** 과열 수증기 상태에서는 온도와 압력이 낮아질수록 엔트로피 값은 증가하게 된다. 그러므로 동일 온도에서는 압력이 높아질수록 엔트로피는 감소하게 된다($P-h$ 선도 참조).

**147.** 단열계에서 엔트로피 변화에 대한 설명으로 옳은 것은?　　　　　[2016. 3. 6.]

① 가역 변화 시 계의 전 엔트로피는 증가된다.

② 가역 변화 시 계의 전 엔트로피는 감소한다.

③ 가역 변화 시 계의 전 엔트로피는 변하지 않는다.

④ 가역 변화 시 계의 전 엔트로피의 변화량은 비가역 변화 시보다 일반적으로 크다.

**해설** 단열변화는 등엔트로피 과정으로 엔트로피는 불변이다.

**148.** 엔트로피에 대한 설명으로 틀린 것은?　　　　　　　　　　　　[2016. 5. 8.]

① 엔트로피는 상태함수이다.

② 엔트로피는 분자들의 무질서도 척도가 된다.

③ 우주의 모든 현상은 총 엔트로피가 증가하는 방향으로 진행되고 있다.

④ 자유팽창, 종류가 다른 가스의 혼합, 액체 내의 분자의 확산 등의 과정에서 엔트로피가 변하지 않는다.

**해설** 엔트로피는 에너지의 흐름을 설명할 때 이용되는 상태함수로 모든 과정과 현상은 엔트로피가 증가하는 방향으로만 일어난다.

**정답** ● 145. ②　146. ④　147. ③　148. ④

**149.** 물 1 kg이 50℃의 포화액 상태로부터 동일 압력에서 건포화증기로 증발할 때까지 2280 kJ을 흡수하였다. 이때 엔트로피의 증가는 몇 kJ/K인가? [2015. 3. 8.]

① 7.06
② 15.3
③ 22.3
④ 47.6

**해설** $\Delta S = \dfrac{\Delta Q}{T} = \dfrac{2280\,\mathrm{kJ}}{323\,\mathrm{K}} = 7.058\,\mathrm{kJ/K}$

**150.** 이상기체 1몰이 온도가 23℃로 일정하게 유지되는 등온과정으로 부피가 23 L에서 45 L로 가역 팽창하였을 때 엔트로피 변화는 몇 J/K인가? (단, $R = 8.314\,\mathrm{kJ/kmol \cdot K}$이다.) [2015. 9. 19.]

① −5.58
② 5.58
③ −1.67
④ 1.67

**해설** $\Delta S = GR \ln \dfrac{V_2}{V_1} = 8.314\,\mathrm{J/mol \cdot K} \times \ln \dfrac{45}{23} = 5.58\,\mathrm{J/K}$

**151.** 이상기체가 정압과정으로 온도가 150℃ 상승하였을 때 엔트로피 변화는 정적과정으로 동일 온도만큼 상승하였을 때 엔트로피 변화의 몇 배인가? (단, $k$는 비열비이다.) [2016. 10. 1.]

① $1/k$
② $k$
③ 1
④ $k-1$

**해설** 정압$(\Delta S_1) = C_p \ln \dfrac{T_2}{T_1}$, 정적$(\Delta S_2) = C_v \ln \dfrac{T_2}{T_1}$

$$\dfrac{\Delta S_1}{\Delta S_2} = \dfrac{C_p \ln \dfrac{T_2}{T_1}}{C_v \ln \dfrac{T_2}{T_1}} = \dfrac{C_p}{C_v} = k$$

**152.** 300℃, 200 kPa인 공기가 탱크에 밀폐되어 대기 공기로 냉각되었다. 이 과정에서 탱크 내 공기 엔트로피의 변화량을 $\Delta S_1$, 대기 공기의 엔트로피의 변화량을 $\Delta S_2$라 할 때 엔트로피 증가의 원리를 옳게 나타낸 것은? [2015. 3. 8.]

① $\Delta S_1 + \Delta S_2 \leq 0$
② $\Delta S_1 + \Delta S_2 < 0$
③ $\Delta S_1 + \Delta S_2 > 0$
④ $\Delta S_1 + \Delta S_2 = 0$

**해설** 엔트로피 증가의 원리 : 탱크 내 공기 엔트로피의 변화량과 주위의 엔트로피 변화량을 더한 값이 항상 "0"보다 크게 표시된다. $\Delta S_1 + \Delta S_2 > 0$

**정답** ▶ 149. ① 150. ② 151. ② 152. ③

---

**153.** 열역학 관계식 $TdS = dH - VdP$에서 용량성 상태량(extensive property)이 아닌 것은? (단, $S$ : 엔트로피, $H$ : 엔탈피, $V$ : 체적, $P$ : 압력, $T$ : 절대온도이다.) [2021. 5. 15.]

① $S$  ② $H$

③ $V$  ④ $P$

---

해설 • 용량성 상태량 : 크기나 질량이 해당(체적, 엔탈피, 엔트로피, 내부에너지)

• 강도성 상태량 : 압력, 온도, 밀도, 비체적 등

---

**154.** 열역학 제2법칙과 관련하여 가역 또는 비가역 사이클 과정 중 항상 성립하는 것은? (단, $Q$는 시스템에 출입하는 열량이고, $T$는 절대온도이다.) [2021. 9. 12.]

① $\int \dfrac{\delta Q}{T} = 0$  ② $\int \dfrac{\delta Q}{T} > 0$

③ $\int \dfrac{\delta Q}{T} \geq 0$  ④ $\int \dfrac{\delta Q}{T} \leq 0$

---

해설 ①항은 가역사이클(카르노 사이클)이다.

---

**155.** 공기가 압력 1 MPa, 체적 0.4 m³인 상태에서 50℃의 등온 과정으로 팽창하여 체적이 4배로 되었다. 엔트로피의 변화는 약 몇 kJ/K인가? [2021. 9. 12.]

① 1.72  ② 5.46  ③ 7.32  ④ 8.83

---

해설 기체 상수를 구하면

$1 \times 1000 \text{ kN/m}^2 \times 0.4 \text{ m}^3 = R \times (273 + 50)\text{K}$

$R = 1.238 \text{ kJ/K}$

등온변화 : $\Delta S = R \ln \dfrac{V_2}{V_1} = 1.238 \text{ kJ/K} \times \ln \dfrac{4 V_1}{V_1} = 1.716$

---

**156.** 이상기체에서 정적비열 $C_v$와 정압비열 $C_p$와의 관계를 나타낸 것으로 옳은 것은? (단, $R$은 기체상수이고, $k$는 비열비이다.) [2019. 3. 3.]

① $C_v = k \times C_p$  ② $C_v = \dfrac{1}{2} \times C_p$

③ $C_v = C_p + R$  ④ $C_v = C_p - R$

---

해설 $R = C_p - C_v, \ k(\text{비열비}) = \dfrac{C_p}{C_v}$

---

**157.** 이상기체의 내부에너지 변화 $du$를 옳게 나타낸 것은? (단, $C_p$는 정압비열, $C_v$는 정적비열, $T$는 온도이다.)

[2021. 3. 7.]

① $C_p dT$

② $C_v dT$

③ $\dfrac{C_p}{C_v} dT$

④ $C_v C_p dT$

**해설** 이상기체는 이상기체 상태 방정식($PV = GRT$)을 만족하며 내부에너지는 온도($T$)에만 의존하는 함수이다. 그러므로 $C_v = \dfrac{du}{dT}$로 표시된다.

**158.** 이상기체의 폴리트로픽 변화에서 항상 일정한 것은? (단, $P$ : 압력, $T$ : 온도, $V$ : 부피, $n$ : 폴리트로픽 지수)

[2021. 9. 12.]

① $VT^{n-1}$

② $\dfrac{PT}{V}$

③ $TV^{1-n}$

④ $PV^n$

**해설** 폴리트로픽 변화

$PV^n = C$(일정), $TV^{n-1} = C$(일정)

**159.** 원통형 용기에 기체상수 0.529 kJ/kg · K의 가스가 온도 15℃에서 압력 10 MPa로 충전되어 있다. 이 가스를 대부분 사용한 후에 온도가 10℃로, 압력이 1 MPa로 떨어졌다. 소비된 가스는 약 몇 kg인가? (단, 용기의 체적은 일정하며 가스는 이상기체로 가정하고, 초기 상태에서 용기 내의 가스 질량은 20 kg이다.)

[2021. 3. 7.]

① 12.5

② 18.0

③ 23.7

④ 29.0

**해설** 용기 체적($V$)

$= \dfrac{GRT}{P} = \dfrac{20\,\text{kg} \times 0.529\,\text{kJ/kg · K} \times (273+15)\,\text{K}}{10 \times 1000\,\text{kPa}} = 0.3\,\text{m}^3$

잔존하는 가스 질량($G$)

$= \dfrac{PV}{RT} = \dfrac{1 \times 1000\,\text{kPa} \times 0.3\,\text{m}^3}{0.529\,\text{kJ/kg · K} \times (273+10)\,\text{K}} = 2.0\,\text{kg}$

∴ 소비된 가스량 $= 20\,\text{kg} - 2.0\,\text{kg} = 18\,\text{kg}$

**정답** ● **157.** ② **158.** ④ **159.** ②

**160.** 이상기체가 '$Pv^n$ = 일정' 과정을 가지고 변하는 경우에 적용할 수 있는 식으로 옳은 것은? (단, $q$ : 단위 질량당 공급된 열량, $u$ : 단위 질량당 내부에너지, $T$ : 온도, $P$ : 압력, $v$ : 비체적, $R$ : 기체상수, $n$ : 상수이다.)　　　　[2021. 5. 15.]

① $\delta q = du + \dfrac{nRdT}{1-n}$

② $\delta q = du + \dfrac{RdT}{1-n}$

③ $\delta q = du + \dfrac{(1-n)RdT}{n}$

④ $\delta q = du + (1-n)RdT$

**해설** $\delta q = du + \dfrac{R}{n-1} \times (T_1 - T_2) = du + \dfrac{R}{1-n} \times (T_2 - T_1)$

$= du + \dfrac{RdT}{1-n}$

---

**161.** 압력 500 kPa, 온도 240℃인 과열증기와 압력 500 kPa의 포화수가 정상상태로 흘러들어와 섞인 후 같은 압력의 포화증기 상태로 흘러나간다. 1 kg의 과열증기에 대하여 필요한 포화수의 양은 약 몇 kg인가? (단, 과열증기의 엔탈피는 3063 kJ/kg이고, 포화수의 엔탈피는 636 kJ/kg, 증발열은 2109 kJ/kg이다.)　　　　[2020. 6. 6.]

① 0.15

② 0.45

③ 1.12

④ 1.45

**해설** 등압인 상태이며 과열증기와 포화수가 혼합하여 포화증기가 되는 상태이다.

$3063 \text{ kJ/kg} - X[\text{kJ/kg}] = 636 \text{ kJ/kg} + 2109 \text{ kJ/kg}$

$X = 3063 \text{ kJ/kg} - (636 \text{ kJ/kg} + 2109 \text{ kJ/kg}) = 318 \text{ kJ/kg}$

$2109 \text{ kJ/kg} \times A = 318 \text{ kJ}$

$\therefore A = 0.15 \text{ kg}$

---

**162.** 30℃에서 150 L의 이상기체를 20 L로 가역 단열압축시킬 때 온도가 230℃로 상승하였다. 이 기체의 정적 비열은 약 몇 kJ/kg · K인가? (단, 기체상수는 0.287 kJ/kg · K이다.) [2020. 6. 6.]

① 0.17

② 0.24

③ 1.14

④ 1.47

**해설** 가역 단열압축이므로

$\dfrac{T_2}{T_1} = \left(\dfrac{V_1}{V_2}\right)^{k-1}$ 에서 $\dfrac{503}{303} = \left(\dfrac{150}{20}\right)^{k-1}$

$1.66 = 7.5^{k-1}$

$\ln 1.66 = (k-1)\ln 7.5$

$$k-1 = \frac{\ln 1.66}{\ln 7.5} = 0.2515$$

$$C_v = \frac{R}{k-1} = \frac{0.287\,\text{kJ/kg} \cdot \text{K}}{0.2515} = 1.14\,\text{kJ/kg} \cdot \text{K}$$

**163.** 1 kg의 이상기체($C_p$ = 1.0 kJ/kg · K, $C_v$ = 0.71 kJ/kg · K)가 가역단열과정으로 $P_1$ = 1 MPa, $V_1$ = 0.6 m³에서 $P_2$ = 100 kPa으로 변한다. 가역단열과정 후 이 기체의 부피 $V_2$ 와 온도 $T_2$는 각각 얼마인가?

[2020. 8. 22.]

① $V_2$ = 2.24 m³, $T_2$ = 1000 K  ② $V_2$ = 3.08 m³, $T_2$ = 1000 K

③ $V_2$ = 2.24 m³, $T_2$ = 1060 K  ④ $V_2$ = 3.08 m³, $T_2$ = 1060 K

**해설** $k$(비열비) $= \dfrac{C_p(\text{정압비열})}{C_v(\text{정적비열})} = \dfrac{1.0\,\text{kJ/kg} \cdot \text{K}}{0.71\,\text{kJ/kg} \cdot \text{K}} = 1.408$

$\dfrac{V_2}{V_1} = \left(\dfrac{P_1}{P_2}\right)^{\frac{1}{k}}$ 에서

$V_2 = 0.6\,\text{m}^3 \times \left(\dfrac{1000\,\text{kPa}}{100\,\text{kPa}}\right)^{\frac{1}{1.408}} = 3.07877\,\text{m}^3$

이상기체 상태방정식($PV = GRT$)에 의하여

$100\,\text{kN/m}^2 \times 3.08\,\text{m}^3 = 1\,\text{kg} \times (1.0\,\text{kJ/kg} \cdot \text{K} - 0.71\,\text{kJ/kg} \cdot \text{K}) \times T_2 (R = C_p - C_v)$

$T_2 = 1062\,\text{K}$

**164.** 압력 500 kPa, 온도 423 K의 공기 1 kg이 압력이 일정한 상태로 변하고 있다. 공기의 일이 122 kJ이라면 공기에 전달된 열량(kJ)은 얼마인가? (단, 공기의 정적비열은 0.7165 kJ/kg · K, 기체상수는 0.287 kJ/kg · K이다.)

[2020. 8. 22.]

① 426  ② 526

③ 626  ④ 726

**해설** $R = C_p - C_v$ 에서

$C_p = R + C_v = 0.287\,\text{kJ/kg} \cdot \text{K} + 0.7165\,\text{kJ/kg} \cdot \text{K} = 1.00\,\text{kJ/kg} \cdot \text{K}$

이상기체 상태방정식으로 처음 부피($V_1$)를 구하면

$PV = GRT$, $500\,\text{kN/m}^2 \times V_1[\text{m}^3] = 1\,\text{kg} \times 0.287\,\text{kJ/kg} \cdot \text{K} \times 423\,\text{K}$

$V_1 = 0.2428\,\text{m}^3$

일량 후 체적($V_2$)은 $Q = P(V_2 - V_1)$

$122\,\text{kJ} = 500\,\text{kN/m}^2 \times (V_2 - 0.2428)\text{m}^3$

$V_2 = 0.4868\,\text{m}^3$

일량 후 온도($T_2$)는 $\dfrac{V_1}{T_1} = \dfrac{V_2}{T_2}$

$$\dfrac{0.2428\,\mathrm{m}^3}{423\,\mathrm{K}} = \dfrac{0.4868\,\mathrm{m}^3}{T_2}$$

$T_2 = 848.09\,\mathrm{K}$

전달된 열량(kJ) $Q = GC_p\Delta t = 1\,\mathrm{kg} \times 1.00\,\mathrm{kJ/kg \cdot K} \times (848.09 - 423)\mathrm{K}$
$$= 425.09\,\mathrm{kJ}$$

---

**165.** −35℃, 22 MPa의 질소를 가역단열과정으로 500 kPa까지 팽창했을 때의 온도(℃)는 ? (단, 비열비는 1.41이고 질소를 이상기체로 가정한다.) [2020. 8. 22.]

① −180        ② −194

③ −200        ④ −206

**해설** $\dfrac{T_2}{T_1} = \left(\dfrac{P_2}{P_1}\right)^{\frac{k-1}{k}}$ 에서

$$T_2 = (273 - 35)\mathrm{K} \times \left(\dfrac{500\,\mathrm{kPa}}{22000\,\mathrm{kPa}}\right)^{\frac{1.41-1}{1.41}}$$
$$= 79.19\,\mathrm{K} = 79.19 - 273 = -193.81℃$$

---

**166.** 1 mol의 이상기체가 25℃, 2 MPa로부터 100 kPa까지 가역 단열적으로 팽창하였을 때 최종온도(K)는 ? (단, 정적비열 $C_v$는 $\dfrac{3}{2}R$이다.) [2020. 9. 26.]

① 60        ② 70

③ 80        ④ 90

**해설** $R = C_p - C_v$ 에서 $C_p = R + C_v = R + \dfrac{3}{2}R = \dfrac{5}{2}R$

비열비($k$) $= \dfrac{C_p}{C_v} = \dfrac{\frac{5}{2}R}{\frac{3}{2}R} = \dfrac{5}{3}$

$\dfrac{T_2}{T_1} = \left(\dfrac{P_2}{P_1}\right)^{\frac{k-1}{k}}$ 에서

$$T_2 = (273 + 25)\mathrm{K} \times \left(\dfrac{100}{2000}\right)^{\frac{\frac{5}{3}-1}{\frac{5}{3}}} = 89.9\,\mathrm{K}$$

---

**정답** 165. ②    166. ④

**167.** 이상기체가 등온과정에서 외부에 하는 일에 대한 관계식으로 틀린 것은? (단, $R$은 기체상수이고, 계에 대해서 $m$은 질량, $V$는 부피, $P$는 압력, $T$는 온도를 나타낸다. 하첨자 "1"은 변경 전, 하첨자 "2"는 변경 후를 나타낸다.)

[2020. 9. 26.]

① $P_1 V_1 \ln \dfrac{V_2}{V_1}$  ② $P_1 V_1 \ln \dfrac{P_2}{P_1}$

③ $mRT \ln \dfrac{P_1}{P_2}$  ④ $mRT \ln \dfrac{V_2}{V_1}$

**해설** 등온과정

$$W = mRT_1 \ln \frac{P_1}{P_2} = mRT_1 \ln \frac{V_2}{V_1} = P_1 V_1 \ln \frac{V_2}{V_1}$$

---

**168.** 분자량이 29인 1 kg의 이상기체가 실린더 내부에 채워져 있다. 처음에 압력 400 kPa, 체적 0.2 m³인 이 기체를 가열하여 체적 0.076 m³, 온도 100℃가 되었다. 이 과정에서 받은 일(kJ)은? (단, 폴리트로픽 과정으로 가열한다.)

[2020. 9. 26.]

① 90  ② 95
③ 100  ④ 104

**해설** 기체상수$(R) = \dfrac{8.314}{M(\text{분자량})} = \dfrac{8.314}{29} = 0.29 \text{ kJ/kg} \cdot \text{K}$

$P_1 V_1 = GRT_1$ 에서

$400 \text{ kN/m}^2 \times 0.2 \text{ m}^3 = 1 \text{ kg} \times 0.29 \text{ kJ/kg} \cdot \text{K} \times T_1$

$T_1 = 275.86 \text{ K}$

$\dfrac{T_1}{T_2} = \left( \dfrac{V_2}{V_1} \right)^{n-1}$

$\dfrac{275.86 \text{ K}}{373 \text{ K}} = \left( \dfrac{0.076 \text{ m}^3}{0.2 \text{ m}^3} \right)^{n-1}$

$n = 1.31$

$P_1 V_1^n = P_2 V_2^n$ 에서

$400 \times 0.2^{1.31} = P_2 \times 0.076^{1.31}$

$P_2 = 1420.83 \text{ kPa}$

$W = \dfrac{1}{n-1} \left( P_2 V_2 - P_1 V_1 \right)$

$\quad = \dfrac{1}{1.31 - 1} \times (1420.83 \times 0.076 - 400 \times 0.2)$

$\quad = 90.2 \text{ kJ}$

**정답** ▸• 167. ② 168. ①

---

**169.** −50℃인 탄산가스가 있다. 이 가스가 정압과정으로 0℃가 되었을 때 변경 후의 체적은
변경 전의 체적 대비 약 몇 배가 되는가? (단, 탄산가스는 이상기체로 간주한다.) [2019. 3. 3.]

① 1.094배               ② 1.224배

③ 1.375배               ④ 1.512배

---

**해설** 정압과정이므로 샤를의 법칙을 적용한다.

$\dfrac{V_1}{T_1} = \dfrac{V_2}{T_2}$ 에서  $\dfrac{V_2}{V_1} = \dfrac{T_2}{T_1} = \dfrac{273}{223} = 1.224$

---

**170.** 비열비가 1.41인 이상기체가 1 MPa, 500 L에서 가역단열과정으로 120 kPa로 변할 때
이 과정에서 한 일은 약 몇 kJ인가? [2019. 3. 3.]

① 561               ② 625

③ 715               ④ 825

---

**해설** $V_2 = V_1 \left( \dfrac{P_1}{P_2} \right)^{\frac{1}{k}} = 0.5 \, \text{m}^3 \times \left( \dfrac{1000}{120} \right)^{\frac{1}{1.41}} = 2.25 \, \text{m}^3$

$W = \dfrac{P_1 V_1 - P_2 V_2}{k-1} = \dfrac{1000 \times 0.5 - 120 \times 2.25}{1.41 - 1} = 560.975 \, \text{kJ}$

---

**171.** 40 m³의 실내에 있는 공기의 질량은 약 몇 kg인가? (단, 공기의 압력은 100 kPa, 온도
는 27℃이며, 공기의 기체상수는 0.287 kJ/kg · K이다.) [2019. 3. 3.]

① 93               ② 46

③ 10               ④ 2

---

**해설** 이상기체 상태방정식 $PV = GRT$에 의해

$G = \dfrac{PV}{RT} = \dfrac{100 \, \text{kN/m}^2 \times 40 \, \text{m}^3}{0.287 \, \text{kJ/kg} \cdot \text{K} \times 300 \, \text{K}} = 46.45 \, \text{kg}$

---

**172.** 자동차 타이어의 초기 온도와 압력은 각각 15℃, 150 kPa이었다. 이 타이어에 공기를
주입하여 타이어 안의 온도가 30℃가 되었다고 하면 타이어의 압력은 약 몇 kPa인가? (단,
타이어 내의 부피는 0.1 m³이고, 부피 변화는 없다고 가정한다.) [2019. 3. 3.]

① 158               ② 177

③ 211               ④ 233

---

**해설** 부피 변화가 없으므로 샤를의 법칙을 적용하면

$$\frac{P_1}{T_1} = \frac{P_2}{T_2} \text{에서} \quad \frac{150\,\text{kPa}}{288\,\text{K}} = \frac{P_2}{303\,\text{K}}$$

$$P_2 = 157.81\,\text{kPa}$$

---

**173.** 압력 1000 kPa, 부피 1 m³의 이상기체가 등온과정으로 팽창하여 부피가 1.2 m³이 되었다. 이때 기체가 한 일(kJ)은?  [2019. 9. 21.]

① 82.3  ② 182.3
③ 282.3  ④ 382.3

**해설** 등온과정이므로

$$W = PV_1 \ln \frac{V_2}{V_1} = 1000\,\text{kN/m}^2 \times 1\,\text{m}^3 \times \ln \frac{1.2\,\text{m}^3}{1\,\text{m}^3}$$

$$= 182.32\,\text{kJ}$$

---

**174.** 애드벌룬에 어떤 이상기체 100 kg을 주입하였더니 팽창 후의 압력이 150 kPa, 온도 300 K가 되었다. 애드벌룬의 반지름(m)은? (단, 애드벌룬은 완전한 구형(sphere)이라고 가정하며, 기체상수는 250 J/kg · K이다.)  [2019. 9. 21.]

① 2.29  ② 2.73
③ 3.16  ④ 3.62

**해설** $PV = GRT$에서

$$V = \frac{100\,\text{kg} \times 0.25\,\text{kJ/kg} \cdot \text{K} \times 300\,\text{K}}{150\,\text{kN/m}^2} = 50\,\text{m}^3$$

구의 체적 $= \frac{\pi}{6} d^3 = \frac{4}{3} \pi R^3$

$$50\,\text{m}^3 = \frac{4}{3} \pi R^3$$

$$R = \sqrt[3]{\frac{3 \times 50}{4\pi}} = 2.285\,\text{m}$$

---

**175.** 이상기체의 상태변화에 관련하여 폴리트로픽(polytropic) 지수 $n$에 대한 설명으로 옳은 것은?  [2016. 3. 6.] [2019. 9. 21.]

① '$n = 0$'이면 단열 변화  ② '$n = 1$'이면 등온 변화
③ '$n =$ 비열비'이면 정적 변화  ④ '$n = \infty$'이면 등압 변화

---

**정답** ● **173.** ②  **174.** ①  **175.** ②

**해설** 폴리트로픽(polytropic) 지수 $n(PV^n = C)$
- $n = 0 \rightarrow$ 등압 과정($P = C$)
- $n = 1 \rightarrow$ 등온 과정($PV = C$)
- $n = k \rightarrow$ 단열 과정($PV^k = C$)
- $n = \infty \rightarrow$ 정적 과정($V = C$)

---

**176.** 80℃의 물(엔탈피 335 kJ/kg)과 100℃의 건포화수증기(엔탈피 2676 kJ/kg)를 질량비 1 : 2 로 혼합하여 열손실 없는 정상유동과정으로 95℃의 포화액－증기 혼합물 상태로 내보낸다. 95℃ 포화상태에서의 포화액 엔탈피가 398 kJ/kg, 포화증기의 엔탈피가 2668 kJ/kg 이라면 혼합실 출구의 건도는 얼마인가? [2019. 9. 21.]

① 0.44  ② 0.58  ③ 0.66  ④ 0.72

**해설** 혼합 습증기의 엔탈피 $= \dfrac{335\,\text{kJ/kg} + 2 \times 2676\,\text{kJ/kg}}{1 + 2} = 1895.67\,\text{kJ/kg}$

혼합실 출구의 건도를 $x$ 라 하면

$1895.67\,\text{kJ/kg} = 398\,\text{kJ/kg} + (2668\,\text{kJ/kg} - 398\,\text{kJ/kg})x$

$\therefore\ x = 0.659$

---

**177.** 온도 30℃, 압력 350 kPa에서 비체적이 0.449 m³/kg인 이상기체의 기체상수는 몇 kJ/kg · K인가? [2018. 3. 4.]

① 0.143  ② 0.287  ③ 0.518  ④ 0.842

**해설** 이상기체 상태방정식 $PV = GRT$에서

$Pv = RT(v : 비체적)$

$R = \dfrac{Pv}{T} = \dfrac{350\,\text{kN/m}^2 \times 0.449\,\text{m}^3/\text{kg}}{303\,\text{K}} = 0.5186\,\text{kJ/kg} \cdot \text{K}$

---

**178.** 이상기체를 등온과정으로 초기 체적의 1/2로 압축하려 한다. 이때 필요한 압축일의 크기는? (단, $m$은 질량, $R$은 기체상수, $T$는 온도이다.) [2018. 4. 28.]

① $\dfrac{1}{2}mRT \times \ln 2$

② $mRT \times \ln 2$

③ $2mRT \times \ln 2$

④ $mRT \times \left(\ln \dfrac{1}{2}\right)^2$

**해설** $W = PdV = RT \displaystyle\int_1^2 \dfrac{dV}{V} = P_1 V_1 \ln \dfrac{V_2}{V_1} = mRT \ln \dfrac{V_2}{V_1} = mRT \ln \dfrac{1}{2} = mRT \ln 2$

---

**정답** ●－• 176. ③  177. ③  178. ②

**179.** 이상기체 1 mol이 그림의 b과정(2 → 3 과정)을 따를 때 내부에너지의 변화량은 약 몇 J 인가? (단, 정적비열은 $1.5 \times R$이고, 기체상수 $R$은 8.314 kJ/kmol · K이다.)  [2018. 4. 28.]

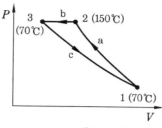

① $-333$

② $-665$

③ $-998$

④ $-1662$

**해설** $\Delta U = C_v \cdot \Delta t = 1.5 \times R \times \Delta t$

$\quad = 1.5 \times 8.314 \text{ kJ/kmol} \cdot \text{K} \times (70-150)\text{K}$

$\quad = -997.68 \text{ kJ/kmol}$

$\quad = -997.68 \text{ J/mol}$

**180.** 비열이 일정한 이상기체 1 kg에 대하여 다음 중 옳은 식은? (단, $P$는 압력, $V$는 체적, $T$는 온도, $C_p$는 정압비열, $C_v$는 정적비열, $U$는 내부에너지이다.)  [2018. 9. 15.]

① $\Delta U = C_p \times \Delta T$

② $\Delta U = C_p \times \Delta V$

③ $\Delta U = C_v \times \Delta T$

④ $\Delta U = C_v \times \Delta P$

**해설** ①항의 경우는 $\Delta H$(엔탈피 변화)에 대한 식이다.

**181.** 이상기체 상태식은 사용 조건이 극히 제한되어 있어서 이를 실제 조건에 적용하기 위한 여러 상태식이 개발되었다. 다음 중 실제 기체(real gas)에 대한 상태식에 속하지 않는 것은?

① 오일러(Euler) 상태식  [2018. 9. 15.]

② 비리얼(Virial) 상태식

③ 반데르발스(Van der Waals) 상태식

④ 비티 – 브리지먼(Beattie – Bridgeman) 상태식

**해설** 기체 상태방정식

• 오일러 방정식 : 유체역학에서 쓰는 점성을 가지지 않은 유체의 흐름을 다루는 미분방정 식으로 이상기체에 적합하다.

• 비리얼 상태식 : 평균 운동 에너지와 평균 위치 에너지가 서로 비례한다는 정리로 실제기 체에 사용하는 방정식이다.

- 반데르발스 상태식 : 이상기체 상태방정식에 반영되지 않은 실제 기체의 상호작용을 고려한 일종의 보정식이다.
- 비티–브리지먼 상태식 : 비리얼, 반데르발스 상태식과 같이 실제 기체에 사용하는 방정식이다.

---

**182.** 어떤 압축기에 23℃의 공기 1.2 kg이 들어 있다. 이 압축기를 등온과정으로 하여 100 kPa에서 800 kPa까지 압축하고자 할 때 필요한 일은 약 몇 kJ인가? (단, 공기의 기체상수는 0.287 kJ/kg · K이다.)  [2018. 9. 15.]

① 212

② 367

③ 509

④ 673

**해설** $W = GRT_1 \ln \dfrac{P_2}{P_1} = 1.2\,\text{kg} \times 0.287\,\text{kJ/kg} \cdot \text{K} \times (273 + 23)\text{K} \times \ln \dfrac{800}{100} = 211.98\,\text{kJ}$

---

**183.** 어떤 기체의 정압비열($C_p$)이 다음 식으로 표현될 때 32℃와 800℃ 사이에서 이 기체의 평균정압비열($\overline{C_p}$)은 약 몇 kJ/kg · ℃인가? (단, $C_p$의 단위는 kJ/kg · ℃이고, $T$의 단위는 ℃이다.)  [2018. 9. 15.]

$$C_p = 353 + 0.24\,T - 0.9 \times 10^{-4}\,T^2$$

① 353

② 433

③ 574

④ 698

**해설** $C_p = 353 + 0.24 \times \dfrac{800 - 32}{2} - 0.9 \times 10^{-4} \times \left(\dfrac{800 - 32}{2}\right)^2$

$= 431.89\,\text{kJ/kg} \cdot \text{℃}$

---

**184.** 이상기체로 구성된 밀폐계의 변화과정을 나타낸 것 중 틀린 것은? (단, $\delta q$는 계로 들어온 순열량, $dh$는 엔탈피 변화량, $\delta w$는 계가 한 순일, $du$는 내부에너지의 변화량, $ds$는 엔트로피 변화량을 나타낸다.)  [2017. 3. 5.]

① 등온과정에서 $\delta q = \delta w$

② 단열과정에서 $\delta q = 0$

③ 정압과정에서 $\delta q = ds$

④ 정적과정에서 $\delta q = du$

**해설** 정압과정 : $\delta q = dh - udp = dh$

---

**정답**  ●  **182.** ①  **183.** ②  **184.** ③

**185.** 공기의 기체상수가 0.287 kJ/kg · K일 때 표준상태(0℃, 1기압)에서 밀도는 약 몇 kg/m³인가?                    [2017. 3. 5.]

① 1.29　　　② 1.87　　　③ 2.14　　　④ 2.48

해설 $PV = GRT$에서 밀도($\rho$)는 $\dfrac{G[\text{kg}]}{V[\text{m}^3]}$ 이므로

$$\rho = \frac{P}{RT} = \frac{101.325\,\text{kN/m}^2}{0.287\,\text{kJ/kg} \cdot \text{K} \times 273\,\text{K}} = 1.293\,\text{kg/m}^3$$

※ 1기압 = 101.325 kN/m²

**186.** 1 MPa, 400℃인 큰 용기 속의 공기가 노즐을 통하여 100 kPa까지 등엔트로피 팽창을 한다. 출구속도는 약 몇 m/s인가? (단, 비열비는 1.4이고, 정압비열은 1.0 kJ/.kg · K이며, 노즐 입구에서의 속도는 무시한다.)                    [2017. 3. 5.]

① 569　　　② 805　　　③ 910　　　④ 1107

해설 $P_1 V_1 = RT_1$

$$V_1 = \frac{RT_1}{P_1} = \frac{29.27 \times 673}{1000} = 19.7\,\text{m}^3$$

$$V_2 = \sqrt{2g\frac{k}{k-1}P_1 V_1\left[1 - \left(\frac{P_2}{P_1}\right)^{\frac{k-1}{k}}\right]} = \sqrt{2 \times 9.8 \times \frac{1.4}{1.4-1} \times 1000 \times 19.7 \times \left[1 - \left(\frac{100}{1000}\right)^{\frac{1.4-1}{1.4}}\right]}$$

$$= 807.16\,\text{m/s}$$

**187.** 이상기체 5 kg이 250℃에서 120℃까지 정적과정을 변화한다. 엔트로피 감소량은 약 몇 kJ/K인가? (단, 정적비열은 0.653 kJ/kg · K이다.)                    [2017. 3. 5.]

① 0.933　　　② 0.439　　　③ 0.274　　　④ 0.187

해설 $\Delta S = GC_v \ln\dfrac{T_2}{T_1} = 5\,\text{kg} \times 0.653\,\text{kJ/kg} \cdot \text{K} \times \ln\dfrac{393}{523} = -0.933\,\text{kJ/K}$

**188.** 압력이 200 kPa로 일정한 상태로 유지되는 실린더 내의 이상기체가 체적 0.3 m³에서 0.4 m³로 팽창될 때 이상기체가 한 일의 양은 몇 kJ인가?                    [2017. 3. 5.]

① 20　　　② 40　　　③ 60　　　④ 80

해설 $W = P\Delta V = 200\,\text{kN/m}^2 \times (0.4\,\text{m}^3 - 0.3\,\text{m}^3)$

$= 20\,\text{kN} \cdot \text{m} = 20\,\text{kJ}$

정답 ● 185. ①　186. ②　187. ①　188. ①

**189.** 이상기체 1 kg의 압력과 체적이 각각 $P_1$, $V_1$에서 $P_2$, $V_2$로 등온 가역적으로 변할 때 엔트로피 변화($\Delta S$)는? (단, $R$은 기체상수이다.)  [2017. 5. 7.]

① $\Delta S = R \ln \dfrac{P_1}{P_2}$  　　　　② $\Delta S = \dfrac{V_1}{V_2} \ln R$

③ $\Delta S = R \ln \dfrac{V_1}{V_2}$  　　　　④ $\Delta S = \dfrac{P_1}{P_2} \ln R$

**해설** 등온 가역적으로 변할 때 엔트로피 변화($\Delta S$) $= R \ln \dfrac{V_2}{V_1} = R \ln \dfrac{P_1}{P_2}$

**190.** 이상기체의 단위 질량당 내부 에너지 $u$, 엔탈피 $h$, 엔트로피 $s$에 관한 다음의 관계식 중에서 모두 옳은 것은? (단, $T$는 온도, $p$는 압력, $v$는 비체적을 나타낸다.)  [2017. 5. 7.]

① $Tds = du - vdp$, $Tds = dh - pdv$ 　② $Tds = du + pdv$, $Tds = dh - vdp$
③ $Tds = du - vdp$, $Tds = dh + pdv$ 　④ $Tds = du + pdv$, $Tds = dh + vdp$

**해설** $\Delta S = \dfrac{\Delta Q}{T}$

$\Delta Q = T \Delta S$

$\Delta Q = \Delta U + P \Delta V$

$T \Delta S = \Delta U + P \Delta V = dh - vdp$

**191.** 체적 4 m³, 온도 290 K의 어떤 기체가 가역 단열과정으로 압축되어 체적 2 m³, 온도 340 K로 되었다. 이상기체라고 가정하면 기체의 비열비는 약 얼마인가?  [2017. 5. 7.]

① 1.091  　　　　② 1.229
③ 1.407  　　　　④ 1.667

**해설** $\dfrac{T_2}{T_1} = \left( \dfrac{V_1}{V_2} \right)^{k-1}$ 에서 $\dfrac{340}{290} = \left( \dfrac{4}{2} \right)^{k-1}$

$\dfrac{340}{290} = 2^{k-1}$, $1.172 = 2^{k-1}$, $1.172 = \dfrac{2^k}{2}$

$2^k = 2.345$

$\ln 2^k = \ln 2.345$

$k \ln 2 = \ln 2.345$

$k = \dfrac{\ln 2.345}{\ln 2} = 1.2296$

**정답** ● **189.** ①　**190.** ②　**191.** ②

**192.** 피스톤이 장치된 용기 속의 온도 100℃, 압력 200 kPa, 체적 0.1 m³의 이상기체 0.5 kg 이 압력이 일정한 과정으로 체적이 0.2 m³으로 되었다. 이때 전달된 열량은 약 몇 kJ인가? (단, 이 기체의 정압비열은 5 kJ/kg · K이다.) [2017. 5. 7.]

① 200　　　　　　　　　　　② 250
③ 746　　　　　　　　　　　④ 933

**해설** 압력이 일정한 상태이므로 샤를의 법칙에 의하여

$$\frac{V_1}{T_1} = \frac{V_2}{T_2}, \quad \frac{0.1\,\text{m}^3}{373\,\text{K}} = \frac{0.2\,\text{m}^3}{T_2}$$

$T_2 = 746\,\text{K}$

$Q = GC_p\Delta t$

$\quad = 0.5\,\text{kg} \times 5\,\text{kJ/kg} \cdot \text{K} \times (746-373)\text{K}$

$\quad = 932.5\,\text{kJ}$

**193.** 다음 중 압력이 일정한 상태에서 온도가 변하였을 때의 체적팽창계수 $\beta$에 관한 식으로 옳은 것은? (단, 식에서 $V$는 부피, $T$는 온도, $P$는 압력을 의미한다.) [2017. 9. 23.]

① $\beta = -\frac{1}{V}\left(\frac{\delta P}{\delta T}\right)$

② $\beta = -\frac{1}{V}\left(\frac{\delta V}{\delta T}\right)_T$

③ $\beta = \frac{1}{V}\left(\frac{\delta V}{\delta T}\right)_P$

④ $\beta = \frac{1}{T}\left(\frac{\delta T}{\delta P}\right)_V$

**해설** ②항은 등온압축계수에 해당된다.

**194.** 이상적인 카르노(Carnot) 사이클의 구성에 대한 설명으로 옳은 것은? [2017. 9. 23.]

① 2개의 등온과정과 2개의 단열과정으로 구성된 가역 사이클이다.
② 2개의 등온과정과 2개의 정압과정으로 구성된 가역 사이클이다.
③ 2개의 등온과정과 2개의 단열과정으로 구성된 비가역 사이클이다.
④ 2개의 등온과정과 2개의 정압과정으로 구정된 비가역 사이클이다.

**해설** 카르노 사이클은 등온 팽창, 단열 팽창, 등온 압축, 단열 압축을 거치는 이상적인 가역 사이 클이며 2개의 단열과정과 2개의 등온과정으로 구성된다.

**정답** 　192. ④　193. ③　194. ①

**195.** 그림은 단열, 등압, 등온, 등적을 나타내는 압력($P$) – 부피($V$), 온도($T$) – 엔트로피($S$) 선도이다. 각 과정에 대한 설명으로 옳은 것은? [2017. 9. 23.]

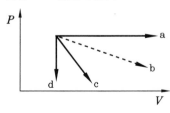

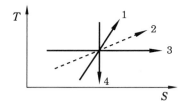

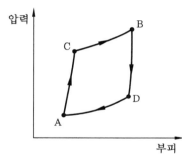

① a는 등적과정이고 4는 가역단열과정이다.
② b는 등온과정이고 3은 가역단열과정이다.
③ c는 등적과정이고 2는 등압과정이다.
④ d는 등적과정이고 4는 가역단열과정이다.

해설 a는 등압과정이며 4는 가역단열과정이다. b와 3은 등온과정이다.

**196.** 1 MPa의 포화증기가 등온상태에서 압력이 700 kPa까지 내려갈 때 최종상태는? [2017. 9. 23.]

① 과열증기
② 습증기
③ 포화증기
④ 포화액

해설 등온상태에서 압력이 저하하면 비등점 또한 낮아지게 된다. 그러면 건조포화증기는 과열증기가 된다.

**197.** 이상기체 2 kg을 정압과정으로 50℃에서 150℃로 가열할 때, 필요한 열량은 약 몇 kJ인가? (단, 이 기체의 정적비열은 3.1 kJ/kg · K이고, 기체상수는 2.1 kJ/kg · K이다.) [2017. 9. 23.]

① 210      ② 310      ③ 620      ④ 1040

**해설** $R = C_p - C_v$

$C_p = R + C_v = 2.1 \, \text{kJ/kg} \cdot \text{K} + 3.1 \, \text{kJ/kg} \cdot \text{K} = 5.2 \, \text{kJ/kg} \cdot \text{K}$(정압과정)

등온과정에서의 일

$$W = P_1 V_1 \ln \frac{V_2}{V_1} = P_1 V_1 \ln \frac{P_1}{P_2} = RT \ln \frac{P_1}{P_2}$$

$Q = G C_p \Delta t = 2 \, \text{kg} \times 5.2 \, \text{kJ/kg} \cdot \text{K} \times (150 - 50) ℃ = 1040 \, \text{kJ}$

---

**198.** $N_2$와 $O_2$의 기체상수는 각각 0.297 kJ/kg · K 및 0.260 kJ/kg · K이다. $N_2$가 0.7 kg, $O_2$가 0.3 kg인 혼합 가스의 기체상수는 약 몇 kJ/kg · K인가? [2017. 9. 2.3]

① 0.213      ② 0.254

③ 0.286      ④ 0.312

**해설** $0.297 \, \text{kJ/kg} \cdot \text{K} \times 0.7 \, \text{kg} + 0.260 \, \text{kJ/kg} \cdot \text{K} \times 0.3 \text{kg} = 0.2859 \, \text{kJ/kg} \cdot \text{K}$

---

**199.** 비열이 0.473 kJ/kg · K인 철 10 kg의 온도를 20℃에서 80℃로 높이는 데 필요한 열량은 몇 kJ인가? [2016. 3. 6.]

① 28      ② 60

③ 284      ④ 600

**해설** $Q = G C \Delta t = 10 \, \text{kg} \times 0.473 \, \text{kJ/kg} \cdot \text{K} \times (80 - 20) \text{K} = 283.8 \, \text{kJ}$

---

**200.** 건조 포화증기가 노즐 내를 단열적으로 흐를 때 출구 엔탈피가 입구 엔탈피보다 15 kJ/kg만큼 작아진다. 노즐 입구에서의 속도를 무시할 때 노즐 출구에서의 속도는 약 몇 m/s인가? [2016. 3. 6.]

① 173      ② 200

③ 283      ④ 346

**해설** $V = \sqrt{2(h_1 - h_2)} = \sqrt{2 \times 15 \times 1000} = 173.2 \, \text{m/s}$

---

**정답** 197. ④    198. ③    199. ③    200. ①

**201.** 압력이 $P$로 일정한 용기 내에 이상기체 1 kg이 들어 있고, 이 이상기체를 외부에서 가열하였다. 이때 전달된 열량은 $Q$이며, 온도가 $T_1$에서 $T_2$로 변화하였고, 기체의 부피가 $V_1$에서 $V_2$로 변화하였다. 공기의 정압비열 $C_p$은 어떻게 계산되는가? [2016. 5. 8.]

① $C_p = Q/P$

② $C_p = Q/(T_2 - T_1)$

③ $C_p = Q/(V_2 - V_1)$

④ $C_p = P \times (V_2 - V_1)/(T_1 - T_2)$

해설 $Q = GC_p \Delta t$에서 $C_p = \dfrac{Q}{T_2 - T_1}$ ($G$ : 1 kg으로 생략)

**202.** 온도 250℃, 질량 50 kg인 금속을 20℃의 물속에 놓았다. 최종 평형 상태에서의 온도가 30℃이면 물의 양은 약 몇 kg인가? (단, 열손실은 없으며, 금속의 비열은 0.5 kJ/kg·K, 물의 비열은 4.18 kJ/kg·K이다.) [2016. 5. 8.]

① 108.3

② 131.6

③ 167.7

④ 182.3

해설 금속과 물의 온도가 같아졌으므로

$50\,\text{kg} \times 0.5\,\text{kJ/kg} \cdot \text{K} \times (250 - 30)\text{℃} = A[\text{kg}] \times 4.18\,\text{kJ/kg} \cdot \text{K} \times (30 - 20)\text{℃}$

$A = 131.578\,\text{kg}$

**203.** $\displaystyle\int F dx$는 무엇을 나타내는가? (단, $F$는 힘, $x$는 변위를 나타낸다.) [2016. 5. 8.]

① 일

② 열

③ 운동에너지

④ 엔트로피

해설 힘×변위(이동한 거리) = 일

**204.** 비열이 3 kJ/kg·℃인 액체 10 kg을 20℃로부터 80℃까지 전열기로 가열시키는 데 필요한 소요전력량은 약 몇 kWh인가? (단, 전열기의 효율은 88%이다.) [2016. 5. 8.]

① 0.46

② 0.57

③ 480

④ 530

해설 $H_{kWh} = \dfrac{10\,\text{kg} \times 3\,\text{kJ/kg} \cdot \text{℃} \times (80 - 20)\text{℃}}{3600 \times 0.88} = 0.568\,\text{kWh}$

정답 201. ② 202. ② 203. ① 204. ②

**205.** 직경 40 cm의 피스톤이 800 kPa의 압력에 대항하여 20 cm 움직였을 때 한 일은 약 몇 kJ인가? [2016. 5. 8.]

① 20.1　　　② 63.6　　　③ 254　　　④ 1350

**해설** $W = 800 \text{ kN/m}^2 \times \dfrac{\pi}{4} \times (0.4 \text{ m})^2 \times 0.2 \text{ m} = 20.1 \text{ kN} \cdot \text{m} = 20.1 \text{ kJ}$

**206.** 일정 정압비열($C_p = 1.0$ kJ/kg · K)을 가정하고, 공기 100 kg을 400℃에서 120℃로 냉각할 때 엔탈피 변화는? [2016. 5. 8.]

① −24000 kJ　　　② −26000 kJ
③ −28000 kJ　　　④ −30000 kJ

**해설** $Q = GC_p \Delta t = 100 \text{ kg} \times 1.0 \text{ kJ/kg} \cdot \text{K} \times (120 - 400)℃ = -28000 \text{ kJ}$

**207.** 가역 또는 비가역과 관련된 식으로 옳게 나타낸 것은? [2016. 10. 1.]

① $\oint_{가역} \dfrac{\delta Q}{T} = 0$　　　② $\oint_{비가역} \dfrac{\delta Q}{T} = 0$

③ $\oint_{비가역} \dfrac{\delta Q}{T} > 0$　　　④ $\oint_{가역} \dfrac{\delta Q}{T} < 0$

**해설** ①항은 카르노 사이클에서 가역 사이클이며 ④항은 비가역 사이클에 해당된다.

**208.** 실린더 내에 있는 온도 300 K의 공기 1 kg을 등온압축할 때 냉각된 열량은 114 kJ이다. 공기의 초기 체적이 $V$라면 최종 체적은 약 얼마가 되는가? (단, 이 과정은 이상기체의 가역 과정이며, 공기의 기체상수는 0.287 kJ/kg · K이다.) [2016. 10. 1.]

① 0.27 $V$　　　② 0.38 $V$
③ 0.46 $V$　　　④ 0.59 $V$

**해설** 온도가 일정(등온과정)하므로 $W = P_1 V_1 \ln \dfrac{V_2}{V_1} = RT \ln \dfrac{V_2}{V_1}$

$114 \text{ kJ} = 0.287 \text{ kJ/kg} \cdot \text{K} \times 300 \text{ K} \times \ln \dfrac{V_2}{V_1}$

$\ln \dfrac{V_2}{V_1} = 1.324, \quad \dfrac{V_2}{V_1} = 0.266$

$\therefore V_2 = V_1 \times 0.266$

**209.** 보일러에서 송풍기 입구의 공기가 15℃, 100 kPa 상태에서 공기예열기로 매분 500 m³가 들어가 일정한 압력하에서 140℃까지 온도가 올라갔을 때 출구에서의 공기유량은 몇 m³/min인가? (단, 이상기체로 가정한다.)   )   [2016. 10. 1.]

① 617 m³/mim      ② 717 m³/mim

③ 817 m³/mim      ④ 917 m³/mim

**해설** 압력이 일정한 상태이므로 샤를의 법칙을 응용한다.

$$\frac{V_1}{T_1} = \frac{V_2}{T_2} \text{에서} \quad \frac{500\,\text{m}^3/\text{min}}{288\,\text{K}} = \frac{V_2}{413\,\text{K}}$$

$$V_2 = 717 \text{ m}^3/\text{min}$$

**210.** 용적 0.02 m³의 실린더 속에 압력 1 MPa, 온도 25℃의 공기가 들어 있다. 이 공기가 일정 온도하에서 압력 200 kPa까지 팽창하였을 경우 공기가 행한 일의 양은 약 몇 kJ인가? (단, 공기는 이상기체이다.)   [2015. 3. 8.]

① 2.3      ② 3.2      ③ 23.1      ④ 32.2

**해설** 온도가 일정(등온과정)하므로

$$W = P_1 V_1 \ln\frac{V_2}{V_1} = P_1 V_1 \ln\frac{P_1}{P_2}$$

$$= 1000 \text{ kN/m}^2 \times 0.02 \text{ m}^3 \times \ln\frac{1000\,\text{kN/m}^2}{200\,\text{kN/m}^2} = 32.1887 \text{ kN}\cdot\text{m} = 32.19 \text{ kJ}$$

※ 1 MPa = 1000 kN/m²

**211.** 질량 $m$[kg]의 이상기체로 구성된 밀폐기가 $A$[kJ]의 열을 받아 $0.5A$[kJ]의 일을 하였다면, 이 기체의 온도변화는 몇 K인가? (단, 이 기체의 정적비열은 $C_v$[kJ/kg·K], 정압비열은 $C_p$[kJ/kg·K]이다.)   [2015. 3. 8.]

① $\dfrac{A}{m\,C_v}$      ② $\dfrac{A}{m\,C_P}$

③ $\dfrac{A}{2m\,C_v}$      ④ $\dfrac{A}{2m\,C_P}$

**해설** 밀폐기는 정적변화를 나타내므로

$$Q = GC_v\Delta t \text{에서} \ (A - 0.5A) = m \times C_v \times \Delta t$$

$$\Delta t = \frac{\frac{1}{2}A}{m\,C_v} = \frac{A}{2m\,C_v}$$

**212.** 400 K, 1 MPa의 이상기체 1 kmol이 700 K, 1 MPa으로 팽창할 때 엔트로피 변화는 몇 kJ/K인가? (단, 정압비열 $C_p$는 28 kJ/kmol · K이다.)  [2015. 3. 8.]

① 15.7　　　　　　　　　　　② 19.4

③ 24.3　　　　　　　　　　　④ 39.4

**해설** 압력이 일정(등압과정)하므로

$$\Delta S = C_p \ln \frac{T_2}{T_1}$$

$$= 28 \text{ kJ/kmol} \cdot \text{K} \times \ln \frac{700 \text{ K}}{400 \text{ K}}$$

$$= 15.67 \text{ kJ/K}$$

**213.** 물을 20℃에서 50℃까지 가열하는 데 사용된 열의 대부분은 무엇으로 변환되었는가?

① 물의 내부에너지　　　　　② 물의 운동에너지　　[2015. 3. 8.]

③ 물의 유동에너지　　　　　④ 물의 위치에너지

**해설** 물을 20℃에서 50℃까지 가열하는 것은 현열 변화이며 이는 내부에너지의 축적에 해당된다.

**214.** 다음 중 부피팽창계수 $\beta$에 관한 식은? (단, $P$는 압력, $V$는 부피, $T$는 온도이다.)

① $\beta = -\dfrac{1}{V}\left(\dfrac{\partial V}{\partial T}\right)_P$　　　　② $\beta = -\dfrac{1}{V}\left(\dfrac{\partial V}{\partial P}\right)_T$　　[2015. 3. 8.]

③ $\beta = \dfrac{1}{V}\left(\dfrac{\partial V}{\partial T}\right)_P$　　　　　④ $\beta = \dfrac{1}{V}\left(\dfrac{\partial V}{\partial P}\right)_T$

**해설** ②항은 등온압축계수($k$)이며 ③항이 부피팽창계수($\beta$)이다.

**215.** 다음 상태 중에서 이상기체 상태방정식으로 공기의 비체적을 계산할 때 오차가 가장 작은 것은?  [2015. 3. 8.]

① 1 MPa, −100℃　　　　　② 1 MPa, 100℃

③ 0.1 MPa, −100℃　　　　④ 0.1 MPa, 100℃

**해설** 이상기체는 분자 간의 인력이 무시되며 액화가 불가능한 상태로 항상 기체로 존재하여야 하므로 가급적 압력은 낮게 유지하여야 하며 반면 온도는 높게 유지하여야 한다.

**정답** → **212.** ①　　**213.** ①　　**214.** ③　　**215.** ④

**216.** 이상기체에 대한 설명 중 틀린 것은? [2015. 5. 31.]

① 분자와 분자 사이의 거리가 매우 멀다.
② 분자 사아의 인력이 없다.
③ 압축성인자가 1이다.
④ 내부에너지는 온도와 무관하고 압력과 부피의 함수로 이루어진다.

**해설** 내부에너지는 온도의 함수이다.

---

**217.** 200℃, 2 MPa의 질소 5 kg을 정압과정으로 체적이 1/2이 될 때까지 냉각하는 데 필요한 열량은 약 얼마인가? (단, 질소의 비열비는 1.4, 기체상수는 0.297 kJ/kg · K이다.) [2015. 9. 19.]

① −822 kJ　　② −1230 kJ　　③ −1630 kJ　　④ −2450 kJ

**해설** 정압과정으로 샤를의 법칙을 응용하면

$$\frac{V_1}{T_1} = \frac{V_2}{T_2}, \quad \frac{V_1}{473} = \frac{\frac{1}{2}V_1}{T_2}$$

$$T_2 = 236.5\text{K} = -36.5\text{℃}$$

$$Q = GC_p\Delta t = G\frac{k}{k-1}R\Delta t$$

$$= 5\,\text{kg} \times \frac{1.4}{1.4-1} \times 0.297\,\text{kJ/kg} \cdot \text{K} \times (-36.5-200)\text{℃} = -1229.208\,\text{KJ}$$

---

**218.** 다음 중 터빈에서 증기의 일부를 배출하여 급수를 가열하는 증기 사이클은? [2020. 6. 6.]

① 사바테 사이클　　　　　　　② 재생 사이클
③ 재열 사이클　　　　　　　　④ 오토 사이클

**해설** 사이클 비교

• 재생 사이클 : 증기 원동기 내에서 증기의 팽창 도중에 그 일부를 유출해 보일러용 급수를 가열하게 하는 사이클로 복수기에 버리는 열량을 적게 하고, 급수 가열에 이용해 열효율을 높이도록 한 것이다.
• 재열 사이클 : 랭킨 사이클의 팽창 과정 중간에서 증기를 재가열함으로써 열효율의 향상과 터빈의 저압단 증기습도의 경감을 위한 열 사이클이다.
• 사바테 사이클 : 일정한 체적과 압력하에서 연소하는 사이클로서 정압 사이클과 정적 사이클이 복합된 것이다.
• 오토 사이클 : 가솔린기관의 열효율 · 출력을 생각할 때 기본이 되는 사이클이다.
• 디젤 사이클 : 내연기관의 사이클로서 압축비가 동일할 때는 오토 사이클의 효율보다도 낮으며 디젤 기관의 압축비는 상당히 높다.

**정답** ━● 216. ④　217. ②　218. ②

**219.** 랭킨 사이클의 터빈출구 증기의 건도를 상승시켜 터빈날개의 부식을 방지하기 위한 사이클은? [2020. 9. 26.]

① 재열 사이클    ② 오토 사이클    ③ 재생 사이클    ④ 사바테 사이클

해설 문제 218번 해설 참조

**220.** 다음 그림은 Rankine 사이클의 $h-s$ 선도이다. 등엔트로피 팽창과정을 나타내는 것은? [2021. 3. 7.]

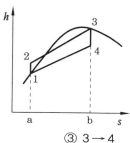

① 1→2    ② 2→3    ③ 3→4    ④ 4→1

해설 ① : 단열압축              ② : 등압가열
③ : 단열팽창              ④ : 등압방열

**221.** 다음 중 랭킨 사이클의 과정을 옳게 나타낸 것은? [2019. 3. 3.]

① 단열압축 → 정적가열 → 단열팽창 → 정압냉각
② 단열압축 → 정압가열 → 단열팽창 → 정적냉각
③ 단열압축 → 정압가열 → 단열팽창 → 정압냉각
④ 단열압축 → 정적가열 → 단열팽창 → 정적냉각

해설 랭킨 사이클은 2개의 단열변화와 2개의 등압변화로 구성되는 사이클 중 작동 유체가 증기와 액체의 상변화를 수반하는 것으로 급수 펌프(단열압축), 보일러 및 과열기(등압가열), 터빈(단열팽창) 및 복수기(등압방열) 순으로 작동한다.

**222.** Rankine 사이클의 4개 과정으로 옳은 것은? [2021. 3. 7.]

① 가역단열팽창 → 정압방열 → 가역단열압축 → 정압가열
② 가역단열팽창 → 가역단열압축 → 정압가열 → 정압방열
③ 정압가열 → 정압방열 → 가역단열압축 → 가역단열팽창
④ 정압방열 → 정압가열 → 가역단열압축 → 가역단열팽창

해설 문제 221번 해설 참조

정답 • 219. ①    220. ③    221. ③    222. ①

**223.** 랭킨 사이클에 과열기를 설치할 경우 과열기의 영향으로 발생하는 현상에 대한 설명으로 틀린 것은? [2021. 5. 15]

① 열이 공급되는 평균 온도가 상승한다.　② 열효율이 증가한다.

③ 터빈 출구의 건도가 높아진다.　④ 펌프일이 증가한다.

해설 보일러에서 열을 가하여 물을 수증기로 변환시키고 과열기는 이 수증기에 열을 가하면 고온의 수증기로 온도를 높여 효율을 증대시키므로 펌프의 일량을 감소시킨다.

**224.** 가스 동력 사이클에 대한 설명으로 틀린 것은? [2021. 5. 15]

① 에릭슨 사이클은 2개의 정압과정과 2개의 단열과정으로 구성된다.

② 스털링 사이클은 2개의 등온과정과 2개의 정적과정으로 구성된다.

③ 아스킨스 사이클은 2개의 단열과정과 정적 및 정압과정으로 구성된다.

④ 르누아 사이클은 정적과정으로 급열하고 정압과정으로 방열하는 사이클이다.

해설 에릭슨 사이클은 등온압축, 등온연소 및 등온팽창을 시키는 사이클이며 2개의 등압과정으로 이루어진 이상적인 열역학 과정의 가스 터빈 사이클이다.

**225.** 오토 사이클과 디젤 사이클의 열효율에 대한 설명 중 틀린 것은? [2021. 9. 12.]

① 오토 사이클의 열효율은 압축비와 비열만으로 표시된다.

② 차단비가 1에 가까워질수록 디젤 사이클의 열효율은 오토 사이클의 열효율에 근접한다.

③ 압축 초기 압력과 온도, 공급 열량, 최고 온도가 같을 경우 디젤 사이클의 열효율이 오토 사이클의 열효율보다 높다.

④ 압축비와 차단비가 클수록 디젤 사이클의 열효율은 높아진다.

해설 디젤 사이클은 압축비가 높을수록, 차단비가 작을수록 효율이 증가한다.

**226.** 열역학적 사이클에서 열효율이 고열원과 저열원의 온도만으로 결정되는 것은? [2020. 8. 22.]

① 카르노 사이클　② 랭킨 사이클　③ 재열 사이클　④ 재생 사이클

해설 카르노 사이클 : 열기관 시스템 내부에서 작동하는 유체가 고온의 영역에서 열에너지를 흡수하고, 저온의 영역에서 열에너지를 방출하는 단열변화 사이클로 이론적인 사이클이다.

$$\eta(\text{열효율}) = \frac{T_1 - T_2}{T_1} = \frac{Q_1 - Q_2}{Q_1}$$

여기서, $T_1$ : 고열원 온도, $T_2$ : 저열원 온도, $Q_1$ : 고열원 열량, $Q_2$ : 저열원 열량

정답 ● 223. ④　224. ①　225. ④　226. ①

**227.** 랭킨 사이클에서 복수기 압력을 낮추면 어떤 현상이 나타나는가? [2020. 8. 22.]
① 복수기의 포화온도는 상승한다.   ② 열효율이 낮아진다.
③ 터빈 출구부에 부식 문제가 생긴다.   ④ 터빈 출구부의 증기 건도가 높아진다.

**해설** 복수기는 수증기를 냉각시켜 물로 되돌리는 장치이며 응축기의 일종이다. 복수기 압력을 낮추면 저온저압 증기와 수분이 금속 재질인 저압 터빈 회전날개를 침식하며 약한 재질인 고무판은 침식된다.

**228.** 최저온도, 압축비 및 공급 열량이 같을 경우 사이클의 효율이 큰 것부터 작은 순서대로 옳게 나타낸 것은? [2020. 8. 22.]
① 오토 사이클 > 디젤 사이클 > 사바테 사이클
② 사바테 사이클 > 오토 사이클 > 디젤 사이클
③ 디젤 사이클 > 오토 사이클 > 사바테 사이클
④ 오토 사이클 > 사바테 사이클 > 디젤 사이클

**해설** (1) 동일한 압축비 및 연료 단절비에서의 효율 비교
오토 사이클 > 사바테 사이클 > 디젤 사이클
(2) 최고압력이 동일한 경우의 효율 비교
디젤 사이클 > 사바테 사이클 > 오토 사이클

**229.** 처음 온도, 압축비, 공급 열량이 같을 경우 열효율의 크기를 옳게 나열한 것은? [2018. 3. 4.]
① Otto cycle > Sabathe cycle > Diesel cycle
② Sabathe cycle > Diesel cycle > Otto cycle
③ Diesel cycle > Sabathe cycle > Otto cycle
④ Sabathe cycle > Otto cycle > Diesel cycle

**해설** 문제 228번 해설 참조

**230.** 랭킨 사이클로 작동되는 발전소의 효율을 높이려고 할 때 초압(터빈 입구의 압력)과 배압(복수기 압력)은 어떻게 하여야 하는가? [2019. 9. 21.]
① 초압과 배압 모두 올림   ② 초압을 올리고 배압을 낮춤
③ 초압은 낮추고 배압을 올림   ④ 초압과 배압 모두 낮춤

**해설** 랭킨 사이클의 효율을 높이는 방법
- 터빈 입구 압력과 온도(초압, 초온)를 높인다.
- 복수기 출구 압력과 온도(배압, 배온)를 낮추어야 한다.

---

**231.** 랭킨 사이클의 열효율 증대 방안으로 가장 거리가 먼 것은? [2019. 3. 3.]

① 복수기의 압력을 낮춘다.
② 과열 증기의 온도를 높인다.
③ 보일러의 압력을 상승시킨다.
④ 응축기의 온도를 높인다.

**해설** 랭킹사이클의 열효율 증대 방안으로 보일러 가열온도 및 압력을 상승시키고 복수기는 압력과 온도를 낮추어야 한다.

---

**232.** 다음 중 가스 터빈의 사이클로 가장 많이 사용되는 사이클은? [2019. 3. 3.]

① 오토 사이클　　　　　　② 디젤 사이클
③ 랭킨 사이클　　　　　　④ 브레이턴 사이클

**해설** 사이클 비교
- 오토 사이클 : 가솔린기관의 열효율·출력을 생각할 때 기본이 되는 사이클이다.
- 디젤 사이클 : 내연기관의 사이클로서 압축비가 동일할 때는 오토 사이클의 효율보다도 낮으며 디젤 기관의 압축비는 상당히 높다.
- 랭킨 사이클 : 2개의 단열변화와 2개의 등압변화로 구성되는 사이클 중 작동 유체가 증기와 액체의 상태변화를 수반하는 것으로 증기 사이클의 가장 기본이 되는 사이클이다.
- 브레이턴 사이클 : 공기는 단열압축되고 단열팽창하여 연소하며, 단열팽창하면서 터빈을 돌리고 초기 온도로 돌아간다. 즉, 가스 터빈의 원리는 열역학적으로 브레이턴 사이클이다.

---

**233.** 다음 과정 중 가역적인 과정이 아닌 것은? [2019. 4. 27.]

① 과정은 어느 방향으로나 진행될 수 있다.
② 마찰을 수반하지 않아 마찰로 인한 손실이 없다.
③ 변화 경로의 어느 점에서도 역학적, 열적, 화학적 등의 모든 평형을 유지하면서 주위에 어떠한 영향도 남기지 않는다.
④ 과정은 이를 조절하는 값을 무한소만큼씩 변화시켜도 역행할 수는 없다.

**해설** 가역과정은 변화된 물질이 외부에 아무런 변화도 남기지 않고 자발적으로 처음 상태로 되돌아오는 과정이다. 즉, 역행이 일어나는 과정이다.

---

**정답**　231. ④　　232. ④　　233. ④

**234.** 디젤 사이클로 작동되는 디젤 기관의 각 행정의 순서를 옳게 나타낸 것은? [2019. 4. 27.]
① 단열압축 → 정적가열 → 단열팽창 → 정적방열
② 단열압축 → 정압가열 → 단열팽창 → 정압방열
③ 등온압축 → 정적가열 → 등온팽창 → 정적방열
④ 단열압축 → 정압가열 → 단열팽창 → 정적방열

**해설** 디젤 사이클은 압축·팽창의 두 가지 단열변화, 정압변화 및 등체적변화로 이루어진다. 단열압축 → 등압팽창 → 단열팽창 → 등적방열로 이루어지는 열기관의 기본 사이클이다.

**235.** 수증기를 사용하는 기본 랭킨 사이클에서 응축기 압력을 낮출 경우 발생하는 현상에 대한 설명으로 옳지 않은 것은? [2019. 4. 27.]
① 열이 방출되는 온도가 낮아진다.
② 열효율이 높아진다.
③ 터빈 날개의 부식 발생 우려가 커진다.
④ 터빈 출구에서 건도가 높아진다.

**해설** 기본 랭킨 사이클에서 응축기 압력이 저하되면 포화온도 또한 낮아지므로 방출되는 온도가 낮아지며 터빈 출구에서 수분 증가로 인하여 터빈 효율 감소 및 날개의 부식 문제가 발생한다. 또한 건도가 감소하게 되며 정미일이 증가하므로 열효율은 높아지게 된다.

**236.** 다음 사이클(cycle) 중 물과 수증기를 오가면서 동력을 발생시키는 플랜트에 적용하기 적합한 것은? [2019. 4. 27.]
① 랭킨 사이클   ② 오토 사이클
③ 디젤 사이클   ④ 브레이턴 사이클

**해설** 랭킨 사이클 : 2개의 단열변화와 2개의 등압변화로 구성되는 사이클 중 작동 유체가 증기와 액체의 상태변화를 수반하는 것으로 증기 사이클이라고도 한다.

**237.** 랭킨 사이클의 구성요소 중 단열압축이 일어나는 곳은? [2019. 9. 21.]
① 보일러   ② 터빈
③ 펌프   ④ 응축기

**해설** 랭킨 사이클은 급수 펌프(단열압축) → 보일러 및 과열기(등압가열) → 터빈(단열팽창) → 복수기(등압방열)의 순으로 행하여지는 사이클이다.

**정답** 234. ④  235. ④  236. ①  237. ③

**238.** 랭킨 사이클의 순서를 차례대로 옳게 나열한 것은? [2017. 5. 7.]

① 단열압축 → 정압가열 → 단열팽창 → 정압냉각
② 단열압축 → 등온가열 → 단열팽창 → 정적냉각
③ 단열압축 → 등적가열 → 등압팽창 → 정압냉각
④ 단열압축 → 정압가열 → 단열팽창 → 정적냉각

**해설** 문제 237번 해설 참조

**239.** 증기원동기의 랭킨 사이클에서 열을 공급하는 과정에서 일정하게 유지되는 상태량은 무엇인가? [2019. 9. 21.]

① 압력                    ② 온도
③ 엔트로피               ④ 비체적

**해설** 랭킨 사이클은 2개의 단열변화와 2개의 등압변화로 구성되는 사이클이다.

**240.** 다음 공기 표준 사이클(air standard cycle) 중 두 개의 등온과정과 두 개의 정압과정으로 구성된 사이클은? [2018. 4. 28.]

① 디젤(Diesel) 사이클           ② 사바테(Sabathe) 사이클
③ 에릭슨(Ericsson) 사이클      ④ 스털링(Stirling) 사이클

**해설** 스털링 엔진은 가열·냉각의 2가지 등적변화와 압축·팽창의 2가지 등온변화로 구성되는 밀폐 사이클을 갖는 외연기관으로 내부의 작동가스의 기체분자가 열에너지를 흡수하거나 방출하면서 수축과 팽창에 따라 피스톤을 움직이며 일을 한다. 에릭슨 사이클은 스털링 엔진과 마찬가지로 외연기관이며 두 개의 등온과정과 두 개의 정압과정으로 구성된 사이클이다.

**241.** 랭킨(Rankine) 사이클에서 재열을 사용하는 목적은? [2017. 3. 5.]

① 응축기 온도를 높이기 위해서
② 터빈 압력을 높이기 위해서
③ 보일러 압력을 낮추기 위해서
④ 열효율을 개선하기 위해서

**해설** 열역학 사이클에서 열이 공급되는 온도가 높으면 높을수록 열효율이 좋아진다. 랭킨 사이클은 공급되는 열의 온도를 높이는 역할을 하며, 이는 열효율을 좋게 하기 위함이다.

**정답** ● 238. ①   239. ①   240. ③   241. ④

**242.** 다음 중 가스 동력 사이클에 대한 설명으로 틀린 것은? [2017. 5. 7.]
① 오토 사이클의 이론 열효율은 작동유체의 비열비와 압축비에 의해서 결정된다.
② 카르노 사이클의 최고 및 최저 온도와 스털링 사이클의 최고 및 최저 온도가 서로 같을 경우 두 사이클의 이론 열효율은 동일하다.
③ 디젤 사이클에서 가열과정은 정적과정으로 이루어진다.
④ 사바테 사이클의 가열과정은 정적과 정압과정이 복합적으로 이루어진다.

해설 디젤 사이클은 압축·팽창의 두 가지 단열변화, 정압변화 및 등체적변화로 이루어진다.
단열압축 → 등압팽창 → 단열팽창 → 등적방열로 이루어지는 열기관의 기본 사이클이다.

**243.** 증기 동력 사이클의 구성 요소 중 복수기(condenser)가 하는 역할은? [2017. 5. 7.]
① 물을 가열하여 증기로 만든다.
② 터빈에 유입되는 증기의 압력을 높인다.
③ 증기를 팽창시켜서 동력을 얻는다.
④ 터빈에서 나오는 증기를 물로 바꾼다.

해설 복수기는 밀폐된 용기이며 공급되는 냉각수에 의해 흘러들어오는 증기의 증발열을 빼앗아 증기를 물로 환원시키는 작용을 한다.

**244.** 다음 중 수증기를 사용하는 증기 동력 사이클은? [2017. 9. 23.]
① 랭킨 사이클　② 오토 사이클
③ 디젤 사이클　④ 브레이턴 사이클

해설 랭킨 사이클 : 2개의 단열변화와 2개의 등압변화로 구성되는 사이클 중 작동 유체가 증기와 액체의 상태 변화를 수반하는 것으로 증기 사이클이라고도 한다.

**245.** 증기 동력 사이클 중 이상적인 랭킨(Rankine) 사이클에서 등엔트로피 과정이 일어나는 곳은? [2016. 3. 6.]
① 펌프, 터빈　② 응축기, 보일러
③ 터빈, 응축기　④ 응축기, 펌프

해설 랭킨 사이클에서 등엔트로피 과정은 단열과정으로 급수 펌프 및 터빈에서 일어난다.
급수 펌프(단열압축) → 보일러 및 과열기(등압가열) → 터빈(단열팽창) → 복수기(등압방열)

정답 242. ③　243. ④　244. ①　245. ①

**246.** 다음 중 가스의 액화과정과 가장 관계가 먼 것은? [2015. 5. 31.]
① 압축과정
② 등압냉각과정
③ 최종상태는 압축액 또는 포화혼합물 상태
④ 등온팽창과정

해설 등온팽창과정은 증발과정으로 가스의 기화과정에 해당된다.

**247.** 가스 터빈에 대한 이상적인 공기 표준 사이클로서 정압연소 사이클이라고도 하는 것은?
① Stirling 사이클 ② Ericsson 사이클 [2015. 5. 31.]
③ Diesel 사이클 ④ Brayton 사이클

해설 브레이턴 사이클 : 공기는 단열압축되고 단열팽창하여 연소하며, 단열팽창하면서 터빈을 돌리
고 초기 온도로 돌아간다. 즉, 가스 터빈의 원리는 열역학적으로 브레이턴 사이클이다.

**248.** 터빈 입구에서의 내부에너지 및 엔탈피가 각각 3000 kJ/kg, 3300 kJ/kg인 수증기가
압력이 100 kPa, 건도 0.9인 습증기로 터빈을.나간다. 이때 터빈의 출력은 약 몇 kW인가?
(단, 발생되는 수증기의 질량 유량은 0.2 kg/s이고, 입출구의 속도차와 위치에너지는 무시
한다. 100 kPa에서의 상태량은 아래 표와 같다.) [2021. 3. 7.]

| (단위 : kJ/kg) | 포화수 | 건포화증기 |
|---|---|---|
| 내부에너지 $u$ | 420 | 2510 |
| 엔탈피 $h$ | 420 | 2680 |

① 46.2 ② 93.6 ③ 124.2 ④ 169.2

해설 터빈 출구 엔탈피 : $420 + (2680 - 420) \times 0.9 = 2454 \, \text{kJ/kg}$
터빈 출력 $= 0.2 \, \text{kg/s} \times (3300 - 2454) \text{kJ/kg}$
$\qquad = 169.2 \, \text{kJ/s}$
$\qquad = 169.2 \, \text{kW} (1 \, \text{kW} = 1 \, \text{kJ/s})$

**249.** 터빈에서 2 kg/s의 유량으로 수증기를 팽창시킬 때 터빈의 출력이 1200 kW라면 열손실
은 몇 kW인가? (단, 터빈 입구와 출구에서 수증기의 엔탈피는 각각 3200 kJ/kg와 2500
kJ/kg이다.) [2016. 5. 8.] [2021. 9. 12.]
① 600 ② 400 ③ 300 ④ 200

정답 ● 246. ④ 247. ④ 248. ④ 249. ④

**해설** 터빈 일량 = 2 kg/s × (3200 kJ/kg − 2500 kJ/kg) = 1400 kJ/s = 1400 kW

열손실 = 1400 kW − 1200 kW = 200 kW

---

**250.** 랭킨 사이클에서 각 지점의 엔탈피가 다음과 같을 때 사이클의 효율은 약 몇 %인가? [2020. 6. 6.]

- 펌프 입구 : 190 kJ/kg
- 보일러 입구 : 200 kJ/kg
- 터빈 입구 : 2,900 kJ/kg
- 응축기 입구 : 2,000 kJ/kg

① 25  ② 30
③ 33  ④ 37

**해설** 효율 = $\dfrac{\text{터빈 입구 엔탈피} - \text{응축기 입구 엔탈피}}{\text{터빈 입구 엔탈피} - \text{펌프 입구 엔탈피}}$

$= \dfrac{2900 \text{ kJ/kg} - 2000 \text{ kJ/kg}}{2900 \text{ kJ/kg} - 190 \text{ kJ/kg}}$

$= 0.332 = 33.2\%$

---

**251.** 증기터빈에서 증기 유량이 1.1 kg/s이고, 터빈 입구와 출구의 엔탈피는 각각 3100 kJ/kg, 2300 kJ/kg이다. 증기 속도는 입구에서 15 m/s, 출구에서는 60 m/s이고, 이 터빈의 축 출력이 800 kW일 때 터빈과 주위 사이에서 발생하는 열전달량은? [2018. 9. 15.]

① 주위로 78.1 kW의 열을 방출한다.  ② 주위로 95.8 kW의 열을 방출한다.
③ 주위로 124.9 kW의 열을 방출한다.  ④ 주위로 168.4 kW의 열을 방출한다.

**해설** 터빈 발생열 = (3100 kJ/kg − 2300 kJ/kg) × 1.1 kg/s

$= 880 \text{ kJ/s} = 880 \text{ kW}$

방출열량 = 880 kW − 800 kW = 80 kW

---

**252.** 오토 사이클의 열효율에 영향을 미치는 인자들만 모은 것은? [2021. 3. 7.]

① 압축비, 비열비  ② 압축비, 차단비
③ 차단비, 비열비  ④ 압축비, 차단비, 비열비

**해설** 오토 사이클의 열효율 $\eta = 1 - \left(\dfrac{1}{\varepsilon}\right)^{k-1}$

여기서, $\varepsilon$ : 압축비, $k$ : 비열비

---

**정답** ⇒ **250.** ③ **251.** ① **252.** ①

**253.** 오토 사이클에서 열효율이 56.5 %가 되려면 압축비는 얼마인가? (단, 비열비는 1.4 이다.) [2020. 6. 6.]

① 3      ② 4

③ 8      ④ 10

**해설** $\eta = 1 - \left(\dfrac{1}{\varepsilon}\right)^{k-1}$, $0.565 = 1 - \left(\dfrac{1}{\varepsilon}\right)^{1.4-1}$

$\therefore \ \varepsilon = 8$

---

**254.** Otto cycle에서 압축비가 8일 때 열효율은 약 몇 %인가? (단, 비열비는 1.4이다.) [2016. 3. 6.]

① 26.4     ② 36.4

③ 46.4     ④ 56.4

**해설** $\eta = 1 - \left(\dfrac{1}{\varepsilon}\right)^{k-1} = 1 - \left(\dfrac{1}{8}\right)^{1.4-1} = 0.5647 = 56.47\,\%$

---

**255.** 공기 오토 사이클에서 최고 온도가 1200 K, 압축 초기 온도가 300 K, 압축비가 8일 경우, 열 공급량은 약 몇 kJ/kg인가? (단, 공기의 정적 비열은 0.7165 kJ/kg · K, 비열비는 1.4이다.) [2021. 9. 12.]

① 366     ② 466

③ 566     ④ 666

**해설** $\dfrac{T_2}{T_1} = \varepsilon^{k-1}$에서 $T_2 = 300 \times 8^{1.4-1} = 689.22$ K

공급열량 $= 0.7165$ kJ/kg · K $\times (1200 - 689.22)$K $= 365.97$ kJ/kg

---

**256.** 불꽃 점화 기관의 기본 사이클인 오토 사이클에서 압축비가 10이고, 기체의 비열비는 1.4일 때 이 사이클의 효율은 약 몇 %인가? [2017. 3. 5.]

① 43.6     ② 51.4

③ 60.2     ④ 68.5

**해설** $\eta = 1 - \left(\dfrac{1}{\varepsilon}\right)^{k-1} = 1 - \left(\dfrac{1}{10}\right)^{1.4-1} = 0.60189 = 60.189\,\%$

**정답** ● 253. ③ 254. ④ 255. ① 256. ③

**257.** 비열비 1.3의 고온 공기를 작동 물질로 하는 압축비 5의 오토 사이클에서 최소 압력이 206 kPa, 최고 압력이 5400 kPa일 때 평균 유효압력(kPa)은? [2019. 9. 21.]

① 594

② 794

③ 1190

④ 1390

**해설** 압축비 $\dfrac{P_2}{P_1} = \varepsilon^k$ 에서

$P_2 = 206\,\text{kPa} \times 5^{1.3} = 1669.28\,\text{kPa}$

압력비 $\alpha = \dfrac{5400\,\text{kPa}}{1669.28\,\text{kPa}} = 3.23$

• 평균 유효압력(kPa) $= P_1 \dfrac{(\alpha-1)(\varepsilon^k - \varepsilon)}{(k-1)(\varepsilon-1)}$

$$= 206\,\text{kPa} \times \dfrac{(3.23-1) \times (5^{1.3} - 5)}{(1.3-1) \times (5-1)}$$

$$= 1190\,\text{kPa}$$

• 평균 유효압력이란 동력행정 전과정에 걸쳐 연소가스의 압력이 피스톤에 작용하여 피스톤에 행한 일과 같은 양의 일을 수행할 수 있는 균일한 압력으로 평균 유효압력을 증가시키기 위해서는 압축비를 높이거나 충진률을 높이는 방법 등이 있다.

**258.** 다음과 같은 압축비와 차단비를 가지고 공기로 작동되는 디젤 사이클 중에서 효율이 가장 높은 것은? (단, 공기의 비열비는 1.4이다.) [2021. 5. 15.]

① 압축비 : 11, 차단비 : 2

② 압축비 : 11, 차단비 : 3

③ 압축비 : 13, 차단비 : 2

④ 압축비 : 13, 차단비 : 3

**해설** 디젤 사이클에서 연료는 연소 후 주입되는 연소실 내부 공기가 압축되는 동안 발생하는 열에 의해 점화되며, 디젤 기관은 압축비가 높을수록, 차단비가 작을수록 효율이 증가한다.

**259.** 디젤 사이클에서 압축비가 20, 단절비(cut−off ratio)가 1.7일 때 열효율(%)은? (단, 비열비는 1.4이다.) [2020. 8. 22.]

① 43

② 66

③ 72

④ 84

**해설** 단절비 = 체적비

$$\eta = 1 - \left(\frac{1}{\varepsilon}\right)^{k-1}\left[\frac{\alpha^k - 1}{k(\alpha-1)}\right] = 1 - \left(\frac{1}{20}\right)^{1.4-1}\left[\frac{1.7^{1.4} - 1}{1.4 \times (1.7-1)}\right] = 0.66 = 66\,\%$$

**정답** ◦◦ 257. ③  258. ③  259. ②

**260.** 디젤 사이클에서 압축비는 16, 기체의 비열비는 1.4, 체절비(또는 분사 단절비)는 2.5라고 할 때 이 사이클의 효율은 약 몇 %인가? [2019. 3. 3.]

① 59 %  　　　　　　　　　　　② 62 %

③ 65 %  　　　　　　　　　　　④ 68 %

**해설** 단절비 = 체적비

$$\eta = 1 - \left(\frac{1}{\varepsilon}\right)^{k-1}\left[\frac{\alpha^k - 1}{k(\alpha - 1)}\right] = 1 - \left(\frac{1}{16}\right)^{1.4-1}\left[\frac{2.5^{1.4} - 1}{1.4 \times (2.5 - 1)}\right] = 0.59 = 59\,\%$$

---

**261.** 공기 표준 디젤 사이클에서 압축비가 17이고 단절비(cut-off ratio)가 3일 때 열효율 (%)은? (단, 공기의 비열비는 1.4이다.) [2019. 9. 21.]

① 52  　　　　　　　　　　　② 58

③ 63  　　　　　　　　　　　④ 67

**해설** 단절비 = 체적비

$$\eta = 1 - \left(\frac{1}{\varepsilon}\right)^{k-1}\left[\frac{\alpha^k - 1}{k(\alpha - 1)}\right] = 1 - \left(\frac{1}{17}\right)^{1.4-1}\left[\frac{3^{1.4} - 1}{1.4 \times (3 - 1)}\right] = 0.581 = 58\,\%$$

---

**262.** 정상상태로 흐르는 유체의 에너지 방정식을 다음과 같이 표현할 때 (　) 안에 들어갈 용어로 옳은 것은? (단, 유체에 대한 기호의 의미는 아래와 같고, 첨자 1과 2는 각각 입·출구를 나타낸다.) [2021. 9. 12.]

$$\dot{Q} + \dot{m}\left[h_1 + \frac{V_1^2}{2}(\quad)_1\right] = \dot{W_s} + \dot{m}\left[h_2 + \frac{V_2^2}{2} + (\quad)_2\right]$$

| 기호 | 의미 | 기호 | 의미 |
|---|---|---|---|
| $\dot{Q}$ | 시간당 받는 열량 | $\dot{W_s}$ | 시간당 주는 일량 |
| $\dot{m}$ | 질량유량 | $s$ | 비엔트로피 |
| $h$ | 비엔탈피 | $u$ | 비내부에너지 |
| $V$ | 속도 | $P$ | 압력 |
| $g$ | 중력가속도 | $z$ | 높이 |

① $s$  　　　　　　　　　　　② $u$

③ $gz$  　　　　　　　　　　　④ $P$

**해설** 정상 유동은 베르누이 정리가 적용된다. 즉, 압력에너지 + 속도에너지 + 위치에너지 = 일정이 되며 속도에너지와 동일한 단위가 되려면 중력가속도에 위치에너지를 작용시키면 된다.

**정답** ● 260. ①　261. ②　262. ③

**263.** 100 kPa, 20℃의 공기를 0.1 kg/s의 유량으로 900 kPa까지 등온 압축할 때 필요한 공기압축기의 동력(kW)은? (단, 공기의 기체상수는 0.287 kJ/kg·K이다.) [2020. 9. 26.]

① 18.5
② 64.5
③ 75.7
④ 185

**해설** $L = RT\ln\dfrac{P_2}{P_1} = 0.287\,\text{kJ/kg}\cdot\text{K}\times293\,\text{K}\times\ln\dfrac{900}{100} = 184.77\,\text{kJ/kg}$

$184.77\,\text{kJ/kg}\times0.1\,\text{kg/s} = 18.477\,\text{kJ/s} = 18.5\,\text{kW}(1\,\text{kW} = 1\,\text{kJ/s})$

**264.** 정상상태에서 작동하는 개방시스템에 유입되는 물질의 비엔탈피가 $h_1$이고, 이 시스템 내에 단위질량당 열을 $q$만큼 전달해 주는 것과 동시에, 축을 통한 단위질량당 일을 $w$만큼 시스템으로 유출되는 물질의 비엔탈피 $h_2$를 옳게 나타낸 것은? (단, 위치에너지와 운동에너지는 무시한다.) [2020. 9. 26.]

① $h_2 = h_1 + q - w$
② $h_2 = h_1 - q - w$
③ $h_2 = h_1 + q + w$
④ $h_2 = h_1$

**해설** 유출되는 물질의 비엔탈피 = 유입되는 물질의 비엔탈피 + 단위질량당 열량 + 단위질량당 일량
$h_2 = h_1 + q + w$

**265.** 저위발열량 40000 kJ/kg인 연료를 쓰고 있는 열기관에서 이 열이 전부 일로 바꾸어지고, 연료 소비량이 20 kg/h이라면 발생되는 동력은 약 몇 kW인가? [2017. 9. 23.]

① 110
② 222
③ 346
④ 820

**해설** $40000\,\text{kJ/kg}\times20\,\text{kg/h}\times\dfrac{1\,\text{h}}{3600\,\text{s}} = 222.22\,\text{kJ/s} = 222.22\,\text{kW}$

**266.** 저발열량 11000 kcal/kg인 연료를 연소시켜서 900 kW의 동력을 얻기 위해서는 매분당 약 몇 kg의 연료를 연소시켜야 하는가? (단, 연료는 완전 연소되며 발생한 열량의 50 %가 동력으로 변환된다고 가정한다.) [2016. 10. 1.]

① 1.37
② 2.34
③ 3.82
④ 4.17

**해설** 연소시켜야 할 연료량 $= \dfrac{900\,\text{kW}\times860\,\text{kcal/h}\cdot\text{kW}}{11000\,\text{kcal/kg}\times0.5\times60\,\text{min/h}} = 2.345\,\text{kg/min}$

**정답** ➤ 263. ① 264. ③ 265. ② 266. ②

**267.** 출력 50 kW의 가솔린 엔진이 매시간 10 kg의 가솔린을 소모한다. 이 엔진의 효율은? (단, 가솔린의 발열량은 42000 kJ/kg이다.) [2015. 5. 31.]

① 21 %　　　　　　　　　　② 32 %
③ 43 %　　　　　　　　　　④ 60 %

**해설** 효율 $= \dfrac{\text{출력(out put)}}{\text{입력(in put)}} = \dfrac{50 \text{ kJ/s} \times 3600 \text{ s/h}}{10 \text{ kg/h} \times 42000 \text{ kJ/kg}} = 0.4285 = 42.85\%$

**268.** 출력이 100 kW인 디젤 발전기에서 시간당 25 kg의 연료를 소모한다. 연료의 발열량이 42000 kJ/kg일 때 이 발전기의 전환효율은 얼마인가? [2015. 9. 19.]

① 34 %　　　　　　　　　　② 40 %
③ 60 %　　　　　　　　　　④ 66 %

**해설** $\eta = \dfrac{100 \text{ kJ/s} \times 3600 \text{ s/h}}{25 \text{ kg/h} \times 42000 \text{ kJ/kg}} = 0.3428 = 34.28\%$

**269.** 압력을 일정하게 유지하면서 15 kg의 이상기체를 300 K에서 500 K까지 가열하였다. 엔트로피 변화는 몇 kJ/K인가? (단, 기체상수는 0.189 kJ/kg · K, 비열비는 1.289이다.) [2015. 9. 19.]

① 5.273　　　　　　　　　　② 6.459
③ 7.441　　　　　　　　　　④ 8.175

**해설** $C_p = \dfrac{k}{k-1} R = \dfrac{1.289}{1.289-1} \times 0.189 \text{ kJ/kg} \cdot \text{K} = 0.8429 \text{ kJ/kg} \cdot \text{K}$

$\Delta S = G C_p \ln \dfrac{T_2}{T_1}$

$\quad = 15 \text{ kg} \times 0.8429 \text{ kJ/kg} \cdot \text{K} \times \ln \dfrac{500}{300} = 6.4586 \text{ kJ/K}$

**270.** 용기 속에 절대압력이 850 kPa, 온도 52℃인 이상기체가 49 kg 들어 있다. 이 기체의 일부가 누출되어 용기 내 절대압력이 415 kPa, 온도 27℃가 되었다면 밖으로 누출된 기체는 약 몇 kg인가? [2015. 9. 19.]

① 10.4　　　　　　　　　　② 23.1
③ 25.9　　　　　　　　　　④ 47.6

**정답** 267. ③　268. ①　269. ②　270. ②

**해설** 이상기체 상태 방정식에 의하여

$P_1 V_1 = G_1 R T_1$, $P_2 V_2 = G_2 R T_2$

($V_1 = V_2$, $R$은 동일)

$\dfrac{P_1}{P_2} = \dfrac{G_1 T_1}{G_2 T_2}$ 에서

$G_2 = \dfrac{G_1 P_2 T_1}{P_1 T_2} = \dfrac{45\,\text{kg} \times 415\,\text{kPa} \times 325\,\text{K}}{850\,\text{kPa} \times 300\,\text{K}} = 25.917\,\text{kg}$

∴ 누출된 양 $= 49\,\text{kg} - 25.917\,\text{kg} = 23.09\,\text{kg}$

---

**271.** 증기터빈에서 상태 ⓐ의 증기를 규정된 압력까지 단열에 가깝게 팽창시켰다. 이때 증기 터빈 출구에서의 증기 상태는 그림의 각각 ⓑ, ⓒ, ⓓ, ⓔ이다. 이 중 터빈의 효율이 가장 좋을 때 출구의 증기 상태로 옳은 것은?

[2021. 5. 15.]

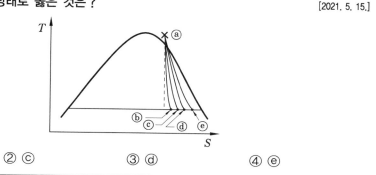

① ⓑ      ② ⓒ      ③ ⓓ      ④ ⓔ

**해설** 가역 단열과정은 등엔트로피과정에 속하게 된다. 즉, 점선이 등엔트로피선이므로 이에 가 까운 ⓑ가 터빈의 효율이 가장 좋을 때 출구의 증기 상태가 된다.

---

**272.** 비열비($k$)가 1.4인 공기를 작동유체로 하는 디젤엔진의 최고온도($T_3$)가 2500 K, 최저 온도($T_1$)가 300 K, 최고압력($P_3$)이 4 MPa, 최저압력($P_1$)이 100 kPa일 때 차단비(cut off ratio ; $r_c$)는 얼마인가?

[2020. 9. 26.]

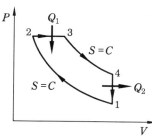

① 2.4      ② 2.9      ③ 3.1      ④ 3.6

---

**해설** $\dfrac{T_2}{T_1}=\left(\dfrac{P_2}{P_1}\right)^{\frac{k-1}{k}}$ 에서(1→2 : 단열과정) $T_2=300\,\mathrm{K}\times\left(\dfrac{4000}{100}\right)^{\frac{1.4-1}{1.4}}=860.7\,\mathrm{K}$

2→3 : 등압과정이므로 $\dfrac{V_1}{T_1}=\dfrac{V_2}{T_2}$ 에서 $V_2=T_2\times\dfrac{V_1}{T_1}=860.7\,\mathrm{K}\times\dfrac{V_1}{2500\,\mathrm{K}}=0.344\,V_1$

차단비(체적비) $=\dfrac{V_1}{0.344\,V_1}=2.9$

---

**273.** 그림은 공기 표준 오토 사이클이다. 효율 $\eta$에 관한 식으로 틀린 것은? (단, $\varepsilon$는 압축비, $k$는 비열비이다.)  [2020. 9. 26.]

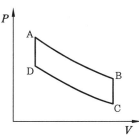

① $\eta=1-\dfrac{T_B-T_C}{T_A-T_D}$

② $\eta=1-\varepsilon\left(\dfrac{1}{\varepsilon}\right)^k$

③ $\eta=1-\dfrac{T_B}{T_A}$

④ $\eta=1-\dfrac{P_B-P_C}{P_A-P_D}$

**해설** $\eta=1-\dfrac{T_B-T_C}{T_A-T_D}=1-\dfrac{T_B}{T_A}=1-\left(\dfrac{1}{\varepsilon}\right)^{k-1}$

---

**274.** 오토(Otto) 사이클은 온도 – 엔트로피($T-S$) 선도로 표시하면 그림과 같다. 작동유체가 열을 방출하는 과정은? [2019. 4. 27.]

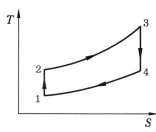

① 1→2 과정   ② 2→3 과정   ③ 3→4 과정   ④ 4→1 과정

**해설** • 1→2 과정 : 단열 압축과정   • 2→3 과정 : 등적 가열과정(에너지 공급)
• 3→4 과정 : 단열 팽창과정   • 4→1 과정 : 등적 방열과정(에너지 방출)

**275.** 그림과 같은 브레이턴 사이클에서 효율($\eta$)은? (단, $P$는 압력, $v$는 비체적이며, $T_1$, $T_2$, $T_3$, $T_4$는 각각의 지점에서의 온도이다. 또한, $Q_{in}$과 $Q_{out}$은 사이클에서 열이 들어오고 나감을 의미한다.)

[2018. 3. 4.]

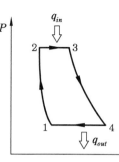

① $\eta = 1 - \dfrac{T_3 - T_2}{T_4 - T_1}$

② $\eta = 1 - \dfrac{T_1 - T_2}{T_3 - T_4}$

③ $\eta = 1 - \dfrac{T_4 - T_1}{T_3 - T_2}$

④ $\eta = 1 - \dfrac{T_3 - T_4}{T_1 - T_2}$

**해설** 효율($\eta$) $= \dfrac{Q_{in} - Q_{out}}{Q_{in}} = 1 - \dfrac{T_4 - T_1}{T_3 - T_1}$

※ 브레이턴 사이클 : 공기를 단열압축한 후 등압하에 급열하여 온도를 올려 그것을 단열팽창시킨 다음 등압변화로 배열하는 사이클로 열효율은 압력비만의 함수가 되며 그 향상에는 높은 압력비가 요구된다.

**276.** 다음 온도($T$) – 엔트로피($S$) 선도에 나타난 랭킨(Rankine) 사이클의 효율을 바르게 나타낸 것은?

[2018. 4. 28.]

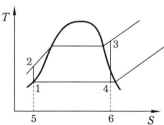

① $\dfrac{\text{면적 } 1-2-3-4-1}{\text{면적 } 5-2-3-6-5}$

② $1 - \dfrac{\text{면적 } 1-2-3-4-1}{\text{면적 } 5-2-3-6-5}$

③ $\dfrac{\text{면적 } 1-4-6-5-1}{\text{면적 } 5-2-3-6-1}$

④ $\dfrac{\text{면적 } 1-2-3-4-1}{\text{면적 } 5-1-4-6-5}$

**정답** •━ **275.** ③　**276.** ①

**해설** 랭킨 사이클의 효율$=\dfrac{\text{유효일량}}{\text{공급일량}}$

- 유효일량 : 면적 1 – 2 – 3 – 4 – 1
- 공급일량 : 면적 5 – 2 – 3 – 6 – 5

---

**277.** 다음 그림은 Otto cycle을 기반으로 작동하는 실제 내연기관에서 나타나는 압력($P$) – 부피($V$) 선도이다. 다음 중 이 사이클에서 일(work) 생산과정에 해당하는 것은? [2018. 9. 15.]

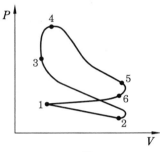

① 2 → 3
② 3 → 4
③ 4 → 5
④ 5 → 6

**해설**
- 2 → 3 : 단열 압축
- 4 → 5 : 단열 팽창
- 3 → 4 : 에너지 공급
- 5 → 6 : 에너지 방출

---

**278.** 다음 그림은 어떤 사이클에 가장 가까운가? (단, $T$는 온도, $S$는 엔트로피이며, 사이클 순서는 A → B → C → D → E → F → A 순으로 작동한다.) [2015. 9. 19.] [2018. 9. 15.]

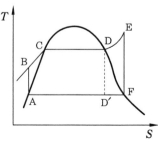

① 디젤 사이클
② 냉동 사이클
③ 오토 사이클
④ 랭킨 사이클

**해설** 랭킨 사이클은 급수 펌프(단열압축) → 보일러 및 과열기(등압가열) → 터빈(단열팽창) → 복수기(등압방열)의 순으로 행하여지는 사이클이다.

**정답** 277. ③ 278. ④

**279.** 그림과 같이 작동하는 열기관 사이클(cycle)은 ? (단, $\gamma$는 비열비이고, $P$는 압력, $V$는 체적, $T$는 온도, $S$는 엔트로피이다.)

[2017. 5. 7.]

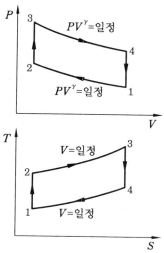

① 스털링(Stirling) 사이클
② 브레이턴(Brayton) 사이클
③ 오토(Otto) 사이클
④ 카르노(Carnot) 사이클

**해설** 오토 사이클 : 가솔린기관의 열효율·출력을 생각할 때 기본이 되는 사이클로 2개의 정적과정과 2개의 단열과정으로 이루어진다.

**280.** 그림은 재생 과정이 있는 랭킨 사이클이다. 추기에 의하여 급수가 가열되는 과정은 ?

[2016. 3. 6.]

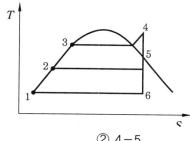

① 1-2
② 4-5
③ 5-6
④ 7-8

**해설** 재생 과정이 있는 랭킨 사이클
• 1→2 : 급수 가열 과정
• 3→4 : 보일러 과정
• 4→6 : 터빈 과정
• 5→2 : 추출 과정
• 6→1 : 응축기 과정

**정답** 279. ③  280. ①

**281.** 다음 그림은 어떠한 사이클과 가장 가까운가? [2016. 10. 1.]

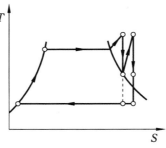

① 디젤(Diesel) 사이클
② 재열(reheat) 사이클
③ 합성(composite) 사이클
④ 재생(regenerative) 사이클

**해설** 재열 사이클 : 랭킨 사이클의 팽창 과정 중간에서 증기를 재가열함으로써 열효율의 향상과 터빈의 저압측 증기습도의 경감을 위한 열 사이클이다.

**282.** 그림과 같은 $T-S$ 선도를 갖는 사이클은? [2016. 10. 1.]

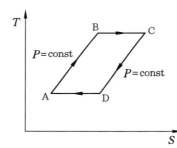

① Brayton 사이클
② Ericsson 사이클
③ Carnot 사이클
④ Stirling 사이클

**해설** 에릭슨 사이클 : 2개의 등온과정과 2개의 등압과정으로 이루어진 이상적인 열역학 과정으로 가스 터빈 사이클이며 등온압축, 등온연소 및 등온팽창을 한다.

**283.** 노즐에서 가역단열 팽창에서 분출하는 이상기체가 있다고 할 때 노즐 출구에서의 유속에 대한 관계식으로 옳은 것은? (단, 노즐 입구에서의 유속은 무시할 수 있을 정도로 작다고 가정하고, 노즐 입구의 단위질량당 엔탈피는 $h_i$, 노즐 출구의 단위질량당 엔탈피는 $h_o$이다.) [2019. 3. 3.]

① $\sqrt{h_i - h_o}$
② $\sqrt{h_o - h_i}$
③ $\sqrt{2(h_i - h_o)}$
④ $\sqrt{2(h_o - h_i)}$

**284.** 증기의 속도가 빠르고, 입출구 사이의 높이 차도 존재하여 운동에너지 및 위치에너지를 무시할 수 없다고 가정하고, 증기는 이상적인 단열상태에서 개방시스템 내로 흘러 들어가 단위질량유량당 축일($W_s$)을 외부로 제공하고 시스템으로부터 흘러나온다고 할 때, 단위질량 유량당 축일을 어떻게 구할 수 있는가? (단, $v$는 비체적, $P$는 압력, $V$는 속도, $g$는 중력가속도, $z$는 높이를 나타내며, 하첨자 $i$는 입구, $e$는 출구를 나타낸다.) [2019. 9. 21.]

① $W_s = \int_i^e Pdv$

② $W_s = -\int_i^e vdP$

③ $W_s = \int_i^e Pdv + \dfrac{1}{2}\left(V_i^2 - V_e^2\right) + g(z_i - z_e)$

④ $W_s = -\int_i^e vdP + \dfrac{1}{2}\left(V_i^2 - V_e^2\right) + g(z_i - z_e)$

**해설** 단위질량유량당 축일 = 공업 일 + 속도에너지 + 위치에너지

**285.** 증기터빈의 노즐 출구에서 분출하는 수증기의 이론속도와 실제속도를 각각 $C_t$와 $C_a$라고 할 때 노즐효율 $\eta_n$의 식으로 옳은 것은? (단, 노즐 입구에서의 속도는 무시한다.) [2018. 3. 4.]

① $\eta_n = \dfrac{C_a}{C_t}$

② $\eta_n = \left(\dfrac{C_a}{C_t}\right)^2$

③ $\eta_n = \sqrt{\dfrac{C_a}{C_t}}$

④ $\eta_n = \left(\dfrac{C_a}{C_t}\right)^3$

**해설** 노즐효율은 노즐의 입구와 출구 사이의 압력 강하로 인하여 발생하는 노즐 출구에서의 속도에너지와 실제로 발생하는 속도에너지와의 비율을 말하며, 노즐 속도 계수의 제곱과 같다.

**286.** 비가역 사이클에 대한 클라우지우스(Clausius)의 적분에 대하여 옳은 것은? (단, $Q$는 열량, $T$는 온도이다.) [2017. 9. 23.]

① $\phi \dfrac{\delta Q}{T} > 0$

② $\phi \dfrac{\delta Q}{T} \geq 0$

③ $\phi \dfrac{\delta Q}{T} = 0$

④ $\phi \dfrac{\delta Q}{T} < 0$

**해설** ③항은 카르노 사이클에서 가역 사이클에 해당된다.

**정답** ● 284. ④ 285. ② 286. ④

**287.** 임의의 가역 사이클에서 성립되는 Clausius의 적분은 어떻게 표현되는가? [2015. 3. 8.]

① $\oint \dfrac{dQ}{T} > 0$
② $\oint \dfrac{dQ}{T} < 0$

③ $\oint \dfrac{dQ}{T} = 0$
④ $\oint \dfrac{dQ}{T} \geq 0$

**해설** 클라우지우스 부등식의 의미는 사이클 적분 값은 항상 0보다 크지 않으며 가역 사이클의 경우 일정한 온도 $T$에서 주고받은 열량의 합은 0과 같다. 비가역 사이클의 경우는 열손실을 가지는 의미이다. ②항은 비가역 사이클이다.

**288.** 이상적인 단순 랭킨 사이클로 작동되는 증기원동소에서 펌프 입구, 보일러 입구, 터빈 입구, 응축기 입구의 비엔탈피를 각각 $h_1$, $h_2$, $h_3$, $h_4$라고 할 때 열효율은? [2015. 3. 8.]

① $1 - \dfrac{h_4 - h_1}{h_3 - h_2}$
② $1 - \dfrac{h_4 - h_2}{h_3 - h_2}$

③ $1 - \dfrac{h_4 - h_2}{h_3 - h_1}$
④ $1 - \dfrac{h_4 - h_1}{h_3 - h_1}$

**해설** 열효율 $= \dfrac{\text{응축기 입구의 비엔탈피} - \text{펌프 입구의 비엔탈피}}{\text{터빈 입구의 비엔탈피} - \text{보일러 입구의 비엔탈피}}$

**289.** 냉매가 갖추어야 하는 요건으로 거리가 먼 것은? [2021. 5. 15.]

① 증발잠열이 작아야 한다.
② 화학적으로 안정되어야 한다.
③ 임계온도가 높아야 한다.
④ 증발온도에서 압력이 대기압보다 높아야 한다.

**해설** 냉매의 구비조건
- 증발압력이 낮아 진공으로 되지 않을 것
- 응축압력이 너무 높지 않을 것
- 증발잠열 및 증기의 비열은 크고, 액체의 비열은 작을 것
- 임계온도가 높고, 응고온도가 낮을 것
- 증기의 비체적이 작을 것
- 누설이 어렵고, 누설 시는 검지가 쉬울 것
- 부식성이 없을 것

**정답** ● 287. ③ 288. ① 289. ①

- 전기 저항이 크고, 열전도율이 높을 것
- 점성 및 유동 저항이 작을 것
- 윤활유에 녹지 않을 것
- 무해·무독으로 인화, 폭발의 위험이 적을 것

---

**290.** 냉동기의 냉매로서 갖추어야 할 요구조건으로 틀린 것은? [2021. 9. 12.]

① 증기의 비체적이 커야 한다.   ② 불활성이고 안정적이어야 한다.
③ 증발온도에서 높은 잠열을 가져야 한다.  ④ 액체의 표면장력이 작아야 한다.

**해설** 문제 289번 해설 참조

---

**291.** 냉동 사이클에서 냉매의 구비조건으로 가장 거리가 먼 것은? [2019. 3. 3.]

① 임계온도가 높을 것
② 증발열이 클 것
③ 인화 및 폭발의 위험성이 낮을 것
④ 저온, 저압에서 응축이 잘 되지 않을 것

**해설** 문제 289번 해설 참조

---

**292.** 오존층 파괴와 지구 온난화 문제로 인해 냉동장치에 사용하는 냉매의 선택에 있어서 주의를 요한다. 이와 관련하여 다음 중 오존파괴지수가 가장 큰 냉매는? [2021. 3. 7.]

① R-134a                    ② R-123
③ 암모니아                   ④ R-11

**해설** 오존 파괴지수 : 보통 삼염화불화탄소의 오존파괴 능력을 1로 보았을 때 상대적인 파괴 능력을 나타내는 것으로 할론 계통은 오존파괴지수가 3~10에 달하고 염화불화탄소 대체물질로 개발되고 있는 수소염화불화탄소 계통은 0.05로 매우 작다. R-11, R-12 등은 오존파괴지수가 매우 높으며 대체 냉매로 R-32, R-134a, R-123 등이 사용되고 있다.

---

**293.** 좋은 냉매의 특성으로 틀린 것은? [2020. 8. 22.]

① 낮은 응고점                ② 낮은 증기의 비열비
③ 낮은 열전달계수            ④ 단위 질량당 높은 증발열

**해설** 냉매는 열을 운반하는 매개체로서 열전달계수가 양호하여야 한다.

---

**정답** ➤ 290. ①   291. ④   292. ④   293. ③

**294.** 다음 중 증발열이 커서 중형 및 대형의 산업용 냉동기에 사용하기에 가장 적정한 냉매는? [2019. 9. 21.]
① 프레온 – 12　　　　　　　　② 탄산가스
③ 아황산가스　　　　　　　　④ 암모니아

**해설** 냉매 사용
- R – 12 : 가정용 냉장고
- R – 22 : 에어컨
- 암모니아 : 중·대형 제빙, 냉동형 창고

**295.** 다음 중 일반적으로 냉매로 쓰이지 않는 것은? [2018. 3. 4.]
① 암모니아　　　　　　　　② CO
③ $CO_2$　　　　　　　　④ 할로겐화탄소

**해설** 일산화탄소는 무색, 무취의 기체로서 산소가 부족한 상태로 연료가 연소할 때 불완전 연소로 발생한다. 비등점이 $-191.5℃$, 폭발범위 $12.5 \sim 74\%$이며 가연성, 독성 가스로 냉매에는 부적합하다.

**296.** 다음 중 오존층을 파괴하며 국제협약에 의해 사용이 금지된 CFC 냉매는? [2020. 9. 26.]
① R – 12　　　　　　　　② HFO1234yf
③ $NH_3$　　　　　　　　④ $CO_2$

**해설** CFC(염화불화탄소) : 오존파괴물질이며 지구 온난화의 원인으로 생산 및 사용이 금지되어 있다. 종류에는 R – 11, R – 12, R – 113, R – 114, R – 115 등 5가지가 있다.

**297.** 다음 중 표준 냉동 사이클에서 냉동능력이 가장 좋은 냉매는? [2015. 5. 31.]
① 암모니아　　　　　　　　② R – 12
③ R – 22　　　　　　　　④ R – 113

**해설** 표준 냉동 사이클(증발온도 $-15℃$, 응축온도 $30℃$)에서 암모니아가 냉매로 우수하나(암모니아 냉동효과 : 269 kcal/kg, R – 22 냉동효과 : 40.2 kcal/kg, R – 113 냉동효과 : 30.9 kcal/kg, R – 12 냉동효과 : 29.6 kcal/kg) 독성, 가연성이 있으며 압축기 모터에 내장된 동 및 동합금을 부식시키므로 사용에 제한을 받고 있다.

**정답** ● 294. ④　295. ②　296. ①　297. ①

**298.** 표준 증기 압축식 냉동 사이클의 주요 구성 요소는 압축기, 팽창밸브, 응축기, 증발기이다. 냉동기가 동작할 때 작동 유체(냉매)의 흐름의 순서로 옳은 것은? [2019. 9. 21.]

① 증발기 → 응축기 → 압축기 → 팽창밸브 → 증발기
② 증발기 → 압축기 → 팽창밸브 → 응축기 → 증발기
③ 증발기 → 응축기 → 팽창밸브 → 압축기 → 증발기
④ 증발기 → 압축기 → 응축기 → 팽창밸브 → 증발기

**해설** 증기 압축식 냉동 사이클의 4대 구성 요소 및 작동 유체의 흐름의 순서 : 증발기(냉동, 냉장실) → 압축기(실제 동력 소비) → 응축기(공랭식, 수랭식) → 팽창밸브

**299.** 다음 괄호 안에 들어갈 말로 옳은 것은? [2018. 3. 4.]

일반적으로 교축(throttling) 과정에서는 외부에 대하여 일을 하지 않고, 열교환이 없으며, 속도변화가 거의 없음에 따라 (    )(은)는 변하지 않는다고 가정한다.

① 엔탈피 　　　　　　② 온도
③ 압력 　　　　　　　④ 엔트로피

**해설** 교축작용은 일반적으로 단열변화로 간주하므로 압력과 온도가 동시에 강하되지만 반면 외부와의 열 교환이 없으므로 엔탈피는 변함이 없으며 엔트로피는 증가하게 된다. 냉동기에서는 팽창밸브가 해당된다.

**300.** 표준 증기 압축 냉동 사이클을 설명한 것으로 옳지 않은 것은? [2018. 4. 28.]

① 압축과정에서는 기체상태의 냉매가 단열압축되어 고온고압의 상태가 된다.
② 증발과정에서는 일정한 압력상태에서 저온부로부터 열을 공급 받아 냉매가 증발한다.
③ 응축과정에서는 냉매의 압력이 일정하며 주위로의 열방출을 통해 냉매가 포화액으로 변한다.
④ 팽창과정은 단열상태에서 일어나며, 대부분 등엔트로피 팽창을 한다.

**해설** 팽창과정은 단열팽창으로 압력과 온도는 강하되지만 엔탈피가 불변이며 엔트로피는 증가한다.

**301.** 교축(스로틀) 과정에서 일정한 값을 유지하는 것은? [2021. 3. 7.]
① 압력 ② 비체적
③ 엔탈피 ④ 엔트로피

해설 교축과정은 단열변화로 간주하며 이때 압력과 온도는 저하되지만 엔탈피는 불변이 되며 엔트로피는 증가하게 된다.

**302.** 표준 증기 압축 냉동 시스템에 비교하여 흡수식 냉동 시스템의 주된 장점은 무엇인가?
① 압축에 소요되는 일이 줄어든다. ② 시스템의 효율이 상승한다. [2015. 3. 8.]
③ 장치의 크기가 줄어든다. ④ 열교환기의 수가 줄어든다.

해설 흡수식 냉동기는 압축기를 사용하지 않고 냉매와 흡수제의 용해와 분리를 이용하므로 동력 소비가 증기 압축식에 비해 현저히 감소하는 장점이 있다.

**303.** 스로틀링(throttling) 밸브를 이용하여 Joule – Thomson 효과를 보고자 한다. 압력이 감소함에 따라 온도가 반드시 감소하게 되는 Joule – Thomson 계수 $\mu$의 값으로 옳은 것은? [2021. 3. 7.]
① $\mu = 0$ ② $\mu > 0$
③ $\mu < 0$ ④ $\mu \neq 0$

해설 스로틀링(throttling) 밸브는 교축팽창밸브로서 단열변화로 간주하여 압력이 저하되면 온도 또한 낮아지게 된다. 그러나 엔탈피는 불변, 엔트로피는 증가하게 된다.
• 줄 – 톰슨 계수($\mu$) > 0 : 압력 저하 시 온도 하강
• 줄 – 톰슨 계수($\mu$) < 0 : 압력 저하 시 온도 상승

**304.** 온도차가 있는 두 열원 사이에서 작동하는 역카르노사이클을 냉동기로 사용할 때 성능계수를 높이려면 어떻게 해야 하는가? [2021. 9. 12.]
① 저열원의 온도를 높이고 고열원의 온도를 높인다.
② 저열원의 온도를 높이고 고열원의 온도를 낮춘다.
③ 저열원의 온도를 낮추고 고열원의 온도를 높인다.
④ 저열원의 온도를 낮추고 고열원의 온도를 낮춘다.

해설 온도차가 작을수록 성능계수는 양호해진다. 즉, 저온은 높이고 고온은 낮추어야 한다.

정답 ➤ 301. ③ 302. ① 303. ② 304. ②

**305.** 카르노 냉동 사이클의 설명 중 틀린 것은? [2020. 6. 6.]

① 성능계수가 가장 좋다.
② 실제적인 냉동 사이클이다.
③ 카르노 열기관 사이클의 역이다.
④ 냉동 사이클의 기준이 된다.

[해설] 카르노 냉동 사이클은 이상적인 사이클이다.


**306.** 이상적인 표준 증기 압축식 냉동 사이클에서 등엔탈피 과정이 일어나는 곳은? [2020. 9. 26.]

① 압축기           ② 응축기
③ 팽창밸브          ④ 증발기

[해설] 압축과정은 단열압축으로 등엔트로피 과정이 되며 팽창과정은 단열교축팽창으로 엔탈피가
불변이다.


**307.** 다음 중 이상적인 교축과정(throttling process)은? [2017. 5. 7.]

① 등온과정
② 등엔트로피 과정
③ 등엔탈피 과정
④ 정압과정

[해설] 이상적인 교축작용은 압력과 온도가 저하되는 과정으로 이때 외부와 열 교환이 이루어지지
않는 단열변화이므로 엔탈피가 일정하다.


**308.** 다음 중 과열증기(superheated steam)의 상태가 아닌 것은? [2017. 9. 23.]

① 주어진 압력에서 포화증기 온도보다 높은 온도
② 주어진 비체적에서 포화증기 압력보다 높은 압력
③ 주어진 온도에서 포화증기 비체적보다 낮은 비체적
④ 주어진 온도에서 포화증기 엔탈피보다 높은 엔탈피

[해설] 과열증기는 정압상태에서 건조포화증기의 온도를 상승시킨 것으로 이 상태에서는 비체적,
엔탈피 등은 증가하게 된다.

**정답** ● 305. ②   306. ③   307. ③   308. ③

**309.** 냉동 사이클을 비교하여 설명한 것으로 잘못된 것은? [2016. 3. 6.]
① 역 Carnot 사이클이 최고의 COP를 나타낸다.
② 가역팽창 엔진을 가진 증기 압축 냉동 사이클의 성능계수는 최고값에 접근한다.
③ 보통의 증기 압축 사이클은 역 Carnot 사이클의 COP보다 낮은 값을 갖는다.
④ 공기 냉동 사이클이 가장 높은 효율을 나타낸다.

**해설** 공기는 비열비가 크고 비등점이 낮아 냉매로 사용하지 않으며 증기 냉동 사이클이 효율이
높아 이를 이용한다.

**310.** 포화증기를 등엔트로피 과정으로 압축시키면 상태는 어떻게 되는가? [2016. 3. 6.]
① 습증기가 된다.
② 과열증기가 된다.
③ 포화액이 된다.
④ 임계성을 띤다.

**해설** 포화증기를 등엔트로피 과정으로 압축시키는 것은 단열과정에 해당되며 엔탈피 증가로 과
열증기가 된다.

**311.** 어느 과열증기의 온도가 325℃일 때 과열도를 구하면 약 몇 ℃인가? (단, 이 증기의 포
화온도는 495 K이다.) [2016. 3. 6.]
① 93
② 103
③ 113
④ 123

**해설** 과열도 = 과열증기 온도 − 포화온도
$= 325℃ - 222℃ = 103℃(495 \text{ K} - 273 = 222℃)$

**312.** 다음 중 냉동 사이클의 운전 특성을 잘 나타내고, 사이클의 해석을 하는 데 가장 많이
사용되는 선도는? [2016. 5. 8.]
① 온도 − 체적 선도
② 압력 − 엔탈피 선도
③ 압력 − 체적 선도
④ 압력 − 온도 선도

**해설** 냉동 사이클의 운전 특성을 일목요연하게 표현하는 선도는 $P-h$(압력 − 엔탈피) 선도이다.

**정답** ● 309. ④   310. ②   311. ②   312. ②

**313.** 압력 1 MPa, 온도 210℃인 증기는 어떤 상태의 증기인가? (단, 1 MPa에서의 포화온도는 179℃이다.)
[2019. 4. 27.]
① 과열증기
② 포화증기
③ 건포화증기
④ 습증기

해설 포화온도 179℃는 포화액과 포화증기의 온도가 179℃임을 의미하며, 210℃인 증기는 포화증기를 넘어선 상태이므로 과열증기에 해당된다.

**314.** 다음 중 포화액과 포화증기의 비엔트로피 변화량에 대한 설명으로 옳은 것은? [2018. 4. 28.]
① 온도가 올라가면 포화액의 비엔트로피는 감소하고 포화증기의 비엔트로피는 증가한다.
② 온도가 올라가면 포화액의 비엔트로피는 증가하고 포화증기의 비엔트로피는 감소한다.
③ 온도가 올라가면 포화액과 포화증기의 비엔트로피는 감소한다.
④ 온도가 올라가면 포화액과 포화증기의 비엔트로피는 증가한다.

해설 온도 상승 시 비엔트로피 변화량($P-h$ 선도 참조)
• 포화액 : 증가
• 포화증기 : 감소

**315.** 열펌프(heat pump)의 성능계수에 대한 설명으로 옳은 것은? [2018. 9. 15.]
① 냉동 사이클의 성능계수와 같다.
② 가해준 일에 의해 발생한 저온체에서 흡수한 열량과의 비이다.
③ 가해준 일에 의해 발생한 고온체에 방출한 열량과의 비이다.
④ 열펌프의 성능계수는 1보다 작다.

해설 열펌프의 성능계수 $= \dfrac{Q_1}{Q_1 - Q_2} = \dfrac{T_1}{T_1 - T_2}$

여기서, $Q_1$ : 고온체 열량
$Q_2$ : 저온체 열량
$T_1$ : 고온체 절대온도
$T_2$ : 저온체 절대온도

냉동기 성능계수 $= \dfrac{Q_2}{Q_1 - Q_2} = \dfrac{T_2}{T_1 - T_2}$

**316.** 증기 압축 냉동 사이클에서 증발기 입·출구에서의 냉매의 엔탈피는 각각 29.2, 306.8 kcal/kg이다. 1시간에 1냉동톤당의 냉매순환량(kg/h·RT)은 얼마인가? (단, 1냉동톤(RT)은 3320 kcal/h이다.) [2018. 9. 15.]

① 15.04  ② 11.96
③ 13.85  ④ 18.06

**해설** 냉매순환량 = $\dfrac{냉동능력}{냉동력(냉동효과)}$ = $\dfrac{3320\ \text{kcal/h}}{306.8\ \text{kcal/kg} - 29.2\ \text{kcal/kg}}$ = 11.96 kg/h

**317.** 냉동능력을 나타내는 단위로 0℃의 물을 24시간 동안에 0℃의 얼음으로 만드는 능력을 무엇이라 하는가? [2015. 9. 19.]

① 냉동효과  ② 냉동마력
③ 냉동톤  ④ 냉동률

**해설** 1냉동톤(Refrigeration Ton) : 0℃ 물 1 ton을 하루 동안(24 h)에 0℃ 얼음으로 만드는 데 제거해야 할 열량(1 RT = 3320 kcal/h = 13944 kJ/h)

**318.** 0℃의 물 1000 kg을 24시간 동안에 0℃의 얼음으로 냉각하는 냉동능력은 약 몇 kW인가? (단, 얼음의 융해열은 335 kJ/kg이다.) [2016. 10. 1.] [2021. 3. 7.]

① 2.15  ② 3.88
③ 14  ④ 14000

**해설** 0℃의 물→0℃의 얼음(온도 변화 없이 상태 변화이므로 잠열)
$Q = G\gamma$ = 1000 kg/24 h × 335 kJ/kg = 13958.33 kJ/h
= 3.877 kJ/s = 3.877 kW(1 kW = 1 kJ/s)

**319.** 30℃에서 기화잠열이 173 kJ/kg인 어떤 냉매의 포화액-포화증기 혼합물 4 kg을 가열하여 건도가 20 %에서 70 %로 증가되었다. 이 과정에서 냉매의 엔트로피 증가량은 약 몇 kJ/K인가? [2021. 5. 15.]

① 11.5  ② 2.31
③ 1.14  ④ 0.29

**해설** $\Delta S = \dfrac{\Delta Q}{T} = \dfrac{4\,\text{kg} \times (0.7 - 0.2) \times 173\,\text{kJ/kg}}{(273+30)\,\text{K}}$ = 1.1419 kJ/K

**정답** ● 316. ② 317. ③ 318. ② 319. ③

**320.** 냉동효과가 200 kJ/kg인 냉동 사이클에서 4 kW의 열량을 제거하는 데 필요한 냉매순환량은 몇 kg/min인가?

[2021. 5. 15.]

① 0.02
② 0.2
③ 0.8
④ 1.2

해설 $4\,\mathrm{kW} = 4\,\mathrm{kJ/s}$

냉매순환량 $= \dfrac{냉동능력}{냉동효과} = \dfrac{4\,\mathrm{kJ/s}}{200\,\mathrm{kJ/kg}} = 0.02\,\mathrm{kg/s} = 1.2\,\mathrm{kg/min}$

**321.** 냉동 사이클의 $T-s$ 선도에서 냉매단위질량당 냉각열량 $q_L$과 압축기의 소요동력 $w$를 옳게 나타낸 것은? (단, $h$는 엔탈피를 나타낸다.)

[2016. 5. 8.]

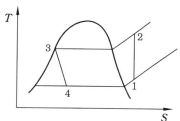

① $q_L = h_3 - h_4,\ w = h_2 - h_1$
② $q_L = h_1 - h_4,\ w = h_2 - h_1$
③ $q_L = h_2 - h_3,\ w = h_1 - h_4$
④ $q_L = h_3 - h_4,\ w = h_1 - h_4$

해설 냉동기 성능계수 $= \dfrac{냉동효과}{압축열량} = \dfrac{h_1 - h_4}{h_2 - h_1}$

• 4→1 : 증발과정(냉동효과)
• 1→2 : 압축과정(압축열량)
• 2→3 : 응축과정
• 3→4 : 팽창과정

∴ $q_L = h_1 - h_4,\ w = h_2 - h_1$

**322.** 성능계수가 2.5인 증기 압축 냉동 사이클에서 냉동용량이 4 kW일 때 소요일은 몇 kW인가?

[2020. 6. 6.]

① 1
② 1.6
③ 4
④ 10

해설 성적계수 $= \dfrac{냉동능력}{압축일량}$ 에서 압축일량 $= \dfrac{냉동능력}{성적계수} = \dfrac{4\,\mathrm{kW}}{2.5} = 1.6\,\mathrm{kW}$

**323.** 그림은 Carnot 냉동 사이클을 나타낸 것이다. 이 냉동기의 성능계수를 옳게 표현한 것은?

[2021. 3. 7.]

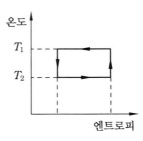

① $\dfrac{T_1 - T_2}{T_1}$         ② $\dfrac{T_1 - T_2}{T_2}$

③ $\dfrac{T_2}{T_1 - T_2}$         ④ $\dfrac{T_1}{T_1 - T_2}$

**해설** 냉동기의 성능계수 = $\dfrac{Q_2}{Q_1 - Q_2} = \dfrac{T_2}{T_1 - T_2}$

여기서, $Q_1$ : 고온측 열량(응축기 열량)

$Q_2$ : 저온측 열량(증발기 열량)

$T_1$ : 고온측 절대온도(응축 절대온도)

$T_2$ : 저온측 절대온도(증발 절대온도)

**324.** 증기 압축 냉동 사이클을 사용하는 냉동기에서 냉매의 상태량은 압축 전·후 엔탈피가 각각 379.11 kJ/kg과 424.77 kJ/kg이고 교축팽창 후 엔탈피가 241.46 kJ/kg이다. 압축기의 효율이 80 %, 소요동력이 4.14 kW라면 이 냉동기의 냉동용량은 약 몇 kW인가? [2021. 5. 15.]

① 6.98        ② 9.98

③ 12.98        ④ 15.98

**해설** • 이론적인 성적계수 = $\dfrac{냉동효과}{압축일량}$

$= \dfrac{379.11\,\text{kJ/kg} - 241.46\,\text{kJ/kg}}{424.77\,\text{kJ/kg} - 379.11\,\text{kJ/kg}} = 3.01$

• 실제적인 성적계수 = 이론적인 성적계수 × 압축효율 × 기계효율

$= 3.01 \times 0.8 = 2.41$

• 실제적인 성적계수 = $\dfrac{냉동능력}{축동력}$

∴ 냉동능력 = 실제적인 성적계수 × 축동력

$= 2.41 \times 4.14\,\text{kW} = 9.977\,\text{kW}$

**325.** 실온이 25℃인 방에서 역카르노 사이클 냉동기가 작동하고 있다. 냉동공간은 −30℃로 유지되며, 이 온도를 유지하기 위해 작동유체가 냉동공간으로부터 100 kW를 흡열하려 할 때 전동기가 해야 할 일은 약 몇 kW인가? [2021. 9. 12.]

① 22.6　　　　② 81.5　　　　③ 207　　　　④ 414

해설 성적계수(COP) $= \dfrac{T_2}{T_1 - T_2} = \dfrac{243}{298 - 243} = 4.42$

$\text{COP} = \dfrac{\text{냉동능력}}{\text{소요동력}}$ 에서 소요동력 $= \dfrac{100\,\text{kW}}{4.42} = 22.62\,\text{kW}$

---

**326.** 다음 $T-s$ 선도에서 냉동 사이클의 성능계수를 옳게 나타낸 것은? (단, $u$ 는 내부에너지, $h$ 는 엔탈피를 나타낸다.) [2016. 3. 6.] [2020. 8. 22.]

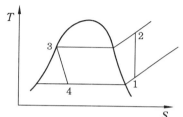

① $\dfrac{h_1 - h_4}{h_2 - h_1}$　　② $\dfrac{h_2 - h_1}{h_1 - h_4}$　　③ $\dfrac{u_1 - u_4}{u_2 - u_1}$　　④ $\dfrac{u_2 - u_1}{u_1 - u_4}$

해설 • ① → ② : 압축과정　　　• ② → ③ : 응축과정
　　• ③ → ④ : 팽창과정　　　• ④ → ① : 증발과정

성능계수 $= \dfrac{\text{냉동력}}{\text{압축열량}} = \dfrac{h_1 - h_4}{h_2 - h_1}$

---

**327.** 그림은 랭킨 사이클의 온도, 엔트로피($T-S$) 선도이다. 상태 1~4의 비엔탈피 값이 $h_1 = 192$ kJ/kg, $h_2 = 194$ kJ/kg, $h_3 = 2802$ kJ/kg, $h_4 = 2010$ kJ/kg이라면 열효율(%)은? [2020. 8. 22.]

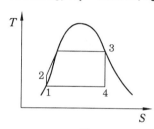

① 25.3　　　　② 30.3　　　　③ 43.6　　　　④ 49.7

---

325. ①　326. ①　327. ②

**해설** 랭킨 사이클
- ① → ② : 펌프(단열 압축과정)
- ② → ③ : 보일러(등압 가열과정)
- ③ → ④ : 터빈(등엔트로피 팽창과정)
- ④ → ① : 응축기(등압 방열과정)

$$열효율 = \frac{h_3 - h_4}{h_3 - h_1} = \frac{2802 - 2010}{2802 - 192} \times 100 = 30.34\,\%$$

---

**328.** 역카르노 사이클로 작동하는 냉장고가 있다. 냉장고 내부의 온도가 0℃이고 이곳에서 흡수한 열량이 10 kW이고, 30℃의 외기로 열이 방출된다고 할 때 냉장고를 작동하는 데 필요한 동력(kW)은? [2020. 8. 22.]

① 1.1      ② 10.1      ③ 11.1      ④ 21.1

**해설** $성능계수 = \dfrac{T_2}{T_1 - T_2} = \dfrac{273}{303 - 273} = 9.1$

$9.1 = \dfrac{10\,\text{kW}}{AW}$ 에서 $AW = \dfrac{10\,\text{kW}}{9.1} = 1.098\,\text{kW}$

---

**329.** 증기 압축 냉동 사이클의 증발기 출구, 증발기 입구에서 냉매의 비엔탈피가 각각 1284 kJ/kg, 122 kJ/kg이면 압축기 출구측에서 냉매의 비엔탈피(kJ/kg)는? (단, 성능계수는 4.4이다.) [2020. 9. 26.]

① 1316      ② 1406      ③ 1548      ④ 1632

**해설** $성능계수 = \dfrac{냉동효과}{압축일량}$

$4.4 = \dfrac{1284\,\text{kJ/kg} - 122\,\text{kJ/kg}}{h - 1284\,\text{kJ/kg}}$ 에서 $h = 1548.09\,\text{kJ/kg}$

---

**330.** 냉동용량이 6 RT(냉동톤)인 냉동기의 성능계수가 2.4이다. 이 냉동기를 작동하는 데 필요한 동력은 약 몇 kW인가? (단, 1 RT(냉동톤)은 3.86 kW이다.) [2019. 3. 3.]

① 3.33      ② 5.74      ③ 9.65      ④ 18.42

**해설** $성능계수 = \dfrac{냉동능력}{소요동력(AW)}$

$2.4 = \dfrac{6 \times 3.86\,\text{kW}}{AW}$ 에서 $AW = 9.65\,\text{kW}$

---

**정답** ⟶ **328.** ①    **329.** ③    **330.** ③

**331.** 어떤 열기관이 역카르노 사이클로 운전하는 열펌프와 냉동기로 작동될 수 있다. 동일한 고온열원과 저온열원 사이에서 작동될 때, 열펌프와 냉동기의 성능계수(COP)는 다음과 같은 관계식으로 표시될 수 있는데, ( ) 안에 알맞은 값은? [2019. 3. 3.]

$$\text{COP}_{열펌프} = \text{COP}_{냉동기} + (\quad)$$

① 0　　　　　　　　　　② 1
③ 1.5　　　　　　　　　④ 2

**해설** $Q_1 = Q_2 + AW$

여기서, $Q_1$ : 고온 열원

　　　　$Q_2$ : 저온 열원

　　　　$AW$ : 압축열원

냉동기 성능계수 $= \dfrac{Q_2}{AW}$

열펌프 성능계수 $= \dfrac{Q_1}{AW} = \dfrac{Q_2 + AW}{AW} = \dfrac{Q_2}{AW} + 1 = $ 냉동기 성능계수 $+ 1$

**332.** 증기 압축 냉동 사이클에서 압축기 입구의 엔탈피는 223 kJ/kg, 응축기 입구의 엔탈피는 268 kJ/kg, 증발기 입구의 엔탈피는 91 kJ/kg인 냉동기의 성적계수는 약 얼마인가? [2019. 4. 27.]

① 1.8　　　　　　　　　② 2.3
③ 2.9　　　　　　　　　④ 3.5

**해설** 성적계수 $= \dfrac{냉동효과}{압축열량} = \dfrac{223\,\text{kJ/kg} - 91\,\text{kJ/kg}}{268\,\text{kJ/kg} - 223\,\text{kJ/kg}} = 2.93$

**333.** 성능계수(COP)가 2.5인 냉동기가 있다. 15냉동톤(refrigeration ton)의 냉동용량을 얻기 위해서 냉동기에 공급해야 할 동력(kW)은? (단, 1냉동톤은 3.861 kW이다.) [2019. 4. 27.]

① 20.5　　　　　　　　② 23.2
③ 27.5　　　　　　　　④ 29.7

**해설** 실질적인 성능계수 $= \dfrac{냉동능력}{소요동력}$

$2.5 = \dfrac{15 \times 3.861\,\text{kW}}{AW}$

$AW = 23.166\,\text{kW}$

**정답** ● 331. ②　332. ③　333. ②

**334.** 카르노 사이클(Carnot cycle)로 작동하는 가역 기관에서 650℃의 고열원으로부터 18830 kJ/min의 에너지를 공급받아 일을 하고 65℃의 저열원에 방열시킬 때 방열량은 약 몇 kW인가? [2019. 4. 27.]

① 1.92  ② 2.61
③ 115.0  ④ 156.5

**해설** 성능계수(COP) $= \dfrac{T_1}{T_1 - T_2} = \dfrac{(273+650)\,\mathrm{K}}{(273+650)\,\mathrm{K} - (273+65)\,\mathrm{K}} = 1.58$

$\mathrm{COP} = \dfrac{Q_1}{Q_1 - Q_2}$

$1.58 = \dfrac{18830\,\mathrm{kJ/min}}{18830\,\mathrm{kJ/min} - Q_2}$

$Q_2 = 6912.025\,\mathrm{kJ/min} = 115.20\,\mathrm{kJ/s} = 115.20\,\mathrm{kW}$

**335.** 카르노 열기관이 600 K의 고열원과 300 K의 저열원 사이에서 작동하고 있다. 고열원으로부터 300kJ의 열을 공급받을 때 기관이 하는 일(kJ)은 얼마인가? [2019. 9. 21.]

① 150  ② 160
③ 170  ④ 180

**해설** 성능계수 $= \dfrac{T_1}{T_1 - T_2} = \dfrac{600\,\mathrm{K}}{600\,\mathrm{K} - 300\,\mathrm{K}} = 2$

성능계수 $= \dfrac{고열원}{고열원 - 저열원}$

$2 = \dfrac{300\,\mathrm{kJ}}{300 - A\,W_L}$

$A\,W_L = 150\,\mathrm{kJ}$

**336.** 암모니아 냉동기의 증발기 입구의 엔탈피가 377 kJ/kg, 증발기 출구의 엔탈피가 1668 kJ/kg이며 응축기 입구의 엔탈피가 1894 kJ/kg이라면 성능계수는 얼마인가? [2019. 9. 21.]

① 4.44  ② 5.71
③ 6.90  ④ 9.84

**해설** 이론적인 성능계수 $= \dfrac{냉동효과}{압축열량} = \dfrac{1668\,\mathrm{kJ/kg} - 377\,\mathrm{kJ/kg}}{1894\,\mathrm{kJ/kg} - 1668\,\mathrm{kJ/kg}} = 5.71$

**337.** 카르노 사이클에서 최고 온도는 600 K이고, 최저 온도는 250 K일 때 이 사이클의 효율은 약 몇 %인가?  [2018. 3. 4.]

① 41  ② 49
③ 58  ④ 64

**해설** 효율$(\eta) = \dfrac{600 - 250}{600} = 0.5833 = 58.33\,\%$

**338.** 냉장고가 저온체에서 30 kW의 열을 흡수하여 고온체로 40 kW의 열을 방출한다. 이 냉장고의 성능계수는?  [2018. 3. 4.]

① 2  ② 3
③ 4  ④ 5

**해설** 냉동기 성능계수 $= \dfrac{냉동능력}{소요동력} = \dfrac{Q_2}{Q_1 - Q_2} = \dfrac{30\,\text{kW}}{40\,\text{kW} - 30\,\text{kW}} = 3$

**339.** 열펌프 사이클에 대한 성능계수(COP)는 다음 중 어느 것을 입력 일(work input)로 나누어 준 것인가?  [2018. 3. 4.]

① 고온부 방출열  ② 저온부 흡수열
③ 고온부가 가진 총 에너지  ④ 저온부가 가진 총 에너지

**해설** 열펌프 사이클 성능계수(COP) $= \dfrac{고온부\ 방출열}{입력\ 일} = \dfrac{Q_1}{Q_1 - Q_2}$

**340.** 가역적으로 움직이는 열기관이 300℃의 고열원으로부터 200 kJ의 열을 흡수하여 40℃의 저열원으로 열을 배출하였다. 이때 40℃의 저열원으로 배출한 열량은 약 몇 kJ인가? [2018. 3. 4.]

① 27  ② 45
③ 73  ④ 109

**해설** 열펌프 성능계수 $= \dfrac{300 + 273}{(300 + 273) - (40 + 273)} = 2.2$

$2.2 = \dfrac{200\,\text{kJ}}{200\,\text{kJ} - AW}$

$AW = 109.09\,\text{kJ}$

**341.** 그림과 같은 카르노 냉동 사이클에서 성적계수는 약 얼마인가? (단, 각 사이클에서의 엔탈피($h$)는 $h_1 = h_4 = 98\ kJ/kg$, $h_2 = 231\ kJ/kg$, $h_3 = 282\ kJ/kg$이다.)  [2018. 4. 28.]

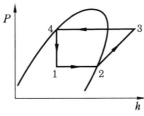

① 1.9      ② 1.9      ③ 2.6      ④ 3.3

🔧해설 이론적인 성적계수 $= \dfrac{냉동효과}{압축열량} = \dfrac{231\,kJ/kg - 98\,kJ/kg}{282\,kJ/kg - 231\,kJ/kg} = 2.607$

**342.** 그림과 같이 역카르노 사이클로 운전하는 냉동기의 성능계수(COP)는 약 얼마인가? (단, $T_1$는 24℃, $T_2$는 −6℃이다.)  [2018. 9. 15.]

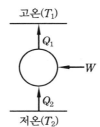

고온($T_1$)

$Q_1$

$\leftarrow W$

$Q_2$

저온($T_2$)

① 7.124      ② 8.905      ③ 10.048      ④ 12.845

🔧해설 냉동기 성능계수 $= \dfrac{T_2}{T_1 - T_2} = \dfrac{267}{297 - 267} = 8.9$

$T_1 : 273 + 24 = 297\ K$

$T_2 : 273 - 6 = 267\ K$

**343.** 온도가 400℃인 열원과 300℃인 열원 사이에서 작동하는 카르노 열기관이 있다. 이 열기관에서 방출되는 300℃의 열은 또 다른 카르노 열기관으로 공급되어, 300℃의 열원과 100℃의 열원 사이에서 작동한다. 이와 같은 복합 카르노 열기관의 전체 효율은 약 몇 %인가?  [2017. 3. 5.]

① 44.57 %          ② 59.43 %

③ 74.29 %          ④ 29.72 %

정답 ● 341. ③      342. ②      343. ①

**해설** 복합 카르노 열기관의 전체 효율은 시작 온도와 마지막 온도로 계산한다.

$$T_1(고온) = 400 + 273 = 673\ \text{K}$$

$$T_2(저온) = 100 + 273 = 373\ \text{K}$$

$$\eta(효율) = \frac{T_1 - T_2}{T_1} = \frac{673 - 373}{673} = 0.44576 = 44.576\,\%$$

---

**344.** 온도가 각각 −20℃, 30℃인 두 열원 사이에서 작동하는 냉동 사이클이 이상적인 역카르노 사이클을 이루고 있다. 냉동기에 공급된 일이 15 kW이면 냉동용량(냉각열량)은 약 몇 kW인가? [2017. 3. 5.]

① 2.5  ② 3.0
③ 76  ④ 91

**해설** 냉동기 성능계수 $= \dfrac{T_2}{T_1 - T_2} = \dfrac{253}{303 - 253} = 5.06$

$$5.06 = \frac{Q_2}{AW} = \frac{Q_2}{15\,\text{kW}}$$

$$Q_2 = 15\ \text{kW} \times 5.06 = 75.9\ \text{kW}$$

---

**345.** 500 K의 고온 열저장조와 300 K의 저온 열저장조 사이에서 작동되는 열기관이 낼 수 있는 최대 효율은? [2017. 3. 5.]

① 100 %  ② 80 %
③ 60 %  ④ 40 %

**해설** $\eta(효율) = \dfrac{T_1 - T_2}{T_1} = \dfrac{500 - 300}{500} = 0.4 = 40\,\%$

---

**346.** 성능계수가 4.8인 증기 압축 냉동기의 냉동능력 1 kW당 소요동력(kW)은? [2017. 5. 7.]

① 0.21  ② 1.0
③ 2.3  ④ 4.8

**해설** 성능계수 $= \dfrac{냉동능력}{소요동력}$

$$4.8 = \frac{1\,\text{kW}}{AW}$$

$$AW = 0.208\ \text{kW}$$

**347.** 역카르노 사이클로 운전되는 냉방장치가 실내온도 10℃에서 30 kW의 열량을 흡수하여 20℃ 응축기에서 방열한다. 이때 냉방에 필요한 최소 동력은 약 몇 kW인가? [2017. 5. 7.]

① 0.03  ② 1.06
③ 30   ④ 60

**해설** 성능계수(COP) $= \dfrac{T_2}{T_1 - T_2} = \dfrac{283}{293 - 283} = 28.3$

$28.3 = \dfrac{30\,\text{kW}}{AW}$

$AW = 1.06\,\text{kW}$

**348.** 성능계수가 5.0, 압축기에서 냉매의 단위 질량당 압축하는 데 요구되는 에너지는 200 kJ/kg인 냉동기에서 냉동능력 1 kW당 냉매의 순환량(kg/h)은? [2017. 9. 23.]

① 1.8  ② 3.6
③ 5.0  ④ 20.0

**해설** 성능계수(COP) $= \dfrac{냉동능력(Q)}{소요동력(AW)}$

$Q = \text{COP} \times AW = 5.0 \times 200\,\text{kJ/kg} = 1000\,\text{kJ/kg}$

$1\,\text{kW} = 1\,\text{kJ/s} = 3600\,\text{kJ/h}$이므로  냉매순환량 $= \dfrac{3600\,\text{kJ/h}}{1000\,\text{kJ/kg}} = 3.6\,\text{kg/h}$

**349.** 역카르노 사이클로 작동하는 냉동 사이클이 있다. 저온부가 -10℃로 유지되고, 고온부가 40℃로 유지되는 상태를 A 상태라고 하고, 저온부가 0℃, 고온부가 50℃로 유지되는 상태를 B 상태라 할 때, 성능계수는 어느 상태의 냉동 사이클이 얼마나 더 높은가? [2017. 9. 23.]

① A 상태의 사이클이 약 0.8만큼 높다.
② A 상태의 사이클이 약 0.2만큼 높다.
③ B 상태의 사이클이 약 0.8만큼 높다.
④ B 상태의 사이클이 약 0.2만큼 높다.

**해설** A 사이클 성능계수 $= \dfrac{263}{313 - 263} = 5.26$

B 사이클 성능계수 $= \dfrac{273}{323 - 273} = 5.46$

$\therefore 5.46 - 5.26 = 0.2$

즉, B 사이클이 A 사이클보다 0.2만큼 더 높게 나타난다.

**정답** ● **347.** ② **348.** ② **349.** ④

**350.** 360℃와 25℃ 사이에서 작동하는 열기관의 최대 이론 열효율은 약 얼마인가? [2016. 5. 8.]

① 0.450      ② 0.529

③ 0.635      ④ 0.735

해설 이론 열효율 $= \dfrac{T_1 - T_2}{T_1} = \dfrac{633 - 298}{633} = 0.529$

**351.** 저열원 10℃, 고열원 600℃ 사이에 작용하는 카르노 사이클에서 사이클당 방열량이 3.5 kJ이면 사이클당 실제 일의 양은 약 몇 kJ인가? [2016. 5. 8.]

① 3.5      ② 5.7

③ 6.8      ④ 7.3

해설 이론 열효율 $= \dfrac{T_1 - T_2}{T_1} = \dfrac{873 - 283}{873} = 0.6758$

$(1 - 0.6758) : 3.5 \text{ kJ} = 0.6758 : A$

$A = \dfrac{3.5 \text{ kJ} \times 0.6758}{(1 - 0.6758)} = 7.295 \text{ kJ}$

**352.** 냉동(refrigeration) 사이클에 대한 성능계수(COP)는 다음 중 어느 것을 해 준 일(work input)로 나누어 준 것인가? [2016. 5. 8.]

① 저온측에서 방출된 열량      ② 저온측에서 흡수한 열량

③ 고온측에서 방출된 열량      ④ 고온측에서 흡수한 열량

해설 냉동기 성능계수 $= \dfrac{\text{냉동효과}}{\text{압축열량}} = \dfrac{\text{저온측 흡수열량}}{\text{압축열량}}$

**353.** Carnot 사이클로 작동하는 가역기관이 800℃의 고온열원으로부터 5000 kW의 열을 받고 30℃의 저온열원에 열을 배출할 때 동력은 약 몇 kW인가? [2016. 10. 1.]

① 440      ② 1600

③ 3590      ④ 4560

해설 성능계수 $= \dfrac{1073}{1073 - 303} = 1.39$

$1.39 = \dfrac{5000 \text{ kW}}{AW}$

$AW = 3597.12 \text{ kW}$

정답 350. ②   351. ④   352. ②   353. ③

**354.** 1기압 30℃의 물 3 kg을 1기압 건포화 증기로 만들려면 약 몇 kJ의 열량을 가하여야 하는가? (단, 30℃와 100℃ 사이의 물의 평균정압비열은 4.19 kJ/kg · K, 1기압 100℃에서의 증발잠열은 2257 kJ/kg, 1기압 30℃ 물의 엔탈피는 126 kJ/kg이다.) [2016. 10. 1.]

① 4130        ② 5100
③ 6200        ④ 7650

**해설** 30℃의 물→100℃ 물→100℃ 수증기

$$Q = G(C_p \Delta t + \gamma)$$
$$= 3 \text{ kg} \times (4.19 \text{ kJ/kg} \cdot \text{K} \times 70℃ + 2257 \text{ kJ/kg})$$
$$= 7650.9 \text{ kJ}$$

---

**355.** 800℃의 고온열원과 20℃의 저온열원 사이에서 작동하는 카르노 사이클의 효율은?

① 0.727        ② 0.542     [2016. 10. 1.]
③ 0.458        ④ 0.273

**해설** $\eta = \dfrac{T_1 - T_2}{T_1} = \dfrac{1073 - 293}{1073} = 0.7269$

---

**356.** 증기 압축 냉동 사이클에서 응축온도는 동일하고 증발온도가 다음과 같을 때 성능계수가 가장 큰 것은? [2016. 10. 1.]

① −20℃        ② −25℃
③ −30℃        ④ −40℃

**해설** 냉동기 성능계수 $= \dfrac{T_2}{T_1 - T_2}$

응축온도가 동일할 때 증발온도가 높을수록, 증발온도가 동일할 때 응축온도가 낮을수록 냉동기 성능계수는 커진다. 즉, 고온은 낮을수록, 저온은 높을수록 성능계수가 좋다.

**1.** 국제단위계(SI)를 분류한 것으로 옳지 않은 것은? [2019. 4. 27.]

① 기본단위 　　　　　　　　② 유도단위

③ 보조단위 　　　　　　　　④ 응용단위

해설 국제단위계(SI) 분류 : 기본단위, 유도단위, 보조단위, 특수단위

**2.** 다음 중 온도는 국제단위계(SI 단위계)에서 어떤 단위에 해당하는가? [2019. 9. 21.]

① 보조단위 　　　　　　　　② 유도단위

③ 특수단위 　　　　　　　　④ 기본단위

해설 • SI 기본단위

길이 : m　질량 : kg　시간 : s　전류 : A　온도 : K　광도 : cd　물질량 : mol

• SI 유도단위

압력 : Pa　일, 에너지 : J　일률 : W　자기선속 : Wb　힘 : N　진동수, 주파수 : Hz

**3.** 다음 각 물리량에 대한 SI 유도단위의 기호로 틀린 것은? [2019. 9. 21.]

① 압력 – Pa 　　　　　　　② 에너지 – cal

③ 일률 – W 　　　　　　　④ 자기선속 – Wb

해설 문제 2번 해설 참조

**4.** SI 단위계에서 물리량과 기호가 틀린 것은? [2021. 3. 7.]

① 질량 : kg 　　　　　　　② 온도 : ℃

③ 물질량 : mol 　　　　　　④ 광도 : cd

해설 문제 2번 해설 참조

정답 ● 1. ④　2. ④　3. ②　4. ②

**5.** 다음 중 유도단위 대상에 속하지 않는 것은? [2021. 3. 7.]

① 비열 　　　　　　　　　　　② 압력

③ 습도 　　　　　　　　　　　④ 열량

**해설** 유도단위는 기본단위에서 유도된 물리량을 나타내는 단위이며 힘을 나타내는 뉴턴, 압력을 나타내는 파스칼, 면적을 나타내는 제곱미터, 부피를 나타내는 세제곱미터 등이 있다. 습도는 특수단위이다.

**6.** 국제단위계(SI)에서 길이단위의 설명으로 틀린 것은? [2017. 3. 5.]

① 기본단위이다.

② 기호는 K이다.

③ 명칭은 미터이다.

④ 빛이 진공에서 1/229792458초 동안 진행한 경로의 길이이다.

**해설** 기호는 m이다.

**7.** 다음 중 단위에 따른 차원식으로 틀린 것은? [2019. 9. 21.]

① 동점도 : $L^2 T^{-1}$

② 압력 : $ML^{-1}T^{-2}$

③ 가속도 : $LT^{-2}$

④ 일 : $MLT^{-2}$

**해설** 일 = $MLT^{-2} \times L = ML^2 T^{-2}$

**8.** 불규칙하게 변하는 주변 온도와 기압 등이 원인이 되며, 측정 횟수가 많을수록 오차의 합이 0에 가까운 특징이 있는 오차의 종류는? [2021. 5. 15.]

① 개인오차 　　　　　　　　　② 우연오차

③ 과오오차 　　　　　　　　　④ 계통오차

**해설** 오차의 종류

• 개인오차 : 개인마다 측정과정에서의 일관된 습관에 따라 발생하는 오차
• 우연오차 : 오차의 원인을 통제할 수 없는 우연한 상황에서 발생되는 오차
• 과실오차 : 불규칙한 실수에 의해 발생되는 오차
• 계기오차 : 측정에 사용되는 계기가 교정되지 않아 발생하는 오차

**정답** • 5. ③ 6. ② 7. ④ 8. ②

**9.** 오차와 관련된 설명으로 틀린 것은?

[2019. 3. 3.] [2021. 9. 12.]

① 흩어짐이 큰 측정을 정밀하다고 한다.
② 오차가 적은 계량기는 정확도가 높다.
③ 계측기가 가지고 있는 고유의 오차를 기차라고 한다.
④ 눈금을 읽을 때 시선의 방향에 따른 오차를 시차라고 한다.

**해설** 오차와 흩어짐 관계
• 표준편차 : 데이터의 흩어짐의 정도를 의미한다.
• 표준오차 : 추정량의 흩어짐의 정도를 의미한다.
※ 흩어짐이 클수록 오차가 커지므로 신뢰도가 낮고 정밀도가 떨어지게 된다.

**10.** 다음 중 계통오차(systematic error)가 아닌 것은?

[2020. 6. 6.]

① 계측기 오차
② 환경오차
③ 개인오차
④ 우연오차

**해설** 계통오차
• 계측기 오차 : 측정기의 불안정, 마찰이나 경련변화, 사용상의 제한 등에서 오는 오차이다.
• 환경오차 : 온도, 압력, 습도 등 환경 변화에 의하여 측정기나 측정량이 규칙적에서 오는 오차이다.
• 개인오차 : 개인이 가지는 버릇에 의한 판단으로 생기는 판단오차이다.
• 이론오차(방법오차) : 사용하는 공식이나 계산 등에서 생기는 오차이다.
※ 우연오차 : 측정실의 기온의 미소변화, 공기의 유동, 측정장치대의 이동이나 진동, 조명도의 변화, 관측자 주위의 산만함이나 동요 등 그 발생 원인이 명확하지 못함에서 오는 오차이다.

**11.** 원인을 알 수 없는 오차로서 측정할 때마다 측정값이 일정하지 않고 분포현상을 일으키는 오차는?

[2018. 9. 15.]

① 과오에 의한 오차
② 계통적 오차
③ 계량기 오차
④ 우연오차

**해설** 문제 10번 해설 참조

**정답** ➔ 9. ① 10. ④ 11. ④

**12.** 스프링저울 등 측정량이 원인이 되어 그 직접적인 결과로 생기는 지시로부터 측정량을 구하는 방법으로 정밀도는 낮으나 조작이 간단한 것은? [2021. 9. 12.]
① 영위법                    ② 치환법
③ 편위법                    ④ 보상법

**해설** 측정 방식
- 편위법 : 측정하려는 양의 작용에 의하여 계측기의 지침에 편위를 일으켜 이 편위를 눈금과 비교함으로써 측정을 행하는 방식을 말한다(다이얼 게이지, 지시 전기 계기 부르동관 압력계).
- 영위법 : 측정하려고 하는 양과 같은 종류로서 크기를 조정할 수 있는 기준량을 준비하고 기준량을 측정량에 평행시켜 계측기의 지시가 0 위치를 나타낼 때의 기준량의 크기로부터 측정량의 크기를 간접적으로 측정하는 방식을 말한다(전위차계, 마이크로미터, 휘트스톤 브리지).
- 치환법 : 이미 알고 있는 양으로부터 측정량을 아는 방법으로, 다이얼 게이지를 이용하여 길이를 측정할 때 블록 게이지를 올려놓고 측정한 다음 피측정물을 바꾸어 넣었을 때 지시의 차를 읽고 사용한 블록 게이지의 높이를 알면 피측정물의 높이를 구할 수 있다(다이얼 게이지).
- 보상법 : 크기가 거의 같은 미리 알고 있는 양의 분동을 준비하여 분동과 측정량의 차이로부터 측정량을 구하는 방법으로 천평을 이용하여 물체의 질량을 측정할 때 불평형 정도를 지침의 눈금 값으로 읽어 물체의 질량을 알 수 있다.

**13.** 측정하고자 하는 상태량과 독립적 크기를 조정할 수 있는 기준량과 비교하여 측정, 계측하는 방법은? [2017. 5. 7.]
① 보상법                    ② 편위법
③ 치환법                    ④ 영위법

**해설** 문제 12번 해설 참조

**14.** 측정량과 크기가 거의 같은 미리 알고 있는 양의 분동을 준비하여 분동과 측정량의 차이로부터 측정량을 구하는 방식은? [2020. 9. 26.]
① 편위법                    ② 보상법
③ 치환법                    ④ 영위법

**해설** 문제 12번 해설 참조

**정답** 12. ③   13. ④   14. ②

**15.** 다이얼 게이지를 이용하여 두께를 측정하는 방법 등이 이에 해당하며, 정확한 기준과 비교 측정하여 측정기 자신의 부정확한 원인이 되는 오차를 제거하기 위하여 사용되는 방법은?
① 편위법
② 영위법
③ 치환법
④ 보상법
[2015. 9. 19.]

해설 문제 12번 해설 참조

**16.** 계측에 있어 측정의 참값을 판단하는 계의 특성 중 동특성에 해당하는 것은? [2021. 9. 12.]
① 감도
② 직선성
③ 히스테리시스 오차
④ 시간지연과 동오차

해설 계의 특성
• 동특성 : 장치 등의 동작에서, 입력의 시간 변화가 출력에 영향을 미치는 경우의 동작 특성으로 시간지연과 동오차 등이 해당된다.
• 정특성 : 장치 등의 동작조건이 일정하게 유지되고 입력의 시간 변화가 문제가 되지 않을 정도로 서서히 변화한 경우의 특성으로 조작량과 제어량의 평형상태를 유지할 경우에 적용된다.

**17.** 다음 중 계량단위에 대한 일반적인 요건으로 가장 적절하지 않은 것은? [2018. 4. 28.]
① 정확한 기준이 있을 것
② 사용하기 편리하고 알기 쉬울 것
③ 대부분의 계량단위를 60진법으로 할 것
④ 보편적이고 확고한 기반을 가진 안정된 원기가 있을 것

해설 계량단위는 10진법으로 한다.

**18.** 대기압 750 mmHg에서 계기압력이 325 kPa이다. 이때 절대압력은 약 몇 kPa인가?
① 223
② 327
③ 425
④ 501
[2021. 9. 12.]

해설 $750 \text{ mmHg} \times \dfrac{101.325 \text{ kPa}}{760 \text{ mmHg}} = 99.99 \text{ kPa}$

절대압력 = 대기압 + 계기압
= 99.99 kPa + 325 kPa = 424.99 kPa

정답 15. ③  16. ④  17. ③  18. ③

**19.** 압력을 측정하는 계기가 그림과 같을 때 용기 안에 들어 있는 물질로 적절한 것은? [2020. 6. 6.]

① 알코올 ② 물
③ 공기 ④ 수은

해설 대기압을 측정하는 것으로 단면적 $1 \, cm^2$인 수은주의 높이가 $76 \, cm$임을 나타내는 것이다.

**20.** 비중량이 900 kgf/m³인 기름 18 L의 중량은? [2016. 3. 6.]

① 12.5 kgf ② 15.2 kgf
③ 16.2 kgf ④ 18.2 kgf

해설 $0.018 \, m^3 \times 900 \, kgf/m^3 = 16.2 \, kgf$

**21.** 다음 계측기 중 열관리용에 사용되지 않는 것은? [2020. 6. 6.]

① 유량계 ② 온도계
③ 다이얼 게이지 ④ 부르동관 압력계

해설 다이얼 게이지는 측정하려고 하는 부분에 측정자를 대어 스핀들의 미소한 움직임을 기어장치로 확대하여 눈금판 위에 지시되는 치수를 읽어 길이를 비교하는 길이 측정기이다.

**22.** 다음 중 상온·상압에서 열전도율이 가장 큰 기체는? [2021. 9. 12.]

① 공기 ② 메탄
③ 수소 ④ 이산화탄소

해설 기체에서의 열전도율은 분자량이 작을수록 크게 나타난다.

정답 ● 19. ④ 20. ③ 21. ③ 22. ③

**23.** 다음 중 자동조작 장치로 쓰이지 않는 것은? [2020. 6. 6.]
  ① 전자개폐기
  ② 안전밸브
  ③ 전동밸브
  ④ 댐퍼

해설 자동조작 장치는 전기적 조작에 의하여 작동하는 것이며 안전밸브는 규정압력 이상이 되면 스프링의 이완으로 작동하므로 자동조작 장치에 해당되지 않는다.

**24.** 산소($O_2$)를 측정하기 위한 가스분석기의 산소 분압이 양극에서 0.5 kg/cm², 음극에서 1.0 kg/cm²로 각각 측정되었을 때 양극 사이의 기전력은? [2015. 9. 19.]
  ① 16.8 mV
  ② 15.7 mV
  ③ 14.6 mV
  ④ 13.5 mV

해설 기전력($E°$) $= \dfrac{RT}{nF} \ln \dfrac{P_2}{P_1} = \dfrac{0.001987 \times (273+20)}{23.06} \times \ln \dfrac{1}{0.5}$

$\qquad = 0.017\ V = 17\ mV$

여기서, $F$ : 패러데이 상수(23.06 kcal/V)
$\qquad R$ : 0.001987 kcal/deg
$\qquad T$ : 절대온도(상온 20℃ 기준)

**25.** 2.2 kΩ의 저항에 220 V의 전압이 사용되었다면 1초당 발생하는 열량은 몇 W인가? [2017. 9. 23.]
  ① 12
  ② 22
  ③ 32
  ④ 42

해설 $Q = \dfrac{V^2}{R} = \dfrac{220^2}{2200} = 22\ J/s = 22\ W$

**26.** 주위 온도보상 장치가 있는 열전식 온도기록계에서 주위온도가 20℃인 경우 1000℃의 지시치를 보려면 몇 mV를 주어야 하는가? (단, 20℃ : 0.80 mV, 980℃ : 40.53 mV, 1000℃ : 41.31 mV이다.) [2016. 3. 6.]
  ① 40.51
  ② 40.53
  ③ 41.31
  ④ 41.33

해설 20℃에서 1000℃까지의 전압 차이만큼 주어지면 된다.
$41.31\ mV - 0.8\ mV = 40.51\ mV$

정답 23. ② 24. ① 25. ② 26. ①

**27.** 아래 열교환기의 제어에 해당하는 제어의 종류로 옳은 것은? [2021. 3. 7.]

> 유체의 온도를 제어하는 데 온도 조절의 추력으로 열교환기에 유입되는 증기의 유량을 제어하는 유량 조절기의 설정치를 조절한다.

① 추종 제어
② 프로그램 제어
③ 정치 제어
④ 캐스케이드 제어

**해설** (1) 캐스케이드 제어 : 1차 조절기의 출력 신호에 의해서 2차 조절기의 설정값을 움직여서 행하는 제어로 피드백 제어계에서 비교적 정밀도가 높은 온도 제어를 할 때 사용하며 증기 압력 제어나 증기 온도 제어 등에 널리 응용되고 있다.
(2) 자동 제어
  • 피드백 제어 : 제어 대상의 시스템에서 그 장치의 출력을 확인하면서 목표치에 접근하도록 조절기의 입력을 조절하는 제어 방법
  • 시퀀스 제어 : 미리 정한 조건에 따라서 그 제어 목표 상태가 달성되도록 정해진 순서대로 조작부가 동작하는 제어
  • 프로그램 제어 : 목표값이 미리 정해진 시간적 변화를 하는 경우, 제어량을 그것에 추종시키기 위한 제어
  • 오픈루프 제어 : 출력을 제어할 때 입력만 고려하고 출력은 전혀 고려하지 않는 개회로 제어 방식
  • 추종 제어 : 목표값이 임의의 시간적 변화를 하는 경우, 제어량을 그것에 추종시키기 위한 제어로 위치, 방위, 자세 등이 포함된다.
  • 정치 제어 : 시간에 관계없이 값이 일정한 제어

**28.** 자동 제어의 일반적인 동작 순서로 옳은 것은? [2017. 5. 7.]
① 검출 → 판단 → 비교 → 조작
② 검출 → 비교 → 판단 → 조작
③ 비교 → 검출 → 판단 → 조작
④ 비교 → 판단 → 검출 → 조작

**해설** 자동 제어의 일반적인 동작 순서 : 검출 → 비교 → 판단 → 조작

**29.** 피드백 제어에 대한 설명으로 틀린 것은? [2021. 3. 7.]
① 폐회로로 구성된다.
② 제어량에 대한 수정 동작을 한다.
③ 미리 정해진 순서에 따라 순차적으로 제어한다.
④ 반드시 입력과 출력을 비교하는 장치가 필요하다.

**정답** • 27. ④ 28. ② 29. ③

**해설** 피드백 제어는 출력의 신호를 입력의 상태로 되돌려주는 제어이며, ③항은 시퀀스 제어(각 단계가 순차적으로 진행되는 자동 제어)에 해당된다.

---

**30.** 비례 동작만 사용할 경우와 비교할 때 적분 동작을 같이 사용하면 제거할 수 있는 문제로 옳은 것은? [2021. 3. 7.]

① 오프셋                    ② 외란
③ 안정성                    ④ 빠른 응답

**해설** 비례 동작은 제어 편차에 비례하여 조작량의 크기를 결정하는 제어 동작으로 온·오프 동작과 같이 그 제어 결과에 사이클링과 오프셋이 생기는 결점이 있으며 적분 동작을 같이 사용하면 오프셋 문제는 해결할 수 있다.

---

**31.** 1차 지연 요소에서 시정수($T$)가 클수록 응답 속도는 어떻게 되는가? [2021. 5. 15.]

① 일정하다.                    ② 빨라진다.
③ 느려진다.                    ④ $T$와 무관하다.

**해설** 시정수가 클수록 최종값 도달 시간이 길다. 즉, 응답 시간이 길고 속도가 느리다.

---

**32.** 다음 중 편차의 정(+), 부(−)에 의해서 조작신호가 최대, 최소가 되는 제어 동작은?

① 온·오프 동작                    ② 다위치 동작   [2018. 9. 15.] [2021. 5. 15.]
③ 적분 동작                    ④ 비례 동작

**해설** on−off 제어는 불연속 제어로 편차의 정(+), 부(−)에 의해서 조작신호가 최대, 최소가 되는 제어 동작이며 2위치 제어라고도 한다.

---

**33.** 다음 중 송풍량을 일정하게 공급하려고 할 때 가장 적당한 제어 방식은? [2021. 5. 15.]

① 프로그램 제어                    ② 비율 제어
③ 추종 제어                    ④ 정치 제어

**해설** 제어 방식
• 프로그램 제어 : 목표값이 정해진 시간적 변화를 하도록 미리 프로그램하여 두는 제어 방식

---

**정답**  ● 30. ①   31. ③   32. ①   33. ④

- 비율 제어 : 목표값이 어떤 다른 양과 일정한 비율 관계를 가지고 변화하는 경우의 제어 방식
- 추종 제어 : 목표값이 정해지지 않고 임의로 변화하는 제어 방식
- 정치 제어 : 목표값이 일정하고, 제어량을 그와 같게 유지하기 위한 제어 방식

---

**34.** 다음은 피드백 제어계의 구성을 나타낸 것이다. ( ) 안에 가장 적절한 것은? [2021. 9. 12.]

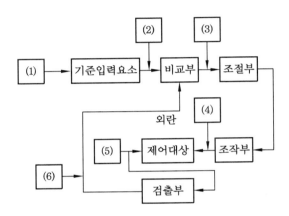

① (1) 조작량, (2) 동작신호, (3) 목표치, (4) 기준입력신호, (5) 제어편차, (6) 제어량
② (1) 목표치, (2) 기준입력신호, (3) 동작신호, (4) 조작량, (5) 제어량, (6) 주피드백 신호
③ (1) 동작신호, (2) 오프셋, (3) 조작량, (4) 목표치, (5) 제어량, (6) 설정신호
④ (1) 목표치, (2) 설정신호, (3) 동작신호, (4) 오프셋, (5) 제어량, (6) 주피드백 신호

해설 피드백 제어 : 제어 대상의 시스템에서 그 장치의 출력을 확인하면서 목표치에 접근하도록 조절기의 입력을 조절하는 제어 방법
- 배관 교차부가 없으므로 압력손실이 거의 없다.
- 구동부가 없으므로 유지보수가 필요 없다.

---

**35.** 피드백 제어에 대한 설명으로 틀린 것은? [2020. 6. 6.]
① 고액의 설비비가 요구된다.
② 운영하는 데 비교적 고도의 기술이 요구된다.
③ 일부 고장이 있어도 전체 생산에 영향을 미치지 않는다.
④ 수리가 비교적 어렵다.

해설 피드백 제어 : 출력측 신호를 입력측으로 되돌려 정정 동작을 행하는 자동 제어 시스템으로 일부 고장이 일어나면 전체 작동이 멈추어진다.

정답 ⟩ 34. ② 35. ③

**36.** 적분 동작(I 동작)에 대한 설명으로 옳은 것은?

[2020. 6. 6.]

① 조작량이 동작신호의 값을 경계로 완전 개폐되는 동작
② 출력변화가 편차의 제곱근에 반비례하는 동작
③ 출력변화가 편차의 제곱근에 비례하는 동작
④ 출력변화의 속도가 편차에 비례하는 동작

**해설** 적분 동작은 동작신호의 면적에 비례하는 크기의 출력을 내는 제어 동작으로 이 동작을 이용하면 잔류편차를 없앨 수 있다.

**37.** 기준압력과 주 피드백 신호와의 차에 의해서 일정한 신호를 조작요소에 보내는 제어장치는?

[2020. 8. 22.]

① 조절기　　　　② 전송기　　　　③ 조작기　　　　④ 계측기

**해설** 조절기는 검출부에서 나온 신호를 받아 목표값과 비교 조절하여 조작부로 조작신호를 보내는 장치이며 조작기는 사람을 대신하여 작업을 수행하는 인공장치이다.

**38.** 자동연소제어 장치에서 보일러 증기압력의 자동 제어에 필요한 조작량은?

[2020. 8. 22.]

① 연소량과 증기압력　　　　　② 연소량과 보일러수위
③ 연료량과 공기량　　　　　　④ 증기압력과 보일러수위

**해설** 보일러의 자동 연소 제어 장치(조작량)
• 노내압력 제어 : 연소가스량 제어
• 증기압력 제어 : 연료량과 공기량 제어

**39.** 제베크(Seebeck) 효과에 대하여 가장 바르게 설명한 것은?

[2020. 8. 22.]

① 어떤 결정체를 압축하면 기전력이 일어난다.
② 성질이 다른 두 금속의 접점에 온도차를 두면 열기전력이 일어난다.
③ 고온체로부터 모든 파장의 전방사에너지는 절대온도의 4승에 비례하여 커진다.
④ 고체가 고온이 되면 단파장 성분이 많아진다.

**해설** • 제베크(Seebeck) 효과 : 서로 다른 두 금속의 한 접합부에 온도 변화를 주면 열 기전력이 발생하는 현상
• 펠티어 효과 : 서로 다른 두 전도성 물질로 이루어진 도체에 전류가 흐를 때, 도체의 한쪽 끝부분에서 방열하고, 반대쪽 끝부분에서 흡열을 하는 현상으로 제베크 효과의 반대 현상이다.

**정답** ● 36. ④　37. ①　38. ③　39. ②

---

**40.** 자동 제어계에서 응답을 나타낼 때 목표치를 기준한 앞뒤의 진동으로 시간의 지연을 필요
로 하는 시간적 동작의 특성을 의미하는 것은? [2020. 9. 26.]
① 동특성                    ② 스텝응답
③ 정특성                    ④ 과도응답

해설 동특성은 입력이 시간에 따라 변할 때, 정특성은 변하지 않을 때의 특성이다.

---

**41.** 제어량에 편차가 생겼을 경우 편차의 적분차를 가감해서 조작량의 이동속도가 비례하는
동작으로서 잔류편차가 제어되나 제어 안정성은 떨어지는 특징을 가진 동작은? [2020. 9. 26.]
① 비례 동작                ② 적분 동작
③ 미분 동작                ④ 다위치 동작

해설 적분 동작은 동작신호의 면적에 비례하는 크기의 출력을 내는 제어 동작으로 이 동작을 이
용하면 잔류편차를 없앨 수 있다.

---

**42.** 다음 중 그림과 같은 조작량 변화 동작은? [2020. 9. 26.]

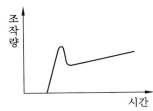

① PI 동작                  ② ON – OFF 동작
③ PID 동작                 ④ PD 동작

해설 비례적분미분(PID) 동작은 적분 동작으로 잔류편차를 제거하고 미분 동작으로 안정화를 취
한 복합 동작으로 응답시간이 빠르고 진동이 제거된다.

---

**43.** 조절계의 제어 작동 중 제어편차에 비례한 제어 동작은 잔류편차(offset)가 생기는 결점이
있는데, 이 잔류편차를 없애기 위한 제어 동작은? [2019. 3. 3.]
① 비례 동작                ② 미분 동작
③ 2위치 동작              ④ 적분 동작

해설 잔류편차는 제어되나 제어 안정성은 감소하는 특징을 가진 동작은 적분(I) 동작이다.

---

정답 ● 40. ①  41. ②  42. ③  43. ④

**44.** 2개의 제어계를 조합하여 1차 제어장치의 제어량을 측정하여 제어명령을 발하고 2차 제어장치의 목표치로 설정하는 제어 방법은? [2019. 3. 3.]

① on-off 제어
② cascade 제어
③ program 제어
④ 수동제어

**해설** 캐스케이드 제어 : 1차 조절기의 출력 신호에 의해서 2차 조절기의 설정값을 움직여서 행하는 제어로 피드백 제어계에서 비교적 정밀도가 높은 온도 제어를 할 때 사용하며 증기 압력 제어나 증기 온도 제어 등에 널리 응용되고 있다.

**45.** 자동 제어 시스템의 입력신호에 따른 출력 변화의 설명으로 과도응답에 해당되는 것은?

① 1차보다 응답속도가 느린 지연요소 [2019. 4. 27.]
② 정상상태에 있는 계에 격한 변화의 입력을 가했을 때 생기는 출력의 변화
③ 입력변화에 따른 출력에 지연이 생겨 시간이 경과 후 어떤 일정한 값에 도달하는 요소
④ 정상상태에 있는 요소의 입력을 스텝형태로 변화할 때 출력이 새로운 값에 도달 스텝입력에 의한 출력의 변화 상태

**해설** 과도응답은 정상상태에 있는 어떠한 계의 출력이 입력, 기타의 변화의 영향을 받아서 변화하고 다시 정상상태로 안정될 때까지 나타나는 시간적 경과로 계의 동특성을 평가하는 기준이 된다.

**46.** 공기압식 조절계에 대한 설명으로 틀린 것은? [2015. 3. 8.] [2019. 4. 27.]

① 신호로 사용되는 공기압은 약 $0.2 \sim 1.0 \ kg/cm^2$이다.
② 관로저항으로 전송지연이 생길 수 있다.
③ 실용상 2000 m 이내에서는 전송지연이 없다.
④ 신호 공기압은 충분히 제습, 제진한 것이 요구된다.

**해설** 공기압식 조절계의 사용거리는 100 m 정도이다.

**47.** 다음 중 자동 제어에서 미분 동작을 설명한 것으로 가장 적절한 것은? [2019. 4. 27.]

① 조절계의 출력 변화가 편차에 비례하는 동작
② 조절계의 출력 변화의 크기와 지속시간에 비례하는 동작
③ 조절계의 출력 변화가 편차의 변화속도에 비례하는 동작
④ 조작량이 어떤 동작 신호의 값을 경계로 하여 완전히 전개 또는 전폐되는 동작

**정답** ⟶ 44. ② 45. ② 46. ③ 47. ③

🔑 미분 동작은 제어 편차가 검출될 때 편차가 변화하는 속도에 비례하여 조작량을 가감하도록 하여 편차가 커지는 것을 미연에 방지하는 동작이다.

---

**48.** 다음 제어 방식 중 잔류편차(off set)를 제거하여 응답시간이 가장 빠르며 진동이 제거되는 제어 방식은? [2018. 9. 15.]

① P          ② I          ③ PI          ④ PID

🔑 비례적분미분(PID) 동작은 적분 동작으로 잔류편차를 제거하고 미분 동작으로 안정화를 취한 복합 동작으로 응답시간이 빠르고 진동이 제거된다.

---

**49.** 불연속 제어로서 탱크의 액위를 제어하는 방법으로 주로 이용되는 것은? [2017. 3. 5.]

① P 동작          ② PI 동작
③ PD 동작          ④ 온·오프 동작

🔑 온-오프 동작은 2위치 제어 또는 불연속 제어 동작으로 동작 신호의 값에 따라서 제어량이 미리 정해진 2개의 값의 어느 하나를 취하게 되는 제어 동작이다.

---

**50.** 출력측의 신호를 입력측에 되돌려 비교하는 제어 방법은? [2015. 5. 31.] [2018. 9. 15.]

① 인터록(inter lock)          ② 시퀀스(sequence)
③ 피드백(feed back)          ④ 리셋(reset)

🔑 피드백 : 입력과 출력을 갖춘 시스템에서 출력에 의하여 입력을 변화시키는 일

---

**51.** 다음에서 설명하는 제어 동작은? [2017. 3. 5.]

> • 부하변화가 커도 잔류편차가 생기지 않는다.
> • 급변할 때 큰 진동이 생긴다.
> • 전달느림이나 쓸모없는 시간이 크면 사이클링의 주기가 커진다.

① D 동작          ② PI 동작
③ PD 동작          ④ P 동작

🔑 비례＋적분 동작으로 제어편차가 검출되면 비례 동작을 실행하여 조작량을 조절하고, 비례 동작의 결과, 정정한 후 남는 제어량의 편차를 적분 동작으로 제거하며 급변하는 동작에는 사용하지 않는다.

---

**정답** ● 48. ④   49. ④   50. ③   51. ②

**52.** 제어 시스템에서 응답이 계단변화가 도입된 후에 얻게 될 최종적인 값을 얼마나 초과하게 되는지를 나타내는 척도는? [2017. 3. 5]

① 오프셋
② 쇠퇴비
③ 오버슈트
④ 응답시간

**해설** 오버슈트는 제어계의 특성을 나타내는 양으로, 단위 계단형 입력에 대하여 제어량이 목표값을 초과한 후 최초로 취하는 과도 편차의 극치이다.

**53.** 보일러의 자동 제어 중에서 A.C.C.이 나타내는 것은 무엇인가? [2017. 5. 7.]

① 연소 제어
② 급수 제어
③ 온도 제어
④ 유압 제어

**해설** 보일러 자동 제어의 종류
• 자동 연소 제어(ACC)
• 급수 제어(FWC)
• 증기 온도 제어(STC)
• 증기 압력 제어(SPC)

**54.** 자동 제어계와 직접 관련이 없는 장치는? [2017. 5. 7.]

① 기록부
② 검출부
③ 조절부
④ 조작부

**해설** 자동 제어계 : 조절부 → 조작부 → 검출부

**55.** 자동 제어에서 동작신호의 미분값을 계산하여 이것과 동작신호를 합한 조작량 변화를 나타내는 동작은? [2017. 9. 23.]

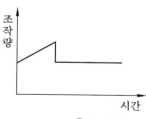

① D 동작
② P 동작
③ PD 동작
④ PID 동작

**해설** 비례미분(PD) 동작은 적분 동작으로 잔류편차를 제거하고 미분 동작으로 안정화를 취한 복합 동작으로 응답시간이 빠르고 진동이 제거된다.

**정답** 52. ③ 53. ① 54. ① 55. ③

**56.** 제어 시스템에서 조작량이 제어편차에 의해서 정해진 두 개의 값이 어느 편인가를 택하는 제어 방식으로 제어 결과가 다음과 같은 동작은? [2017. 9. 23.]

① 온오프 동작    ② 비례 동작    ③ 적분 동작    ④ 미분 동작

**해설** 온오프 동작은 2위치 제어 또는 불연속 제어 동작으로 동작 신호의 값에 따라서 제어량이 미리 정해진 2개 의 값의 어느 하나를 취하게 되는 제어 동작이다.

**57.** 벨로스(Bellows) 압력계에서 Bellows 탄성의 보조로 코일 스프링을 조합하여 사용하는 주된 이유는? [2017. 9. 23.]
① 감도를 증대시키기 위하여
② 측정압력 범위를 넓히기 위하여
③ 측정지연 시간을 없애기 위하여
④ 히스테리시스 현상을 없애기 위하여

**해설** 히스테리시스(이력현상)는 어떤 값이 주기적 또는 어떤 범위를 갖고 움직였을 때, 원래대로 돌아오지 못하고 다른 값으로 떨어지는 현상이다.

**58.** 세라믹(ceramic)식 $O_2$계의 세라믹 주원료는? [2016. 3. 6]
① $Cr_2O_3$    ② Pb    ③ $P_2O_5$    ④ $ZrO_2$

**해설** 지르코니아($ZrO_2$) 세라믹에는 고온하에서 한편의 전극부에서 산소 분자를 이온화하며, 다른 편의 전극부에서 산소 이온을 산소 분자로 되돌리는 성질을 지니고 있다.

**59.** 다음 블록 선도에서 출력을 바르게 나타낸 것은? [2016. 5. 8.]

$A(s) \rightarrow \boxed{G(s)} \rightarrow B(s)$

① $B(s) = G(s)A(s)$
② $B(s) = \dfrac{G(s)}{A(s)}$
③ $B(s) = \dfrac{A(s)}{B(s)}$
④ $B(s) = \dfrac{1}{G(s)A(s)}$

**해설** 블록 선도에서 출력이 직렬이므로 분모는 형성되지 않는다.

**정답** ⟶ 56. ①   57. ④   58. ④   59. ①

**60.** 보일러의 자동 제어에서 인터록 제어의 종류가 아닌 것은?  [2016. 3. 6.]

① 압력초과                        ② 저연소
③ 고온도                          ④ 불착화

해설 보일러의 자동 제어에서 인터록 제어의 종류 : 저연소 인터록, 압력초과 인터록, 불착화 인터록, 저수위 인터록, 프리퍼지 인터록
※ 인터록 제어는 보일러 운전 조건이 미비되었을 때 기관동작을 저지하여 사고를 방지하는 제어이다.

**61.** 다음은 증기 압력 제어의 병렬 제어 방식을 나타낸 것이다. (   ) 안에 알맞은 용어를 바르게 나열한 것은?  [2016. 3. 6.]

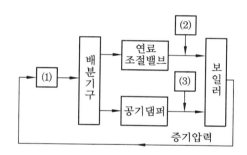

① (1) 동작신호, (2) 목표치, (3) 제어량
② (1) 조작량, (2) 설정신호, (3) 공기량
③ (1) 압력조절기, (2) 연료 공급량, (3) 공기량
④ (1) 압력조절기, (2) 공기량, (3) 연료공급량

해설 소형 보일러에서는 병렬 제어 방식을 사용하는데 증기 압력을 일정하게 유지하기 위하여 연료 연소의 가감이 필요하며 이에 따라 공기량도 가감이 필요하게 된다. 그러므로 (1)에는 증기 압력조절기, (2)에는 연료공급량, (3)에는 공기량이 들어가야 한다.

**62.** 자동제어장치에서 조절계의 입력신호 전송 방법에 따른 분류로 가장 거리가 먼 것은? [2016. 10. 1.]

① 전기식                          ② 수증기식
③ 유압식                          ④ 공기압식

해설 자동제어장치에서 조절계의 입력신호 전송 방법에는 전기식, 유압식, 공기압식 등이 있다.

**63.** 연속 동작으로 잔류편차(off-set) 현상이 발생하는 제어 동작은? [2015. 9. 19.]
① 온-오프(on-off) 2위치 동작
② 비례 동작(P 동작)
③ 비례적분 동작(PI 동작)
④ 비례적분미분 동작(PID 동작)

**해설** 자동 제어 연속 동작
(1) 비례 동작(P) : 입력인 편차에 대하여 조작량의 출력변화가 일정한 비례 관계가 있는 동작이다.
• 잔류편차가 발생한다.
• 수동리셋이 필요하다.
(2) 적분 동작(I) : 제어량에 편차가 생겼을 때 편차의 적분차를 가감하여 조작단의 이동속도가 비례하는 동작으로 잔류편차가 남지 않는다.
• 잔류편차는 제거되지만 제어의 안정성은 떨어진다.
• 동작신호에 비례한 속도로 조작량을 변화시키는 제어 동작이다.
(3) 미분 동작(D) : 제어편차 변화속도에 비례한 조작량을 내는 제어 동작이다. PI, PD, PID 등 복합연속 동작으로 사용한다.

**64.** 시스(sheath) 열전대의 특징이 아닌 것은? [2018. 9. 15.]
① 응답속도가 빠르다.
② 국부적인 온도 측정에 적합하다.
③ 피측온체의 온도 저하 없이 측정할 수 있다.
④ 매우 가늘어서 진동이 심한 곳에는 사용할 수 없다.

**해설** (1) 시스(sheath) 열전대의 구조 : 스테인리스강이나 내열강으로 만든 가는 관(시스) 안에 열전대 소선을 넣고 그 주변을 무기절연물인 산화마그네슘으로 채워 만든 형태이다.
(2) 시스(sheath) 열전대의 특징
• 높은 유연성 및 기계적 강성으로 온도 변화에 매우 빠른 응답성을 갖는다.
• 보호관 속에 고순도 MgO 가루로 단단하게 조합되어 열, 부식, 압력에 우수한 내구성이 있다.
• 외경이 가늘어서 작은 측정물의 온도도 측정이 가능하며, 국부적인 온도 측정에 적합하다.

**65.** 탄성 압력계에 속하지 않는 것은? [2019. 4. 27.]
① 부자식 압력계
② 다이어프램 압력계
③ 벨로스식 압력계
④ 부르동관 압력계

**정답** 63. ② 64. ④ 65. ①

**해설** 탄성식 압력계는 유체의 압력과 탄성체의 탄성변형에 의한 응력의 균형을 이용하는 압력계로 액주식 압력계보다 큰 압력을 측정할 수 있기 때문에 공업용으로 널리 사용되고 있다. 부르동관, 다이어프램, 벨로스 압력계가 해당되며 부자식(float)은 액면계 종류에 해당된다.

---

**66.** 다음 중 탄성 압력계에 속하는 것은? [2021. 3. 7.]
① 침종 압력계   ② 피스톤 압력계
③ U자관 압력계   ④ 부르동관 압력계

**해설** 압력계 종류
• 액주식 압력계 : 단관식 압력계, U자관식 압력계, 경사관식 압력계, 마노미터
• 침종식 압력계 : 단종식 압력계, 복종식 압력계
• 탄성식 압력계 : 부르동관식 압력계, 벨로스식 압력계, 다이어프램식 압력계
• 전기식 압력계 : 전기저항식 압력계, 자기 스트레인식 압력계, 압전기식 압력계

---

**67.** 다음 중 탄성 압력계의 탄성체가 아닌 것은? [2020. 6. 6.]
① 벨로스   ② 다이어프램
③ 리퀴드 벌브   ④ 부르동관

**해설** 문제 66번 해설 참조

---

**68.** 다음 각 압력계에 대한 설명으로 틀린 것은? [2020. 8. 22.]
① 벨로스 압력계는 탄성식 압력계이다.
② 다이어프램 압력계의 박판재료로 인청동, 고무를 사용할 수 있다.
③ 침종식 압력계는 압력이 낮은 기체의 압력 측정에 적당하다.
④ 탄성식 압력계의 일반교정용 시험기로는 전기식 표준압력계가 주로 사용된다.

**해설** 탄성식 압력계는 훅의 법칙을 이용한 압력계로 부르동관식, 벨로스식, 다이어프램식 등이 있다. 표준분동식 압력계는 1, 2차 압력계 등 탄성식인 브르동관 압력계의 등의 교정용에 사용한다.

---

**69.** 압력 측정에 사용되는 액체의 구비조건 중 틀린 것은? [2021. 5. 15.]
① 열팽창계수가 클 것   ② 모세관 현상이 작을 것
③ 점성이 작을 것   ④ 일정한 화학성분을 가질 것

**해설** 액체 팽창계수가 작으면 모세관 현상이 작으며 응답속도가 비교적 빠르게 나타난다.

**정답** 66. ④   67. ③   68. ④   69. ①

**70.** 액주식 압력계에 사용되는 액체의 구비조건으로 틀린 것은? [2021. 3. 7.]
① 온도 변화에 의한 밀도 변화가 커야 한다. ② 액면은 항상 수평이 되어야 한다.
③ 점도와 팽창계수가 작아야 한다.　　　　④ 모세관 현상이 적어야 한다.

**해설** 액주식 압력계의 액체 구비조건
• 항상 액면은 수평을 유지하고 액주의 높이를 정확하게 읽을 수가 있어야 한다.
• 액체의 점도나 팽창계수가 적고 온도 변화에 의한 밀도의 변화는 적을 것
• 화학적으로 안정하며 모세관 현상이 적고 휘발성, 흡수성이 적을 것
• 온도 변화에 의한 밀도 변화가 크게 되면 조그만 온도 변화에도 압력 변화가 심하게
  되므로 밀도 변화는 작게 일어나야 한다.

**71.** U자관 압력계에 사용되는 액주의 구비조건이 아닌 것은? [2018. 4. 28.]
① 열팽창계수가 작을 것　　　　② 모세관 현상이 적을 것
③ 화학적으로 안정될 것　　　　④ 점도가 클 것

**해설** 액주에 의한 압력 측정에서 열팽창계수와 모세관 현상, 점도 등은 작아야 하며 화학적으로
안정하고 온도, 중력, 모세관 현상 등은 보정을 필요로 한다.

**72.** 액주식 압력계의 종류가 아닌 것은? [2021. 5. 15.]
① U자관형　　　② 경사관식　　　③ 단관형　　　④ 벨로스식

**해설** 벨로스식 압력계는 부르동관식 압력계와 함께 탄성식 압력계에 해당된다.

**73.** 다음 그림과 같이 수은을 넣은 차압계를 이용하는 액면계에 있어 수은면의 높이차($h$)가
50.0 mm일 때 상부의 압력 취출구에서 탱크 내 액면까지의 높이($H$)는 약 몇 mm인가?
(단, 액의 밀도($\rho$)는 999 kg/m³이고, 수은의 밀도($\rho_0$)는 13550 kg/m³이다.) [2021. 3. 7.]

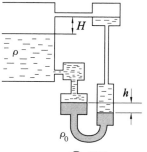

① 578　　　　② 628　　　　③ 678　　　　④ 728

해설 $13550 \text{ kg/m}^3 \times 0.05 \text{ m} = 999 \text{ kg/m}^3 \times 0.05 \text{ m} + 999 \text{ kg/m}^3 \times H$

$H = 0.628178 \text{ m} = 628.178 \text{ mm}$

---

**74.** U자관 압력계에 대한 설명으로 틀린 것은? [2019. 9. 21.]

① 측정 압력은 1~1000 kPa 정도이다.

② 주로 통풍력을 측정하는 데 사용된다.

③ 측정의 정도는 모세관 현상의 영향을 받으므로 모세관 현상에 대한 보정이 필요하다.

④ 수은, 물, 기름 등을 넣어 한쪽 또는 양쪽 끝에 측정압력을 도입한다.

해설 U자관 압력계는 마노미터(manometer)라고도 하며 압력 측정에 사용되는 관으로, U자 부에 물·수은을 넣어 수압·수은주압 등으로 차압을 측정한다. 압력 측정범위는 10~2500 $\text{mmH}_2\text{O}(0.1~24.52 \text{ kPa})$이다.

---

**75.** 다음 액주계에서 $\gamma$, $\gamma_1$이 비중량을 표시할 때 압력($P_x$)을 구하는 식은? [2018. 9. 15.]

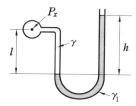

① $P_x = \gamma_1 h + \gamma l$    ② $P_x = \gamma_1 h - \gamma l$    ③ $P_x = \gamma_1 l - \gamma h$    ④ $P_x = \gamma_1 l + \gamma h$

해설 양측의 압력이 동일하여야 하므로

$P_x + \gamma l = \gamma_1 h$

$P_x = \gamma_1 h - \gamma l$

---

**76.** 수지관 속에 비중이 0.9인 기름이 흐르고 있다. 아래 그림과 같이 액주계를 설치하였을 때 압력계의 지시값은 몇 $\text{kg/cm}^2$인가? [2017. 9. 23.]

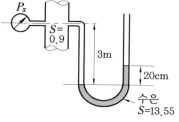

① 0.001      ② 0.01      ③ 0.1      ④ 1.0

---

**해설** 양측의 압력이 평형상태이므로

$P_x + 0.9\,\text{kg/L} \times 1\,\text{L}\,/1000\,\text{cm}^3 \times 300\text{cm} = P + 13.55\,\text{kg/L} \times 1\,\text{L}/1000\,\text{cm}^3 \times 20\,\text{cm}$

$P_x - P = 0.271\,\text{kg/cm}^2 - 0.27\,\text{kg/cm}^2 = 0.001\,\text{kg/cm}^2$

---

**77.** 마노미터의 종류 중 압력 계산 시 유체의 밀도에는 무관하고 단지 마노미터 액의 밀도에만 관계되는 마노미터는? [2017. 9. 23.]
① open-end 마노미터
② sealed-end 마노미터
③ 차압(differential) 마노미터
④ open-end 마노미터와 sealed-end 마노미터

**해설** 차압 마노미터는 특정한 두 점 사이의 수평 유동구간 사이의 압력강하 측정을 통해 유량을 계산하며 이때 액의 비중량(밀도)을 알아야 한다.

---

**78.** U자관 압력계에 관한 설명으로 가장 거리가 먼 것은? [2016. 3. 6.]
① 차압을 측정할 경우에는 한쪽 끝에만 압력을 가한다.
② U자관의 크기는 특수한 용도를 제외하고는 보통 2 m 정도로 한다.
③ 관 속에 수은, 물 등을 넣고 한쪽 끝에 측정압력을 도입하여 압력을 측정한다.
④ 측정 시 메니스커스, 모세관 현상 등의 영향을 받으므로 이에 대한 보정이 필요하다.

**해설** U자관 양측에 걸린 압력차를 이용한다.

---

**79.** 다음 중 미세한 압력차를 측정하기에 적합한 액주식 압력계는? [2020. 9. 26.]
① 경사관식 압력계　　　　　　② 부르동관 압력계
③ U자관식 압력계　　　　　　④ 저항선 압력계

**해설** 경사관식 압력계 : 미소한 압력차를 측정할 수 있도록 U자관 압력계를 경사지게 하여 사용하도록 만든 압력계

---

**80.** 개방형 마노미터로 측정한 공기의 압력은 150 mmH₂O일 때, 이 공기의 절대압력은? [2015. 9. 19.]
① 약 150 kg/m²　　　　　　② 약 150 kg/cm²
③ 약 151.033 kg/cm²　　　　④ 약 10480 kg/m²

**해설** $(150\,\text{mmH}_2\text{O} + 10332\,\text{mmH}_2\text{O}) \times \dfrac{10332\,\text{kg/m}^2}{10332\,\text{mmH}_2\text{O}} = 10482\,\text{kg/m}^2$

---

**정답** ● 77. ③　78. ①　79. ①　80. ④

**81.** 압력 측정을 위해 지름 1 cm의 피스톤을 갖는 사하중계(dead weight)를 이용할 때, 사하중계의 추, 피스톤 그리고 펜(pen)의 전체 무게가 6.14 kgf이라면 게이지압력은 약 몇 kPa인가? (단, 중력가속도는 9.81 m/s²이다.) [2021. 9. 12.]

① 76.7　　　　　　　　　　　　② 86.7

③ 767　　　　　　　　　　　　④ 867

**해설** 압력$(P) = \dfrac{\text{힘}\,(\text{kN})}{\text{단면적}\,(\text{m}^2)} = \dfrac{6.14\,\text{kgf} \times 9.81\,\text{m/s}^2}{\dfrac{\pi}{4} \times (0.01\text{m})^2}$

$\qquad = 766915.4679\,\text{kgf} \cdot \text{m/s}^2 \cdot \text{m}^2 = 766915.4679\,\text{N/m}^2$

$\qquad = 766.915\,\text{kN/m}^2(\text{kPa})\ (1\,\text{N} = 1\,\text{kgf} \cdot \text{m/s}^2)$

---

**82.** 실온 22℃, 45 %, 기압 765 mmHg인 공기의 증기분압$(P_w)$은 약 몇 mmHg인가? (단, 공기의 가스상수는 29.27 kg · m/kg · K, 22℃에서 포화압력$(P_s)$은 18.66 mmHg이다.) [2020. 6. 6.]

① 4.1　　　　　　　　　　　　② 8.4

③ 14.3　　　　　　　　　　　　④ 20.7

**해설** 공기 중 증기의 분압 = 포화 증기압 × 상대습도 = 18.66 mmHg × 0.45 = 8.397 mmHg

---

**83.** 국소대기압이 740 mmHg인 곳에서 게이지압력이 0.4 bar일 때 절대압력(kPa)은? [2020. 8. 22.]

① 100　　　　　　　　　　　　② 121

③ 139　　　　　　　　　　　　④ 156

**해설** $740\,\text{mmHg} \times \dfrac{101.325\,\text{kPa}}{760\,\text{mmHg}} = 98.66\,\text{kPa}$

$0.4\,\text{bar} \times \dfrac{101.325\,\text{kPa}}{1.01325\,\text{bar}} = 40\,\text{kPa}$

절대압력 = 대기압 + 계기압력 = 98.66 kPa + 40 kPa = 138.66 kPa

---

**84.** 보일러의 계기에 나타난 압력이 6 kg/cm²이다. 이를 절대압력으로 표시할 때 가장 가까운 값은 몇 kg/cm²인가? [2019. 4. 27.]

① 3　　　　　　　　　　　　② 5

③ 6　　　　　　　　　　　　④ 7

**해설** 절대압력 = 대기압 + 계기압력 = 1.0332 kg/cm² + 6kg/cm² = 7.0332 kg/cm²

---

**정답** 81. ③　82. ②　83. ③　84. ④

**85.** 절대압력 700 mmHg는 약 몇 kPa인가? [2016. 3. 6.]

① 93 kPa          ② 103 kPa

③ 113 kPa         ④ 123 kPa

**해설** $700\,\mathrm{mmHg} \times \dfrac{101.325\,\mathrm{kPa}}{760\,\mathrm{mmHg}} = 93.326\,\mathrm{kPa}$

**86.** 보일러 냉각기의 진공도가 700 mmHg일 때 절대압은 몇 kg/cm² · a인가? [2016. 5. 8.]

① 0.02 kg/cm² · a        ② 0.04 kg/cm² · a

③ 0.06 kg/cm² · a        ④ 0.08 kg/cm² · a

**해설** 진공도가 700 mmHg이므로 실제 압력은 60 mmHg가 된다.

$60\,\mathrm{mmHg} \times \dfrac{1.0332\,\mathrm{k/cm^2 \cdot a}}{760\,\mathrm{mmHg}} = 0.0815\,\mathrm{kg/cm^2 \cdot a}$

**87.** 다이어프램 압력계의 특징이 아닌 것은? [2021. 5. 15.]

① 점도가 높은 액체에 부적합하다.

② 먼지가 함유된 액체에 적합하다.

③ 대기압과의 차가 적은 미소압력의 측정에 사용한다.

④ 다이어프램으로 고무, 스테인리스 등의 탄성체 박판이 사용된다.

**해설** 다이어프램 압력계는 얇은 금속판의 주위를 밀착시키고, 판의 앞뒤에 압력을 가하여 다이어프램을 변형시켜 압력을 측정하는 압력계로 점성이 높거나 오염(결정체 불순물이 포함)된 유체에 적합하다.

**88.** 다이어프램식 압력계의 압력 증가 현상에 대한 설명으로 옳은 것은? [2019. 3. 3.]

① 다이어프램에 가해진 압력에 의해 격막이 팽창한다.

② 링크가 아래 방향으로 회전한다.

③ 섹터 기어가 시계 방향으로 회전한다.

④ 피니언은 시계 방향으로 회전한다.

**해설** 다이어프램 압력계는 압력계이 작용하면 다이어프램이 변형하며 이때 기어 샤프트 중심에서 움직임이 다이얼의 포인트로 하여금 압력값을 회전하여 지시하는데 피니언은 시계 방향으로 움직인다.

**정답** ► **85.** ①    **86.** ④    **87.** ①    **88.** ④

**89.** 다음 중 가장 높은 압력을 측정할 수 있는 압력계는? [2019. 9. 21.]

① 부르동관 압력계
② 다이어프램식 압력계
③ 벨로스식 압력계
④ 링밸런스식 압력계

**해설** 압력 측정범위
- 부르동관 압력계 : $0.5 \sim 3000 \ kg/cm^2$
- 다이어프램식 압력계 : $0 \sim 16 \ kg/cm^2$
- 벨로스식 압력계 : $0.01 \sim 10 \ kg/cm^2$
- 링밸런스식 압력계 : $25 \sim 3000 \ mmH_2O$

**90.** 액주에 의한 압력 측정에서 정밀 측정을 할 때 다음 중 필요하지 않은 보정은? [2019. 9. 21.]

① 온도의 보정
② 중력의 보정
③ 높이의 보정
④ 모세관 현상의 보정

**해설** 액주에 의한 압력 측정에서 정밀 측정을 할 때 온도, 중력, 모세관 현상 등은 보정을 필요로 하며 높이의 보정은 생략된다.

**91.** 다음 중 구조상 먼지 등을 함유한 액체나 점도가 높은 액체에 적합하여 주로 연소가스의 통풍계로 사용되는 압력계는? [2016. 5. 8.]

① 다이어프램식
② 벨로스식
③ 링밸런스식
④ 분동식

**해설** 다이어프램식 압력계는 금속 등으로 만든 수압체에 생기는 변형을 기계적으로 확대해서 압력을 측정하는 것으로 응답속도가 빠르나 온도의 영향을 받으며 부식성 유체의 측정이 가능하다.
※ 다이어프램 격막 재료 : 인청동, 구리, 스테인리스, 특수고무, 천연고무, 테플론, 가죽 등

**92.** 다음 중 압력계 정도가 가장 높은 것은? [2015. 5. 31.]

① 경사관식
② 부르동관식
③ 다이어프램식
④ 링밸런스식

**해설** 경사관식 압력계는 미소한 압력차까지도 측정할 수 있도록 U자관 압력계를 경사지게 하여 사용하도록 만든 압력계이다.

**정답** 89. ① 90. ③ 91. ① 92. ①

**93.** 다음 중 사하중계(dead weight gauge)의 주된 용도는? [2020. 9. 26.]

① 압력계 보정　　　　　　　② 온도계 보정

③ 유체 밀도 측정　　　　　　④ 기체 무게 측정

해설 사하중계 : 기본적인 압력 측정의 기준이 되는 것으로 압력계 보정에 사용된다.

**94.** 분동식 압력계에서 300 MPa 이상 측정할 수 있는 것에 사용되는 액체로 가장 적합한 것은? [2020. 9. 26.]

① 경유　　　　　　　　　　② 스핀들유

③ 피마자유　　　　　　　　④ 모빌유

해설 분동식 압력계 액체 사용 압력

• 경유 : 4～10 MPa

• 스핀들유, 피마자유 : 10～100 MPa

• 모빌유 : 300 MPa

**95.** 램, 실린더, 기름탱크, 가압펌프 등으로 구성되어 있으며 다른 압력계의 기준기로 사용되는 것은? [2019. 3. 3.]

① 환상스프링식 압력계　　　② 부르동관식 압력계

③ 액주형 압력계　　　　　　④ 분동식 압력계

해설 분동식 압력계 : 유압과 분동을 올려놓은 램이 평형을 이루게 하고, 피스톤 면적과 그것에 작용시키는 중량으로 압력을 구하며 주로 부르동관 압력계의 검정에 사용된다.

**96.** 진동 · 충격의 영향이 적고, 미소 차압의 측정이 가능하며 저압 가스의 유량을 측정하는 데 주로 사용되는 압력계는? [2016. 3. 6.]

① 압전식 압력계

② 분동식 압력계

③ 침종식 압력계

④ 다이어프램 압력계

해설 침종식 압력계는 액체 속에 일부분이 잠겨 있는 침종 압력의 변화에 따라 오르내리는 것을 이용하여 압력의 크기를 표시하거나 기록하는 압력계로 아르키메데스의 원리를 이용한다.

정답 93. ①　94. ④　95. ④　96. ③

**97.** 침종식 압력계에 대한 설명으로 틀린 것은? [2015. 5. 31.]

① 봉입액은 자주 세정 혹은 교환하여 청정하도록 유지한다.
② 압력 취출구에서 압력계까지 배관은 가능한 길게 한다.
③ 계기 설치는 똑바로 수평으로 하여야 한다.
④ 봉입액의 양은 일정하게 유지해야 한다.

해설 침종식 압력계는 압력 취출구에서 압력계까지 배관을 짧게 하여 압력손실을 줄인다.

**98.** 금속의 전기저항 값이 변화되는 것을 이용하여 압력을 측정하는 전기저항 압력계의 특성으로 맞는 것은? [2020. 8. 22.]

① 응답속도가 빠르고 초고압에서 미압까지 측정한다.
② 구조가 간단하여 압력검출용으로 사용한다.
③ 먼지의 영향이 적고 변동에 대한 적응성이 적다.
④ 가스폭발 등 급속한 압력변화를 측정하는 데 사용한다.

해설 전기저항 압력계는 압력변화에 따른 저항변화를 이용하여 초고압 측정에도 사용하며 유체 내의 먼지 등의 영향을 적게 받는다.

**99.** 다음 중 압전 저항효과를 이용한 압력계는? [2015. 9. 19.]

① 액주형 압력계
② 아네로이드 압력계
③ 박막식 압력계
④ 스트레인게이지식 압력계

해설 스트레인게이지식 압력계는 브리지회로를 구성하며 압전효과(기계적 에너지를 전기적 에너지로 변환시키는 현상)를 이용한다.

**100.** 진공에 대한 폐관식 압력계로서 측정하려고 하는 기체를 압축하여 수은주로 읽게 하여 그 체적변화로부터 원래의 압력을 측정하는 형식의 진공계는? [2016. 5. 8.]

① 눗슨(Knudsen)
② 피라니(Pirani)
③ 맥로우드(Mcleod)
④ 벨로스(Bellows)

해설 맥로우드 진공계는 절대 진공계로 기체의 보일 법칙($PV=$ 일정)을 이용해서 압력을 측정하는 원리이며 액주식 수은 마노미터와 유사한 형태로 체적변화로 압력을 측정한다.

정답 ● 97. ② 98. ① 99. ④ 100. ③

**101.** 환상천평식(링밸런스식) 압력계에 대한 설명으로 옳은 것은? [2019. 3. 3.]
① 경사관식 압력계의 일종이다.
② 히스테리시스 현상을 이용한 압력계이다.
③ 압력에 따른 금속의 신축성을 이용한 것이다.
④ 저압가스의 압력 측정이나 드래프트게이지로 주로 이용된다.

**해설** 환상천평식(링밸런스식) 압력계는 원형관의 하부에 수은 등의 액체가 넣어져서 중심보다 약간 위의 점에서 지지되는 압력계로 회전력이 커서 기록이 용이하며 주로 저압의 기체나 가스 압력 측정에 사용한다.

**102.** 노 내압을 제어하는 데 필요하지 않는 조작은? [2021. 9. 12.]
① 급수량　　　　② 공기량　　　　③ 연료량　　　　④ 댐퍼

**해설** 노 내압 제어는 노 안의 압력을 정해진 범위 이내로 억제하기 위한 제어로서, 팬의 회전수 변경 또는 댐퍼의 개도 조정 등의 방식이 있다.

**103.** 다음 중 유량 측정의 원리와 유량계를 바르게 연결한 것은? [2019. 9. 21.]
① 유체에 작용하는 힘 – 터빈 유량계　　② 유속변화로 인한 압력차 – 용적식 유량계
③ 흐름에 의한 냉각효과 – 전자기 유량계　　④ 파동의 전파 시간차 – 조리개 유량계

**해설** 유량계 종류
• 용적식 유량계 : 압력차가 일정하게 되도록 유로의 단면적을 변화시키는 유량계
• 전자기 유량계 : 패러데이의 전자유도의 법칙을 응용한 유량계로 자기장 가운데를 전도성 유체가 이동함에 따라 발생하는 전기를 이용하는 유량계
• 조리개 유량계 : 유로에 놓인 물체의 전후 압력 차이를 측정하는 유량계
• 터빈 유량계 : 터빈의 회전수와 체적유량의 비례 관계를 이용한 유량계

**104.** 유량계에 대한 설명으로 틀린 것은? [2020. 6. 6.]
① 플로트형 면적유량계는 정밀 측정이 어렵다.
② 플로트형 면적유량계는 고점도 유체에 사용하기 어렵다.
③ 플로 노즐식 교축유량계는 고압유체의 유량 측정에 적합하다.
④ 플로 노즐식 교축유량계는 노즐의 교축을 완만하게 하여 압력손실을 줄인 것이다.

**해설** 플로트형 면적유량계는 압력손실이 적고, 고점도 액체(중유)의 유량 측정에 이용된다.

**정답** ● 101. ④　102. ①　103. ①　104. ②

**105.** 유량 측정에 쓰이는 tap 방식이 아닌 것은? [2017. 3. 5.]
① 베나 탭
② 코너 탭
③ 압력 탭
④ 플랜지 탭

해설 차압 검출 방식
- 베나 탭(= 축류 탭) : 하류측은 흐름 단면적이 최소로 되는 축류 위치에서 압력을 검출하는 방식
- 코너 탭 : 오리피스 전후의 압력차를 검출하는 방식
- 플랜지 탭 : 오리피스 전후에 ±25.4 mm 거리에서 압력을 검출하는 방식

**106.** 용적식 유량계에 대한 설명으로 옳은 것은? [2021. 5. 15.]
① 적산유량의 측정에 적합하다.
② 고점도에는 사용할 수 없다.
③ 발신기 전후에 직관부가 필요하다.
④ 측정유체의 맥동에 의한 영향이 크다.

해설 용적식 유량계는 일정 용적의 계량실을 가지며, 여기에 측정 유체를 유입하여 통과 체적을 측정하는 형식의 유량계로서 오벌 유량계나 원판 유량계, 가스 미터 등이 있다.
- 일반적으로 구조가 복잡하며 유량의 맥동에 대한 영향이 적다.
- 고점도 유체의 측정이 가능하다.
- 입구측에는 반드시 여과기를 설치하여야 한다.

**107.** 용적식 유량계에 대한 설명으로 틀린 것은? [2019. 4. 27.]
① 측정유체의 맥동에 의한 영향이 적다.
② 점도가 높은 유량의 측정은 곤란하다.
③ 고형물의 혼입을 막기 위해 입구측에 여과기가 필요하다.
④ 종류에는 오벌식, 루트식, 로터리 피스톤식 등이 있다.

해설 문제 106번 해설 참조

**108.** 다음 중 용적식 유량계에 해당하는 것은? [2018. 4. 28.]
① 오리피스미터
② 습식 가스미터
③ 로터미터
④ 피토관

해설 용적식 유량계 : 압력차가 일정하게 되도록 유로의 단면적을 변화시키는 유량계로 습식 가스미터, 오벌식, 로터리식, 루츠식 등이 있다.

**109.** 다음 중 면적식 유량계는? [2021. 9. 12.]

① 오리피스미터      ② 로터미터

③ 벤투리미터      ④ 플로노즐

**해설** • 면적식 유량계 : 유량에 따라 관로 내의 단면수축면적을 증감하여 항상 단면수축 전후의 압력차를 일정하게 하여, 그 면적의 대소로 유량을 구하는 방식의 유량계로 구조가 매우 간단하고 소유량 측정에 널리 사용되고 있다(로터미터, 게이트형).
• 차압 유량계 : 유체의 유동통로가 고정되어 있으며, 조리기구 상하류에서 측정된 차압이 유량과의 함수관계를 가지고 있다(오리피스미터, 벤투리미터, 플로노즐).

**110.** 부자식(float) 면적 유량계에 대한 설명으로 틀린 것은? [2015. 9. 19.]

① 압력손실이 적다.

② 정밀 측정에는 부적당하다.

③ 대유량의 측정에 적합하다.

④ 수직배관에만 적용이 가능하다.

**해설** 문제 109번 해설 참조

**111.** 차압식 유량계에 대한 설명으로 옳은 것은? [2020. 8. 22.]

① 유량은 교축기구 전후의 차압에 비례한다.

② 유량은 교축기구 전후의 차압의 제곱근에 비례한다.

③ 유량은 교축기구 전후의 차압의 근사값이다.

④ 유량은 교축기구 전후의 차압에 반비례한다.

**해설** 차압식 유량계는 유체가 흐르는 관로에 교축기구를 설치하여 입·출구의 압력차를 측정하고 베르누이 정리를 이용하여 유량을 측정한다. 유량은 교축기구 전후의 차압의 제곱근에 비례하고 관지름의 제곱에 비례한다. 종류에는 플로노즐, 오리피스미터, 벤투리미터 등이 있다.

**112.** 다음 중 차압식 유량계가 아닌 것은? [2019. 4. 27.]

① 플로노즐      ② 로터미터

③ 오리피스미터      ④ 벤투리미터

**해설** 로터미터는 면적식 유량계이다.

**정답** ● 109. ②    110. ③    111. ②    112. ②

**113.** 차압식 유량계에 대한 설명으로 옳지 않은 것은? [2017. 9. 23.]
① 관로에 오리피스, 플로노즐 등이 설치되어 있다.
② 정도가 좋으나, 측정범위가 좁다.
③ 유량은 압력차의 평방근에 비례한다.
④ 레이놀즈수가 $10^5$ 이상에서 유량계수가 유지된다.

**해설** 유량은 압력차의 제곱근에 비례하고 관지름의 제곱에 비례한다. 반면 압력손실이 커서 측정 범위가 좁고 정도는 불량하다.

**114.** 차압식 유량계의 측정에 대한 설명으로 틀린 것은? [2016. 3. 6.]
① 연속의 법칙에 의한다.
② 플로트 형상에 따른다.
③ 차압기구는 오리피스이다.
④ 베르누이의 정리를 이용한다.

**해설** 플로트(부자)가 있으면 면적식 유량계이다.

**115.** 차압식 유량계의 종류가 아닌 것은? [2017. 3. 5.]
① 벤투리 ② 오리피스
③ 터빈 유량계 ④ 플로노즐

**해설** 터빈 유량계는 체적 유량계이다.

**116.** 오리피스에 의한 유량 측정에서 유량에 대한 설명으로 옳은 것은? [2021. 9. 12.]
① 압력차에 비례한다.
② 압력차의 제곱근에 비례한다.
③ 압력차에 반비례한다.
④ 압력차의 제곱근에 반비례한다.

**해설** 오리피스는 유체가 흐르는 관의 도중에 있는 중심에 구멍을 뚫어 놓은 원판을 말하며 유량은 압력차의 제곱근(평방근)에 비례한다.

**정답** ● 113. ② 114. ② 115. ③ 116. ②

**117.** 오리피스 유량계에 대한 설명으로 틀린 것은? [2020. 9. 26.]
① 베르누이의 정리를 응용한 계기이다.
② 기체와 액체에 모두 사용이 가능하다.
③ 유량계수 $C$는 유체의 흐름이 층류이거나 와류의 경우 모두 같고 일정하며 레이놀즈수와 무관하다.
④ 제작과 설치가 쉬우며, 경제적인 교축기구이다.

**해설** 오리피스 유량계는 레이놀즈수, 유로의 형상에 따라 유량계수가 변하며 압력손실이 매우 큰 차압식 유량계에 해당된다.

**118.** 유로에 고정된 교축기구를 두어 그 전후의 압력차를 측정하여 유량을 구하는 유량계의 형식이 아닌 것은? [2019. 3. 3.]
① 벤투리미터 ② 플로노즐
③ 로터미터 ④ 오리피스

**해설** 로터미터(rotameter)는 면적식 유량계이다.

**119.** 다음 중 오리피스(orifice), 벤투리관(venturi tube)을 이용하여 유량을 측정하고자 할 때 필요한 값으로 가장 적절한 것은? [2018. 4. 28.]
① 측정기구 전후의 압력차
② 측정기구 전후의 온도차
③ 측정기구 입구에 가해지는 압력
④ 측정기구의 출구 압력

**해설** 차압식 유량계는 유체가 흐르는 관로에 교축기구를 설치하여 입·출구의 압력차를 측정하고 베르누이 정리를 이용하여 유량을 측정한다. 플로노즐, 오리피스미터, 벤투리미터 등이 해당된다.

**120.** 관로에 설치된 오리피스 전후의 압력차는? [2017. 3. 5.]
① 유량의 제곱에 비례한다.
② 유량의 제곱근에 비례한다.
③ 유량의 제곱에 반비례한다.
④ 유량의 제곱근에 반비례한다.

**해설** 유량은 차압의 제곱근에 비례하며, 차압은 유량의 제곱근에 비례한다.

**정답** ● 117. ③  118. ③  119. ①  120. ①

**121.** 피토관에 대한 설명으로 틀린 것은? [2021. 5. 15.]

① 5 m/s 이하의 기체에서는 적용하기 힘들다.
② 먼지나 부유물이 많은 유체에는 부적당하다.
③ 피토관의 머리 부분은 유체의 방향에 대하여 수직으로 부착한다.
④ 흐름에 대하여 충분한 강도를 가져야 한다.

**해설** 피토관은 유체 이동방향과 평행하게 설치하여야 하며 주로 시험용으로 사용한다.

**122.** 피토관 유량계에 관한 설명이 아닌 것은? [2017. 5. 7.]

① 흐름에 대해 충분한 강도를 가져야 한다.
② 더스트가 많은 유체 측정에는 부적당하다.
③ 피토관의 단면적은 관 단면적의 10 % 이상이어야 한다.
④ 피토관을 유체흐름의 방향으로 일치시킨다.

**해설** 피토관 유입측은 관 지름의 15~20배 이상의 직관거리에 설치하여야 하며 단면적은 관 단면적의 1 % 이하가 되어야 한다.

**123.** 유량 측정기기 중 유체가 흐르는 단면적이 변함으로써 직접 유체의 유량을 읽을 수 있는 기기, 즉 압력차를 측정할 필요가 없는 장치는? [2017. 5. 7.]

① 피토 튜브
② 로터미터
③ 벤투리미터
④ 오리피스미터

**해설** 로터미터는 속이 빈 관과 위아래로 움직임이 가능한 플로트로 이루어져 있는 유량계로 관 안에서 위아래로 움직이는 플로트의 위치를 보고 유량을 확인할 수 있다.

**124.** 조리개부가 유선형에 가까운 형상으로 설계되어 축류의 영향을 비교적 적게 받게 하고 조리개에 의한 압력손실을 최대한으로 줄인 조리개 형식의 유량계는? [2016. 10. 1.]

① 원판(disc)
② 벤투리(venturi)
③ 노즐(nozzle)
④ 오리피스(orifice)

**해설** 벤투리 유량계는 압력손실이 적으며 내구성이 양호하다.

**정답** ● 121. ③  122. ③  123. ②  124. ②

**125.** 벤투리미터(venturi meter)의 특성으로 옳은 것은?                      [2015. 5. 31.]
   ① 오리피스에 비해 가격이 저렴하다.
   ② 오리피스에 비해 공간을 적게 차지한다.
   ③ 압력손실이 적고 측정 정도가 높다.
   ④ 파이프와 목부분의 지름비를 변화시킬 수 있다.

해설 문제 124번 해설 참조

**126.** 전자 유량계로 유량을 측정하기 위해서 직접 계측하는 것은?            [2019. 3. 3.]
   ① 유체에 생기는 과전류에 의한 온도 상승  ② 유체에 생기는 압력 상승
   ③ 유체 내에 생기는 와류                  ④ 유체에 생기는 기전력

해설 전자 유량계는 패러데이 유도 법칙(자기장 내에서 금속 막대가 이동하면 전압이 유도되는
현상)에 의한 기전력의 원리로 작동하게 된다.
   ※ 전자 유량계의 특징
   • 유속의 측정범위에 제한이 없으며 취급이 용이하다.
   • 유체의 흐름을 교란시키지 않으므로 압력손실이 없고 감도가 높다.
   • 액체의 불순물, 점성, 비중 등 물리적 성상이나 부식에 영향을 받지 않는다.
   • 유속에 비례한 직류 또는 교류의 기전력이 발생하고 증폭이나 원격전송 등이 용이하다.
   • 액체의 도전율 값에 좌우되지 않는다.
   • 기체, 기름 등의 도전성이 없는 유체의 측정은 어렵고 측정값의 오차가 크다.

**127.** 전자 유량계에 대한 설명으로 틀린 것은?                             [2021. 3. 7.]
   ① 응답이 매우 빠르다.              ② 제작 및 설치비용이 비싸다.
   ③ 고점도 액체는 측정이 어렵다.     ④ 액체의 압력에 영향을 받지 않는다.

해설 전자 유량계는 관내의 압력손실이 없고 온도, 압력, 점도 등에 관계가 없으며, 고형물이 혼입
하여도 측정할 수 있다. 부식성 유체에도 사용할 수 있으나 도전성이 있는 유체이어야 한다.

**128.** 전자 유량계의 특징이 아닌 것은?                                    [2019. 4. 27.]
   ① 유속검출에 지연시간이 없다.
   ② 유체의 밀도와 점성의 영향을 받는다.
   ③ 유로에 장애물이 없고 압력손실, 이물질 부착의 염려가 없다.
   ④ 다른 물질이 섞여있거나 기포가 있는 액체도 측정이 가능하다.

해설 문제 126번 해설 참조

정답  125. ③   126. ④   127. ③   128. ②

**129.** 다음 유량계 중 유체압력 손실이 가장 적은 것은? [2021. 9. 12.]
① 유속식(Impeller식) 유량계 ② 용적식 유량계
③ 전자식 유량계 ④ 차압식 유량계

**해설** 전자식 유량계는 패러데이의 전자유도의 법칙을 응용한 유량계로 자기장 가운데를 전도성 유체가 이동함에 따라 발생하는 전기를 이용하며 유체압력 손실은 거의 없다.

**130.** 전자 유량계의 특징으로 틀린 것은? [2017. 3. 5.]
① 응답이 빠른 편이다. ② 압력손실이 거의 없다.
③ 높은 내식성을 유지할 수 있다. ④ 모든 액체의 유량 측정이 가능하다.

**해설** 문제 126번 해설 참조

**131.** 다음 유량계 종류 중에서 적산식 유량계는? [2018. 9. 15]
① 용적식 유량계 ② 차압식 유량계
③ 면적식 유량계 ④ 동압식 유량계

**해설** 용적식 유량계는 적산 유량에 적합하며 압력차가 일정하게 되도록 유로의 단면적을 변화시키는 유량계로 습식가스미터, 오벌식, 로터리식, 루츠식 등이 있다.

**132.** 유량계의 교정 방법 중 기체 유량계의 교정에 가장 적합한 방법은? [2020. 8. 22.]
① 밸런스를 사용하여 교정한다. ② 기준 탱크를 사용하여 교정한다.
③ 기준 유량계를 사용하여 교정한다. ④ 기준 체적관을 사용하여 교정한다.

**해설** 기체 유량계의 교정에는 부피 유량에 온도와 압력을 보정하여 사용하는 것이 이상적이다.

**133.** 유체의 흐름 중에 전열선을 넣고 유체의 온도를 높이는 데 필요한 에너지를 측정하여 유체의 질량유량을 알 수 있는 것은? [2016. 5. 8.]
① 토마스식 유량계 ② 정전압식 유량계
③ 정온도식 유량계 ④ 마그네틱식 유량계

**해설** 토마스 유량계는 가스 유량을 측정하는 데 적합한 유량계로 유체의 온도변화를 전열선에 의해 감지하여 측정하는 유량계이다.

**정답** 129. ③ 130. ④ 131. ① 132. ④ 133. ①

**134.** 초음파 유량계의 특징이 아닌 것은? [2020. 6. 6.]

① 압력손실이 없다.
② 대유량 측정용으로 적합하다.
③ 비전도성 액체의 유량 측정이 가능하다.
④ 미소기전력을 증폭하는 증폭기가 필요하다.

**해설** 초음파 유량계는 유체의 흐름에 초음파를 발사하면 그 전송 시간은 유속에 비례하여 감속하는 것을 이용한 유량계이다.
• 유체의 종류나 상태에 따라서 변화하지만 압력손실이 거의 없고 대용량에 적합하다.
• 기체 유량 측정보다 액체 유량 측정에 유리하고 비전도성 액체에도 사용 가능하다.

**135.** 유체의 와류를 이용하여 측정하는 유량계는? [2019. 9. 21.]

① 오벌 유량계      ② 델타 유량계
③ 로터리 피스톤 유량계      ④ 로터미터

**해설** 와류식 유량계 종류 : 볼텍스 유량계, 델타 유량계, 칼만식 유량계, 스와르메타 유량계

**136.** 보일러 공기예열기의 공기유량을 측정하는 데 가장 적합한 유량계는? [2018. 9. 15.]

① 면적식 유량계      ② 차압식 유량계
③ 열선식 유량계      ④ 용적식 유량계

**해설** 열선식 유량계는 관선에 열선을 설치하고 유속에 따른 온도 변화로 유량을 측정한다. 순간 유량을 측정하는 유량계로 유체의 압력손실은 크지 않으며 보일러 공기예열기에 주로 사용한다.

**137.** 다음 중 파스칼의 원리를 가장 바르게 설명한 것은? [2019. 4. 27.]

① 밀폐 용기 내의 액체에 압력을 가하면 압력은 모든 부분에 동일하게 전달된다.
② 밀폐 용기 내의 액체에 압력을 가하면 압력은 가한 점에만 전달된다.
③ 밀폐 용기 내의 액체에 압력을 가하면 압력은 가한 반대편으로만 전달된다.
④ 밀폐 용기 내의 액체에 압력을 가하면 압력은 가한 점으로부터 일정 간격을 두고 차등적으로 전달된다.

**해설** 파스칼의 원리 : 밀폐된 관에 담겨있는 비압축성 액체의 한쪽 방향으로 힘을 가했을 때, 방향에 상관없이 그 관 내부 임의의 단면에 전달된 압력은 동일하다는 원리이다.

**정답** ● 134. ④   135. ②   136. ③   137. ①

**138.** 베르누이 방정식을 적용할 수 있는 가정으로 옳게 나열된 것은? [2016. 10. 1.]

① 무마찰, 압축성유체, 정상상태
② 비점성유체, 등유속, 비정상상태
③ 뉴턴유체, 비압축성유체, 정상상태
④ 비점성유체, 비압축성유체, 정상상태

**해설** 베르누이 방정식은 유체역학에서 점성과 압축성이 없는 이상적 유체가 규칙적으로 흐르는 경우에 유체의 속도와 압력, 위치에너지 사이의 관계를 나타낸 공식이다.

**139.** 베르누이 정리를 응용하며 유량을 측정하는 방법으로 액체의 전압과 정압과의 차로부터 순간치 유량을 측정하는 유량계는? [2018. 4. 28.]

① 로터미터
② 피토관
③ 임펠러
④ 휘트스톤 브리지

**해설** 피토관은 유체 흐름의 전압과 정압의 차이를 측정하고 이를 통해 유속을 구하는 장치이다.

**140.** 다음 중 스로틀(throttle) 기구에 의하여 유량을 측정하지 않는 유량계는? [2017. 9. 23.]

① 오리피스미터
② 플로노즐
③ 벤투리미터
④ 오벌미터

**해설** 스로틀(throttle) 기구는 교축작용을 하며 오벌미터는 유량을 직접 측정하는 적산 유량계로 교축작용과는 무관하다.

**141.** 개수로에서의 유량은 위어(weir)로 측정한다. 다음 중 위어(weir)에 속하지 않는 것은?

① 예봉 위어
② 이각 위어 [2016. 10. 1.]
③ 삼각 위어
④ 광정 위어

**해설** 위어는 물을 막아 흐름을 차단하여 만든 벽으로 넘치는 물의 유량을 측정하는 장치이다.
• 삼각 위어
• 사각 위어
• 광정 위어(사다리꼴 위어)
• 예봉 위어

**정답** ● 138. ④ 139. ② 140. ④ 141. ②

**142.** 월트만(Waltman)식과 관련된 설명으로 옳은 것은? [2016. 10. 1.]
① 전자식 유량계의 일종이다.
② 용적식 유량계 중 박막식이다.
③ 유속식 유량계 중 터빈식이다.
④ 차압식 유량계 중 노즐식과 벤투리식을 혼합한 것이다.

해설 월트만(Waltman)식은 파이프에 수평으로 터빈 유량계를 설치하여 유체의 흐름에 의하여 발생하는 터빈의 회전수로 유량을 측정하는 방법이다.

**143.** 열관리 측정기기 중 오벌(oval)미터는 주로 무엇을 측정하기 위한 것인가? [2015. 3. 8.]
① 온도 ② 액면
③ 위치 ④ 유량

해설 오벌미터는 계량부의 일정체적에 따라 유량을 직접 측정하는 직접 측정 방식으로 계측 정밀도가 높아 공업용으로부터 LPG의 소비량 및 기름 판매를 위한 계량용 등에 사용한다.

**144.** 유량 측정에 사용되는 오리피스가 아닌 것은? [2020. 8. 22.]
① 베나 탭 ② 게이지 탭
③ 코너 탭 ④ 플랜지 탭

해설 오리피스 판의 직전 직후의 압력 차를 검출하는 코너 탭, 플랜지 탭 방식 외에 베나 탭 방식을 사용하며 축류 탭 등의 종류가 있다.

**145.** 단요소식 수위 제어에 대한 설명으로 옳은 것은? [2019. 3. 3.]
① 발전용 고압 대용량 보일러의 수위제어에 사용되는 방식이다.
② 보일러의 수위만을 검출하여 급수량을 조절하는 방식이다.
③ 부하변동에 의한 수위변화 폭이 대단히 적다.
④ 수위조절기의 제어 동작은 PID 동작이다.

해설 수위 제어 방법
• 단요소식 : 수위만 제어
• 2요소식 : 수위 + 증기 유량 제어
• 3요소식 : 수위 + 증기 유량 + 급수 유량 제어

**146.** 지름이 10 cm되는 관 속을 흐르는 유체의 유속이 16 m/s이었다면 유량은 약 몇 m³/s 인가? [2019. 3. 3.]

① 0.125  ② 0.525  ③ 1.605  ④ 1.725

해설 $Q = A \times V = \dfrac{\pi}{4} \times (0.1\,\text{m})^2 \times 16\,\text{m/s} = 0.12566\,\text{m}^3/\text{s}$

**147.** 관로에 설치한 오리피스 전·후의 차압이 1.936 mmH₂O일 때 유량이 22 m³/h이다. 차 압이 1.024 mmH₂O이면 유량은 몇 m³/h인가? [2021. 3. 7.]

① 15  ② 16  ③ 17  ④ 18

해설 유량은 유압의 제곱근에 비례한다.
$Q = 22\,\text{m}^3/\text{h} \times \sqrt{(1.024\,\text{mmH}_2\text{O}/1.936\,\text{mmH}_2\text{O})} = 16\,\text{m}^3/\text{h}$

**148.** 직각으로 굽힌 유리관의 한쪽을 수면 바로 밑에 넣고 다른 쪽은 연직으로 세워 수평방향 으로 0.5 m/s의 속도로 움직이면 물은 관 속에서 약 몇 m 상승하는가? [2021. 3. 7.]

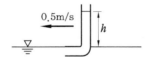

① 0.01  ② 0.02  ③ 0.03  ④ 0.04

해설 $V = \sqrt{2gh}$ 에서
$h = \dfrac{V^2}{2g} = \dfrac{(0.5\,\text{m/s})^2}{2 \times 9.8\,\text{m/s}^2} = 0.0127\,\text{m}$

**149.** 차압식 유량계에 있어 조리개 전후의 압력 차이가 $P_1$에서 $P_2$로 변할 때, 유량은 $Q_1$에 서 $Q_2$로 변했다. $Q_2$에 대한 식으로 옳은 것은? (단, $P_2 = 2P_1$ 이다.) [2021. 5. 15.]

① $Q_2 = Q_1$  ② $Q_2 = \sqrt{2}\,Q_1$  ③ $Q_2 = 2Q_1$  ④ $Q_2 = 4Q_1$

해설 유량은 차압의 제곱근에 비례한다.

정답 146. ①  147. ②  148. ①  149. ②

**150.** 차압식 유량계에서 압력차가 처음보다 4배 커지고 관의 지름이 1/2로 되었다면 나중 유량($Q_2$)과 처음 유량($Q_1$)의 관계를 옳게 나타낸 것은? [2020. 6. 6.]

① $Q_2 = 0.71 \times Q_1$  ② $Q_2 = 0.5 \times Q_1$
③ $Q_2 = 0.35 \times Q_1$  ④ $Q_2 = 0.25 \times Q_1$

해설 차압식 유량계는 유체가 흐르는 관로에 교축기구를 설치하여 입·출구의 압력차를 측정하고 베르누이 정리를 이용하여 유량을 측정한다. 유량은 압력차의 제곱근에 비례하고 관지름의 제곱에 비례한다.

$$Q_2 = \sqrt{4} \times \left(\frac{1}{2}\right)^2 \times Q_1 = \frac{1}{2} Q_1$$

**151.** 피토관에 의한 유속 측정식은 다음과 같다. $V = \sqrt{\dfrac{2g(P_1 - P_2)}{\gamma}}$ 이때 $P_1$, $P_2$의 각각의 의미는? (단, $V$는 유속, $g$는 중력가속도이고, $\gamma$는 비중량이다.) [2020. 8. 22.]

① 동압과 전압을 뜻한다.  ② 전압과 정압을 뜻한다.
③ 정압과 동압을 뜻한다.  ④ 동압과 유체압을 뜻한다.

해설 피토관은 유체 흐름의 전압과 정압의 차이를 측정하고 이를 통해 유속을 구하는 장치이다.

**152.** 관 속을 흐르는 유체가 층류로 되려면? [2016. 3. 6.] [2020. 9. 26.]

① 레이놀즈수가 4000보다 많아야 한다.  ② 레이놀즈수가 2100보다 적어야 한다.
③ 레이놀즈수가 4000이어야 한다.  ④ 레이놀즈수와는 관계가 없다.

해설 • 레이놀즈수($Re$)<2100 : 층류
• 레이놀즈수($Re$)>4000 : 난류
• 2100<레이놀즈수($Re$)<4000 : 천이구역

**153.** 지름이 각각 0.6 m, 0.4 m인 파이프가 있다. (1)에서의 유속이 8 m/s이면 (2)에서의 유속(m/s)은 얼마인가? [2020. 9. 26.]

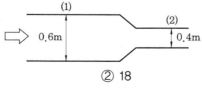

① 16  ② 18
③ 20  ④ 22

정답 → 150. ②  151. ②  152. ②  153. ②

**해설** (1)과 (2)의 유량은 동일하므로

$$\frac{\pi}{4} \times (0.6 \text{ m})^2 \times 8 \text{ m/s} = \frac{\pi}{4} \times (0.4 \text{ m})^2 \times V$$

$$V = 18 \text{ m/s}$$

---

**154.** 직경 80 mm인 원관 내에 비중 0.9인 기름이 유속 4 m/s로 흐를 때 질량유량은 약 몇 kg/s인가?

[2019. 9. 21.]

① 18

② 24

③ 30

④ 36

**해설** 체적유량 $= \frac{\pi}{4} \times (0.08 \text{ m})^2 \times 4 \text{ m/s} = 0.02 \text{ m}^3/\text{s} = 20 \text{ L/s}$

질량유량 $= 20 \text{ L/s} \times 0.9 \text{ kg/L} = 18 \text{ kg/s}$

---

**155.** 유속 10 m/s의 물속에 피토관을 세울 때 수주의 높이는 약 몇 m인가?(단, 여기서 중력 가속도 $g = 9.8 \text{ m/s}^2$이다.)

[2018. 3. 4.]

① 0.51

② 5.1

③ 0.12

④ 1.2

**해설** $V = \sqrt{2gh}$ 에서

$$h = \frac{V^2}{2g} = \frac{(10 \text{ m/s})^2}{2 \times 9.8 \text{ m/s}^2} = 5.1 \text{ m}$$

---

**156.** 내경이 50 mm인 원관에 20℃ 물이 흐르고 있다. 층류로 흐를 수 있는 최대 유량은 약 몇 m³/s인가?(단, 임계 레이놀즈수($Re$)는 2320이고, 20℃일 때 동점성계수($\nu$) = $1.0064 \times 10^{-6}$ m²/s이다.)

[2015. 3. 8.] [2018. 3. 4.]

① $5.33 \times 10^{-5}$

② $7.36 \times 10^{-5}$

③ $9.16 \times 10^{-5}$

④ $15.23 \times 10^{-5}$

**해설** $Re = \dfrac{\rho Vd}{\mu} = \dfrac{Vd}{v}$

$$V = \frac{Re \nu}{d} = \frac{2320 \times 1.0064 \times 10^{-6}}{50 \times 10^{-3}} = 0.0467 \text{ m/s}$$

$$Q = \frac{\pi}{4} d^2 V = \frac{\pi}{4} \times (0.05 \text{ m})^2 \times 0.0467 \text{ m/s} = 9.16 \times 10^{-5} \text{ m}^3/\text{s}$$

---

**정답** ━ 154. ① 155. ② 156. ③

**157.** 피토관으로 측정한 동압이 10 mmH₂O일 때 유속이 15 m/s이었다면 동압이 20 mmH₂O 일 때의 유속은 약 몇 m/s인가? (단, 중력가속도는 9.8 m/s²이다.) [2018. 9. 15.]

① 18　　　　　　　　　　　② 21.2

③ 30　　　　　　　　　　　④ 40.2

**해설** 유속은 유압의 제곱근에 비례한다.

$$V_1 : V_2 = \sqrt{P_1} : \sqrt{P_2}$$

$$V_2 = V_1 \times \frac{\sqrt{P_2}}{\sqrt{P_1}} = 15 \text{ m/s} \times \frac{\sqrt{20}}{\sqrt{10}} = 21.21 \text{ m/s}$$

**158.** 다음 그림과 같은 U자관에서 유도되는 식은? [2018. 4. 28.]

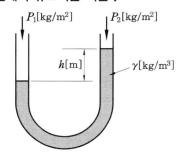

① $P_1 = P_2 - h$　　　　　　② $h = \gamma(P_1 - P_2)$

③ $P_1 + P_2 = \gamma h$　　　　　④ $P_1 = P_2 + \gamma h$

**해설** 양측의 압력이 같아야 하므로 $P_1 = P_2 + \gamma h_1$

**159.** 레이놀즈수를 나타낸 식으로 옳은 것은? (단, $D$는 관의 내경, $\mu$는 유체의 점도, $\rho$는 유체의 밀도, $U$는 유체의 속도이다.) [2021. 3. 7.]

① $\dfrac{D\mu U}{\rho}$　　　　　　　　② $\dfrac{DU\rho}{\mu}$

③ $\dfrac{D\mu\rho}{U}$　　　　　　　　④ $\dfrac{\mu\rho U}{U}$

**해설** 레이놀즈수는 어떤 유체 흐름의 층류, 난류를 판별하는 데 사용하며 레이놀즈수가 2100 이하이면 흐름은 항상 층류이고, 4000 이상이면 난류이다. 레이놀즈수가 2100~4000일 때에는 천이영역이라 부르며, 이 영역에서는 장치에 따라 층류 또는 난류가 된다.

$$Re = \frac{\rho DU}{\mu} = \frac{\text{관성력}}{\text{점성력}}$$

**정답** 157. ②　　158. ④　　159. ②

**160.** 지름 400 mm인 관 속을 5 kg/s로 공기가 흐르고 있다. 관 속의 압력은 200 kPa, 온도는 23℃, 공기의 기체상수 $R$이 287 J/kg · K라 할 때 공기의 평균 속도는 약 몇 m/s인가?

① 2.4

② 7.7

③ 16.9

④ 24.1

[2017. 3. 5.]

**해설** 질량유량을 체적유량으로 변환시켜야 한다.

$PV = GRT$에서

$$\frac{V}{G} = \frac{RT}{P} = \frac{0.287\,\text{kN} \cdot \text{m/kg} \cdot \text{K} \times (273+23)\text{K}}{200\,\text{kN/m}^2} = 0.43\,\text{m}^3/\text{kg}$$

$5\,\text{kg/s} \times 0.43\,\text{m}^3/\text{kg} = 2.15\,\text{m}^3/\text{s}$

$Q = AV$에서

$$V = \frac{Q}{A} = \frac{2.15\,\text{m}^3/\text{s}}{\frac{\pi}{4} \times (0.4\,\text{m})^2} = 17.11\,\text{m/s}$$

**161.** 차압식 유량계에서 교축 상류 및 하류에서의 압력이 $P_1$, $P_2$일 때 체적유량이 $Q_1$이라면, 압력이 각각 처음보다 2배만큼씩 증가했을 때의 $Q_2$는 얼마인가?    [2018. 9. 15.]

① $Q_2 = 2Q_1$

② $Q_2 = \frac{1}{2}Q_1$

③ $Q_2 = \sqrt{2}\,Q_1$

④ $Q_2 = \frac{1}{\sqrt{2}}Q_1$

**해설** 유량은 차압의 제곱근에 비례하므로 $Q_2 = \sqrt{2}\,Q_1$

**162.** 다음 그림과 같은 경사관식 압력계에서 $P_2$는 50 kg/m²일 때 측정압력 $P_1$은 약 몇 kg/m²인가? (단, 액체의 비중은 1이다.)    [2017. 3. 5.]

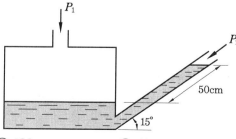

① 130

② 180

③ 320

④ 530

**해설** $P_1$과 $P_2$의 압력이 동일해야 하므로

$$P_1 = P_2 + \gamma h = P_2 + \gamma l \sin\theta$$
$$= 50 \, \text{kg/m}^2 + 1 \times 1000 \, \text{kg/m}^3 \times 0.5 \, \text{m} \times \sin 15° = 179.41 \, \text{kg/m}^2$$

---

**163.** 관로의 유속을 피토관으로 측정할 때 수주의 높이가 30 cm이었다. 이때 유속은 약 몇 m/s인가? [2017. 9. 23.]

① 1.88　　　　② 2.42　　　　③ 3.88　　　　④ 5.88

**해설** $V = \sqrt{2 \cdot g \cdot h} = \sqrt{2 \times 9.8 \times 0.3} = 2.42 \, \text{m/s}$

---

**164.** 입구의 지름이 40 cm, 벤투리목의 지름이 20 cm인 벤투리미터기로 공기의 유량을 측정하여 물−공기시차액주계가 300 mmH₂O를 나타냈다. 이때 유량은? (단, 물의 밀도는 1000 kg/m³, 공기의 밀도는 1.5 kg/m³, 유량계수는 1이다.) [2016. 5. 8.]

① 4 m³/s　　　② 3 m³/s　　　③ 2 m³/s　　　④ 1 m³/s

**해설** $Q = KA\sqrt{\dfrac{2g\Delta p}{\gamma}}$

$$= 1 \times \frac{\pi}{4} \times (0.2 \, \text{m})^2 \times \sqrt{\frac{2 \times 9.8 \times 300}{1.5}} = 1.97 \, \text{m}^3/\text{s}$$

---

**165.** 관로의 유속을 피토관으로 측정할 때 마노미터의 수주가 50 cm였다. 이때 유속은 약 몇 m/s인가? [2017. 5. 7.]

① 3.13　　　　② 2.21　　　　③ 1.0　　　　④ 0.707

**해설** $V = \sqrt{2gh} = \sqrt{2 \times 9.8 \times 0.5} = 3.13 \, \text{m/s}$

---

**166.** 다음 중 피토관(pitot tube)의 유속 $V$[m/s]를 구하는 식은? (단, $P_t$ : 전압(kg/m²), $P_s$ : 정압(kg/m²), $\gamma$ : 비중량(kg/m³), $g$ : 중력가속도(m/s²)이다.) [2016. 10. 1.]

① $V = \sqrt{2g(P_s + P_t)/\gamma}$　　　　② $V = \sqrt{2g^2(P_t + P_s)/\gamma}$

③ $V = \sqrt{2g(P_s^2 - P_t)/\gamma}$　　　　④ $V = \sqrt{2g(P_t - P_s)/\gamma}$

---

**정답** ● 163. ②　164. ③　165. ①　166. ④

**해설** $V = C\sqrt{2gh} = C\sqrt{2gP/\gamma}$
$\qquad = C\sqrt{2g(P_t - P_s)/\gamma}$

---

**167.** 유속 측정을 위해 피토관을 사용하는 경우 양쪽 관 높이의 차($\Delta h$)를 측정하여 유속($V$)을 구하는데 이때 $V$는 $\Delta h$와 어떤 관계가 있는가?　　　　　　　　　　　　　[2016. 10. 1.]

① $\Delta h$에 반비례　　　　　　　　　　② $\Delta h$의 제곱에 반비례

③ $\sqrt{\Delta h}$ 에 비례　　　　　　　　　④ $1/\Delta h$에 비례

**해설** $V = \sqrt{2g\Delta h}$

유속은 양쪽 관 높이의 차의 제곱근 $\sqrt{\Delta h}$ 에 비례한다.

---

**168.** 내경 10 cm의 관에 물이 흐를 때 피토관에 의해 측정된 유속이 5 m/s이라면 유량은?

① 19 kg/s　　　　　　　　　　　② 29 kg/s　　　　　　　[2016. 10. 1.]

③ 39 kg/s　　　　　　　　　　　④ 49 kg/s

**해설** $Q = AV = \dfrac{\pi}{4} \times (0.1 \text{ m})^2 \times 5 \text{ m/s} = 0.03926 \text{ m}^3/\text{s}$

$0.03926 \text{ m}^3/\text{s} \times 1000 \text{ kg/m}^3 = 39.26 \text{ kg/s}$(물의 비중량 $= 1 \text{ kg/L} = 1000 \text{ kg/m}^3$)

---

**169.** U-자관에 수은이 채워져 있다. 여기에 어떤 액체를 넣었는데 이 액체 20 cm와 수은 4 cm가 평형을 이루었다면 이 액체의 비중은? (단, 수은의 비중은 13.6이다.)　　　　[2015. 3. 8.]

① 6.82　　　　　　　　　　　　② 0.59

③ 2.72　　　　　　　　　　　　④ 3.44

**해설** $P = \gamma_1 h_1 = \gamma_2 h_2$

$13.6 \times 0.04 = \gamma_2 \times 0.2, \; \gamma_2 = 2.72$

---

**170.** 체적유량 $\overline{V}$ [m³/s]의 올바른 표현식은? (단, $A$[m²]는 유로의 단면적, $\overline{U}$ [m/s]는 유로단면의 평균선속도이다.)　　　　　　　　　　　　　　　　　[2015. 3. 8.]

① $\overline{V} = \overline{U}/A$　　　　　　　　　② $\overline{V} = \overline{U}A$

③ $\overline{V} = A/\overline{U}$　　　　　　　　　④ $\overline{V} = \dfrac{1}{\overline{U}A}$

**해설** 체적유량은 단면적(m²)에 유속(m/s)을 곱하여 준 것이다.

**정답** ● **167.** ③　**168.** ③　**169.** ③　**170.** ②

**171.** 배관의 유속을 피토관으로 측정한 결과 마노미터 수주의 높이가 29 cm일 때 유속은?

① 1.69 m/s  ② 2.38 m/s  [2015. 5. 31.]

③ 2.947 m/s  ④ 3.42 m/s

**해설** $V = \sqrt{2gh} = \sqrt{2 \times 9.8 \times 0.29} = 2.38$ m/s

**172.** 액면계에 대한 설명으로 틀린 것은?  [2021. 5. 15.]

① 유리관식 액면계는 경유 탱크의 액면을 측정하는 것이 가능하다.

② 부자식은 액면이 심하게 움직이는 곳에는 사용하기 곤란하다.

③ 차압식 유량계는 정밀도가 좋아서 액면 제어용으로 가장 많이 사용된다.

④ 편위식 액면계는 아르키메데스의 원리를 이용하는 액면계이다.

**해설** 차압식 액면계는 조리개 입·출구 압력차를 이용하여 유량을 측정하는 방식으로 오리피스, 플로노즐, 벤투리 등이 있으며 특히 벤투리식은 정밀도가 높은 편이나 액면 제어용으로 사용하지 않는다.

**173.** 다음 중 직접식 액위계에 해당하는 것은?  [2019. 3. 3.]

① 정전용량식  ② 초음파식  ③ 플로트식  ④ 방사선식

**해설** • 직접식 액면 측정 : 게이지 글라스식, 검척식(눈금자 이용), 부자식(플로트식), 편위식
• 간접식 액면 측정 : 기포식, 차압식, 음향식, 방사선식, 초음파식, 저항전극식

**174.** 측정하고자 하는 액면을 직접 자로 측정, 자의 눈금을 읽음으로써 액면을 측정하는 방법의 액면계는?  [2019. 3. 3.]

① 검척식 액면계  ② 기포식 액면계

③ 직관식 액면계  ④ 플로트식 액면계

**해설** 검척식 액면계 : 검척봉으로 직접 액면의 높이를 측정한다.

**175.** 다음 중 간접식 액면 측정 방법이 아닌 것은?  [2020. 9. 26.]

① 방사선식 액면계  ② 초음파식 액면계

③ 플로트식 액면계  ④ 저항전극식 액면계

**해설** 문제 173번 해설 참조

**정답** 171. ②  172. ③  173. ③  174. ①  175. ③

**176.** 다음 중 액면 측정 방법으로 가장 거리가 먼 것은? [2018. 3. 4.]

① 유리관식

② 부자식

③ 차압식

④ 박막식

해설 문제 173번 해설 참조

**177.** 수면계의 안전관리 사항으로 옳은 것은? [2016. 5. 8.]

① 수면계의 최상부와 안전저수위가 일치하도록 장착한다.

② 수면계의 점검은 2일에 1회 정도 실시한다.

③ 수면계가 파손되면 물 밸브를 신속히 닫는다.

④ 보일러는 가동완료 후 이상 유무를 점검한다.

해설 수면계는 보일러와 같은 용기의 내부 수면을 외부에 표시하는 계기로, 경질의 유리관 이나 판을 이용한 저압용·고압용이 있으며 파손 시에는 신속히 물 밸브를 폐쇄하여야 한다.

**178.** 부자(float)식 액면계의 특징으로 틀린 것은? [2017. 5. 7.]

① 원리 및 구조가 간단하다.

② 고압에도 사용할 수 있다.

③ 액면이 심하게 움직이는 곳에 사용하기 좋다.

④ 액면 상, 하 한계에 경보용 리밋 스위치를 설치할 수 있다.

해설 부자(float)식 액면계는 플로트(float)가 액면 상부에 존재하므로 액면이 심하게 요동하면 정확하게 액면 지침을 할 수가 없으므로 사용이 곤란하다.

**179.** 서로 맞서 있는 2개 전극 사이의 정전 용량은 전극 사이에 있는 물질 유전율의 함수이다. 이러한 원리를 이용한 액면계는? [2018. 3. 4.]

① 정전 용량식 액면계

② 방사선식 액면계

③ 초음파식 액면계

④ 중추식 액면계

해설 정전 용량식 액면계는 검출 프로브를 액 중에 넣어 측정하는 것으로 주로 유전율 변화가 거의 없는 유체의 액면 측정에 사용한다.

정답 • 176. ④ 177. ③ 178. ③ 179. ①

**180.** 정전 용량식 액면계의 특징에 대한 설명 중 틀린 것은? [2018. 9. 15.]

① 측정범위가 넓다.

② 구조가 간단하고 보수가 용이하다.

③ 유전율이 온도에 따라 변화되는 곳에도 사용할 수 있다.

④ 습기가 있거나 전극에 피측정제를 부착하는 곳에는 부적당하다.

**해설** 문제 179번 해설 참조

**181.** 기준 수위에서의 압력과 측정 액면계에서의 압력의 차이로부터 액위를 측정하는 방식으로 고압 밀폐형 탱크의 측정에 적합한 액면계는? [2018. 3. 4.]

① 차압식 액면계  ② 편위식 액면계

③ 부자식 액면계  ④ 유리관식 액면계

**해설** 차압식 액면계 : 기준 액면과 탱크 액면과의 차압을 측정하는 방법

**182.** 점도 1 Pa · s와 같은 값은? [2020. 9. 26.]

① 1 kg/m · s  ② 1 P

③ kgf · s/m²  ④ 1 cP

**해설** 점도 단위

- $1 \text{ Pa} \cdot \text{s} = 1 \text{ N} \cdot \text{s/m}^2 = 1 \text{ kg} \cdot \text{m/s} = 10 \text{ P}(\text{푸아즈})$
- 1푸아즈(P) : 유체 내에 1 cm당 1 cm/s의 속도 경사가 있을 때, 그 속도 경사의 방향에 수직인 면에 있어 속도의 방향으로 1 cm²에 대해 1 dyn의 크기의 응력이 생기는 점도
- 1 dyne : 질량 1 g의 물체에 작용하여 1 cm/s²의 가속도가 생기게 하는 힘

**183.** 점성계수 $\mu = 0.85$ poise, 밀도 $\rho = 85 \text{ N} \cdot \text{s}^2/\text{m}^4$인 유체의 동점성계수는? [2015. 5. 31.]

① 1 m²/s  ② 0.1 m²/s

③ 0.01 m²/s  ④ 0.001 m²/s

**해설** 동점성계수$(\nu) = \dfrac{\text{점성계수}(\mu)}{\text{밀도}(\rho)} = \dfrac{0.1 \times 0.85 \text{ N} \cdot \text{s/m}^2}{85 \text{ N} \cdot \text{s}^2/\text{m}^4}$

$= 0.001 \text{ m}^2/\text{s}$

※ 1 poise $= 0.1 \text{ Pa} \cdot \text{s} = 0.1 \text{ N} \cdot \text{s/m}^2$

**정답** ● 180. ③  181. ①  182. ①  183. ④

**184.** 하겐-푸아죄유의 법칙을 이용한 점도계는? [2020. 6. 6.]

① 세이볼트 점도계      ② 낙구식 점도계

③ 스토머 점도계      ④ 맥미첼 점도계

**해설** 점성계수(점도)의 측정

- 스토크스 법칙 : 낙구식 점도계

- 하겐-푸아죄유 법칙 : 오스트발트 점도계, 세이볼트 점도계$(Q=\dfrac{\Delta P\pi d^4}{128\mu l})$

- 뉴턴의 점성 법칙 : 맥미첼 점도계, 스토머 점도계$(\tau=\mu\dfrac{du}{dy})$

**185.** 하겐 푸아죄유 방정식의 원리를 이용한 점도계는? [2016. 10. 1.]

① 낙구식 점도계      ② 모세관 점도계

③ 회전식 점도계      ④ 오스트발트 점도계

**해설** 문제 184번 해설 참조

**186.** 아르키메데스의 부력 원리를 이용한 액면 측정 기기는? [2019. 9. 21.]

① 차압식 액면계      ② 퍼지식 액면계

③ 기포식 액면계      ④ 편위식 액면계

**해설** 아르키메데스의 부력 원리는 전부 또는 부분이 유체에 잠긴 물체는 밀어낸 유체의 무게만큼의 부력을 받는 것으로 편위식 액면계는 부자의 길이에 대한 부력으로 측정하는 것이다.

**187.** 가스분석계의 특징에 관한 설명으로 틀린 것은? [2021. 5. 15.]

① 적정한 시료가스의 채취장치가 필요하다.

② 선택성에 대한 고려가 필요 없다.

③ 시료가스의 온도 및 압력의 변화로 측정오차를 유발할 우려가 있다.

④ 계기의 교정에는 화학분석에 의해 검정된 표준시료 가스를 이용한다.

**해설** 가스분석계는 가스 크로마토그래피, 적외선 가스분석계, 산소 분석계, 열전도형 분석계 등이 있으며 시료가스의 선택성에 대한 고려와 채취로 가스 성분을 측정하는 장치이다.

**정답** • 184. ①   185. ④   186. ④   187. ②

**188.** 기체 크로마토그래피에 대한 설명으로 틀린 것은? [2021. 5. 15.]
① 캐리어 기체로는 수소, 질소 및 헬륨 등이 사용된다.
② 충전재로는 활성탄, 알루미나 및 실리카겔 등이 사용된다.
③ 기체의 확산속도 특성을 이용하여 기체의 성분을 분리하는 물리적인 가스분석기이다.
④ 적외선 가스분석기에 비하여 응답속도가 빠르다.

해설 기체 크로마토그래피는 복잡한 유기 혼합물, 금속 - 유기물 및 생화학계에서 휘발성 물질 또는 휘발성으로 유도 가능한 물질을 분리 분석하나 다른 분석기에 비해 응답속도가 느린 편이다.

**189.** 가스 크로마토그래피는 다음 중 어떤 원리를 응용한 것인가? [2021. 3. 7.]
① 증발 ② 증류
③ 건조 ④ 흡착

해설 가스 크로마토그래피는 시료의 흡착성의 차이에 따라 분리한다.

**190.** 다음 중 가스분석 측정법이 아닌 것은? [2021. 3. 7.]
① 오르자트법 ② 적외선 흡수법
③ 플로노즐법 ④ 열전도율법

해설 플로노즐법은 유량 측정 방법이다.
※ 흡수분석 가스분석법 : 오르자트법, 헴펠법, 게겔법
• 오르자트법 : $CO_2 \rightarrow O_2 \rightarrow CO$
• 헴펠법 : $CO_2 \rightarrow C_mH_n \rightarrow O_2 \rightarrow CO$
• 게겔법 : $CO_2 \rightarrow C_2H_2 \rightarrow C_3H_6 \rightarrow C_2H_4 \rightarrow O_2 \rightarrow CO$
 ※ 흡수제($CO_2$ : 33 % KOH 수용액, $C_2H_2$ : 요오드화 수은 칼륨 용액, $C_3H_6$ : 87 % $H_2SO_4$, $C_2H_4$ : 취화수소 수용액, $O_2$ : 알칼리성 피로갈롤 용액, CO : 암모니아성 염화제1동 용액)

**191.** 다음 중 가스 크로마토그래피의 흡착제로 쓰이는 것은? [2021. 9. 12.]
① 미분탄 ② 활성탄
③ 유연탄 ④ 신탄

해설 가스 크로마토그래피의 흡착제로는 활성탄, 실리카겔, 알루미나겔 등이 사용된다.

정답 188. ④ 189. ④ 190. ③ 191. ②

**192.** 오르자트식 가스분석계로 CO를 흡수제에 흡수시켜 조성을 정량하려 한다. 이때 흡수제의 성분으로 옳은 것은? [2021. 9. 12.]
① 발연 황산액
② 수산화칼륨 30 % 수용액
③ 알칼리성 피로갈롤 용액
④ 암모니아성 염화제1동 용액

**해설** 문제 190번 해설 참조

**193.** 가스의 상자성을 이용하여 만든 세라믹식 가스분석계는? [2020. 6. 6.]
① $O_2$ 가스계
② $CO_2$ 가스계
③ $SO_2$ 가스계
④ 가스 크로마토그래피

**해설** 물리적 가스분석계

(1) 자기식 산소($O_2$)계 : 산소는 자장에 흡인되는 강력한 상자성 기체인 점을 이용하여 산소를 분석한다.
- 시료가스 가스유량은 압력, 점성, 변화에 따른 오차가 작다.
- 가동부분이 없으므로 구조 및 취급이 용이하다.
- 저항선에는 백금선이 사용되고, 강도가 크다.

(2) 열전도율형 $CO_2$계 : 이산화탄소($CO_2$)는 공기보다 열전도율이 낮으므로 이를 이용하여 이산화탄소를 분석한다. 연소가스 성분 중 $N_2$, $O_2$, CO 농도가 변하여도 측정오차가 크게 변하지 않으나 열전도율이 큰 수소($H_2$)가 혼입되면 오차의 변형이 커진다.

**194.** 다음 중 물리적 가스분석계와 거리가 먼 것은? [2020. 6. 6.]
① 가스 크로마토그래프법
② 자동오르자트법
③ 세라믹식
④ 적외선흡수식

**해설** 가스분석계 분류

(1) 화학적인 가스분석계
- 오르자트계(흡수법)
- 자동화학식 $CO_2$계
- 헴펠식 가스분석계(흡수법)
- 연소식 $O_2$계
- 미연소 가스분석계
- 게겔법(흡수법)

(2) 물리적인 가스분석계
- 열전도율법
- 적외선법
- 세라믹법
- 밀도법
- 자화율법
- 가스 크로마토그래피법

---

**195.** 가스 크로마토그래피는 기체의 어떤 특성을 이용하여 분석하는 장치인가? [2020. 8. 22.]

① 분자량 차이
② 부피 차이
③ 분압 차이
④ 확산속도 차이

**해설** 가스 크로마토그래피는 혼합물을 이동상태에서 차등분배로 단일성분으로 분리하여 정성 또는 정량하는 기법이며 기체의 확산속도 차이를 이용하여 분석한다.

---

**196.** 다음 가스분석계 중 화학적 가스분석계가 아닌 것은? [2020. 8. 22.]

① 밀도식 $CO_2$계
② 오르자트식
③ 헴펠식
④ 자동화학식 $CO_2$계

**해설** 문제 194번 해설 참조

---

**197.** 가스 크로마토그래피의 구성 요소가 아닌 것은? [2020. 8. 22.]

① 유량계
② 칼럼 검출기
③ 직류증폭장치
④ 캐리어 가스통

**해설** 가스 크로마토그래피의 구성 요소 : 운반기체(carrier gas), 운반기체 조절부, 칼럼 검출부, 시료 주입구, 유량 측정기, 유량 조절기, 캐리어 가스통, 압력 조절 밸브 등

---

**198.** 열전도율형 $CO_2$ 분석계의 사용 시 주의사항에 대한 설명 중 틀린 것은? [2020. 9. 26.]

① 브리지의 공급 전류의 점검을 확실하게 한다.
② 셀의 주위 온도와 측정가스 온도는 거의 일정하게 유지시키고 온도의 과도한 상승을 피한다.
③ $H_2$를 혼입시키면 정확도를 높이므로 같이 사용한다.
④ 가스의 유속을 일정하게 하여야 한다.

**해설** 열전도율형 $CO_2$계 : 이산화탄소($CO_2$)는 공기보다 열전도율이 낮으므로 이를 이용하여 이산화탄소를 분석한다. 연소가스 성분 중 $N_2$, $O_2$, CO 농도가 변하여도 측정오차가 크게 변하지 않으나 열전도율이 큰 수소($H_2$)가 혼입되면 오차의 변형이 커진다.

---

**정답** 195. ④  196. ①  197. ③  198. ③

**199.** 다음 중 화학적 가스분석계에 해당하는 것은? [2019. 4. 27.]
① 고체 흡수제를 이용하는 것
② 가스의 밀도와 점도를 이용하는 것
③ 흡수용액의 전기전도도를 이용하는 것
④ 가스의 자기적 성질을 이용하는 것

해설 화학적 가스분석계는 흡수제(대부분 고체)를 이용하여 분석한다.

**200.** 화염 검출 방식으로 가장 거리가 먼 것은? [2016. 5. 8.] [2019. 4. 27.]
① 화염의 열을 이용
② 화염의 빛을 이용
③ 화염의 색을 이용
④ 화염의 전기전도성을 이용

해설 화염 검출기 형식 : 열적 화염검출기, 광학적 화염검출기, 전기전도성 화염검출기
• 광전관식 화염검출기 : 주위온도 50℃ 이하에 사용
• 화염 검출 방식 : 열, 빛(자외선, 적외선), 전기전도성

**201.** 산소의 농도를 측정할 때 기전력을 이용하여 분석, 계측하는 분석계는? [2019. 9. 21.]
① 자기식 $O_2$계
② 세라믹식 $O_2$계
③ 연소식 $O_2$계
④ 밀도식 $O_2$계

해설 세라믹식 $O_2$계 분석계 특징
• 산소 농도 연속 측정이 가능하며, 측정범위가 넓다.
• 측정부의 온도 유지를 위해 온도 조절용 전기로가 필요하다.
• 측정가스의 유량이나 설치장소 주위의 온도 변화에 의한 영향이 적다.

**202.** 가스열량 측정 시 측정 항목에 해당되지 않는 것은? [2019. 9. 21.]
① 시료가스의 온도
② 시료가스의 압력
③ 실내온도
④ 실내습도

해설 가스열량 측정 항목 : 시료가스 온도, 압력, 성분, 실내온도

정답 199. ①  200. ③  201. ②  202. ④

**203.** 가스 채취 시 주의하여야 할 사항에 대한 설명으로 틀린 것은? [2019. 9. 21.]
① 가스의 구성 성분의 비중을 고려하여 적정 위치에서 측정하여야 한다.
② 가스 채취구는 외부에서 공기가 잘 통할 수 있도록 하여야 한다.
③ 채취된 가스의 온도, 압력의 변화로 측정오차가 생기지 않도록 한다.
④ 가스성분과 화학반응을 일으키지 않는 관을 이용하여 채취한다.

해설 가스 채취구는 외부와 단절이 된 밀폐된 장소이어야 한다.

**204.** 물리적 가스분석계의 측정법이 아닌 것은? [2018. 3. 4.]
① 밀도법 ② 세라믹법
③ 열전도율법 ④ 자동오르자트법

해설 오르자트법, 헴펠법, 게겔법 등은 화학적 가스분석계의 측정법에 해당된다.

**205.** 다음 중 가스의 열전도율이 가장 큰 것은? [2018. 4. 28.]
① 공기 ② 메탄 ③ 수소 ④ 이산화탄소

해설 기체의 분자량이 작을수록 열전도율은 증가하고 확산속도 또한 빠르다.
※ 기체의 분자량
•공기 : 29 •메탄 : 16
•수소 : 2 •이산화탄소 : 44

**206.** 다음 연소가스 중 미연소가스계로 측정 가능한 것은? [2018. 9. 15.]
① CO ② $CO_2$
③ $NH_3$ ④ $CH_4$

해설 미연소가스는 아직 연소가 되지 않은 가스로 주로 $H_2$와 CO의 농도를 측정한다.

**207.** 가스 크로마토그래피법에서 사용하는 검출기 중 수소염 이온화검출기를 의미하는 것은?
① ECD ② FID [2015. 5. 31.] [2018. 9. 15.]
③ HCD ④ FTD

정답 ⊶ 203. ② 204. ④ 205. ③ 206. ① 207. ②

해설 가스 크로마토그래피법에서 사용하는 검출기 종류
- 전자포획검출기(ECD) : 할로겐화합물 등의 친전자 성분이 포착하여 음이온이 되고, 이것이 양이온과 결합하는 결과 이온화 전류 값이 감소하는 것을 검출 원리로 한다.
- 불꽃이온화검출기(FID) : 시약을 수소염 속에 넣어 시약의 분해, 이온화로 전기 전도율의 증대를 도모하는 것을 원리로 한 검출기로 탄화수소류에 대해 높은 감도를 나타낸다.
- 열전도도검출기(TCD) : 가열된 물체가 주위에 있는 기체에 의해 열을 잃어버리는 원리를 적용한 것으로, 열전도가 기체의 조성에 따라 달라질 때 필라멘트에 흐르는 저항의 차이를 휘트스톤 브리지(Wheatstone bridge) 회로로 측정한다.
- 불꽃광도검출기(FPD) : 황과 인에 선택적으로 작용하여 이들 원소를 함유한 물질의 분석에 사용이 가능하다. 불꽃의 신호를 전기적 신호로 바꿀 수 있는 광전관이 추가로 부착되어 있다.

---

**208.** 기계 연료의 시험 방법 중 CO의 흡수액은? [2017. 3. 5.]
① 발연 황산액
② 수산화칼륨 30 % 수용액
③ 알칼리성 피로갈롤 용액
④ 암모니아성 염화제1동 용액

---

해설 문제 190번 해설 참조

---

**209.** 2원자 분자를 제외한 $CO_2$, CO, $CH_4$ 등의 가스를 분석할 수 있으며, 선택성이 우수하고 저농도 분석에 적합한 가스 분석법은? [2017. 3. 5.]
① 적외선법
② 음향법
③ 열전도율법
④ 도전율법

---

해설 적외선법은 분자의 종류 또는 결합의 종류에 따라 적외선을 받았을 때 각각의 독특한 진동을 일으키게 되며 이를 통해 화학 물질이 어떠한 원자와 결합들로 이루어져 있는지 분석하는 방법이다. 질소와 같이 비극성 공유 결합을 하고 있는 분자는 아무리 진동을 해도 쌍극자 모멘트가 빛을 흡수하지 못하므로 적용이 되지 않는다.

---

**210.** 화학적 가스분석계인 연소식 $O_2$계의 특징이 아닌 것은? [2017. 5. 7.]
① 원리가 간단하다.
② 취급이 용이하다.
③ 가스의 유량 변동에도 오차가 없다.
④ $O_2$ 측정 시 팔라듐계가 이용된다.

---

해설 연소식 $O_2$계 : 가연성 가스와 산소를 촉매와 연소시켜 반응열이 $O_2$ 농도에 비례하는 것을 이용하는 것으로 촉매로 팔라듐계를 이용하며 취급이 간단하나 유량 변동이 심한 곳에는 오차가 심하므로 사용하기 어렵다.

---

**211.** 다음 중 가스분석 측정법이 아닌 것은? [2017. 9. 23.]

① 오르자트법        ② 적외선 흡수법
③ 플로노즐법        ④ 가스 크로마토그래피법

해설 플로노즐법은 차압식 유량계에서 사용하는 측정법이다.

---

**212.** 연소 가스 중의 CO와 $H_2$의 측정에 주로 사용되는 가스분석계는? [2017. 9. 23.]

① 과잉공기계        ② 질소가스계
③ 미연소가스계        ④ 탄산가스계

해설 미연소가스는 아직 연소가 되지 않은 가스로 주로 $H_2$와 CO의 농도를 측정한다.

---

**213.** 가스 분석 방법 중 $CO_2$의 농도를 측정할 수 없는 방법은? [2017. 9. 23.]

① 자기법        ② 도전율법
③ 적외선법        ④ 열도전율법

해설 자기법은 가스의 상자성체 성질을 이용한 산소 측정법이다.

---

**214.** 가스분석계의 측정법 중 전기적 성질을 이용한 것은? [2016. 3. 6.]

① 세라믹식 측정 방법        ② 연소열식 측정 방법
③ 자동 오르자트법        ④ 가스 크로마토그래피법

해설 세라믹식 $O_2$계 분석계 특징
• 산소 농도 연속 측정이 가능하며, 측정범위가 넓다.
• 측정부의 온도 유지를 위해 온도 조절용 전기로가 필요하다.
• 측정가스의 유량이나 설치장소 주위의 온도 변화에 의한 영향이 적다.

정답 ► 211. ③    212. ③    213. ①    214. ①

**215.** 2개의 제어계를 조합하여 1차 제어장치의 제어량을 측정하여 제어명령을 발하고 2차 제어장치의 목표치로 설정하는 제어 방식은? [2015. 5. 31.]

① 정치 제어
② 추치 제어
③ 캐스케이드 제어
④ 피드백 제어

**해설** 캐스케이드 제어 : 2개의 제어계를 조합하여 제어량의 1차 조절계를 측정하고 그 조작 출력으로 2차 조절계의 목표치를 설정하는 방법으로 측정 제어라고도 하며, 외란의 영향을 줄이고 전체 시간 지연을 적게 하는 효과가 있어 출력측에 낭비 시간 지연이 큰 프로세스 제어에 이용이 많다.

**216.** 100 mL 시료가스를 $CO_2$, $O_2$, CO 순으로 흡수시켰더니 남은 부피가 각각 50 mL, 30 mL, 20 mL이었으며 최종 질소가스가 남았다. 이때 가스 조성으로 옳은 것은? [2016. 5. 8.]

① $CO_2$ 50 %
② $O_2$ 30 %
③ CO 20 %
④ $N_2$ 10 %

**해설** 가스의 조성
- $CO_2$ : 100 mL − 50 mL = 50 %
- $O_2$ : 50 mL − 30 mL = 20 %
- CO : 30 mL − 20 mL = 10 %
- $N_2$ : 100 − (50 + 20 + 10) = 20 %

**217.** 다음 중 압력식 온도계가 아닌 것은? [2021. 5. 15.]

① 액체팽창식 온도계
② 열전 온도계
③ 증기압식 온도계
④ 가스압력식 온도계

**해설** 열전 온도계는 서로 다른 두 종류의 금속 또는 반도체의 접합점이 온도차에 의하여 열전대 중에 발생하는 기전력을 이용한 온도계로 전기적 온도계에 해당된다.

**218.** 다음 중 압력식 온도계를 이용하는 방법으로 가장 거리가 먼 것은? [2018. 3. 4.]

① 고체 팽창식
② 액체 팽창식
③ 기체 팽창식
④ 증기 팽창식

**해설** 압력식 온도계는 액체·기체 등의 압력이 온도에 의해서 변하는 것을 이용한 온도계로 액체 팽창식, 증기 팽창식, 기체 팽창식 등이 있다.

**정답** 215. ③   216. ①   217. ②   218. ①

**219.** 서미스터 온도계의 특징이 아닌 것은? [2021. 9. 12.]
① 소형이며 응답이 빠르다.　　② 저항온도계수가 금속에 비하여 매우 작다.
③ 흡습 등에 의하여 열화되기 쉽다.　　④ 전기저항체 온도계이다.

**해설** 서미스터 온도계는 백금, 니켈, 동 등의 금속 산화물을 소결하여 만든 반도체로, 서미스터를 측온 저항체로 한 전기저항 온도계이며 감도가 좋고 측온부가 작기 때문에 국부 온도의 측정에 편리하나 저항온도계수는 부특성(−)이다.

**220.** 열전대(thermocouple)는 어떤 원리를 이용한 온도계인가? [2015. 5. 31.] [2021. 5. 15.]
① 열팽창률 차　　　　② 전위 차
③ 압력 차　　　　　　④ 전기저항 차

**해설** 열전대는 기전력을 이용한 온도 센서로 두 금속선이 한쪽 끝에서 합쳐지고 다른 한쪽은 열전대용 도선 등 다른 장비 또는 부속품에 연결하여 사용하며 광범위한 온도 범위를 측정할 수 있다.

**221.** 다음 중 열전대의 구비조건으로 가장 적절하지 않은 것은? [2019. 3. 3.]
① 열기전기력이 크고 온도 증가에 따라 연속적으로 상승할 것
② 저항온도계수가 높을 것
③ 열전도율이 작을 것
④ 전기저항이 작을 것

**해설** 열전대의 구비조건
- 열기전력이 크고, 온도 증가에 따라 연속적으로 상승할 것
- 열기전력의 특성이 안정되고 장시간 사용해도 변형이 없을 것
- 이력현상(물리량이 이전에 물질이 경과해 온 상태의 변화 과정에 의존하는 현상)이 없을 것
- 기계적 강도가 크고 내열성, 내식성이 있을 것
- 전기저항, 저항온도계수, 열전도율이 낮을 것
- 재료의 구입이 쉽고 내구성이 있을 것

**222.** 열전대 온도계로 사용되는 금속이 구비하여야 할 조건이 아닌 것은? [2016. 5. 8.]
① 이력현상이 커야 한다.　　② 열기전력이 커야 한다.
③ 열적으로 안정해야 한다.　　④ 재생도가 높고, 가공성이 좋아야 한다.

**해설** 문제 221번 해설 참조

**정답** ● 219. ②　　220. ②　　221. ②　　222. ①

**223.** 열전대 온도계에 대한 설명으로 옳은 것은?                                [2021. 3. 7.]
① 흡습 등으로 열화된다.              ② 밀도차를 이용한 것이다.
③ 자기가열에 주의해야 한다.        ④ 온도에 대한 열기전력이 크며 내구성이 좋다.

해설  열전대 온도계는 열전대의 열기전력(열에너지를 전기에너지로 변화)에 의하여 온도를 측정
하는 온도계이다.

**224.** 다음에서 열전 온도계 종류가 아닌 것은?                                [2020. 6. 6.]
① 철과 콘스탄탄을 이용한 것          ② 백금과 백금 · 로듐을 이용한 것
③ 철과 알루미늄을 이용한 것          ④ 동과 콘스탄탄을 이용한 것

해설  열전대의 종류
• 백금 – 백금 · 로듐(PR) : 사용온도  0~1600℃
• 크로멜 – 알루멜(CA) : 사용온도  0~1200℃
• 철 – 콘스탄탄(IC) : 사용온도  –200~800℃
• 동 – 콘스탄탄(CC) : 사용온도  –200~350℃

**225.** 열전대용 보호관으로 사용되는 재료 중 상용온도가 높은 순으로 나열한 것은? [2021. 9. 12.]
① 석영관 > 자기관 > 동관            ② 석영관 > 동관 > 자지관
③ 자기관 > 석영관 > 동관            ④ 동관 > 자기관 > 석영관

해설  열전대 온도계의 보호관 사용온도
• 자기관 : 1450℃
• 석영관 : 1000℃
• 동관 : 400℃

**226.** 시스(sheath) 열전대 온도계에서 열전대가 있는 보호관 속에 충전되는 물질로 구성된
것은?                                                                      [2020. 9. 26.]
① 실리카, 마그네시아                ② 마그네시아, 알루미나
③ 알루미나, 보크사이트              ④ 보크사이트, 실리카

해설  열전대 온도계는 서로 다른 금속을 접속하여 양단의 온도차가 발생하면 열전류가 흐르고,
한 끝을 개방하였을 때는 양단에 기전력이 존재하는 열전 효과를 이용하여 열전대를 온도
측정에 이용하게 하는 것이며 보호관 속에 충전되는 물질은 마그네시아($MgO$), 알루미나
($Al_2O_3$)와 함께 열전대 소선을 넣어 고정한 것으로 응답속도가 빠르고 진동에 강하다.

정답  ➤  223. ④    224. ③    225. ③    226. ②

**227.** 열전대 온도계의 보호관 중 상용 사용온도가 약 1000℃이며, 내열성, 내산성이 우수하나 환원성 가스에 기밀성이 약간 떨어지는 것은? [2018. 4. 28.]
① 카보런덤관 ② 자기관
③ 석영관 ④ 황동관

**해설** 석영관의 최대 사용온도는 1300℃, 상용 사용온도는 1000℃로 산성에는 강하나 알카리에는 약하며 발열량이 적은 편이다.

**228.** 열전대 온도계 보호관 중 내열강 SEH-5에 대한 설명으로 옳지 않은 것은? [2018. 4. 28.]
① 내식성, 내열성 및 강도가 좋다.
② 자기관에 비해 저온 측정에 사용된다.
③ 유황가스 및 산화염에도 사용이 가능하다.
④ 상용온도는 800℃이고 최고 사용온도는 850℃까지 가능하다.

**해설** SEH는 내열강을 뜻하며 상용온도는 1000℃이고 최고 사용온도는 1200℃이다.

**229.** 다음 열전대 종류 중 측정온도에 대한 기전력의 크기로 옳은 것은? [2017. 3. 5.]
① IC > CC > CA > PR
② IC > PR > CC > CA
③ CC > CA > PR > IC
④ CC > IC > CA > PR

**해설** • 측정온도에 대한 기전력의 크기 : IC>CC>CA>PR
• 사용온도 : PR(0~1600℃)>CA(0~1200℃)>IC(-200~800℃)>CC(-200~350℃)

**230.** 열전대 온도계에서 열전대선을 보호하는 보호관 단자로부터 냉접점까지는 보상도선을 사용한다. 이때 보상도선의 재료로서 가장 적합한 것은? [2020. 9. 26.]
① 백금로듐 ② 알루멜
③ 철선 ④ 동-니켈 합금

**해설** 보상도선은 열전대를 연장한 것과 같은 동일 효과로 온도를 보상할 수 있으며 단자부분의 온도변화에 따라 생기는 오차를 보상하기 위하여 구리, 니켈이 이용되는 와이어를 선정한다.

**정답** 227. ③  228. ④  229. ①  230. ④

**231.** 열전 온도계에 대한 설명으로 틀린 것은? [2017. 9. 23.]
① 접촉식 온도계에서 비교적 낮은 온도 측정에 사용한다.
② 열기전력이 크고 온도 증가에 따라 연속적으로 상승해야 한다.
③ 기준접점의 온도를 일정하게 유지해야 한다.
④ 측온 저항체와 열전대는 소자를 보호관 속에 넣어 사용한다.

**해설** 열전대 온도계는 서로 다른 금속을 접속하여 양단의 온도차가 발생하면 열전류가 흐르고, 한 끝을 개방하였을 때는 양단에 기전력이 존재하는 열전 효과를 이용하여 열전대를 온도 측정에 이용하게 하는 것으로 접촉식 온도계에서 주로 고온 측정에 이용된다.

**232.** 다음 중 열전대 온도계에서 사용되지 않는 것은? [2017. 9. 23.]
① 동 – 콘스탄탄             ② 크로멜 – 알루멜
③ 철 – 콘스탄탄             ④ 알루미늄 – 철

**해설** 열전대의 종류
• 백금 – 백금·로듐(PR) : 사용온도 0~1600℃
• 크로멜 – 알루멜(CA) : 사용온도 0~1200℃
• 철 – 콘스탄탄(IC) : 사용온도 −200~800℃
• 동 – 콘스탄탄(CC) : 사용온도 −200~350℃

**233.** 다음 열전대 보호관 재질 중 상용온도가 가장 높은 것은? [2016. 3. 6.]
① 유리             ② 자기
③ 구리             ④ Ni – Cr 스테인리스

**해설** 열전대 보호관 재질의 상용온도
• 지르코니아 : 2100℃             • 자기관 : 1450℃
• 스테인리스관 : 850℃             • 황동관 : 400℃

**234.** 최고 약 1600℃ 정도까지 측정할 수 있는 열전대는? [2016. 5. 8.]
① 동 – 콘스탄탄             ② 크로멜 – 알루멜
③ 백금 – 백금, 로듐             ④ 철 – 콘스탄탄

**해설** 문제 232번 해설 참조

**정답** 231. ①   232. ④   233. ②   234. ③

**235.** 열전대 온도계가 구비해야 할 사항에 대한 설명으로 틀린 것은? [2015. 5. 31.]
① 주위의 고온체로부터 복사열의 영향으로 인한 오차가 생기지 않도록 주의해야 한다.
② 보호관 선택 및 유지관리에 주의한다.
③ 열전대는 측정하고자 하는 곳에 정확히 삽입하여 삽입한 구멍을 통하여 냉기가 들어가지 않게 한다.
④ 단자의 (+), (−)와 보상도선의 (−), (+)를 결선해야 한다.

해설 단자의 (+), (−)를 보상도선의 (+), (−)와 일치하도록 연결하여야 한다.

**236.** 열전대 온도계에서 주위 온도에 의한 오차를 전기적으로 보상할 때 주로 사용되는 저항선은? [2016. 3. 6.]
① 서미스터(thermistor)  ② 구리(Cu) 저항선
③ 백금(Pt) 저항선  ④ 알루미늄(Al) 저항선

해설 구리 저항선의 특징
• 측정온도 : 0~120℃로 가장 낮은 온도 측정
• 상온 부근에서 온도 측정이 용이하나 저항률이 낮다.
• 주위 온도에 의한 오차를 전기적으로 보상하여야 한다.

**237.** 다음 중 백금−백금·로듐 열전대 온도계에 대한 설명으로 가장 적절한 것은? [2018. 3. 4.]
① 측정 최고온도는 크로멜−알루멜 열전대보다 낮다.
② 열기전력이 다른 열전대에 비하여 가장 높다.
③ 안정성이 양호하여 표준용으로 사용된다.
④ 200℃ 이하의 온도 측정에 적당하다.

해설 백금−백금·로듐 열전대 온도계의 사용온도 범위는 0~1600℃이며 열에 대한 안정성이 양호하여 주로 표준용으로 사용되고 있다.

**238.** 백금−백금·로듐 열전대 온도계에 대한 설명으로 옳은 것은? [2015. 3. 8.]
① 측정 최고온도는 크로멜−알루멜 열전대보다 낮다.
② 다른 열전대에 비하여 정밀 측정용에 사용된다.
③ 열기전력이 다른 열전대에 비하여 가장 높다.
④ 200℃ 이하의 온도 측정에 적당하다.

정답 ● 235. ④  236. ②  237. ③  238. ②

**해설** 백금−백금 · 로듐 열전대 온도계 특징
- 응답속도가 빠르며 오차가 비교적 작다.
- 특정한 곳이나 좁은 장소의 온도 측정도 가능하며 정밀 측정에 사용된다.
- 온도가 열기전력으로 검출되므로 측정, 조절, 증폭, 제어, 변환 등의 정보 처리에 용이하다.

---

**239.** 열전대 온도계의 구성 부분으로 가장 거리가 먼 것은? [2015. 3. 8.]

① 보상도선
② 저항코일과 저항선
③ 감온접점
④ 보호관

**해설** 저항코일과 저항선은 저항 온도계에 속한다.

---

**240.** 다음 그림은 열전대의 결선 방법과 냉접점을 나타낸 것이다. 냉접점을 표시하는 부분은? [2015. 9. 19.]

① A
② B
③ C
④ D

**해설** A : 측온접점, C : 냉접점( = 기준접점)

---

**241.** 측온 저항체의 설치 방법으로 틀린 것은? [2021. 9. 12.]

① 내열성, 내식성이 커야 한다.
② 유속이 가장 빠른 곳에 설치하는 것이 좋다.
③ 가능한 한 파이프 중앙부의 온도를 측정할 수 있게 한다.
④ 파이프 길이가 아주 짧을 때에는 유체의 방향으로 굴곡부에 설치한다.

**해설** 측온 저항체는 온도에 따라 금속의 전기저항이 변화하는 것을 이용하여 온도를 측정하는 장치로 파이프 중앙부의 온도를 측정하나 유속은 느린 곳이 좋다.

---

**242.** −200~500℃의 측정범위를 가지며 측온 저항체 소선으로 주로 사용되는 저항소자는?

① 백금선
② 구리선 [2018. 9. 15.] [2021. 9. 12.]
③ Ni선
④ 서미스터

---

**정답** 239. ② 240. ③ 241. ② 242. ①

**해설** 측온 저항체 측정범위
- 백금선 : −200~500℃
- 니켈선 : −50~300℃
- 구리선 : 0~200℃
- 서미스터 : −100~300℃

---

**243.** 전기저항 온도계의 특징에 대한 설명으로 틀린 것은? [2020. 6. 6.]
① 자동 기록이 가능하다.
② 원격 측정이 용이하다.
③ 1000℃ 이상의 고온 측정에서 특히 정확하다.
④ 온도가 상승함에 따라 금속의 전기 저항이 증가하는 현상을 이용한 것이다.

**해설** 전기저항 온도계에서 백금선을 사용할 경우 600℃까지 사용 가능하나 1000℃ 이상의 고온 측정에는 사용 불가이다.

---

**244.** 저항 온도계에 활용되는 측온 저항체 종류에 해당되는 것은? [2020. 8. 22.]
① 서미스터(thermistor) 저항 온도계
② 철−콘스탄탄(IC) 저항 온도계
③ 크로멜(chromel) 저항 온도계
④ 알루멜(alumel) 저항 온도계

**해설** 저항 온도계는 도체나 반도체의 전기저항이 온도에 따라 변하는 성질을 이용하여 온도를 측정하는 장치로 주로 니켈, 백금, 구리, 서미스터 등이 사용된다.

---

**245.** 다음 중 사용온도 범위가 넓어 저항 온도계의 저항체로서 가장 우수한 재질은? [2019. 3. 3.]
① 백금　　　② 니켈　　　③ 동　　　④ 철

**해설** 저항 온도계 사용온도 범위
- 백금선 : −200~500℃
- 니켈선 : −50~300℃
- 구리선 : 0~200℃
- 서미스터 : −100~300℃

---

**246.** 저항 온도계에 관한 설명 중 틀린 것은? [2021. 3. 7.]
① 구리는 −200~500℃에서 사용한다.
② 시간지연이 적어 응답이 빠르다.
③ 저항선의 재료로는 저항온도계수가 크며, 화학적으로나 물리적으로 안정한 백금, 니켈 등을 쓴다.
④ 저항 온도계는 금속의 가는 선을 절연물에 감아서 만든 측온 저항체의 저항치를 재어서 온도를 측정한다.

**해설** 저항 온도계 : 금속선의 전기저항이 온도에 의해 변화하는 것을 이용한 것으로 금속의 온도 범위는 백금이 −200~500℃, 니켈이 −50~300℃, 구리가 150℃ 이하이며, 최근에 많이 이용되고 있는 서미스터는 −50~200℃에서 감도가 좋고 응답이 빠르다.

---

**247.** 측온 저항체의 구비조건으로 틀린 것은? [2019. 4. 27.]

① 호환성이 있을 것
② 저항의 온도계수가 작을 것
③ 온도와 저항의 관계가 연속적일 것
④ 저항값이 온도 이외의 조건에서 변하지 않을 것

**해설** 측온 저항체는 온도에 따라 금속의 전기저항이 변화하는 것을 이용하여 온도를 측정하는 장치로 저항의 온도계수는 커야 하며 호환성이 있어야 한다.

---

**248.** 전기저항 온도계의 특징에 대한 설명으로 틀린 것은? [2018. 3. 4.]

① 원격 측정에 편리하다.
② 자동 제어의 적용이 용이하다.
③ 1000℃ 이상의 고온 측정에서 특히 정확하다.
④ 자기 가열 오차가 발생하므로 보정이 필요하다.

**해설** 문제 243번 해설 참조

---

**249.** 전기저항식 온도계 중 백금(Pt) 측온 저항체에 대한 설명으로 틀린 것은? [2018. 9. 15.]

① 0℃에서 500 Ω을 표준으로 한다.
② 측정온도는 최고 약 500℃ 정도이다.
③ 저항온도계수는 작으나 안정성이 좋다.
④ 온도 측정 시 시간 지연의 결점이 있다.

**해설** 백금 측온 저항체
• 온도계의 측정온도는 −200~500℃이다.
• 일반적으로 온도가 증가함에 따라 금속의 전기저항이 증가하는 현상을 이용한 것이다.
• 서미스터는 온도 상승에 따라 저항치가 감소한다.
• 25 Ω, 50 Ω, 100 Ω의 표준 저항값을 사용한다.

**정답** 247. ②  248. ③  249. ①

**250.** 큐폴라 상부의 배기가스 온도를 측정하기 위한 접촉식 온도계로 가장 적합한 것은? [2016. 3. 6.]

① 광고온계
② 색온도계
③ 수은 온도계
④ 열전대 온도계

해설 큐폴라는 선철이나 고철을 용해하는 소형로이며 배기가스 온도 측정에는 열전대 온도계를, 로 내의 가스 온도 측정에는 광고온계를 사용한다.

**251.** 방사 고온계의 장점이 아닌 것은? [2021. 5. 15.]

① 고온 및 이동 물체의 온도 측정이 쉽다.
② 측정시간의 지연이 작다.
③ 발신기를 이용한 연속 기록이 가능하다.
④ 방사율에 의한 보정량이 작다.

해설 방사 고온계는 비교적 구조가 간단하고, 온도 지시는 시간 지연이 작으며 연속 기록이 가능하나 절대온도 측정에 대한 정확도가 낮다. 복사 온도계라고도 한다.

**252.** 다음 중 1000℃ 이상의 고온을 측정하는 데 적합한 온도계는? [2018. 3. 4.]

① CC(동-콘스탄탄) 열전 온도계
② 백금 저항 온도계
③ 바이메탈 온도계
④ 방사 온도계

해설 방사 온도계는 고온 물체로부터의 방사에너지를 받아 기전력으로 변환하여 측정하는 온도계로 700~3000℃까지 측정이 가능하다.

**253.** 다음 중 방사 고온계는 어느 이론을 응용한 것인가? [2016. 3. 6.]

① 제베크 효과
② 필터 효과
③ 윈-프랑크 법칙
④ 스테판-볼츠만 법칙

해설 방사 온도계는 복사 온도계라고도 하며 복사열은 절대온도의 4제곱에 비례한다(스테판 볼츠만의 법칙).

정답 ● 250. ④  251. ④  252. ④  253. ④

**254.** 다음 중 접촉식 온도계가 아닌 것은?  [2016. 5. 8.]

① 방사 온도계

② 제겔콘

③ 수은 온도계

④ 백금 저항 온도계

해설 방사 온도계는 고온 물체로부터의 방사에너지를 열전쌍 열로 받아 기전력으로 변환시키는 것으로 비접촉식이다.

**255.** 방사 온도계의 특징에 대한 설명으로 옳은 것은?  [2016. 10. 1.]

① 방사율에 의한 보정량이 적다.

② 이동 물체에 대한 온도 측정이 가능하다.

③ 저온도에 대한 측정이 적합하다.

④ 응답속도가 느리다.

해설 방사 온도계의 특징

• 비접촉 온도계로 이동·회전하는 물질의 온도를 측정한다.

• 열전대를 접촉시키면 표면 온도가 변화하는 작은 온도도 측정 가능하다.

• 기체의 온도 측정을 할 수 없으며 물질에 따라 방사율 보정을 하여야 한다.

• 고온 물체로부터의 방사에너지를 받아 기전력으로 변환하여 측정하는 것으로 700~3000℃까지 측정이 가능하다.

**256.** 다음 중 1,000℃ 이상인 고온체의 연속 측정에 가장 적합한 온도계는?  [2019. 3. 3.]

① 저항 온도계

② 방사 온도계

③ 바이메탈식 온도계

④ 액체압력식 온도계

해설 문제 255번 해설 참조

**257.** 방사 온도계의 발신부를 설치할 때 다음 중 어떠한 식이 성립하여야 하는가? (단, $l$ : 렌즈로부터의 수열판까지의 거리, $d$ : 수열판의 직경, $L$ : 렌즈로부터 물체까지의 거리, $D$ : 물체의 직경이다.)  [2019. 9. 21.]

① $\dfrac{L}{D} < \dfrac{l}{d}$

② $\dfrac{L}{D} > \dfrac{l}{d}$

③ $\dfrac{L}{D} = \dfrac{l}{d}$

④ $\dfrac{L}{l} < \dfrac{d}{D}$

해설 방사 온도계 발신부 설치 : $\dfrac{L}{D} < \dfrac{l}{d}$

$$\dfrac{\text{렌즈-물체 거리}}{\text{물체 직경}} < \dfrac{\text{렌즈-수평관 거리}}{\text{수평관 직경}}$$

정답 250. ④  251. ④  252. ④  253. ④

**258.** 광고온계의 측정온도 범위로 가장 적합한 것은? [2021. 9. 12.]

① 100~300℃
② 100~500℃
③ 700~2000℃
④ 4000~5000℃

**해설** 광온도계는 고온의 물체에서 나온 가시광선의 밝기를 표준 밝기와 비교해서 온도를 측정하는 계기로 700~1500℃의 온도범위를 보통 측정할 수 있으며, 텅스텐 램프를 사용하면 2300℃ 범위의 측정이 가능하다.

**259.** 특정 파장을 온도계 내에 통과시켜 온도계 내의 전구 필라멘트의 휘도를 육안으로 직접 비교하여 온도를 측정하므로 정밀도는 높지만 측정인력이 필요한 비접촉 온도계는? [2021. 9. 12.]

① 광고온계
② 방사 온도계
③ 열전대 온도계
④ 저항 온도계

**해설** 광고온계 : 열원으로부터 방사되는 가시광선 중 특정한 파장의 빛과 기기 내의 표준열원으로부터 나오는 같은 파장의 빛의 강도를 비교함으로써 온도를 측정한다.

**260.** 다음 중 광고온계의 측정원리는? [2020. 6. 6.]

① 열에 의한 금속팽창을 이용하여 측정
② 이종금속 접합점의 온도차에 따른 열기전력을 측정
③ 피측정물의 전파장의 복사 에너지를 열전대로 측정
④ 피측정물의 휘도와 전구의 휘도를 비교하여 측정

**해설** 문제 259번 해설 참조

**261.** 다음 온도계 중 비접촉식 온도계로 옳은 것은? [2020. 8. 22.]

① 유리제 온도계
② 압력식 온도계
③ 전기저항식 온도계
④ 광고 온도계

**해설** (1) 비접촉식 온도계 : 광고 온도계, 방사 온도계, 광전관 온도계, 적외선 온도계, 색온도계
(2) 비접촉식 온도계의 특징
   • 접촉에 의한 열손실이 없고 응답이 빠르며 내구성이 있다.
   • 고온 측정이 가능하고 이동 물체의 온도 측정이 가능하나 방사율의 보정이 필요하다.
   • 표면 온도 측정이라서 측정 시 오차가 발생한다.

**정답** ● 258. ③   259. ①   260. ④   261. ④

**262.** 비접촉식 온도 측정 방법 중 가장 정확한 측정을 할 수 있으나 연속 측정이나 자동 제어에 응용할 수 없는 것은? [2019. 4. 27.]
① 광고온계  ② 방사 온도계  ③ 압력식 온도계  ④ 열전대 온도계

**해설** 광고온계의 특징
- 비접촉식 중 가장 정확한 온도 측정을 할 수 있다.
- 연속 측정이 어려우며 수동으로는 자동 제어가 불가능하다.
- 가시광선의 휘도를 비교하여 온도를 측정한다.

**263.** 방사율에 의한 보정량이 적고 비접촉법으로는 정확한 측정이 가능하나 사람 손이 필요한 결점이 있는 온도계는? [2020. 9. 26.]
① 압력계형 온도계  ② 전기저항 온도계
③ 열전대 온도계  ④ 광고온계

**해설** 문제 262번 해설 참조

**264.** 다음 중 가장 높은 온도를 측정할 수 있는 온도계는? [2018. 9. 15.]
① 저항 온도계  ② 열전대 온도계
③ 유리제 온도계  ④ 광전관 온도계

**해설** 광전관 온도계 : 고온의 물체 표면이나 불꽃에서 복사하는 빛을 광전관으로 받아 복사의 세기에 따라 변하는 광전류를 측정함으로써 온도를 정하는 고온용 온도계이다.

**265.** 고온 물체로부터 방사되는 특정 파장을 온도계 속으로 통과시켜 온도계 내의 전구 필라멘트의 휘도를 육안으로 직접 비교하여 온도를 측정하는 것은? [2019. 3. 3.]
① 열전 온도계  ② 광고온계  ③ 색온도계  ④ 방사 온도계

**해설** 문제 262번 해설 참조

**266.** 서로 다른 2개의 금속판을 접합시켜서 만든 바이메탈 온도계의 기본 작동원리는? [2020. 8. 22.]
① 두 금속판의 비열의 차  ② 두 금속판의 열전도도의 차
③ 두 금속판의 열팽창계수의 차  ④ 두 금속판의 기계적 강도의 차

**정답** → 262. ①  263. ④  264. ④  265. ②  266. ③

**해설** 바이메탈은 열팽창계수가 다른 2개의 금속을 붙여서 온도의 변화에 따른 구부러짐의 차이를 보여주는 것으로 구조가 간단하고 견고하며 반면 온도 변화에 대해 응답이 느리고 바로 직독이 가능하나 장기간 사용하면 히스테리시스 오차의 우려가 있다.

---

**267.** 바이메탈 온도계의 특징으로 틀린 것은? [2017. 5. 7.]

① 구조가 간단하다.
② 온도 변화에 대하여 응답이 빠르다.
③ 오래 사용 시 히스테리스시스 오차가 발생한다.
④ 온도 자동 조절이나 온도 보상장치에 이용된다.

**해설** 문제 266번 해설 참조

---

**268.** 다음 중 바이메탈 온도계의 측온 범위는? [2017. 9. 23.]

① $-200 \sim 200℃$
② $-30 \sim 360℃$
③ $-50 \sim 500℃$
④ $-100 \sim 700℃$

**해설** 바이메탈은 열팽창계수가 다른 2개의 금속을 붙여서 온도의 변화에 따른 구부러짐의 차이를 보여주는 것으로 측정 온도 범위는 $-50 \sim 500℃$이다.

---

**269.** 응답이 빠르고 감도가 높으며, 도선저항에 의한 오차를 적게 할 수 있으나, 재현성이 없고 흡습 등으로 열화되기 쉬운 특징을 가진 온도계는? [2019. 3. 3.]

① 광고온계
② 열전대 온도계
③ 서미스터 저항체 온도계
④ 금속 측온 저항체 온도계

**해설** 서미스터 온도계의 특징
• 소형이며 응답이 빠른 반면 온도계수가 크고 저항온도계수는 음(−)의 값을 가진다.
• 흡습 등으로 열화되기 쉬우며 금속 특유의 균일성을 얻기가 어렵다.
• 자기가열에 주의하여야 하며 호환성이 작고 경년변화가 생긴다.

---

**270.** 서미스터(thermister)의 특징이 아닌 것은? [2019. 3. 3.]

① 소형이며 응답이 빠르다.
② 온도계수가 금속에 비하여 매우 작다.
③ 흡습 등에 의하여 열화되기 쉽다.
④ 전기저항체 온도계이다.

**해설** 문제 269번 해설 참조

---

**정답** ● 267. ② 268. ③ 269. ③ 270. ②

**271.** 다음 중에서 비접촉식 온도 측정 방법이 아닌 것은? [2019. 9. 21.]
① 광고온계
② 색온도계
③ 서미스터
④ 광전관식 온도계

해설 문제 269번 해설 참조

**272.** 비접촉식 온도계 중 색온도계의 특징에 대한 설명으로 틀린 것은? [2016. 5. 8.]
① 방사율의 영향이 작다.
② 휴대와 취급이 간편하다.
③ 고온 측정이 가능하며 기록 조절용으로 사용된다.
④ 주변 빛의 반사에 영향을 받지 않는다.

해설 색온도계는 광원의 색온도를 측정하는 계기로 청색·적색의 두 가지 또는 청색·녹색·적색의 세 가지 색광의 강도 비에서 광원의 색온도를 근사적으로 산출하여 측정한다. 온도에 따라 색이 변하는 일원적인 관계로부터 온도를 측정한다.

**273.** 색온도계에 대한 설명으로 옳은 것은? [2020. 9. 26.]
① 온도에 따라 색이 변하는 일원적인 관계로부터 온도를 측정한다.
② 바이메탈 온도계의 일종이다.
③ 유체의 팽창 정도를 이용하여 온도를 측정한다.
④ 기전력의 변화를 이용하여 온도를 측정한다.

해설 문제 272번 해설 참조

**274.** 색온도계의 특징이 아닌 것은? [2019. 4. 27.]
① 방사율의 영향이 크다.
② 광흡수에 영향이 적다.
③ 응답이 빠르다.
④ 구조가 복잡하여 주위로부터 빛 반사의 영향을 받는다.

해설 문제 272번 해설 참조

정답 271. ③  272. ④  273. ①  274. ①

**275.** 복사 온도계에서 전 복사에너지는 절대온도의 몇 승에 비례하는가? [2021. 3. 7.]

① 2 ② 3
③ 4 ④ 5

**해설** 스테판−볼츠만의 법칙 : 복사열은 절대온도의 4제곱에 비례한다는 법칙

**276.** 액체 온도계 중 수은 온도계에 비하여 알코올 온도계에 대한 설명으로 틀린 것은? [2016. 5. 8.]

① 저온 측정용으로 적합하다. ② 표면장력이 작다.
③ 열팽창계수가 작다. ④ 액주 상승 후 하강시간이 길다.

**해설** 알코올 온도계는 열팽창계수가 일정하지 않고 커서 다소 부정확한 온도를 관측하지만, 적은 온도 변화에도 부피 변화가 커서 정밀도가 높은 편이다.

**277.** 액체의 팽창하는 성질을 이용하여 온도를 측정하는 것은? [2021. 3. 7.]

① 수은 온도계 ② 저항 온도계
③ 서미스터 온도계 ④ 백금−로듐 열전대 온도계

**해설** 열팽창은 물질의 온도가 높아지면 분자의 운동에너지가 활발해져 분자 사이의 거리가 멀어지면서 부피가 증가하는 현상으로 수은이나 알코올 온도계에서 주로 사용하는 원리이다.

**278.** 다음 중 압력식 온도계가 아닌 것은? [2018. 9. 15.]

① 고체 팽창식 ② 기체 팽창식
③ 액체 팽창식 ④ 증기 팽창식

**해설** 압력식 온도계는 액체·기체 등의 압력이 온도에 의해서 변하는 것을 이용한 온도계로 액체 팽창식, 증기 팽창식, 기체 팽창식 등이 있다.

**279.** 온도의 정의 정점 중 평형수소의 삼중점은 얼마인가? [2017. 5. 7.]

① 13.80 K ② 17.04 K
③ 20.24 K ④ 27.10 K

**해설** • 평형수소의 삼중점 : 13.80 K
• 물의 삼중점 : 273.16 K

**정답** 275. ③ 276. ③ 277. ① 278. ① 279. ①

**280.** 다음 중 접촉식 온도계가 아닌 것은? [2017. 5. 7.]

① 저항 온도계        ② 방사 온도계
③ 열전 온도계        ④ 유리 온도계

해설 방사 온도계는 열 복사를 이용하는 비접촉식 온도계에 해당된다.

**281.** 베크만 온도계에 대한 설명으로 옳은 것은? [2017. 9. 23.]

① 빠른 응답성의 온도를 얻을 수 있다.
② 저온용으로 적합하여 약 −100℃까지 측정할 수 있다.
③ −60~350℃ 정도의 측정온도 범위인 것이 보통이다.
④ 모세관의 상부에 수은을 봉입한 부분에 대해 측정온도에 따라 남은 수은의 양을 가감하여 그 온도부분의 온도차를 0.01℃까지 측정할 수 있다.

해설 베크만 온도계는 상부에 U자로 굽어진 수은류가 있고 하부의 수은량을 가감할 수 있도록 하부 수은류와 연결되어 있으며 온도변화량의 100분의 1℃까지 측정 가능하다. 끓는점·응고점 변화의 측정 및 발열량 측정, 유기화합물의 분자량 측정 등에 널리 사용된다.

**282.** 압력식 온도계가 아닌 것은? [2016. 3. 6.]

① 액체 팽창식        ② 전기 저항식
③ 기체 압력식        ④ 증기 압력식

해설 전기 저항식 온도계 특징
• 원격 측정에 적합하고 자동 제어, 기록, 조절이 가능하다.
• 비교적 낮은 온도(500℃ 이하)의 정밀 측정에 적합하다.
• 검출시간이 지연될 수 있고 측온 저항체가 가늘어 진동에 단선되기 쉽다.
• 정밀한 온도 측정에는 백금 저항 온도계가 사용되며 저항체는 저항온도계수가 커야 한다.
• 측온 저항체에 전류가 흐르기 때문에 자기가열에 의한 오차가 발생한다.
• 저항체로서 주로 백금(Pt), 니켈(Ni), 구리(Cu)가 사용된다.

**283.** 노내압을 제어하는 데 필요하지 않은 조작은? [2016. 5. 8.]

① 공기량 조작        ② 연료량 조작
③ 급수량 조작        ④ 댐퍼의 조작

해설 노내압(보일러의 연소실 내의 압력) 제어에 필요한 조작 : 공기량 조절, 연료량 조작, 댐퍼 조작, 연료가스 배출량 조절

정답 280. ②    281. ④    282. ②    283. ③

**284.** 다음 중 급열, 급랭에 약하며 이중 보호관 외관에 사용되는 비금속 보호관은? (단, 상용 온도는 약 1450℃이다.)                    [2016. 10. 1.]
① 자기관                          ② 유리관
③ 석영관                          ④ 내열강

해설 자기관은 열·충격 및 금속산화물, 알칼리에는 약하나 용융금속, 연소가스에는 강하다.


**285.** 접촉식 온도계에 대한 설명으로 틀린 것은?                    [2015. 3. 8.]
① 일반적으로 1000℃ 이하의 측온에 적합하다.
② 측정오차가 비교적 작다.
③ 방사율에 의한 보정을 필요로 한다.
④ 측온 소자를 접촉시킨다.

해설 방사율에 의해 보정을 필요로 하는 것은 방사온도계의 특징에 해당된다.


**286.** 다음 중 액체의 온도 팽창을 이용한 온도계는?                    [2015. 3. 8.]
① 저항 온도계                          ② 색온도계
③ 유리제 온도계                          ④ 광학 온도계

해설 유리제 온도계는 액체의 온도 팽창을 응용한 온도계로 수은 온도계, 알코올 온도계, 베크만 온도계가 해당된다.


**287.** 다이어프램 재질의 종류로 가장 거리가 먼 것은?                    [2015. 3. 8.]
① 가죽                          ② 스테인리스강
③ 구리                          ④ 탄소강

해설 다이어프램 재질의 종류 : 구리, 스테인리스, 인청동, 양은, 가죽, 고무


**288.** 화씨(℉)와 섭씨(℃)의 눈금이 같게 되는 온도는 몇 ℃인가?                    [2019. 4. 27.]
① 40          ② 20          ③ −20          ④ −40

정답 • 284. ①   285. ③   286. ③   287. ④   288. ④

해설 $°F = \dfrac{9}{5}℃ + 32$, $℃ = \dfrac{5}{9}(°F - 32)$

화씨($°F$)와 섭씨($℃$)의 눈금이 같게 되는 섭씨 온도를 $t_℃$ 라 하면

$t_℃ = \dfrac{5}{9}(t_℃ - 32)$

$4t_℃ = -160$

$\therefore\ t_℃ = -40$

---

**289.** 20 L인 물의 온도를 15℃에서 80℃로 상승시키는 데 필요한 열량은 약 몇 kJ인가?

① 4680

② 5442 　　　　[2018. 4. 28.] [2021. 5. 15.]

③ 6320

④ 6860

해설 온도 변화의 현열이므로(물 1 L = 1 kg, 물의 비열 : 4.186 kJ/kg · ℃)

$Q = 20 \text{ kg} \times 4.186 \text{ kJ/kg} · ℃ \times (80 - 15)℃ = 5441.8 \text{ kJ}$

---

**290.** 단열식 열량계로 석탄 1.5 g을 연소시켰더니 온도가 4℃ 상승하였다. 통내 물의 질량이 2000 g, 열량계의 물당량이 500 g일 때 이 석탄의 발열량은 약 몇 J/g인가? (단, 물의 비열은 4.19 J/g · K이다.)

　　　　[2017. 3. 5.] [2021. 3. 7.]

① $2.23 \times 10^4$

② $2.79 \times 10^4$

③ $4.19 \times 10^4$

④ $6.98 \times 10^4$

해설 물당량 : 어떤 물질의 열용량과 동일한 열용량을 갖는 물의 질량

• 물이 받은 열량 = 2000 g × 4.19 J/g · K × 4℃ = 33520 J

• 열량계가 받은 열량 = 500 g × 4.19 J/g · K × 4℃ = 8380 J

• 총 발생 열량 = 33520 J + 8380 J = 41900 J

• 석탄 발열량 : 41900 J = 1.5 g × $H_Q$

$\therefore\ H_Q = 27933.333 \text{ J/g} = 2.79 \times 10^4 \text{ J/g}$

---

**291.** 방사 고온계로 물체의 온도를 측정하니 1000℃였다. 전방사율이 0.7이면 진온도는 약 몇 ℃인가?

　　　　[2020. 6. 6.]

① 1119

② 1196

③ 1284

④ 1392

---

**해설** 전방사율$(\varepsilon) = \left[\dfrac{\text{측정온도}(T_2)}{\text{진온도}(T_1)}\right]^4$

$$0.7 = \left(\dfrac{1273\,\text{K}}{T_1}\right)^4$$

$$\therefore \ T_1 = 1391.73\,\text{K} = 1118.73\,\text{℃}$$

---

**292.** 0℃에서 저항이 80 Ω이고 저항온도계수가 0.002인 저항온도계를 노 안에 삽입했더니 저항이 160 Ω이 되었을 때 노 안의 온도는 약 몇 ℃인가? [2020. 8. 22.]

① 160℃                 ② 320℃

③ 400℃                 ④ 500℃

**해설** $R_2 = R_1\left[1 + \alpha(t_2 - t_1)\right]$

여기서, $R_1$ : 처음 저항, $R_2$ : 나중 저항, $\alpha$ : 저항온도계수

$160 = 80 \times [1 + 0.002 \times (t_2 - 0)]$

$\therefore \ t_2 = 500\,\text{℃}$

---

**293.** 온도계의 동작 지연에 있어서 온도계의 최초 지시치가 $T_o[\text{℃}]$, 측정한 온도가 $x[\text{℃}]$일 때, 온도계 지시치 $T[\text{℃}]$와 시간 $\tau$와의 관계식은? (단, $\lambda$는 시정수이다.) [2018. 4. 28.]

① $\dfrac{dT}{d\tau} = \dfrac{x - T_o}{\lambda}$            ② $\dfrac{dT}{d\tau} = \lambda(x - T_o)$

③ $\dfrac{dT}{d\tau} = \dfrac{\lambda - x}{T_o}$            ④ $\dfrac{dT}{d\tau} = \dfrac{T_o}{\lambda - x}$

**해설** 시정수는 응답 속도를 특징짓는 시간 상수이다. 그러므로 (측정온도 − 최초 지시온도)를 시정수로 나누어야 한다.

---

**294.** 다음 중 실제 값이 나머지 3개와 다른 값을 갖는 것은? [2016. 10. 1.]

① 273.15 K                 ② 0℃

③ 460°R                    ④ 32°F

**해설** 0℃를 °F로 환산하면 $\dfrac{9}{5} \times 0 + 32 = 32\,°\text{F}$

0℃를 K로 환산하면 $273.15 + 0 = 273.15\,\text{K}$

32°F를 °R로 환산하면 $32 + 460 = 492\,°\text{R}$

**정답** ━● **292.** ④    **293.** ①    **294.** ③

**295.** 액체와 고체 연료의 열량을 측정하는 열량계는? [2017. 9. 23.] [2020. 9. 26.]
① 봄브식
② 융커스식
③ 클리브랜드식
④ 태그식

해설 봄브식 열량계는 액체와 고체 연료의 열량을 측정하는 데 사용되며 융커스식은 기체 연료의 열량 측정에 사용된다. 태그식은 인화점 시험 방법 중 밀폐식 시험법이며 클리브랜드식은 제4류 인화성 액체를 시험하기 위한 방법이다.

**296.** 다음 중 융해열을 측정할 수 있는 열량계는? [2019. 4. 27.]
① 금속 열량계
② 융커스형 열량계
③ 시차주사 열량계
④ 디페닐에테르 열량계

해설 시차주사 열량계는 가열, 냉각 또는 일정한 온도를 유지하는 동안 시료가 흡수 또는 방출하는 에너지를 측정하는 방법으로 융해열을 측정할 수 있다.

**297.** 흡습염(염화리튬)을 이용하여 습도 측정을 위해 대기 중의 습도를 흡수하면 흡습체 표면에 포화용액 층을 형성하게 되는데, 이 포화용액과 대기와의 증기평형을 이루는 온도를 측정하는 방법은? [2020. 6. 6.]
① 이슬점법
② 흡습법
③ 건구습도계법
④ 습구습도계법

해설 이슬점 : 공기가 냉각되어 포화 상태에서 응결이 시작될 때의 온도 또는 상대 습도가 100 %일 때의 온도

**298.** 다음 중 습도계의 종류로 가장 거리가 먼 것은? [2021. 5. 15.]
① 모발 습도계
② 듀셀 노점계
③ 초음파식 습도계
④ 전기저항식 습도계

해설 습도계의 종류 : 모발 습도계, 듀셀 습도계, 전기저항식 습도계, 광전관식 습도계, 수정진동자식 습도계

정답 295. ① 296. ③ 297. ① 298. ③

**299.** 휴대용으로 상온에서 비교적 정밀도가 좋은 아스만 습도계는 다음 중 어디에 속하는가?
① 저항 습도계　　　　　　　　② 냉각식 노점계　　　　[2021. 9. 12.]
③ 간이 건습구 습도계　　　　　④ 통풍형 건습구 습도계

해설 아스만 습도계는 건습구식 습도계의 일종으로 측정 시 기류의 속도는 일정하고 또 금속 2중
관에 의하여 태양광 등의 복사의 영향도 제거할 수 있기 때문에 정밀도가 높다.

**300.** 저항식 습도계의 특징으로 틀린 것은?　　　　　　　　　　　　　[2018. 9. 15.]
① 저온도의 측정이 가능하다.
② 응답이 늦고 정도가 좋지 않다.
③ 연속 기록, 원격 측정, 자동 제어에 이용된다.
④ 교류 전압에 의하여 저항치를 측정하여 상대습도를 표시한다.

해설 전기저항식 습도계의 특징
• 저온도의 측정이 가능하고, 응답이 빠르다.
• 고습도에 장기간 방치하면 감습막이 유동한다.
• 연속 기록, 원격 측정, 자동 제어에 주로 이용된다.

**301.** 다음 각 습도계의 특징에 대한 설명으로 틀린 것은?　　　　　　[2020. 8. 22.]
① 노점 습도계는 저습도를 측정할 수 있다.
② 모발 습도계는 2년마다 모발을 바꾸어 주어야 한다.
③ 통풍 건습구 습도계는 2.5~5 m/s의 통풍이 필요하다.
④ 저항식 습도계는 직류전압을 사용하여 측정한다.

해설 문제 300번 해설 참조

**302.** 공기 중에 있는 수증기 양과 그때의 온도에서 공기 중에 최대로 포함할 수 있는 수증기
의 양을 백분율로 나타낸 것은?　　　　　　　　　　　　　　　　　[2020. 8. 22.]
① 절대습도　　　　　　　　　　② 상대습도
③ 포화증기압　　　　　　　　　④ 혼합비

해설 상대습도와 절대습도
• 상대습도 : 수증기의 분압을 포화수증기압으로 나눈 값
• 절대습도 : 공기 1 kg이 가질 수 있는 수증기량

정답　299. ④　300. ②　301. ④　302. ②

**303.** 물을 함유한 공기와 건조공기의 열전도율 차이를 이용하여 습도를 측정하는 것은? [2020. 9. 26.]

① 고분자 습도 센서

② 염화리튬 습도 센서

③ 서미스터 습도 센서

④ 수정진동자 습도 센서

해설 서미스터 습도 센서는 서미스터의 하나는 건조한 공기로 밀봉하고, 다른 서미스터는 측정하는 기체에 노출시키고 전류를 흘려 약 200℃ 정도로 가열한다. 수증기를 내포한 분위기에 서미스터를 접촉시키면 건조한 공기와 수증기의 열전도차로 브리지 회로에 불평형 전압이 발생하며 이로 인해 상대습도와 절대습도를 측정할 수 있다.

**304.** 2개의 수은 유리 온도계를 사용하는 습도계는? [2018. 3. 4.]

① 모발 습도계

② 건습구 습도계

③ 냉각식 습도계

④ 저항식 습도계

해설 건습구 습도계는 측정 시 기류의 속도는 일정하고 또 금속 2중관에 의하여 태양광 등의 복사의 영향도 제거할 수 있기 때문에 정밀도가 높다.

**305.** 염화리튬이 공기 수증기압과 평형을 이룰 때 생기는 온도 저하를 저항 온도계로 측정하여 습도를 알아내는 습도계는? [2019. 9. 21.]

① 듀셀 노점계

② 아스만 습도계

③ 광전관식 노점계

④ 전기저항식 습도계

해설 듀셀 노점계는 염화리튬의 흡수성을 이용한 노점계이며 가열용 전극선을 이용하여 결선하는 순 스위치를 달면 노점에 의한 습도 조정기로 사용할 수 있다.

**306.** 다음 중 수분 흡수법에 의해 습도를 측정할 때 흡수제로 사용하기에 가장 적절하지 않은 것은? [2021. 3. 7.]

① 오산화인

② 피크린산

③ 실리카겔

④ 황산

해설 피크린산은 페놀에 황산을 작용시키고 다시 진한 질산으로 나이트로화하여 만드는 노란색 결정이며 주로 폭약으로 쓰인다.

- 흡착제 : 실리카겔, 알루미나겔, 몰레큘러시브, 소바비이트 등
- 흡수제 : 염화칼슘, 염화나트륨, 오산화인, 황산 등

# 4 과목 열설비재료 및 관계법규

**1.** 소성가마 내 열의 전열 방법으로 가장 거리가 먼 것은? [2021. 5. 15.]

① 복사          ② 전도

③ 전이          ④ 대류

**해설** 열의 전열 방법
- 복사 : 고체의 물체에서 발산하는 열선에 의한 열의 이동
- 대류 : 밀도 차이에 의한 유체 간의 흐름
- 전도 : 고체 내부에서의 열의 이동
- 전달 : 유체와 고체 간의 열의 이동
- 통과 : 고체를 사이에 둔 유체 간의 열의 이동

**2.** 축요(築窯)시 가장 중요한 것은 적합한 지반(地盤)을 고르는 것이다. 다음 중 지반의 적부시험으로 틀린 것은? [2020. 6. 6.]

① 지내력시험

② 토질시험

③ 팽창시험

④ 지하탐사

**해설** 지반의 적부시험
(1) 지내력시험 : 기초 바닥면에 적하판을 두고, 하중을 얹어서 침하량을 측정하여 하중·침하량 곡선에서 허용 지내력을 아는 시험법
(2) 토질시험
   - 물리적 시험 : 흙의 비중, 함수량, 전건상태 – 소성한계 – 소성상태, 입도, 습윤밀도 등
   - 역학적 시험 : 직접전단, 1축압축, 3축압축, 압밀시험
(3) 지하탐사 : 현장 지반의 구성을 분석하고, 설계 자료를 얻기 위하여 지반을 조사하는 것으로 종류는 짚어보기(쇠꽂이 찔러보기), 터파보기(구멍 파보기), 물리적 탐사법 등이 있다.

**정답** 1. ③    2. ③

**3.** 요로의 정의가 아닌 것은? [2020. 9. 26.]

① 전열을 이용한 가열장치

② 원재료의 산화반응을 이용한 장치

③ 연료의 환원반응을 이용한 장치

④ 열원에 따라 연료의 발열반응을 이용한 장치

해설 요로 : 고온으로 가열함으로써 용융, 배소, 건류, 소성 및 환원을 목적으로 한다. 재료를 가열하여 물리적 및 화학적 성질을 변화시키는 환원반응을 하며 조업 방식에 따라 불연속식, 반연속식, 연속식으로 분류된다.

**4.** 제강로가 아닌 것은? [2016. 3. 6.]

① 고로 ② 전로 ③ 평로 ④ 전기로

해설 제강로는 선철과 고철을 주원료로 하며 철 속의 탄소 함유량을 산화 제거하고, 필요 성분을 첨가해 강을 만드는 노이며 평로·전로·전기로 등이 있다. 고로는 용광로라고도 하며 철강 용로에 해당된다.

**5.** 고로(blast furnace)의 특징에 대한 설명이 아닌 것은? [2016. 3. 6.]

① 축열실, 탄화실, 연소실로 구분되며 탄화실에는 석탄 장입구와 가스를 배출시키는 상승관이 있다.

② 산소의 제거는 CO 가스에 의한 간접 환원반응과 코크스에 의한 직접 환원반응으로 이루어진다.

③ 철광석 등의 원료는 노의 상부에서 투입되고 용선은 노의 하부에서 배출된다.

④ 노 내부의 반응을 촉진시키기 위해 압력을 높이거나 열풍의 온도를 높이는 경우도 있다.

해설 고로(blast furnace)는 노체 상부로부터 노구(throat), 샤프트(shaft, 노흉), 보시(bosh, 조안), 노상(hearth)으로 구성되어 있다.

• 노구(throat) : 노의 최상부(원료 장입장치)

• 샤프트(shaft, 노흉) : 고로 본체 및 수도설비 고로의 상부

• 보시(bosh, 조안) : 노 바닥과 노 가운데 사이의 부분

• 노상(hearth) : 용융한 선철과 슬래그가 모이는 곳(하부에 위치)

**6.** 용광로를 고로라고도 하는데, 이는 무엇을 제조하는 데 사용되는가? [2017. 5. 7.]

① 주철 ② 주강 ③ 선철 ④ 포금

정답 3. ② 4. ① 5. ① 6. ③

**해설** 용광로는 철광석으로부터 선철을 제조하는 데 사용한다.

※ 선철 : 철광석을 코크스 또는 목탄 등으로 환원해서 얻은 철이며 철 속에 탄소 함유량이 1.7 % 이상인 것

---

**7.** 연속가마, 반연속가마, 불연속가마의 구분 방식은 어떤 것인가? [2018. 4. 28.]

① 온도 상승 속도　　　　　　② 사용 목적

③ 조업 방식　　　　　　　　④ 전열 방식

**해설** 조업 방식(소성 방법)에 따라 연속가마, 반연속가마, 불연속가마로 구분한다.

• 연속가마 : 소성 작업이 연속적으로 이루어지는 가마 예 터널요, 고리가마(윤요), 선가마 (견요)

• 불연속가마 : 가마의 크기가 작아서 한 번 불을 땔 때마다 예열과 소성, 냉각의 과정을 반복하는 가마로 단가마라고도 한다. 예 승염식, 횡염식, 도염식

• 반연속가마 : 경사진 언덕에 설치하며, 밑에서부터 굽기 시작하여 가마 전체의 온도를 일정하게 조절하므로 길이에 관계없이 균일하게 굽는 것이 가능하다. 예 오름가마(등요), 셔틀요

---

**8.** 요의 구조 및 형상에 의한 분류가 아닌 것은? [2016. 5. 8.] [2021. 9. 12.]

① 터널요　　　　　　　　　② 셔틀요

③ 횡요　　　　　　　　　　④ 승염식요

**해설** • 연소가스의 진행방향에 따른 분류 : 횡염식 가마, 승염식 가마, 도염식 가마

• 소성 작업 형식에 따른 분류 : 불연속가마(단가마 · 단독가마), 반연속가마, 연속가마

• 불꽃과 피소성물과의 접촉 상황에 따른 분류 : 직화식 가마(또는 직접가열식 가마), 반머플 (semimuffle) 가마, 머플 가마(간접가열식 가마)

• 사용 연료의 종류에 따른 분류 : 장작가마, 석탄가마, 가스가마, 중유가마, 전기가마

• 소성 목적에 따른 분류 : 초벌구이 가마, 군힘구이 가마, 참구이 가마, 플린트(flint) 가마

• 형식에 따른 분류 : 둥근가마, 각가마, 선가마, 고리가마, 터널가마, 회전가마, 통굴가마

• 형상에 따른 분류 : 터널요, 윤요, 각요, 환요, 등요, 병요

---

**9.** 도염식요는 조업 방법에 의해 분류할 경우 어떤 형식에 속하는가? [2018. 9. 15.]

① 불연속식　　　　　　　　② 반연속식

③ 연속식　　　　　　　　　④ 불연속식과 연속식의 절충형식

**해설** 문제 7번 해설 참조

**정답** ● 7. ③　　8. ④　　9. ①

**10.** 도염식 가마(down draft kiln)에서 불꽃의 진행방향으로 옳은 것은? [2021. 5. 15.]
① 불꽃이 올라가서 가마천장에 부딪쳐 가마바닥의 흡입구멍으로 빠진다.
② 불꽃이 처음부터 가마바닥과 나란하게 흘러 굴뚝으로 나간다.
③ 불꽃이 연소실에서 위로 올라가 천장에 닿아서 수평으로 흐른다.
④ 불꽃의 방향이 일정하지 않으나 대개 가마 밑에서 위로 흘러나간다.

**해설** 요로의 연소가스(화염)의 진행방향에 따른 분류
• 도염식 가마 : 불길이 가마벽을 따라 돌아 천장에서 바닥의 구멍으로 흘러가므로 가마 속의 온도가 균일하여 열효율이 좋다.
• 승염식 가마 : 고온의 공기가 천장의 굴뚝으로 배출되어 가마 내부가 균일한 온도를 유지하기 어렵고 방출되는 열량이 많다.
• 횡염식 가마 : 연소실과 소성실이 평행해 불이 옆으로 이동하며 연소실 부근과 연돌 부근의 온도 차이가 있어 열 조절이 어렵다.

**11.** 도염식 가마의 구조에 해당되지 않는 것은? [2019. 3. 3.]
① 흡입구                    ② 대차
③ 지연도                    ④ 화교

**해설** 대차는 셔틀요에 사용한다.

**12.** 용광로에서 코크스가 사용되는 이유로 가장 거리가 먼 것은? [2018. 3. 4.]
① 열량을 공급한다.              ② 환원성 가스를 생성시킨다.
③ 일부의 탄소는 선철 중에 흡수된다.    ④ 철광석을 녹이는 용제 역할을 한다.

**해설** 용광로 내의 코크스 역할
• 용광로 내에서 통기를 위한 스페이서(spacer) 역할
• 환원제로서의 역할
• 연소에 따른 열원공급의 역할
• 용선과 슬래그(slag)에 열을 주는 열교환 매체 역할

**13.** 용광로의 원료 중 코크스의 역할로 옳은 것은? [2021. 3. 7.]
① 탈황작용                  ② 흡탄작용
③ 매용제(媒熔劑)             ④ 탈산작용

**정답** ➔ 10. ①  11. ②  12. ④  13. ②, ④

**해설** 코크스는 철을 환원시키는 흡탄작용과 탈산작용을 한다.

※ 탈산 : 강철 제련 과정에서 용해된 금속에 녹아 있는 산소를 제거하는 방법

---

**14.** 용광로에서 선철을 만들 때 사용되는 주원료 및 부재료가 아닌 것은? [2020. 8. 22.]

① 규선석            ② 석회석

③ 철광석            ④ 코크스

**해설** 선철이란 용광로에서 철광석을 녹여 만든 탄소($C$)가 다량 함유된 철이며 철광석, 석회석, 코크스 등이 주원료로 사용된다.

---

**15.** 다음 중 용광로에 장입되는 물질 중 탈황 및 탈산을 위해 첨가하는 것으로 가장 적당한 것은? [2019. 3. 3.]

① 철광석            ② 망간광석

③ 코크스            ④ 석회석

**해설** 망간은 철강을 제조할 때, 유해한 산소나 황과 같은 불순물을 제거하는 용도로 사용되며 또한 인성이나 강도를 높이므로 첨가제로 많이 사용하고 있다.

---

**16.** 요로를 균일하게 가열하는 방법이 아닌 것은? [2019. 9. 21.]

① 노내 가스를 순환시켜 연소 가스량을 많게 한다.

② 가열시간을 되도록 짧게 한다.

③ 장염이나 축차연소를 행한다.

④ 벽으로부터의 방사열을 적절히 이용한다.

**해설** 요로를 균일하게 가열하기 위해서 또는 연속작업을 위해서 장염으로 가열시간을 길게 하여야 한다. 연소실 내에서 축차(rotor)연소를 하기 위하여 연소가스와 연소용 공기를 별도로 하여야 한다.

---

**17.** 다음 중 구리합금 용해용 도가니로에 사용될 도가니의 재료로 가장 적합한 것은? [2016. 5. 8.]

① 흑연질            ② 점토질

③ 구리            ④ 크롬질

---

**정답** ➔ 14. ①    15. ②    16. ②    17. ①

**해설** 도가니로 : 노 내에 도가니를 장입하고 도가니 외부에서 가열하여 도가니 내의 원료를 용융하는 "노"이며 주로 소규모의 용융 또는 특수 재료의 용해에 이용된다. 도가니의 재질에 따라 Cu 합금, Al 합금 등의 용해에 사용되는 흑연 도가니와 Mg 합금, Zn 합금 등에 사용되는 철제 도가니가 있다.

---

**18.** 셔틀요(shuttle kiln)의 특징으로 틀린 것은? [2019. 9. 21.]
① 가마의 보유열보다 대차의 보유열이 열 적약의 요인이 된다.
② 급랭량파가 생기지 않을 정도의 고온에서 제품을 꺼낸다.
③ 가마 1개당 2대 이상의 대차가 있어야 한다.
④ 작업이 불편하여 조업하기가 어렵다.

**해설** 셔틀요(shuttle kiln)는 1개의 가마에 대차를 2대 대기시키는 것으로 대기하는 대차에는 도자기 등 소성작업을 하고 소성이 끝난 후에 가마 내부가 냉각하기 전에 대차를 이송시키고 대기하던 1대의 대차를 다시 소성실로 밀어 넣고 소성시키는 요이며 작업이 원활하여 조업이 쉬운 반연속식 요이다.

---

**19.** 작업이 간편하고 조업주기가 단축되며 요체의 보유열을 이용할 수 있어 경제적인 반연속식요는? [2021. 5. 15.]
① 셔틀요          ② 윤요
③ 터널요          ④ 도염식요

**해설** 반연속식요 : 셔틀요, 오름가마(등요)

---

**20.** 다음 중 셔틀요(shuttle kiln)는 어디에 속하는가? [2020. 8. 22.]
① 반연속요          ② 승염식요
③ 연속요          ④ 불연속요

**해설** 셔틀요는 오름가마(등요)와 함께 반연속요에 해당되며 작업이 간편하고 조업주기가 단축되며 요체의 보유열을 이용할 수 있다.

---

**21.** 다음 중 불연속식 요에 해당하지 않는 것은? [2020. 6. 6.]
① 횡염식요          ② 승염식요
③ 터널요          ④ 도염식요

**해설** 문제 7번 해설 참조

**정답** 18. ④   19. ①   20. ①   21. ③

**22.** 터널가마(tunnel kiln)의 특징에 대한 설명 중 틀린 것은? [2020. 8. 22.]

① 연속식 가마이다.　　　　　　　② 사용 연료에 제한이 없다.
③ 대량생산이 가능하고 유지비가 저렴하다.　④ 노내 온도 조절이 용이하다.

**해설** 터널가마(tunnel kiln)의 특징
- 작업공정이 자동화 시스템으로 구성되어 있다.
- 대량의 제품을 건조시킬 수 있고 유지, 관리비가 저렴하다.
- 신속한 소성과 온도의 균일화를 도모한 연속식이다.
- 사용 연료의 제한이 있으며 주로 중유 버너에 의해 소성된다.

**23.** 다음 중 터널요에 대한 설명으로 옳은 것은? [2020. 9. 26.]

① 예열, 소성, 냉각이 연속적으로 이루어지며 대차의 진행방향과 같은 방향으로 연소가스가 진행된다.
② 소성기간이 길기 때문에 소량생산에 적합하다.
③ 인건비, 유지비가 많이 든다.
④ 온도조절의 자동화가 쉽지만 제품의 품질, 크기, 형상 등에 제한을 받는다.

**해설** 문제 22번 해설 참조

**24.** 소성이 균일하고 소성시간이 짧고 일반적으로 열효율이 좋으며 온도 조절의 자동화가 쉬운 특징의 연속식 가마는? [2019. 4. 27.]

① 터널가마　　　　　　　　② 도염식 가마
③ 승염식 가마　　　　　　　④ 도염식 둥근가마

**해설** 터널가마 : 소성이 균일하고 온도 조절의 자동화가 가능하며 대량생산에 적합한 연속 제조용의 가마이다.

**25.** 터널가마에서 샌드 실(sand seal) 장치가 마련되어 있는 주된 이유는? [2018. 4. 28.]

① 내화벽돌 조각이 아래로 떨어지는 것을 막기 위하여
② 열 절연의 역할을 하기 위하여
③ 찬바람이 가마 내로 들어가지 않도록 하기 위하여
④ 요차를 잘 움직이게 하기 위하여

**해설** 샌드 실(sand seal)은 이음매 부분이나 활동 부분에서의 절연을 위해 누설을 막는 밀봉장치이다.

**정답** ● 22. ②　23. ④　24. ①　25. ②

**26.** 제강 평로에서 채용되고 있는 배열회수 방법으로서 배기가스의 현열을 흡수하여 공기나 연료가스 예열에 이용될 수 있도록 한 장치는?　　　　　　　　　　　　　　　　[2021. 9. 12.]

① 축열실
② 환열기
③ 폐열 보일러
④ 판형 열교환기

**해설**
- 축열실 : 고온의 연소 폐가스의 현열을 이용해서 연소용 공기 혹은 공기와 연료가스를 예열하여 열 교환을 하게 하는 장치
- 환열기 : 축열기 이외의 열교환기로 연소 배기가스에 의한 연소용 공기 예열기이다.
- 폐열 보일러 : 보일러 자체에는 연소실이 없으며 보일러 이외의 노로부터 오는 고온 배기가스의 열을 이용하여 증기 발생을 하는 장치이다.
- 판형 열교환기 : 고온유체와 저온유체가 열판을 사이에 두고 간접적으로 열을 전달하는 장치이다.

**27.** 중요 소성을 하는 평로에서 축열실의 역할로 가장 옳은 것은?　　　　　　　　　[2020. 8. 22.]

① 제품을 가열한다.
② 급수를 예열한다.
③ 연소용 공기를 예열한다.
④ 포화증기를 가열하여 과열증기로 만든다.

**해설** 축열실은 고온의 연소 폐가스의 현열을 이용해서 연소용 공기 혹은 공기와 연료가스를 예열하여 열 교환을 하게 하는 장치로 연료의 절약, 노 안의 고온 취득, 노의 능력 증대 등에 도움이 된다.

**28.** 다음 중 전기로에 해당되지 않는 것은?　　　　　　　　　　　　　　　　　[2021. 3. 7.]

① 푸셔로
② 아크로
③ 저항로
④ 유도로

**해설** 전기로의 분류
- 저항로 : 니크롬선 등 금속발열체 또는 탄화규소 등 비금속 발열체에 통전 가열하여 간접적으로 피열물을 가열하는 간접 가열식과 피열물에 직접 통전하여 피열물을 가열하는 직접 가열식이 있다.
- 아크로 : 직접식과 간접식으로 분류되며, 직접식은 피열물을 아크의 한쪽의 전극으로 하여 통전하는 방식이며, 간접식은 아크의 열을 복사에 의하여 피열물에 가열하는 것이다.
- 유도로 : 직접식은 도전성 피열물에 직접 전류를 유기시켜서 가열하는 방식이고, 간접식은 피열물을 흑연 도가니에 넣어서 흑연 도가니를 유도식에 의하여 가열하여 그 열을 피열물에 주는 방식이다.

**정답** → **26.** ① **27.** ③ **28.** ①

**29.** 가스로 중 주로 내열강재의 용기를 내부에서 가열하고 그 용기 속에 열처리품을 장입하여 간접 가열하는 로를 무엇이라고 하는가? [2019. 3. 3.]

① 레토르트로
② 오븐로
③ 머플로
④ 라디언트튜브로

**해설** • 머플로 : 가열하고자 하는 물체에 직접 화염이 닿지 않도록 열실과 연소실 사이에 격벽을 설치한 것으로 전도 및 복사에 의하여 물체를 간접적으로 가열하는 구조이며 물체 표면의 오염 방지 및 균일한 가열을 할 수 있으나 가열 효율은 나쁘다.
• 레토르트로 : 증류기를 응용하여 고체를 간접적으로 가열하는 장치
• 오븐로 : 가마, 화덕 등의 총칭

**30.** 다음 중 피가열물이 연소가스에 의해 오염되지 않는 가마는? [2018. 3. 4.]

① 직화식가마
② 반머플가마
③ 머플가마
④ 직접식가마

**해설** 문제 29번 해설 참조

**31.** 선철을 강철로 만들기 위하여 고압 공기나 산소를 취입시키고, 산화열에 의해 노 내 온도를 유지하며 용강을 얻는 노(furnace)는? [2021. 9. 12.]

① 평로
② 고로
③ 반사로
④ 전로

**해설** 전로는 고로에서 꺼낸 용융 상태의 선철을 넣고, 노 바닥에 많이 있는 작은 구멍으로부터 고압 공기를 불어 넣어 불순물을 산화·제거한다. 산소를 불어 넣어 양질의 철강을 얻을 수 있다.

**32.** 연료를 사용하지 않고 용선의 보유열과 용선 속 불순물의 산화열에 의해서 노 내 온도를 유지하며 용강을 얻는 것은? [2018. 4. 28.]

① 평로
② 고로
③ 반사로
④ 전로

**해설** 전로는 노 본체를 회전하여 용강을 흘려내는 것으로 제강 시간이 짧아 연료를 필요로 하지 않는다.

**정답** 29. ③  30. ③  31. ④  32. ④

**33.** 요로 내에서 생성된 연소가스의 흐름에 대한 설명으로 틀린 것은? [2018. 9. 15.]

① 가열물의 주변에 저온 가스가 체류하는 것이 좋다.
② 같은 흡입 조건 하에서 고온 가스는 천정쪽으로 흐른다.
③ 가연성가스를 포함하는 연소가스는 흐르면서 연소가 진행된다.
④ 연소가스는 일반적으로 가열실 내에 충만되어 흐르는 것이 좋다.

**해설** 요로의 전열 방법은 복사열, 전도열, 대류열에 의하여 이루어지며 가열물 주변에 고온의 가스가 체류하여야 연소가스 흐름이 원활해진다.

**34.** 다음 중 노체 상부로부터 노구(throat), 샤프트(shaft), 보시(bosh), 노상(hearth)으로 구성된 노(爐)는? [2018. 9. 15.]

① 평로
② 고로
③ 전로
④ 코크스로

**해설** 고로(용광로)는 높은 온도로 광석을 녹여서 쇠붙이를 뽑아내는 가마로 1일 생산하는 선철의 톤수로 표시한다.
- 노구(throat) : 노의 최상부(원료 장입장치)
- 샤프트(shaft, 노흉) : 고로 본체 및 수도설비 고로의 상부
- 보시(bosh, 조안) : 노 바닥과 노 가운데 사이의 부분
- 노상(hearth) : 용융한 선철과 슬래그가 모이는 곳(하부에 위치)

**35.** 윤요(ring kiln)에 대한 설명으로 옳은 것은? [2017. 5. 7.]

① 석회소성용으로 사용된다.
② 열효율이 나쁘다.
③ 소성이 균일하다.
④ 종이 칸막이가 있다.

**해설** 윤요(ring kiln)는 연속식 소성 가마로 많은 방이 연속하여 고리 모양(원형 또는 긴 원형)으로 종이 칸막이가 있으며 대량 소성에 적합하고, 연료 사용을 경제적으로 할 수 있다.

**36.** 다음 중 연속식 요가 아닌 것은? [2017. 5. 7.]

① 등요
② 윤요
③ 터널요
④ 고리가마

**해설** 등요, 셔틀요는 반연속식 요이다.

**정답** ● 33. ① 34. ② 35. ④ 36. ①

**37.** 시멘트 제조에 사용하는 회전가마(rotary kiln)는 다음 여러 구역으로 구분된다. 다음 중 탄산염 원료가 주로 분해되어지는 구역은? [2018. 3. 4.]
① 예열대 ② 하소대
③ 건조대 ④ 소성대

해설 • 예열대 : 상온이나 열편(600℃ 이하)으로 가열로에 들어 온 소재를 예열하는 구간으로 강종에 따라 차이는 있으나 800~1000℃ 정도로 가열시키는 장소
• 하소대 : : 석회석($CaCO_3$)이 분해, 탈탄산이 된다.
• 건조대 : 수분이 증발되는 장소
• 소성대 : 도자기를 만들 때, 초벌구이 이후의 작업을 하는 장소

**38.** 단조용 가열로에서 재료에 산화스케일이 가장 많이 생기는 가열 방식은? [2021. 3. 7.]
① 반간접식 ② 직화식
③ 무산화 가열방식 ④ 급속 가열방식

해설 단조용 가열로에서 직화식은 재료에 일정하게 가열하지는 못하며 산화스케일 형성을 일으키나 열의 손실은 적다.

**39.** 제철 및 제강공정 중 배소로의 사용 목적으로 가장 거리가 먼 것은? [2018. 3. 4.] [2021. 5. 15.]
① 유해성분의 제거
② 산화도의 변화
③ 분상광석의 괴상으로서의 소결
④ 원광석의 결합수의 제거와 탄산염의 분해

해설 배소로의 사용 목적 : 유해성분 제거, 산화도 변화로 제련 용이, 원광석의 결합수의 제거와 탄산염의 분해, 물리적 변화

**40.** 공업용 로에 있어서 폐열회수장치로 가장 적합한 것은? [2020. 6. 6.]
① 댐퍼 ② 백필터
③ 바이패스 연도 ④ 레큐퍼레이터

해설 레큐퍼레이터(recuperator)는 열회수식 열교환기로 공업용 로에서 폐열회수장치로 사용한다.

정답 37. ② 38. ② 39. ③ 40. ④

**41.** 용선로(culpola)에 대한 설명으로 틀린 것은? [2020. 9. 26.]

① 대량생산이 가능하다.

② 용해 특성상 용탕에 탄소, 황, 인 등의 불순물이 들어가기 쉽다.

③ 다른 용해로에 비해 열효율이 좋고 용해시간이 빠르다.

④ 동합금, 경합금 등 비철금속 용해로로 주로 사용된다.

**해설** 구리합금·경합금 등을 소량 용해할 때 흔히 사용하는 것은 도가니로이다.

**42.** 견요의 특징에 대한 설명으로 틀린 것은? [2020. 9. 26.]

① 석회석 클링커 제조에 널리 사용된다.

② 하부에서 연료를 장입하는 형식이다.

③ 제품의 예열을 이용하여 연소용 공기를 예열한다.

④ 이동 화상식이며 연속요에 속한다.

**해설** 견요(세로가마)는 상부에서 연료를 장입하는 이동 화상식이며 제품의 예열을 이용하여 연소용 공기를 예열하는 연속요로 소음이 심한 편이다.

**43.** 다음 중 연속가열로의 종류가 아닌 것은? [2020. 9. 26.]

① 푸셔식 가열로

② 워킹 – 빔식 가열로

③ 대차식 가열로

④ 회전로상식 가열로

**해설** 대차식 가열로는 대형 구조물의 장입과 취출이 용이하므로 처리용량의 대형화가 가능하며 축열량이 적은 경량 내화재의 시공으로 에너지 절약과 함께 온도 편차가 적은 비연속식 가열로이다.

**44.** 연소실의 연도를 축조하려 할 때 유의사항으로 가장 거리가 먼 것은? [2019. 3. 3.]

① 넓거나 좁은 부분의 차이를 줄인다.

② 가스 정체 공극을 만들지 않는다.

③ 가능한 한 굴곡 부분을 여러 곳에 설치한다.

④ 댐퍼로부터 연도까지의 길이를 짧게 한다.

**해설** 굴곡부가 많으면 압력손실이 크므로 통풍력 감소의 원인이 된다.

**정답** 41. ④  42. ②  43. ③  44. ③

**45.** 노통 연관 보일러에서 파형 노통에 대한 설명으로 틀린 것은? [2019. 4. 27.]
① 강도가 크다.
② 제작비가 비싸다.
③ 스케일의 생성이 쉽다.
④ 열의 신축에 의한 탄력성이 나쁘다.

해설 파형 노통 : 파형부에서 길이 방향의 열팽창을 흡수하도록 제작되었고 최대 외경과 최소 내경과의 차이는 100 mm 이하이며 열에 대한 신축성이 양호하다.

**46.** 열처리로 경화된 재료를 변태점 이상의 적당한 온도로 가열한 다음 서서히 냉각하여 강의 입도를 미세화하여 조직을 연화, 내부응력을 제거하는 로는? [2018. 9. 15.]
① 머플로                          ② 소성로
③ 풀림로                          ④ 소결로

해설 풀림로(annealing furnace = 서랭가마) : 제품을 가마에 채워 넣고 서랭 온도로 가열하며, 불을 가감하여 일정한 냉각 속도를 주어 변형점 이하에서 제품을 만들며 가스로, 중유로, 전기로 등이 있다.

**47.** 보온재의 구비조건으로 틀린 것은? [2021. 5. 15.]
① 불연성일 것                     ② 흡수성이 클 것
③ 비중이 작을 것                  ④ 열전도율이 작을 것

해설 보온재의 구비조건
• 흡수성이 작을 것(내습성이 클 것)
• 열전도율이 낮을 것(전열이 불량할 것)
• 비중이 작고 장시간 사용해도 변형이 없을 것
• 기계적 강도가 크고 내열성이 좋을 것

**48.** 보온 단열재의 재료에 따른 구분에서 약 850~1200℃ 정도까지 견디며, 열 손실을 줄이기 위해 사용되는 것은? [2017. 9. 23.]
① 단열재                          ② 보온재
③ 보냉재                          ④ 내화 단열재

정답 ● 45. ④  46. ③  47. ②  48. ①

**해설** 보온 단열재의 안전사용온도
- 단열재 : 800~1200℃
- 보온재 : 200~800℃
- 보냉재 : 100℃ 이하
- 내화 단열재 : 1200~1500℃

---

**49.** 내화물의 구비조건으로 틀린 것은? [2016. 5. 8.]

① 내마모성이 클 것
② 화학적으로 침식되지 않을 것
③ 온도의 급격한 변화에 의해 파손이 적을 것
④ 상온 및 사용온도에서 압축강도가 적을 것

**해설** 내화물의 구비조건
- 내화도가 클 것
- 융점 및 연화점이 클 것
- 기계적 강도가 높고 체적변화가 적고 급격한 온도 변화에 견딜 수 있을 것
- 화학적으로 침식되지 않을 것

---

**50.** 내화물의 분류 방법으로 적합하지 않는 것은? [2021. 3. 7.]

① 원료에 의한 분류
② 형상에 의한 분류
③ 내화도에 의한 분류
④ 열전도율에 의한 분류

**해설** 내화물의 분류 방법 : 원료에 의한 분류, 형상에 의한 분류, 내화도에 의한 분류, 열처리 방식에 의한 분류, 화학적 조성에 의한 분류

---

**51.** 보온재의 열전도율과 체적 비중, 온도, 습분 및 기계적 강도와의 관계에 관한 설명으로 틀린 것은? [2016. 3. 6.]

① 열전도율은 일반적으로 체적 비중의 감소와 더불어 적어진다.
② 열전도율은 일반적으로 온도의 상승과 더불어 커진다.
③ 열전도율은 일반적으로 습분의 증가와 더불어 커진다.
④ 열전도율은 일반적으로 기계적 강도가 클수록 커진다.

---

**정답** 49. ④  50. ④  51. ④

🔑해설 열전도율은 고체 내부에서의 열의 이동으로 기계적 강도가 클수록 열전도율은 낮아지게 된다.

---

**52.** 보온재의 열전도계수에 대한 설명으로 틀린 것은? [2019. 3. 3.]

① 보온재의 함수율이 크게 되면 열전도계수도 증가한다.
② 보온재의 기공률이 클수록 열전도계수는 작아진다.
③ 보온재의 열전도계수가 작을수록 좋다.
④ 보온재의 온도가 상승하면 열전도계수는 감소된다.

🔑해설 열전도계수는 전도에서의 비례상수이고, 열전달계수는 복사와 대류에서의 비례상수이다. 그러므로 보온재 온도가 상승하면 열전도계수는 상승하게 된다.

---

**53.** 보온재의 열전도율에 대한 설명으로 옳은 것은? [2020. 6. 6.]

① 배관 내 유체의 온도가 높을수록 열전도율은 감소한다.
② 재질 내 수분이 많을 경우 열전도율은 감소한다.
③ 비중이 클수록 열전도율은 감소한다.
④ 밀도가 작을수록 열전도율은 감소한다.

🔑해설 보온재의 비중이 증가할수록, 수분 함유량이 많을수록, 유체의 온도가 높아질수록 열전도율은 증가하며 이로 인해 보온효과가 떨어진다. 비중이나 밀도는 작을수록 보온효과가 좋다.

---

**54.** 보온재의 열전도율에 대한 설명으로 옳은 것은? [2019. 9. 21.]

① 열전도율이 클수록 좋은 보온재이다.
② 보온재 재료의 온도에 관계없이 열전도율은 일정하다.
③ 보온재 재료의 밀도가 작을수록 열전도율은 커진다.
④ 보온재 재료의 수분이 적을수록 열전도율은 작아진다.

🔑해설 문제 53번 해설 참조

---

**55.** 보온재의 열전도율이 작아지는 조건으로 틀린 것은? [2019. 4. 27.]

① 재료의 두께가 두꺼워야 한다.  ② 재료의 온도가 낮아야 한다.
③ 재료의 밀도가 높아야 한다.  ④ 재료내 기공이 작고 기공률이 커야 한다.

🔑해설 재료의 밀도가 커지면 열전도율이 증가하게 된다.

---

**정답** ● 52. ④  53. ④  54. ④  55. ③

**56.** 보온재 시공 시 주의해야 할 사항으로 가장 거리가 먼 것은? [2018. 9. 15.]

① 사용개소의 온도에 적당한 보온재를 선택한다.
② 보온재의 열전도성 및 내열성을 충분히 검토한 후 선택한다.
③ 사용처의 구조 및 크기 또는 위치 등에 적합한 것을 선택한다.
④ 가격이 가장 저렴한 것을 선택한다.

해설 보온재는 사용처에 적정한 열전도성과 내열성 및 구조 등을 고려하여 시공하여야 한다.

**57.** 보온재의 열전도율에 대한 설명으로 옳은 것은? [2016. 3. 6.]

① 열전도율 2.1 kJ/m·h·℃ 이하를 기준으로 하고 있다.
② 재질 내 수분이 많을 경우 열전도율은 감소한다.
③ 비중이 클수록 열전도율은 작아진다.
④ 밀도가 작을수록 열전도율은 작아진다.

해설 보온재의 열전도율 : 열전도율 0.42 kJ/m·h·℃ 이하를 기준으로 하고 있으며 재질 내 수분이 많을 경우 수분으로 인하여 열의 이동이 많으므로 열전도율은 증가한다. 비중이 낮으면 열전 도율이 감소하고 반대로 비중이 높으면 열전도율이 증가하게 된다.

**58.** 내화물에 대한 설명으로 틀린 것은? [2019. 4. 27.]

① 샤모트질 벽돌은 카올린을 미리 SK 10~14 정도로 1차 소성하여 탈수 후 분쇄한 것으로 서 고온에서 광물상을 안정화한 것이다.
② 제겔콘 22번의 내화도는 1530℃이며, 내화물은 제겔콘 26번 이상의 내화도를 가진 벽돌 을 말한다.
③ 중성질 내화물은 고알루미나질, 탄소질, 탄화규소질, 크롬질 내화물이 있다.
④ 용융내화물은 원료를 일단 용융상태로 한 다음에 주조한 내화물이다.

해설 내화물은 온도가 약 1580℃로 내화도 SK(제겔콘) 26번 이상의 무기질 내열재료이다.

**59.** 단열효과에 대한 설명으로 틀린 것은? [2016. 10. 1.] [2020. 8. 22.]

① 열확산계수가 작아진다.　　　　② 열전도계수가 작아진다.
③ 노 내 온도가 균일하게 유지된다.　　④ 스폴링 현상을 촉진시킨다.

해설 스폴링은 재료가 고열 상태에서 급랭하였을 때 생기는 표면이 거칠어지는 현상으로 오히려 단열효과를 감소시킬 수 있다.

정답 ● 56. ④　57. ④　58. ②　59. ④

**60.** 보온재 내 공기 이외의 가스를 사용하는 경우 가스 분자량이 공기의 분자량보다 적으면 보온 재의 열전도율의 변화의 효과는? [2018. 4. 28.]

① 동일하다. ② 낮아진다.

③ 높아진다. ④ 높아지다가 낮아진다.

**해설** 가스 분자량이 공기의 분자량보다 적으면 밀도가 낮아지며, 분자 밀도가 낮아지면 열을 거의 전달하지 않는다(보온효과가 높아진다).

**61.** 다음 중 고온용 보온재가 아닌 것은? [2018. 4. 28.]

① 우모 펠트 ② 규산칼슘

③ 세라믹 파이버 ④ 펄라이트

**해설** 유기질 보온재는 주로 저온용, 무기질 보온재는 주로 고온용으로 사용한다.

※ 유기질 보온재 : 기포성 수지, 코르크, 펠트, 텍스류, 각종 폼류

**62.** 다음 보온재 중 재질이 유기질 보온재에 속하는 것은? [2018. 9. 15.]

① 우레탄 폼 ② 펄라이트

③ 세라믹 파이버 ④ 규산칼슘 보온재

**해설** 문제 61번 해설 참조

**63.** 내화물의 제조공정의 순서로 옳은 것은? [2017. 9. 23.]

① 혼련 → 성형 → 분쇄 → 소성 → 건조

② 분쇄 → 성형 → 혼련 → 건조 → 소성

③ 혼련 → 분쇄 → 성형 → 소성 → 건조

④ 분쇄 → 혼련 → 성형 → 건조 → 소성

**해설** • 내화물의 제조공정의 순서 : 분쇄 → 혼련 → 성형 → 건조 → 소성

• 혼련 : 고점성의 재료 또는 분체를 액체와 혼합하는 조작

**64.** 다음 보온재 중 최고안전사용온도가 가장 높은 것은? [2017. 5. 7.]

① 석면 ② 펄라이트

③ 폼 글라스 ④ 탄화마그네슘

**정답** ● 60. ③ 61. ① 62. ① 63. ④ 64. ②

해설 보온재의 최고안전사용온도
- 탄화코르크 : 130℃
- 폴리스티렌 발포제 : 120~130℃
- 폼 글라스 : 300℃
- 세라믹 파이버 : 1300℃
- 펄라이트 : 650℃
- 폴리우레탄 폼 : 80℃
- 규조토 : 500℃
- 규산칼슘 : 650℃

---

**65.** 규산칼슘 보온재에 대한 설명으로 거리가 가장 먼 것은? [2021. 9. 12.]
① 규산에 석회 및 석면 섬유를 섞어서 성형하고 다시 수증기로 처리하여 만든 것이다.
② 플랜트 설비의 탑조류, 가열로, 배관류 등의 보온공사에 많이 사용된다.
③ 가볍고 단열성과 내열성은 뛰어나지만 내산성이 적고 끓는 물에 쉽게 붕괴된다.
④ 무기질 보온재로 다공질이며 최고안전사용온도는 약 650℃ 정도이다.

해설 규산칼슘 보온재는 규암, 규석, 규사, 규조토 등과 석회와의 수열 반응에서 생긴 규산칼슘에 석면 섬유를 5~10 % 혼입해서 페놀 수지 가공으로 성형한 것으로, 경량이며, 내수성이 크고 최고안전사용온도는 약 650℃ 정도로 열에도 강하다.

---

**66.** 다음 보온재 중 최고안전사용온도가 가장 낮은 것은? [2019. 3. 3.]
① 석면　　　　② 규조토　　　　③ 우레탄 폼　　　　④ 펄라이트

해설 최고안전사용온도
- 석면 : 400℃
- 규조토 : 500℃
- 우레탄 폼 : 100℃
- 펄라이트 : 650℃

---

**67.** 규조토질 단열재의 안전사용온도는? [2018. 3. 4.]
① 300~500℃　　　　　　② 500~800℃
③ 800~1200℃　　　　　④ 1200~1500℃

해설 일반적으로 단열재의 안전사용온도는 800~1200℃이다.
- 보온재 : 200~800℃
- 보냉재 : 100℃ 이하

---

정답 65. ③　66. ③　67. ③

**68.** 내화물 SK-26번이면 용융온도 1580℃에 견디어야 한다. SK-30번이면 약 몇 ℃에 견디어야 하는가? [2018. 3. 4.]

① 1460℃
② 1670℃
③ 1780℃
④ 1800℃

해설 내화물 SK에 따른 용융온도
- SK-26 : 1580℃
- SK-30 : 1670℃
- SK-32 : 1710℃
- SK-34 : 1750℃
- SK-42 : 2000℃

**69.** 무기질 보온재에 대한 설명으로 틀린 것은? [2020. 8. 22.]

① 일반적으로 안전사용온도범위가 넓다.
② 재질 자체가 독립기포로 안정되어 있다.
③ 비교적 강도가 높고 변형이 적다.
④ 최고온도사용온도가 높아 고온에 적합하다.

해설 무기질은 불연성이고 안전사용온도가 높으며 기계적 강도가 크고 내수성, 내구성이 우수하다. 또한 기공이 균일하며 열전도율이 낮다. 석면·암면·글라스울·규조토·염기성 탄산마그네슘 등이 해당된다.

**70.** 가마를 축조할 때 단열재를 사용함으로써 얻을 수 있는 효과로 틀린 것은? [2017. 3. 5.]

① 작업 온도까지 가마의 온도를 빨리 올릴 수 있다.
② 가마의 벽을 얇게 할 수 있다.
③ 가마 내의 온도 분포가 균일하게 된다.
④ 내화벽돌의 내·외부 온도가 급격히 상승한다.

해설 단열재를 사용하면 외부와의 열의 이동이 차단되므로 내부의 온도는 급격히 상승되나 외부의 온도 변화는 심하지 않게 된다.

**71.** 다음 중 열전도율이 낮은 재료에서 높은 재료 순으로 바르게 표기된 것은? [2016. 5. 8.]

① 물-유리-콘크리트-석고보드-스티로폼-공기
② 공기-스티로폼-석고보드-물-유리-콘크리트
③ 스티로폼-유리-공기-석고보드-콘크리트-물
④ 유리-스티로폼-물-콘크리트-석고보드-공기

정답 ► **68.** ② **69.** ② **70.** ④ **71.** ②

**해설** 열전도율
- 공기 : $0.025\ \text{W/m} \cdot \text{K}$
- 석고보드 : $0.35\ \text{W/m} \cdot \text{K}$
- 유리 : $1.4\ \text{W/m} \cdot \text{K}$
- 스티로폼 : $0.03\ \text{W/m} \cdot \text{K}$
- 물 : $0.492\ \text{W/m} \cdot \text{K}$
- 콘크리트 : $1.6\ \text{W/m} \cdot \text{K}$

---

**72.** 보온이 안 된 어떤 물체의 단위면적당 손실열량이 $1600\ \text{kJ/m}^2$이었는데, 보온한 후에 단위면적당 손실열량이 $1200\ \text{kJ/m}^2$이라면 보온효율은 얼마인가? [2021. 3. 7.]

① 1.33

② 0.75

③ 0.33

④ 0.25

**해설** 보온효율 $= \dfrac{1600 - 1200}{1600} = 0.25$

---

**73.** 단열재를 사용하지 않는 경우의 방출열량이 350 W이고, 단열재를 사용할 경우의 방출열량이 100 W라 하면 이때의 보온효율은 약 몇 %인가? [2020. 8. 22.]

① 61

② 71

③ 81

④ 91

**해설** 보온효율 $= \dfrac{350 - 100}{350} = 0.71428 = 71.428\ \%$

---

**74.** 내화물의 부피비중을 바르게 표현한 것은? (단, $W_1$ : 시료의 건조중량(kg), $W_2$ : 함수시료의 수중중량(kg), $W_3$ : 함수시료의 중량(kg)이다.) [2018. 3. 4.]

① $\dfrac{W_1}{W_3 - W_2}$

② $\dfrac{W_3}{W_1 - W_2}$

③ $\dfrac{W_3 - W_2}{W_1}$

④ $\dfrac{W_2 - W_3}{W_1}$

**해설** 부피비중 $= \dfrac{\text{시료의 건조중량}}{\text{함수시료의 중량} - \text{함수시료의 수중중량}}$

흡수율 $= \dfrac{\text{함수시료의 중량} - \text{시료의 건조중량}}{\text{시료의 건조중량}}$

**정답** ● 72. ④  73. ②  74. ①

**75.** 그림의 배관에서 보온하기 전 표면 열전달률($\alpha$)이 12.3 kcal/m² · h · ℃이었다. 여기에 글라스울 보온통으로 시공하여 방산열량이 28 kcal/m · h가 되었다면 보온효율은 얼마인가? (단, 외기온도는 20℃이다.) [2018. 9. 15.]

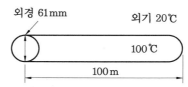

〈배관에서의 열손실(보온되지 않은 것)〉

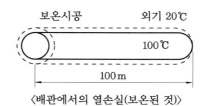

〈배관에서의 열손실(보온된 것)〉

① 44 %　　　　② 56 %　　　　③ 85 %　　　　④ 93 %

**해설** • 배관의 표면적 $= \pi \times 61 \times 10^{-3}$ m $\times 100$ m $= 19.1637$ m²
• 배관 표면 열전달량 $= 12.3$ kcal/m² · h · ℃ $\times 19.1637$ m² $\times (100 - 20)$℃
$$= 18857.1 \text{ kcal/h}$$
• 보온효율 $= \dfrac{18857.1 - 28 \times 100}{18857.1} = 0.8515 = 85.15$ %

**76.** 온수탱크의 나면과 보온면으로부터 방산열량을 측정한 결과 각각 1000 kcal/m² · h, 300 kcal/m² · h이었을 때, 이 보온재의 보온효율(%)은? [2017. 5. 7.]

① 30　　　　② 70　　　　③ 93　　　　④ 233

**해설** 보온효율 $= \dfrac{1000 - 300}{1000} = 0.7 = 70$ %

**77.** 보온을 두껍게 하면 방산열량($Q$)은 적게 되지만 보온재의 비용($P$)은 증대된다. 이때 경제성을 고려한 최소치의 보온재 두께를 구하는 식은? [2017. 9. 23.]

① $Q + P$　　　　　　　　② $Q^2 + P$
③ $Q + P^2$　　　　　　　　④ $Q^2 + P^2$

**해설** 보온재의 경제적 두께 = 방산열량 + 보온재 비용

**정답** ● **75.** ③　**76.** ②　**77.** ①

**78.** 배관재료 중 온도범위 0~100℃ 사이에서 온도변화에 의한 팽창계수가 가장 큰 것은?
① 동　　　　　　　　　　② 주철　　　　　　　[2016. 5. 8.]
③ 알루미늄　　　　　　　④ 스테인리스강

해설 팽창계수 : 물체가 가열되었을 때 그 길이 또는 체적이 증대하는 비율을 온도로 나타낸 값
• 동 : 1.71
• 철 : 1.2
• 알루미늄 : 2.38
• 스테인리스강 : 1.73

**79.** 보온면의 방산열량 1100 kJ/m², 나면의 방산열량 1600 kJ/m²일 때 보온재의 보온효율은?
① 25 %　　　　　　　　② 31 %　　　　　　　[2016. 5. 8.]
③ 45 %　　　　　　　　④ 69 %

해설 보온효율 $= \dfrac{1600-1100}{1600} = 0.3125 = 31.25\%$

**80.** 고알루미나(high alumina)질 내화물의 특성에 대한 설명으로 옳은 것은?　[2017. 9. 23.]
① 급열, 급랭에 대한 저항성이 적다.　② 고온에서 부피변화가 크다.
③ 하중 연화온도가 높다.　　　　　　④ 내마모성이 작다.

해설 고알루미나(high alumina)질 내화물의 특성
• 내식성, 내마모성이 크며 열전도가 좋고 하중 연화온도가 높다.
• 중성 내화물이며 급열, 급랭에 대한 저항성이 좋으며 고온에서 체적변화가 작다.

**81.** 고알루미나질 내화물의 특징에 대한 설명으로 거리가 가장 먼 것은?　[2021. 9. 12.]
① 중성 내화물이다.　　　　　　　　② 내식성, 내마모성이 작다.
③ 내화도가 높다.　　　　　　　　　④ 고온에서 부피변화가 작다.

해설 문제 80번 해설 참조

**82.** 다음 중 내화 모르타르의 분류에 속하지 않는 것은?　[2020. 6. 6.]
① 열경성　　　② 화경성　　　③ 기경성　　　④ 수경성

정답 78. ③　79. ②　80. ③　81. ②　82. ②

해설 내화 모르타르는 열경성, 기경성, 수경성으로 구분되며 열경성은 시공 후 가열에 의해 강도를 나타내고, 기경성은 상온에서 뛰어난 강도를 가지며 수경성은 물과 혼합된 상태에서 수화 경화하는 성질이다.

---

**83.** 염기성 슬래그나 용융금속에 대한 내침식성이 크므로 염기성 제강로의 노재로 주로 사용되는 내화벽돌은? [2020. 6. 6.]

① 마그네시아질
② 규석질
③ 샤모트질
④ 알루미나질

---

해설 마그네시아질은 마그네사이트나 산화 마그네슘으로 만든 염기성 내화물이며 내화도는 높으나 매우 높은 온도에서 물러지는 성질이 있고, 무게에 견디는 힘이 약하며, 온도의 변화에 따라 표면이 부스러지는 결점이 있다.

---

**84.** 다음 중 산성 내화물에 속하는 벽돌은? [2020. 6. 6.]

① 고알루미나질
② 크롬 – 마그네시아질
③ 마그네시아질
④ 샤모트질

---

해설 산성 내화물에는 규석질, 납석질, 점토질, 지르콘질, 탄화규소질, 샤모트질 등이 포함된다.

---

**85.** 산성 내화물이 아닌 것은? [2017. 3. 5.]

① 규석질 내화물
② 납석질 내화물
③ 샤모트질 내화물
④ 마그네시아 내화물

---

해설 마그네시아 내화물은 유일한 염기성 내화물 원료이다.

---

**86.** 다음 중 $MgO - SiO_2$계 내화물은? [2019. 4. 27.]

① 마그네시아질 내화물
② 돌로마이트질 내화물
③ 마그네시아 – 크롬질 내화물
④ 폴스테라이트질 내화물

---

해설 염기성 내화물
- 마그네시아질 내화물 : $MgO$
- 돌로마이트질 내화물 : $MgO$, $CaO$
- 마그네시아 – 크롬질 내화물 : $MgO - Cr_2O_3$
- 폴스테라이트질 내화물 : $2MgO - SiO_2$

---

정답 ● 83. ① 84. ④ 85. ④ 86. ④

**87.** 다음 중 중성 내화물에 속하는 것은?
[2018. 4. 28.]
① 납석질 내화물
② 고알루미나질 내화물
③ 반규석질 내화물
④ 샤모트질 내화물

**해설** 규산질인 산성 내화물, 고토질 염기성 내화물에도 속하지 않고, 고온도에서 각각의 것과 거의 반응하지 않는 조성의 내화물을 중성 내화물이라 하며, 크롬, 고알루미나, 멀라이트, 탄화규소로 이루어지는 내화물 등이 중성 내화물에 속한다.

**88.** 고온용 무기질 보온재로서 석영을 녹여 만들며, 내약품성이 뛰어나고, 최고사용온도가 1100℃ 정도인 것은?
[2021. 3. 7.]
① 유리섬유(glass wool)
② 석면(asbestos)
③ 펄라이트(pearlite)
④ 세라믹 파이버(ceramicfiber)

**해설** 세라믹 파이버는 실리카-알루미나계 무기질 보온재로서 단열성, 전기 절연성, 화학 안정성이 우수하며, 1000℃ 이상의 고온에서도 사용할 수 있다.

**89.** 고온용 무기질 보온재로서 경량이고 기계적 강도가 크며 내열성, 내수성이 강하고 내마모성이 있어 탱크, 노벽 등에 적합한 보온재는?
[2021. 5. 15.]
① 암면
② 석면
③ 규산칼슘
④ 탄산마그네슘

**해설** 규산칼슘 보온재는 가볍고 기계적 강도가 크며 단열성이 좋으므로 뜨거운 배관 또는 표면의 단열재로 사용된다. 사용 적합 온도는 35~815℃이다.

**90.** 소성내화물의 제조공정으로 가장 적절한 것은?
[2019. 4. 27.]
① 분쇄 → 혼련 → 건조 → 성형 → 소성
② 분쇄 → 혼련 → 성형 → 건조 → 소성
③ 분쇄 → 건조 → 혼련 → 성형 → 소성
④ 분쇄 → 건조 → 성형 → 소성 → 혼련

**해설** • 소성내화물의 제조공정 : 분쇄 → 혼련 → 성형 → 건조 → 소성
• 혼련 : 고점성의 재료 또는 분체를 액체와 혼합하는 조작

**정답** 87. ② 88. ④ 89. ③ 90. ②

**91.** 샤모트(chamotte) 벽돌에 대한 설명으로 옳은 것은? [2017. 3. 5.]
  ① 일반적으로 가공률이 크고 비교적 낮은 온도에서 연화되며 내스폴링성이 좋다.
  ② 흑연질 등을 사용하며 내화도와 하중연화점이 높고 열 및 전기전도도가 크다.
  ③ 내식성과 내마모성이 크며 내화도는 SK 35 이상으로 주로 고온부에 사용된다.
  ④ 하중연화점이 높고 가소성이 커 염기성 제강로에 주로 사용된다.

해설 샤모트는 규산과 알루미나 등을 주성분으로 하는 내화점토의 소성분말이며 여기에 소량의 생점토를 가하여 프레스, 거푸집 타격 등의 방법으로 샤모트 벽돌로 성형되며 내열성(내스폴링성)이 좋고 가공률이 크다.

**92.** 샤모트(chamotte) 벽돌의 원료로서 샤모트 이외의 가소성 생점토(生粘土)를 가하는 주된 이유는? [2021. 5. 15.]
  ① 치수 안정을 위하여　　　　② 열전도성을 좋게 하기 위하여
  ③ 성형 및 소결성을 좋게 하기 위하여　　　　④ 건조 소성, 수축을 미연에 방지하기 위하여

해설 샤모트 벽돌은 내화점토를 주원료로 하여 소량의 생점토를 가하여 프레스, 거푸집 타격 등의 방법으로 성형한다. 생점토가 적을수록 수축과 기공률이 작으므로 성형 및 소결성을 좋게 하기 위해 생점토를 가해 준다.

**93.** 샤모트질(chamotte) 벽돌의 주성분은? [2016. 10. 1.]
  ① $Al_2O_3$, $2SiO_2$, $2H_2O$　　　　② $Al_2O_3$, $7SiO_2$, $H_2O$
  ③ $FeO$, $Cr_2O_3$　　　　④ $MgCO_3$

해설 샤모트질(chamotte)은 규산($SiO_2$)과 알루미나($Al_2O_3$) 등을 주성분으로 하는 내화점토의 소성분말이며 내화 벽돌, 내화 모르타르의 주원료이다.

**94.** 내화도가 높고 용융점 부근까지 하중에 견디기 때문에 각종 가마의 천장에 주로 사용되는 내화물은? [2016. 10. 1.]
  ① 규석 내화물　　　　② 납석 내화물
  ③ 샤모트 내화물　　　　④ 마그네시아 내화물

해설 규석 내화물의 열팽창률은 약 600℃까지는 크지만 그 이상에서는 거의 팽창하지 않고 안정하며 약 1650℃까지 열간 하중하에서의 강도는 크다. 주로 유리 용융 가마의 천장, 전기로 뚜껑, 열풍로 등에 사용된다.

정답 ● 91. ①　92. ③　93. ①　94. ①

**95.** 노재의 화학적 성질을 잘못 짝지은 것은? [2017. 5. 7.]
① 샤모트질 벽돌 : 산성
② 규석질 벽돌 : 산성
③ 돌로마이트질 벽돌 : 염기성
④ 크롬질 벽돌 : 염기성

해설 크롬질 벽돌 : 중성 내화물

**96.** 다음 중 규석벽돌로 쌓은 가마 속에서 소성하기에 가장 적절하지 못한 것은? [2019. 9. 21.]
① 규석질 벽돌
② 샤모트질 벽돌
③ 납석질 벽돌
④ 마그네시아질 벽돌

해설 마그네시아질 벽돌은 염기성 내화물이며 ①, ②, ③항은 산성 내화물이다.

**97.** 폴스테라이트에 대한 설명으로 옳은 것은? [2021. 9. 12.]
① 주성분은 $Mg_2SiO_4$이다.
② 내식성이 나쁘고 기공류은 작다.
③ 돌로마이트에 비해 소화성이 크다.
④ 하중연화점은 크나 내화도는 SK 28로 작다.

해설 폴스테라이트는 오르소규산 마그네슘($Mg_2 \cdot SiO_4$)이다.

**98.** 크롬벽돌이나 크롬−마그벽돌이 고온에서 산화철을 흡수하여 표면이 부풀어 오르고 떨어져 나가는 현상은? [2021. 5. 15.]
① 버스팅
② 큐어링
③ 슬래킹
④ 스폴링

해설 • 버스팅 : 용적의 영구 팽창에 의한 붕괴로 크롬이나 크롬마그네시아질 내화물에 철분이 많은 스크랩이 반응하고 벽돌 표면이 산화철을 흡수해서 생기는 현상
• 큐어링 : 상처를 치유하는 것
• 슬래킹 : 고결(固結)된 바위가 흡습·건조의 반복에 의하여 붕괴되어 가는 현상
• 스폴링 : 표면 균열 등이 있는 곳에 하중이 가해져서 표면이 서서히 박리하는 현상
• 필링 : 섬유가 직물이나 편성물에서 빠져나오지 않고 직물의 표면에서 뭉쳐져 섬유의 작은 방울을 형성한 것
• 스웰링 : 고체 안에 기체가 발생해 고체가 부푸는 현상
• 에로존 : 물체가 배관 등을 통과할 때 발생하는 일반적인 마모 현상

**99.** 염기성 내화벽돌이 수증기의 작용을 받아 생성되는 물질이 비중변화에 의하여 체적변화를 일으켜 노벽에 균열이 발생하는 현상은? [2021. 9. 12.]

① 스폴링(spalling)　　　　　　　② 필링(peeling)
③ 슬래킹(slaking)　　　　　　　④ 스웰링(swelling)

**해설** 문제 98번 해설 참조

**100.** 내화물 사용 중 온도의 급격한 변화 혹은 불균일한 가열 등으로 균열이 생기거나 표면이 박리되는 현상을 무엇이라 하는가? [2020. 8. 22.]

① 스폴링　　　　　　　② 버스팅
③ 연화　　　　　　　　④ 수화

**해설** • 연화 : 단단한 것이 부드럽고 연하게 되는 현상
• 수화 : 물에 용해된 용질 분자나 이온을 물 분자가 둘러싸 상호작용하여 하나의 분자처럼 되는 것

**101.** 지르콘(ZrSiO₄) 내화물의 특징에 대한 설명 중 틀린 것은? [2020. 9. 26.]

① 열팽창률이 작다.
② 내스폴링성이 크다.
③ 염기성 용재에 강하다.
④ 내화도는 일반적으로 SK 37~38 정도이다.

**해설** 지르콘(ZrSiO₄) 내화물의 특징
• 지르코늄을 주성분으로 하는 내산성 물질로 열에 강하며 열팽창률은 작다.
• 일반적으로 SK 37~38 정도이며 2000℃까지 사용이 가능하다.
• ZrSiO₄의 조성이며 내스폴링성이 크다.

**102.** 마그네시아 또는 돌로마이트를 원료로 하는 내화물이 수증기의 작용을 받아 Ca(OH)₂나 Mg(OH)₂를 생성하게 된다. 이때 체적변화로 인해 노벽에 균열이 발생하거나 붕괴하는 현상을 무엇이라고 하는가? [2019. 3. 3.]

① 버스팅　　　　　　　② 스폴링
③ 슬래킹　　　　　　　④ 에로존

**해설** 문제 98번 해설 참조

**정답** 99. ③　100. ①　101. ③　102. ③

**103.** 실리카(silica) 전이특성에 대한 설명으로 옳은 것은? [2019. 4. 27.]
① 규석(quartz)은 상온에서 가장 안정된 광물이며 상압에서 573℃ 이하 온도에서 안정된 형이다.
② 실리카(silica)의 결정형은 규석(quartz), 트리디마이트(tridymaite), 크리스토발라이트(cristobalite), 카올린(kaoline)의 4가지 주형으로 구성된다.
③ 결정형이 바뀌는 것을 전이라고 하며 전이속도를 빠르게 작용토록 하는 성분을 광화제라 한다.
④ 크리스토발라이트(cristobalite)에서 용융실리카(fused silica)로 전이에 따른 부피변화 시 20 %가 수축한다.

해설 실리카(silica) 전이특성
• 실리카(silica)의 결정형은 석영이 되며 상온 대기압 조건에서 실리카는 고체 상태로 존재한다.
• 광물의 생성과 결정화 등을 촉진시키기 위해 첨가하는 소량 성분을 광화제라고 한다.

**104.** 내화 모르타르의 구비조건으로 틀린 것은? [2017. 5. 7.]
① 시공성 및 접착성이 좋아야 한다.
② 화학 성분 및 광물 조성이 내화벽돌과 유사해야 한다.
③ 건조, 가열 등에 의한 수축 팽창이 커야 한다.
④ 필요한 내화도를 가져야 한다.

해설 내화 모르타르는 내화물의 분말에 가소성 점토, 물유리, 알루미나 시멘트 등을 배합해서 제조하는 것으로 벽돌과의 부착력이 강하고 팽창 수축이 작으며 저온도에서 용착되고 시공성 및 접착성이 있다.

**105.** 내화물의 스폴링(spalling) 시험 방법에 대한 설명으로 틀린 것은? [2017. 9. 23.]
① 시험체는 표준형 벽돌을 110±5℃에서 건조하여 사용한다.
② 전 기공률 45 % 이상의 내화벽돌은 공랭법에 의한다.
③ 시험편을 노 내에 삽입 후 소정의 시험온도에 도달하고 나서 약 15분간 가열한다.
④ 수랭법의 경우 노 내에서 시험편을 꺼내어 재빠르게 가열면 측을 눈금의 위치까지 물에 잠기게 하여 약 10분간 냉각한다.

해설 내화물의 스폴링(spalling) 시험 방법 중 수랭법 : 15분의 가열 후 3분의 수랭을 거쳐 공기 중에서 12분 냉각(공랭)하는 것을 1사이클 과정으로 한다.

정답 103. ③  104. ③  105. ④

**106.** 산화 탈산을 방지하는 공구류의 담금질에 가장 적합한 로는? [2019. 9. 21.]

① 용융염류 가열로
② 직접저항 가열로
③ 간접저항 가열로
④ 아크 가열로

**해설** 주로 용융아연도금으로 철소지에 아연을 부착시키는 것은 철과 아연이 합금화되는 것으로 강재에 부착된 철산화물이 가장 큰 장애가 된다. 이것을 제거하기 위해 일반적으로 황산 5~20 % 또는 염산 5~15 %의 산세용액으로 처리하는 것을 용융염류 가열로라 한다.

**107.** 중화내화물 중 내마모성이 크며 스폴링을 일으키기 쉬운 것으로 염기성 평로에서 산성 벽돌과 염기성 벽돌을 섞어서 축로할 때 서로의 침식을 방지하는 목적으로 사용하는 것은?

① 탄소질 벽돌
② 크롬질 벽돌 [2017. 5. 7.]
③ 탄화규소질 벽돌
④ 폴스테라이트 벽돌

**해설** 크롬질 벽돌은 내화도가 높으나 스폴링이 있어 급격한 온도 변화에 약하다.
※ 스폴링 : 재료가 고열 상태에서 급랭하였을 때 생기는 표면이 거칠어지는 현상

**108.** 다음 중 전로법에 의한 제강 작업 시의 열원은? [2017. 9. 23.]

① 가스의 연소열
② 코크스의 연소열
③ 석회석의 반응열
④ 용선 내의 불순원소의 산화열

**해설** 전로는 철이나 구리 등을 제련할 때 압착 공기를 노 밑에서 불어 넣고 강한 열을 가하여 불순물을 산화시켜 흡수함으로써 순수한 금속을 만드는 용광로이다.

**109.** 다음 중 유리섬유의 내열도에 있어서 안전사용온도 범위를 크게 개선시킬 수 있는 결합 제는?
[2016. 3. 6.]

① 페놀 수지
② 메틸 수지
③ 실리카겔
④ 멜라민 수지

**해설** 실리카겔은 규산나트륨의 수용액을 산으로 처리하여 만들어지는, 규소와 산소가 주성분인 투명한 낱알 모양의 다공성 물질로 유리섬유와 결합하게 되면 무독성이며 환경 친화적으로 수축률이 낮고 기계적 강도가 높으며 난연성, 내식성 및 내열성이 우수한 제품이 된다.

## 110. 슬래그(slag)가 잘 생성되기 위한 조건으로 틀린 것은?

[2016. 5. 8.]

① 유가금속의 비중이 낮을 것
② 유가금속의 용해도가 클 것
③ 유가금속의 용융점이 낮을 것
④ 점성이 낮고 유동성이 좋을 것

**해설** 슬래그는 철을 용해할 때 용제의 작용으로 생긴 비철 금속 물질로 유가금속의 비중이 작고 용융점이 낮아야 하며 용해도는 작아야 슬래그 형성이 좋아진다.

## 111. 배관용 강관 기호에 대한 명칭이 틀린 것은?

[2021. 9. 12.]

① SPP : 배관용 탄소 강관
② SPPS : 압력 배관용 탄소 강관
③ SPPH : 고압 배관용 탄소 강관
④ STS : 저온 배관용 탄소 강관

**해설** 배관용 강관
• SPP : 배관용 탄소 강관
• SPPS : 압력 배관용 탄소 강관
• SPPH : 고압 배관용 탄소 강관
• SPHT : 고온 배관용 탄소 강관
• SPLT : 저온 배관용 탄소 강관
• STS : 배관용 스테인리스 강관
• SPA : 배관용 합금강 강관

## 112. 다음 강관의 표시 기호 중 배관용 합금강 강관은?

[2020. 9. 26.]

① SPPH
② SPHT
③ SPA
④ STA

**해설** 문제 111번 해설 참조

## 113. 고압 배관용 탄소 강관에 대한 설명으로 틀린 것은?

[2017. 3. 5.]

① 관의 소재로는 킬드강을 사용하여 이음매 없이 제조된다.
② KS 규격 기호로 SPPS라고 표기한다.
③ 350℃ 이하, 100 kg/cm$^2$ 이상의 압력범위에 사용이 가능하다.
④ NH$_3$ 합성용 배관, 화학공법의 고압유체 수송용에 사용한다.

**해설** 문제 111번 해설 참조

**정답** ━● 110. ② 111. ④ 112. ③ 113. ②

**114.** 사용압력이 비교적 낮은 증기, 물 등의 유체 수송관에 사용하며, 백관과 흑관으로 구분 되는 강관은? [2020. 6. 6.]

① SPP
② SPPH
③ SPPY
④ SPA

해설 배관용 탄소 강관(SPP)은 350℃ 이하, $10 \, kg/cm^2(1 \, MPa)$ 이하에 사용한다.

**115.** 내식성, 굴곡성이 우수하고 양도체이며 내압성도 있어서 열교환기용 전열관, 급수관 등 화학공업용으로 주로 사용되는 관은? [2021. 5. 15.]

① 주철관
② 동관
③ 강관
④ 알루미늄관

해설 동관은 열과 전기의 양도체로 내식성이 우수하고 가공이 용이하며 마찰저항이 적으므로 열교 환기용관, 냉난방기용관, 압력계관, 급수관, 급탕관, 급유관 등으로 쓰이고 있다.

**116.** 고압 배관용 탄소 강관(KS D 3564)의 호칭지름의 기준이 되는 것은? [2021. 3. 7.]

① 배관의 안지름
② 배관의 바깥지름
③ 배관의 $\dfrac{안지름 + 바깥지름}{2}$
④ 배관나사의 바깥지름

해설 고압 배관용 탄소 강관은 350℃ 정도 이하에서 사용 압력이 높은 배관에 사용하는 탄소 강관 으로 바깥지름을 호칭지름으로 한다.

**117.** 배관의 축 방향 응력 $\sigma$[kPa]을 나타낸 식은? (단, $d$ : 배관의 내경(mm), $p$ : 배관의 내압 (kPa), $t$ : 배관의 두께(mm)이며, $t$는 충분히 얇다.) [2021. 5. 15.]

① $\sigma = \dfrac{p\pi d}{4t}$
② $\sigma = \dfrac{pd}{4t}$
③ $\sigma = \dfrac{p\pi d}{2t}$
④ $\sigma = \dfrac{pd}{2t}$

해설 ② : 축(길이) 방향 응력
③ : 반경(원주) 방향 응력

정답 ● **114.** ① **115.** ② **116.** ② **117.** ②

**118.** 고압 증기의 옥외배관에 가장 적당한 신축 이음 방법은? [2020. 8. 22.]

① 오프셋형　　　　　　　　　② 벨로스형
③ 루프형　　　　　　　　　　④ 슬리브형

해설 루프이음은 고온, 고압용에 사용하며 U형 벤드와 원형 벤드가 있다.

**119.** 전기와 열의 양도체로서 내식성, 굴곡성이 우수하고 내압성도 있어 열교환기의 내관 및 화학공업용으로 사용되는 관은? [2020. 9. 26.]

① 동관　　　　　　　　　　　② 강관
③ 주철관　　　　　　　　　　④ 알루미늄관

해설 동관은 열과 전기의 양도체로 내식성이 우수하고 가공이 용이하며 마찰저항이 적으므로 열교환기용관, 냉난방기용관, 압력계관, 급수관, 급탕관, 급유관으로 많이 사용된다.

**120.** 주철관에 대한 설명으로 틀린 것은? [2019. 9. 21.]

① 제조 방법은 수직법과 원심력법이 있다.
② 수도용, 배수용, 가스용으로 사용된다.
③ 인성이 풍부하여 나사 이음과 용접 이음에 적합하다.
④ 주철은 인장강도에 따라 보통 주철과 고급 주철로 분류된다.

해설 주철(무쇠)관은 탄소 함유량이 높아 취성이 있으며 주철관 이음에는 고무링을 압환으로 밀어넣는 메커니컬(기계식) 이음이 주로 사용된다.

**121.** 일반적으로 압력 배관용에 사용되는 강관의 온도 범위는? [2018. 9. 15.]

① 800℃ 이하　　　　　　　　② 750℃ 이하
③ 550℃ 이하　　　　　　　　④ 350℃ 이하

해설 일반적으로 압력 배관용에 사용되는 강관의 온도 범위는 350℃ 이하이며 압력 배관용 탄소강관(SPPS)의 사용 압력 범위는 1~10 MPa이다.

정답 ● 118. ③　119. ①　120. ③　121. ④

**122.** 배관설비의 지지를 위한 필요 조건에 관한 설명으로 틀린 것은?  [2017. 3. 5.]
① 온도의 변화에 따른 배관 신축을 충분히 고려하여야 한다.
② 배관 시공 시 필요한 배관 기울기를 용이하게 조정할 수 있어야 한다.
③ 배관설비의 진동과 소음을 외부로 쉽게 전달할 수 있어야 한다.
④ 수격현상 및 외부로부터 진동과 힘에 대하여 견고하여야 한다.

**해설** 배관설비의 진동과 소음은 차단 또는 최소화하여 외부 전달을 방지하여야 한다.

**123.** 매끈한 원관 속을 흐르는 유체의 레이놀즈수가 1800일 때의 관마찰계수는?  [2020. 6. 6.]
① 0.013                    ② 0.015
③ 0.036                    ④ 0.053

**해설** $Re = \dfrac{64}{f(관마찰계수)}$

$f = \dfrac{64}{Re} = \dfrac{64}{1800} = 0.03555$

**124.** 관의 신축량에 대한 설명으로 옳은 것은?  [2021. 9. 12.]
① 신축량은 관의 열팽창계수, 길이, 온도차에 반비례한다.
② 신축량은 관의 길이, 온도차에는 비례하지만 열팽창계수는 반비례한다.
③ 신축량은 관의 열팽창계수, 길이, 온도차에 비례한다.
④ 신축량은 관의 열팽창계수에 비례하고 온도차와 길이에 반비례한다.

**해설** 관의 신축량 $= \alpha l \Delta t$
여기서, $\alpha$ : 관의 열팽창계수, $l$ : 관의 길이, $\Delta t$ : 온도차

**125.** 배관의 신축 이음에 대한 설명으로 틀린 것은?  [2017. 3. 5.] [2021. 3. 7.]
① 슬리브형은 단식과 복식의 2종류가 있으며, 고온, 고압에 사용한다.
② 루프형은 고압에 잘 견디며, 주로 고압증기의 옥외 배관에 사용한다.
③ 벨로스형은 신축으로 인한 응력을 받지 않는다.
④ 스위블형은 온수 또는 저압증기의 배관에 사용하며, 큰 신축에 대하여는 누설의 염려가 있다.

**해설** 슬리브형은 도시가스 배관 이음 등에 주로 사용하는 저압용이다.

**정답** ┣━● 122. ③   123. ③   124. ③   125. ①

**126.** 파이프의 열변형에 대응하기 위해 설치하는 이음은? [2019. 3. 3.]

① 가스 이음        ② 플랜지 이음

③ 신축 이음        ④ 소켓 이음

**해설** 신축 이음에는 루프 이음, 슬리브 이음, 벨로스 이음. 스위블 이음 등이 있으며 열팽창 및 수축에 대응하기 위하여 사용한다.

**127.** 배관 내 유체의 흐름을 나타내는 무차원 수인 레이놀즈수($Re$)의 층류 흐름 기준은?

① $Re < 1000$        ② $Re < 2100$     [2017. 9. 23.]

③ $2100 < Re$        ④ $2100 < Re < 4000$

**해설**
- 층류 : 레이놀즈수($Re$) $< 2100$
- 난류 : 레이놀즈수($Re$) $> 4000$
- 천이구역 : $2100 <$ 레이놀즈수($Re$) $< 4000$

**128.** 다음 중 배관의 호칭법으로 사용되는 스케줄 번호를 산출하는 데 직접적인 영향을 미치는 것은? [2017. 9. 23.]

① 관의 외경        ② 관의 사용온도

③ 관의 허용응력        ④ 관의 열팽창계수

**해설** 스케줄 번호(SCH NO) $= 10 \times \dfrac{P}{S}$

여기서, $P$ : 사용압력($kg/cm^2$), $S$ : 허용응력($kg/mm^2$)

**129.** 다음 마찰 손실 중 국부 저항손실수두로 가장 거리가 먼 것은? [2016. 3. 6.]

① 배관 중의 밸브, 이음쇠류 등에 의한 것

② 관의 굴곡부분에 의한 것

③ 관내에서 유체와 관 내벽과의 마찰에 의한 것

④ 관의 축소, 확대에 의한 것

**해설** 관내에서 유체와 관 내벽과의 마찰에 의한 손실은 모든 배관에서 일어나는 것으로 주손실에 해당된다.

**정답** 126. ③    127. ②    128. ③    129. ③

**130.** 유체가 관내를 흐를 때 생기는 마찰로 인한 압력손실에 대한 설명으로 틀린 것은? [2018. 3. 4.]

① 유체의 흐르는 속도가 빨라지면 압력손실도 커진다.
② 관의 길이가 짧을수록 압력손실은 작아진다.
③ 비중량이 큰 유체일수록 압력손실이 작다.
④ 관의 내경이 커지면 압력손실은 작아진다.

**해설** $H_L = f \times \dfrac{V^2}{2g} \times \dfrac{l}{d}$

여기서, $f$ : 마찰계수, $V$ : 유속(m/s), $g$ : 중력가속도(m/s$^2$)
$l$ : 관 길이(m), $d$ : 관경(m)

※ 배관 내에서의 압력손실은 관 길이에 비례하고 유속의 제곱에 비례하며 관경에는 반비례한다.

**131.** 열팽창에 의한 배관의 측면 이동을 구속 또는 제한하는 장치가 아닌 것은? [2018. 3. 4.]

① 앵커　　　　　　　　　　② 스톱
③ 브레이스　　　　　　　　④ 가이드

**해설** • 브레이스 : 기기의 진동을 억제하는 데 사용하는 것
• 앵커 : 배관 지지점에서의 이동 및 회전을 방지하기 위해 지지점 위치에 완전히 고정하는 것
• 스톱 : 배관의 일정한 방향으로 이동 및 회전만 구속하고 다른 방향으로 자유롭게 이동하는 것
• 가이드 : 축과 직각 방향으로의 이동을 구속하는 데 사용하는 것

**132.** 관로의 마찰손실수두의 관계에 대한 설명으로 틀린 것은? [2018. 4. 28.]

① 유체의 비중량에 반비례한다.　　② 관 지름에 반비례한다.
③ 유체의 속도에 비례한다.　　　　④ 관 길이에 비례한다.

**해설** Darcy – Weisbach 공식

$$H = \frac{\Delta P}{\gamma} = f \cdot \frac{v^2}{2g} \cdot \frac{l}{d}$$

여기서, $f$ : 마찰계수, $l$ : 관 길이(m), $v$ : 유속(m/s)
$g$ : 중력가속도(m/s$^2$), $d$ : 관의 내경(m)

※ 마찰손실수두는 관 길이, 유속의 제곱에 비례하며 유체의 비중량과 관의 내경에는 반비례한다.

**정답** ● **130.** ③　　**131.** ③　　**132.** ③

**133.** 원관을 흐르는 층류에 있어서 유량의 변화는? [2018. 9. 15.]

① 관의 반지름의 제곱에 반비례해서 변한다.
② 압력강하에 반비례하여 변한다.
③ 점성계수에 비례하여 변한다.
④ 관의 길이에 반비례해서 변한다.

**해설** 하겐 – 푸아죄유 방정식

$$Q = \frac{\Delta P \pi d^4}{128 \mu L}$$

여기서, $Q$ : 유량, $\Delta P$ : 압력손실, $d$ : 직경
$\mu$ : 점성계수, $L$ : 길이

※ 유량은 압력손실과 관경에 비례하며 점성계수와 관 길이에는 반비례한다.

**134.** 유체의 역류를 방지하여 한쪽 방향으로만 흐르게 하는 밸브로 리프트식과 스윙식으로 대별되는 것은? [2021. 3. 7.]

① 회전 밸브                  ② 게이트 밸브
③ 체크 밸브                  ④ 앵글 밸브

**해설** 체크 밸브의 종류
• 리프트식 : 수평 방향에만 사용
• 스윙식 : 수평, 수직 양방향 모두 사용 가능

**135.** 다이어프램 밸브(diaphragm valve)에 대한 설명으로 틀린 것은? [2018. 4. 28.]

① 화학약품을 차단함으로써 금속부분의 부식을 방지한다.
② 기밀을 유지하기 위한 패킹을 필요로 하지 않는다.
③ 저항이 적어 유체의 흐름이 원활하다.
④ 유체가 일정 이상의 압력이 되면 작동하여 유체를 분출시킨다.

**해설** 다이어프램 밸브 : 둑(weir)과 다이어프램이 밀착하게 되면 유체가 폐쇄되고 두 부분이 떨어지면서 유체가 통과되며 유체통로에서의 저항도 작으므로 각종 가스류, 침식성의 산·알칼리류 물질을 포함하고 있는 유체 또는 압력손실을 줄이려는 배관 등에서 사용한다.
※ ④항은 안전밸브의 설명에 해당된다.

**정답** ● 133. ④  134. ③  135. ④

**136.** 산 등의 화학약품을 차단하는 데 주로 사용하며 내약품성, 내열성의 고무로 만든 것을 밸브시트에 밀어붙여 기밀용으로 사용하는 밸브는? [2021. 9. 12.]

① 다이어프램 밸브
② 슬루스 밸브
③ 버터플라이 밸브
④ 체크 밸브

해설 다이어프램 밸브는 주로 화학약품 등에 사용하며 내약품성, 내열성의 고무로 되어 있다.

**137.** 기밀을 유지하기 위한 패킹이 불필요하고 금속부분이 부식될 염려가 없어, 산 등의 화학약품을 차단하는 데 주로 사용하는 밸브는? [2020. 9. 26.]

① 앵글 밸브                    ② 체크 밸브
③ 다이어프램 밸브              ④ 버터플라이 밸브

해설 문제 135번 해설 참조

**138.** 다이어프램 밸브(diaphragm valve)의 특징이 아닌 것은? [2017. 5. 7.]

① 유체의 흐름이 주는 영향이 비교적 적다.
② 기밀을 유지하기 위한 패킹이 불필요하다.
③ 주된 용도가 유체의 역류를 방지하기 위한 것이다.
④ 산 등의 화학 약품을 차단하는 데 사용하는 밸브이다.

해설 유체의 역류를 방지하는 것은 체크 밸브(역류 방지 밸브)이다.

**139.** 밸브의 몸통이 둥근 달걀형 밸브로서 유체의 압력 감소가 크므로 압력이 필요로 하지 않을 경우나 유량 조절용이나 차단용으로 적합한 밸브는? [2020. 6. 6.]

① 글로브 밸브                  ② 체크 밸브
③ 버터플라이 밸브              ④ 슬루스 밸브

해설 • 글로브 밸브 : 유량 조절이 용이하나 압력손실이 크다.
• 슬루스 밸브 : 압력손실은 적으나 유량 조절이 어렵다.
• 펌프 등 흡입측은 압력손실이 증가하면 캐비테이션(공동현상)을 일으키므로 대부분 슬루스 밸브를 사용한다.

정답 ━● 136. ①    137. ③    138. ③    139. ①

**140.** 버터플라이 밸브의 특징에 대한 설명으로 틀린 것은? [2019. 3. 3.]

① 90° 회전으로 개폐가 가능하다.
② 유량 조절이 가능하다.
③ 완전 열림 시 유체저항이 크다.
④ 밸브 몸통 내에서 밸브대를 축으로 하여 원판 형태의 디스크의 움직임으로 개폐하는 밸브이다.

**해설** 버터플라이 밸브는 유량 조정이 어려우며 압력손실이 크나 완전히 열었을 경우에는 압력 손실이 작다.

**141.** 볼밸브의 특징에 대한 설명으로 틀린 것은? [2019. 4. 27.]

① 유로가 배관과 같은 형상으로 유체의 저항이 작다.
② 밸브의 개폐가 쉽고 조작이 간편하여 자동 조작 밸브로 활용된다.
③ 이음쇠 구조가 없기 때문에 설치공간이 작아도 되며 보수가 쉽다.
④ 밸브대가 90° 회전하므로 패킹과의 원주방향 움직임이 크기 때문에 기밀성이 약하다.

**해설** 볼밸브는 밸브 디스크가 공 모양이고 콕과 유사한 90도 회전 밸브로서 매우 양호한 기밀 유지 특성을 갖고 있다.

**142.** 다음은 보일러의 급수 밸브 및 체크 밸브 설치 기준에 관한 설명이다. ( ) 안에 알맞은 것은? [2017. 3. 5.]

급수 밸브 및 체크 밸브의 크기는 전열면적 $10 \, m^2$ 이하의 보일러에서는 관의 호칭 ( ㉮ ) 이상, 전열면적 $10 \, m^2$를 초과하는 보일러에서는 호칭 ( ㉯ ) 이상 이어야 한다.

① ㉮ : 5 A, ㉯ : 10 A
② ㉮ : 10 A, ㉯ : 15 A
③ ㉮ : 15 A, ㉯ : 20 A
④ ㉮ : 20 A, ㉯ : 30 A

**해설** 급수 밸브 및 체크 밸브의 크기는 전열면적 $10 \, m^2$ 이하의 보일러에서는 관의 호칭 15 A 이상, 전열면적 $10 \, m^2$를 초과하는 보일러에서는 호칭 20 A 이상이어야 한다.

---

**143.** 글로브 밸브(globe valve)에 대한 설명으로 틀린 것은? [2017. 5. 7.]

① 유량 조절이 용이하므로 자동 조절 밸브 등에 응용시킬 수 있다.

② 유체의 흐름 방향이 밸브 몸통 내부에서 변한다.

③ 디스크 형상에 따라 앵글 밸브, Y형 밸브, 니들 밸브 등으로 분류된다.

④ 조작력이 작아 고압의 대구경 밸브에 적합하다.

**해설** 글로브 밸브는 조작력이 크고 고압의 대구경 밸브에 적합하나 압력손실이 크다.

---

**144.** 두께 230 mm의 내화벽돌이 있다. 내면의 온도가 320℃이고 외면의 온도가 150℃일 때 이 벽면 10 m²에서 매시간당 손실되는 열량은? (단, 내화벽돌의 열전도율은 0.96 kcal/m · h · ℃이다.) [2016. 3. 6.]

① 710 kcal/h
② 1632 kcal/h
③ 7096 kcal/h
④ 14391 kcal/h

**해설** $Q = KF\Delta t = \dfrac{0.96\,\text{kcal/m} \cdot \text{h} \cdot ℃}{0.23\,\text{m}} \times 10\,\text{m}^2 \times (320-150)℃ = 7095.65\,\text{kcal/h}$

---

**145.** 85℃의 물 120 kg의 온탕에 10℃의 물 140 kg을 혼합하면 약 몇 ℃의 물이 되는가?

① 44.6
② 56.6 [2019. 3. 3.]
③ 66.9
④ 70.0

**해설** $\dfrac{85 \times 120 + 10 \times 140}{120 + 140} = 44.615℃$

---

**146.** 두께 230 mm의 내화벽돌, 114 mm의 단열벽돌, 230 mm의 보통벽돌로 된 노의 평면 벽에서 내벽면의 온도가 1200℃이고 외벽면의 온도가 120℃일 때, 노벽 1 m²당 열손실(W)은? (단, 내화벽돌, 단열벽돌, 보통벽돌의 열전도도는 각각 1.2, 0.12, 0.6 W/m · ℃이다.) [2019. 9. 21.]

① 376.9
② 563.5
③ 708.2
④ 1688.1

**해설** $K(\text{열통과량}) = \dfrac{1}{\dfrac{0.23}{0.12} + \dfrac{0.114}{0.12} + \dfrac{0.23}{0.6}} = 0.6557\,\text{W/m}^2 \cdot ℃$

$Q = KF\Delta t = 0.6557\,\text{W/m}^2 \cdot ℃ \times 1\,\text{m}^2 \times (1200-120)℃ = 708.156\,\text{W}$

---

**정답** 143. ④ 144. ③ 145. ① 146. ③

**147.** 길이 7 m, 외경 200 mm, 내경 190 mm의 탄소 강관에 360℃ 과열증기를 통과시키면 이때 늘어나는 관의 길이는 몇 mm인가? (단, 주위온도는 20℃이고, 관의 선팽창계수는 0.000013 mm/mm · ℃이다.) [2017. 3. 5.]

① 21.15　　　② 25.71　　　③ 30.94　　　④ 36.48

**해설** $\Delta L = 0.000013 \text{ mm/mm} \cdot ℃ \times 7000 \text{ mm} \times (360-20)℃ = 30.94 \text{ mm}$

**148.** 옥내온도는 15℃, 외기온도가 5℃일 때 콘크리트 벽(두께 10 cm, 길이 10 m 및 높이 5 m)을 통한 열손실이 1700 W라면 외부 표면 열전달계수(W/m² · ℃)는? (단, 내부 표면 열전달계수는 9.0 W/m² · ℃이고, 콘크리트 열전도율은 0.87 W/m · ℃이다.) [2020. 9. 26.]

① 12.7　　　② 14.7　　　③ 16.7　　　④ 18.7

**해설** $Q = KF\Delta t$ 에서 $K = \dfrac{Q}{F\Delta t}$, $\dfrac{1}{\dfrac{1}{9} + \dfrac{0.1}{0.87} + \dfrac{1}{\alpha_2}} = \dfrac{1700}{10 \times 5 \times 10}$

$\therefore \alpha_2 = 14.692 \text{ W/m}^2 \cdot ℃$

**149.** 에너지법에서 정한 용어의 정의에 대한 설명으로 틀린 것은? [2020. 6. 6.]

① "에너지"란 연료 · 열 및 전기를 말한다.
② "연료"란 석유 · 가스 · 석탄, 그 밖에 열을 발생하는 열원을 말한다.
③ "에너지사용자"란 에너지를 전환하여 사용하는 자를 말한다.
④ "에너지사용기자재"란 열사용기자재나 그 밖에 에너지를 사용하는 기자재를 말한다.

**해설** • "에너지사용자"란 에너지 사용시설의 소유자 또는 관리자를 말한다.
• "에너지사용시설"이란 에너지를 사용하는 공장 · 사업장 등의 시설이나 에너지를 전환하여 사용하는 시설을 말한다.

**150.** 에너지법에 따른 용어의 정의에 대한 설명으로 틀린 것은? [2018. 3. 4.]

① "에너지사용시설"이란 에너지를 사용하는 공장 · 사업장 등의 시설이나 에너지를 전환하여 사용하는 시설을 말한다.
② "에너지사용자"란 에너지를 사용하는 소비자를 말한다.
③ "에너지공급자"란 에너지를 생산, 수입, 전환, 수송, 저장 또는 판매하는 사업자를 말한다.
④ "에너지"란 연료 · 열 및 전기를 말한다.

**해설** 문제 149번 해설 참조

**정답** 147. ③ 148. ② 149. ③ 150. ②

**151.** 에너지법에서 정의하는 용어에 대한 설명으로 틀린 것은? [2018. 4. 28.]
① "에너지사용자"란 에너지사용시설의 소유자 또는 관리자를 말한다.
② "에너지사용시설"이란 에너지를 사용하는 공장, 사업장 등의 시설이나 에너지를 전환하여 사용하는 시설을 말한다.
③ "에너지공급자"란 에너지를 생산, 수입, 전환, 수송, 저장, 판매하는 사업자를 말한다.
④ "연료"란 석유, 석탄, 대체에너지 기타 열 등으로 제품의 원료로 사용되는 것을 말한다.

**해설** 연료 : 석유·가스·석탄, 그 밖에 열을 발생하는 열원을 말하며 제품의 원료로 사용되는 것은 제외한다.

**152.** 에너지법에서 정한 에너지에 해당하지 않는 것은? [2018. 9. 15.]
① 열 ② 연료
③ 전기 ④ 원자력

**해설** 에너지 : 연료, 열, 전기

**153.** 에너지이용 합리화법의 목적이 아닌 것은? [2019. 3. 3.]
① 에너지의 합리적인 이용을 증진
② 국민경제의 건전한 발전에 이바지
③ 지구온난화의 최소화에 이바지
④ 신재생에너지의 기술개발에 이바지

**해설** 에너지이용 합리화법
제1조(목적) : 에너지의 수급을 안정시키고 에너지의 합리적이고 효율적인 이용을 증진하며 에너지소비로 인한 환경피해를 줄임으로써 국민경제의 건전한 발전 및 국민복지의 증진과 지구온난화의 최소화에 이바지함을 목적으로 한다.

**154.** 에너지법에 의한 에너지 총조사는 몇 년 주기로 시행하는가? [2019. 9. 21.]
① 2년 ② 3년
③ 4년 ④ 5년

**해설** 국가에너지 기본계획 및 에너지 관련 시책의 효과적인 수립·수행을 위한 에너지 총조사는 3년마다 시행한다.

**정답** ● 151. ④  152. ④  153. ④  154. ②

**155.** 에너지이용 합리화법령상 검사의 종류가 아닌 것은? [2021. 5. 15.]

① 설계검사    ② 제조검사    ③ 계속사용검사    ④ 개조검사

**해설** 에너지이용 합리화법령상 검사의 종류 : 설치검사, 개조검사, 계속사용검사, 변경검사, 재사용검사, 설치장소 변경검사, 제조검사

**156.** 신재생에너지법령상 신·재생에너지 중 의무공급량이 지정되어 있는 에너지 종류는?

① 해양에너지    ② 지열에너지 [2021. 3. 7.]

③ 태양에너지    ④ 바이오에너지

**해설** 신·재생에너지 : 기존의 화석연료를 변환시켜 이용하거나 햇빛·물·지열·강수·생물유기체 등을 포함하는 재생 가능한 에너지를 변환시켜 이용하는 에너지

• 신에너지 : 연료전지, 수소, 석탄액화·가스화 및 중질잔사유 가스화

• 재생에너지 : 태양광, 태양열, 바이오, 풍력, 수력, 해양, 폐기물, 지열

※ 의무공급량이 지정되어 있는 에너지는 태양에너지이다.

**157.** 신재생에너지법령상 바이오에너지가 아닌 것은? [2021. 3. 7.]

① 식물의 유지를 변환시킨 바이오디젤

② 생물유기체를 변환시켜 얻어지는 연료

③ 폐기물의 소각열을 변환시킨 고체의 연료

④ 쓰레기매립장의 유기성폐기물을 변환시킨 매립지가스

**해설** 바이오에너지의 범위

(1) 생물유기체를 변환시킨 바이오가스, 바이오에탄올, 바이오액화유 및 합성가스

(2) 쓰레기매립장의 유기성폐기물을 변환시킨 매립지가스

(3) 동물·식물의 유지(油脂)를 변환시킨 바이오디젤 및 바이오중유

(4) 생물유기체를 변환시킨 땔감, 목재칩, 펠릿 및 숯 등의 고체연료

※ ③은 폐기물에너지에 해당한다.

**158.** 에너지이용 합리화법령에 따라 산업통상자원부령으로 정하는 광고매체를 이용하여 효율관리기자재의 광고를 하는 경우에는 그 광고내용에 동법에 따른 에너지소비효율 등급 또는 에너지소비효율을 포함하여야 한다. 이때 효율관리기자재 관련업자에 해당하지 않는 것은? [2021. 3. 7.]

① 제조업자    ② 수입업자    ③ 판매업자    ④ 수리업자

**해설** 효율관리기자재 관련업자 : 제조업자, 수입업자, 판매업자

**정답** 155. ①  156. ③  157. ③  158. ④

---

**159.** 다음 중 에너지이용 합리화법령상 2종 압력용기에 해당하는 것은? [2021. 9. 12.]

① 보유하고 있는 기체의 최고사용압력이 0.1 MPa이고 내부 부피가 0.05 m³인 압력용기

② 보유하고 있는 기체의 최고사용압력이 0.2 MPa이고 내부 부피가 0.02 m³인 압력용기

③ 보유하고 있는 기체의 최고사용압력이 0.3 MPa이고 동체의 안지름이 350 mm이며 그 길이가 1050 mm인 증기헤더

④ 보유하고 있는 기체의 최고사용압력이 0.4 MPa이고 동체의 안지름이 150 mm이며 그 길이가 1500 mm인 압력용기

---

**해설** 열사용기자재 : 연료 및 열을 사용하는 기기, 보일러, 태양열 집열기, 압력용기, 요로 등

(1) 1종 압력용기
  • 증기 기타 열매체를 받아들이거나 증기를 발생시켜 고체 또는 액체를 가열하는 기기로서 용기 안의 압력이 대기압을 넘는 것
  • 용기 안의 화학반응에 의하여 증기를 발생하는 용기로서 용기 안의 압력이 대기압을 넘는 것
  • 용기 안의 액체의 성분을 분리하기 위하여 해당 액체를 가열하거나 증기를 발생시키는 용기로서 용기 안의 압력이 대기압을 넘는 것
  • 용기 안의 액체의 온도가 대기압에서의 비점을 넘는 것

(2) 2종 압력 용기 : 최고사용압력이 0.2 MPa(2 kg/cm²)를 초과하는 기체를 그 안에 보유하는 용기로서 다음의 것
  • 내용적이 0.04 m³ 이상인 것
  • 동체의 안지름이 200 mm 이상(단, 증기헤더의 경우에는 안지름이 300 mm 초과)이고 그 길이가 1천 mm 이상인 것

---

**160.** 에너지이용 합리화법에 따라 열사용기자재 중 2종 압력용기의 적용범위로 옳은 것은? [2017. 9. 23.]

① 최고사용압력이 0.1 MPa를 초과하는 기체를 그 안에 보유하는 용기로서 내부 부피가 0.05 m³ 이상인 것

② 최고사용압력이 0.2 MPa를 초과하는 기체를 그 안에 보유하는 용기로서 내부 부피가 0.04 m³ 이상인 것

③ 최고사용압력이 0.1 MPa를 초과하는 기체를 그 안에 보유하는 용기로서 내부 부피가 0.03 m³ 이상인 것

④ 최고사용압력이 0.2 MPa를 초과하는 기체를 그 안에 보유하는 용기로서 내부 부피가 0.02 m³ 이상인 것

---

**해설** 문제 159번 해설 참조

**정답** ● 159. ③  160. ②

**161.** 다음 중 에너지이용 합리화법령상 에너지이용 합리화 기본계획에 포함될 사항이 아닌 것은?

[2021. 9. 12.]

① 열사용기자재의 안전관리

② 에너지절약형 경제구조로의 전환

③ 에너지이용 합리화를 위한 기술개발

④ 한국에너지공단의 운영 계획

**해설** 에너지이용 합리화 기본계획에 포함될 사항

- 에너지절약형 경제구조로의 전환
- 에너지이용효율의 증대
- 에너지이용합리화를 위한 기술개발
- 열사용기자재의 안전관리
- 에너지원간 대체
- 에너지의 합리적인 이용을 통한 온실가스의 배출을 줄이기 위한 대책

**162.** 에너지이용 합리화법령에 따라 자발적 협약체결기업에 대한 지원을 받기 위해 에너지사용자와 정부 간 자발적 협약의 평가기준에 해당하지 않는 것은?

[2021. 5. 15.]

① 계획 대비 달성률 및 투자실적

② 에너지이용 합리화 자금 활용실적

③ 자원 및 에너지의 재활용 노력

④ 에너지절감량 또는 에너지의 합리적인 이용을 통한 온실가스배출 감축량

**해설** 자발적 협약의 평가기준

- 에너지절감량 또는 에너지의 합리적인 이용을 통한 온실가스배출 감축량
- 계획 대비 달성률 및 투자실적
- 자원 및 에너지의 재활용 노력
- 그 밖에 에너지절감 또는 에너지의 합리적인 이용을 통한 온실가스배출 감축에 관한 사항

**163.** 에너지이용 합리화법에 따라 산업통상자원부장관은 에너지 사정 등의 변동으로 에너지 수급에 중대한 차질이 발생할 우려가 있다고 인정되면 필요한 범위에서 에너지 사용자, 공급자 등에게 조정·명령 그 밖에 필요한 조치를 할 수 있다. 이에 해당되지 않는 항목은? [2020. 6. 6.]

① 에너지의 개발

② 지역별·주요 수급자별 에너지 할당

③ 에너지의 비축

④ 에너지의 배급

**해설** 에너지 수급의 안정을 기하기 위하여 필요한 조치사항

- 지역별·주요 수급자별 에너지 할당
- 에너지공급설비의 가동 및 조업

**정답** 161. ④　162. ②　163. ①

• 에너지의 비축과 저장
• 에너지의 도입·수출입 및 위탁가공
• 에너지공급자 상호 간의 에너지의 교환 또는 분배 사용
• 에너지의 유통시설과 그 사용 및 유통경로
• 에너지의 배급
• 에너지의 양도·양수의 제한 또는 금지
• 에너지사용의 시기·방법 및 에너지사용기자재의 사용 제한 또는 금지 등 대통령령으로 정하는 사항

---

**164.** 에너지이용 합리화법령상 에너지사용계획을 수립하여 산업통상자원부장관에게 제출하여야 하는 공공사업주관자가 설치하려는 시설기준으로 옳은 것은? [2021. 3. 7.]

① 연간 1천 티오이 이상의 연료 및 열을 사용하는 시설
② 연간 2천 티오이 이상의 연료 및 열을 사용하는 시설
③ 연간 2천 5백 티오이 이상의 연료 및 열을 사용하는 시설
④ 연간 1만 티오이 이상의 연료 및 열을 사용하는 시설

**해설** (1) 공공사업주관자가 설치하려는 시설기준
• 연간 2500 TOE 이상의 연료 및 열을 사용하는 시설
• 연간 1천만 kWh 이상의 전력을 사용하는 시설
(2) 민간사업주관자가 설치하려는 시설기준
• 연간 5000 TOE 이상의 연료 및 열을 사용하는 시설
• 연간 2천만 kWh 이상의 전력을 사용하는 시설
※ TOE(Ton Of oil Equivalant) : 석유의 발열량으로 환산한 것으로 각종 에너지의 단위를 비교하기 위한 단위(1 TOE = 1000만 kcal)

---

**165.** 다음 중 에너지이용 합리화법령에 따른 검사대상기기에 해당하는 것은? [2021. 5. 15.]

① 정격용량이 0.5 MW인 철금속가열로
② 가스사용량이 20 kg/h인 소형 온수보일러
③ 최고사용압력이 0.1 MPa이고, 전열면적이 4 m²인 강철제 보일러
④ 최고사용압력이 0.1 MPa이고, 동체 안지름이 300 mm이며, 길이가 500 mm인 강철제 보일러

**해설** 검사대상기기
(1) 정격용량이 0.58 MW를 초과하는 철금속가열로
(2) 가스를 사용하는 것으로서 가스사용량이 17 kg/h를 초과하는 소형 온수보일러

(3) 강철제 보일러, 주철제 보일러
- 최고사용압력이 0.1 MPa 이하이고, 동체의 안지름이 300 mm 이하이며, 길이가 600 mm 이하인 것
- 최고사용압력이 0.1 MPa 이하이고, 전열면적이 5 m$^2$ 이하인 것
- 2종 관류보일러
- 온수를 발생시키는 보일러로서 대기개방형인 것

---

**166.** 에너지이용 합리화법령상 검사대상기기의 검사유효기간에 대한 설명으로 옳은 것은? [2021. 3. 7.]

① 설치 후 3년이 지난 보일러로서 설치장소 변경검사 또는 재사용검사를 받은 보일러는 검사 후 1개월 이내에 운전성능검사를 받아야 한다.
② 보일러의 계속사용검사 중 운전성능검사에 대한 검사유효기간은 해당 보일러가 산업통상자원부장관이 정하여 고시하는 기준에 적합한 경우에는 3년으로 한다.
③ 개조검사 중 연료 또는 연소방법의 변경에 따른 개조검사의 경우에는 검사유효기간을 1년으로 한다.
④ 철금속가열로의 재사용검사의 검사유효기간은 1년으로 한다.

**해설** 에너지이용 합리화법령상 검사대상기기의 검사유효기간
- 보일러의 계속 사용검사 중 운전성능검사에 대한 검사유효기간은 해당 보일러가 산업통상자원부장관이 정하여 고시하는 기준에 적합한 경우에는 2년으로 한다.
- 설치 후 3년이 지난 보일러로서 설치장소 변경검사 또는 재사용검사를 받은 보일러는 검사 후 1개월 이내에 운전성능검사를 받아야 한다.
- 개조검사 중 연료 또는 연소방법의 변경에 따른 개조검사의 경우에는 검사유효기간을 적용하지 않는다.

---

**167.** 아래는 에너지이용 합리화법령상 에너지의 수급차질에 대비하기 위하여 산업통상자원부장관이 에너지저장의무를 부과할 수 있는 대상자의 기준이다. (  )에 들어갈 용어는? [2021. 5. 15.]

| 연간 (  ) 석유환산톤 이상의 에너지를 사용하는 자 |
| --- |

① 1천          ② 5천          ③ 1만          ④ 2만

**해설** 산업통상자원부장관이 에너지저장의무를 부과할 수 있는 대상자는 다음과 같다.
- 전기사업법에 의한 전기사업자
- 도시가스사업법에 의한 도시가스사업자

- 석탄 산업법에 의한 석탄가공업자
- 집단에너지사업법에 의한 집단에너지사업자
- 연간 2만 석유환산톤 이상의 에너지를 사용하는 자

---

**168.** 에너지이용 합리화법상 온수발생 용량이 0.5815 MW를 초과하며 10 t/h 이하인 보일러에 대한 검사대상기기관리자의 자격으로 모두 고른 것은? [2020. 6. 6.]

㉮ 에너지관리기능장 ㉯ 에너지관리기사
㉰ 에너지관리산업기사 ㉱ 에너지관리기능사
㉲ 인정검사대상기기관리자의 교육을 이수한 자

① ㉮, ㉯ ② ㉮, ㉯, ㉰
③ ㉮, ㉯, ㉰, ㉱ ④ ㉮, ㉯, ㉰, ㉱, ㉲

**해설** 검사대상기기 관리자의 자격 및 조종범위

| 관리자의 자격 | 관리범위 |
|---|---|
| 에너지관리기능장 또는 에너지관리기사 | 용량이 30 t/h를 초과하는 보일러 |
| 에너지관리기능장, 에너지관리기사 또는 에너지관리산업기사 | 용량이 10 t/h를 초과하고 30 t/h 이하인 보일러 |
| 에너지관리기능장, 에너지관리기사, 에너지관리산업기사 또는 에너지관리기능사 | 용량이 10 t/h 이하인 보일러 |
| 에너지관리기능장, 에너지관리기사, 에너지관리산업기사, 에너지관리기능사 또는 인정검사대상기기관리자의 교육을 이수한 자 | 1. 증기보일러 최고사용압력이 1 MPa 이하이고 전열면적이 10 m$^2$ 이하인 것<br>2. 온수발생 및 열매체를 가열하는 보일러로서 용량이 581.5 kW 이하인 것<br>3. 압력용기 |

※ 온수발생 및 열매체를 가열하는 보일러의 용량은 697.8 kW를 1 t/h로 본다.

---

**169.** 에너지이용 합리화법에서 정한 열사용 기9재의 적용범위로 옳은 것은? [2020. 6. 6.]
① 전열면적이 20 m$^2$ 이하인 소형 온수보일러
② 정격소비전력이 50 kW 이하인 축열식 전기보일러
③ 1종 압력용기로서 최고사용압력(MPa)과 부피(m$^3$)를 곱한 수치가 0.01을 초과하는 것
④ 2종 압력용기로서 최고사용압력이 0.2 MPa를 초과하는 기체를 그 안에 보유하는 용기로서 내부 부피가 0.04 m$^3$ 이상인 것

**해설** 열사용 기자재의 적용범위

| 구분 | 품목명 | 적용범위 |
|---|---|---|
| 보일러 | 강철제보일러<br>주철제보일러 | 다음 각 호의 어느 하나에 해당하는 것을 말한다.<br>1. 1종 관류보일러 : 강철제보일러 중 헤더의 안지름이 150 mm 이하이고, 전열면적이 5 m$^2$ 초과 10 m$^2$ 이하이며, 최고사용압력이 1 MPa 이하인 관류보일러(기수분리기를 장치한 경우에는 기수분리기의 안지름이 300 mm 이하이고, 그 내용적이 0.07 m$^3$ 이하인 것에 한한다)를 말한다.<br>2. 2종 관류보일러 : 강철제 보일러 중 헤더의 안지름이 150 mm 이하이고, 전열면적이 5 m$^2$ 이하이며, 최고사용압력이 1 MPa 이하인 관류보일러(기수분리기를 장치한 경우에는 기수분리기의 안지름이 200 mm 이하이고, 그 내부 부피가 0.02 m$^3$ 이하인 것에 한정한다)<br>3. 제1호 및 제2호 외에 금속(주철을 포함한다)으로 만든 것. 다만, 소형온수보일러·구멍탄용 온수보일러 및 축열식 전기보일러 및 가정용 화목보일러는 제외한다. |
| | 소형<br>온수보일러 | 전열면적이 14 m$^2$ 이하이며 최고사용압력이 0.35 MPa(3.5 kg/cm$^2$) 이하의 온수를 발생하는 것. 다만, 구멍탄용 온수보일러·축열식 전기보일러·가정용 화목보일러 및 가스사용량이 17 kg/h(도시가스는 232.6 kW) 이하인 가스용 온수보일러는 제외한다. |
| | 구멍탄용<br>온수보일러 | 「석탄산업법시행령」 제2조제2호의 규정에 의한 연탄을 연료로 사용하여 온수를 발생시키는 것으로서 금속제에 한한다. |
| | 축열식<br>전기보일러 | 심야전력을 사용하여 온수를 발생시켜 축열조에 저장하였다가 난방에 이용하는 것으로서 정격소비전력이 30 kW 이하이며 최고사용압력이 0.35 MPa(3.5 kg/cm$^2$) 이하인 것 |
| | 캐스케이드<br>보일러 | 「산업표준화법」 제12조제1항에 따른 한국산업표준에 적합함을 인증받거나 「액화석유가스의 안전관리 및 사업법」 제39조제1항에 따라 가스용품의 검사에 합격한 제품으로서, 최고사용압력이 대기압을 초과하는 온수보일러 또는 온수기 2대 이상이 단일 연통으로 연결되어 서로 연동되도록 설치되며, 최대 가스사용량의 합이 17 kg/h(도시가스는 232.6 kW)를 초과하는 것 |
| | 가정용<br>화목보일러 | 화목(火木) 등 목재연료를 사용하여 90℃ 이하의 난방수 또는 65℃ 이하의 온수를 발생하는 것으로서 표시 난방출력이 70 kW 이하로서 옥외에 설치하는 것 |
| 태양열<br>집열기 | | 태양열 집열기 |

| 구분 | 품목명 | 적용범위 |
|---|---|---|
| 압력용기 | 1종 압력용기 | 최고사용압력(MPa)과 내부 부피($m^3$)를 곱한 수치가 0.004를 초과하는 다음의 것<br>1. 증기 기타 열매체를 받아들이거나 증기를 발생시켜 고체 또는 액체를 가열하는 기기로서 용기 안의 압력이 대기압을 넘는 것<br>2. 용기 안의 화학반응에 의하여 증기를 발생하는 용기로서 용기 안의 압력이 대기압을 넘는 것<br>3. 용기 안의 액체의 성분을 분리하기 위하여 해당 액체를 가열하거나 증기를 발생시키는 용기로서 용기 안의 압력이 대기압을 넘는 것<br>4. 용기 안의 액체의 온도가 대기압에서의 끓는점을 넘는 것 |
| | 2종 압력용기 | 최고사용압력이 0.2 MPa를 초과하는 기체를 그 안에 보유하는 용기로서 다음의 것<br>1. 내부 부피가 0.04 $m^3$ 이상인 것<br>2. 동체의 안지름이 200 mm 이상(단, 증기헤더의 경우에는 안지름이 300 mm 초과)이고 그 길이가 1천 mm 이상인 것 |
| 요로 | 요업요로 | 연속식유리용융가마, 불연속식유리용융가마, 유리용융도가니가마, 터널가마, 도염식 가마, 셔틀가마, 회전가마 및 석회용선가마 |
| | 금속요로 | 용선로, 비철금속용융로, 금속소둔로, 철금속가열로 및 금속균열로 |

**170.** 에너지이용 합리화법령에 따라 에너지절약전문기업의 등록이 취소된 에너지절약전문기업은 원칙적으로 등록 취소일로부터 최소 얼마의 기간이 지나면 다시 등록을 할 수 있는가?
① 1년　② 2년　[2021. 3. 7.]
③ 3년　④ 5년

해설 등록 취소일로부터 최소 2년이 지나지 않으면 등록할 수 없다.

**171.** 에너지이용 합리화법에서 정한 에너지다소비사업자의 에너지관리기준이란? [2017. 9. 23.]
① 에너지를 효율적으로 관리하기 위하여 필요한 기준
② 에너지관리 현황 조사에 대한 필요한 기준
③ 에너지 사용량 및 제품 생산량에 맞게 에너지를 소비하도록 만든 기준
④ 에너지관리 진단 결과 손실요인을 줄이기 위하여 필요한 기준

해설 에너지다소비사업자의 에너지관리기준은 에너지를 효율적으로 관리하기 위하여 필요한 기준을 의미한다.

**172.** 에너지이용 합리화법에 따라 에너지다소비사업자가 그 에너지사용시설이 있는 지역을 관할하는 시·도지사에게 신고하여야 할 사항에 해당되지 않는 것은? [2020. 9. 26.]

① 전년도의 분기별 에너지사용량·제품생산량
② 에너지사용기자재의 현황
③ 사용 에너지원의 종류 및 사용처
④ 해당 연도의 분기별 에너지사용예정량·제품생산예정량

**해설** 에너지다소비사업자가 그 에너지사용시설이 있는 지역을 관할하는 시·도지사에게 신고하여야 할 사항(매년 1월 31일까지 신고)은 다음과 같다.
• 전년도의 분기별 에너지사용량·제품생산량
• 해당 연도의 분기별 에너지사용예정량·제품생산예정량
• 에너지사용기자재의 현황
• 전년도의 분기별 에너지이용 합리화 실적 및 해당 연도의 분기별 계획

**173.** 에너지이용 합리화법령에 따라 에너지사용량이 대통령령이 정하는 기준량 이상이 되는 에너지다소비사업자는 전년도의 분기별 에너지사용량·제품생산량 등의 사항을 언제까지 신고하여야 하는가? [2021. 3. 7.]

① 매년 1월 31일
② 매년 3월 31일
③ 매년 6월 30일
④ 매년 12월 31일

**해설** 문제 172번 해설 참조

**174.** 에너지이용 합리화법에 따라 에너지다소비사업자가 산업통상자원부령으로 정하는 바에 따라 신고하여야 하는 사항이 아닌 것은? [2018. 3. 4.]

① 전년도의 분기별 에너지사용량·제품생산량
② 해당 연도의 분기별 에너지사용예정량·제품생산예정량
③ 에너지사용기자재의 현황
④ 에너지이용효과·에너지수급체계의 영향분석현황

**해설** 문제 172번 해설 참조

**정답** ▶ 172. ③ 173. ① 174. ④

**175.** 에너지이용 합리화법에 따라 에너지다소비사업자가 그 에너지사용시설이 있는 지역을 관할하는 시·도지사에게 신고하여야 하는 사항이 아닌 것은? [2017. 5. 7.]

① 전년도의 분기별 에너지 사용량·제품생산량
② 해당 연도의 분기별 에너지사용예정량·제품생산예정량
③ 내년도의 분기별 에너지이용 합리화 계획
④ 에너지사용기자개의 현황

**[해설]** 문제 172번 해설 참조

**176.** 에너지이용 합리화법에 따라 에너지다소비사업자의 신고에 대한 설명으로 옳은 것은? [2019. 9. 21.]

① 에너지다소비사업자는 매년 12월 31일까지 사무소가 소재하는 지역을 관할하는 시·도지사에게 신고하여야 한다.
② 에너지다소비사업자의 신고를 받은 시·도지사는 이를 매년 2월 말일까지 산업통상자원부장관에게 보고하여야 한다.
③ 에너지다소비사업자의 신고에는 에너지를 사용하여 만드는 제품·부가가치 등의 단위당 에너지이용효율 향상목표 또는 온실가스배출 감소목표 및 이행방법을 포함하여야 한다.
④ 에너지다소비사업자는 연료·열의 연간 사용량의 합계가 2천 티오이 이상이고, 전력의 연간 사용량이 4백만 킬로와트시 이상인 자를 의미한다.

**[해설]** 에너지다소비사업자의 신고에 대한 설명

① 에너지다소비사업자는 매년 1월 31일까지 사무소가 소재하는 지역을 관할하는 시·도지사에게 신고하여야 한다.
② 에너지다소비사업자의 신고를 받은 시·도지사는 이를 매년 2월 말일까지 산업통상자원부장관에게 보고하여야 한다.
③ 에너지다소비사업자는 전년도 에너지 사용량·제품 생산량 등을 신고하여야 한다.
④ 에너지다소비사업자는 연료·열 및 전력의 연간 사용량의 합계가 2천 티오이 이상인 자를 말한다.

**177.** 에너지이용 합리화법령에 따라 에너지다소비사업자에게 에너지손실요인의 개선명령을 할 수 있는 자는? [2021. 3. 7.]

① 산업통상자원부장관 ② 시·도지사
③ 한국에너지공단이사장 ④ 에너지관리진단기관협회장

**[해설]** 에너지다소비사업자는 '에너지이용 합리화법'에 따라 연료, 열 및 전력 등 에너지 연간 사용량 합계가 2000 TOE 이상인 사업자이며 산업통상자원부장관의 개선명령을 받는다.

**정답** ➔ **175.** ③ **176.** ② **177.** ①

**178.** 다음 중 에너지이용 합리화법에 따라 에너지 다소비사업자에게 에너지관리 개선명령을 할 수 있는 경우는? [2019. 9. 21.]

① 목표원단위보다 과다하게 에너지를 사용하는 경우

② 에너지관리지도 결과 10 % 이상의 에너지효율 개선이 기대되는 경우

③ 에너지 사용실적이 전년도보다 현저히 증가한 경우

④ 에너지 사용계획 승인을 얻지 아니한 경우

해설 에너지 다소비사업자에게 에너지관리 개선명령을 할 수 있는 경우는 에너지관리지도 결과 10 % 이상의 에너지효율 개선이 기대되는 경우로 규정되어 있다.

**179.** 에너지이용 합리화법에 따라 "에너지다소비사업자"라 함은 연료, 열 및 전력의 연간 사용량의 합계가 몇 티오이(TOE) 이상인가? [2016. 10. 1.]

① 1000  ② 1500

③ 2000  ④ 3000

해설 "에너지다소비사업자"라 함은 연료, 열 및 전력의 연간 사용량의 합계가 2000티오이(TOE) 이상인 경우에 해당된다.

**180.** 에너지이용 합리화법에 따른 한국에너지공단의 사업이 아닌 것은? [2019. 3. 3.]

① 에너지의 안정적 공급

② 열사용기자재의 안전관리

③ 신에너지 및 재생에너지 개발사업의 촉진

④ 집단에너지 사업의 촉진을 위한 지원 및 관리

해설 한국에너지공단의 사업

• 에너지이용 합리화 및 이를 통한 온실가스의 배출을 줄이기 위한 사업과 국제협력

• 에너지기술의 개발·도입·지도 및 보급

• 에너지이용 합리화, 신에너지 및 재생에너지의 개발과 보급, 집단에너지공급사업을 위한 자금의 융자 및 지원

• 에너지절약전문기업의 지원 사업

• 에너지진단 및 에너지관리지도

• 신에너지 및 재생에너지 개발사업의 촉진

• 에너지관리에 관한 조사·연구·교육 및 홍보

• 에너지이용 합리화사업을 위한 토지·건물 및 시설 등의 취득·설치·운영·대여 및 양도

정답 ◆● 178. ② 179. ③ 180. ①

• 집단에너지사업의 촉진을 위한 지원 및 관리
• 에너지사용기자재 · 에너지관련기자재의 효율관리 및 열사용기자재의 안전관리
• 사회취약계층의 에너지이용 지원

---

**181.** 에너지이용 합리화법상의 "목표에너지원단위"란? [2017. 3. 5.]
① 열사용기기당 단위시간에 사용할 열의 사용목표량
② 각 회사마다 단위기간 동안 사용할 열의 사용목표량
③ 에너지를 사용하여 만드는 제품의 단위당 에너지사용목표량
④ 보일러에서 증기 1톤을 발생할 때 사용할 연료의 사용목표량

**해설** 산업통상자원부장관은 에너지의 이용효율을 높이기 위하여 필요하다고 인정하면 관계 행정기관의 장과 협의하여 에너지를 사용하여 만드는 제품의 단위당 에너지사용목표량 또는 건축물의 단위면적당 에너지사용목표량(이하 "목표에너지원단위"라 한다)을 정하여 고시하여야한다.

---

**182.** 에너지이용 합리화법에서 에너지의 절약을 위해 정한 "자발적 협약"의 평가 기준이 아닌 것은? [2017. 9. 23.]
① 계획대비 달성률 및 투자실적
② 자원 및 에너지의 재활용 노력
③ 에너지 절약을 위한 연구개발 및 보급촉진
④ 에너지 절감량 또는 에너지의 합리적인 이용을 통한 온실가스배출 감축량

**해설** "자발적 협약"의 평가 기준
• 에너지 절감량 또는 에너지의 합리적인 이용을 통한 온실가스배출 감축량
• 자원 및 에너지의 재활용 노력
• 계획대비 달성률 및 투자실적
• 그 밖에 에너지 절감 또는 에너지의 합리적인 이용을 통한 온실가스배출 감축에 관한 사항

---

**183.** 에너지이용 합리화법령에 따라 사용연료를 변경함으로써 검사대상이 아닌 보일러가 검사대상으로 되었을 경우에 해당되는 검사는? [2021. 9. 12.]
① 구조검사　　　　　② 설치검사
③ 개조검사　　　　　④ 재사용검사

**정답** 181. ③　182. ③　183. ②

**해설** 검사의 종류 및 대상

(1) 설치검사 : 신설한 경우의 검사(사용연료의 변경으로 검사대상이 아닌 보일러가 검사 대상으로 되는 경우의 검사 포함)

(2) 개조검사
- 증기보일러를 온수보일러로 개조하는 경우
- 보일러 섹션의 증감으로 용량을 변경하는 경우
- 동체·돔·노통·연소실·경판·천정판·관판·관모음 또는 스테이를 변경하는 경우로 산업통상자원부장관이 정하여 고시하는 대수리인 경우
- 연료 또는 연소방법을 변경하는 경우
- 철금속가열로서 산업통상자원부장관이 정하여 고시하는 경우의 수리

(3) 설치장소 변경검사 : 설치장소를 변경한 경우에 실시하는 검사(다만, 이동식 보일러 제외)

(4) 재사용검사 : 사용중지 후 재사용하려는 경우에 실시하는 검사

(5) 계속사용을 위한 안전검사 : 설치검사·개조검사·설치장소 변경검사 또는 재사용검사 후 안전부문에 대한 유효기간을 연장하려는 경우에 실시하는 검사

(6) 계속사용을 위한 운전성능검사 : 다음 중 어느 하나에 해당하는 기기에 대한 검사로서 설치검사 후 운전성능부문에 대한 유효기간을 연장하려는 경우에 실시하는 검사
- 용량이 1 t/h(난방용의 경우에는 5 t/h) 이상인 강철제 보일러 및 주철제 보일러
- 철금속가열로

---

**184.** 에너지이용 합리화법령상 검사대상기기 검사 중 용접검사 면제 대상 기준이 아닌 것은?

[2021. 9. 12.]

① 압력용기 중 동체의 두께가 8 mm 미만인 것으로서 최고사용압력(MPa)과 내부 부피($m^3$)를 곱한 수치가 0.02 이하인 것

② 강철제 또는 주철제 보일러이며, 온수보일러 중 전열면적이 18 $m^2$ 이하이고, 최고사용압력이 0.35 MPa 이하인 것

③ 강철제 보일러 중 전열면적이 5 $m^2$ 이하이고, 최고사용압력이 0.35 MPa 이하인 것

④ 압력용기 중 전열교환식인 것으로서 최고사용압력이 0.35 MPa 이하이고, 동체의 안지름이 600 mm 이하인 것

**해설** 용접검사 면제 대상범위
- 강철제 보일러 중 전열면적이 5 $m^2$ 이하이고, 최고사용압력이 0.35 MPa 이하인 것
- 주철제 보일러
- 1종 관류보일러
- 온수보일러 중 전열면적이 18 $m^2$ 이하이고, 최고사용압력이 0.35 MPa 이하인 것
- 용접이음이 없는 강관을 동체로 한 헤더

- 압력용기 중 동체의 두께가 6 mm 미만인 것으로서 최고사용압력(MPa)과 내부 부피 (m³)를 곱한 수치가 0.02 이하(난방용의 경우에는 0.05 이하)인 것
- 전열교환식인 것으로서 최고사용압력이 0.35 MPa 이하이고, 동체의 안지름이 600 mm 이하인 것

---

**185.** 에너지이용 합리화법에 따라 검사대상기기 조종자의 신고사유가 발생한 경우 발생한 날로부터 며칠 이내에 신고해야 하는가? [2017. 3. 5.]

① 7일  ② 15일
③ 30일  ④ 60일

해설 검사대상기기 조종자의 신고사유가 발생한 경우 발생한 날로부터 30일 이내에 신고하여야 한다.

---

**186.** 에너지이용 합리화법에 따라 산업통상자원부장관은 에너지를 합리적으로 이용하게 하기 위하여 몇 년마다 에너지이용 합리화에 관한 기본계획을 수립하여야 하는가? [2017. 3. 5.]

① 2년  ② 3년  ③ 5년  ④ 10년

해설 산업통상자원부장관은 에너지를 합리적으로 이용하게 하기 위하여 5년마다 에너지이용 합리화에 관한 기본계획을 수립하여야 한다.

---

**187.** 에너지이용 합리화법에 따른 특정열 사용기자재가 아닌 것은? [2017. 3. 5.]

① 주철제 보일러  ② 금속소둔로
③ 2종 압력용기  ④ 석유 난로

해설 특정열 사용기자재 품목

| 구분 | 품목명 |
|---|---|
| 보일러 | 강철제 보일러, 주철제 보일러, 온수보일러, 구멍탄용 온수보일러, 축열식 전기보일러, 캐스케이드 보일러, 가정용 화목보일러 |
| 태양열 집열기 | 태양열 집열기 |
| 압력용기 | 1종 압력용기, 2종 압력용기 |
| 요업요로 | 연속식유리용융가마, 불연속식유리용융가마, 유리용융도가니가마, 터널가마, 도염식각가마, 셔틀가마, 회전가마, 석회용선가마 |
| 금속요로 | 용선로, 비철금속용융로, 금속소둔로, 철금속가열로, 금속균열로 |

**188.** 에너지이용 합리화법에 따라 냉난방온도의 제한 대상 건물에 해당하는 것은? [2017. 5. 7.]

① 연간 에너지사용량이 5백 티오이 이상인 건물
② 연간 에너지사용량이 1천 티오이 이상인 건물
③ 연간 에너지사용량이 1천 5백 티오이 이상인 건물
④ 연간 에너지사용량이 2천 티오이 이상인 건물

**해설** 냉난방온도의 제한 대상 건물 : 에너지다소비업자의 에너지사용시설 중 연간 에너지사용량이 2천 티오이 이상인 건물

**189.** 다음 중 에너지이용 합리화법에 따라 에너지관리산업기사의 자격을 가진 자가 조종할 수 없는 보일러는? [2017. 5. 7.]

① 용량이 10 t/h인 보일러
② 용량이 20 t/h인 보일러
③ 용량이 581.5 kW인 온수 발생 보일러
④ 용량이 40 t/h인 보일러

**해설** 에너지관리산업기사의 자격을 가진 자가 조종할 수 있는 보일러 : 30 t/h 이하

**190.** 에너지이용 합리화법에 따라 에너지 수급안정을 위해 에너지 공급을 제한 조치하고자 할 경우, 산업통상자원부장관은 조치 예정일 며칠 전에 이를 에너지공급자 및 에너지사용자에게 예고하여야 하는가? [2017. 5. 7.]

① 3일
② 7일
③ 10일
④ 15일

**해설** 에너지 공급을 제한 조치하고자 할 경우, 산업통상자원부장관은 조치 예정일 7일 전에 이를 에너지공급자 및 에너지사용자에게 예고하여야 한다.

**191.** 에너지이용 합리화법에 따라 검사대상기기의 설치자가 변경된 경우 새로운 검사대상기기의 설치자는 그 변경일로부터 최대 며칠 이내에 검사대상기기 설치자 변경신고서를 제출하여야 하는가? [2017. 9. 23.]

① 7일
② 10일
③ 15일
④ 20일

**해설** 새로운 검사대상기기의 설치자는 그 변경일로부터 15일 이내에 검사대상기기 설치자 변경신고서를 공단이사장에게 제출하여야 한다.

**정답** → 188. ④ 189. ④ 190. ② 191. ③

**192.** 에너지이용 합리화법에 따라 검사대상기기의 계속 사용검사 신청은 검사 유효기간 만료의 며칠 전까지 하여야 하는가? [2016. 3. 6.]

① 3일　　　　　　　　　　　② 10일
③ 15일　　　　　　　　　　 ④ 30일

**해설** 검사대상기기의 계속 사용검사 신청은 검사 유효기간 만료의 10일 전까지 하여야 한다.

---

**193.** 에너지이용 합리화법에 따라 검사대상기기 조종자 업무 관리대행기관으로 지정을 받기 위하여 산업통상자원부장관에게 제출하여야 하는 서류가 아닌 것은? [2016. 3. 6.] [2020. 8. 22.]

① 장비명세서
② 기술인력명세서
③ 기술인력고용계약서 사본
④ 향후 1년간 안전관리대행 사업계획서

**해설** 검사대상기기 조종자 업무 관리대행기관 지정 서류
• 장비명세서 및 기술인력명세서
• 향후 1년 간의 안전관리대행 사업계획서
• 변경사항을 증명할 수 있는 서류(변경지정의 경우만 해당한다)

---

**194.** 에너지이용 합리화법에 따른 효율관리기자재의 종류로 가장 거리가 먼 것은? (단, 산업통상자원부장관이 그 효율의 향상이 특히 필요하다고 인정하여 고시하는 기자재 및 설비는 제외한다.) [2016. 5. 8.]

① 전기냉방기　　　　　　　 ② 전기세탁기
③ 조명기기　　　　　　　　 ④ 전자레인지

**해설** 에너지이용 합리화법에 따른 효율관리기자재의 종류
• 전기냉장고
• 전기냉방기
• 전기세탁기
• 조명기기
• 삼상유도전동기
• 자동차
• 그 밖에 산업통상자원부장관이 그 효율의 향상이 특히 필요하다고 인정하여 고시하는 기자재 및 설비

**정답** 192. ②　 193. ③　 194. ④

**195.** 에너지이용 합리화법에 따라 검사대상기기 검사 중 개조검사의 적용 대상이 아닌 것은?

① 온수보일러를 증기보일러로 개조하는 경우 [2020. 6. 6.]
② 보일러 섹션의 증감에 의하여 용량을 변경하는 경우
③ 동체·경판·관판·관모음 또는 스테이의 변경으로서 산업통상자원부장관이 정하여 고시하는 대수리의 경우
④ 연료 또는 연소방법을 변경하는 경우

**해설** 개조검사의 적용 대상
• 증기보일러를 온수보일러로 개조하는 경우
• 보일러 섹션의 증감에 의하여 용량을 변경하는 경우
• 동체·돔·노통·연소실·경판·천정판·관판·관모음 또는 스테이의 변경으로서 산업통상자원부장관이 정하여 고시하는 대수리의 경우
• 연료 또는 연소방법을 변경하는 경우
• 철금속가열로로서 산업통상자원부장관이 정하여 고시하는 경우의 수리

**196.** 다음 중 에너지이용 합리화법에 따라 규정된 검사의 종류와 적용대상의 연결로 틀린 것은?

① 용접검사 : 동체·경판 및 이와 유사한 부분을 용접으로 제조하는 경우의 검사 [2016. 10. 1.]
② 구조검사 : 강판, 관 또는 주물류를 용접, 확대, 조립, 주조 등에 따라 제조하는 경우의 검사
③ 개조검사 : 증기보일러의 온수보일러로 개조하는 경우의 검사
④ 재사용검사 : 사용 중 연속 재사용하고자 하는 경우의 검사

**해설** 재사용검사는 사용 중지 후 재사용하고자 하는 경우의 검사이다.

**197.** 에너지이용 합리화법령에 따라 검사대상기기관리자는 선임된 날부터 얼마 이내에 교육을 받아야 하는가?

① 1개월 ② 3개월 ③ 6개월 ④ 1년 [2020. 8. 22.]

**해설** 검사대상기기관리자는 선임된 날부터 6개월 이내, 그리고 매 3년마다 1회 이상 법정교육 이수를 하여야 한다.

**198.** 에너지이용 합리화법에 따라 검사대상기기의 설치자가 사용 중인 검사대상기기를 폐기한 경우에는 폐기한 날부터 최대 며칠 이내에 검사대상기기 폐기신고서를 한국에너지공단이사장에게 제출하여야 하는가?

① 7일 ② 10일 ③ 15일 ④ 200일 [2018. 4. 28.]

**해설** 검사대상기기의 설치자가 사용 중인 검사대상기기를 폐기한 경우에는 폐기한 날부터 15일 이내에 검사대상기기 폐기신고서를 한국에너지공단이사장에게 제출하여야 한다.

---

**199.** 에너지이용 합리화법에 따라 인정검사대상기기 조종자의 교육을 이수한 자의 조종범위에 해당하지 않는 것은? [2018. 4. 28.]
① 용량이 3 t/h인 노통 연관식 보일러
② 압력용기
③ 온수를 발생하는 보일러로서 용량이 300 kW인 것
④ 증기보일러로서 최고사용압력이 0.5 MPa이고 전열면적이 9 $m^2$인 것

**해설** 인정검사대상기기 조종자의 교육을 이수한 자의 조종범위
• 증기보일러로서 최고사용압력이 1 MPa이하이고, 전열면적이 10 $m^2$ 이하인 것
• 온수발생 및 열매체를 가열하는 보일러로서 용량이 581.5 kW 이하인 것
• 압력용기

---

**200.** 에너지이용 합리화법에 따라 가스를 사용하는 소형 온수보일러인 경우 검사대상기기의 적용 기준은? [2018. 9. 15.]
① 가스사용량이 시간당 17 kg을 초과하는 것
② 가스사용량이 시간당 20 kg을 초과하는 것
③ 가스사용량이 시간당 27 kg을 초과하는 것
④ 가스사용량이 시간당 30 kg을 초과하는 것

**해설** 소형 온수보일러 검사대상기기의 적용 기준
• 가스사용량이 시간당 17 kg을 초과하는 것
• 도시가스는 232.6 kW를 초과하는 것

---

**201.** 에너지이용 합리화법에 따라 연간 검사대상기기의 검사유효기간으로 틀린 것은? [2018. 9. 15.]
① 보일러의 개조검사는 2년이다.
② 보일러의 계속사용검사는 1년이다.
③ 압력용기의 계속사용검사는 2년이다.
④ 보일러의 설치장소 변경검사는 1년이다.

**해설** 개조검사 유효기간
• 보일러 : 1년
• 압력용기 및 가열로 : 2년
※ 개조검사 : 이미 설치한 보일러의 일부나 전부를 개조한 경우에 실시하는 검사

**202.** 에너지법에서 정한 열사용기자재의 정의에 대한 내용이 아닌 것은? [2020. 6. 6.]
① 연료를 사용하는 기기
② 열을 사용하는 기기
③ 단열성 자재 및 축열식 전기기기
④ 폐열 회수장치 및 전열장치

**해설** 열사용기자재
- 연료 및 열을 사용하는 기기
- 축열식 전기기기와 단열성 자재로서 산업통상자원부령으로 정하는 것

**203.** 다음 중 에너지이용 합리화법령에 따라 열사용기자재 관리에 대한 설명으로 틀린 것은 어느 것인가? [2018. 9. 15.] [2021. 5. 15.]
① 계속사용검사는 검사유효기간의 만료일이 속하는 연도의 말까지 연기할 수 있으며, 연기하려는 자는 검사대상기기 검사연기 신청서를 한국에너지공단이사장에게 제출하여야 한다.
② 한국에너지공단이사장은 검사에 합격한 검사대상기기에 대해서 검사 신청인에게 검사일로부터 7일 이내에 검사증을 발급하여야 한다.
③ 검사대상기기관리자의 선임신고는 신고 사유가 발생한 날로부터 20일 이내에 하여야 한다.
④ 검사대상기기의 설치자가 사용 중인 검사대상기기를 폐기한 경우에는 폐기한 날부터 15일 이내에 검사대상기기 폐기신고서를 한국에너지공단이사장에게 제출하여야 한다.

**해설** 검사대상기기관리자의 선임신고는 신고 사유가 발생한 날로부터 30일 이내에 하여야 한다.

**204.** 에너지이용 합리화법령상 특정열사용기자재와 설치·시공 범위 기준이 바르게 연결된 것은? [2021. 9. 12.]
① 강철제 보일러 : 해당 기기의 설치·배관 및 세관
② 태양열 집열기 : 해당 기기의 설치를 위한 시공
③ 비철금속 용융로 : 해당 기기의 설치·배관 및 세관
④ 축열식 전기보일러 : 해당 기기의 설치를 위한 시공

**해설** 특정열사용기자재와 설치·시공 범위 기준
- 강철제 보일러 : 해당 기기의 설치·배관 및 세관
- 태양열 집열기 : 해당 기기의 설치·배관 및 세관
- 비철금속 용융로 : 해당 기기의 설치를 위한 시공
- 축열식 전기보일러 : 해당 기기의 설치·배관 및 세관

**정답** 202. ④ 203. ③ 204. ①

**205.** 에너지이용 합리화법령상 특정열사용기자재의 설치·시공이나 세관(洗罐)을 업으로 하는 자는 어떤 법령에 따라 누구에게 등록하여야 하는가? [2021. 5. 15.]

① 건설산업기본법, 시·도지사
② 건설산업기본법, 과학기술정보통신부장관
③ 건설기술진흥법, 시장·구청장
④ 건설기술진흥법, 산업통상자원부장관

**해설** 열사용기자재 중 제조, 설치·시공 및 사용에서의 안전관리, 위해방지 또는 에너지이용의 효율관리가 특히 필요하다고 인정되는 것으로서 산업통상자원부령으로 정하는 열사용기자재의 설치·시공이나 세관을 업으로 하는 자는 「건설산업기본법」에 따라 시·도지사에게 등록하여야 한다.

**206.** 에너지이용 합리화법에 따른 특정열사용기자재 품목에 해당하지 않는 것은? [2018. 3. 4.]

① 강철제 보일러
② 구멍탄용 온수보일러
③ 태양열 집열기
④ 태양광 발전기

**해설** 특정열 사용기자재 품목

| 구분 | 품목명 |
|------|--------|
| 보일러 | 강철제 보일러, 주철제 보일러, 온수보일러, 구멍탄용 온수보일러, 축열식 전기보일러, 캐스케이드 보일러,가정용 화목보일러 |
| 태양열 집열기 | 태양열 집열기 |
| 압력용기 | 1종 압력용기, 2종 압력용기 |
| 요업요로 | 연속식유리용융가마, 불연속식유리용융가마, 유리용융도가니가마, 터널가마, 도염식각가마, 셔틀가마, 회전가마,석회용선가마 |
| 금속요로 | 용선로, 비철금속용융로, 금속소둔로, 철금속가열로, 금속균열로 |

**207.** 에너지이용 합리화법령에 따라 효율관리기자재의 제조업자 또는 수입업자는 효율관리시험기관에서 해당 효율관리기자재의 에너지 사용량을 측정 받아야 한다. 이 시험기관은 누가 지정하는가? [2021. 5. 15.]

① 과학기술정보통신부장관
② 산업통산자원부장관
③ 기획재정부장관
④ 환경부장관

**해설** 효율관리기자재 : 보급량이 많고 그 사용량에 있어서 상당량의 에너지를 소비하는 기자재 중 에너지이용합리화에 필요하다고 산업통상자원부장관이 인정하여 지정한 에너지사용기자재

**정답** ● **205.** ① **206.** ④ **207.** ②

**208.** 에너지이용 합리화법령상 효율관리기자재의 제조업자가 효율관리시험기관으로부터 측정 결과를 통보받은 날 또는 자체측정을 완료한 날부터 그 측정결과를 며칠 이내에 한국에너지 공단에 신고하여야 하는가? [2018. 3. 4.] [2021. 9. 12.]

① 15일  
② 30일  
③ 60일  
④ 90일

**해설** 효율관리기자재의 제조업자가 효율관리시험기관으로부터 측정결과를 통보받은 날 또는 자체 측정을 완료한 날부터 그 측정결과를 90일 이내에 한국에너지공단에 신고하여야 한다.

**209.** 에너지법령상 시 · 도지사는 관할 구역의 지역적 특성을 고려하여 저탄소 녹색성장 기본 법에 따른 에너지기본계획의 효율적인 달성과 지역경제의 발전을 위한 지역에너지계획을 몇 년마다 수립 · 시행하여야 하는가? [2021. 5. 15.]

① 2년  
② 3년  
③ 4년  
④ 5년

**해설** 특별시장 · 광역시장 · 특별자치시장 · 도지사 또는 특별자치도지사(이하 "시 · 도지사"라 한다) 는 관할 구역의 지역적 특성을 고려하여 「저탄소 녹색성장 기본법」에 따른 에너지기본계획의 효율적인 달성과 지역경제의 발전을 위한 지역에너지계획을 5년마다 5년 이상을 계획기간으 로 하여 수립 · 시행하여야 한다.

**210.** 에너지이용 합리화법령에 따라 에너지절약전문기업의 등록신청 시 등록신청서에 첨부해 야 할 서류가 아닌 것은? [2021. 5. 15.]

① 사업계획서  
② 보유장비명세서  
③ 기술인력명세서(자격증명서 사본 포함)  
④ 감정평가업자가 평가한 자산에 대한 감정평가서(법인인 경우)

**해설** 에너지절약전문기업의 등록신청 시 등록신청서에 첨부해야 할 서류
- 사업계획서
- 보유장비명세서 및 기술인력명세서(자격증명서 사본 포함)
- 감정평가법인등이 평가한 자산에 대한 감정평가서(개인인 경우만 해당)
- 공인회계사가 검증한 최근 1년 이내의 재무상태표(법인인 경우만 해당)

**211.** 에너지이용 합리화법령상 에너지사용계획의 협의대상사업 범위 기준으로 옳은 것은? [2021. 9. 12.]

① 택지의 개발사업 중 면적이 10만 m² 이상
② 도시개발사업 중 면적이 30만 m² 이상
③ 공항개발사업 중 면적이 20만 m² 이상
④ 국가산업단지의 개발사업 중 면적이 5만 m² 이상

**해설** 에너지사용계획의 협의대상사업 범위
- 도시개발사업 중 면적이 30만 m² 이상인 것
- 도시개발사업으로서 공업지역조성사업 중 면적이 30만 m² 이상인 것
- 도시 및 주거환경정비법에 따른 정비사업 중 면적이 30만 m² 이상인 것
- 주택법에 따른 주택건설사업 또는 대지조성사업 중 면적이 30만 m² 이상인 것
- 택지개발촉진법에 따른 공공주택지구조성사업 중 면적이 30만 m² 이상인 것
- 공항개발사업 중 면적이 40만 m² 이상인 것
- 국가산업단지의 개발사업 중 면적이 15만 m² 이상인 것

**212.** 에너지이용 합리화법령상 에너지사용량이 대통령령으로 정하는 기준량 이상인 자는 산업통상자원부령으로 정하는 바에 따라 매년 언제까지 시·도지사에게 신고하여야 하는가?

① 1월 31일까지      ② 3월 31일까지   [2021. 9. 12.]
③ 6월 30일까지      ④ 12월 31일까지

**해설** 에너지사용량이 대통령령으로 정하는 기준량 이상인 자는 산업통상자원부령으로 정하는 바에 따라 매년 1월 31일까지 시·도지사에게 신고하여야 한다.

**213.** 에너지이용 합리화법상 공공사업주관자는 에너지사용계획을 수립하여 산업통상자원부 장관에게 제출하여야 한다. 공공사업주관자가 설치하려는 시설 기준으로 옳은 것은? [2020. 6. 6.]

① 연간 2500 TOE 이상의 연료 및 열을 사용, 또는 연간 2천만 kWh 이상의 전력을 사용
② 연간 2500 TOE 이상의 연료 및 열을 사용, 또는 연간 1천만 kWh 이상의 전력을 사용
③ 연간 5000 TOE 이상의 연료 및 열을 사용, 또는 연간 2천만 kWh 이상의 전력을 사용
④ 연간 5000 TOE 이상의 연료 및 열을 사용, 또는 연간 1천만 kWh 이상의 전력을 사용

**해설** (1) 공공사업주관자가 설치하려는 시설기준
- 연료 및 열 : 연간 2500 TOE 이상
- 전력 : 연간 1천만 kWh 이상
(2) 민간사업주관자가 설치하려는 시설기준
- 연료 및 열 : 연간 5000 TOE 이상

**정답** ● 211. ②    212. ①    213. ②

• 전력 : 연간 2천만 kWh 이상

※ TOE(Ton Of oil Equivalant) : 석유의 발열량으로 환산한 것으로 각종 에너지의 단위를 비교하기 위한 단위(1 TOE = 1000만 kcal)

---

**214.** 에너지이용 합리화법령에 따라 산업통상자원부장관은 에너지 수급안정을 위하여 에너지 사용자에 필요한 조치를 할 수 있는데 이 조치의 해당사항이 아닌 것은? [2020. 8. 22.]

① 지역별 · 주요 수급자별 에너지 할당

② 에너지 공급설비의 정지명령

③ 에너지의 비축과 저장

④ 에너지사용기자재 사용 제한 또는 금지

**해설** 에너지 수급안정을 위한 산업통상자원부장관의 조치사항

• 지역별 · 주요 수급자별 에너지 할당

• 에너지공급설비의 가동 및 조업

• 에너지의 비축과 저장

• 에너지의 도입 · 수출입 및 위탁가공

• 에너지공급자 상호 간의 에너지의 교환 또는 분배 사용

• 에너지의 유통시설과 그 사용 및 유통경로

• 에너지의 배급

• 에너지의 양도 · 양수의 제한 또는 금지

• 에너지사용의 시기 · 방법 및 에너지사용기자재의 사용 제한 또는 금지 등 대통령령으로 정하는 사항

---

**215.** 에너지이용 합리화법령에서 에너지사용의 제한 또는 금지에 대한 내용으로 틀린 것은?

① 에너지 사용의 시기 및 방법의 제한 [2020. 8. 22.]

② 에너지사용시설 및 에너지사용기자재에 사용할 에너지의 지정 및 사용 에너지의 전환

③ 특정 지역에 대한 에너지 사용의 제한

④ 에너지 사용 설비에 관한 사항

**해설** 에너지사용의 시기 · 방법 및 에너지사용기자재의 사용제한 또는 금지 등 대통령령이 정하는 사항

• 에너지사용시설 및 에너지사용기자재에 사용할 에너지의 지정 및 사용에너지의 전환

• 위생접객업소 및 그 밖의 에너지사용시설의 에너지사용의 제한

• 차량 등 에너지사용기자재의 사용제한

• 에너지사용의 시기 및 방법의 제한

• 특정 지역에 대한 에너지사용의 제한

**정답** ● **214.** ② **215.** ④

**216.** 에너지이용 합리화법령에 따라 인정검사대상기기 관리자의 교육을 이수한 자가 관리할 수 없는 검사대상기기는? [2020. 8. 22.]

① 압력용기
② 열매체를 가열하는 보일러로서 용량이 581.5 kW 이하인 것
③ 온수를 발생하는 보일러로서 용량이 581.5 kW 이하인 것
④ 증기보일러로서 최고사용압력이 2 MPa 이하이고, 전열면적이 5 m² 이하인 것

**해설** 인정검사대상기기 관리자의 교육을 이수한 자가 관리할 수 있는 검사대상기기
• 증기보일러로서 최고사용압력이 1 MPa 이하이고, 전열면적이 10 m² 이하인 것
• 온수발생 및 열매체를 가열하는 보일러로서 용량이 581.5 kW 이하인 것
• 압력용기

**217.** 에너지이용 합리화법령상 산업통상자원부장관이 에너지다소비사업자에게 개선명령을 할 수 있는 경우는 에너지관리지도 결과 몇 % 이상의 에너지 효율개선이 기대될 때로 규정하고 있는가? [2020. 8. 22.]

① 10                         ② 20
③ 30                         ④ 50

**해설** 산업통상자원부장관이 에너지다소비사업자에게 개선명령을 할 수 있는 경우는 에너지관리지도 결과 10 % 이상의 에너지효율 개선이 기대되고 효율 개선을 위한 투자의 경제성이 있다고 인정되는 경우로 한다.

**218.** 에너지이용 합리화법령상 산업통상자원부장관 또는 시·도지사가 한국에너지공단이사장에게 권한을 위탁한 업무가 아닌 것은? [2020. 9. 26.]

① 에너지관리지도                    ② 에너지사용계획의 검토
③ 열사용기자재 제조업의 등록        ④ 효율관리기자재의 측정 결과 신고의 접수

**해설** 산업통상자원부장관 또는 시·도지사가 한국에너지공단이사장에게 권한을 위탁한 업무
• 에너지사용계획의 검토
• 이행 여부의 점검 및 실태파악
• 효율관리기자재의 측정 결과 신고의 접수
• 대기전력경고표지대상제품의 측정 결과 신고의 접수
• 고효율에너지기자재 인증 신청의 접수 및 인증
• 고효율에너지기자재의 인증취소 또는 인증사용 정지명령
• 에너지절약전문기업의 등록
• 온실가스배출 감축실적의 등록 및 관리

**정답** ● 216. ④   217. ①   218. ③

- 에너지다소비사업자 신고의 접수
- 진단기관의 관리·감독, 에너지관리지도
- 냉난방온도의 유지·관리 여부에 대한 점검 및 실태 파악
- 검사대상기기의 검사

**219.** 에너지이용 합리화법령상 에너지사용계획을 수립하여 제출하여야 하는 사업주관자로서
해당되지 않는 사업은? [2020. 9. 26.]

① 항만건설사업　　　　　　② 도로건설사업
③ 철도건설사업　　　　　　④ 공항건설사업

**해설** 에너지사용계획 제출
- 도시개발사업
- 산업단지개발사업
- 에너지개발사업
- 항만건설사업
- 철도건설사업
- 공항건설사업
- 관광단지개발사업
- 개발촉진지구개발사업 또는 지역종합개발사업

**220.** 에너지이용 합리화법에서 정한 에너지절약전문기업 등록의 취소요건이 아닌 것은?

① 규정에 의한 등록기준에 미달하게 된 경우 [2020. 9. 26.]
② 사업수행과 관련하여 다수의 민원을 일으킨 경우
③ 동법에 따른 에너지절약전문기업에 대한 업무에 관한 보고를 하지 아니하거나 거짓으로
보고한 경우
④ 정당한 사유 없이 등록 후 3년 이상 계속하여 사업수행실적이 없는 경우

**해설** 에너지절약전문기업 등록의 취소요건
- 거짓이나 그 밖의 부정한 방법으로 등록을 한 경우
- 거짓이나 그 밖의 부정한 방법으로 지원을 받거나 지원받은 자금을 다른 용도로 사용한
경우
- 에너지절약전문기업으로 등록한 업체가 그 등록의 취소를 신청한 경우
- 타인에게 자기의 성명이나 상호를 사용하여 해당하는 사업을 수행하게 하거나 산업통상
자원부장관이 에너지절약전문기업에 내준 등록증을 대여한 경우
- 등록기준에 미달하게 된 경우
- 보고를 하지 아니하거나 거짓으로 보고한 경우 또는 같은 항에 따른 검사를 거부·방해

또는 기피한 경우
- 정당한 사유 없이 등록한 후 3년 이내에 사업을 시작하지 아니하거나 3년 이상 계속하여 사업수행실적이 없는 경우

※ 등록이 취소된 에너지절약전문기업은 등록 취소일부터 2년이 지나지 아니하면 등록을 할 수 없다.

**221.** 에너지이용 합리화법령상 열사용기자재에 해당하는 것은? [2020. 9. 26.]
① 금속요로
② 선박용 보일러
③ 고압가스 압력용기
④ 철도차량용 보일러

해설 열사용기자재 제외 사항
- 「전기사업법」에 의한 전기사업자가 설치하는 발전소의 발전 전용보일러 및 압력용기
- 「철도사업법」에 의한 철도사업을 하기 위하여 설치하는 기관차 및 철도차량용 보일러
- 「고압가스 안전관리법」, 「액화석유가스의 안전관리 및 사업법」에 의하여 검사를 받는 보일러 및 압력용기
- 「선박안전법」에 의하여 검사를 받는 선박용 보일러 및 압력용기
- 「전기용품 및 생활용품 안전관리법」 및 「의료기기법」의 적용을 받는 2종 압력용기

**222.** 에너지이용 합리화법령에 따라 인정검사대상기기 관리자의 교육을 이수한 사람의 관리 범위 기준은 증기보일러로서 최고사용압력이 1 MPa 이하이고 전열면적이 최대 얼마 이하일 때인가? [2020. 9. 26.]
① 1 m$^2$
② 2 m$^2$
③ 5 m$^2$
④ 10 m$^2$

해설 인정검사대상기기 관리자의 교육을 이수한 사람의 관리범위 기준은 증기보일러로서 최고사용 압력이 1 MPa 이하이고 전열면적은 10 m$^2$ 이하이다.

**223.** 에너지이용 합리화법령에서 정한 검사대상기기의 계속사용검사에 해당하는 것은?
① 운전성능검사
② 개조검사 [2020. 9. 26.]
③ 구조검사
④ 설치검사

해설 계속사용검사
- 계속사용을 위한 안전검사 : 설치검사·개조검사·설치장소 변경검사 또는 재사용검사 후 안전부문에 대한 유효기간을 연장하려는 경우에 실시하는 검사
- 계속사용을 위한 운전성능검사

**224.** 에너지이용 합리화법상 에너지이용 합리화 기본계획에 따라 실시계획을 수립하고 시행하여야 하는 대상이 아닌 자는? [2020. 9. 26.]
① 기초지방자치단체 시장
② 관계 행정기관의 장
③ 특별자치도지사
④ 도지사

**해설** • 관계 행정기관의 장과 특별시장·광역시장·도지사 또는 특별자치도지사는 매년 실시계획을 수립하고 그 계획을 해당 연도 1월 31일까지, 그 시행 결과를 다음 연도 2월 말일까지 각각 산업통상자원부장관에게 제출하여야 한다.
• 산업통상자원부장관은 시행 결과를 평가하고, 해당 관계 행정기관의 장과 시·도지사에게 그 평가 내용을 통보하여야 한다.

**225.** 에너지이용 합리화법에 따라 효율관리기자재의 제조업자가 광고매체를 이용하여 효율관리기자재의 광고를 하는 경우에 그 광고내용에 포함시켜야 할 사항은? [2019. 3. 3.]
① 에너지 최고효율
② 에너지 사용량
③ 에너지 소비효율
④ 에너지 평균소비량

**해설** 광고내용에 포함시켜야 할 사항
• 에너지 소비효율
• 에너지 소비효율등급

**226.** 에너지 이용 합리화법에 따라 냉난방온도의 제한온도 기준 중 난방온도는 몇 ℃ 이하로 정해져 있는가? [2019. 3. 3.]
① 18
② 20
③ 22
④ 26

**해설** 냉난방온도의 제한온도 기준
• 냉방 : 26℃
• 난방 : 20℃

**227.** 에너지이용 합리화법에 따른 에너지저장의무 부과대상자가 아닌 것은? [2019. 3. 3.]
① 전기사업자
② 석탄생산자
③ 도시가스사업자
④ 연간 2만 석유환산톤 이상의 에너지를 사용하는 자

**해설** 에너지저장의무 부과대상자(산업통상자원부장관)
- 전기사업자
- 도시가스사업자
- 석탄가공업자
- 집단에너지사업자
- 연간 2만 석유환산톤 이상의 에너지를 사용하는 자

---

**228.** 에너지이용 합리화법에 따라 매년 1월 31일까지 전년도의 분기별 에너지사용량·제품 생산량을 신고하여야 하는 대상은 연간 에너지사용량의 합계가 얼마 이상인 경우 해당 되는가? [2019. 3. 3.]
① 1천 티오이
② 2천 티오이
③ 3천 티오이
④ 5천 티오이

**해설** 에너지사용량 신고 : 연간 2000 TOE 이상의 에너지를 사용하는 에너지다소비업자가 에너지 사용량과 제품생산량, 에너지사용기자재 현황, 에너지이용합리화 실적 및 계획, 에너지관리 자의 현황 등을 관할 시·도지사에게 신고하고 시·도지사는 산업통상자원부장관에게 보고 한다.
※ 1티오이 : 석유 1톤을 연소할 때 발생하는 에너지

---

**229.** 에너지법에 따른 지역에너지계획에 포함되어야 할 사항이 아닌 것은? [2019. 4. 27.]
① 해당 지역에 대한 에너지 수급의 추이와 전망에 관한 사항
② 해당 지역에 대한 에너지의 안정적 공급을 위한 대책에 관한 사항
③ 해당 지역에 대한 에너지 효율적 사용을 위한 기술개발에 관한 사항
④ 해당 지역에 대한 미활용 에너지원의 개발·사용을 위한 대책에 관한 사항

**해설** 지역에너지계획에 포함되어야 할 사항
- 에너지 수급의 추이와 전망에 관한 사항
- 에너지의 안정적 공급을 위한 대책에 관한 사항
- 신·재생에너지 등 환경친화적 에너지 사용을 위한 대책에 관한 사항
- 에너지 사용의 합리화와 이를 통한 온실가스의 배출감소를 위한 대책에 관한 사항
- 집단에너지공급대상지역으로 지정된 지역의 경우 그 지역의 집단에너지 공급을 위한 대 책에 관한 사항
- 미활용 에너지원의 개발 사용을 위한 대책에 관한 사항
- 그 밖에 에너지시책 및 관련 사업을 위하여 시·도지사가 필요하다고 인정하는 사항

**정답** ● 228. ② 229. ③

**230.** 에너지이용 합리화법에 따라 온수발생 및 열매체를 가열하는 보일러의 용량은 몇 kW를 1 t/h로 구분하는가? [2019. 4. 27.]

① 477.8          ② 581.5          ③ 697.8          ④ 789.5

**해설** 증기보일러 $1\,\text{t/h}$ = 온수보일러 $600000\,\text{kcal/h}$

$$보일러\ 용량 = \frac{600000\,\text{kcal/h}}{860\,\text{kcal/h} \cdot \text{kW}} = 697.67\,\text{kW}$$

**231.** 에너지이용 합리화법에 따라 효율관리기자재의 제조업자는 효율관리시험기관으로부터 측정결과를 통보받은 날부터 며칠 이내에 그 측정결과를 한국에너지공단에 신고하여야 하는가? [2019. 4. 27.]

① 15일          ② 30일          ③ 60일          ④ 90일

**해설** 효율관리기자재의 제조업자가 효율관리시험기관으로부터 측정결과를 통보받은 날 또는 자체 측정을 완료한 날부터 그 측정결과를 90일 이내에 한국에너지공단에 신고하여야 한다.

**232.** 에너지이용 합리화법을 따른 양벌규정 사항에 해당되지 않는 것은? [2019. 4. 27.]

① 에너지 저장시설의 보유 또는 저장의무의 부과 시 정당한 이유 없이 이를 거부하거나 이행하지 아니한 자
② 검사대상기기의 검사를 받지 아니한 자
③ 검사대상기기관리자를 선임하지 아니한 자
④ 공무원이 효율관리기자재 제조업자 사무소의 서류를 검사할 때 검사를 방해한 자

**해설** 공무원이 효율관리기자재 제조업자 사무소의 서류를 검사할 때 검사를 방해한 자는 1000만 원 이하의 과태료에 해당되며 양벌규정 사항은 벌금 이상에만 적용된다.
- ①항 : 2년 이하 또는 2000만원 이하의 벌금
- ②항 : 1년 이하 또는 1000만원 이하의 벌금
- ③항 : 1000만원 이하의 벌금

**233.** 다음 중 에너지이용 합리화법에 따라 산업통상자원부장관 또는 시 · 도지사가 한국에너지공단이사장에게 위탁한 업무가 아닌 것은? [2019. 4. 27.]

① 에너지사용계획의 검토
② 에너지절약전문기업의 등록
③ 냉난방온도의 유지 · 관리 여부에 대한 점검 및 실태 파악
④ 에너지이용 합리화 기본계획의 수립

**해설** 산업통상자원부장관 또는 시·도지사가 한국에너지공단이사장에게 권한을 위탁한 업무
- 에너지사용계획의 검토
- 이행 여부의 점검 및 실태파악
- 효율관리기자재의 측정 결과 신고의 접수
- 대기전력경고표지대상제품의 측정 결과 신고의 접수
- 고효율에너지기자재 인증 신청의 접수 및 인증
- 고효율에너지기자재의 인증취소 또는 인증사용 정지명령
- 에너지절약전문기업의 등록
- 온실가스배출 감축실적의 등록 및 관리
- 에너지다소비사업자 신고의 접수
- 진단기관의 관리·감독, 에너지관리지도
- 냉난방온도의 유지·관리 여부에 대한 점검 및 실태 파악
- 검사대상기기의 검사

**234.** 다음은 에너지이용 합리화법에서의 보고 및 검사에 관한 내용이다. ⓐ, ⓑ에 들어갈 단어를 나열한 것으로 옳은 것은? [2019. 4. 27.]

> 공단이사장 또는 검사기관의 장은 매달 검사대상기기의 검사 실적을 다음 달 (㉮)일까지 (㉯)에게 보고하여야 한다.

① ㉮ : 5, ㉯ : 시·도지사
② ㉮ : 10, ㉯ : 시·도지사
③ ㉮ : 5, ㉯ : 산업통상자원부장관
④ ㉮ : 10, ㉯ : 산업통상자원부장관

**해설** 공단이사장 또는 검사기관의 장은 매달 검사대상기기의 검사 실적을 다음 달 10일까지 시·도지사에게 보고하여야 한다.

**235.** 에너지이용 합리화법에 따라 평균에너지 소비효율의 산정방법에 대한 설명으로 틀린 것은? [2019. 4. 27.]
① 기자재의 종류별 에너지소비효율의 산정방법은 산업통상자원부장관이 정하여 고시한다.
② 평균에너지소비효율은 $\dfrac{\text{기자재 판매량}}{\Sigma\left[\dfrac{\text{기자재 종류별 국내판매량}}{\text{기자재 종류별 에너지소비효율}}\right]}$ 이다.
③ 평균에너지소비효율의 개선기간은 개선명령을 받은 날부터 다음 해 1월 31일까지로 한다.
④ 평균에너지소비효율의 개선명령을 받은 자는 개선명령을 받을 날부터 60일 이내에 개선명령 이행계획을 수립하여 제출하여야 한다.

**해설** 평균에너지소비효율의 개선기간은 개선명령을 받은 날부터 다음 해 12월 31일까지로 한다.

**정답** 234. ② 235. ③

---

**236.** 에너지이용 합리화법에 따라 용접검사가 면제되는 대상범위에 해당되지 않는 것은?

① 용접이음이 없는 강관을 동체로 한 헤더 [2019. 9. 21.]
② 최고사용압력이 0.35 MPa 이하이고, 동체의 안지름이 600 mm인 전열교환식 1종 압력 용기
③ 전열면적이 30 m² 이하의 유류용 강철제 증기보일러
④ 전열면적이 18 m² 이하이고, 최고사용압력이 0.35 MPa인 온수보일러

**해설** 용접검사가 면제되는 보일러의 대상범위
• 강철제 보일러 중 전열면적이 5 m² 이하이고, 최고사용압력이 0.35 MPa 이하인 것
• 주철제 보일러
• 1종 관류보일러
• 온수보일러 중 전열면적이 18 m² 이하이고, 최고사용압력이 0.35 MPa 이하인 것
• 용접이음(동체와 플랜지와의 용접이음은 제외한다)이 없는 강관을 동체로 한 헤더
• 압력용기 중 동체의 두께가 6 mm 미만인 것으로서 최고사용압력(MPa)과 내부 부피 (m³)를 곱한 수치가 0.02 이하(난방용의 경우에는 0.05 이하)인 것
• 전열교환식인 것으로서 최고사용압력이 0.35 MPa 이하이고, 동체의 안지름이 600 mm 이하인 것

---

**237.** 에너지이용 합리화법에 따라 에너지절약형 시설투자 시 세제지원이 되는 시설투자가 아닌 것은?

[2019. 9. 21.]
① 노후 보일러 등 에너지다소비 설비의 대체
② 열병합발전사업을 위한 시설 및 기기류의 설치
③ 5 % 이상의 에너지절약 효과가 있다고 인정되는 설비
④ 산업용 요로 설비의 대체

**해설** 에너지절약형 시설투자
• 노후 보일러 및 산업용 요로 등 에너지다소비 설비의 대체
• 집단에너지사업, 열병합발전사업, 폐열이용사업과 대체연료사용을 위한 시설 및 기기류 의 설치

---

**238.** 에너지이용 합리화법에서 규정한 수요관리 전문기관에 해당하는 것은? [2019. 9. 21.]

① 한국가스안전공사　　　　　② 한국에너지공단
③ 한국전력공사　　　　　　　④ 전기안전공사

---

**정답** ● **236.** ③　**237.** ③　**238.** ②

**해설** 수요관리 전문기관
  • 한국에너지공단
  • 그 밖에 수요관리사업의 수행능력이 있다고 인정되는 기관으로서 산업통상자원부령으
   로 정하는 기관

---

**239.** 에너지이용 합리화법에 따라 공공사업주관자는 에너지사용계획의 조정 등 조치 요청을
  받은 경우에는 산업통상자원부령으로 정하는 바에 따라 조치 이행계획을 작성하여 제출하여
  야 한다. 다음 중 이행계획에 반드시 포함되어야 하는 항목이 아닌 것은?            [2019. 9. 21.]
  ① 이행 예산                    ② 이행 주체
  ③ 이행 방법                    ④ 이행 시기

**해설** 이행계획에 포함되어야 하는 항목 : 이행 주체, 이행 방법, 이행 시기

---

**240.** 다음 중 에너지이용 합리화법에 따른 에너지사용계획의 수립대상 사업이 아닌 것은?
  ① 고속도로건설사업                ② 관광단지개발사업            [2019. 9. 21.]
  ③ 항만건설사업                  ④ 철도건설사업

**해설** 에너지사용계획의 수립대상 사업 : 도시개발사업, 산업단지개발사업, 에너지개발사업, 항만건
  설사업, 철도건설사업, 공항건설사업, 관광단지개발사업, 개발촉진지구개발사업 또는 지역
  종합개발사업

---

**241.** 에너지원별 에너지열량 환산기준으로 총발열량(kcal)이 가장 높은 연료는? (단, 1 L 또는
  1 kg 기준이다.)                                                  [2018. 3. 4.]
  ① 휘발유                      ② 항공유
  ③ B-C유                     ④ 천연가스

**해설** 연료별 총발열량(kcal/L, kcal/kg)
  • 휘발유 : 8000 kcal/L
  • 항공유 : 8750 kcal/L
  • B-C유 : 9900 kcal/L
  • 천연가스 : 13000 kcal/kg

**정답** • 239. ①  240. ①  241. ④

4과목 열설비재료 및 관계법규 411

**242.** 에너지이용 합리화법에 따라 대통령령으로 정하는 일정규모 이상의 에너지를 사용하는 사업을 실시하거나 시설을 설치하려는 경우 에너지사용계획을 수립하여, 사업실시 전 누구에게 제출하여야 하는가?
[2018. 3. 4.]
① 대통령
② 시·도지사
③ 산업통상자원부장관
④ 에너지 경제연구원장

**해설** 에너지사용계획의 협의 : 도시개발사업이나 산업단지개발사업 등 대통령령으로 정하는 일정규모 이상의 에너지를 사용하는 사업을 실시하거나 시설을 설치하려는 자(이하 "사업주관자"라 한다)는 그 사업의 실시와 시설의 설치로 에너지수급에 미칠 영향과 에너지소비로 인한 온실가스(이산화탄소만을 말한다)의 배출에 미칠 영향을 분석하고, 소요에너지의 공급계획 및 에너지의 합리적 사용과 그 평가에 관한 계획(이하 "에너지사용계획"이라 한다)을 수립하여, 그 사업의 실시 또는 시설의 설치 전에 산업통상자원부장관에게 제출하여야 한다.

**243.** 에너지법에 따라 지역에너지계획은 몇 년 이상을 계획기간으로 하여 수립·시행하는가?
① 3년
② 5년
[2018. 3. 4.]
③ 7년
④ 10년

**해설** 특별시장·광역시장·특별자치시장·도지사 또는 특별자치도지사(이하 "시·도지사"라 한다)는 관할 구역의 지역적 특성을 고려하여 「저탄소 녹색성장 기본법」에 따른 에너지기본계획의 효율적인 달성과 지역경제의 발전을 위한 지역에너지계획을 5년마다 5년 이상을 계획기간으로 하여 수립·시행하여야 한다.

**244.** 에너지이용 합리화법에 따라 냉난방온도의 제한온도 기준 및 건물의 지정기준에 대한 설명으로 틀린 것은?
[2018. 4. 28.]
① 공공기관의 건물은 냉방온도 26℃ 이상, 난방온도 20℃ 이하의 제한온도를 둔다.
② 판매시설 및 공항은 냉방온도의 제한온도는 25℃ 이상으로 한다.
③ 숙박시설 중 객실 내부 구역은 냉방온도의 제한온도는 25℃ 이상으로 한다.
④ 의료법에 의한 의료기관의 실내구역은 제한온도를 적용하지 않을 수 있다.

**해설** 냉난방온도제한건물 중 다음 중 어느 하나에 해당하는 구역에는 냉난방온도의 제한온도를 적용하지 않을 수 있다.
• 「의료법」 제3조에 따른 의료기관의 실내구역
• 식품 등의 품질관리를 위해 냉난방온도의 제한온도 적용이 적절하지 않은 구역
• 숙박시설 중 객실 내부구역
• 그 밖에 관련 법령 또는 국제기준에서 특수성을 인정하거나 건물의 용도상 냉난방온도의 제한온도를 적용하는 것이 적절하지 않다고 산업통상자원부장관이 고시하는 구역

**정답** ● 242. ③   243. ②   244. ③

**245.** 에너지이용 합리화법에 따라 특정열사용기자재의 설치·시공이나 세관을 업으로 하는 자는 어디에 등록을 하여야 하는가? [2018. 9. 15.]

① 행정안전부장관
② 한국열관리시공협회
③ 한국에너지공단 이사장
④ 시·도지사

**해설** 특정열사용기자재의 설치·시공이나 세관을 업으로 하는 자는 「건설산업기본법」에 따라 시·도지사에게 등록하여야 한다.

**246.** 에너지이용 합리화법에 따라 대기전력 경고표지 대상 제품인 것은? [2018. 9. 15.]

① 디지털 카메라
② 텔레비전
③ 셋톱박스
④ 유무선전화기

**해설** 대기전력 경고표지 대상 제품 : 컴퓨터, 모니터, 프린터, 복합기, 전자레인지, 복사기, 스캐너, 팩시밀리, 오디오, 유무선전화기

**247.** 에너지이용 합리화법에 따라 에너지공급자의 수요관리 투자계획에 대한 설명으로 틀린 것은? [2018. 9. 15.]

① 한국지역난방공사는 수요관리투자계획 수립대상이 되는 에너지공급자이다.
② 연차별 수요관리투자계획은 해당 연도 개시 2개월 전까지 제출하여야 한다.
③ 제출된 수요관리투자 계획을 변경하는 경우에는 그 변경한 날부터 15일 이내에 변경사항을 제출하여야 한다.
④ 수요관리투자계획 시행 결과는 다음 연도 6월 말일까지 산업통상자원부장관에게 제출하여야 한다.

**해설** 에너지공급자는 연차별 수요관리투자계획을 해당 연도 개시 2개월 전까지, 그 시행 결과를 다음 연도 2월 말일까지 산업통상자원부장관에게 제출하여야 한다.

**248.** 에너지이용 합리화법에 따라 에너지사용계획을 수립하여 산업통상자원부장관에게 제출하여야 하는 사업주관자가 실시하려는 사업의 종류가 아닌 것은? [2018. 9. 15.]

① 도시개발사업
② 항만건설사업
③ 관광단지개발사업
④ 박람회 조경사업

**해설** 에너지사용계획을 수립하여 산업통상자원부장관에게 제출하여야 하는 사업주관자가 실시하려는 사업의 종류
• 도시개발사업

**정답** 245. ④  246. ④  247. ④  248. ④

- 산업단지개발사업
- 에너지개발사업
- 항만건설사업
- 관광단지개발사업
- 철도건설사업
- 공항건설사업
- 지역종합건설사업

---

**249.** 에너지이용 합리화법에 따라 연간 에너지사용량이 30만 티오이인 자가 구역별로 나누어 에너지 진단을 하고자 할 때 에너지 진단주기는? [2018. 9. 15.]

① 1년  ② 2년

③ 3년  ④ 5년

**해설** 에너지 진단주기

| 연간 에너지사용량 | 에너지 진단주기 |
|---|---|
| 20만 TOE 이상 | 전체 진단 : 5년<br>부분 진단 : 3년 |
| 20만 TOE 미만 | 5년 |

※ TOE(Ton Of Equivalent) : 석유 1톤을 태웠을 때 발생하는 에너지

---

**250.** 에너지이용 합리화법에 따라 에너지사용계획을 수립하여 산업통상자원부장관에게 제출하여야 하는 민간사업주관자의 기준은? [2017. 3. 5.]

① 연간 5백만 킬로와트시 이상의 전력을 사용하는 시설을 설치하려는 자

② 연간 1천만 킬로와트시 이상의 전력을 사용하는 시설을 설치하려는 자

③ 연간 1천 5백만 킬로와트시 이상의 전력을 사용하는 시설을 설치하려는 자

④ 연간 2천만 킬로와트시 이상의 전력을 사용하는 시설을 설치하려는 자

**해설** 에너지사용계획을 수립하여 산업통상자원부장관에게 제출하여야 하는 민간사업주관자의 기준

- 연간 5000 TOE 이상의 연료 및 열을 사용하는 시설
- 연간 2천만 킬로와트시 이상의 전력을 사용하는 시설

---

**251.** 에너지이용 합리화법상의 효율관리기자재에 속하지 않는 것은? [2017. 3. 5.]

① 전기철도  ② 삼상유도전동기

③ 전기세탁기  ④ 자동차

---

**정답** ➤ 249. ③  250. ④  251. ①

**해설** 에너지이용 합리화법상의 효율관리기자재 : 전기냉장고, 전기냉방기, 전기세탁기, 조명기기, 자동차, 삼상유도전동기

---

**252.** 에너지 이용 합리화법에 따라 고효율에너지인증대상기자재에 해당되지 않는 것은?
① 펌프
② 무정전 전원장치  [2017. 9. 23.]
③ 가정용 가스보일러
④ 발광다이오드 등 조명기기

**해설** 고효율에너지인증대상기자재 : 펌프, 산업건물용 보일러, 무정전 전원장치, 폐열회수형 환기장치, 발광다이오드(LED) 등 조명 기기

---

**253.** 에너지이용 합리화법에 따라 산업통상자원부장관이 국내외 에너지 사정의 변동으로 에너지 수급에 중대한 차질이 발생될 경우 수급안정을 위해 취할 수 있는 조치 사항이 아닌 것은?  [2017. 9. 23.]
① 에너지의 배급
② 에너지의 비축과 저장
③ 에너지의 양도·양수의 제한 또는 금지
④ 에너지 수급의 안정을 위하여 산업통상자원부령으로 정하는 사항

**해설** 에너지 수급을 위하여 산업통상자원부장관이 필요한 조치를 취할 수 있는 사항
• 지역별·주요 수급자별 에너지 할당
• 에너지공급설비의 가동 및 조업
• 에너지의 비축과 저장
• 에너지의 도입·수출입 및 위탁가공
• 에너지공급자 상호 간의 에너지의 교환 또는 분배 사용
• 에너지의 유통시설과 그 사용 및 유통경로
• 에너지의 배급
• 에너지의 양도·양수의 제한 또는 금지
• 에너지사용의 시기·방법 및 에너지사용기자재의 사용 제한 또는 금지 등 대통령령으로 정하는 사항

---

**254.** 보일러 계속 사용검사 유효기간 만료일이 9월 1일 이후인 경우 연기할 수 있는 최대 기한은?  [2016. 3. 6.]
① 2개월 이내
② 4개월 이내
③ 6개월 이내
④ 10개월 이내

**해설** 보일러 계속사용검사의 연기
- 계속사용검사는 검사유효기간의 만료일이 속하는 연도의 말까지 연기할 수 있다. 다만, 검사유효기간 만료일이 9월 1일 이후인 경우에는 4개월 이내에서 계속사용검사를 연기할 수 있다.
- 검사의 연기를 받고자 하는 자는 "검사대상기기 검사연기신청서"를 작성하여 검사유효기간 만료일 10일 전까지 한국에너지공단 해당 지역본부에 제출한다.

---

**255.** 민간사업주관자 중 에너지 사용계획을 수립하여 산업통상자원부장관에게 제출하여야 하는 사업자의 기준은? [2016. 10. 1.]

① 연간 연료 및 열을 2천 TOE 이상 사용하거나 전력을 5백만 kWh 이상 사용하는 시설을 설치하고자 하는 자

② 연간 연료 및 열을 3천 TOE 이상 사용하거나 전력을 1천만 kWh 이상 사용하는 시설을 설치하고자 하는 자

③ 연간 연료 및 열을 5천 TOE 이상 사용하거나 전력을 2천만 kWh 이상 사용하는 시설을 설치하고자 하는 자

④ 연간 연료 및 열을 1만 TOE 이상 사용하거나 전력을 4천만 kWh 이상 사용하는 시설을 설치하고자 하는 자

**해설** 민간사업주관자의 시설 규모
- 연간 연료 및 열을 5천 TOE 이상 사용하는 시설
- 연간 전력을 2천만 kWh 이상 사용하는 시설

---

**256.** 에너지이용 합리화법령상 효율관리가지재에 대한 에너지소비효율등급을 거짓으로 표시한 자에 해당하는 과태료는? [2021. 5. 15.]

① 3백만원 이하
② 5백만원 이하
③ 1천만원 이하
④ 2천만원 이하

**해설** 2천만원 이하의 과태료
- 효율관리기자재에 대한 에너지소비효율등급 또는 에너지소비효율을 표시하지 아니하거나 거짓으로 표시를 한 자
- 에너지진단을 받지 아니한 에너지다소비사업자
- 한국에너지공단에 사고의 일시·내용 등을 통보하지 아니하거나 거짓으로 통보한 자

**정답** 255. ③   256. ④

**257.** 에너지이용 합리화법에서 정한 에너지저장시설의 보유 또는 저장의무의 부과 시 정당한 이유 없이 이를 거부하거나 이행하지 아니한 자에 대한 벌칙 기준은? [2020. 6. 6.]

① 500만원 이하의 벌금
② 1천만원 이하의 벌금
③ 1년 이하의 징역 또는 1천만원 이하의 벌금
④ 2년 이하의 징역 또는 2천만원 이하의 벌금

**해설** 벌칙

(1) 2년 이하의 징역 또는 2천만원 이하의 벌금
  • 에너지저장시설의 보유 또는 저장의무의 부과 시 정당한 이유 없이 이를 거부하거나 이행하지 아니한 자
  • 조정·명령 등의 조치를 위반한 자
  • 직무상 알게 된 비밀을 누설하거나 도용한 자
(2) 1년 이하의 징역 또는 1천만원 이하의 벌금
  • 검사대상기기의 검사를 받지 아니한 자
  • 검사를 받지 않고 검사대상기기를 사용한 자
(3) 2천만원 이하의 벌금 : 생산 또는 판매 금지명령을 위반한 자
(4) 1천만원 이하의 벌금 : 검사대상기기관리자를 선임하지 아니한 자
(5) 500만원 이하의 벌금
  • 효율관리기자재에 대한 에너지사용량의 측정결과를 신고하지 아니한 자
  • 대기전력경고표지대상제품에 대한 측정결과를 신고하지 아니한 자
  • 대기전력경고표지를 하지 아니한 자
  • 대기전력저감우수제품임을 표시하거나 거짓 표시를 한 자
  • 시정명령을 정당한 사유 없이 이행하지 아니한 자

**258.** 에너지이용 합리화법에 따라 에너지사용의 제한 또는 금지에 관한 조정·명령, 그 밖에 필요한 조치를 위반한 에너지사용자에 대한 과태료 부과 기준은? [2019. 3. 3.] [2019. 4. 27.]

① 300만원 이하                    ② 100만원 이하
③ 50만원 이하                     ④ 10만원 이하

**해설** 300만원 이하의 과태료
  • 에너지사용의 제한 또는 금지에 관한 조정·명령, 그 밖에 필요한 조치를 위반한 자
  • 정당한 이유 없이 수요관리투자계획과 시행결과를 제출하지 아니한 자
  • 필요한 조치의 요청을 정당한 이유 없이 거부하거나 이행하지 아니한 공공사업주관자
  • 관련 자료의 제출요청을 정당한 이유 없이 거부한 사업주관자

**정답** ● 257. ④   258. ①

• 이행 여부에 대한 점검이나 실태 파악을 정당한 이유 없이 거부·방해 또는 기피한 사업
  주관자

---

**259.** 에너지이용 합리화법에 따라 최대 1천만원 이하의 벌금에 처할 대상자에 해당되지 않는
자는?
                                                                              [2017. 3. 5.]
① 검사대상기기조종자를 정당한 사유 없이 선임하지 아니한 자
② 검사대상기기의 검사를 정당한 사유 없이 받지 아니한 자
③ 검사에 불합격한 검사대상기기를 임의로 사용한 자
④ 최저소비효율기준에 미달된 효율관리기자재를 생산한 자

**해설** 최저소비효율기준에 미달된 효율관리기자재를 생산한 자 : 2천만원 이하의 벌금

---

**260.** 에너지이용 합리화법령상 검사에 불합격된 검사대상기기를 사용한 자의 벌칙 기준은?
① 5백만원 이하의 벌금
                                                                              [2021. 9. 12.]
② 1년 이하의 징역 또는 1천만원 이하의 벌금
③ 2년 이하의 징역 또는 2천만원 이하의 벌금
④ 3천만원 이하의 벌금

**해설** 1년 이하의 징역 또는 1천만원 이하의 벌금
• 검사에 불합격된 검사대상기기를 사용한 자
• 검사에 불합격된 검사대상기기의 검사를 받지 아니한 자
• 검사에 불합격된 검사대상기기를 수입한 자

# 열설비설계

**1.** 수관 보일러의 특징에 대한 설명으로 옳은 것은?　　　[2020. 9. 26.]

① 최대 압력이 1 MPa 이하인 중소형 보일러에 작용이 일반적이다.

② 연소실 주위에 수관을 배치하여 구성한 수랭벽을 노에 구성한다.

③ 수관의 특성상 기수분리의 필요가 없는 드럼리스 보일러의 특징을 갖는다.

④ 열량을 전열면에서 잘 흡수시키기 위해 2 - 패스, 3 - 패스, 4 - 패스 등의 흐름 구성을 갖도록 설계한다.

**해설** 수관 보일러의 특징

- 보유수량이 적으며 전열면적이 크고 열효율이 좋다.
- 고압 대용량에 적합하며 증기 발생 시간이 빠르다.
- 구조가 복잡하고 스케일 부착이 쉽다.

**2.** 다음 중 수관식 보일러의 장점이 아닌 것은?　　　[2020. 6. 6.]

① 드럼이 작아 구조상 고온 고압의 대용량에 적합하다.

② 연소실 설계가 자유롭고 연료의 선택범위가 넓다.

③ 보일러수의 순환이 좋고 전열면 증발률이 크다.

④ 보유수량이 많아 부하변동에 대하여 압력변동이 적다.

**해설** 수관식 보일러의 장점

- 관수량이 많아 급격히 변동하는 증기공급에 대응이 원활하다.
- 관리가 편리하고 수명이 길다.
- 보유수량이 작아 압력변동이 적으며 내압에 대한 안정성이 높다.

**3.** 수관식 보일러에 속하지 않는 것은?　　　[2020. 8. 22.]

① 코니시 보일러　　　② 바브콕 보일러

③ 라몬트 보일러　　　④ 벤슨 보일러

**해설** 코니시 보일러, 랭커셔 보일러 등은 노통 보일러에 해당한다.

**정답** ● 1. ②　2. ④　3. ①

**4.** 수관식 보일러에 대한 설명으로 틀린 것은? [2020. 8. 22.]
① 증기 발생의 소요시간이 짧다.  ② 보일러 순환이 좋고 효율이 높다.
③ 스케일의 발생이 적고 청소가 용이하다.  ④ 드럼이 작아 구조적으로 고압에 적당하다.

**해설** 수관식 보일러는 보유수량이 작아 압력변동이 적으며 내압에 대한 안정성이 높으나 관 벽에 스케일이 발생하여 청소 또한 어렵다.

**5.** 수관 보일러에서 수랭 노벽의 설치 목적으로 가장 거리가 먼 것은? [2017. 9. 23.]
① 고온의 연소열에 의해 내화물이 연화, 변형되는 것을 방지하기 위하여
② 물의 순환을 좋게 하고 수관의 변형을 방지하기 위하여
③ 복사열을 흡수시켜 복사에 의한 열손실을 줄이기 위하여
④ 전열면적을 증가시켜 전열효율을 상승시키고 보일러 효율을 높이기 위하여

**해설** 수랭 노벽의 설치 목적
• 전열면적의 증가로 증발량이 많아지며 보일러 효율이 향상된다.
• 연소실 내의 복사열을 흡수한다.
• 연소실 노벽을 보호한다.

**6.** 수관식과 비교하여 노통연관식 보일러의 특징으로 옳은 것은? [2017. 5. 7.]
① 설치 면적이 크다.  ② 연소실을 자유로운 형상으로 만들 수 있다.
③ 파열 시 비교적 위험하다.  ④ 청소가 곤란하다.

**해설** 노통연관식 보일러의 특징
• 보유수량이 많아 부하변동에 안전하며, 수면이 넓어 급수조절이 용이하다.
• 수처리가 비교적 간단하고, 설치가 간단하며, 열손실이 적고 설치면적이 작다.
• 수명이 짧고 가격이 비싸며, 스케일 생성이 빠르다.
• 수관식에 비하여 증발속도가 빨라서 스케일이 부착되기 쉽고 파열 시 위험이 크다.

**7.** 보일러의 형식에 따른 종류의 연결로 틀린 것은? [2019. 4. 27.]
① 노통식 원통보일러 – 코니시 보일러
② 노통연관식 원통보일러 – 라몬트 보일러
③ 자연순환식 수관보일러 – 다쿠마 보일러
④ 관류보일러 – 슐저 보일러

**정답** ● 4. ③  5. ②  6. ③  7. ②

**해설** 노통연관식 원통보일러
- 강제 순환식 수관 보일러
- 스코치 보일러
- 벨록스 보일러

---

**8.** 노통연관식 보일러의 특징에 대한 설명으로 옳은 것은? [2021. 5. 15.]
① 외분식이므로 방산손실열량이 크다.
② 고압이나 대용량 보일러로 적당하다.
③ 내부청소가 간단하므로 급수처리가 필요 없다.
④ 보일러의 크기에 비하여 전열면적이 크고 효율이 좋다.

**해설** 노통연관식 보일러는 원통형 보일러 중에서 방산열량이 적고 전열면적이 가장 크며 증기발생 시간이 빠르다. 또한 열효율이 높으나 고압 대용량 보일러 제작이 어렵다.

---

**9.** 노통 보일러 중 원통형의 노통이 2개인 보일러는? [2016. 5. 8.]
① 라몬트 보일러   ② 바브콕 보일러   ③ 다우삼 보일러   ④ 랭커셔 보일러

**해설** 원통형 보일러에서 노통이 1개인 것은 코니시 보일러, 노통이 2개인 것은 랭커셔 보일러에 해당된다.

---

**10.** 노통 보일러의 설명으로 틀린 것은? [2021. 3. 7.]
① 구조가 비교적 간단하다.
② 노통에는 파형과 평형이 있다.
③ 내분식 보일러의 대표적인 보일러이다.
④ 코니시 보일러와 랭커셔 보일러의 노통은 모두 1개이다.

**해설**
- 코니시 보일러 : 노통 1개
- 랭커셔 보일러 : 노통 2개

---

**11.** 다음 각 보일러의 특징에 대한 설명 중 틀린 것은? [2021. 5. 15.]
① 입형 보일러는 좁은 장소에도 설치할 수 있다.
② 노통 보일러는 보유수량이 적어 증기발생 소요시간이 짧다.
③ 수관 보일러는 구조상 대용량 및 고압용에 적합하다.
④ 관류 보일러는 드럼이 없어 초고압 보일러에 적합하다.

---

**정답** ● 8. ④   9. ④   10. ④   11. ②

해설 노통 보일러는 전열면적에 비하여 보유수량이 많아 부하가 변해도 잘 적응하며 압력이 잘 변하지 않고 불순물이 섞인 물을 사용해도 큰 피해를 입지 않는다. 노통이 물속에 있으므로 노통 안에서 연료를 태워 물에 열을 전달하므로 노통 전체의 주위에서 열이 전달된다.

---

**12.** 노통 보일러에 갤러웨이 관을 직각으로 설치하는 이유로 적절하지 않은 것은? [2021. 5. 15.]
① 노통을 보강하기 위하여
② 보일러수의 순환을 돕기 위하여
③ 전열면적을 증가시키기 위하여
④ 수격작용을 방지하기 위하여

해설 갤러웨이 관(Galloway tube)은 코니시 보일러나 랭커셔 보일러의 노통을 가로로 절단하여 부착한 원추형의 수관으로 노통의 외압에 대한 저항력을 증대하고 전열 면적을 크게 함과 동시에, 보일러수의 순환을 양호하게 한다.
※ 갤러웨이 관 설치 목적
 • 전열면적 증가
 • 물의 순환 양호
 • 노통 강도 보강

---

**13.** 노통 보일러에서 브리딩 스페이스란 무엇을 말하는가? [2021. 3. 7.]
① 노통과 거싯 스테이와의 거리
② 관군과 거싯 스테이와의 거리
③ 동체와 노통 사이의 최소거리
④ 거싯 스테이 간의 거리

해설 노통 보일러에 거싯 스테이를 부착할 경우 경판과의 부착부 하단과 노통 상부 사이에는 완충 폭이 있어야 한다. 이 완충폭을 브리딩 스페이스라 한다.

---

**14.** 노통연관 보일러의 노통의 바깥면과 이것에 가장 가까운 연관의 면 사이에는 몇 mm 이상의 틈새를 두어야 하는가? [2018. 9. 15.] [2021. 9. 12.]
① 10
② 20
③ 30
④ 50

해설 노통 연관 보일러의 노통 바깥면과 이에 가장 가까운 연관의 면과는 50 mm 이상의 틈새를 두어야 한다.

---

**15.** 횡연관식 보일러에서 연관의 배열을 바둑판 모양으로 하는 주된 이유는? [2021. 3. 7.]
① 보일러 강도 증가
② 증기발생 억제
③ 물의 원활한 순환
④ 연소가스의 원활한 흐름

해설 횡연관식 보일러는 동체가 수평으로 설치되어 있으므로 보일러수가 원활하게 흐를수 있도록 연관을 바둑판 모양으로 배열하여야 한다.

---

정답 ▸ 12. ④  13. ①  14. ④  15. ③

**16.** 원통형 보일러의 노통이 편심으로 설치되어 관수의 순환작용을 촉진시켜 줄 수 있는 보일러는? [2021. 5. 15.]

① 코니시 보일러

② 라몬트 보일러

③ 케와니 보일러

④ 기관차 보일러

**해설** 노통에 편심을 주는 것은 물의 순환을 양호하게 하기 위함이며 코니시 보일러(노통 보일러)에 편심을 설치한다.

**17.** 보일러 형식에 따른 분류 중 원통형 보일러에 해당하지 않는 것은? [2016. 5. 8.]

① 관류 보일러

② 노통 보일러

③ 입형 보일러

④ 노통연관식 보일러

**해설** 관류 보일러는 수관식 보일러에 해당된다.

**18.** 원통형 보일러의 특징이 아닌 것은? [2016. 10. 1.]

① 구조가 간단하고 취급이 용이하다.

② 부하변동에 의한 압력변화가 적다.

③ 보유량이 적어 파열 시 피해가 적다.

④ 고압 및 대용량에는 부적당하다.

**해설** 원통형 보일러는 구조상 고압이나 대용량 보일러 제작이 어렵고 구조가 복잡하며, 청소나 검사가 어렵고 보유수량이 많아 파열 시 피해가 크다.

**19.** 다음 중 횡형 보일러의 종류가 아닌 것은? [2016. 3. 6.]

① 노통식 보일러

② 연관식 보일러

③ 노통연관식 보일러

④ 수관식 보일러

**해설** • 강판재 보일러는 원통 보일러와 수관식 보일러로 구분한다.

• 원통형 보일러는 입형 보일러와 횡형 보일러로 나누어진다.

**20.** 입형 보일러의 특징에 대한 설명으로 틀린 것은? [2020. 9. 26.]

① 설치 면적이 좁다.

② 전열면적이 작고 효율이 낮다.

③ 증발량이 적으며 습증기가 발생한다.

④ 증기실이 커서 내부 청소 및 검사가 쉽다.

**해설** 입형은 세워져 있는 형태이므로 증기실 및 연소실이 작아서 청소 및 검사가 어렵다.

**정답** ► **16.** ①  **17.** ①  **18.** ③  **19.** ④  **20.** ④

**36.** 보일러의 용량을 산출하거나 표시하는 값으로 틀린 것은? [2021. 5. 15.]

① 상당증발량　　　　　　② 보일러마력
③ 재열계수　　　　　　　④ 전열면적

**해설** 보일러의 용량을 산출하거나 표시하는 값
 • 상당증발량, 실제증발량
 • 전열면적, 정격출력, 보일러마력
 • 전열면 증발률, 연소율

**37.** 보일러의 성능계산 시 사용되는 증발률($kg/m^2 \cdot h$)에 대한 설명으로 옳은 것은? [2020. 9. 26.]

① 실제증발량에 대한 발생증기 엔탈피와의 비
② 연료소비량에 대한 상당증발량과의 비
③ 상당증발량에 대한 실제증발량과의 비
④ 전열면적에 대한 실제증발량과의 비

**해설** 증발률 : 보일러의 전열면 $1\,m^2$당 1시간의 증발량

$$증발률(kg/m^2 \cdot h) = \frac{실제증발량(kg/h)}{전열면적(m^2)}$$

**38.** 보일러 성능시험 시 측정을 매 몇 분마다 실시하여야 하는가? [2018. 9. 15.]

① 5분　　　　　　　　　② 10분
③ 15분　　　　　　　　　④ 20분

**해설** 보일러 성능시험 시 보일러 운전은 2시간 이상이며 계측기기 측정은 10분마다 한다.

**39.** 보일러의 성능시험방법 및 기준에 대한 설명으로 옳은 것은? [2017. 3. 5.] [2020. 6. 6.]

① 증기 건도의 기준은 강철제 또는 주철제로 나누어 정해져 있다.
② 측정은 매 1시간마다 실시한다.
③ 수위는 최초 측정치에 비해서 최종 측정치가 작아야 한다.
④ 측정기록 및 계산양식은 제조사에서 정해진 것을 사용한다.

**해설** 보일러의 성능시험방법 및 기준
 • 측정은 10분마다 실시한다.
 • 증기 건도 : 강철제(0.98), 주철제(0.97)

**정답** ● 36. ③　37. ④　38. ②　39. ①

**40.** 순환식(자연 또는 강제) 보일러가 아닌 것은?                    [2017. 5. 7.]

① 타쿠마 보일러                    ② 야로우 보일러

③ 벤슨 보일러                      ④ 라몬트 보일러

**해설** 벤슨 보일러 : 다수의 관과 관 헤더로 구성되는 대용량의 다관식 관류 보일러

**41.** 원통형 보일러의 내면이나 관벽 등 전열면에 스케일이 부착될 때 발생되는 현상이 아닌 것은?                    [2016. 5. 8.]

① 열전달률이 매우 작아 열전달 방해

② 보일러의 파열 및 변형

③ 물의 순환속도 저하

④ 전열면의 과열에 의한 증발량 증가

**해설** 스케일이 열교환을 방해하므로 배기가스 온도는 상승하나 증발량은 오히려 감소한다.

**42.** 강제순환식 보일러의 특징에 대한 설명으로 틀린 것은?                    [2019. 3. 3.]

① 증기 발생 소요시간이 매우 짧다.

② 자유로운 구조의 선택이 가능하다.

③ 고압 보일러에 대해서도 효율이 좋다.

④ 동력 소비가 적어 유지비가 비교적 적게 든다.

**해설** 강제순환식 보일러는 효율이 양호하고 증기 발생 시간이 짧지만 동력 소비가 크며 유지 관리비가 많이 든다.

**43.** 긴 관의 일단에서 급수를 펌프로 압입하여 도중에서 가열, 증발, 과열을 한꺼번에 시켜 과열 증기로 내보내는 보일러로서 드럼이 없고, 관만으로 구성된 보일러는?                    [2018. 3. 4.]

① 이중 증발 보일러                  ② 특수 열매 보일러

③ 연관 보일러                      ④ 관류 보일러

**해설** 관류 보일러는 강제 순환식 보일러로 긴 관의 한쪽 끝에서 급수를 펌프로 압송하고 도중에서 차례로 가열, 증발, 과열되어 관의 다른 한쪽 끝까지 과열증기로 송출되는 증기 드럼이 없는 보일러이다.

**정답** ● 40. ③   41. ④   42. ④   43. ④

**44.** 노통 보일러의 평형 노통을 일체형으로 제작하면 강도가 약해지는 결점이 있다. 이러한 결점을 보완하기 위하여 몇 개의 플랜지형 노통으로 제작하는데 이때의 이음부를 무엇이라 하는가?                                                                                 [2018. 4. 28.]

① 브리딩 스페이스                          ② 거싯 스테이
③ 평형 조인트                              ④ 애덤슨 조인트

**해설** 애덤슨 조인트는 원통 보일러 노통 등을 연결하는 신축이음이다.

**45.** 코니시 보일러의 노통을 한쪽으로 편심 부착시키는 주된 목적은?                                                    [2017. 9. 23.]

① 강도상 유리하므로
② 전열면적을 크게 하기 위하여
③ 내부청소를 간편하게 하기 위하여
④ 보일러 물의 순환을 좋게 하기 위하여

**해설** 코니시 보일러는 노통을 편심으로 설치하여 보일러수의 순환이 잘 되도록 한다.

**46.** 아래 표는 소용량 주철제 보일러에 대한 정의이다. ㉮, ㉯ 안에 들어갈 내용으로 옳은 것은?                                                               [2019. 9. 21.]

> 주철제 보일러 중 전열면적이 ( ㉮ ) $m^2$ 이하이고 최고사용압력이 ( ㉯ ) MPa 이하인 것

① ㉮ 4, ㉯ 1                          ② ㉮ 5, ㉯ 0.1
③ ㉮ 5, ㉯ 1                          ④ ㉮ 4, ㉯ 0.1

**해설** • 소용량 주철제 보일러 : 주철제 보일러 중 전열면적 $5\ m^2$ 이하이고, 최고사용압력 0.1 MPa 이하인 보일러
   • 소용량 강철제 보일러 : 강철제 보일러 중 전열면적 $5\ m^2$ 이하이고, 최고사용압력 0.35 MPa 이하인 보일러

**47.** 다음 중 보일러 본체의 구조가 아닌 것은?                                                                 [2020. 6. 6.]

① 노통                                  ② 노벽
③ 수관                                  ④ 절탄기

**해설** 보일러 본체 : 노통, 노벽, 수관, 동체

**정답** ▶ 44. ④   45. ④   46. ②   47. ④

**48.** 보일러 장치에 대한 설명으로 틀린 것은? [2020. 6. 6.]
① 절탄기는 연료공급을 적당히 분배하여 완전 연소를 위한 장치이다.
② 공기예열기는 연소가스의 예열로 공급공기를 가열시키는 장치이다.
③ 과열기는 포화증기를 가열시키는 장치이다.
④ 재열기는 원동기에서 팽창한 포화증기를 재가열시키는 장치이다.

**해설** 절탄기는 연통으로 배출되는 연소가스의 열로 급수를 데워서 보일러에 공급하는 장치이다.

**49.** 저압용으로 내식성이 크고, 청소하기 쉬운 구조이며, 증기압이 2 kg/cm$^2$ 이하의 경우에 사용되는 절탄기는? [2018. 4. 28.]
① 강관식                    ② 이중관식
③ 주철관식                  ④ 황동관식

**해설** • 주철관식 : 저압 보일러에 사용되며 내식성이 좋다.
• 강관식 : 배관에 스케일 형성이 적으며 주로 고압용으로 사용한다.

**50.** 보일러 운전 및 성능에 대한 설명으로 틀린 것은? [2018. 3. 4.]
① 보일러 송출증기의 압력을 낮추면 방열손실이 감소한다.
② 보일러의 송출압력이 증가할수록 가열에 이용할 수 있는 증기의 응축잠열은 작아진다.
③ LNG를 사용하는 보일러의 경우 총 발열량의 약 10 %는 배기가스 내부의 수증기에 흡수된다.
④ LNG를 사용하는 보일러의 경우 배기가스로부터 발생되는 응축수의 pH는 11~12 범위에 있다.

**해설** LNG(Liquefied Natural Gas : 액화천연가스)는 메탄($CH_4$)이 주성분으로 완전 연소 시 배기가스로부터 수증기와 탄산가스가 나오며 응축수에 용해되면 pH 7 이하인 산성이 된다.

**51.** 보일러에서 연소용 공기 및 연소가스가 통과하는 순서로 옳은 것은? [2019. 4. 27.]
① 송풍기 → 절탄기 → 과열기 → 공기예열기 → 연소실 → 굴뚝
② 송풍기 → 연소실 → 공기예열기 → 과열기 → 절탄기 → 굴뚝
③ 송풍기 → 공기예열기 → 연소실 → 과열기 → 절탄기 → 굴뚝
④ 송풍기 → 연소실 → 공기예열기 → 절탄기 → 과열기 → 굴뚝

**정답** 48. ①   49. ③   50. ④   51. ③

**해설** • 보일러에서 연소가스가 통과하는 순서 : 송풍기 → 공기예열기 → 연소실 → 과열기 → 절탄기 → 굴뚝
 • 연도에서 폐열회수장치의 설치 순서 : 본체 → 과열기 → 재열기 → 절탄기 → 공기예열기 → 연돌

---

**52.** 연소실에서 연도까지 배치된 보일러 부속 설비의 순서를 바르게 나타낸 것은? [2018. 9. 15.]
① 과열기 → 절탄기 → 공기예열기    ② 절탄기 → 과열기 → 공기예열기
③ 공기예열기 → 과열기 → 절탄기    ④ 과열기 → 공기예열기 → 절탄기

**해설** 문제 51번 해설 참조

---

**53.** 다음 [보기]에서 설명하는 보일러 보존 방법은? [2018. 4. 28.]

─[보기]─

• 보존기간이 6개월 이상인 경우 적용한다.
• 1년 이상 보존할 경우 방청도료를 도포한다.
• 약품의 상태는 1~2주마다 점검하여야 한다.
• 동 내부의 산소 제거는 숯불 등을 이용한다.

① 석회밀폐 건조보존법    ② 만수보존법
③ 질소가스 봉입보존법    ④ 가열건조법

**해설** (1) 석회밀폐 건조보존법
 • 보일러 내·외부를 깨끗이 정비하고 외부에서 습기가 스며들지 않게 조치한 다음 노 내에 장작불 등을 피워 충분히 건조시킨 후 생석회나 실리카겔 등을 보일러 내에 삽입한다.
 • 건조제의 양은 보일러 내용적 $1 \, m^3$당 0.25 kg, 실리카겔이나 염화칼슘 또는 활성알루미나의 경우에는 $1{\sim}1.3 \, kg/m^3$의 비율로 적당한 그릇에 담아 분산 배치한다. 이때 추가로 목탄을 넣고 태우면 더 효과가 좋으며 이후에 맨홀 등을 덮어서 밀폐시킨다. 그리고 2주 후에 건조제의 상태를 확인하고 건조제가 풍화되었을 때 교환을 해주며 3~6개월마다 정기적으로 점검을 실시한다.
 (2) 질소가스 봉입법 : 질소가스를 보일러 내에 주입하여 압력을 $0.6 \, kg/cm^2$로 유지하여야 하므로 효과에 비해 압력유지 등이 어려워 현재는 잘 사용하지 않고 있다.
 (3) 만수보존법 : 보일러 내에 물을 만수시킨 후에 소다 등의 약제를 투입하여 일정 이상의 농도를 유지시키는 방법으로 동절기에는 동파가 될 수가 있으므로 주의를 요한다.

**정답** 52. ①  53. ①

**54.** 다음 중 인젝터의 시동 순서로 옳은 것은?  [2018. 4. 28.]

> ㉮ 핸들을 연다.
> ㉯ 증기 밸브를 연다.
> ㉰ 급수 밸브를 연다.
> ㉱ 급수 출구관에 정지 밸브가 열렸는지 확인한다.

① ㉱ → ㉰ → ㉯ → ㉮          ② ㉯ → ㉰ → ㉮ → ㉱
③ ㉰ → ㉯ → ㉱ → ㉮          ④ ㉱ → ㉰ → ㉮ → ㉯

**해설** 인젝터의 시동 순서 : 급수 출구관의 스톱 밸브 개방 → 급수 밸브 개방 → 증기 밸브 개방 → 인젝터 핸들 개방

**55.** 인젝터의 장단점에 관한 설명으로 틀린 것은?  [2018. 9. 15.]

① 급수를 예열하므로 열효율이 좋다.
② 급수온도가 55℃ 이상으로 높으면 급수가 잘 된다.
③ 증기압이 낮으면 급수가 곤란하다.
④ 별도의 소요동력이 필요 없다.

**해설** 인젝터는 노즐로부터 증기를 분출시켜 그 힘으로 물을 고압부로 보내는 장치로 온도가 높으면 급수가 어렵다.

**56.** 다음 중 보일러의 전열효율을 향상시키기 위한 장치로 가장 거리가 먼 것은?  [2020. 8. 22.]

① 수트 블로어          ② 인젝터
③ 공기예열기          ④ 절탄기

**해설** 인젝터는 증기의 분사로 급수를 밀어 넣는 장치이며 전열효율과는 무관하다.

**57.** 보일러에 부착되어 있는 압력계의 최고눈금은 보일러의 최고사용압력의 최대 몇 배 이하의 것을 사용해야 하는가?  [2017. 9. 23.]

① 1.5배          ② 2.0배
③ 3.0배          ④ 3.5배

**해설** 압력계의 최고눈금은 보일러의 최고사용압력의 1.5~3배이다.

**정답** ● 54. ①  55. ②  56. ②  57. ③

**58.** 수관식 보일러에서 핀패널식 튜브가 한쪽 면에 방사열, 다른 면에는 접촉열을 받을 경우 열전달계수를 얼마로 하여 전열면적을 계산하는가? [2017. 5. 7.]

① 0.4
② 0.5
③ 0.7
④ 1.0

해설 수관식 보일러 핀패널식 열전달계수
• 방사열 – 방사열 → 1.0
• 방사열 – 접촉열 → 0.7
• 접촉열 – 접촉열 → 0.4

**59.** 평형 노통과 비교한 파형 노통의 장점이 아닌 것은? [2020. 6. 6.]

① 청소 및 검사가 용이하다.
② 고열에 의한 신축과 팽창이 용이하다.
③ 전열면적이 크다.
④ 외압에 대한 강도가 크다.

해설 파형 노통은 외부로부터 가해지는 보일러 압력에 견딜 수 있는 강도를 유지하기 위해 노통을 파형으로 만든 것으로 전열면적 및 강도는 크나 청소 및 검사는 어렵다.

**60.** 다음 중 보일러 설치·시공기준상 보일러를 옥내에 설치하는 경우에 대한 설명으로 틀린 것은? [2016. 10. 1.] [2020. 6. 6.]

① 불연성 물질의 격벽으로 구분된 장소에 설치한다.
② 보일러 동체 최상부로부터 천장, 배관 등 보일러 상부에 있는 구조물까지의 거리는 0.3 m 이상으로 한다.
③ 연도의 외측으로부터 0.3 m 이내에 있는 가연성 물체에 대하여는 금속 이외의 불연성 재료로 피복한다.
④ 연료를 저장할 때에는 소형 보일러의 경우 보일러 외측으로부터 1 m 이상 거리를 두거나 반격벽으로 할 수 있다.

해설 보일러 동체 최상부로부터 천장, 배관 등 보일러 상부에 있는 구조물까지의 거리는 1.2 m 이상으로 한다(단, 소형 보일러의 경우에는 0.6 m 이상으로 한다).

정답 • 58. ③ 59. ① 60. ②

**61.** 보일러의 부속장치 중 여열장치가 아닌 것은? [2020. 9. 26.]
① 공기예열기　　　　② 송풍기
③ 재열기　　　　　　④ 절탄기

**해설** 여열장치는 폐열회수장치이므로 공기예열기, 재열기, 과열기, 절탄기 등이 해당된다.

**62.** 보일러 연소량을 일정하게 하고 저부하 시 잉여증기를 축적시켰다가 갑작스런 부하변동이나 과부하 등에 대처하기 위해 사용되는 장치는? [2019. 4. 27.]
① 탈기기　　　　　　② 인젝터
③ 재열기　　　　　　④ 어큐뮬레이터

**해설** 어큐뮬레이터는 축열기로서 부하변동에 대응하여 보일러 연소량을 일정하게 유지하는 역할을 한다.

**63.** 육용 강제 보일러에서 길이 스테이 또는 경사 스테이를 핀 이음으로 부착할 경우, 스테이휠 부분의 단면적은 스테이 소요 단면적의 얼마 이상으로 하여야 하는가?
① 1.0배　　　　　　② 1.25배　　[2018. 4. 28.] [2021. 9. 12.]
③ 1.5배　　　　　　④ 1.75배

**해설** 스테이휠 부분의 단면적 = 스테이 소요 단면적×1.25

**64.** 다음 중 열교환기의 성능이 저하되는 요인은? [2016. 5. 8.]
① 온도차의 증가　　　② 유체의 느린 유속
③ 향류 방향의 유체 흐름　　④ 높은 열전율의 재료 사용

**해설** 유속이 너무 빠른 경우에는 부식속도가 증가하고 너무 느린 경우에는 열교환이 원활하게 이루어지지 않으므로 일반적으로 수속은 1 m/s 정도가 가장 이상적이다.

**65.** 금속판을 전열체로 하여 유체를 가열하는 방식으로 열팽창에 대한 염려가 없고 플랜지 이음으로 되어 있어 내부 수리가 용이한 열교환기 형식은? [2017. 3. 5.]
① 유동두식　　　　　② 플레이트식
③ 융그스트롬식　　　④ 스파이럴식

**정답** ● 61. ② 62. ④ 63. ② 64. ② 65. ④

**해설** 스파이럴식 열교환기
- 온도차가 극히 작은 경우에도 완전항류에 의한 열전달이 가능하며 열팽창에 대한 염려가 없다.
- 용접으로 유체 간의 혼합이 전혀 없으며 내부 수리가 용이하다.
- 플랜지 이음으로 되어 있어 화학 세척이나 커버의 분리에 의한 기계적 세척이 용이하다.

---

**66.** 동일 조건에서 열교환기의 온도효율이 높은 순서대로 나열한 것은? [2017. 3. 5.]
① 향류 > 직교류 > 병류
② 병류 > 직교류 > 향류
③ 직교류 > 향류 > 병류
④ 직교류 > 병류 > 향류

**해설** 열교환기
- 향류 : 외기와 배기가 서로 역류하면서 열교환이 이루어지며, 전열이 가장 양호하다.
- 직교류 : 환기의 열을 외부로부터의 급기로 옮겨 실내로 되돌아오게 하는 열교환기로 70 % 정도 효율을 얻을 수 있다.
- 병류 : 외기와 배기가 같은 방향으로 흐르는 것으로 열교환이 가장 나쁘다.

---

**67.** 열의 이동에 대한 설명으로 틀린 것은? [2018. 9. 15.]
① 전도란 정지하고 있는 물체 속을 열이 이동하는 현상을 말한다.
② 대류란 유동 물체가 고온 부분에서 저온 부분으로 이동하는 현상을 말한다.
③ 복사란 전자파의 에너지 형태로 열이 고온 물체에서 저온 물체로 이동하는 현상을 말한다.
④ 열관류란 유체가 열을 받으면 밀도가 작아져서 부력이 생기기 때문에 상승 현상이 일어나는 것을 말한다.

**해설** 열관류(열통과)는 고체를 사이에 둔 유체 간의 열의 이동이다.

---

**68.** 열관류율에 대한 설명으로 옳은 것은? [2016. 5. 8.]
① 인위적인 장치를 설치하여 강제로 열이 이동되는 현상이다.
② 고온의 물체에서 방출되는 빛이나 열이 전자파의 형태로 저온의 물체에 도달되는 현상이다.
③ 고체의 벽을 통하여 고온 유체에서 저온의 유체로 열이 이동되는 현상이다.
④ 어떤 물질을 통하지 않는 열의 직접 이동을 말하며 정지된 공기층에 열 이동이 가장 적다.

**정답** 66. ① 67. ④ 68. ③

**해설** 열의 이동
- 전도 : 고체 내부에서의 열의 이동
- 전달 : 유체와 고체 간의 열의 이동
- 통과 : 고체를 사이에 둔 유체 간의 열의 이동(= 전열계수, 열통과율)

---

**69.** 과열증기의 특징에 대한 설명으로 옳은 것은? [2018. 3. 4.]
- ① 관내 마찰저항이 증가한다.
- ② 응축수로 되기 어렵다.
- ③ 표면에 고온부식이 발생하지 않는다.
- ④ 표면의 온도를 일정하게 유지한다.

**해설** 과열증기는 포화증기에서 열을 받은 상태로 다시 응축을 하기 위해서는 포화증기로 낮추어야 한다.

---

**70.** 다음 중 기수분리의 방법에 따른 분류로 가장 거리가 먼 것은? [2018. 4. 28.]
- ① 장애판을 이용한 것
- ② 그물을 이용한 것
- ③ 방향 전환을 이용한 것
- ④ 압력을 이용한 것

**해설** 기수분리기는 수관 보일러에 있어서, 기수 드럼 속에서 발생하는 증기 내의 함유 수분을 분리 제거하여 수실로 되돌려 보내고, 증기만을 과열기로 공급하도록 하는 장치로서, 기수분리는 증기 흐름의 방향 전환, 원심력 작용, 충격 작용 등으로 행해진다.
- 사이클론형 : 원심분리기 이용
- 스크레버형 : 파형의 다수강판 이용
- 건조 스크린형 : 금속망 이용
- 배플형 : 증기의 방향 전환 이용
- 다공판식 : 여러 개의 작은 구멍 이용

---

**71.** 보일러에 설치된 기수분리기에 대한 설명으로 틀린 것은? [2020. 6. 6.]
- ① 발생된 증기 중에서 수분을 제거하고 건포화증기에 가까운 증기를 사용하기 위한 장치이다.
- ② 증기부의 체적이나 높이가 작고 수면의 면적이 증발량에 비해 작은 때는 기수공발이 일어날 수 있다.
- ③ 압력이 비교적 낮은 보일러의 경우는 압력이 높은 보일러보다 증기와 물의 비중량 차이가 극히 작아 기수분리가 어렵다.
- ④ 사용원리는 원심력을 이용한 것, 스크러버를 지나게 하는 것, 스크린을 사용하는 것 또는 이들의 조합을 이루는 것 등이 있다.

**해설** 압력이 높은 보일러의 경우 증기와 물의 비중량 차이가 작아 기수분리가 어렵다.

**정답** 69. ② 70. ④ 71. ③

**72.** 오일 버너로서 유량 조절 범위가 가장 넓은 버너는? [2020. 8. 22.]

① 스팀 제트
② 유압분무식 버너
③ 로터리 버너
④ 고압 공기식 버너

**해설** 고압 공기식 버너는 기름을 고압의 공기나 증기로 분무하여 연소시키는 버너이며 유량의 조절비는 1 : 10 정도로 유량 조절 범위가 넓다. 연소 효율도 좋고 매연의 발생도 적으나, 소음이 있다.

**73.** 고유황인 벙커C를 사용하는 보일러의 부대장치 중 공기예열기의 적정온도는? [2016. 5. 8.]

① 30~50℃
② 60~100℃
③ 110~120℃
④ 180~350℃

**해설** 황은 저온부식을 발생하므로 발생온도 150~160℃를 피해 180~350℃에서 예열한다.

**74.** 육용 강제 보일러의 구조에 있어서 동체의 최소 두께 기준으로 틀린 것은? [2019. 3. 3.]

① 안지름이 900 mm 이하인 것은 4 mm
② 안지름이 900 mm 초과, 1350 mm 이하인 것은 8 mm
③ 안지름이 1350 mm 초과, 1850 mm 이하인 것은 10 mm
④ 안지름이 1850 mm를 초과하는 것은 12 mm

**해설** 동체의 최소 두께
• 안지름이 900 mm 이하인 것 : 6 mm
• 안지름이 900 mm 초과, 1350 mm 이하인 것 : 8 mm
• 안지름이 1350 mm 초과, 1850 mm 이하인 것 : 10 mm
• 안지름이 1850 mm를 초과하는 것 : 12 mm

**75.** 보일러 내처리제와 그 작용에 대한 연결로 틀린 것은? [2018. 3. 4.]

① 탄산나트륨 – pH 조정
② 수산화나트륨 – 연화
③ 탄닌 – 슬러지 조정
④ 암모니아 – 포밍 방지

**해설** 보일러 내처리제(청관제)의 종류
• pH 및 알칼리 조정제 : 수산화나트륨(가성소다), 탄산나트륨, 인산나트륨, 인산, 암모니아
• 연화제 : 수산화나트륨, 탄산나트륨, 인산나트륨

**정답** 72. ④   73. ④   74. ①   75. ④

- 슬러지 조정제 : 탄닌, 리그닌, 전분
- 탈산소제 : 아황산나트륨, 히드라진(하이드라진, $N_2H_4$)(고압보일러용), 탄닌
- 가성취화 방지제 : 황산나트륨, 인산나트륨, 질산나트륨, 탄닌, 리그닌
- 기포방지제 : 고급 지방산 폴리아민, 고급 지방산 폴리알코올
- ※ 프라이밍 및 포밍 방지 방법 : 비수방지관 설치, 주증기 밸브를 서서히 개방, 불순물, 농축수 제거, 고수위 및 과부하 방지

---

**76.** 플래시 탱크의 역할로 옳은 것은? [2020. 8. 22.]

① 저압의 증기를 고압의 응축수로 만든다.
② 고압의 응축수를 저압의 증기로 만든다.
③ 고압의 증기를 저압의 응축수로 만든다.
④ 저압의 응축수를 고압의 증기로 만든다.

**해설** 플래시 탱크는 고압 증기의 드레인을 모아 감압하여 저압의 증기, 즉 재증발 증기를 발생시키는 탱크로 고압의 응축수를 저압의 증기로 만든다.

---

**77.** 보일러 수랭관과 연소실벽 내에 설치된 방사과열기의 보일러 부하에 따른 과열온도 변화에 대한 설명으로 옳은 것은? [2019. 3. 3.]

① 보일러의 부하증대에 따라 과열온도는 증가하다가 최대 이후 감소한다.
② 보일러의 부하증대에 따라 과열온도는 감소하다가 최소 이후 증가한다.
③ 보일러의 부하증대에 따라 과열온도는 증가한다.
④ 보일러의 부하증대에 따라 과열온도는 감소한다.

**해설** 보일러의 부하가 증대하면 열교환이 많아지므로 과열온도는 점점 내려가게 된다.

---

**78.** 연소실의 체적을 결정할 때 고려사항으로 가장 거리가 먼 것은? [2019. 3. 3.]

① 연소실의 열부하
② 연소실의 열발생률
③ 연소실의 연소량
④ 내화벽돌의 내압강도

**해설** 내화벽돌의 내압강도는 연소실의 강도를 결정하며 연소실 크기와는 다른 성질이다.

**정답** ● 76. ② 77. ④ 78. ④

**79.** 수증기관에 만곡관을 설치하는 주된 목적은? [2018. 9. 15.]

① 증기관 속의 응결수를 배제하기 위하여
② 열팽창에 의한 관의 팽창작용을 흡수하기 위하여
③ 증기의 통과를 원활히 하고 급수의 양을 조절하기 위하여
④ 강수량의 순환을 좋게 하고 급수량의 조절을 쉽게 하기 위하여

**해설** 만곡관은 신축이음에서 루프이음에 해당하며 열팽창에 의한 관의 팽창작용을 흡수한다.

**80.** 연료 1 kg이 연소하여 발생하는 증기량의 비를 무엇이라고 하는가? [2017. 3. 5.] [2021. 9. 12.]

① 열발생률 ② 환산증발배수
③ 전열면 증발률 ④ 증기량 발생률

**해설** 증발배수
- 보일러의 증발량과 그 증기를 발생시키기 위해 사용된 연료량과의 비
- 연료 1 kg(기체 연료에서는 1 Nm³)당의 환산증발량
- 증발배수 = $\dfrac{\text{환산증발량(kg 또는 Nm}^3)}{\text{연료소비량(kg 또는 Nm}^3)}$
- 동일 조건의 연료를 연소시킬 경우, 증발배수의 값이 큰 보일러일수록 보일러 효율이 높고 고성능 보일러이다.

**81.** 히트파이프의 열교환기에 대한 설명으로 틀린 것은? [2018. 4. 28.]

① 열저항이 적어 낮은 온도차에서도 열회수가 가능
② 전열면적을 크게 하기 위해 핀튜브를 사용
③ 수평, 수직, 경사구조로 설치 가능
④ 별도 구동장치의 동력이 필요

**해설** 히트파이프 : 파이프 내부에 메탄올·아세톤·물·수은 등 휘발성 물질을 채우고 한쪽 끝에 열을 가하면 액체는 증발하여 열에너지를 가지면서 다른 끝으로 이동하여 방열하고 다시 되돌아오는 열을 효율적으로 전도하는 파이프이다.

**82.** 보일러와 압력용기에서 일반적으로 사용되는 계산식에 의해 산정되는 두께에 부식여유를 포함한 두께를 무엇이라 하는가? [2018. 4. 28.]

① 계산 두께 ② 실제 두께
③ 최소 두께 ④ 최대 두께

**정답** 79. ② 80. ② 81. ④ 82. ③

**해설** 보일러와 압력용기의 사용연한에 대비하여 부식 정도를 감안하여 최소 두께를 부여한 값이다.

---

**83.** 보일러 부하의 급변으로 인하여 동 수면에서 작은 입자의 물방울이 증기와 혼입하여 튀어 오르는 현상을 무엇이라고 하는가? [2021. 3. 7.]

① 캐리오버        ② 포밍
③ 프라이밍       ④ 피팅

**해설** • 캐리오버 : 보일러수 속의 용해 또는 현탁 고형물이 증기에 섞여 보일러 밖으로 튀어 나가는 현상
• 포밍 : 물속의 유지류, 용해 고형물, 부유물 등으로 인하여 수면에 다량의 거품이 발생하는 현상
• 프라이밍 : 보일러의 수면으로부터 격렬하게 증발하는 수증기와 동반하여 보일러수가 물보라처럼 다량으로 비산하여 보일러 밖으로 송출되는 현상
• 피팅 : 보일러수가 접하는 위치에 국부적으로 군데군데 깊숙이 발생하는 부식

---

**84.** 전열면에 비등 기포가 생겨 열유속이 급격하게 증대하며, 가열면상에 서로 다른 기포의 발생이 나타나는 비등과정을 무엇이라고 하는가? [2017. 5. 7.]

① 단상액체 자연대류
② 핵비등(nucleate boiling)
③ 천이비등(transition boiling)
④ 포밍(foaming)

**해설** 핵비등(nucleate boiling) : 전열면을 사이에 두고 액체를 가열하는 경우 액체의 온도가 높아져 포화온도에 달하면 전열면에서 거품이 발생하는 상태

---

**85.** 연도 등의 저온의 전열면에 주로 사용되는 수트 블로어의 종류는? [2020. 8. 22.]

① 삽입형        ② 예열기 클리너형
③ 로터리형       ④ 건형(gun type)

**해설** 수트 블로어는 수관 보일러나 연관 보일러 등에서 압축공기나 증기를 불어넣어서 관의 그을음을 제거하는 기구로 회전형 분사 청소하는 것은 로터리형이다.

**정답** 83. ③    84. ②    85. ③

**86.** 다이어프램 밸브의 특징에 대한 설명으로 틀린 것은? [2020. 8. 22.]

① 역류를 방지하기 위한 것이다.
② 유체의 흐름에 주는 저항이 적다.
③ 기밀(氣密)할 때 패킹이 불필요하다.
④ 화학약품을 차단하여 금속부분의 부식을 방지한다.

해설 역류 방지를 목적으로 하는 것은 체크 밸브이다.

**87.** 평노통, 파형노통, 화실 및 적립보일러 화실판의 최고 두께는 몇 mm 이하이어야 하는가? (단, 습식화실 및 조합노통 중 평노통은 제외한다.) [2020. 8. 22.]

① 12
② 22
③ 32
④ 42

해설 화실판의 최고 두께는 8 mm 이상 22 mm 이하이다.

**88.** 급수조절기를 사용할 경우 수압시험 또는 보일러를 시동할 때 조절기가 작동하지 않게 하거나, 모든 자동 또는 수동 제어 밸브 주위에 수리, 교체하는 경우를 위하여 설치하는 설비는? [2016. 3. 6.] [2019. 3. 3.]

① 블로 오프관
② 바이패스관
③ 과열 저감기
④ 수면계

해설 바이패스관은 주 배관의 이상으로 교체 또는 수리할 경우 지속적인 운전을 계속하기 위하여 설치하는 것으로 평상시에는 대부분 잠겨 있는 상태이다.

**89.** 노 앞과 연도 끝에 통풍 팬을 설치하여 노 내의 압력을 임의로 조절할 수 있는 방식은?

① 자연통풍식
② 압입통풍식 [2019. 4. 27.]
③ 유인통풍식
④ 평형통풍식

해설 평형통풍식은 급기 팬, 배기 팬을 모두 설치한 제1종 통풍시설과 동일한 방식이다.

**90.** 다음 중 증기관의 크기를 결정할 때 고려해야 할 사항으로 가장 거리가 먼 것은? [2018. 3. 4.]

① 가격
② 열손실
③ 압력강하
④ 증기온도

해설 증기관의 크기 결정 시 고려사항 : 증기유량, 증기유속, 관내의 압력손실, 관내의 열량손실, 경제성

정답 86. ① 87. ② 88. ② 89. ④ 90. ④

**91.** 바이메탈 트랩에 대한 설명으로 옳은 것은? [2018. 4. 28.]

① 배기능력이 탁월하다.      ② 과열증기에도 사용할 수 있다.

③ 개폐온도의 차가 적다.      ④ 밸브 폐색의 우려가 있다.

**해설** 바이메탈 트랩은 바이메탈의 증기(고온)와 드레인(저온)의 온도 변화에 의한 팽창 수축을 이용하여 밸브를 개폐함으로써 드레인을 배출한다.

※ 바이메탈 : 팽창계수가 다른 두 금속(니켈+구리)의 굴곡작용을 이용하는 것

**92.** 보일러에 스케일이 1 mm 두께로 부착되었을 때 연료의 손실은 몇 %인가? [2021. 3. 7.]

① 0.5      ② 1.1

③ 2.2      ④ 4.7

**해설** 연료의 손실

(1) 스케일

• 1 mm일 때 : 2.2 % 열손실

• 2 mm일 때 : 4.0 % 열손실

• 3 mm일 때 : 4.7 % 열손실

• 4 mm일 때 : 6.3 % 열손실

• 5 mm일 때 : 6.8 % 열손실

(2) 그을음 : 0.8 mm 부착 시 2.2 % 열손실

※ 그을음 1 mm, 스케일 1 mm 제거 시 4.4 % 효율 상승 효과가 있다.

**93.** 다음 중 용해 경도 성분 제거 방법으로 적절하지 않은 것은? [2021. 3. 7.]

① 침전법      ② 소다법

③ 석회법      ④ 이온법

**해설** 경도 성분 제거 : 경수연화장치를 설치하여 물탱크로 유입되는 물속에 용해되어 있는 경도 성분인 칼슘, 마그네슘을 제거하여 내부로 유입되지 못하게 하여야 한다. 석회법, 이온법, 소다법 등이 있다.

**94.** 실제증발량이 1800 kg/h인 보일러에서 상당증발량은 약 몇 kg/h인가? (단, 증기엔탈피 와 급수엔탈피는 각각 2780 kJ/kg, 80 kJ/kg이다.) [2021. 3. 7.]

① 1210      ② 1480

③ 2020      ④ 2150

**정답** ● 91. ①    92. ③    93. ①    94. ④

**해설** 상당증발량 : 실제의 증기 증발량을 대기압에서 100℃의 물을 건포화 증기로 만드는 경우의 증발량으로 환산한 것

$$\text{상당증발량}(G_e) = \frac{G(h_2 - h_1)}{539} = \frac{1800\,\text{kg/h} \times (2780\,\text{kJ/kg} - 80\,\text{kJ/kg})}{539\,\text{kcal/kg} \times 4.186\,\text{kJ/kcal}}$$
$$= 2154\,\text{kg/h}$$

---

**95.** 보일러의 발생증기가 보유한 열량이 $3.2 \times 10^6$ kcal/h일 때 이 보일러의 상당증발량은?

① 2500 kg/h                     ② 3512 kg/h      [2018. 9. 15.]
③ 5937 kg/h                     ④ 6847 kg/h

**해설** $\text{상당증발량} = \dfrac{3.2 \times 10^6\,\text{kcal/h}}{539\,\text{kcal/kg}} = 5936.92\,\text{kg/h}$

※ 100℃에서의 물의 증발잠열 : 539 kcal/kg

---

**96.** 10 kg/cm² 의 압력하에 2000 kg/h로 증발하고 있는 보일러의 급수온도가 20℃일 때 환산 증발량은? (단, 발생증기의 엔탈피는 600 kcal/kg이다.)      [2017. 5. 7.]

① 2152 kg/h                     ② 3124 kg/h
③ 4562 kg/h                     ④ 5260 kg/h

**해설** 환산증발량 : 실제로 급수에서 소요 증기를 발생시키기 위해 필요한 열량을 100℃의 포화수를 증발시켜 100℃의 건포화 증기로 한다고 하는 기준 상태의 열량으로 환산한 것

$$G_e = \frac{G(h_2 - h_1)}{539} = \frac{2000\,\text{kg/h} \times (600 - 20)\,\text{kcal/kg}}{539\,\text{kcal/kg}}$$
$$= 2152.133\,\text{kg/h}$$

---

**97.** 저위발열량이 10000 kcal/kg인 연료를 사용하고 있는 실제증발량이 4 t/h인 보일러에서 급수온도 40℃, 발생증기의 엔탈피가 650 kcal/kg, 급수 엔탈피 40 kcal/kg일 때 연료 소비 량은? (단, 보일러의 효율은 85 %이다.)      [2016. 3. 6.]

① 251 kg/h                     ② 287 kg/h
③ 361 kg/h                     ④ 397 kg/h

**해설** $G_f = \dfrac{4000\,\text{kg/h} \times (650\,\text{kcal/kg} - 40\,\text{kcal/kg})}{10000\,\text{kcal/kg} \times 0.85}$
$$= 287.058\,\text{kg/h}$$

**정답** ● **95.** ③    **96.** ①    **97.** ②

**98.** 급수펌프인 인젝터의 특징에 대한 설명으로 틀린 것은? [2016. 10. 1.] [2021. 3. 7.]
① 구조가 간단하여 소형에 사용된다. ② 별도의 소요동력이 필요하지 않다.
③ 송수량의 조절이 용이하다. ④ 소량의 고압증기로 다량을 급수할 수 있다.

**해설** 인젝터는 고압의 분사 압력으로 송수를 하기 때문에 송수량 조절은 어렵다.

**99.** 다음 중 사이펀 관(siphon tube)과 관련이 있는 것은? [2016. 10. 1.]
① 수면계 ② 안전밸브 ③ 압력계 ④ 어큐뮬레이터

**해설** 고온의 유체 배관에는 충격압력(맥동압력)이 존재하는데 이러한 원인에 의한 압력계의 파손을 막기 위해 고온용 배관의 압력계에는 사이펀 관으로 연결하도록 되어 있다.

**100.** 다음 그림과 같이 길이가 $L$인 원통 벽에서 전도에 의한 열전달률 $q$[W]를 아래 식으로 나타낼 수 있다. 아래 식 중 $R$을 그림에 주어진 $r_o$, $r_i$, $L$로 표시하면? (단, $k$는 원통 벽의 열전도율이다.) [2021. 3. 7.]

$$q = \frac{T_i - T_o}{R}$$

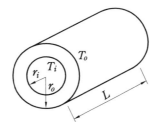

① $\dfrac{2\pi L}{\ln(r_o/r_i)k}$  ② $\dfrac{\ln(r_o/r_i)}{2\pi Lk}$  ③ $\dfrac{2\pi L}{\ln(r_o-r_i)k}$  ④ $\dfrac{\ln(r_o-r_i)}{2\pi Lk}$

**해설** 중공 원판의 열손실($Q$)

$$q = \frac{k \times 2\pi L \times (T_i - T_o)}{\ln(r_i/r_o)}$$

식을 이항하면 $\dfrac{T_i - T_o}{q} = \dfrac{\ln(r_i/r_o)}{k \times 2\pi L}$, $q = \dfrac{T_i - T_o}{R} \rightarrow R = \dfrac{T_i - T_o}{q}$

$$R = \frac{T_i - T_o}{q} = \frac{\ln(r_i/r_o)}{k \times 2\pi L}$$

**정답** 98. ③  99. ③  100. ②

**101.** 내압을 받는 보일러 동체의 최고사용압력은? (단, $t$ : 두께(mm), $P$ : 최고사용압력(MPa), $D_i$ : 동체 내경(mm), $\eta$ : 길이 이음효율, $\sigma_a$ : 허용인장응력(MPa), $\alpha$ : 부식여유, $k$ : 온도상수이다.)

[2021. 5. 15.]

① $P = \dfrac{2\sigma_a \eta(t-\alpha)}{D_i + (1-k)(t-\alpha)}$ 　　　② $P = \dfrac{2\sigma_a \eta(t-\alpha)}{D_i + 2(1-k)(t-\alpha)}$

③ $P = \dfrac{4\sigma_a \eta(t-\alpha)}{D_i + 2(1-k)(t-\alpha)}$ 　　　④ $P = \dfrac{4\sigma_a \eta(t-\alpha)}{D_i + (1-k)(t-\alpha)}$

---

**102.** 연관 보일러에서 연관의 최소 피치를 구하는 데 사용하는 식은? (단, $p$는 연관의 최소 피치(mm), $t$는 관판의 두께(mm), $d$는 관 구멍의 지름(mm)이다.)

[2021. 9. 12.]

① $p = \left(1 + \dfrac{t}{4.5}\right)d$ 　　　② $p = (1+d)\dfrac{4.5}{t}$

③ $p = \left(1 + \dfrac{4.5}{t}\right)d$ 　　　④ $p = \left(1 + \dfrac{d}{4.5}\right)t$

---

**103.** 지름이 $d$, 두께가 $t$인 얇은 살두께의 원통 안에 압력 $P$가 작용할 때 원통에 발생하는 길이방향의 인장응력은?

[2020. 8. 22.]

① $\dfrac{\pi dP}{4t}$ 　　　② $\dfrac{\pi dP}{t}$ 　　　③ $\dfrac{dP}{4t}$ 　　　④ $\dfrac{dP}{2t}$

해설 • 길이방향(축방향) : $\dfrac{dP}{4t}$

• 원주방향 : $\dfrac{dP}{2t}$

---

**104.** 노통연관식 보일러에서 평형부의 길이가 230 mm 미만인 파형노통의 최소 두께(mm)를 결정하는 식은? (단, $P$는 최고사용압력(MPa), $D$는 노통의 파형부에서의 최대 내경과 최소 내경의 평균치(모리슨형 노통에서는 최소 내경에 50 mm를 더한 값)(mm), $C$는 노통의 종류에 따른 상수이다.)

[2020. 8. 22.]

① $10PDC$ 　　　② $\dfrac{10PC}{D}$

③ $\dfrac{C}{10PD}$ 　　　④ $\dfrac{10PD}{C}$

**105.** 그림과 같이 내경과 외경이 $D_i$, $D_o$일 때, 온도는 각각 $T_i$, $T_o$, 관 길이가 $L$인 중공 원관이 있다. 관 재질에 대한 열전도율을 $k$라 할 때, 열저항 $R$을 나타낸 식으로 옳은 것은? (단, 전열량(W)은 $Q = \dfrac{T_i - T_o}{R}$로 나타낸다.)  [2020. 9. 26.]

① $\dfrac{D_o - D_i}{2}$

② $\dfrac{D_o - D_i}{2\pi(D_o - D_i)Lk}$

③ $\dfrac{D_o - D_i}{2\pi(D_o + D_i)Lk}$

④ $\dfrac{\ln\dfrac{D_o}{D_i}}{2\pi Lk}$

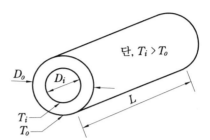

단, $T_i > T_o$

**해설** $Q = \dfrac{k \times 2\pi L(T_i - T_o)}{\ln(D_o/D_i)} = \dfrac{T_i - T_o}{R}$ 에서 $R = \dfrac{\ln\dfrac{D_o}{D_i}}{2\pi Lk}$

---

**106.** 다음 그림과 같은 V형 용접 이음의 인장응력($\sigma$)을 구하는 식은?  [2019. 4. 27.]

① $\sigma = \dfrac{W}{hl}$

② $\sigma = \dfrac{2W}{hl}$

③ $\sigma = \dfrac{W}{ha}$

④ $\sigma = \dfrac{W}{2hl}$

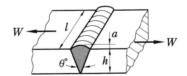

---

**107.** 보일러 동체, 드럼 및 일반적인 원통형 고압용기의 동체 두께($t$)를 구하는 계산식으로 옳은 것은? (단, $P$는 최고사용압력, $D$는 원통 안지름, $\sigma$는 허용인장응력(원주방향)이다.)

① $t = \dfrac{PD}{\sqrt{2}\,\sigma}$

② $t = \dfrac{PD}{\sigma}$  [2019. 9. 21.]

③ $t = \dfrac{PD}{2\sigma}$

④ $t = \dfrac{PD}{4\sigma}$

**해설** ④항은 축 방향의 두께를 구하는 식이다.

**정답** → 105. ④    106. ①    107. ③

**108.** 2중관 열교환기에 있어서 열관류율($k$)의 근사식은? (단, $F_i$ : 내관 내면적, $F_o$ : 내관 외면적, $\alpha_i$ : 내관 내면과 유체 사이의 경막계수, $\alpha_o$ : 내관 외면과 유체 사이의 경막계수, 전열계산은 내관 외면 기준일 때이다.) [2018. 3. 4.]

① $\dfrac{1}{\left(\dfrac{1}{\alpha_i F_i} + \dfrac{1}{\alpha_o F_o}\right)}$

② $\dfrac{1}{\left(\dfrac{1}{\alpha_i \dfrac{F_i}{F_o}} + \dfrac{1}{\alpha_o}\right)}$

③ $\dfrac{1}{\left(\dfrac{1}{\alpha_i} + \dfrac{1}{\alpha_o \dfrac{F_i}{F_o}}\right)}$

④ $\dfrac{1}{\left(\dfrac{1}{\alpha_o F_i} + \dfrac{1}{\alpha_i F_o}\right)}$

**109.** 육용 강제 보일러에서 오목면에 압력을 받는 스테이가 없는 접시형 경판으로 노통을 설치할 경우, 경판의 최소 두께(mm)를 구하는 식으로 옳은 것은? (단, $P$ : 최고사용압력 (kg/cm$^2$), $R$ : 접시 모양 경판의 중앙부에서의 내면 반지름(mm), $\sigma_a$ : 재료의 허용인장응력(kg/mm$^2$), $\eta$ : 경판 자체의 이음효율, $A$ : 부식여유(mm)이다.) [2018. 4. 28.] [2021. 3. 7.]

① $t = \dfrac{PR}{150\sigma_a\eta} + A$

② $t = \dfrac{150PR}{(\sigma_a + \eta)A}$

③ $t = \dfrac{PR}{150\sigma_a\eta} + R$

④ $t = \dfrac{AR}{\sigma_a\eta} + 150$

**해설** 경판의 두께는 최소 6 mm 이상으로 하여야 하며 스테이 부착은 8 mm 이상으로 하여야 한다. 또한, 부식여유는 1 mm 이상으로 한다.

**110.** 열교환기의 격벽을 통해 정상적으로 열교환이 이루어지고 있을 경우 단위시간에 대한 교환열량 $\dot{q}$(열유속, kcal/m$^2$·h)의 식은? (단, $\dot{Q}$는 열교환량(kcal/h), $A$는 전열면적(m$^2$) 이다.) [2017. 5. 7.]

① $\dot{q} = A\dot{Q}$

② $\dot{q} = \dfrac{A}{\dot{Q}}$

③ $\dot{q} = \dfrac{\dot{Q}}{A}$

④ $\dot{q} = A(\dot{Q} - 1)$

**해설** 열유속은 열전달에 있어 단위면적을 통해 단위시간에 이동하는 열량이다.

**정답** 108. ① 109. ① 110. ③

**111.** 열교환기 설계 시 열교환 유체의 압력 강하는 중요한 설계인자이다. 관 내경, 길이 및 유속(평균)을 각각 $D_i$, $l$, $u$로 표기할 때 압력강하량 $\Delta P$와의 관계는? [2016. 3. 6.]

① $\Delta P \propto \dfrac{l}{D_i} \dfrac{1}{2g} u^2$

② $\Delta P \propto lD_i / \dfrac{1}{2g} u^2$

③ $\Delta P \propto \dfrac{D_i}{l} \dfrac{1}{2g} u^2$

④ $\Delta P \propto \dfrac{l}{2g} u^2 lD_i$

**해설** 다르시 – 웨버 공식 : 관내 마찰손실수두는 관 길이에 비례하고 유속의 제곱에 비례하며 관경에는 반비례한다.

**112.** 이상적인 흑체에 대하여 단위면적당 복사에너지 $E$와 절대온도 $T$의 관계식으로 옳은 것은? (단, $\sigma$는 스테판 – 볼츠만 상수이다.) [2021. 5. 15.]

① $E = \sigma T^2$

② $E = \sigma T^4$

③ $E = \sigma T^6$

④ $E = \sigma T^8$

**해설** 스테판 – 볼츠만의 법칙 : 복사에너지는 절대온도 4승에 비례한다.

**113.** 증발량이 1200 kg/h이고 상당증발량이 1400 kg/h일 때 사용 연료가 140 kg/h이고, 비중이 0.8 kg/L이면 상당 증발배수는 얼마인가? [2020. 9. 26.]

① 8.6          ② 10          ③ 10.7          ④ 12.5

**해설** 상당 증발배수 $= \dfrac{1400\,\mathrm{kg/h}}{140\,\mathrm{kg/h}} = 10$

- 증발계수(증발력) : 보일러의 증발 능력을 표준 상태와 비교하여 표시한 값

$$증발열 = \frac{h_2 - h_1}{539}$$

여기서, $h_1$ : 급수 엔탈피(kcal/kg)

539 : 환산기준치로서 대기압 $1.033\,\mathrm{kg/cm^2}$에서의 물의 증발잠열

$h_2$ : 발생 증기 엔탈피(kcal/kg)

- 증발배수(evaporation – factor) : 연료 1 kg당 발생 증기량의 정도를 표시한 값으로서 그 계산식은 다음과 같다.

$$증발배수 = \frac{G_a}{G_f}\,[\mathrm{kg \ 증기/kg \ 연료}]$$

여기서, $G_a$ : 실제증발량(kg/hr)

$G_f$ : 시간당 연료 소모량(kg/hr)

**정답** ▸ **111.** ①   **112.** ②   **113.** ②

**114.** 그림과 같이 가로×세로×높이가 3 m×1.5 m×0.03 m인 탄소 강판이 놓여 있다. 강판의 열전도율은 43 W/m · K이고, 탄소 강판 아랫면에 열유속 700 W/m²를 가한 후, 정상상태가 되었다면 탄소 강판의 윗면과 아랫면의 표면온도 차이는 약 몇 ℃인가? (단, 열유속은 아래에서 위 방향으로만 진행한다.) [2021. 9. 12.]

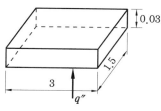

① 0.243　　　② 0.264　　　③ 0.488　　　④ 1.973

**해설** $Q = KF\Delta t = \dfrac{\alpha}{l}F\Delta t$

$700 \text{ W/m}^2 = \dfrac{43 \text{ W/m · K}}{0.03 \text{ m}} \times 1 \text{ m}^2 \times \Delta t$(단위 면적 기준)

$\Delta t = 0.488$℃

※ 열유속 : 단위면적 및 단위시간당의 통과 열량이며 단위는 W/m²이다.

---

**115.** 그림과 같은 노냉수벽의 전열면적(m²)은? (단, 수관의 바깥지름 30 mm, 수관의 길이 5 m, 수관의 수 200개이다.) [2020. 8. 22.]

① 24
② 47
③ 72
④ 94

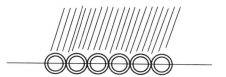

**해설** $F = \pi DL\dfrac{Z}{2} = \pi \times 0.03 \text{ m} \times 5 \text{ m} \times \dfrac{200}{2} = 47.12 \text{ m}^2$

---

**116.** 그림과 같이 폭 150 mm, 두께 10 mm의 맞대기 용접 이음에 작용하는 인장응력은? [2018. 9. 15.]

① 2 kg/cm²
② 15 kg/cm²
③ 100 kg/cm²
④ 200 kg/cm²

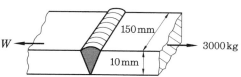

**해설** $\sigma = \dfrac{P}{A} = \dfrac{3000 \text{ kg}}{15 \text{ cm} \times 1 \text{ cm}} = 200 \text{ kg/cm}^2$

---

**정답** ● 114. ③　 115. ②　 116. ④

**117.** 서로 다른 고체 물질 A, B, C인 3개의 평판이 서로 밀착되어 복합체를 이루고 있다. 정상 상태에서의 온도 분포가 그림과 같을 때, 어느 물질의 열전도도가 가장 작은가? (단, 온도 $T_1 = 1000℃$, $T_2 = 800℃$, $T_3 = 550℃$, $T_4 = 250℃$이다.) [2018. 9. 15.]

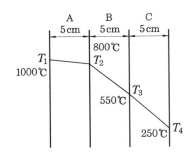

① A
② B
③ C
④ 모두 같다.

**해설** 각 구간 온도차
A : $1000 - 800 = 200℃$
B : $800 - 550 = 250℃$
C : $550 - 250 = 300℃$
단열작용이 잘 되어 있는 곳이 온도 차가 가장 크게 나타나므로 "C" 구간이 열전도율이 가장 낮다.

**118.** 다음 그림의 용접 이음에서 생기는 인장응력은 약 몇 kgf/cm²인가? [2017. 5. 7.]

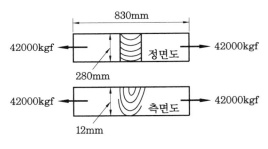

① 1250
② 1400
③ 1550
④ 1600

**해설** $\sigma = \dfrac{P}{tl} = \dfrac{42000\,\mathrm{kgf}}{1.2\,\mathrm{cm} \times 28\,\mathrm{cm}} = 1250\,\mathrm{kgf/cm^2}$

**정답** ● 117. ③　118. ①

**119.** 아래 벽체 구조의 열관류율(kcal/h · m² · ℃)은? (단, 내측 열전도저항 값은 0.05 m² · h · ℃/kcal이며, 외측 열전도저항 값은 0.13 m² · h · ℃/kcal)   [2017. 9. 23.]

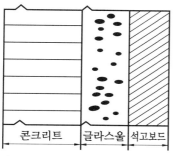

| 재료 | 두께(mm) | 열전도율 (kcal/h · m · ℃) |
|---|---|---|
| 내측 | | |
| ① 콘크리트 | 200 | 1.4 |
| ② 글라스울 | 75 | 0.033 |
| ③ 석고보드 | 20 | 0.21 |
| 외측 | | |

① 0.37    ② 0.57
③ 0.87    ④ 0.97

**해설** $K$

$$= \frac{1}{0.05\,\text{m}^2 \cdot \text{h} \cdot \text{℃/kcal} + \frac{0.2\,\text{m}}{1.4\,\text{kcal/m} \cdot \text{h} \cdot \text{℃}} + \frac{0.075\,\text{m}}{0.033\,\text{kcal/m} \cdot \text{h} \cdot \text{℃}} + \frac{0.02\,\text{m}}{0.21\,\text{kcal/m} \cdot \text{h} \cdot \text{℃}} + 0.13\,\text{m}^2 \cdot \text{h} \cdot \text{℃/kcal}}$$

$= 0.372\,\text{kcal/m}^2 \cdot \text{h} \cdot \text{℃}$

**120.** 다음 그림의 3겹층으로 되어 있는 평면벽의 평균 열전도율은? (단, 열전도율은 $\lambda_A = 1.0$ kcal/m · h · ℃, $\lambda_B = 2.0$ kcal/m · h · ℃, $\lambda_C = 1.0$ kcal/m · h · ℃)   [2016. 5. 8.]

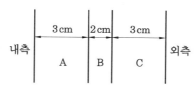

① 0.94 kcal/m · h · ℃    ② 1.14 kcal/m · h · ℃
③ 1.24 kcal/m · h · ℃    ④ 2.44 kcal/m · h · ℃

**해설** $K = \dfrac{1}{\frac{0.03\,\text{m}}{1.0\,\text{kcal/m} \cdot \text{h} \cdot \text{℃}} + \frac{0.02\,\text{m}}{2.0\,\text{kcal/m} \cdot \text{h} \cdot \text{℃}} + \frac{0.03\,\text{m}}{1.0\,\text{kcal/m} \cdot \text{h} \cdot \text{℃}}}$

$= 14.2857\,\text{kcal/m}^2 \cdot \text{h} \cdot \text{℃}$

3겹층으로 되어 있는 평면벽의 평균 열전도율

$14.2857\,\text{kcal/m}^2 \cdot \text{h} \cdot \text{℃} = \dfrac{1}{\frac{(0.03 + 0.02 + 0.03)\,\text{m}}{\alpha}}$

$\alpha = 14.2857\,\text{kcal/m}^2 \cdot \text{h} \cdot \text{℃} \times 0.08\,\text{m} = 1.1428\,\text{kcal/m} \cdot \text{h} \cdot \text{℃}$

**121.** 3×1.5×0.1인 탄소 강판의 열전도계수가 35 kcal/m · h · ℃, 아랫면의 표면온도는 40℃
로 단열되고, 위 표면온도는 30℃일 때, 주위 공기 온도를 20℃라 하면 아래 표면에서 위 표
면으로 강판을 통한 전열량은? (단, 기타 외기온도에 의한 열량은 무시한다.)　　　[2016. 5. 8.]

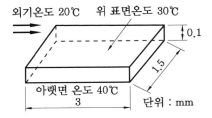

① 12750 kcal/h　　　　　　　　② 13750 kcal/h
③ 14750 kcal/h　　　　　　　　④ 15750 kcal/h

**해설** $Q = KF\Delta t = \dfrac{\lambda}{l}F(t_2 - t_1)$

$\quad = \dfrac{35\,\text{kcal/m} \cdot \text{h} \cdot ℃}{0.1\,\text{m}} \times 3\,\text{m} \times 1.5\,\text{m} \times (30 - 20)℃$

$\quad = 15750\,\text{kcal/h}$

**122.** 두께 20 cm의 벽돌의 내측에 10 mm의 모르타르와 5 mm의 플라스터 마무리를 시행하
고, 외측은 두께 15 mm의 모르타르 마무리를 시공하였다. 아래 계수를 참고할 때, 다층벽의
총 열관류율(W/m² · ℃)은?　　　[2021. 5. 15.]

- 실내측벽 열전달계수 $h_1 = 8$ W/m² · ℃
- 실외측벽 열전달계수 $h_2 = 20$ W/m² · ℃
- 플라스터 열전도율 $\lambda_1 = 0.5$ W/m · ℃
- 모르타르 열전도율 $\lambda_2 = 1.3$ W/m · ℃
- 벽돌 열전도율 $\lambda_3 = 0.65$ W/m · ℃

① 1.95　　　　　　　　② 4.57
③ 8.72　　　　　　　　④ 12.31

**해설** $K = \dfrac{1}{\dfrac{1}{8\,\text{W/m}^2 \cdot ℃} + \dfrac{0.005\,\text{m}}{0.5\,\text{W/m} \cdot ℃} + \dfrac{0.01\,\text{m}}{1.3\,\text{W/m} \cdot ℃} + \dfrac{0.2\,\text{m}}{0.65\,\text{W/m} \cdot ℃} + \dfrac{0.015\,\text{m}}{1.3\,\text{W/m} \cdot ℃} + \dfrac{1}{20\,\text{W/m}^2 \cdot ℃}}$

$\quad = 1.953\,\text{W/m}^2 \cdot ℃$

**정답** ● 121. ④　122. ①

**123.** 내부로부터 155 mm, 97 mm, 224 mm의 두께를 가지는 3층의 노벽이 있다. 이들의 열전도율(W/m · ℃)은 각각 0.121, 0.069, 1.21이다. 내부의 온도 710℃, 외벽의 온도 23℃일 때, 1 m²당 열손실량(W/m²)은? [2020. 6. 6.]

① 58
② 120
③ 239
④ 564

**해설** $K = \dfrac{1}{\dfrac{0.155\,\text{m}}{0.121\,\text{W/m} \cdot ℃} + \dfrac{0.097\,\text{m}}{0.069\,\text{W/m} \cdot ℃} + \dfrac{0.224\,\text{m}}{1.21\,\text{W/m} \cdot ℃}} = 0.348\,\text{W/m}^2 \cdot ℃$

$Q = KF\Delta t = 0.348\,\text{W/m}^2 \cdot ℃ \times 1\,\text{m}^2 \times (710 - 23)℃$

$\quad = 239.076\,\text{W/m}^2$

---

**124.** 가로 50 cm, 세로 70 cm인 300℃로 가열된 평판에 20℃의 공기를 불어주고 있다. 열전달계수가 25 W/m² · ℃일 때 열전달량은 몇 kW인가? [2020. 8. 22.]

① 2.45
② 2.72
③ 3.34
④ 3.96

**해설** $Q = KF\Delta t$

$\quad = 25\,\text{W/m}^2 \cdot ℃ \times 0.5\,\text{m} \times 0.7\,\text{m} \times (300 - 20)℃$

$\quad = 2450\,\text{W} = 2.45\,\text{kW}$

---

**125.** 유량 2200 kg/h인 80℃의 벤젠을 40℃까지 냉각시키고자 한다. 냉각수 온도를 입구 30℃, 출구 45℃로 하여 대항류 열교환기 형식의 이중관식 냉각기를 설계할 때 적당한 관의 길이(m)는? (단, 벤젠의 평균비열은 1884 J/kg · ℃, 관 내경은 0.0427 m, 총괄전열계수는 600 W/m² · ℃이다.) [2020. 8. 22.]

① 8.7
② 18.7
③ 28.6
④ 38.7

**해설** $\Delta_1 = 80 - 45 = 35℃$, $\Delta_2 = 40 - 30 = 10℃$

대수 평균 온도차$(MTD) = \dfrac{\Delta_1 - \Delta_2}{\ln \dfrac{\Delta_1}{\Delta_2}} = \dfrac{35 - 10}{\ln \dfrac{35}{10}} = 19.955℃$

$600\,\text{W/m}^2 \cdot ℃ \times \pi \times 0.0427\,\text{m} \times L \times 19.955℃$

$= 2200\,\text{kg/h} \times 1884\,\text{J/kg} \cdot ℃ \times (80 - 40)℃ \times \dfrac{1\,\text{h}}{3600\,\text{s}}$

$L = 28.67\,\text{m}$

**126.** 표면응축기의 외측에 증기를 보내며 관 속에 물이 흐른다. 사용하는 강관의 내경이 30 mm, 두께가 2 mm이고 증기의 전열계수는 6000 kcal/m$^2$ · h · ℃, 물의 전열계수는 2500 kcal/m$^2$ · h · ℃이다. 강관의 열전도도가 35 kcal/m · h · ℃일 때 총괄전열계수(kcal/m$^2$ · h · ℃)는? [2019. 4. 27.]

① 16                    ② 160
③ 1603                  ④ 16031

해설 $K = \dfrac{1}{\dfrac{1}{6000\,kcal/m^2 \cdot h \cdot ℃} + \dfrac{0.02\,m}{35\,kcal/m \cdot h \cdot ℃} + \dfrac{1}{2500\,kcal/m^2 \cdot h \cdot ℃}}$

$= 1603.05\ kcal/m^2 \cdot h \cdot ℃$

**127.** 보일러 전열면에서 연소가스가 1000℃로 유입하여 500℃로 나가며 보일러수의 온도는 210℃로 일정하다. 열관류율이 150 kcal/m$^2$ · h · ℃일 때, 단위면적당 열교환량(kcal/m$^2$ · h)은? (단, 대수 평균 온도차를 활용한다.) [2019. 4. 27.]

① 21118                 ② 46812
③ 67135                 ④ 74839

해설 $\Delta_1 : 1000 - 210 = 790℃$

$\Delta_2 : 500 - 210 = 290℃$

대수 평균 온도차$(MTD) = \dfrac{\Delta_1 - \Delta_2}{\ln\dfrac{\Delta_1}{\Delta_2}} = \dfrac{790 - 290}{\ln\dfrac{790}{290}} = 498.926℃$

$Q = 150\ kcal/m^2 \cdot h \cdot ℃ \times 498.926℃ = 74838.94\ kcal/m^2 \cdot h$

**128.** 내화벽의 열전도율이 0.9 kcal/m · h · ℃인 재질로 된 평면 벽의 양측 온도가 800℃와 100℃이다. 이 벽을 통한 단위면적당 열전달량이 1400 kcal/m$^2$ · h일 때, 벽 두께(cm)는?

① 25                    ② 35          [2018. 3. 4.]
③ 45                    ④ 55

해설 $Q = KF\Delta t = \dfrac{\alpha}{l}F\Delta t$ (여기서 $l$을 구하여야 하며 $F$(전열면적)는 제외)

$l = \dfrac{\alpha\Delta t}{Q} = \dfrac{0.9\,kcal/m \cdot h \cdot ℃ \times (800 - 100)℃}{1400\,kcal/m^2 \cdot h}$

$= 0.45\ m = 45\ cm$

**정답** ● **126.** ③ **127.** ④ **128.** ③

**129.** 열교환기에서 입구와 출구의 온도차가 각각 $\Delta\theta'$, $\Delta\theta''$일 때 대수 평균 온도차($\Delta\theta_m$)의 식은? (단, $\Delta\theta' > \Delta\theta''$ 이다.)
[2018. 4. 28.]

① $\dfrac{\ln\dfrac{\Delta\theta'}{\Delta\theta''}}{\Delta\theta' - \Delta\theta''}$  ② $\dfrac{\ln\dfrac{\Delta\theta''}{\Delta\theta'}}{\Delta\theta' - \Delta\theta''}$

③ $\dfrac{\Delta\theta' - \Delta\theta''}{\ln\dfrac{\Delta\theta'}{\Delta\theta''}}$  ④ $\dfrac{\Delta\theta' - \Delta\theta''}{\ln\dfrac{\Delta\theta''}{\Delta\theta'}}$

**해설** 대수 평균 온도차를 구할 때 대향류(역류), 평행류(병류)를 구분하여야 한다.

**130.** 두께 25 mm인 철판의 넓기 1 m²당 전열량이 매시간 8400 kJ이 되려면 양면의 온도차는 얼마여야 하는가? (단, 철판의 열전도율은 210 kJ/m · h · ℃이다.)
[2018. 9. 15.]

① 1℃  ② 2℃
③ 3℃  ④ 4℃

**해설** $Q = KF\Delta t$

$8400\,\text{kJ/h} = \dfrac{210\,\text{kJ/m}\cdot\text{h}\cdot\text{℃}}{0.025\,\text{m}} \times 1\,\text{m}^2 \times \Delta t$

$\Delta t = \dfrac{8400\,\text{kJ/h} \times 0.025\,\text{m}}{210\,\text{kJ/m}\cdot\text{h}\cdot\text{℃} \times 1\,\text{m}^2} = 1\text{℃}$

**131.** 이중 열교환기의 총괄전열계수가 289.8 kJ/m² · h · ℃일 때, 더운 액체와 찬 액체를 향류로 접속시켰더니 더운 면의 온도가 65℃에서 25℃로 내려가고 찬 면의 온도가 20℃에서 53℃로 올라갔다. 단위면적당의 열교환량은?
[2017. 3. 5.]

① 2092 kJ/m² · h  ② 2317 kJ/m² · h
③ 10143 kJ/m² · h  ④ 11592 kJ/m² · h

**해설** $\Delta_1 : 65 - 53 = 12$℃

$\Delta_2 : 25 - 20 = 5$℃

대수 평균 온도차($MTD$) $= \dfrac{\Delta_1 - \Delta_2}{\ln\dfrac{\Delta_1}{\Delta_2}} = \dfrac{12-5}{\ln\dfrac{12}{5}} = 7.995$℃

$Q = K \cdot F \cdot MTD$
$= 289.8\,\text{kJ/m}^2\cdot\text{h}\cdot\text{℃} \times 7.995\text{℃}$ (전열면적은 제외)
$= 2316.95\,\text{kJ/m}^2\cdot\text{h}$

**정답** 129. ③  130. ①  131. ②

**132.** 두께 4 mm 강의 평판에서 고온측 면의 온도가 100℃이고 저온측 면의 온도가 80℃이며 단위면적당 매분 30000 kJ의 전열을 한다고 하면 이 강판의 열전도율은? [2016. 5. 8.]

① 5 W/m · K
② 100 W/m · K
③ 150 W/m · K
④ 200 W/m · K

**해설** $Q = KF\Delta t = \dfrac{\lambda}{l} F \Delta t$ ($\lambda$ : 열전도율)

$$\lambda = \frac{Ql}{F\Delta t} = \frac{\dfrac{30000\,\text{kJ}}{60\,\text{s}} \times 0.004\,\text{m}}{1\,\text{m}^2 \times (100-80)\,℃}$$

$$= 0.1\,\text{kJ/s} \cdot \text{m} \cdot \text{K} = 0.1\,\text{kW/m} \cdot \text{K} = 100\,\text{W/m} \cdot \text{K}\,(1\,\text{kW} = 1\,\text{kJ/s})$$

**133.** 외경 76 mm, 내경 68 mm, 유효길이 4800 mm의 수관 96개로 된 수관식 보일러가 있다. 이 보일러의 시간당 증발량은? (단, 수관 이외 부분의 전열면적은 무시하며, 전열면적 1 m²당의 증발량은 26.9 kg/h이다.) [2016. 5. 8.] [2020. 9. 26.]

① 2659 kg/h
② 2759 kg/h
③ 2859 kg/h
④ 2959 kg/h

**해설** 전열면적$(F) = \pi DLZ$

$\qquad\qquad\quad = \pi \times 0.076\,\text{m} \times 4.8\,\text{m} \times 96 = 110.02\,\text{m}^2$

∴ 증발량(kg/h) $= 26.9\,\text{kg/h} \cdot \text{m}^2 \times 110.02\,\text{m}^2 = 2959.538\,\text{kg/h}$

**134.** 향류 열교환기 대수 평균 온도차가 300℃, 열관류율이 63 kJ/m² · h · ℃, 열교환면적이 8 m²일 때 열교환 열량은? [2016. 10. 1.]

① 67200 kJ/h
② 109200 kJ/h
③ 151200 kJ/h
④ 193200 kJ/h

**해설** $Q = KF\Delta t$

$\qquad\quad = 63\,\text{kJ/m}^2 \cdot \text{h} \cdot ℃ \times 8\,\text{m}^2 \times 300℃ = 151200\,\text{kJ/h}$

**135.** 연관의 바깥지름이 75 mm인 연관 보일러 관판의 최소 두께는 몇 mm 이상이어야 하는가? [2021. 3. 7.]

① 8.5
② 9.5
③ 12.5
④ 13.5

**정답** → 132. ②  133. ④  134. ③  135. ③

**해설** $t(두께) = 5 + \dfrac{d(바깥지름)}{10}$

$\qquad\qquad = 5 + \dfrac{75}{10} = 12.5 \text{ mm}$

---

**136.** 최고사용압력 1.5 MPa, 파형 형상에 따른 정수($C$)를 1100, 노통의 평균 안지름이 1100 mm 일 때, 파형 노통 판의 최소 두께는 몇 mm인가? [2017. 9. 23.] [2021. 3. 7.]

① 12

② 15

③ 24

④ 30

**해설** $t = \dfrac{10PD}{C} = \dfrac{10 \times 1.5 \times 1100}{1100} = 15 \text{ mm}$

---

**137.** 맞대기 용접 이음에서 질량 120 kg, 용접부의 길이가 3 cm, 판의 두께가 2 mm라 할 때 용접부의 인장응력은 약 몇 MPa인가? [2021. 3. 7.]

① 4.9

② 19.6

③ 196

④ 490

**해설** $\sigma = \dfrac{W}{tl} = \dfrac{120 \text{ kg}}{0.2 \text{ cm} \times 3 \text{ cm}} = 200 \text{ kg/cm}^2$

$200 \text{ kg/cm}^2 \times \dfrac{0.101325 \text{ MPa}}{1.0332 \text{ kg/cm}^2} = 19.61 \text{ MPa}$

(대기압 $= 1.0332 \text{ kg/cm}^2 = 101.325 \text{ kPa} = 0.101325 \text{ MPa}$)

---

**138.** 연관의 안지름이 140 mm이고, 두께가 5 mm일 때 연관의 최고사용압력은 약 몇 MPa 인가? [2021. 3. 7.]

① 1.12

② 1.63

③ 2.25

④ 2.83

**해설** $t = \dfrac{PD}{700} + 1.5$ 에서

$P = 700 \times \dfrac{(t-1.5)}{D} = 700 \times \dfrac{(5-1.5)}{140 + 2 \times 5} = 16.33 \text{ kg/cm}^2$

$16.33 \text{ kg/cm}^2 \times \dfrac{0.101325 \text{ MPa}}{1.0332 \text{ kg/cm}^2} = 1.61 \text{ MPa}$

---

**정답** ▶ 136. ② 137. ② 138. ②

**139.** 상당증발량이 5.5 t/h, 연료소비량이 350 kg/h인 보일러의 효율은 약 몇 %인가? (단, 효율 산정 시 연료의 저위발열량 기준으로 하며, 값은 40000 kJ/kg 이다.) [2021. 3. 7.]

① 38
② 52
③ 65
④ 89

**해설** $\eta = \dfrac{539\,\text{kcal/kg} \times 4.186\,\text{kJ/kcal} \times G_e}{G_f H_l} = \dfrac{539\,\text{kcal/kg} \times 4.186\,\text{kJ/kcal} \times 5.5 \times 1000\,\text{kg/h}}{350\,\text{kg/h} \times 40000\,\text{kJ/kg}}$

$= 0.8863 = 88.63\,\%$

**140.** 노벽의 두께가 200 mm이고, 그 외측은 75 mm의 보온재로 보온되고 있다. 노벽의 내부온도가 400℃이고, 외측온도가 38℃일 경우 노벽의 면적이 10 m²라면 열손실은 약 몇 W인가? (단, 노벽과 보온재의 평균 열전도율은 각각 3.3 W/m · ℃, 0.13 W/m · ℃이다.) [2021. 3. 7.]

① 4678
② 5678
③ 6678
④ 7678

**해설** $K = \dfrac{1}{\dfrac{0.2\,\text{m}}{3.3\,\text{W/m} \cdot ℃} + \dfrac{0.075\,\text{m}}{0.13\,\text{W/m} \cdot ℃}} = 1.56855\,\text{W/m}^2 \cdot ℃$

$Q = KF\Delta t = 1.56855\,\text{W/m}^2 \cdot ℃ \times 10\,\text{m}^2 \times (400 - 38)℃ = 5678.17\,\text{W}$

**141.** 증기압력 120 kPa의 포화증기(포화온도 104.25℃, 증발잠열 2245 kJ/kg)를 내경 52.9 mm, 길이 50 m인 강관을 통해 이송하고자 할 때 트랩 선정에 필요한 응축수량(kg)은? (단, 외부온도 0℃, 강관의 질량 300 kg, 강관 비열 0.46 kJ/kg · ℃이다.) [2021. 5. 15.]

① 4.4
② 6.4
③ 8.4
④ 10.4

**해설** $Q = GC\Delta t = 300\,\text{kg} \times 0.46\,\text{kJ/kg} \cdot ℃ \times (104.25 - 0)℃ = 14386.5\,\text{kJ}$

응축수량 $= \dfrac{전체열량}{증발잠열} = \dfrac{14386.5\,\text{kJ}}{2245\,\text{kJ/kg}} = 6.408\,\text{kg}$

**142.** 100 kN의 인장하중을 받는 한쪽 덮개판 맞대기 리벳 이음이 있다. 리벳의 지름이 15 mm, 리벳의 허용전단력이 60 MPa일 때 최소 몇 개의 리벳이 필요한가? [2021. 5. 15.]

① 10
② 8
③ 6
④ 4

**정답** ➤ **139.** ④ **140.** ② **141.** ② **142.** ①

**해설** 한쪽 덮개판 맞대기 리벳 이음

$$W = \frac{\pi}{4} d^2 \tau n$$

$$n = \frac{4W}{\pi d^2 \tau} = \frac{4 \times 0.1\,\text{MN}}{\pi \times (0.015\,\text{m})^2 \times 60\,\text{MN/m}^2} = 9.43개 = 10개$$

---

**143.** 맞대기 이음 용접에서 하중이 3000 kg, 용접 높이가 8 mm일 때 용접 길이는 몇 mm로 설계하여야 하는가? (단, 재료의 허용인장응력은 5 kg/mm²이다.)  [2016. 3. 6.]

① 52 mm            ② 75 mm
③ 82 mm            ④ 100 mm

**해설** $\sigma = \dfrac{P}{tl}$ 에서

$$l = \frac{P}{t\sigma} = \frac{3000\,\text{kg}}{8\,\text{mm} \times 5\,\text{kg/mm}^2} = 75\,\text{mm}$$

---

**144.** 맞대기 용접은 용접 방법에 따라서 그루브를 만들어야 한다. 판의 두께가 50 mm 이상인 경우에 적합한 그루브의 형상은? (단, 자동용접은 제외한다.)  [2016. 10. 1.]

① V형            ② H형
③ R형            ④ A형

**해설** 맞대기 용접에서 판 두께에 따른 그루브(끝 벌림)의 형상
- 판 두께 1~5 mm : I형
- 판 두께 6~16 mm : V형(R형, J형)
- 판 두께 12~38 mm : X형, U형
- 판 두께 19 mm 이상 : H형

---

**145.** 관 스테이를 용접으로 부착하는 경우에 대한 설명으로 옳은 것은?  [2016. 10. 1.]

① 용접의 다리길이를 10 mm 이상으로 한다.
② 스테이의 끝은 판의 외면보다 안쪽에 있어야 한다.
③ 관 스테이의 두께는 4 mm 이상으로 한다.
④ 스테이의 끝은 화염에 접촉하는 판의 바깥으로 5 mm를 초과하여 돌출해서는 안 된다.

---

**정답** 143. ②    144. ②    145. ③

**해설** 관 스테이를 용접으로 부착하는 경우
- 용접의 다리길이를 4 mm 이상으로 한다.
- 스테이의 끝은 판의 외면보다 안쪽에 있으면 안 된다.
- 관 스테이의 두께는 4 mm 이상으로 한다.
- 스테이의 끝은 화염에 접촉하는 판의 바깥으로 10 mm를 초과하여 돌출해서는 안 된다.
- 탄소 함유량은 0.35 % 이하로 한다.

---

**146.** 보일러의 전열면에 부착된 스케일 중 연질 성분인 것은? [2021. 5. 15.]

① $Ca(HCO_3)_2$　　　　　　　　② $CaSO_4$

③ $CaCl_2$　　　　　　　　　　　④ $CaSiO_3$

**해설**
- 연질 스케일 : 탄산염($CaCO_3$, $Ca(HCO_3)_2$), 인산염($NaH_2PO_4$), 중탄산마그네슘($Mg(HCO_3)_2$)
- 경질 스케일 : 규산염($CaSiO_2$), 황산염($CaSO_4$)

---

**147.** 관판의 두께가 20 mm이고, 관 구멍의 지름이 51 mm인 연관의 최소피치(mm)는 얼마인가? [2021. 5. 15.]

① 35.5　　　　　　　　　　　② 45.5

③ 52.5　　　　　　　　　　　④ 62.5

**해설** $P = \left(1 + \dfrac{4.5}{t}\right)d = \left(1 + \dfrac{4.5}{20}\right) \times 51 = 62.47$ mm

---

**148.** 수관식 보일러에 급수되는 TDS가 2500 $\mu$S/cm이고 보일러수의 TDS는 5000 $\mu$S/cm이다. 최대 증기 발생량이 10000 kg/h라고 할 때 블로다운량(kg/h)은? [2021. 5. 15.]

① 2000　　　　　　　　　　　② 4000

③ 8000　　　　　　　　　　　④ 10000

**해설** TDS(total dissolved solid) : 총용존 고형량(ppm, $\mu$S/cm)

TDS가 1 ppm이면 2 $\mu$S/cm가 되고 0.5 M$\Omega$/cm가 된다.

$y = x \times \dfrac{a}{b-a} \times \eta$

$\quad = 10000 \text{ kg/h} \times \dfrac{2500\,\mu S/cm}{5000\,\mu S/cm - 2500\,\mu S/cm} = 10000 \text{ kg/h}$

※ 블로다운량(blow down) : 보일러 내부 스케일 형성을 방지하기 위한 하부 배출량

---

**149.** 파형 노통의 최소 두께가 10 mm, 노통의 평균지름이 1200 mm일 때, 최고사용압력은 약 몇 MPa인가? (단, 끝의 평형부 길이가 230 mm 미만이며, 정수 $C$는 985이다.) [2021. 9. 12.]

① 0.56  ② 0.63
③ 0.82  ④ 0.95

**[해설]** $t = \dfrac{10PD}{C}$ 에서 $P = \dfrac{tC}{10D} = \dfrac{10\,\text{mm} \times 985}{10 \times 1200\,\text{mm}} = 0.82\,\text{MPa}$

**150.** 증기보일러에 수질관리를 위한 급수처리 또는 스케일 부착 방지 및 제거를 위한 시설을 해야 하는 용량 기준은 몇 t/h 이상인가? [2021. 9. 12.]

① 0.5  ② 1
③ 3  ④ 5

**[해설]** 용량이 1 ton/h 이상의 증기보일러에 수질관리를 위한 급수처리 또는 스케일 부착 방지나 제거를 위한 시설을 하여야 한다.

**151.** 내경 200 mm, 외경 210 mm의 강관에 증기가 이송되고 있다. 증기 강관의 내면온도는 240℃, 외면온도는 25℃이며, 강관의 길이는 5 m일 경우 발열량(kW)은 얼마인가? (단, 강관의 열전도율은 50 W/m · ℃, 강관의 내외면 온도는 시간 경과에 관계없이 일정하다.)

① $6.6 \times 10^3$  ② $6.9 \times 10^3$  [2021. 9. 12.]
③ $7.3 \times 10^3$  ④ $7.6 \times 10^3$

**[해설]** $Q = \dfrac{2\pi L(t_1 - t_2)}{\dfrac{1}{k}\ln\dfrac{r_2}{r_1}} = \dfrac{2\pi \times 5 \times (240 - 25)}{\dfrac{1}{50} \times \ln\dfrac{105}{100}}$

$= 6921911\,\text{W} = 6921\,\text{kW} = 6.921 \times 10^3\,\text{kW}$

**152.** 외경과 내경이 각각 6 cm, 4 cm이고 길이가 2 m인 강관이 두께 2 cm인 단열재로 둘러 쌓여있다. 이때 관으로부터 주위공기로의 열손실이 400 W라 하면 관 내벽과 단열재 외면의 온도차는? (단, 주어진 강관과 단열재의 열전도율은 각각 15 W/m · ℃, 0.2 W/m · ℃이다.)

① 53.5℃  ② 82.2℃  [2020. 6. 6.]
③ 120.6℃  ④ 155.6℃

**정답** ● 149. ③  150. ②  151. ②  152. ②

**해설** 외경 반경$(r_1) = \dfrac{0.06\,\text{m}}{2} = 0.03\,\text{m}$

단열재까지의 반경$(r_2) = \dfrac{0.06\,\text{m} + 0.02\,\text{m} \times 2}{2} = 0.05\,\text{m}$

$Q = \dfrac{2\pi L \Delta t}{\left(\dfrac{1}{k_1} + \dfrac{1}{k_2}\right) \ln \dfrac{r_2}{r_1}}$

$400\,\text{W} = \dfrac{2\pi \times 2\,\text{m} \times \Delta t}{\left(\dfrac{1}{15\,\text{W/m} \cdot \text{℃}} + \dfrac{1}{0.2\,\text{W/m} \cdot \text{℃}}\right) \ln \dfrac{0.05}{0.03}}$

$\Delta t = 82.3\,\text{℃}$

---

**153.** 안지름이 30 mm, 두께가 2.5 mm인 절탄기용 주철관의 최소 분출압력(MPa)은? (단, 재료의 허용인장응력은 80 MPa이고, 핀붙이를 하였다.) [2020. 6. 6.]

① 0.92      ② 1.14

③ 1.31      ④ 2.61

**해설** $t = \dfrac{PD}{2\sigma - 1.2P} + \alpha$

$2.5\,\text{mm} = \dfrac{P \times 30\,\text{mm}}{2 \times 80\,\text{MPa} - 1.2P} + 2$

$P = 2.614\,\text{MPa}$

- 절탄기 핀 미부착 시 $\alpha = 4\,\text{mm}$
- 절탄기 핀 부착 시 $\alpha = 2\,\text{mm}$

---

**154.** 외경 30 mm의 철관의 두께 15 mm의 보온재를 감은 증기관이 있다. 관 표면의 온도가 100℃, 보온재의 표면온도가 20℃인 경우 관의 길이 15 m인 관의 표면으로부터의 열손실(W)은? (단, 보온재의 열전도율은 0.06 W/m · ℃이다.) [2020. 6. 6.]

① 312      ② 464

③ 542      ④ 653

**해설** 외경 반경$(r_1) = \dfrac{0.03\,\text{m}}{2} = 0.015\,\text{m}$

보온재까지의 반경$(r_2) = \dfrac{0.03\,\text{m} + 0.015\,\text{m} \times 2}{2} = 0.03\,\text{m}$

$Q = \dfrac{2\pi L(t_1 - t_2)}{\dfrac{1}{k_1} \ln \dfrac{r_2}{r_1}} = \dfrac{2\pi \times 15\,\text{m} \times (100 - 20)\,\text{℃}}{\dfrac{1}{0.06\,\text{W/m} \cdot \text{℃}} \ln \dfrac{0.03}{0.015}} = 652.66\,\text{W}$

**정답** 153. ④    154. ④

**155.** 두께 150 mm인 적벽돌과 100 mm인 단열벽돌로 구성되어 있는 내화벽돌의 노벽이 있다. 적벽돌과 단열벽돌의 열전도율은 각각 1.4 W/m · ℃, 0.07 W/m · ℃일 때 단위면적당 손실열량은 약 몇 W/m²인가? (단, 노 내 벽면의 온도는 800℃이고, 외벽면의 온도는 100℃이다.)

① 336　　　　　　　　　　　　② 456

③ 587　　　　　　　　　　　　④ 635

[2020. 9. 26.]

**해설** $K = \dfrac{1}{\dfrac{0.15\,\text{m}}{1.4\,\text{W/m} \cdot ℃} + \dfrac{0.1\,\text{m}}{0.07\,\text{W/m} \cdot ℃}} = 0.651\,\text{W/m}^2 \cdot ℃$

$Q = KF\Delta t$

$\quad = 0.651\,\text{W/m}^2 \cdot ℃ \times (800 - 100)℃ = 455.7\,\text{W/m}^2$

---

**156.** 주위 온도가 20℃, 방사율이 0.3인 금속 표면의 온도가 150℃인 경우에 금속 표면으로부터 주위로 대류 및 복사가 발생될 때의 열유속(heat flux)은 약 몇 W/m²인가? (단, 대류 열전달계수는 $h = 20\,\text{W/m}^2 \cdot \text{K}$, 스테판-볼츠만 상수는 $\sigma = 5.7 \times 10^{-8}\,\text{W/m}^2 \cdot \text{K}^4$이다.)

① 3020　　　　　　　　　　　② 3330

③ 4270　　　　　　　　　　　④ 4630

[2020. 9. 26.]

**해설** $20℃ + 273 = 293\,\text{K}, \quad 150℃ + 273 = 423\,\text{K}$

$Q_1 = 5.7 \times 10^{-8}\,\text{W/m}^2 \cdot \text{K}^4 \times 0.3 \times (423^4 - 293^4) = 421.438\,\text{W/m}^2$

$Q_2 = 20\,\text{W/m}^2 \cdot \text{K} \times (150 - 20)℃ = 2600\,\text{W/m}^2$

$Q = Q_1 + Q_2 = 421.438\,\text{W/m}^2 + 2600\,\text{W/m}^2 = 3021.438\,\text{W/m}^2$

---

**157.** 두께 10 mm의 판을 지름 18 mm의 리벳으로 1열 리벳 겹치기 이음할 때, 피치는 최소 몇 mm 이상이어야 하는가? (단, 리벳구멍의 지름은 21.5 mm이고, 리벳의 허용인장응력은 40 N/mm², 허용전단응력은 36 N/mm²로 하며, 강판의 인장응력과 전단응력은 같다.) [2020. 9. 26.]

① 40.4　　　　　　　　　　　② 42.4

③ 44.4　　　　　　　　　　　④ 46.4

**해설** $W = \dfrac{\pi d^2 \tau}{4} = (p - d)t\sigma$

$p = d + \dfrac{\pi d^2 \tau}{4t\sigma} = 21.5\,\text{mm} + \dfrac{\pi \times (18\,\text{mm})^2 \times 36\,\text{N/mm}^2}{4 \times 10\,\text{mm} \times 40\,\text{N/mm}^2} = 44.4\,\text{mm}$

여기서, $\tau$ : 리벳의 허용전단응력(N/mm²)

$\quad\quad\quad \sigma$ : 강판의 인장응력(N/mm²)

**158.** 보일러의 파형 노통에서 노통의 평균지름을 1000 mm, 최고사용압력을 11 kgf/cm$^2$라 할 때 노통의 최소두께(mm)는? (단, 평형부 길이는 230 mm 미만이며, 정수 $C$는 1100 이다.)

[2019. 3. 3.]

① 5
② 8
③ 10
④ 13

**해설** 파형 노통의 두께$(t) = \dfrac{PD}{C} = \dfrac{11\,\mathrm{kgf/cm}^2 \times 1000\,\mathrm{mm}}{1100} = 10\,\mathrm{mm}$

---

**159.** 내경 250 mm, 두께 3 mm인 주철관에 압력 4 kgf/cm$^2$의 증기를 통과시킬 때 원주방향의 인장응력(kgf/mm$^2$)은?

[2019. 3. 3.]

① 1.23
② 1.66
③ 2.12
④ 3.28

**해설** $\sigma = \dfrac{PD}{2t} = \dfrac{4\,\mathrm{kgf/cm}^2 \times 250\,\mathrm{mm}}{2 \times 3\,\mathrm{mm}}$

$= 166.66\,\mathrm{kgf/cm}^2 = 1.666\,\mathrm{kgf/mm}^2$

---

**160.** 강판의 두께가 20 mm이고, 리벳의 직경이 28.2 mm이며, 피치 50.1 mm인 1줄 겹치기 리벳 조인트가 있다. 이 강판의 효율은?

[2016. 5. 8.] [2019. 3. 3.]

① 34.7 %
② 43.7 %
③ 53.7 %
④ 63.7 %

**해설** $\eta = 1 - \dfrac{d}{p} = 1 - \dfrac{28.2\,\mathrm{mm}}{50.1\,\mathrm{mm}} = 0.437 = 43.7\,\mathrm{mm}$

---

**161.** 다음 급수 펌프 종류 중 회전식 펌프는?

[2019. 4. 27.]

① 워싱턴 펌프
② 피스톤 펌프
③ 플런저 펌프
④ 터빈 펌프

**해설** 워싱턴 펌프, 피스톤 펌프, 플런저 펌프는 왕복 펌프에 해당하며 회전식(원심식) 펌프에는 터빈 펌프와 벌류트 펌프가 있다.

**정답** 158. ③   159. ②   160. ②   161. ④

**162.** 내경 800 mm이고, 최고사용압력이 12 kg/cm²인 보일러의 동체를 설계하고자 한다. 세로 이음에서 동체판의 두께(mm)는 얼마이어야 하는가? (단, 강판의 인장강도는 35 kg/mm², 안전계수는 5, 이음효율은 85 %, 부식여유는 1 mm로 한다.)  [2019. 4. 27.]

① 7

② 8

③ 9

④ 10

**해설** $t = \dfrac{PDS}{200\sigma\eta} + \alpha$

$= \dfrac{12\,\text{kg/cm}^2 \times 800\,\text{mm} \times 5}{200 \times 35\,\text{kg/mm}^2 \times 0.85} + 1$

$= 9.067\,\text{mm}$

**163.** 육용 강제 보일러에서 동체의 최소 두께로 틀린 것은?  [2019. 4. 27.]

① 안지름이 900 mm 이하의 것은 6 mm(단, 스테이를 부착할 경우)

② 안지름이 900 mm 초과 1350 mm 이하의 것은 8 mm

③ 안지름이 1350 mm 초과 1850 mm 이하의 것은 10 mm

④ 안지름이 1850 mm 초과하는 것은 12 mm

**해설** 동체의 최소 두께

• 안지름이 900 mm 이하의 것 : 6 mm(스테이 부착 : 8 mm)

• 안지름이 900 mm 초과 1350 mm 이하의 것 : 8 mm

• 안지름이 1350 mm 초과 1850 mm 이하의 것 : 10 mm

• 안지름이 1850 mm 초과하는 것 : 12 mm

**164.** 보일러의 전열면적이 10 m² 이상 15 m² 미만인 경우 방출관의 안지름은 최소 몇 mm 이상이어야 하는가?  [2019. 4. 27.]

① 10

② 20

③ 30

④ 50

**해설** 방출관의 안지름

• 전열면적이 10 m² 미만 : 25 mm 이상

• 전열면적이 10 m² 이상 15 m² 미만 : 30 mm 이상

• 전열면적이 15 m² 이상 20 m² 미만 : 40 mm 이상

• 전열면적이 20 m² 이상 : 50 mm 이상

**165.** 노통 보일러에 거싯 스테이를 부착할 경우 경판과의 부착부 하단과 노통 상부 사이에는 완충폭(브레이징 스페이스)이 있어야 한다. 이때 경판의 두께가 20 mm인 경우 완충폭은 최소 몇 mm 이상이어야 하는가? [2019. 9. 21.]

① 230      ② 280      ③ 320      ④ 350

**해설** 노통 보일러 완충폭
- 경판 두께 13 mm 이하 : 230 mm 이상
- 경판 두께 15 mm 이하 : 260 mm 이상
- 경판 두께 17 mm 이하 : 280 mm 이상
- 경판 두께 19 mm 이하 : 300 mm 이상
- 경판 두께 19 mm 초과 : 320 mm 이상

**166.** 다음 [보기]의 특징을 가지는 증기 트랩의 종류는? [2019. 9. 21.]

┌─[보기]─┐
- 다량의 드레인을 연속적으로 처리할 수 있다.
- 증기 누출이 거의 없다.
- 가동 시 공기빼기를 할 필요가 없다.
- 수격작용에 다소 약하다.

① 플로트식 트랩    ② 버킷형 트랩    ③ 바이메탈식 트랩    ④ 디스크식 트랩

**해설** 증기 트랩의 종류
- 플로트식 트랩 : 플로트의 부력에 의해 밸브를 개폐하여 비례 동작식으로 드레인만을 배제하는 증기 트랩
- 버킷 트랩 : 버킷에 들어 있는 응축수가 일정량이 되면 버킷이 부력을 상실하여 떨어져 밸브를 열고 증기압으로 배수하는 구조의 트랩
- 바이메탈식 트랩 : 드레인이 스팀 트랩 내에 고이면 트랩 내의 온도가 저하하여 바이메탈의 작용에 의해서 볼 밸브가 열려서 드레인이 배출된다.
- 디스크식 트랩 : 드레인이 스팀 트랩 내에 고이면 트랩 내의 온도가 낮아져서 변압실 내의 압력이 저하되기 때문에 디스크는 들어 올려져 드레인이 배출된다.

**167.** 지름 5 cm의 파이프를 사용하여 매 시간 4 t의 물을 공급하는 수도관이 있다. 이 수도관에서의 물의 속도(m/s)는? (단, 물의 비중은 1이다.) [2019. 9. 21.]

① 0.12      ② 0.28      ③ 0.56      ④ 0.93

**정답** ● **165.** ③    **166.** ①    **167.** ③

**해설** 물 $4\,\mathrm{t} = 4000\,\mathrm{kg} = 4000\,\mathrm{L} = 4\,\mathrm{m}^3$

$$V = \frac{Q}{A} = \frac{\dfrac{4\,\mathrm{m}^3}{3600\,\mathrm{s}}}{\dfrac{\pi}{4} \times (0.05\,\mathrm{m})^2} = 0.565\,\mathrm{m/s}$$

**168.** 용접 이음에 대한 설명으로 틀린 것은? [2019. 9. 21.]

① 두께의 한도가 없다.　　　　② 이음 효율이 우수하다.

③ 폭음이 생기지 않는다.　　　④ 기밀성이나 수밀성이 낮다.

**해설** 용접 이음은 모재와 같거나 비슷한 성분의 용접봉을 사용하므로 기계적 강도가 증가하고 이음 효율이 증대되며 유체 흐름에 저항이 거의 없고 기밀성이 양호하지만 용접부 확인이 어렵다.

**169.** 내경이 150 mm인 연동제 파이프의 인장강도가 80 MPa이라 할 때, 파이프의 최고사용압력이 4000 kPa이면 파이프의 최소두께(mm)는? (단, 이음효율은 1, 부식여유는 1 mm, 안전계수는 1로 한다.) [2019. 9. 21.]

① 2.63　　　　　　　　　② 3.71

③ 4.75　　　　　　　　　④ 5.22

**해설** $t = \dfrac{PDS}{2\sigma\eta} + \alpha$

$$= \frac{4000\,\mathrm{kPa} \times 150\,\mathrm{mm} \times 1}{2 \times 80 \times 1000\,\mathrm{kPa} \times 1} + 1 = 4.75$$

**170.** 점식(pitting) 부식에 대한 설명으로 옳은 것은? [2019. 9. 21.]

① 연료 내의 유황성분이 연소할 때 발생하는 부식이다.

② 연료 중에 함유된 바나듐에 의해서 발생하는 부식이다.

③ 산소농도차에 의한 전기 화학적으로 발생하는 부식이다.

④ 급수 중에 함유된 암모니아가스에 의해 발생하는 부식이다.

**해설** 점식(pitting) : 보일러 판이나 수관 내면에 용존산소에 의한 부식으로 흠이 생기고 보일러용 철강재의 표면 성분이 불균일하거나 거친 경우 발생하며 상당히 빠르게 진행된다.

**정답** ● 168. ④　169. ③　170. ③

**171.** 줄-톰슨계수(Joule-Thomson coefficient, $\mu$)에 대한 설명으로 옳은 것은? [2019. 9. 21.]

① $\mu$의 부호는 열량의 함수이다.
② $\mu$의 부호는 온도의 함수이다.
③ $\mu$가 (−)일 때 유체의 온도는 교축과정 동안 내려간다.
④ $\mu$가 (+)일 때 유체의 온도는 교축과정 동안 일정하게 유지된다.

해설 줄-톰슨계수(Joule-Thomson coefficient, $\mu$) : 유체가 작은 구멍을 통과할 때 외부 계와의 열의 이동이 없을 경우, 즉 단열 팽창일 경우 온도가 변화하여도 엔탈피는 불변이 되는데, 이를 줄-톰슨효과라고 한다. 줄-톰슨계수가 0 이하로 감소하면 기체가 팽창할 때 온도가 상승하게 된다. 즉, 줄-톰슨계수는 온도의 함수이다.

**172.** 테르밋(themit) 용접에서 테르밋이란 무엇과 무엇의 혼합물인가? [2019. 9. 21.]

① 붕사와 붕산의 분말
② 탄소와 규소의 분말
③ 알루미늄과 산화철의 분말
④ 알루미늄과 납의 분말

해설 테르밋(themit) 용접 : 용접 홈을 800~900℃로 예열한 후 도가니에 테르밋 반응에 의하여 녹은 금속을 주철에 주입시켜 용착시키는 법으로 산화철 분말과 알루미늄 분말의 중량비는 3~4 : 1이다.

**173.** 흑체로부터의 복사에너지는 절대온도의 몇 제곱에 비례하는가? [2019. 9. 21.]

① $\sqrt{2}$
② 2
③ 3
④ 4

해설 스테판-볼츠만의 법칙 : 흑체의 단위면적당 복사에너지는 절대온도의 4제곱에 비례한다.

**174.** 태양열 보일러가 800 W/m² 의 비율로 열을 흡수한다. 열효율이 9 %인 장치로 12 kW의 동력을 얻으려면 전열면적(m²)의 최소 크기는 얼마이어야 하는가? [2018. 3. 4.]

① 0.17
② 1.35
③ 107.8
④ 166.7

해설 전열면적 $= \dfrac{12000\,\text{W}}{800\,\text{W/m}^2 \times 0.09} = 166.666\,\text{m}^2$

정답 171. ② 172. ③ 173. ④ 174. ④

**175.** 내압을 받는 어떤 원통형 탱크의 압력은 3 kgf/cm², 직경은 5 m, 강판 두께는 10 mm이다. 이 탱크의 이음효율을 75 %로 할 때, 강판의 인장강도(kg/mm²)는 얼마로 하여야 하는가? (단, 탱크의 반경으로 두께에 응력이 유기되지 않는 이론값을 계산한다.) [2018. 3. 4.]

① 10          ② 20

③ 300         ④ 400

**해설** $\sigma = \dfrac{PD}{200t\eta} = \dfrac{3\,\mathrm{kgf/cm^2} \times 5000\,\mathrm{mm}}{200 \times 10\,\mathrm{mm} \times 0.75} = 10\,\mathrm{kg/mm^2}$

※ 단위가 kg/cm²으로 나오지만 인장강도($\sigma$)를 구하는 식으로 이를 보정하여 kg/mm²으로 환산된다.

---

**176.** 24500 kW의 증기원동소에 사용하고 있는 석탄의 발열량이 7200 kcal/kg이고 원동소의 열효율이 23 %라면, 매시간당 필요한 석탄의 양(ton/h)은? (단, 1 kW는 860 kcal/h로 한다.) [2018. 3. 4.]

① 10.5      ② 12.7      ③ 15.3      ④ 18.2

**해설** 석탄의 양(ton/h) $= \dfrac{24500\,\mathrm{kW} \times \dfrac{860\,\mathrm{kcal/h}}{1\,\mathrm{kW}}}{7200\,\mathrm{kcal/kg} \times 0.23} = 12723.43\,\mathrm{kg/h} = 12.72343\,\mathrm{ton/h}$

---

**177.** 지름이 5 cm인 강관(50 W/m · K) 내에 98 K의 온수가 0.3 m/s로 흐를 때, 온수의 열전달계수(W/m² · K)는? (단, 온수의 열전도도는 0.68 W/m · K이고, $Nu$수(Nusselt mumber)는 160이다.) [2018. 4. 28.]

① 1238      ② 2176      ③ 3184      ④ 4232

**해설** 넛셀 수 : 고체 벽과 유체 간의 열전달에 관한 무차원 수로 전달 열과 전도 열의 비이다.

$Nu = \alpha \dfrac{L}{\lambda}$

온수의 열전달계수(W/m² · K) $\alpha = \dfrac{Nu\lambda}{L} = \dfrac{160 \times 0.68\,\mathrm{W/m \cdot K}}{0.05\,\mathrm{m}} = 2176\,\mathrm{W/m^2 \cdot K}$

---

**178.** 맞대기 용접은 용접 방법에 따라 그루브를 만들어야 한다. 판 두께 10 mm에 할 수 있는 그루브의 형상이 아닌 것은? [2018. 4. 28.]

① V형      ② R형      ③ H형      ④ J형

---

**정답** 175. ①    176. ②    177. ②    178. ③

**해설** 맞대기 용접에서 판 두께에 따른 그루브(끝 벌림)의 형상
- 판 두께 1~5 mm : I형
- 판 두께 6~16 mm : V형(R형, J형)
- 판 두께 12~38 mm : X형, U형
- 판 두께 19 mm 이상 : H형

---

**179.** 보일러의 증발량이 20 ton/h이고, 보일러 본체의 전열면적이 450 m²일 때, 보일러의 증발률(kg/m² · h)은?                                   [2018. 4. 28.]

① 24　　　　　② 34　　　　　③ 44　　　　　④ 54

**해설** 보일러의 증발률 $= \dfrac{20000\,\mathrm{kg/h}}{450\,\mathrm{m^2}} = 44.44\,\mathrm{kg/m^2 \cdot h}$

---

**180.** 최고사용압력이 1.5 MPa를 초과한 강철제 보일러의 수압시험압력은 그 최고사용압력의 몇 배로 하는가?                                   [2018. 9. 15.]

① 1.5　　　　　② 2　　　　　③ 2.5　　　　　④ 3

**해설** 보일러 수압시험압력
- 강철제 보일러(0.43 MPa 이하 : 2배, 0.43 MPa 초과~1.5 MPa 이하 : 1.3배 + 0.3 MPa, 1.5 MPa 초과 : 1.5배)
- 주철제 보일러(0.43 MPa 이하 : 2배, 0.43 MPa 초과 : 1.3배 + 0.3 MPa)
- 소용량 강철제 보일러(0.35 MPa 이하 : 2배)
- 가스용 소형 온수보일러(0.43 MPa 이하 : 2배)

---

**181.** 증기 10 t/h를 이용하는 보일러의 에너지 진단 결과가 아래 표와 같다. 이때, 공기비 개선을 통한 에너지 절감률(%)은?                                   [2018. 4. 28.]

| 명칭 | 결과값 | 명칭 | 결과값 |
|---|---|---|---|
| 입열합계(kcal/kg - 연료) | 9800 | 이론공기량(Nm³/kg · ℃) | 10.696 |
| 개선 전 공기비 | 1.8 | 연소공기 평균비열(kcal/kg · ℃) | 0.31 |
| 개선 후 공기비 | 1.1 | 송풍공기온도(℃) | 20 |
| 배기가스온도(℃) | 110 | 연료의 저위발열량(kcal/Nm³) | 9540 |

① 1.6　　　　　② 2.1
③ 2.8　　　　　④ 3.2

---

**해설** 공기비 개선을 통한 회수 열량

$$Q = (m_1 - m_0)A_0C_m(t_1 - t_0)$$
$$= (1.8 - 1.1) \times 10.696 \times 0.31 \times (110 - 20)$$
$$= 208.89\,\text{kcal/kg}$$

에너지 절감률(%) $= \dfrac{208.89\,\text{kcal/kg}}{9800\,\text{kcal/kg}} = 0.02131 = 2.131\,\%$

---

**182.** 보일러 송풍장치의 회전수 변환을 통한 급기 풍량 제어를 위하여 2극 유도전동기에 인버터를 설치하였다. 주파수가 55 Hz일 때 유도전동기의 회전수는? [2017. 3. 5.]

① 1650 rpm
② 1800 rpm
③ 3300 rpm
④ 3600 rpm

**해설** 회전수$(N) = \dfrac{120f}{P} = \dfrac{120 \times 55\,\text{Hz}}{2} = 3300\,\text{rpm}$

---

**183.** 어떤 연료 1 kg당 발열량이 26544 kJ이다. 이 연료 50 kg/h을 연소시킬 때 발생하는 열이 모두 일로 전환된다면 이때 발생하는 동력은? [2017. 3. 5.]

① 172 kW
② 272 kW
③ 369 kW
④ 469 kW

**해설** $\dfrac{26544\,\text{kJ/kg} \times 50\,\text{kg/h}}{3600\,\text{s/h}} = 368.67\,\text{kJ/s} = 368.67\,\text{kW}$

※ $1\,\text{kW} = 1\,\text{kJ/s}$

---

**184.** 유체의 압력손실은 배관 설계 시 중요한 인자이다. 압력손실과의 관계로 틀린 것은? [2017. 3. 5.]

① 압력손실은 관마찰계수에 비례한다.
② 압력손실은 유속의 제곱에 비례한다.
③ 압력손실은 관의 길이에 반비례한다.
④ 압력손실은 관의 내경에 반비례한다.

**해설** 압력손실은 마찰계수, 관 길이에 비례하고 유속의 제곱에 비례하며 관경에는 반비례한다.

$$\Delta H = f \cdot \dfrac{l}{d} \cdot \dfrac{V^2}{2g}$$

**정답** 182. ③  183. ③  184. ③

**185.** 온수보일러에 있어서 급탕량이 500 kg/h이고 공급 주관의 온수온도가 80℃, 환수 주관의 온수온도가 50℃이라 할 때, 이 보일러의 출력은? (단, 물의 평균 비열은 4.2 kJ/kg · ℃이다.)  [2017. 5. 7.]

① 42000 kJ/h                    ② 52500 kJ/h
③ 63000 kJ/h                    ④ 73500 kJ/h

**해설** $Q = 500 \text{ kg/h} \times 4.2 \text{ kJ/kg} \cdot ℃ \times (80-50)℃ = 63000 \text{ kJ/h}$

**186.** 용접봉 피복제의 역할이 아닌 것은?  [2017. 5. 7.]

① 용융금속의 정련작용을 하며 탈산제 역할을 한다.
② 용융금속의 급랭을 촉진시킨다.
③ 용융금속에 필요한 원소를 보충해 준다.
④ 피복제의 강도를 증가시킨다.

**해설** 용접봉 피복제의 역할

• 피복제의 강도 증가
• 슬래그 형성으로 용착금속의 급랭 방지
• 용융금속의 탈산작용으로 용착금속의 기계적 성질 향상

**187.** 스팀 트랩(steam trap)을 부착 시 얻는 효과가 아닌 것은?  [2017. 5. 7.]

① 베이퍼록 현상을 방지한다.
② 응축수로 인한 설비의 부식을 방지한다.
③ 응축수를 배출함으로써 수격작용을 방지한다.
④ 관내 유체의 흐름에 대한 마찰 저항을 감소시킨다.

**해설** 스팀 트랩은 증기배관 내에 생성하는 응축수(워터 해머의 원인)를 제거한다. 베이퍼록은 관내에 기포가 발생하는 현상으로 스팀 트랩과는 관계가 없다.

**188.** 다음 중 무차원 수에 대한 설명으로 틀린 것은?  [2017. 9. 23.]

① Nusselt 수는 열전달계수와 관계가 있다.
② Prandtl 수는 동점성계수와 관계가 있다.
③ Reynolds 수는 층류 및 난류와 관계가 있다.
④ Stanton 수는 확산계수와 관계가 있다.

**정답** ● 185. ③    186. ②    187. ①    188. ④

해설 무차원 수
- Nusselt 수 : 어떤 유체 층을 통과하는 대류에 의해서 일어나는 열전달의 크기와 동일한 유체 층을 통과하는 전도에 의해서 일어나는 열전달의 크기의 비
- Prandtl 수 : 열 확산도에 대한 운동량 확산도의 비 또는 열 이류와 점성력의 곱과 열 확산과 관성력의 곱의 비
- Reynolds 수 : 점성력에 대한 관성력의 비(점성력이 커서 유체가 매우 느리게 운동하는 경우에 레이놀즈 수는 작으며 유체 흐름은 층류가 된다. 반대로 유체가 대단히 빠르게 움직이거나 점성력이 작은 경우, 레이놀즈 수가 클 때, 난류가 발생한다.)
- Stanton 수 : 강제대류 흐름 내에서 열전달을 특성화시키는 무차원 수를 열전달계수 또는 스탠턴수(St)라고 하며 유체 열용량에 대한 유체에 전달된 열의 비를 말한다.
- Pélet 수 : 열 확산에 대한 열 이류의 비

---

**189.** 피복 아크 용접에서 루트 간격이 크게 되었을 때 보수하는 방법으로 틀린 것은? [2017. 9. 23.]

① 맞대기 이음에서 간격이 6 mm 이하일 때에는 이음부의 한쪽 또는 양쪽에 덧붙이를 하고 깎아내어 간격을 맞춘다.
② 맞대기 이음에서 간격이 16 mm 이상일 때에는 판의 전부 혹은 일부를 바꾼다.
③ 필릿 용접에서 간격이 1.5~4.5 mm 일 때에는 그대로 용접해도 좋지만 벌어진 간격만큼 각장을 작게 한다.
④ 필릿 용접에서 간격이 1.5 mm 이하일 때에는 그대로 용접한다.

해설 필릿 용접 : 개선각이 없는 두 개의 모재를 T자 또는 L자형으로 용접하는 것
- 간격 1.5 mm 이하 : 그대로 용접
- 간격 1.5 mm 이상 4.5 mm 이하 : 그대로 용접하거나 벌어진 간격만큼 각장을 더해야 한다.
- 간격 4.5 mm 이상 : 라이너를 넣거나 부족한 판을 300 mm 이상 잘라내어 보강한다.
※ 각장(이음의 루트에서 필릿 용접의 끝까지의 길이)을 공칭치수로 한다.

---

**190.** 일반적인 보일러 운전 중 가장 이상적인 부하율은? [2016. 3. 6.]

① 20~30 %　　　　　　　　② 30~40 %
③ 40~60 %　　　　　　　　④ 60~80 %

해설 부하율 100 % 가까이 운전을 하면 보일러에 과부하 우려가 있으므로 100 % 보다 조금 낮은 상태(60~80 %)로 운전하는 것이 가장 이상적이다.

정답 ▶ 189. ③　190. ④

**191.** 급수배관의 비수방지관에 뚫려 있는 구멍의 면적은 주증기관 면적의 최소 몇 배 이상 되어야 증기 배출에 지장이 없는가? [2016. 3. 6.]

① 1.2배      ② 1.5배
③ 1.8배      ④ 2배

**해설** 급수배관의 비수방지관에 뚫려 있는 구멍의 면적은 주증기관 면적의 1.5배 이상 되어야 증기배출에 지장이 없다.

**192.** 구조상 고압에 적당하여 배압이 높아도 작동하며, 드레인 배출온도를 변화시킬 수 있고 증기 누출이 없는 트랩의 종류는? [2016. 3. 6.]

① 디스크(disk)식
② 플로트(float)식
③ 상향 버킷(bucket)식
④ 바이메탈(bimetal)식

**해설** 증기트랩의 종류
- 플로트식 트랩 : 플로트의 부력에 의해 밸브를 개폐하여 비례 동작식으로 드레인만을 배제하는 증기 트랩
- 버킷 트랩 : 버킷에 들어 있는 응축수가 일정량이 되면 버킷이 부력을 상실하여 떨어져 밸브를 열고 증기압으로 배수하는 구조의 트랩
- 바이메탈식 트랩 : 드레인이 스팀 트랩 내에 고이면 트랩 내의 온도가 저하하여 바이메탈의 작용에 의해서 볼 밸브가 열려서 드레인이 배출된다.
- 디스크식 트랩 : 드레인이 스팀 트랩 내에 고이면 트랩 내의 온도가 낮아져서 변압실 내의 압력이 저하되기 때문에 디스크는 들어 올려져 드레인이 배출된다.

**193.** 피치가 200 mm 이하이고, 골의 깊이가 38 mm 이상인 것의 파형 노통의 종류로 가장 적절한 것은? [2016. 5. 8.]

① 모리슨형
② 브라운형
③ 폭스형
④ 리즈포지형

**정답** 191. ②   192. ④   193. ③

**해설** 파형 노통의 종류별 피치 및 골의 깊이

| 노통의 종류 | 피치(mm) | 골의 깊이(mm) |
|---|---|---|
| 모리슨형 | 200 이하 | 32 이상 |
| 데이톤형 | 200 이하 | 38 이상 |
| 폭스형 | 200 이하 | 38 이상 |
| 파브스형 | 230 이하 | 35 이상 |
| 리즈포지형 | 200 이하 | 57 이상 |
| 브라운형 | 230 이하 | 41 이상 |

**194.** 다음 중 열전도율이 가장 낮은 것은? [2016. 5. 8.]
① 니켈
② 탄소강
③ 스케일
④ 그을음

**해설** 열전도율
- 니켈 : 90.9 W/m · K
- 탄소강 : 50 W/m · K
- 스케일 : 0.7~3 W/m · K
- 그을음 : 0.06~0.1 W/m · K

**195.** 열팽창에 의한 배관의 이동을 구속 또는 제한하는 것을 리스트레인트(restraint)라 한다. 리스트레인트의 종류에 해당하지 않는 것은? [2016. 10. 1.]
① 앵커(anchor)
② 스토퍼(stopper)
③ 리지드(rigid)
④ 가이드(guide)

**해설** 리스트레인트(restraint)
- 앵커 : 콘크리트에 다른 부재를 정착하기 위해 묻어두는 볼트
- 스토퍼 : 굽힘 가공에서 판의 위치를 정하는데 사용하는 조각
- 가이드 : 배관계의 축방향 이동을 허용하는 안내 역할
※ 리지드는 행어의 종류이다.

**196.** 리벳 이음 대비 용접 이음의 장점으로 옳은 것은? [2016. 10. 1.]
① 이음효율이 좋다.
② 잔류응력이 발생되지 않는다.
③ 진동에 대한 감쇠력이 높다.
④ 응력집중에 대하여 민감하지 않다.

**해설** 용접 이음의 특징

- 이음부분이 매끈하고 효율이 좋다.
- 유체 흐름에 대한 손실이 적다.
- 이음부분에 응력이 있다.

---

**197.** 유량 7 m³/s의 주철제 도수관의 지름(mm)은? (단, 평균유속($V$)은 3 m/s이다.) [2017. 9. 23.]

① 680　　　　　　　　　　　② 1312
③ 1723　　　　　　　　　　　④ 2163

**해설** 도수관 : 수원지에서 취수하여 정수장으로 보내는 관

$$Q = AV = \frac{\pi}{4}d^2 V$$

$$d = \sqrt{\frac{4Q}{\pi V}} = \sqrt{\frac{4 \times 7\,\text{m}^3/\text{s}}{\pi \times 3\,\text{m/s}}} = 1.72362\,\text{m} = 1723.62\,\text{mm}$$

---

**198.** 증발량 2 ton/h, 최고사용압력이 10 kg/cm², 급수온도 20℃, 최대증발률 25 kg/m² · h인 원통 보일러에서 평균증발률을 최대증발의 90 %로 할 때, 평균증발량(kg/h)은? [2017. 9. 23.]

① 1200　　　　　　　　　　　② 1500
③ 1800　　　　　　　　　　　④ 2100

**해설** 평균증발량 = 2000 kg/h × 0.9 = 1800 kg/h

---

**199.** 동체의 안지름이 2000 mm, 최고사용압력이 12 kg/cm²인 원통 보일러 동판의 두께(mm)는? (단, 강판의 인장강도 40 kg/mm², 안전율 4.5, 용접부의 이음효율($\eta$) 0.71, 부식여유는 2 mm이다.) [2017. 9. 23.]

① 12　　　　　　　　　　　② 16
③ 19　　　　　　　　　　　④ 21

**해설** $t = \dfrac{PDS}{200\sigma\eta} + \alpha$

$$= \frac{12\,\text{kg/cm}^2 \times 2000\,\text{mm} \times 4.5}{200 \times 40\,\text{kg/mm}^2 \times 0.71} + 2\,\text{mm}$$

$$= 21.01\,\text{mm}$$

---

**정답** 197. ③　198. ③　199. ④

**200.** 보일러의 용기에 판 두께가 12 mm, 용접길이가 230 cm인 판을 맞대기 용접했을 때 45000 kg의 인장하중이 작용한다면 인장응력은? [2016. 10. 1.]

① 100 kg/cm²

② 145 kg/cm²

③ 163 kg/cm²

④ 255 kg/cm²

**해설** 인장응력$(\sigma) = \dfrac{45000\,\text{kg}}{1.2\,\text{cm} \times 230\,\text{cm}} = 163.04\ \text{kg/cm}^2$

**201.** 급수에서 ppm 단위에 대한 설명으로 옳은 것은? [2021. 3. 7.]

① 물 1 mL 중에 함유한 시료의 양을 g으로 표시한 것

② 물 100 mL 중에 함유한 시료의 양을 mg으로 표시한 것

③ 물 1000 mL 중에 함유한 시료의 양을 g으로 표시한 것

④ 물 1000 mL 중에 함유한 시료의 양을 mg으로 표시한 것

**해설** ppm은 기체나 액체에 포함되어 있는 물질의 농도를 표시하는 단위로 100만 분의 1을 말하며, 급수에서는 물 1000 mL 중에 함유한 시료의 양을 mg으로 표시한 것이다.

**202.** 보일러수로서 가장 적절한 pH는? [2017. 3. 5.]

① 5 전후

② 7 전후

③ 11 전후

④ 14 이상

**해설** 보일러수는 pH 9~11이며 급수는 pH 8~9이다.

**203.** 다음 중 보일러수를 pH 10.5~11.5의 약알칼리로 유지하는 주된 이유는? [2019. 4. 27.]

① 첨가된 염산이 강재를 보호하기 때문에

② 보일러수 중에 적당량의 수산화나트륨을 포함시켜 보일러의 부식 및 스케일 부착을 방지하기 위하여

③ 과잉 알칼리성이 더 좋으나 약품이 많이 소요되므로 원가를 절약하기 위하여

④ 표면에 딱딱한 스케일이 생성되어 부식을 방지하기 때문에

**해설** 보일러수관은 pH 정도에 따라 부식 정도가 다른데 pH 10.5~11.5일 때 부식이 가장 적게 발생한다. 따라서 일반적인 물은 중성이므로 보일러에 그냥 사용하면 부식되므로 pH 10.5~11.5에 맞추어 주어야 한다.

**정답** 　200. ③　201. ④　202. ③　203. ②

**204.** 물의 탁도에 대한 설명으로 옳은 것은? [2021. 9. 12.]

① 카올린 1g의 증류수 1L 속에 들어 있을 때의 색과 같은 색을 가지는 물을 탁도 1도의 물이라 한다.

② 카올린 1mg의 증류수 1L 속에 들어 있을 때의 색과 같은 색을 가지는 물을 탁도 1도의 물이라 한다.

③ 탄산칼슘 1g의 증류수 1L 속에 들어 있을 때의 색과 같은 색을 가지는 물을 탁도 1도의 물이라 한다.

④ 탄산칼슘 1mg의 증류수 1L 속에 들어 있을 때의 색과 같은 색을 가지는 물을 탁도 1도의 물이라 한다.

**해설** 물의 탁도 표준 : 물 1L 중에 정제 카올린 1mg을 포함한 경우의 탁도를 1도 또는 1ppm이라 한다.

**205.** 보일러 급수 중에 함유되어 있는 칼슘(Ca) 및 마그네슘(Mg)의 농도를 나타내는 척도는?

① 탁도                          ② 경도            [2020. 6. 6.]
③ BOD                         ④ pH

**해설** 경도는 물의 세기 정도를 나타내는 것으로 주로 물에 녹아 있는 칼슘(Ca)과 마그네슘(Mg) 이온에 의해서 유발된다.

**206.** 보일러수의 처리 방법 중 탈기장치가 아닌 것은? [2020. 6. 6.]

① 가압 탈기장치
② 가열 탈기장치
③ 진공 탈기장치
④ 막식 탈기장치

**해설** 탈기법은 액체 중에 용존하는 기체(주로 공기 또는 산소)를 제거하는 조작으로 보일러수에 녹아 있는 산소를 제거한다.
• 가열 탈기장치
• 진공 탈기장치
• 막식 탈기장치
• 촉매수지 탈기장치

**정답**  204. ②    205. ②    206. ①

**207.** 최고사용압력이 3.0 MPa 초과 5.0 MPa 이하인 수관 보일러의 급수 수질기준에 해당하는 것은? (단, 25℃를 기준으로 한다.)
[2020. 6. 6.]
① pH : 7~9, 경도 : 0 mg CaCO₃/L
② pH : 7~9, 경도 : 1 mg CaCO₃/L 이하
③ pH : 8~9.5, 경도 : 0 mg CaCO₃/L
④ pH : 8~9.5, 경도 : 1 mg CaCO₃/L 이하

해설 수관 보일러의 급수 수질기준
• 최고사용압력이 3.0 MPa 이하
pH : 8~9.5, 경도 : 0 mg CaCO₃/L, 용존 산소 : 0.1 mg O/L 이하
• 최고사용압력이 3.0 MPa 초과 5.0 MPa 이하
pH : 8~9.5, 경도 : 0 mg CaCO₃/L, 용존 산소 : 0.03 mg O/L 이하

**208.** 보일러수의 분출 목적이 아닌 것은?
[2017. 5. 7.] [2020. 8. 22.]
① 프라이밍 및 포밍을 촉진한다.
② 물의 순환을 촉진한다.
③ 가성취화를 방지한다.
④ 관수의 pH를 조절한다.

해설 보일러수의 분출 목적은 프라이밍 및 포밍을 방지하기 위함이다.

**209.** 보일러수의 분출시기가 아닌 것은?
[2017. 9. 23.] [2020. 9. 26.]
① 보일러 가동 전 관수가 정지되었을 때
② 연속 운전일 경우 부하가 가벼울 때
③ 수위가 지나치게 낮아졌을 때
④ 프라이밍 및 포밍이 발생할 때

해설 수위가 낮아지면 오히려 보일러 과열 원인이 된다.

**210.** 보일러의 급수 처리 방법에 해당되지 않는 것은?
[2020. 8. 22.]
① 이온교환법
② 응집법
③ 희석법
④ 여과법

해설 보일러의 급수 처리 방법 : 보일러용으로 급수하는 물의 불순물을 제거하는 하는 것으로 물리적 처리에는 모래·코크스·목탄 등으로 고형물이나 화학적 처리의 침전물 등을 제거하는 여과법, 감압·가열하여 용해 가스를 제거하는 탈기법, 급수를 증발·응축시

정답 **207.** ③ **208.** ① **209.** ③ **210.** ③

켜서 양질의 급수를 얻는 증류법, 응집법, 보일러의 원수를 연화시키기 위해 이온교환체를 이용하는 이온교환법 등이 있다.

---

**211.** 유속을 일정하게 하고 관의 직경을 2배로 증가시켰을 경우 유량은 어떻게 변하는가?

① 2배로 증가　　　　　　　　　② 4배로 증가　　　　　　[2019. 3. 3.]
③ 6배로 증가　　　　　　　　　④ 8배로 증가

**해설** 유속이 일정할 때 유량은 관의 직경의 제곱에 비례한다.

$$Q = \frac{\pi}{4} d^2 V$$

---

**212.** 보일러수 처리의 약제로서 pH를 조정하여 스케일을 방지하는 데 주로 사용되는 것은?

① 리그닌　　　　　　　　　　　② 인산나트륨　　　　　　[2019. 3. 3.]
③ 아황산나트륨　　　　　　　　④ 탄닌

**해설** pH 조정제 : 탄산나트륨($Na_2CO_3$), 수산화나트륨($NaOH$), 암모니아($NH_3$)는 pH를 높이고 인산($H_3PO_4$), 인산나트륨($Na_3PO_4$), 황산($H_2SO_4$)은 pH를 낮춘다.

---

**213.** 다음 중 보일러수의 pH를 조절하기 위한 약품으로 적당하지 않은 것은?　　　[2021. 9. 12.]

① $NaOH$　　　　　　　　　　② $Na_2CO_3$
③ $Na_3PO_4$　　　　　　　　　④ $Al_2(SO_4)_3$

**해설** 문제 212번 해설 참조

---

**214.** 급수 및 보일러수의 순도 표시 방법에 대한 설명으로 틀린 것은?　　　[2019. 3. 3.]

① ppm의 단위는 100만분의 1의 단위이다.
② epm은 당량농도라 하고 용액 1kg 중에 당존되어 있는 물질의 mg 당량수를 의미한다.
③ 알칼리도는 수중에 함유하는 탄산염 등의 알칼리성 성분의 농도를 표시하는 척도이다.
④ 보일러수에서는 재료의 부식을 방지하기 위하여 pH가 7인 중성을 유지하여야 한다.

**해설** 보일러수의 pH는 10.5~11.5 정도로 유지되어야 한다.

---

**정답** ● **211.** ②　**212.** ②　**213.** ④　**214.** ④

**215.** 계속사용검사기준에 따라 설치한 날로부터 15년 이내인 보일러에 대한 순수처리 수질 기준으로 틀린 것은? [2019. 3. 3.]

① 총경도(mg CaCO₃/L) : 0
② pH(298K(25℃)에서) : 7~9
③ 실리카(mg SiO₂/L) : 흔적이 나타나지 않음
④ 전기 전도율(298K(25℃)에서의) : 0.05 μs/cm 이하

**해설** 보일러에 대한 순수처리 수질 기준으로 전기 전도율(298 K(25℃)에서의)은 흔적이 없어야 한다.

**216.** 입형 횡관 보일러의 안전저수위로 가장 적당한 것은? [2020. 6. 6.]

① 하부에서 75 mm 지점
② 횡관 전길이의 1/3 높이
③ 화격자 하부에서 100 mm 지점
④ 화실 천장판에서 상부 75 mm 지점

**해설** 안전저수위
(1) 입형 횡관 보일러 : 화실 천장판에서 상부 75 mm 지점
(2) 직립형 연관 보일러 : 화실 관판 최고부 위 연관길이 1/3
(3) 횡연관식 보일러 : 최상단 연관 최고부 위 75 mm
(4) 노통 보일러 : 노통 최고부 위 100 mm
(5) 노통 연관식 보일러
 • 연관이 높을 경우 : 최상단 부위 75 mm
 • 노통이 높을 경우 : 노즐 최상단 100 mm

**217.** 보일러 수압시험에서 시험수압은 규정된 압력의 몇 % 이상 초과하지 않도록 하여야 하는가? [2020. 6. 6.]

① 3 %  ② 6 %  ③ 9 %  ④ 12 %

**해설** 보일러 수압시험에서 시험수압은 규정된 압력의 6 % 이상을 초과하지 않도록 한다.

**218.** 급수 불순물과 그에 따른 보일러 장해와의 연결이 틀린 것은? [2020. 9. 26.]

① 철 – 수지산화
② 용존 산소 – 부식
③ 실리카 – 캐리오버
④ 경도 성분 – 스케일 부착

**해설** 수지산화는 수지에서 산소가 탈락한 것으로 알킬 라디칼이 형성되는 현상이다.

**219.** 직경 200 mm 철관을 이용하여 매분 1500 L의 물을 흘려보낼 때 철관 내의 유속(m/s)
은? [2019. 4. 27.]

① 0.59　　　　　　　　　　　② 0.79

③ 0.99　　　　　　　　　　　④ 1.19

해설 $Q = AV$에서　$V = \dfrac{Q}{A} = \dfrac{\dfrac{1.5\,\mathrm{m}^3}{60\,\mathrm{s}}}{\dfrac{\pi}{4} \times (0.2\,\mathrm{m})^2} = 0.7957\,\mathrm{m/s}$

**220.** 최고사용압력이 3 MPa 이하인 수관 보일러의 급수 수질에 대한 기준으로 옳은 것은?

① pH(25℃) : 8.0~9.5, 경도 : 0 mg CaCO₃/L, 용존 산소 : 0.1 mg O/L 이하　[2019. 4. 27.]

② pH(25℃) : 10.5~11.0, 경도 : 2 mg CaCO₃/L, 용존 산소 : 0.1 mg O/L 이하

③ pH(25℃) : 8.5~9.6, 경도 : 0 mg CaCO₃/L, 용존 산소 : 0.007 mg O/L 이하

④ pH(25℃) : 8.5~9.6, 경도 : 2 mg CaCO₃/L, 용존 산소 : 1 mg O/L 이하

해설 수관 보일러의 급수 수질에 대한 기준
pH(25℃) : 8.0~9.5, 경도 : 0 mg CaCO₃/L, 용존 산소 : 0.1 mg O/L 이하

**221.** 보일러수 1500 kg 중에 불순물이 30 g이 검출되었다. 이는 몇 ppm인가? (단, 보일러
수의 비중은 1이다.) [2019. 9. 21.]

① 20　　　　　　　　　　　② 30

③ 50　　　　　　　　　　　④ 60

해설 $\dfrac{30\,\mathrm{g}}{1500000\,\mathrm{g}} \times 10^6 = 20\ \mathrm{ppm}$

**222.** 물을 사용하는 설비에서 부식을 초래하는 인자로 가장 거리가 먼 것은? [2019. 9. 21.]

① 용존 산소　　　　　　　　② 용존 탄산가스

③ pH　　　　　　　　　　　④ 실리카

해설 용존 산소, 용존 탄산가스, pH 등은 산 또는 알칼리를 생성하여 배관 및 설비를 부식시키는
요소가 되며 실리카는 경질 스케일 생성의 원인이 된다.

정답 ● 219. ②　220. ①　221. ①　222. ④

**223.** 보일러의 만수보존법에 대한 설명으로 틀린 것은? [2016. 10. 1.] [2019. 9. 21.]
① 밀폐 보존 방식이다.
② 겨울철 동결에 주의하여야 한다.
③ 보통 2~3개월의 단기보존에 사용된다.
④ 보일러수는 pH 6 정도 유지되도록 한다.

해설 보일러의 만수보존법 : 보일러수의 pH, 인산 이온, 히드라진, 아황산 이온 등을 표준값 상한 가까이 보존액을 투입하여 수관을 모두 채워 만수 상태로 휴지 보존하는 방법이다. 다만, pH의 경우 12~13 정도로 높게 유지하며 동결의 위험이 있는 경우에는 부적합하다.

**224.** 급수 처리 방법 중 화학적 처리 방법은? [2018. 3. 4.]
① 이온교환법　　② 가열연화법
③ 증류법　　④ 여과법

해설 이온교환법 : 어떤 물질이 전해질 수용액과 접촉할 때 그 물질 중의 이온이 방출되고 대신 용액 중의 이온이 물질에 흡착하는 현상으로 화학적 처리 방법에 속한다.

**225.** 자연순환식 수관 보일러에서 물의 순환에 관한 설명으로 틀린 것은? [2018. 3. 4.]
① 순환을 높이기 위하여 수관을 경사지게 한다.
② 발생증기의 압력이 높을수록 순환력이 커진다.
③ 순환을 높이기 위하여 수관 직경을 크게 한다.
④ 순환을 높이기 위하여 보일러수의 비중차를 크게 한다.

해설 자연순환식 수관 보일러에서 물의 순환 증가법
• 보일러의 급수가 가열되면 부분적으로 비중 차가 발생하고 비가열부분인 수관의 물과 가열부분인 증발관의 기수 혼합물 밀도(비중) 차이로 순환력이 발생한다.
• 수관 직경을 크게 하거나 경사지게 하면 순환력이 증가한다.

**226.** 최고사용압력이 1 MPa인 수관 보일러의 보일러수 수질관리 기준으로 옳은 것은? (pH는 25℃ 기준으로 한다.) [2018. 3. 4.]
① pH 7~9, M알칼리도 100~800 mg CaCO₃/L
② pH 7~9, M알칼리도 80~600 mg CaCO₃/L
③ pH 11~11.8, M알칼리도 100~800 mg CaCO₃/L
④ pH 11~11.8, M알칼리도 80~600 mg CaCO₃/L

**해설** • 알칼리도 : 산을 중화시키는 능력을 나타내는 척도

- M알칼리도 : pH 4.5(지시약 M.O)까지 낮추는 데 소모된 산의 양을 대응하는 $CaCO_3$로 환산한 값
- P알칼리도 : 알칼리성 용액에 산을 주입, 중화시켜 pH 8.3(지시약 P.P)까지 낮추는 데 소모된 산의 양을 이에 대응하는 $CaCO_3$로 환산한 값
- 최고사용압력이 1 MPa인 수관 보일러의 보일러수 수질관리 기준 : pH 11~11.8, M알칼리도 100~800 mg $CaCO_3$/L
- 최고사용압력이 2 MPa 초과 3 MPa 이하 수관 보일러의 보일러수 수질관리 기준 : pH 8~9.5, 경도 0, 용존 산소 0.1 이하
- 최고사용압력이 3 MPa 초과 5 MPa 이하 수관 보일러의 보일러수 수질관리 기준 : pH 8~9.5, 경도 0, 용존 산소 0.03 이하
- 급수 : pH 7~9, 보일러수 : pH 11~11.8 → 이유 : 부식 및 스케일 부착 방지

---

**227.** 보일러 운전 시 유지해야 할 최저 수위에 관한 설명으로 틀린 것은? [2018. 3. 4.]

① 노통연관 보일러에서 노통이 높은 경우에는 노통 상면보다 75 mm 상부(플랜지 제외)

② 노통연관 보일러에서 연관이 높은 경우에는 연관 최상위보다 75 mm 상부

③ 횡연관 보일러에서 연관 최상위보다 75 mm 상부

④ 입형 보일러에서 연소실 천정판 최고부보다 75 mm 상부(플랜지 제외)

**해설** 노통연관 보일러에서 노통이 높은 경우에는 노통 상면보다 100 mm 상부(플랜지 제외)

---

**228.** 보일러수 5 ton 중에 불순물이 40 g 검출되었다. 함유량은 몇 ppm인가? [2018. 3. 4.]

① 0.008   ② 0.08   ③ 8   ④ 80

**해설** $\dfrac{40\,\mathrm{g}}{5000000\,\mathrm{g}} \times 10^6 = 8\,\mathrm{ppm}$

---

**229.** 해수 마그네시아 정전 반응을 바르게 나타낸 식은? [2018. 4. 28.]

① $3MgO + 2SiO_2 \cdot 2H_2O + 3CO_2 \rightarrow 3MgCO_2 + 25O_2 + 2H_2O$

② $CaCO_3 + MgCO_3 \rightarrow CaMg(CO_2)_2$

③ $CaMg(CO_2)_2 + MgCO_2 \rightarrow 2MgCO_3 + CaCO_3$

④ $MgCO_3 + Ca(OH)_2 \rightarrow Mg(OH)_2 + CaCO_3$

**해설** 해수 마그네시아 : 해수 중에 함유된 마그네슘 성분을 원료로 하여 이것에 석회유를 가하여 수산화마그네슘을 침전시켜 세척, 여과, 소성하여 얻은 마그네시아

$MgCO_3 + Ca(OH)_2 \rightarrow Mg(OH)_2 + CaCO_3$

---

**정답** ● 227. ①   228. ③   229. ④

**230.** 원수(原水) 중의 용존 산소를 제거할 목적으로 사용되는 약제가 아닌 것은? [2018. 4. 28.]
① 탄닌
② 히드라진
③ 아황산나트륨
④ 폴리아미드

해설 폴리아미드는 분자 중에 산아미드($-CONH-$)를 갖는 중합체로 나일론이라고도 한다.

**231.** 급수 처리에서 양질의 급수를 얻을 수 있으나 비용이 많이 들어 보급수의 양이 적은 보일러 또는 선박 보일러에서 해수로부터 청수를 얻고자 할 때 주로 사용하는 급수 처리 방법은?
① 증류법
② 여과법 [2018. 4. 28.]
③ 석회소다법
④ 이온교환법

해설 해수로부터 청수를 얻는 법
• 증류법 : 바닷물을 수증기가 되는 온도 이상으로 가열해 바닷물에서 순수한 물만 증발시키는 방법으로 바닷물을 증발시키기 위한 에너지 소모량이 많다.
• 냉동법 : 바닷물이 얼음이 될 때 바닷물에 들어 있는 염분은 빠지고 순수한 물만 얼음이 되는 원리이며 해수의 빙점이 낮기 때문에 바닷물을 얼게 만들기가 어렵다는 단점이 있다.
• 역삼투법 : 상당한 압력을 이용해 반투막을 통해 물을 높은 농도의 용액으로부터 낮은 농도의 용액으로 보내는 방법으로 증류법에 비해 경제적이지만, 필터 교체 등 유지 관리가 어렵다.
• 전기투석법 : 분리막을 이용한다는 점에서 역삼투법과 비슷하지만, 전기 에너지를 이용한다.

**232.** 보일러 사용 중 저수위 사고의 원인으로 가장 거리가 먼 것은? [2018. 9. 15.]
① 급수펌프가 고장이 났을 때
② 급수내관이 스케일로 막혔을 때
③ 보일러의 부하가 너무 작을 때
④ 수위 검출기가 이상이 있을 때

해설 보일러 운전 중에 수위가 안전 저수면보다 낮아진 경우 연소를 계속하면 전열면 등의 과열 상태가 심화되어 팽출이나 파열에 이르게 된다. 주로 급수펌프가 고장이 나거나 급수관이 스케일 등으로 막혔을 때 일어나는 현상이며 보일러 부하와는 무관하다.

**233.** 보일러의 연소가스에 의해 보일러 급수를 예열하는 장치는? [2018. 9. 15.]
① 절탄기
② 과열기
③ 재열기
④ 복수기

해설 • 절탄기 : 연통으로 배출되는 연소가스의 열로 급수를 데워서 보일러에 공급하는 장치
• 과열기 : 보일러에서 발생된 포화증기를 다시 가열하여 과열증기로 만들기 위해 연도 내에 설치
• 재열기 : 고압 터빈에서 쓰인 증기를 다시 가열하는 장치
• 복수기 : 배수기를 냉각수에 의하여 냉각시켜 복수시키는 장치

**234.** 노통 보일러의 수면계 최저 수위 부착 기준으로 옳은 것은? [2017. 5. 7.]
① 노통 최고부 위 50 mm
② 노통 최고부 위 100 mm
③ 연관의 최고부 위 10 mm
④ 연소실 천정관 최고부 위 연관길이의 1/3

해설 노통 보일러의 수면계 최저 수위 부착 기준은 노통 최고부 위 100 mm이다.

**235.** 증기 및 온수보일러를 포함한 주철제 보일러의 최고사용압력이 0.43 MPa 이하일 경우의 수압시험압력은? [2017. 5. 7.]
① 0.2 MPa로 한다.
② 최고사용압력의 2배의 압력으로 한다.
③ 최고사용압력의 2.5배의 압력으로 한다.
④ 최고사용압력의 1.3배에 0.3 MPa를 더한 압력으로 한다.

해설 주철제 보일러의 최고사용압력이 0.43 MPa 이하일 경우 수압시험압력은 최고사용압력의 2배이다.

**236.** 보일러 응축수 탱크의 가장 적절한 설치위치는? [2017. 9. 23.]
① 보일러 상단부와 응축수 탱크의 하단부를 일치시킨다.
② 보일러 하단부와 응축수 탱크의 하단부를 일치시킨다.
③ 응축수 탱크는 응축수 회수배관보다 낮게 설치한다.
④ 응축수 탱크는 송출 증기관과 동일한 양정을 갖는 위치에 설치한다.

해설 응축수 탱크는 상온의 보충수와 응축수가 만나서 모여지는 장소이며, 이렇게 모여진 응축수는 다시금 재활용 차원에서 보일러로 급수되는데, 응축수 회수배관보다 낮게 설치하여야 응축수 탱크로 회수가 가능하다.

**237.** 이온 교환체에 의한 경수의 연화 원리에 대한 설명으로 옳은 것은? [2017. 9. 23.]
① 수지의 성분과 Na형의 양이온과 결합하여 경도 성분 제거
② 산소 원자와 수지가 결합하여 경도 성분 제거
③ 물속의 음이온과 양이온이 동시에 수지와 결합하여 경도 성분 제거
④ 수지가 물속의 모든 이물질과 결합하여 경도 성분 제거

**해설** 이온 교환은 어떤 물질이 전해질 수용액과 접촉할 때 그 물질 중의 이온이 방출되고 대신 용액 중의 이온이 물질에 흡착된다. 즉, Ca, Mg 성분이 Na 성분과 교환되는 방식이다.

**238.** NaOH 8 g을 200 L의 수용액에 녹이면 pH는? [2017. 9. 23.]
① 9 ② 10
③ 11 ④ 12

**해설** NaOH 분자량 : 40 g/mol

$$\frac{8\,g}{40\,g/mol} = 0.2\,mol$$

$$\frac{0.2\,mol}{200\,L} = 1 \times 10^{-3}\,M$$

$$pOH = -\log[OH^-] = -\log 10^{-3} = 3\log 10 = 3$$
$$pH = 14 - pOH = 14 - 3 = 11$$

**239.** 보일러의 종류에 따른 수면계의 부착위치로 옳은 것은? [2016. 3. 6.]
① 직립형 보일러는 연소실 천장판 최고부 위 95 mm
② 수평연관 보일러는 연관의 최고부 위 100 mm
③ 노통 보일러는 노통 최고부(플랜지부를 제외) 위 100 mm
④ 직립형 연관보일러는 연소실 천장판 최고부 위 연관길이의 2/3

**해설** 수면계의 부착위치
(1) 입형 횡관 보일러 : 화실 천장판에서 상부 75 mm 지점
(2) 직립형 연관 보일러 : 화실 관판 최고부 위 연관길이 1/3
(3) 횡연관식 보일러 : 최상단 연관 최고부 위 75 mm
(4) 노통 보일러 : 노통 최고부 위 100 mm
(5) 노통 연관식 보일러
• 연관이 높을 경우 : 최상단 부위 75 mm
• 노통이 높을 경우 : 노즐 최상단 100 mm

**정답** 237. ① 238. ③ 239. ③

**240.** 보일러 운전 중에 발생하는 기수공발(carry over) 현상의 발생 원인으로 가장 거리가 먼 것은? [2016. 3. 6.]

① 인산나트륨이 많을 때
② 증발수 면적이 넓을 때
③ 증기 정지밸브를 급히 개방했을 때
④ 보일러 내의 수면이 비정상적으로 높을 때

**해설** (1) 기수공발(carry over) : 보일러 증기 관쪽에 보내는 증기에 대량의 물방울이 포함되어 있는 현상으로 증기의 순도와 과열온도를 저하시키고 과열기 또는 터빈 날개에 불순물을 퇴적시켜 부식 또는 과열의 원인이 된다.
(2) 발생 원인
 • 증발수 면적이 불충분할 때
 • 증기실이 좁고 보일러 수면이 높을 때
 • 급격한 밸브 개방, 부하가 돌연 증가한 경우
 • 압력의 급강하로 격렬한 자기 증발을 일으킨 경우
 • 나트륨 염류가 많고 특히 인산나트륨이 많을 때
 • 유지류가 많을 때
 • 부유 고형물과 용해 고형물이 많을 때

**241.** 보일러 사고의 원인 중 제작상의 원인으로 가장 거리가 먼 것은? [2018. 4. 28.] [2021. 3. 7.]

① 재료 불량
② 구조 및 설계 불량
③ 용접 불량
④ 급수 처리 불량

**해설** 급수 처리 불량, 과열 등은 취급상 부주의에 해당된다.

**242.** 보일러 안전사고의 종류가 아닌 것은? [2021. 3. 7.]

① 노통, 수관, 연관 등의 파열 및 균열
② 보일러 내의 스케일 부착
③ 동체, 노통, 화실의 압궤 및 수관, 연관 등 전열면의 팽출
④ 연도나 노 내의 가스폭발, 역화 그 외의 이상연소

**해설** 보일러 안전사고의 종류
 • 보일러의 과열(규정압력 이상 상승, 최고사용압력 이하에서 파열)
 • 보일러의 부식
 ※ 스케일 부착은 보일러 열효율 저하 및 배기가스 온도 상승 원인이 되나 안전사고의 직접적인 원인이 될 수 없다.

**정답** ← 240. ② 241. ④ 242. ②

**243.** 프라이밍 및 포밍의 발생 원인이 아닌 것은? [2021. 5. 15.]
① 보일러를 고수위로 운전할 때
② 증기부하가 적고 증발수면이 넓을 때
③ 주증기밸브를 급히 열었을 때
④ 보일러수에 불순물, 유지분이 많이 포함되어 있을 때

**해설** • 프라이밍 : 보일러의 수면으로부터 격렬하게 증발하는 수증기와 동반하여 보일러수가 물보라처럼 다량으로 비산하여 보일러 밖으로 송출되는 현상
• 포밍 : 물속의 유지류, 용해 고형물, 부유물 등으로 인하여 수면에 다량의 거품이 발생하는 현상
※ 프라이밍과 포밍은 증기부하가 급격히 증가할 때 발생한다.

**244.** 프라이밍 현상을 설명한 것으로 틀린 것은? [2021. 5. 15.]
① 절탄기의 내부에 스케일이 생긴다.
② 안전밸브, 압력계의 기능을 방해한다.
③ 워터해머(water hanmmer)를 일으킨다.
④ 수면계의 수위가 요동해서 수위를 확인하기 어렵다.

**해설** 문제 243번 해설 참조

**245.** 보일러의 내부 청소 목적에 해당하지 않는 것은? [2021. 5. 15.]
① 스케일 슬러지에 의한 보일러 효율 저하 방지
② 수면계 노즐 막힘에 의한 장해 방지
③ 보일러수 순환 저해 방지
④ 수트 블로어에 의한 매연 제거

**해설** 수트 블로어는 보일러에서 그을음이나 재를 처리하는 장치로 외부 청소에 해당된다.
(1) 내부 청소
• 보일러 사용시간이 1500~2000시간 정도에서 청소를 하며 연간 1회 이상 청소를 실시한다.
• 급수처리를 하지 않는 저압보일러는 연간 2회 이상 실시한다.
• 본체나 노통 수관, 연관 등에 부착한 스케일 두께가 1~1.5 mm 정도 달하면 청소한다.
(2) 외부 청소
• 장기간 매연이 발생할 경우에 실시하며 월 2회 정도 청소한다.
• 통풍력이 갑자기 저하되거나 배기가스 온도가 급격히 높아지는 경우

- 보일러 증기 발생시간이 길어지는 경우
- 수트 블로어를 연관 내경보다 조금 작은 것을 사용한다.

---

**246.** 압력용기에 대한 수압시험의 압력기준으로 옳은 것은? [2016. 3. 6.] [2021. 5. 15.]
① 최고사용압력이 0.1 MPa 이상의 주철제 압력용기는 최고사용압력의 3배이다.
② 비철금속제 압력용기는 최고사용압력의 1.5배의 압력에 온도를 보정한 압력이다.
③ 최고사용압력이 1 MPa 이하의 주철제 압력용기는 0.1 MPa이다.
④ 법랑 또는 유리 라이닝한 압력용기는 최고사용압력의 1.5배의 압력이다.

**[해설]** 압력용기에 대한 수압시험의 압력기준
- 강제 또는 비철금속제 압력용기는 최고사용압력의 1.5배의 압력에 온도를 보정한 압력이다.
- 최고사용압력이 0.1 MPa 이하의 주철제 압력용기는 0.2 MPa이다.
- 최고사용압력이 0.1 MPa 초과하는 주철제 압력용기는 최고사용압력의 2배의 압력으로 한다.
- 법랑 또는 유리 라이닝한 압력용기는 최고사용압력으로 한다.

---

**247.** 보일러의 스테이를 수리 · 변경하였을 경우 실시하는 검사는? [2021. 5. 15.]
① 설치검사                    ② 대체검사
③ 개조검사                    ④ 개체검사

**[해설]** 개조검사 : 이미 설치한 보일러의 일부나 전부를 개조한 경우에 실시하는 검사
- 증기보일러를 온수보일러로 개조
- 보일러 섹션의 증감에 의한 용량의 변경
- 동체 · 돔 · 노통 · 연소실 · 경판 · 천정판 · 관판 · 관모음 또는 스테이의 변경 등
- 연료 또는 연소방법의 변경
- 철금속가열로로서 산업통상자원부장관이 정하여 고시하는 경우의 수리

---

**248.** 일반적으로 보일러에 사용되는 중화방청제가 아닌 것은? [2021. 5. 15.]
① 암모니아                    ② 히드라진
③ 탄산나트륨                  ④ 포름산나트륨

**[해설]** 중화방청제는 보일러, 압력용기, 배관 등 스케일 제거, 탈청작업 후 중화, 방청에 사용하며, 가성소다, 인산소다, 탄산소다(탄산나트륨), 히드라진, 암모니아 등이 있다.

---

**249.** 저온가스 부식을 억제하기 위한 방법이 아닌 것은? [2018. 3. 4.] [2021. 9. 12.]

① 연료 중의 유황성분을 제거한다.

② 첨가제를 사용한다.

③ 공기예열기 전열면 온도를 높인다.

④ 배기가스 중 바나듐의 성분을 제거한다.

**해설** 저온가스 부식을 억제하기 위하여 황(S)을 제거하여야 하며 고온가스 부식을 억제하기 위하여 바나듐(V)을 제거하여야 한다.

**250.** 보일러에서 과열기의 역할로 옳은 것은? [2021. 9. 12.]

① 포화증기의 압력을 높인다.

② 포화증기의 온도를 높인다.

③ 포화증기의 압력과 온도를 높인다.

④ 포화증기의 압력은 낮추고 온도를 높인다.

**해설** • 과열기 : 보일러에서 발생한 포화증기를 과열하여 과열증기로 변환하기 위한 장치
• 절탄기 : 연통으로 배출되는 연소가스의 열로 급수를 데워서 보일러에 공급하는 장치

**251.** 보일러수에 녹아 있는 기체를 제거하는 탈기기가 제거하는 대표적인 용존 가스는? [2021. 9. 12.]

① $O_2$  ② $H_2SO_4$

③ $H_2S$  ④ $SO_2$

**해설** 탈기법은 액체 중에 용존하는 기체(주로 공기 또는 산소)를 제거하는 조작으로 보일러수에 녹아 있는 산소를 제거한다.

**252.** 보일러의 과열 방지책이 아닌 것은? [2021. 9. 12.]

① 보일러수를 농축시키지 않을 것

② 보일러수의 순환을 좋게 할 것

③ 보일러의 수위를 낮게 유지할 것

④ 보일러 동내면의 스케일 고착을 방지할 것

**해설** 보일러 수위가 낮아지면 수량 부족으로 과열의 우려가 있다. ①, ②, ④항 이외에 수위를 적정하게 유지하여야 하며 화염의 국부적인 집중을 피하고 보일러수 중에 유지분 등 이물질 함유를 줄여야 한다.

**253.** 보일러에서 사용하는 안전밸브의 방식으로 가장 거리가 먼 것은? [2016. 3. 6.] [2021. 9. 12.]

① 중추식
② 탄성식
③ 지렛대식
④ 스프링식

**해설** 안전밸브의 형식 : 스프링식, 중추식, 지렛대식(가용전식, 파열판식 등이 있으나 보일러에서
는 주로 사용하지 않음)

**254.** 보일러 운전 중 경판의 적절한 탄성을 유지하기 위한 완충폭을 무엇이라고 하는가? [2020. 6. 6.]

① 애덤슨 조인트
② 브리딩 스페이스
③ 용접 간격
④ 그루빙

**해설** 노통 보일러에 거싯 스테이를 부착할 경우 경판과의 부착부 하단과 노통 상부 사이에는 완충
폭이 있어야 한다. 이 완충폭을 브리딩 스페이스라 한다.

**255.** 보일러의 과열 방지 대책으로 가장 거리가 먼 것은? [2020. 6. 6.]

① 보일러 수위를 낮게 유지할 것
② 고열부분에 스케일 슬러지 부착을 방지할 것
③ 보일러수를 농축하지 말 것
④ 보일러수의 순환을 좋게 할 것

**해설** 보일러 수위가 낮게 되면 수량 부족으로 보일러 과열의 원인이 된다.

**256.** 보일러의 노통이나 화실과 같은 원통 부분이 외측으로부터의 압력에 견딜 수 없게 되어
눌려 찌그러져 찢어지는 현상을 무엇이라 하는가? [2020. 9. 26.]

① 블리스터
② 압궤
③ 팽출
④ 라미네이션

**해설** 압궤 : 용기나 노통 등이 외부의 압력으로 인해 내부로 찌그러지는 현상

**정답** ● 253. ② 254. ② 255. ① 256. ②

**257.** 보일러의 과열에 의한 압궤의 발생부분이 아닌 것은? [2020. 6. 6.]
① 노통 상부　　　　　　　② 화실 천장
③ 연관　　　　　　　　　④ 거싯 스테이

해설 거싯 스테이는 열팽창에 의한 그루빙을 방지한다.

**258.** 스케일(scale)에 대한 설명으로 틀린 것은? [2020. 8. 22.]
① 스케일로 인하여 연료소비가 많아진다.
② 스케일은 규산칼슘, 황산칼슘이 주성분이다.
③ 스케일은 보일러에서 열전달을 저하시킨다.
④ 스케일로 인하여 배기가스 온도가 낮아진다.

해설 스케일로 인하여 열교환이 제대로 이루어지지 않으므로 배기가스 온도는 높아지게 되고 열손실이 증가하게 된다.

**259.** 가스용 보일러의 배기가스 중 이산화탄소에 대한 일산화탄소의 비는 얼마 이하여야 하는가? [2020. 8. 22.]
① 0.001　　　　　　　　② 0.002
③ 0.003　　　　　　　　④ 0.005

해설 가스용 보일러의 배기가스 중 이산화탄소에 대한 일산화탄소의 비는 0.002 이하여야 한다.

**260.** 원통형 보일러의 내면이나 관벽 등 전열면에 스케일이 부착될 때 발생되는 현상이 아닌 것은? [2020. 8. 22.]
① 열전달률이 매우 작아 열전달 방해
② 보일러의 파열 및 변형
③ 물의 순환속도 저하
④ 전열면의 과열에 의한 증발량 증가

해설 전열면에 스케일이 부착되면 물의 유속이 저하되고 전열이 방해되면서 배관의 변형 및 파열의 우려가 있다.

**261.** 배관용 탄소 강관을 압력용기의 부분에 사용할 때에는 설계압력이 몇 MPa 이하일 때 가능한가? [2020. 8. 22.]

① 0.1      ② 1

③ 2      ④ 3

**해설** 강관의 사용압력

• 배관용 탄소 강관(SPP) : 1 MPa 이하(350℃ 이하)

• 압력 배관용 탄소 강관(SPPS) : 1~10 MPa 이하(350℃ 이하)

**262.** 관석(scale)에 대한 설명으로 틀린 것은? [2020. 9. 26.]

① 규산칼슘, 황산칼슘 등이 관석의 주성분이다.

② 관석에 의해 배기가스의 온도가 올라간다.

③ 관석에 의해 관내수의 순환이 불량해진다.

④ 관석의 열전도율이 아주 높아 전열면이 과열되어 각종 부작용을 일으킨다.

**해설** 관석(scale)은 전열을 방해하고 열손실이 일어나며 심할 경우 국부파열의 원인이 된다.

**263.** 보일러의 일상점검 계획에 해당하지 않는 것은? [2020. 9. 26.]

① 급수배관 점검

② 압력계 상태 점검

③ 자동제어장치 점검

④ 연료의 수요량 점검

**해설** 연료의 수요량 점검은 전달의 소비량과 비교하는 것으로 일상점검에는 해당되지 않는다.

**264.** 보일러에서 용접 후에 풀림 처리를 하는 주된 이유는? [2020. 9. 26.]

① 용접부의 열응력을 제거하기 위해

② 용접부의 균열을 제거하기 위해

③ 용접부의 연신율을 증가시키기 위해

④ 용접부의 강도를 증가시키기 위해

**해설** 용접부 열응력 및 잔류응력 제거에는 풀림 열처리가 가장 양호하다.

※ 풀림 : 금속 재료를 적당한 온도로 가열한 다음 서서히 상온으로 냉각시키는 조작

**정답** ● 261. ②    262. ④    263. ④    264. ①

**265.** 보일러에서 발생하는 저온부식의 방지 방법이 아닌 것은? [2020. 9. 26.]
① 연료 중의 황 성분을 제거한다.
② 배기가스의 온도를 노점온도 이하로 유지한다.
③ 과잉공기를 적게 하여 배기가스 중의 산소를 감소시킨다.
④ 전열 표면에 내식재료를 사용한다.

**해설** 저온부식 방지법
• 유황분을 포함하지 않거나 유황분이 극히 적은 저유황 연료를 사용한다.
• 연돌로부터 배출하는 연소 배기가스 온도를 200℃ 이상으로 하고, $SO_3$의 노점보다 높게 하여 $SO_3$가 수증기와 화합하여 황산으로 되지 않도록 한다.
• 연료에 암모니아 등의 저온 부식 방지제를 첨가하여 $SO_3$의 노점을 저하시킨다.

**266.** 점식(pitting)에 대한 설명으로 틀린 것은? [2020. 9. 26.]
① 진행속도가 아주 느리다.
② 양극반응의 독특한 형태이다.
③ 스테인리스강에서 흔히 발생한다.
④ 재료 표면의 성분이 고르지 못한 곳에 발생하기 쉽다.

**해설** 점식(pitting) : 보일러 판이나 수관 내면에 부식으로 흠이 생기고 보일러용 철강재의 표면 성분이 불균일하거나 거친 경우 발생하며 상당히 빠르게 진행된다.

**267.** 보일러를 사용하지 않고, 장기간 휴지상태로 놓을 때 부식을 방지하기 위해서 채워두는 가스는? [2019. 3. 3.]
① 이산화탄소                    ② 질소가스
③ 아황산가스                    ④ 메탄가스

**해설** 장기간 휴지 시 보일러 내부에 질소가스를 봉입하면 공기와 수분의 침입을 방지하여 부식을 예방할 수 있다.

**268.** 보일러 운전 시 캐리오버(carry-over)를 방지하기 위한 방법으로 틀린 것은? [2019. 3. 3.]
① 주증기 밸브를 서서히 연다.          ② 관수의 농축을 방지한다.
③ 증기관을 냉각한다.                 ④ 과부하를 피한다.

**정답** 265. ②    266. ①    267. ②    268. ③

**해설** 캐리오버(carry-over)는 비산으로 물방울이 튀어 나가는 현상이며 증기관 냉각을 할 경우 오히려 캐리오버가 증가하게 된다.

---

**269.** 용접부에서 부분 방사선 투과시험의 검사 길이 계산은 몇 mm 단위로 하는가? [2019. 3. 3.]
① 50　　　　　　　　　　　　② 100
③ 200　　　　　　　　　　　 ④ 300

**해설** 용접부에서 부분 방사선 투과시험의 검사 길이 계산은 300 mm 단위로 한다.

---

**270.** 다음 중 보일러 안전장치로 가장 거리가 먼 것은?　　　[2019. 3. 3.]
① 방폭문　　　　　　　　　　② 안전 밸브
③ 체크 밸브　　　　　　　　 ④ 고저수위 경보기

**해설** 체크 밸브는 역류 방지 밸브이다.

---

**271.** 어느 가열로에서 노벽의 상태가 다음과 같을 때 노벽을 관류하는 열량(kJ/h)은 얼마인가? (단, 노벽의 상하 및 둘레가 균일하며, 평균방열면적 120.5 $m^2$, 노벽의 두께 45 cm, 내벽 표면온도 1300℃, 외벽 표면온도 175℃, 노벽 재질의 열전도율 0.42 kJ/m · h · ℃ 이다.)　　　[2019. 3. 3.]
① 1264800　　　　　　　　　② 126480
③ 569352　　　　　　　　　 ④ 56935.2

**해설** $K = \dfrac{1}{\dfrac{0.45\,\text{m}}{0.42\,\text{kJ/m} \cdot \text{h} \cdot ℃}} = 0.933\,\text{kJ/m}^2 \cdot \text{h} \cdot ℃$

$Q = 0.933\,\text{kJ/m}^2 \cdot \text{h} \cdot ℃ \times 120.5\,\text{m}^2 \times (1300 - 175)℃ = 126479.81\,\text{kJ/h}$

---

**272.** 보일러 재료로 이용되는 대부분의 강철제는 200~300℃에서 최대의 강도를 유지하나, 몇 ℃ 이상이 되면 재료의 강도가 급격히 저하되는가?　　　[2019. 3. 3.]
① 350℃　　　　　　　　　　② 450℃
③ 550℃　　　　　　　　　　④ 650℃

**해설** 강의 재결정온도는 450℃이며 주로 350℃ 이하에서 사용한다.

---

**정답**　●　269. ④　　270. ③　　271. ②　　272. ①

**273.** "어떤 주어진 온도에서 최대 복사강도에서의 파장($\lambda_{max}$)은 절대온도에 반비례한다."와 관련된 법칙은? [2019. 3. 3.]

① Wien의 법칙
② Planck의 법칙
③ Fourier의 법칙
④ Stefan－Boltzmann의 법칙

해설 빈(Wien)의 법칙 : "특정한 온도에서 물체가 최대로 방출하는 파장은 온도에 반비례한다."는 복사 법칙

**274.** 압력용기의 설치상태에 대한 설명으로 틀린 것은? [2019. 3. 3.]

① 압력용기의 본체는 바닥보다 30 mm 이상 높이 설치되어야 한다.
② 압력용기를 옥내에 설치하는 경우 유독성 물질을 취급하는 압력용기는 2개 이상의 출입구 및 환기장치가 되어 있어야 한다.
③ 압력용기를 옥내에 설치하는 경우 압력용기의 본체와 벽과의 거리는 0.3 m 이상이어야 한다.
④ 압력용기의 기초가 약하여 내려앉거나 갈라짐이 없어야 한다.

해설 (1) 압력용기를 옥내에 설치하는 기준
  • 압력용기와 천장과의 거리는 압력용기 본체 상부로부터 1 m 이상이어야 한다.
  • 압력용기의 본체와 벽과의 거리는 최소 0.3 m 이상이어야 한다.
  • 인접한 압력용기와의 거리는 최소 0.3 m 이상이어야 한다.
  • 유독성 물질을 취급하는 압력용기는 2개 이상의 출입구 및 환기장치가 있어야 한다.
  • 압력용기의 본체는 바닥보다 100 mm 이상 높이 설치되어야 한다.
(2) 압력용기를 옥외에 설치하는 기준
  • 압력용기에 빗물이 스며들지 않도록 케이싱 등의 적절한 방지 설비를 하여야 한다.
  • 노출된 절연재 또는 래깅에 방수처리를 하여야 한다.

**275.** 라미네이션의 재료가 외부로부터 강하게 열을 받아 소손되어 부풀어 오르는 현상을 무엇이라고 하는가? [2019. 4. 27.]

① 크랙
② 압궤
③ 블리스터
④ 만곡

해설 • 라미네이션 : 강판이나 관의 제조 시 두 장의 층을 형성하는 것
  • 블리스터 : 가열을 하면 열에 의해 재료가 부풀어 오르는 현상

**276.** 보일러에서 스케일 및 슬러지의 생성 시 나타나는 현상에 대한 설명으로 가장 거리가 먼 것은? [2019. 9. 21.]
① 스케일이 부착되면 보일러 전열면을 과열시킨다.
② 스케일이 부착되면 배기가스 온도가 떨어진다.
③ 보일러에 연결한 콕, 밸브, 그 외의 구멍을 막게 한다.
④ 보일러 전열 성능을 감소시킨다.

해설 스케일이 부착되면 열교환을 방해하므로 배기가스의 온도는 상승하게 된다.

**277.** 열사용 설비는 많은 전열면을 가지고 있는데 이러한 전열면이 오손되면 전열량이 감소하고, 열설비의 손상을 초래한다. 이에 대한 방지 대책으로 틀린 것은? [2019. 9. 21.]
① 황분이 적은 연료를 사용하여 저온부식을 방지한다.
② 첨가제를 사용하여 배기가스의 노점을 상승시킨다.
③ 과잉공기를 적게 하며 저공기비 연소를 시킨다.
④ 내식성이 강한 재료를 사용한다.

해설 배기가스의 노점온도가 상승하면 많은 열이 빠져나가므로 이를 방지하기 위해서는 노점온도를 낮추어야 한다.

**278.** 보일러의 효율 향상을 위한 운전 방법으로 틀린 것은? [2019. 9. 21.]
① 가능한 정격부하로 가동되도록 조업을 계획한다.
② 여러 가지 부하에 대해 열정산을 행하여, 그 결과로 얻은 결과를 통해 연소를 관리한다.
③ 전열면의 오손, 스케일 등을 제거하여 전열효율을 향상시킨다.
④ 블로 다운을 조업중지 때마다 행하여, 이상 물질이 보일러 내에 없도록 한다.

해설 블로 다운은 보일러의 하부 드레인 밸브를 통하여 보일러 내에 고여 있는 슬러지를 배출시키는 것으로 적정량의 슬러지가 형성되었을 때 드레인하여야 열 손실을 방지할 수 있다.

**279.** 연도(굴뚝)설계 시 고려사항으로 틀린 것은? [2018. 3. 4.]
① 가스유속을 적당한 값으로 한다.
② 적절한 굴곡저항을 위해 굴곡부를 많이 만든다.
③ 급격한 단면변화를 피한다.
④ 온도강하가 적도록 한다.

해설 유체의 원활한 흐름을 위해서 굴곡부는 적어야 하며 굴곡부 반경은 크게 하여야 한다.

정답 276. ② 277. ② 278. ④ 279. ②

**280.** 보일러 설치공간의 계획 시 바닥으로부터 보일러 동체의 최상부까지의 높이가 4.4 m라면, 바닥으로부터 상부 건축 구조물까지의 최소 높이는 얼마 이상을 유지하여야 하는가? [2017. 9. 23.]

① 5.0 m 이상

② 5.3 m 이상

③ 5.6 m 이상

④ 5.9 m 이상

**해설** 보일러 동체의 최상부로부터 천장, 배관 등 상부 건축 구조물까지의 거리는 1.2 m 이상 유지한다.

∴ 4.4 m + 1.2 m = 5.6 m 이상

**281.** 결정조직을 조정하고 연화시키기 위한 열처리 조작으로 용접에서 발생한 잔류응력을 제거하기 위한 것은?

[2017. 9. 23.]

① 뜨임(tempering)

② 풀림(annealing)

③ 담금질(quenching)

④ 불림(normalizing)

**해설**
- 뜨임(tempering) : 담금질한 금속을 강인성이나 더 높은 경도를 부여하기 위해 적당한 온도로 다시 가열했다가 공기 중에서 서서히 냉각시키는 열처리 방법
- 풀림(annealing) : 금속이나 유리를 일정한 온도로 가열한 다음에 천천히 식혀 내부 조직을 고르게 하고 응력을 제거하는 열처리
- 담금질(quenching) : 금속 재료를 높은 온도로 가열한 다음 급랭시켜 경도를 높여주는 작업
- 불림(normalizing) : 합금의 열처리에서 담금질 후 중간 정도의 온도로 가열함으로써 인성을 이끌어 내거나 경화시키는 방법

**282.** 보일러 설치 검사 사항 중 틀린 것은?

[2016. 3. 6.]

① 5 t/h 이하의 유류 보일러의 배기가스 온도는 정격 부하에서 상온과의 차가 315℃ 이하이어야 한다.

② 보일러의 안전장치는 사고를 방지하기 위해 먼저 연료를 차단한 후 경보를 울리게 해야 한다.

③ 수입 보일러의 설치검사의 경우 수압시험은 필요하다.

④ 보일러 설치검사 시 안전장치 기능 테스트를 한다.

**해설** 보일러의 안전장치는 사고를 방지하기 위해 경보와 동시에 연료를 차단하여야 한다.

**정답** 280. ③  281. ②  282. ②

**283.** 보일러 청소에 관한 설명으로 틀린 것은? [2016. 3. 6.]
① 보일러의 냉각은 연화적(벽돌)이 있는 경우에는 24시간 이상 걸려야 한다.
② 보일러는 적어도 40℃ 이하까지 냉각한다.
③ 부득이하게 냉각을 빨리시키고자 할 경우 찬물을 보내면서 취출하는 방법에 의해 압력을 저하시킨다.
④ 압력이 남아 있는 동안 취출밸브를 열어서 보일러 물을 완전 배출한다.

**해설** 보일러 내의 압력이 남아 있는 경우는 아직 잔류 열이 존재할 우려가 있으므로 압력이 제거된 후 물을 방출하여야 한다.

**284.** 온수 발생 보일러에서 안전 밸브를 설치해야 할 최소 운전 온도 기준은? [2016. 5. 8.]
① 80℃ 초과
② 100℃ 초과
③ 120℃ 초과
④ 140℃ 초과

**해설** 온수 발생 보일러에서 120℃ 이하에서는 방출 밸브, 120℃ 초과 시에는 안전 밸브를 설치하여야 한다.

**285.** 줄-톰슨계수(Joule-Thomson coefficient, $\mu$)에 대한 설명으로 옳은 것은? [2016. 10. 1.]
① $\mu$가 (−)일 때 기체가 팽창함에 따라 온도는 내려간다.
② $\mu$가 (+)일 때 기체가 팽창해도 온도는 일정하다.
③ $\mu$의 부호는 온도의 함수이다.
④ $\mu$의 부호는 열량의 함수이다.

**해설** 줄-톰슨계수(Joule-Thomson coefficient, $\mu$) : 유체가 작은 구멍을 통과할 때 외부 계와의 열의 이동이 없을 경우, 즉 단열 팽창일 경우 온도가 변화하여도 엔탈피는 불변이 되는데, 이를 줄-톰슨효과라고 한다. 줄-톰슨계수가 0 이하로 감소하면 기체가 팽창할 때 온도가 상승하게 된다. 즉, 줄-톰슨계수는 온도의 함수이다.

에너지관리기사

Part 3

# CBT 실전문제

# 1회 CBT 실전문제

Engineer Energy Management

---

**1과목** 　　　 연소공학

**1.** 다음 연소범위에 대한 설명 중 틀린 것은?

① 연소 가능한 상한치와 하한치의 값을 가지고 있다.

② 연소에 필요한 혼합 가스의 농도를 말한다.

③ 연소범위가 좁으면 좁을수록 위험하다.

④ 연소범위의 하한치가 낮을수록 위험도는 크다.

**해설** 연소범위는 폭발범위라고도 하며 폭발 하한치가 낮을수록, 폭발상한치가 높을수록 위험도는 증가한다. 또한, 압력이 높을수록 폭발범위는 넓어진다.

**2.** 다음 기체 중 폭발범위가 가장 넓은 것은?

① 수소 　　　　② 메탄

③ 벤젠 　　　　④ 프로판

**해설** 폭발범위
- 아세틸렌 : 2.5～81 %
- 산화에틸렌 : 3～80 %
- 수소 : 4～75 %
- 일산화탄소 : 12.5～74 %
- 메탄 : 5～15 %
- 프로판 : 2.2 ～ 9.5 %
- 부탄 : 1.8～8.4 %
- 벤젠 : 1.4～7.1 %

**3.** 가연성 액체에서 발생한 증기의 공기 중 농도가 연소범위 내에 있을 경우 불꽃을 접근시키면 불이 붙는데 이때 필요한 최저온도를 무엇이라고 하는가?

① 기화온도 　　　② 인화온도

③ 착화온도 　　　④ 임계온도

**해설** 인화온도와 착화온도
- 인화온도 : 점화원에 의해 연소할 수 있는 최저온도
- 착화(발화)온도 : 점화원 없이 일정 온도에 달하면 스스로 연소할 수 있는 최저온도

**4.** 탄소 1 kg의 연소에 소요되는 공기량은 약 몇 $Nm^3$인가?

① 5.0 　　　　② 7.0

③ 9.0 　　　　④ 11.0

**해설** $C + O_2 \rightarrow CO_2$

$$12 \text{ kg} : \frac{22.4\,Nm^3}{0.21}$$

$$1 \text{ kg} : X$$

$$X = \frac{1\,kg \times 22.4\,Nm^3}{0.21 \times 12\,kg} = 8.888 ≒ 9.0\,Nm^3$$

**5.** 다음 중 최소 점화에너지에 대한 설명으로 틀린 것은?

① 혼합기의 종류에 의해서 변한다.

② 불꽃 방전 시 일어나는 에너지의 크기는 전압의 제곱에 비례한다.

③ 최소 점화에너지는 연소속도 및 열전도가 작을수록 큰 값을 갖는다.

④ 가연성 혼합기체를 점화시키는 데 필요한 최소 에너지를 최소 점화에너지라 한다.

**해설** 최소 점화에너지는 인화성 가스나 액체의 증기 또는 폭발성 물질이 연소범위 내에 있을 때 점화시키는 데 필요한 최소의 에너지로 압력이 높을수록, 산소농도가 증가할수록, 연소속도 및 열전도가 작을수록 낮아진다.

---

**정답** 　1. ③ 　2. ① 　3. ② 　4. ③ 　5. ③

**6.** 중유의 탄수소비가 증가함에 따른 발열량의 변화는?

① 무관하다.
② 증가한다.
③ 감소한다.
④ 초기에는 증가하다가 점차 감소한다.

**해설** 중유의 탄수소비(C/H) 증가에 따른 변화
• 수소수가 감소하므로 발열량은 감소하게 된다.
• 탄소수가 증가하므로 착화온도가 높아진다.
• 연소 시 불완전 연소로 그을음이 발생한다.

**7.** 중유 연소과정에서 발생하는 그을음의 주된 원인은?

① 연료 중 미립탄소의 불완전 연소
② 연료 중 불순물의 연소
③ 연료 중 회분과 수분의 중합
④ 연료 중 파라핀 성분 함유

**해설** 중유 연소과정에서 미세한 탄소 알갱이(미립탄소)의 불완전 연소에 의하여 그을음이 발생하게 된다.

**8.** 석탄을 분석한 결과가 아래와 같을 때 연소성 황은 몇 %인가?

> 탄소 68.52 %, 수소 5.79 %,
> 전체 황 0.72 %, 불연성 황 0.21 %,
> 회분 22.31 %, 수분 2.45 %

① 0.82 %          ② 0.70 %
③ 0.65 %          ④ 0.53 %

**해설** 연소성 유황

$$= 전황분 \times \frac{100}{100 - 수분} - 불연성\ 유황$$

$$= 0.72 \times \frac{100}{100 - 2.45} - 0.21 = 0.528 \%$$

**9.** 수소 1 kg을 완전히 연소시키는 데 요구되는 이론산소량은 몇 $Nm^3$인가?

① 1.86     ② 2.8     ③ 5.6     ④ 26.7

**해설**
$$2H_2\ +\ \ \ O_2\ \ \longrightarrow\ \ 2H_2O$$
$$4\,kg\ :\ 22.4\,Nm^3$$
$$1\,kg\ :\ \ \ \ X$$

$$X = \frac{1\,kg \times 22.4\,Nm^3}{4\,kg} = 5.6\,Nm^3$$

**10.** 과잉공기가 너무 많을 때 발생하는 현상으로 옳은 것은?

① 연소온도가 높아진다.
② 보일러 효율이 높아진다.
③ 이산화탄소 비율이 많아진다.
④ 배기가스의 열손실이 많아진다.

**해설** 과잉공기를 사용하면 열손실이 많아지므로 연소실 온도는 낮아지게 된다.
(1) 공기비가 클 때 연소에 미치는 영향
• 연소실 내의 연소온도가 저하한다.
• 통풍력이 강하여 배기가스에 의한 열손실이 많아진다.
• 연소가스 중에 SOx의 함유량이 많아져서 저온부식이 촉진된다.
(2) 공기비가 작을 때 연소에 미치는 영향
• 불완전 연소가 되어 매연 발생이 심하다.
• 미연소에 의한 열손실이 증가한다.
• 미연소 가스로 인한 폭발사고가 일어나기 쉽다.

**11.** 증기운 폭발의 특징에 대한 설명으로 틀린 것은?

① 폭발보다 화재가 많다.
② 연소에너지의 약 20 %만 폭풍파로 변한다.
③ 증기운의 크기가 클수록 점화될 가능성이 커진다.
④ 점화위치가 방출점에서 가까울수록 폭발위력이 크다.

**정답** 6. ③   7. ①   8. ④   9. ③   10. ④   11. ④

**해설** 증기운 폭발은 가압상태의 저장용기 내부의 가연성 액체가 대기 중에 유출되어 구름 상태로 존재하다가 순간적으로 점화원에 의해 점화되어 폭발되는 현상으로 점화위치가 방출점에서 멀수록 폭발위력이 커진다.

**12.** 온도가 293 K인 이상기체를 단열 압축하여 체적을 1/6로 하였을 때 가스의 온도는 약 몇 K인가? (단, 가스의 정적비열($C_v$)은 0.7 kJ/kg · K, 정압비열($C_p$)은 0.98 kJ/kg · K 이다.)

① 398 　② 493 　③ 558 　④ 600

**해설** 비열비($k$)

$$= \frac{C_p(정압비열)}{C_v(정적비열)} = \frac{0.98\,kJ/kg \cdot K}{0.7\,kJ/kg \cdot K} = 1.4$$

$$\frac{T_2}{T_1} = \left(\frac{V_1}{V_2}\right)^{k-1} 에서$$

$$T_2 = T_1 \times \left(\frac{V_1}{V_2}\right)^{k-1} = 293 \times \left(\frac{1}{\frac{1}{6}}\right)^{1.4-1}$$

$$= 293 \times 6^{1.4-1} = 599.968\,K$$

**13.** 연소 배기가스 중 가장 많이 포함된 기체는?

① $O_2$ 　② $N_2$ 　③ $CO_2$ 　④ $SO_2$

**해설** 공기 중에 가장 많은 원소는 질소($N_2$)이며 연소 배기가스에도 질소가 가장 많이 함유되어 있다.

**14.** $CH_4$ 가스 1 $Nm^3$를 30 % 과잉공기로 연소시킬 때 완전 연소에 의해 생성되는 실제 연소가스의 총량은 약 몇 $Nm^3$인가?

① 2.4 　② 13.4 　③ 23.1 　④ 82.3

**해설** 메탄의 완전 연소 반응식

$$CH_4 + 2O_2 \rightarrow CO_2 + 2H_2O$$

(메탄 : 산소 = 1몰 : 2몰)

$$공기량(A_o) = \frac{2}{0.21} = 9.52\,Nm^3$$

실제 연소가스량($G_w$)

$$= (m - 0.21)A_o + CO_2 + H_2O$$

$$= (1.3 - 0.21) \times 9.52 + 1 + 2$$

$$= 13.3768\,Nm^3$$

**15.** 고위발열량과 저위발열량의 차이는 어떤 성분과 관련이 있는가?

① 황 　② 탄소 　③ 질소 　④ 수소

**해설** 저위발열량($H_l$)

$$= 고위발열량(H_h) - 600(9H + W)$$

∴ 고위발열량과 저위발열량의 차이는 수소 및 수분에 의하여 발생한다.

**16.** 다음 중 연소 시 발생하는 질소산화물(NOx)의 감소 방안으로 틀린 것은?

① 질소 성분이 적은 연료를 사용한다.
② 화염의 온도를 높게 연소한다.
③ 화실을 크게 한다.
④ 배기가스 순환을 원활하게 한다.

**해설** 질소산화물(NOx)의 감소 방안

• 산소의 분압을 낮게 하고 연소실 열부하를 저감한다.
• 과잉공기를 최소화하고 배기가스 재순환법을 이용한다.
• 물 또는 증기를 분사하며 단계적 연소법을 사용한다.
• 화염의 온도를 낮게 하고(저연소 온도) 에멀션 연료를 사용한다.

**17.** 다음 중 저압공기 분무식 버너의 특징이 아닌 것은?

① 구조가 간단하여 취급이 간편하다.
② 공기압이 높으면 무화공기량이 줄어든다.
③ 점도가 낮은 중유도 연소할 수 있다.
④ 대형 보일러에 사용된다.

**정답** 12. ④ 　13. ② 　14. ② 　15. ④ 　16. ② 　17. ④

**해설** • 소형 보일러 : 저압공기 분무식 버너
• 중·대형 보일러 : 고압공기 분무식 버너

**18.** 열정산을 할 때 입열 항에 해당하지 않는 것은?

① 연료의 연소열　　② 연료의 현열
③ 공기의 현열　　　④ 발생 증기열

**해설** 열정산 : 열을 사용하는 기기에서 어느 정도의 열이 발생하였으며 또한 발생한 열이 어디에서 어떠한 형태로 얼마만큼 나왔느냐를 계산하는 것으로서 입열 항과 출열 항은 다음과 같다.

(1) 입열 항
• 사용 연료의 발열량
• 공기의 현열
• 연료의 현열
• 노내 취입증기 또는 온수에 의한 입열
(2) 출열 항
• 발생증기의 흡수열
• 연소에 의해서 생기는 배기가스의 열손실
• 노내 분입증기 또는 온수에 의한 배기가스 열손실
• 불완전 연소가스에 의한 열손실
• 방열, 전열 및 기타 손실열

**19.** 액화석유가스를 저장하는 가스설비의 내압성능에 대한 설명으로 옳은 것은?

① 최대압력의 1.2배 이상의 압력으로 내압시험을 실시하여 이상이 없어야 한다.
② 최대압력의 1.5배 이상의 압력으로 내압시험을 실시하여 이상이 없어야 한다.
③ 상용압력의 1.2배 이상의 압력으로 내압시험을 실시하여 이상이 없어야 한다.
④ 상용압력의 1.5배 이상의 압력으로 내압시험을 실시하여 이상이 없어야 한다.

**해설** 액화석유가스를 저장하는 가스설비의 내압성능시험 : 상용압력의 1.5배 이상의 압력으로 실시하는 내압시험에 합격한 것으로서 상용압력 이상의 압력으로 행하는 기밀시험에 합격한 것일 것

**20.** 연료시험에 사용되는 장치 중에서 주로 기체연료 시험에 사용되는 것은?

① 세이볼트(Saybolt) 점도계
② 톰슨(Thomson) 열량계
③ 오르자트(Orsat) 분석장치
④ 펜스키 마텐스(Pensky Martens) 장치

**해설** 흡수 분석법
• 오르자트법 : $CO_2 \rightarrow O_2 \rightarrow CO \rightarrow N_2$ 순으로 흡수제에 흡수시켜 분석하는 장치
• 헴펠법 : $CO_2 \rightarrow C_mH_n \rightarrow O_2 \rightarrow CO \rightarrow N_2$ 순으로 흡수제에 흡수시켜 분석하는 장치
• 게겔법 : $CO_2 \rightarrow C_2H_2 \rightarrow C_3H_6 \rightarrow C_2H_6 \rightarrow O_2 \rightarrow CO \rightarrow N_2$ 순으로 흡수제에 흡수시켜 분석하는 장치

| 2과목 | 열역학 |
|---|---|

**21.** 온도와 관련된 설명으로 틀린 것은?

① 온도 측정의 타당성에 대한 근거는 열역학 제0법칙이다.
② 온도가 0℃에서 10℃로 변화하면 절대온도는 0 K에서 283.15 K로 변화한다.
③ 섭씨온도는 물의 어는점과 끓는점을 기준으로 삼는다.
④ SI 단위계에서 온도의 단위는 켈빈 단위를 사용한다.

**해설** 온도가 0℃에서 10℃로 변화하면 절대온도는 273K에서 283K로 변화한다.

**22.** 노점온도(dew point temperature)를 가장 옳게 설명한 것은?

① 공기, 수증기의 혼합물에서 수증기의 분압에 대한 수증기 과열상태 온도

② 공기, 가스의 혼합물에서 가스의 분압에 대한 가스 과열상태 온도

③ 공기, 수증기의 혼합물을 가열시켰을 때 증기가 없어지는 온도

④ 공기, 수증기의 혼합물에서 수증기의 분압에 해당하는 수증기 포화온도

**해설** 노점온도는 공기 중에 혼합된 수증기가 일정 온도 이하로 내려가면 이슬이 되어 맺히는 온도로서 수증기 분압에 대한 수증기 포화온도이다.

**23.** 20℃의 물 10 kg을 대기압하에서 100℃의 수증기로 완전히 증발시키는 데 필요한 열량은 약 몇 kJ인가? (단, 수증기의 증발잠열은 2257 kJ/kg이고, 물의 평균비열은 4.2 kJ/kg · K이다.)

① 800
② 6190
③ 25930
④ 61900

**해설** 20℃의 물→100℃의 물→100℃의 수증기

$Q = 10 \text{ kg} \times (4.2 \text{ kJ/kg} \cdot \text{K} \times 80 \text{ K} + 2257 \text{ kJ/kg}) = 25930 \text{ kJ}$

**24.** 보일러의 게이지 압력이 800 kPa일 때 수은기압계가 측정한 대기 압력이 856 mmHg를 지시했다면 보일러 내의 절대압력은 약 몇 kPa인가? (단, 수은의 비중은 13.6이다.)

① 810
② 914
③ 1320
④ 1656

**해설** 절대압력 = 대기압 + 계기압

$856 \text{ mmHg} \times \dfrac{101.325 \text{ kPa}}{760 \text{ mmHg}} = 114.12 \text{ kPa}$

∴ 절대압력
= $114.12 \text{ kPa} + 800 \text{ kPa} = 914.12 \text{ kPa}$

**25.** 보일러에서 송풍기 입구의 공기가 15℃, 100 kPa 상태에서 공기예열기로 500 m³/min가 들어가 일정한 압력하에서 140℃까지 온도가 올라갔을 때 출구에서의 공기유량은 약 몇 m³/min인가? (단, 이상기체로 가정한다.)

① 617
② 717
③ 817
④ 917

**해설** 압력이 일정하므로 샤를의 법칙에 의하여

$\dfrac{V_1}{T_1} = \dfrac{V_2}{T_2}, \quad \dfrac{500 \text{ m}^3/\text{min}}{(273 + 15)\text{K}} = \dfrac{V_2}{(273 + 140)\text{K}}$

∴ $V_2 = 717.01 \text{ m}^3/\text{min}$

**26.** 용량성 상태량(extensive property)에 해당하는 것은?

① 엔탈피
② 비체적
③ 압력
④ 절대온도

**해설** 상태량 비교

• 강도성 상태량 : 물질의 양에 따라 변하지 않는 양(압력, 온도, 밀도, 비체적 등)

• 용량성 상태량 : 물질의 양에 따라 변하는 양(체적, 엔탈피, 엔트로피, 내부에너지 등)

**27.** 다음 그림은 물의 상평형도를 나타내고 있다. a~d에 대한 용어로 옳은 것은?

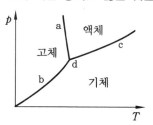

① a : 승화 곡선　　② b : 용융 곡선

③ c : 증발 곡선　　④ d : 임계점

**해설** 물의 상평형도
- a : 융해 곡선　　• b : 승화 곡선
- c : 증발 곡선　　• d : 삼중점

**28.** 어떤 기체의 이상기체상수는 2.08 kJ/kg · K이고 정압비열은 5.24 kJ/kg · K일 때, 이 가스의 정적비열은 약 몇 kJ/kg · K인가?

① 2.18　　　　② 3.16

③ 5.07　　　　④ 7.20

**해설** $R = C_p - C_v$

$C_v = C_p - R$

$\quad = 5.24\,\text{kJ/kg} \cdot \text{K} - 2.08\,\text{kJ/kg} \cdot \text{K}$

$\quad = 3.16\,\text{kJ/kg} \cdot \text{K}$

**29.** 유동하는 기체의 압력을 $P$, 속력을 $V$, 밀도를 $\rho$, 중력 가속도를 $g$, 높이를 $z$, 절대 온도는 $T$, 정적비열을 $C_v$라고 할 때, 기체의 단위질량당 역학적 에너지에 포함되지 않는 것은?

① $\dfrac{P}{\rho}$　　　　② $\dfrac{V^2}{2}$

③ $gz$　　　　④ $C_v T$

**해설** 베르누이의 정리에 의하여
- ① : 압력에너지　　② : 속도에너지
- ③ : 위치에너지　　④ : 내부에너지

**30.** 110 kPa, 20℃의 공기가 정압과정으로 온도가 50℃만큼 상승한 다음(즉 70℃가 됨), 등온과정으로 압력이 반으로 줄어들었다. 최종 비체적은 최초 비체적의 약 몇 배인가?

① 0.585　　　　② 1.17

③ 1.71　　　　④ 2.34

**해설** 이상기체 상태방정식에 의하여

- $P_1 V_1 = RT_1, \quad V_1 = \dfrac{RT_1}{P_1}$

- $P_2 V_2 = RT_2, \quad V_2 = \dfrac{RT_2}{P_2}$

$\dfrac{V_2}{V_1} = \dfrac{P_1 T_2}{P_2 T_1} = \dfrac{110\,\text{kPa} \times 343\,\text{K}}{55\,\text{kPa} \times 293\,\text{K}} = 2.34$

$\therefore \ V_2 = 2.34 \times V_1$

**31.** 임계점(critical point)에 대한 설명 중 옳지 않은 것은?

① 액상, 기상, 고상이 함께 존재하는 점을 말한다.

② 임계점에서는 액상과 기상을 구분할 수 없다.

③ 임계압력 이상이 되면 상변화 과정에 대한 구분이 나타나지 않는다.

④ 물의 임계점에서의 압력과 온도는 약 22.09 MPa, 374.14℃이다.

**해설** 임계점은 액체와 기체 상태의 공존 곡선이 끝나고 더는 상의 구별이 없어지는 온도 및 압력으로 액체는 액체로 존재하지 못하고 즉시 기체가 되며 임계점을 넘어선 기체는 다시는 액체로 돌아올 수 없는데, 이때의 압력을 임계압력, 온도를 임계온도라 한다. 고체, 액체, 기체가 동시에 공존하는 상태를 3중점이라 한다.

**32.** 20 MPa, 0℃의 공기를 100 kPa로 교축 (throtting)하였을 때의 온도는 약 몇 ℃인가? (단, 엔탈피는 20 MPa, 0℃에서 439 kJ/kg, 100 kPa, 0℃에서 485 kJ/kg이고, 압력이 100 kPa인 등압과정에서 평균비열은 1.0 kJ/kg · ℃이다.)

① −11　　　　② −22

③ −36　　　　④ −46

**해설** $Q = C \times \Delta t$ 에서

$$(485 \, \text{kJ/kg} - 439 \, \text{kJ/kg})$$
$$= 1.0 \, \text{kJ/kg} \cdot \text{℃} \times (0 - t) \text{℃}$$
$$\therefore \ t = -46 \text{℃}$$

## 33. 다음 설명과 가장 관계되는 열역학적 법칙은?

> • 열은 그 자신만으로는 저온의 물체로부터 고온의 물체로 이동할 수 없다.
> • 외부에 어떠한 영향을 남기지 않고 한 사이클 동안에 계가 열원으로부터 받은 열을 모두 일로 바꾸는 것은 불가능하다.

① 열역학 제0법칙  ② 열역학 제1법칙
③ 열역학 제2법칙  ④ 열역학 제3법칙

**해설** 열역학 법칙
- 제0법칙 : 두 물체의 온도가 같으면 열의 이동 없이 평형상태를 유지한다(온도계의 원리, 열평형의 법칙).
- 제1법칙 : 기계적 일은 열로, 열은 기계적 일로 변하는 비율은 일정하다($Q = AW$, $W = JQ$, 에너지 보존의 법칙).
- 제2법칙 : 기계적 일은 열로 변하기 쉬우나 열은 기계적 일로 변하기 어렵다. 열은 높은 곳에서 낮은 곳으로 흐른다(엔트로피의 법칙).
- 제3법칙 : 열은 어떠한 경우에도 그 절대온도인 $-273$℃에 도달할 수 없다.

## 34. 97℃로 유지되고 있는 항온조가 실내 온도 27℃인 방에 놓여 있다. 어떤 시간에 1000 kJ의 열이 항온조에서 실내로 방출되었다면 다음 설명 중 틀린 것은?

① 항온조 속의 물질의 엔트로피 변화는 $-2.7$ kJ/K이다.
② 실내 공기의 엔트로피의 변화는 약 3.3 kJ/K이다.
③ 이 과정은 비가역적이다.
④ 항온조와 실내 공기의 총 엔트로피는 감소하였다.

**해설** 엔트로피 변화
- 97℃일 때 : $\Delta S = \dfrac{\Delta Q}{T} = \dfrac{-1000 \, \text{kJ}}{(273 + 97) \text{K}}$
  $= -2.7 \, \text{kJ/K}$(열 방출$-$)
- 27℃일 때 : $\Delta S = \dfrac{\Delta Q}{T} = \dfrac{1000 \, \text{kJ}}{(273 + 27) \text{K}}$
  $= 3.3 \, \text{kJ/K}$(열 흡수$+$)
- 비가역과정으로 엔트로피는 $3.3 \, \text{kJ/K} - 2.7 \, \text{kJ/K} = 0.6 \, \text{kJ/K}$만큼 증가하였다.

## 35. 40 m³의 실내에 있는 공기의 질량은 약 몇 kg인가? (단, 공기의 압력은 100 kPa, 온도는 27℃이며, 공기의 기체상수는 0.287 kJ/kg · K이다.)

① 93    ② 46
③ 10    ④ 2

**해설** 이상기체 상태방정식 $PV = GRT$에 의해
$$G = \frac{PV}{RT} = \frac{100 \, \text{kN/m}^2 \times 40 \, \text{m}^3}{0.287 \, \text{kJ/kg} \cdot \text{K} \times 300 \, \text{K}}$$
$$= 46.45 \, \text{kg}$$

## 36. 이상기체의 상태변화에 관련하여 폴리트로픽(polytropic) 지수 $n$에 대한 설명으로 옳은 것은?

① '$n = 0$'이면 단열 변화
② '$n = 1$'이면 등온 변화
③ '$n = $ 비열비'이면 정적 변화
④ '$n = \infty$'이면 등압 변화

**해설** 폴리트로픽(polytropic) 지수 $n$
  $(PV^n = C)$
- $n = 0 \rightarrow$ 등압 과정($P = C$)
- $n = 1 \rightarrow$ 등온 과정($PV = C$)

- $n = k \longrightarrow$ 단열 과정($PV^k = C$)
- $n = \infty \longrightarrow$ 정적 과정($V = C$)

**37.** 직경 40 cm의 피스톤이 800 kPa의 압력에 대항하여 20 cm 움직였을 때 한 일은 약 몇 kJ인가?

① 20.1　　　　② 63.6
③ 254　　　　④ 1350

**해설** $W = 800 \, \text{kN/m}^2 \times \dfrac{\pi}{4} \times (0.4 \, \text{m})^2 \times 0.2 \, \text{m}$
$= 20.1 \, \text{kN} \cdot \text{m} = 20.1 \, \text{kJ}$

**38.** 다음 중 랭킨 사이클의 과정을 옳게 나타낸 것은?

① 단열압축 → 정적가열 → 단열팽창 → 정압냉각
② 단열압축 → 정압가열 → 단열팽창 → 정적냉각
③ 단열압축 → 정압가열 → 단열팽창 → 정압냉각
④ 단열압축 → 정적가열 → 단열팽창 → 정적냉각

**해설** 랭킨 사이클은 2개의 단열변화와 2개의 등압변화로 구성되는 사이클 중 작동유체가 증기와 액체의 상변화를 수반하는 것으로 급수 펌프(단열압축), 보일러 및 과열기(등압가열), 터빈(단열팽창) 및 복수기(등압방열) 순으로 작동한다.

**39.** 랭킨 사이클에서 복수기 압력을 낮추면 어떤 현상이 나타나는가?

① 복수기의 포화온도는 상승한다.
② 열효율이 낮아진다.
③ 터빈 출구부에 부식 문제가 생긴다.
④ 터빈 출구부의 증기 건도가 높아진다.

**해설** 복수기는 수증기를 냉각시켜 물로 되돌리는 장치이며 응축기의 일종이다. 복수기 압력을 낮추면 저온저압 증기와 수분이 금속 재질인 저압 터빈 회전날개를 침식하며 약한 재질인 고무판은 침식된다.

**40.** 디젤 사이클로 작동되는 디젤 기관의 각 행정의 순서를 옳게 나타낸 것은?

① 단열압축 → 정적가열 → 단열팽창 → 정적방열
② 단열압축 → 정압가열 → 단열팽창 → 정압방열
③ 등온압축 → 정적가열 → 등온팽창 → 정적방열
④ 단열압축 → 정압가열 → 단열팽창 → 정적방열

**해설** 디젤 사이클은 압축·팽창의 두 가지 단열변화, 정압변화 및 등체적변화로 이루어진다. 단열압축→등압팽창→단열팽창→등적방열로 이루어지는 열기관의 기본 사이클이다.

---

**3과목**　　　　**계측방법**

**41.** 다음 중 온도는 국제단위계(SI 단위계)에서 어떤 단위에 해당하는가?

① 보조단위　　　② 유도단위
③ 특수단위　　　④ 기본단위

**해설** • SI 기본단위
길이 : m　질량 : kg　시간 : s
전류 : A　온도 : K　광도 : cd
물질량 : mol
• SI 유도단위
압력 : Pa　일, 에너지 : J　일률 : W
자기선속 : Wb　힘 : N

진동수, 주파수 : Hz

※ 국제단위계(SI) 분류 : 기본단위, 유도단위, 보조단위, 특수단위

**42.** 불규칙하게 변하는 주변 온도와 기압 등이 원인이 되며, 측정 횟수가 많을수록 오차의 합이 0에 가까운 특징이 있는 오차의 종류는?

① 개인오차      ② 우연오차
③ 과오오차      ④ 계통오차

**[해설]** 오차의 종류
- 개인오차 : 개인마다 측정과정에서의 일관된 습관에 따라 발생하는 오차
- 우연오차 : 오차의 원인을 통제할 수 없는 우연한 상황에서 발생되는 오차
- 과실오차 : 불규칙한 실수에 의해 발생되는 오차
- 계기오차 : 측정에 사용되는 계기가 교정되지 않아 발생하는 오차

**43.** 다음 중 상온·상압에서 열전도율이 가장 큰 기체는?

① 공기      ② 메탄
③ 수소      ④ 이산화탄소

**[해설]** 기체에서의 열전도율은 분자량이 작을수록 크게 나타난다.

**44.** 2.2 kΩ의 저항에 220 V의 전압이 사용되었다면 1초당 발생하는 열량은 몇 W인가?

① 12      ② 22
③ 32      ④ 42

**[해설]** $Q = \dfrac{V^2}{R} = \dfrac{220^2}{2200} = 22 \text{ J/s} = 22 \text{ W}$

**45.** 자동 제어의 일반적인 동작 순서로 옳은 것은?

① 검출 → 판단 → 비교 → 조작
② 검출 → 비교 → 판단 → 조작
③ 비교 → 검출 → 판단 → 조작
④ 비교 → 판단 → 검출 → 조작

**[해설]** 자동 제어의 일반적인 동작 순서 : 검출 → 비교 → 판단 → 조작

**46.** 다음 중 송풍량을 일정하게 공급하려고 할 때 가장 적당한 제어 방식은?

① 프로그램 제어      ② 비율 제어
③ 추종 제어      ④ 정치 제어

**[해설]** 제어 방식
- 프로그램 제어 : 목표값이 정해진 시간적 변화를 하도록 미리 프로그램하여 두는 제어 방식
- 비율 제어 : 목표값이 어떤 다른 양과 일정한 비율 관계를 가지고 변화하는 경우의 제어 방식
- 추종 제어 : 목표값이 정해지지 않고 임의로 변화하는 제어 방식
- 정치 제어 : 목표값이 일정하고, 제어량을 그와 같게 유지하기 위한 제어 방식

**47.** 제베크(Seebeck) 효과에 대하여 가장 바르게 설명한 것은?

① 어떤 결정체를 압축하면 기전력이 일어난다.
② 성질이 다른 두 금속의 접점에 온도차를 두면 열기전력이 일어난다.
③ 고온체로부터 모든 파장의 전방사에너지는 절대온도의 4승에 비례하여 커진다.
④ 고체가 고온이 되면 단파장 성분이 많아진다.

**[해설]** • 제베크(Seebeck) 효과 : 서로 다른 두 금속의 한 접합부에 온도 변화를 주면 열기전력이 발생하는 현상

---

**[정답]** 42. ②    43. ③    44. ②    45. ②    46. ④    47. ②

• 펠티어 효과 : 서로 다른 두 전도성 물질로 이루어진 도체에 전류가 흐를 때, 도체의 한쪽 끝부분에서 방열하고, 반대쪽 끝부분에서 흡열을 하는 현상으로 제베크 효과의 반대 현상이다.

## 48. 보일러의 자동 제어에서 인터록 제어의 종류가 아닌 것은?

① 압력초과            ② 저연소
③ 고온도              ④ 불착화

**해설** 보일러의 자동 제어에서 인터록 제어의 종류 : 저연소 인터록, 압력초과 인터록, 불착화 인터록, 저수위 인터록, 프리퍼지 인터록

※ 인터록 제어는 보일러 운전 조건이 미비되었을 때 기관동작을 저지하여 사고를 방지하는 제어이다.

## 49. 연속 동작으로 잔류편차(off-set) 현상이 발생하는 제어 동작은?

① 온-오프(on-off) 2위치 동작
② 비례 동작(P 동작)
③ 비례적분 동작(PI 동작)
④ 비례적분미분 동작(PID 동작)

**해설** 자동 제어 연속 동작
(1) 비례 동작(P) : 입력인 편차에 대하여 조작량의 출력변화가 일정한 비례 관계가 있는 동작이다.
  • 잔류편차가 발생한다.
  • 수동리셋이 필요하다.
(2) 적분 동작(I) : 제어량에 편차가 생겼을 때 편차의 적분차를 가감하여 조작단의 이동속도가 비례하는 동작으로 잔류편차가 남지 않는다.
  • 잔류편차는 제거되지만 제어의 안정성은 떨어진다.
  • 동작신호에 비례한 속도로 조작량을 변화시키는 제어 동작이다.

(3) 미분 동작(D) : 제어편차 변화속도에 비례한 조작량을 내는 제어 동작이다. PI, PD, PID 등 복합연속 동작으로 사용한다.

## 50. 다음 중 탄성 압력계에 속하는 것은?

① 침종 압력계        ② 피스톤 압력계
③ U자관 압력계       ④ 부르동관 압력계

**해설** 압력계 종류
• 액주식 압력계 : 단관식 압력계, U자관식 압력계, 경사관식 압력계, 마노미터
• 침종식 압력계 : 단종식 압력계, 복종식 압력계
• 탄성식 압력계 : 부르동관식 압력계, 벨로스식 압력계, 다이어프램식 압력계
• 전기식 압력계 : 전기저항식 압력계, 자기 스트레인식 압력계, 압전기식 압력계

## 51. 다음 중 차압식 유량계에 대한 설명으로 옳은 것은?

① 유량은 교축기구 전후의 차압에 비례한다.
② 유량은 교축기구 전후의 차압의 제곱근에 비례한다.
③ 유량은 교축기구 전후의 차압의 근사값이다.
④ 유량은 교축기구 전후의 차압에 반비례한다.

**해설** 차압식 유량계는 유체가 흐르는 관로에 교축기구를 설치하여 입·출구의 압력차를 측정하고 베르누이 정리를 이용하여 유량을 측정한다. 유량은 교축기구 전후의 차압의 제곱근에 비례하고 관지름의 제곱에 비례한다. 종류에는 플로노즐, 오리피스미터, 벤투리미터 등이 있다.

## 52. 다음 중 파스칼의 원리를 가장 바르게 설명한 것은?

---

① 밀폐 용기 내의 액체에 압력을 가하면 압력은 모든 부분에 동일하게 전달된다.
② 밀폐 용기 내의 액체에 압력을 가하면 압력은 가한 점에만 전달된다.
③ 밀폐 용기 내의 액체에 압력을 가하면 압력은 가한 반대편으로만 전달된다.
④ 밀폐 용기 내의 액체에 압력을 가하면 압력은 가한 점으로부터 일정 간격을 두고 차등적으로 전달된다.

**해설** 파스칼의 원리 : 밀폐된 관에 담겨있는 비압축성 액체의 한쪽 방향으로 힘을 가했을 때, 방향에 상관없이 그 관 내부 임의의 단면에 전달된 압력은 동일하다는 원리이다.

**53.** 직각으로 굽힌 유리관의 한쪽을 수면 바로 밑에 넣고 다른 쪽은 연직으로 세워 수평 방향으로 0.5 m/s의 속도로 움직이면 물은 관 속에서 약 몇 m 상승하는가?

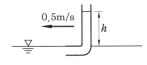

① 0.01  ② 0.02  ③ 0.03  ④ 0.04

**해설** $V = \sqrt{2gh}$ 에서

$$h = \frac{V^2}{2g} = \frac{(0.5\,\mathrm{m/s})^2}{2 \times 9.8\,\mathrm{m/s^2}} = 0.0127\,\mathrm{m}$$

**54.** 관로의 유속을 피토관으로 측정할 때 수주의 높이가 30 cm이었다. 이때 유속은 약 몇 m/s인가?

① 1.88  ② 2.42
③ 3.88  ④ 5.88

**해설** $V = \sqrt{2 \cdot g \cdot h} = \sqrt{2 \times 9.8 \times 0.3}$
$= 2.42\,\mathrm{m/s}$

**55.** 다음 중 하겐-푸아죄유의 법칙을 이용한 점도계는?

① 세이볼트 점도계  ② 낙구식 점도계
③ 스토머 점도계  ④ 맥미첼 점도계

**해설** 점성계수(점도)의 측정
• 스토크스 법칙 : 낙구식 점도계
• 하겐-푸아죄유 법칙 : 오스트발트 점도계, 세이볼트 점도계($Q = \frac{\Delta P \pi d^4}{128 \mu l}$)
• 뉴턴의 점성 법칙 : 맥미첼 점도계, 스토머 점도계($\tau = \mu \frac{du}{dy}$)

**56.** 가스분석계의 특징에 관한 설명으로 틀린 것은?

① 적정한 시료가스의 채취장치가 필요하다.
② 선택성에 대한 고려가 필요 없다.
③ 시료가스의 온도 및 압력의 변화로 측정오차를 유발할 우려가 있다.
④ 계기의 교정에는 화학분석에 의해 검정된 표준시료 가스를 이용한다.

**해설** 가스분석계는 가스 크로마토그래피, 적외선 가스분석계, 산소 분석계, 열전도형 분석계 등이 있으며 시료가스의 선택성에 대한 고려와 채취로 가스 성분을 측정하는 장치이다.

**57.** 다음 중 가스분석 측정법이 아닌 것은?

① 오르자트법  ② 적외선 흡수법
③ 플로노즐법  ④ 열전도율법

**해설** 플로노즐법은 유량 측정 방법이다.
※ 흡수분석 가스분석법 : 오르자트법, 헴펠법, 게겔법
• 오르자트법 : $CO_2 \rightarrow O_2 \rightarrow CO$
• 헴펠법 : $CO_2 \rightarrow C_m H_n \rightarrow O_2 \rightarrow CO$
• 게겔법 : $CO_2 \rightarrow C_2H_2 \rightarrow C_3H_6 \rightarrow C_2H_4 \rightarrow O_2 \rightarrow CO$

**정답**  53. ①  54. ②  55. ①  56. ②  57. ③

※ 흡수제
- $CO_2$ : 33 % KOH 수용액
- $C_2H_2$ : 요오드화 수은 칼륨 용액
- $C_3H_6$ : 87 % $H_2SO_4$
- $C_2H_4$ : 취화수소 수용액
- $O_2$ : 알칼리성 피로갈롤 용액
- CO : 암모니아성 염화제1동 용액

**58.** 다음 중 열전대의 구비조건으로 가장 적절하지 않은 것은?

① 열기전기력이 크고 온도 증가에 따라 연속적으로 상승할 것
② 저항온도계수가 높을 것
③ 열전도율이 작을 것
④ 전기저항이 작을 것

**해설** 열전대의 구비조건
- 열기전력이 크고, 온도 증가에 따라 연속적으로 상승할 것
- 열기전력의 특성이 안정되고 장시간 사용해도 변형이 없을 것
- 이력현상(물리량이 이전에 물질이 경과해 온 상태의 변화 과정에 의존하는 현상)이 없을 것
- 기계적 강도가 크고 내열성, 내식성이 있을 것
- 전기저항, 저항온도계수, 열전도율이 낮을 것
- 재료의 구입이 쉽고 내구성이 있을 것

**59.** 서로 다른 2개의 금속판을 접합시켜서 만든 바이메탈 온도계의 기본 작동원리는?

① 두 금속판의 비열의 차
② 두 금속판의 열전도도의 차
③ 두 금속판의 열팽창계수의 차
④ 두 금속판의 기계적 강도의 차

**해설** 바이메탈은 열팽창계수가 다른 2개의 금속을 붙여서 온도의 변화에 따른 구부

러짐의 차이를 보여주는 것으로 구조가 간단하고 견고하며 반면 온도 변화에 대해 응답이 느리고 바로 직독이 가능하나 장기간 사용하면 히스테리시스 오차의 우려가 있다.

**60.** 20 L인 물의 온도를 15℃에서 80℃로 상승시키는 데 필요한 열량은 약 몇 kJ인가?

① 4200
② 5400
③ 6300
④ 6900

**해설** $Q = GC\Delta t$
$= 20 \text{ kg} \times 4.2 \text{ kJ/kg} \cdot ℃ \times (80 - 15)℃$
$= 5460 \text{ kJ}$ (물 1 L = 1 kg)

---

**4과목** **열설비재료 및 관계법규**

**61.** 소성가마 내 열의 전열 방법으로 가장 거리가 먼 것은?

① 복사
② 전도
③ 전이
④ 대류

**해설** 열의 전열 방법
- 복사 : 고체의 물체에서 발산하는 열선에 의한 열의 이동
- 대류 : 밀도 차이에 의한 유체 간의 흐름
- 전도 : 고체 내부에서의 열의 이동
- 전달 : 유체와 고체 간의 열의 이동
- 통과 : 고체를 사이에 둔 유체 간의 열의 이동

**62.** 제강로가 아닌 것은?

① 고로
② 전로
③ 평로
④ 전기로

**해설** 제강로는 선철과 고철을 주원료로 하며 철 속의 탄소 함유량을 산화 제거하고, 필

요 성분을 첨가해 강을 만드는 노이며 평로·전로·전기로 등이 있다. 고로는 용광로라고도 하며 철강용로에 해당된다.

**63.** 연소실의 연도를 축조하려 할 때 유의사항으로 가장 거리가 먼 것은?

① 넓거나 좁은 부분의 차이를 줄인다.
② 가스 정체 공극을 만들지 않는다.
③ 가능한 한 굴곡 부분을 여러 곳에 설치한다.
④ 댐퍼로부터 연도까지의 길이를 짧게 한다.

**해설** 굴곡부가 많으면 압력손실이 크므로 통풍 감소의 원인이 된다.

**64.** 보온 단열재의 재료에 따른 구분에서 약 850~1200℃ 정도까지 견디며, 열 손실을 줄이기 위해 사용되는 것은?

① 단열재          ② 보온재
③ 보냉재          ④ 내화 단열재

**해설** 보온 단열재의 안전사용온도
• 단열재 : 800~1200℃
• 보온재 : 200~800℃
• 보냉재 : 100℃ 이하
• 내화 단열재 : 1200~1500℃

**65.** 다음 중 $MgO-SiO_2$계 내화물은?

① 마그네시아질 내화물
② 돌로마이트질 내화물
③ 마그네시아-크롬질 내화물
④ 폴스테라이트질 내화물

**해설** 염기성 내화물
• 마그네시아질 내화물 : $MgO$
• 돌로마이트질 내화물 : $MgO$, $CaO$
• 마그네시아-크롬질 내화물 : $MgO-Cr_2O_3$
• 폴스테라이트질 내화물 : $2MgO-SiO_2$

**66.** 내화물의 스폴링(spalling) 시험 방법에 대한 설명으로 틀린 것은?

① 시험체는 표준형 벽돌을 110±5℃에서 건조하여 사용한다.
② 전 기공률 45 % 이상의 내화벽돌은 공랭법에 의한다.
③ 시험편을 노 내에 삽입 후 소정의 시험온도에 도달하고 나서 약 15분간 가열한다.
④ 수랭법의 경우 노 내에서 시험편을 꺼내어 재빠르게 가열면 측을 눈금의 위치까지 물에 잠기게 하여 약 10분간 냉각한다.

**해설** 내화물의 스폴링(spalling) 시험 방법 중 수랭법 : 15분의 가열 후 3분의 수랭을 거쳐 공기 중에서 12분 냉각(공랭)하는 것을 1사이클 과정으로 한다.
※ 스폴링 : 재료가 고열 상태에서 급랭하였을 때 생기는 표면이 거칠어지는 현상

**67.** 다음 중 배관용 강관 기호에 대한 명칭이 틀린 것은?

① SPP : 배관용 탄소 강관
② SPPS : 압력 배관용 탄소 강관
③ SPPH : 고압 배관용 탄소 강관
④ STS : 저온 배관용 탄소 강관

**해설** 배관용 강관
• SPP : 배관용 탄소 강관
• SPPS : 압력 배관용 탄소 강관
• SPPH : 고압 배관용 탄소 강관
• SPHT : 고온 배관용 탄소 강관
• SPLT : 저온 배관용 탄소 강관
• STS : 배관용 스테인리스 강관
• SPA : 배관용 합금강 강관

**68.** 다음 중 배관의 호칭법으로 사용되는 스케줄 번호를 산출하는 데 직접적인 영향을 미치는 것은?

① 관의 외경　　② 관의 사용온도
③ 관의 허용응력　④ 관의 열팽창계수

**해설** 스케줄 번호(SCH NO) = $10 \times \dfrac{P}{S}$

여기서, $P$ : 사용압력(kg/cm$^2$)
$S$ : 허용응력(kg/mm$^2$)

**69.** 열팽창에 의한 배관의 측면 이동을 구속 또는 제한하는 장치가 아닌 것은?

① 앵커　　　② 스톱
③ 브레이스　④ 가이드

**해설** ・브레이스 : 기기의 진동을 억제하는 데 사용하는 것
・앵커 : 배관 지지점에서의 이동 및 회전을 방지하기 위해 지지점 위치에 완전히 고정하는 것
・스톱 : 배관의 일정한 방향으로 이동 및 회전만 구속하고 다른 방향으로 자유롭게 이동하는 것
・가이드 : 축과 직각 방향으로의 이동을 구속하는 데 사용하는 것

**70.** 길이 7 m, 외경 200 mm, 내경 190 mm의 탄소 강관에 360℃ 과열증기를 통과시키면 이때 늘어나는 관의 길이는 몇 mm인가? (단, 주위온도는 20℃이고, 관의 선팽창계수는 0.000013 mm/mm・℃이다.)

① 21.15　　② 25.71
③ 30.94　　④ 36.48

**해설** $\Delta L = 0.000013$ mm/mm・℃
$\times 7000$ mm $\times (360-20)$℃
$= 30.94$ mm

**71.** 옥내온도는 15℃, 외기온도가 5℃일 때 콘크리트 벽(두께 10 cm, 길이 10 m 및 높이 5 m)을 통한 열손실이 1700 W라면 외부 표면 열전달계수(W/m$^2$・℃)는? (단, 내부 표면 열전달계수는 9.0 W/m$^2$・℃이고, 콘크리트 열전도율은 0.87 W/m・℃이다.)

① 12.7　　② 14.7
③ 16.7　　④ 18.7

**해설** $Q = KF\Delta t$에서 $K = \dfrac{Q}{F\Delta t}$

$$\dfrac{1}{\dfrac{1}{9}+\dfrac{0.1}{0.87}+\dfrac{1}{\alpha_2}} = \dfrac{1700}{10 \times 5 \times 10}$$

$\therefore \alpha_2 = 14.692$ W/m$^2$・℃

**72.** 다이어프램 밸브(diaphragm valve)의 특징이 아닌 것은?

① 유체의 흐름이 주는 영향이 비교적 적다.
② 기밀을 유지하기 위한 패킹이 불필요하다.
③ 주된 용도가 유체의 역류를 방지하기 위한 것이다.
④ 산 등의 화학 약품을 차단하는 데 사용하는 밸브이다.

**해설** 유체의 역류를 방지하는 것은 체크 밸브(역류 방지 밸브)이다.

**73.** 다음 마찰 손실 중 국부 저항손실수두로 가장 거리가 먼 것은?

① 배관 중의 밸브, 이음쇠류 등에 의한 것
② 관의 굴곡부분에 의한 것
③ 관내에서 유체와 관 내벽과의 마찰에 의한 것
④ 관의 축소, 확대에 의한 것

**해설** 관내에서 유체와 관 내벽과의 마찰에 의한 손실은 모든 배관에서 일어나는 것으로 주손실에 해당된다.

**74.** 에너지법에서 정한 용어의 정의에 대한 설명으로 틀린 것은?

① "에너지"란 연료 · 열 및 전기를 말한다.

② "연료"란 석유 · 가스 · 석탄, 그 밖에 열을 발생하는 열원을 말한다.

③ "에너지사용자"란 에너지를 전환하여 사용하는 자를 말한다.

④ "에너지사용기자재"란 열사용기자재나 그 밖에 에너지를 사용하는 기자재를 말한다.

해설 • "에너지사용자"란 에너지 사용시설의 소유자 또는 관리자를 말한다.
• "에너지사용시설"이란 에너지를 사용하는 공장 · 사업장 등의 시설이나 에너지를 전환하여 사용하는 시설을 말한다.

**75.** 에너지법에서 정한 에너지에 해당하지 않는 것은?

① 열　　　　② 연료
③ 전기　　　④ 원자력

해설 • "에너지"란 연료 · 열 및 전기를 말한다.
• "연료"란 석유 · 가스 · 석탄, 그 밖에 열을 발생하는 열원(熱源)을 말한다. 다만, 제품의 원료로 사용되는 것은 제외한다.

**76.** 신재생에너지법령상 바이오에너지가 아닌 것은?

① 식물의 유지를 변환시킨 바이오디젤
② 생물유기체를 변환시켜 얻어지는 연료
③ 폐기물의 소각열을 변환시킨 고체의 연료
④ 쓰레기매립장의 유기성폐기물을 변환시킨 매립지가스

해설 바이오에너지의 범위
(1) 생물유기체를 변환시킨 바이오가스, 바이오에탄올, 바이오액화유 및 합성가스
(2) 쓰레기매립장의 유기성폐기물을 변환시킨 매립지가스
(3) 동물 · 식물의 유지(油脂)를 변환시킨

바이오디젤 및 바이오중유
(4) 생물유기체를 변환시킨 땔감, 목재칩, 펠릿 및 숯 등의 고체연료
※ ③은 폐기물에너지에 해당한다.

**77.** 에너지이용 합리화법에서 정한 에너지다소비사업자의 에너지관리기준이란?

① 에너지를 효율적으로 관리하기 위하여 필요한 기준
② 에너지관리 현황 조사에 대한 필요한 기준
③ 에너지 사용량 및 제품 생산량에 맞게 에너지를 소비하도록 만든 기준
④ 에너지관리 진단 결과 손실요인을 줄이기 위하여 필요한 기준

해설 에너지다소비사업자의 에너지관리기준은 에너지를 효율적으로 관리하기 위하여 필요한 기준을 의미한다.

**78.** 에너지이용 합리화법에 따라 검사대상기기 조종자의 신고사유가 발생한 경우 발생한 날로부터 며칠 이내에 신고해야 하는가?

① 7일　　　　② 15일
③ 30일　　　④ 60일

해설 검사대상기기 조종자의 신고사유가 발생한 경우 발생한 날로부터 30일 이내에 신고하여야 한다.

**79.** 에너지이용 합리화법에 따른 효율관리기자재의 종류로 가장 거리가 먼 것은? (단, 산업통상자원부장관이 그 효율의 향상이 특히 필요하다고 인정하여 고시하는 기자재 및 설비는 제외한다.)

① 전기냉방기　　② 전기세탁기
③ 조명기기　　　④ 전자레인지

**해설** 에너지이용 합리화법에 따른 효율관리기자재의 종류
- 전기냉장고
- 전기냉방기
- 전기세탁기
- 조명기기
- 삼상유도전동기
- 자동차
- 그 밖에 산업통상자원부장관이 그 효율의 향상이 특히 필요하다고 인정하여 고시하는 기자재 및 설비

**80.** 에너지이용 합리화법에 따라 검사대상기기 검사 중 개조검사의 적용 대상이 아닌 것은?
① 온수보일러를 증기보일러로 개조하는 경우
② 보일러 섹션의 증감에 의하여 용량을 변경하는 경우
③ 동체·경판·관판·관모음 또는 스테이의 변경으로서 산업통상자원부장관이 정하여 고시하는 대수리의 경우
④ 연료 또는 연소방법을 변경하는 경우

**해설** 개조검사의 적용 대상
- 증기보일러를 온수보일러로 개조하는 경우
- 보일러 섹션의 증감에 의하여 용량을 변경하는 경우
- 동체·돔·노통·연소실·경판·천정판·관판·관모음 또는 스테이의 변경으로서 산업통상자원부장관이 정하여 고시하는 대수리의 경우
- 연료 또는 연소방법을 변경하는 경우
- 철금속가열로로서 산업통상자원부장관이 정하여 고시하는 경우의 수리

**5과목** **열설비설계**

**81.** 다음 중 수관식 보일러의 장점이 아닌 것은 어느 것인가?
① 드럼이 작아 구조상 고온 고압의 대용량에

적합하다.
② 연소실 설계가 자유롭고 연료의 선택범위가 넓다.
③ 보일러수의 순환이 좋고 전열면 증발률이 크다.
④ 보유수량이 많아 부하변동에 대하여 압력변동이 적다.

**해설** 수관식 보일러의 장점
- 관수량이 많아 급격히 변동하는 증기공급에 대응이 원활하다.
- 관리가 편리하고 수명이 길다.
- 보유수량이 작아 압력변동이 적으며 내압에 대한 안정성이 높다.

**82.** 수관식과 비교하여 노통연관식 보일러의 특징으로 옳은 것은?
① 설치 면적이 크다.
② 연소실을 자유로운 형상으로 만들 수 있다.
③ 파열 시 비교적 위험하다.
④ 청소가 곤란하다.

**해설** 노통연관식 보일러의 특징
- 보유수량이 많아 부하변동에 안전하며, 수면이 넓어 급수조절이 용이하다.
- 수처리가 비교적 간단하고, 설치가 간단하며, 열손실이 적고 설치면적이 적다.
- 수명이 짧고 가격이 비싸며, 스케일 생성이 빠르다.
- 수관식에 비하여 증발속도가 빨라서 스케일이 부착되기 쉽고 파열 시 위험이 크다.

**83.** 다음 각 보일러의 특징에 대한 설명 중 틀린 것은?
① 입형 보일러는 좁은 장소에도 설치할 수 있다.
② 노통 보일러는 보유수량이 적어 증기발생

소요시간이 짧다.

③ 수관 보일러는 구조상 대용량 및 고압용에 적합하다.

④ 관류 보일러는 드럼이 없어 초고압 보일러에 적합하다.

해설 노통 보일러는 전열면적에 비하여 보유 수량이 많아 부하가 변해도 잘 적응하며 압력이 잘 변하지 않고 불순물이 섞인 물을 사용해도 큰 피해를 입지 않는다. 노통이 물속에 있으므로 노통 안에서 연료를 태워 물에 열을 전달하므로 노통 전체의 주위에서 열이 전달된다.

**84.** 다음 보일러에 대한 용어의 정의 중 잘못된 것은?

① 1종 관류보일러 : 강철제 보일러 중 전열면적이 $5 \, m^2$ 이하이고 최고사용압력이 0.35 MPa 이하인 것

② 설계압력 : 보일러 및 그 부속품 등의 강도 계산에 사용되는 압력으로서 가장 가혹한 조건에서 결정한 압력

③ 최고사용온도 : 설계압력을 정할 때 설계압력에 대응하여 사용조건으로부터 정해지는 온도

④ 전열면적 : 한쪽 면이 연소가스 등에 접촉하고 다른 면이 물에 접촉하는 부분의 면을 연소가스 등의 쪽에서 측정한 면적

해설 • 1종 관류보일러 : 강철제 보일러 중 헤더의 안지름이 150 mm 이하이고, 전열면적이 $5 \, m^2$ 초과 $10 \, m^2$ 이하이며, 최고사용압력이 1 MPa 이하인 관류보일러
• 2종 관류보일러 : 강철제 보일러 중 헤더의 안지름이 150 mm 이하이고, 전열면적이 $5 \, m^2$ 이하이며, 최고사용압력이 1 MPa 이하인 관류보일러

**85.** 과열기에 대한 설명으로 틀린 것은?

① 보일러에서 발생한 포화증기를 가열하여 증기의 온도를 높이는 장치이다.

② 저압 보일러의 효율을 상승시키기 위하여 주로 사용된다.

③ 증기의 열에너지가 커 열손실이 많아질 수 있다.

④ 고온부식의 우려와 연소가스의 저항으로 압력손실이 크다.

해설 과열기는 보일러에서 발생한 포화증기를 과열하여 과열증기로 변환하기 위한 장치이며 스팀을 생산하여 사용처까지의 구간에서 압력손실 및 방열손실로 인해 응축, 손실되는 부분을 최소화할 수 있다.

**86.** 열정산에 대한 설명으로 틀린 것은?

① 원칙적으로 정격부하 이상에서 정상상태로 적어도 2시간 이상의 운전결과에 따른다.

② 발열량은 원칙적으로 사용 시 연료의 총발열량으로 한다.

③ 최대 출열량을 시험할 경우에는 반드시 최대부하에서 시험을 한다.

④ 증기의 건도는 98 % 이상인 경우에 시험함을 원칙으로 한다.

해설 열정산에 대한 최대 출열량을 시험할 경우에는 반드시 정격부하에서 시험을 한다.

**87.** 보일러의 성능시험방법 및 기준에 대한 설명으로 옳은 것은?

① 증기 건도의 기준은 강철제 또는 주철제로 나누어 정해져 있다.

② 측정은 매 1시간마다 실시한다.

③ 수위는 최초 측정치에 비해서 최종 측정치가 작아야 한다.

④ 측정기록 및 계산양식은 제조사에서 정해진 것을 사용한다.

**해설** 보일러의 성능시험방법 및 기준
- 측정은 10분마다 실시한다.
- 증기 건도 : 강철제(0.98), 주철제(0.97)

## 88. 보일러 운전 및 성능에 대한 설명으로 틀린 것은?

① 보일러 송출증기의 압력을 낮추면 방열손실이 감소한다.
② 보일러의 송출압력이 증가할수록 가열에 이용할 수 있는 증기의 응축잠열은 작아진다.
③ LNG를 사용하는 보일러의 경우 총 발열량의 약 10 %는 배기가스 내부의 수증기에 흡수된다.
④ LNG를 사용하는 보일러의 경우 배기가스로부터 발생되는 응축수의 pH는 11~12 범위에 있다.

**해설** LNG(Liquefied Natural Gas : 액화천연가스)는 메탄($CH_4$)이 주성분으로 완전연소 시 배기가스로부터 수증기와 탄산가스가 나오며 응축수에 용해되면 pH 7 이하인 산성이 된다.

## 89. 인젝터의 장단점에 관한 설명으로 틀린 것은?

① 급수를 예열하므로 열효율이 좋다.
② 급수온도가 55℃ 이상으로 높으면 급수가 잘 된다.
③ 증기압이 낮으면 급수가 곤란하다.
④ 별도의 소요동력이 필요 없다.

**해설** 인젝터는 노즐로부터 증기를 분출시켜 그 힘으로 물을 고압부로 보내는 장치로 온도가 높으면 급수가 어렵다.

## 90. 보일러에 부착되어 있는 압력계의 최고눈금은 보일러의 최고사용압력의 최대 몇 배 이

하의 것을 사용해야 하는가?

① 1.5배  ② 2.0배
③ 3.0배  ④ 3.5배

**해설** 압력계의 최고눈금은 보일러의 최고사용압력의 1.5~3배이다.

## 91. 보일러의 부속장치 중 여열장치가 아닌 것은?

① 공기예열기  ② 송풍기
③ 재열기  ④ 절탄기

**해설** 여열장치는 폐열회수장치이므로 공기예열기, 재열기, 과열기, 절탄기 등이 해당된다.

## 92. 열의 이동에 대한 설명으로 틀린 것은?

① 전도란 정지하고 있는 물체 속을 열이 이동하는 현상을 말한다.
② 대류란 유동 물체가 고온 부분에서 저온 부분으로 이동하는 현상을 말한다.
③ 복사란 전자파의 에너지 형태로 열이 고온 물체에서 저온 물체로 이동하는 현상을 말한다.
④ 열관류란 유체가 열을 받으면 밀도가 작아져서 부력이 생기기 때문에 상승 현상이 일어나는 것을 말한다.

**해설** 열관류(열통과)는 고체를 사이에 둔 유체 간의 열의 이동이다.

## 93. 고유황인 벙커C를 사용하는 보일러의 부대장치 중 공기예열기의 적정온도는?

① 30~50℃  ② 60~100℃
③ 110~120℃  ④ 180~350℃

**해설** 황은 저온부식을 발생하므로 발생온도 150~160℃를 피해 180~350℃에서 예열한다.

**94.** 보일러 내처리제와 그 작용에 대한 연결로 틀린 것은?

① 탄산나트륨 – pH 조정
② 수산화나트륨 – 연화
③ 탄닌 – 슬러지 조정
④ 암모니아 – 포밍 방지

**해설** 보일러 내처리제(청관제)의 종류
- pH 및 알칼리 조정제 : 수산화나트륨(가성소다), 탄산나트륨, 인산나트륨, 인산, 암모니아
- 연화제 : 수산화나트륨, 탄산나트륨, 인산나트륨
- 슬러지 조정제 : 탄닌, 리그닌, 전분
- 탈산소제 : 아황산나트륨, 히드라진(하이드라진, $N_2H_4$)(고압보일러용), 탄닌
- 가성취화 방지제 : 황산나트륨, 인산나트륨, 질산나트륨, 탄닌, 리그닌
- 기포방지제 : 고급 지방산 폴리아민, 고급 지방산 폴리알코올
※ 프라이밍 및 포밍 방지 방법 : 비수방지관 설치, 주증기 밸브를 서서히 개방, 불순물, 농축수 제거, 고수위 및 과부하 방지

**95.** 히트파이프의 열교환기에 대한 설명으로 틀린 것은?

① 열저항이 적어 낮은 온도차에서도 열회수가 가능
② 전열면적을 크게 하기 위해 핀튜브를 사용
③ 수평, 수직, 경사구조로 설치 가능
④ 별도 구동장치의 동력이 필요

**해설** 히트파이프 : 파이프 내부에 메탄올·아세톤·물·수은 등 휘발성 물질을 채우고 한쪽 끝에 열을 가하면 액체는 증발하여 열에너지를 가지면서 다른 끝으로 이동하여 방열하고 다시 되돌아오는 열을 효율적으로 전도하는 파이프이다.

**96.** 전열면에 비등 기포가 생겨 열유속이 급격하게 증대하며, 가열면상에 서로 다른 기포의 발생이 나타나는 비등과정을 무엇이라고 하는가?

① 단상액체 자연대류
② 핵비등(nucleate boiling)
③ 천이비등(transition boiling)
④ 포밍(foaming)

**해설** 핵비등(nucleate boiling) : 전열면을 사이에 두고 액체를 가열하는 경우 액체의 온도가 높아져 포화온도에 달하면 전열면에서 거품이 발생하는 상태

**97.** 다음 중 사이펀 관(siphon tube)과 관련이 있는 것은?

① 수면계                ② 안전밸브
③ 압력계                ④ 어큐뮬레이터

**해설** 고온의 유체 배관에는 충격압력(맥동압력)이 존재하는데 이러한 원인에 의한 압력계의 파손을 막기 위해 고온용 배관의 압력계에는 사이펀 관으로 연결하도록 되어 있다.

**98.** 연료 1 kg이 연소하여 발생하는 증기량의 비를 무엇이라고 하는가?

① 열발생률
② 환산증발배수
③ 전열면 증발률
④ 증기량 발생률

**해설** 증발배수
- 보일러의 증발량과 그 증기를 발생시키기 위해 사용된 연료량과의 비
- 연료 1 kg(기체 연료에서는 1 Nm$^3$)당의 환산증발량
- 증발배수 = $\dfrac{\text{환산증발량}(kg \text{ 또는 } Nm^3)}{\text{연료소비량}(kg \text{ 또는 } Nm^3)}$

---

• 동일 조건의 연료를 연소시킬 경우, 증발 배수의 값이 큰 보일러일수록 보일러 효율이 높고 고성능 보일러이다.

**99.** 그림과 같이 폭 150 mm, 두께 10 mm의 맞대기 용접 이음에 작용하는 인장응력은?

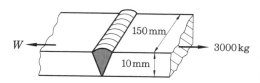

① 2 kg/cm$^2$  ② 15 kg/cm$^2$
③ 100 kg/cm$^2$  ④ 200 kg/cm$^2$

**해설** $\sigma = \dfrac{P}{A} = \dfrac{3000\,\text{kg}}{15\,\text{cm} \times 1\,\text{cm}} = 200\,\text{kg/cm}^2$

**100.** 내부로부터 155 mm, 97 mm, 224 mm의 두께를 가지는 3층의 노벽이 있다. 이들의 열전도율(W/m·℃)은 각각 0.121, 0.069, 1.21이다. 내부의 온도 710℃, 외벽의 온도 23℃일 때, 1 m$^2$당 열손실량(W/m$^2$)은?

① 58  ② 120
③ 239  ④ 564

**해설** $K$
$= \dfrac{1}{\dfrac{0.155\,\text{m}}{0.121\,\text{W/m}\cdot\text{℃}} + \dfrac{0.097\,\text{m}}{0.069\,\text{W/m}\cdot\text{℃}} + \dfrac{0.224\,\text{m}}{1.21\,\text{W/m}\cdot\text{℃}}}$
$= 0.348\,\text{W/m}^2\cdot\text{℃}$
$Q = KF\Delta t$
$= 0.348\,\text{W/m}^2\cdot\text{℃} \times 1\,\text{m}^2 \times (710-23)\,\text{℃}$
$= 239.076\,\text{W/m}^2$

# 2회 CBT 실전문제

**1.** 액체를 미립화하기 위해 분무를 할 때 분무를 지배하는 요소로서 가장 거리가 먼 것은?

① 액류의 운동량
② 액류와 기체의 표면적에 따른 저항력
③ 액류와 액공 사이의 마찰력
④ 액체와 기체 사이의 표면장력

> **해설** 분무연소는 액체연료를 분무화하여 미세한 입자로 만들고 공기와 혼합하여 연소시키는 방법으로 액체연료의 표면장력, 저항력, 운동량 등이 분무를 지배하는 요소에 해당된다.

**2.** 예혼합연소 방식의 특징으로 틀린 것은?

① 내부 혼합형이다.
② 불꽃의 길이가 확산 연소 방식보다 짧다.
③ 가스와 공기의 사전 혼합형이다.
④ 역화 위험이 없다.

> **해설** 예혼합 방식은 미리 기체연료와 1차 공기를 혼합하여 버너로 공급 연소시키는 방식으로 연소 반응이 빠르며 화염 길이는 짧고 고온이다. 과부하 연소 및 역화의 위험이 있으며 연소실 체적이 작아도 된다.

**3.** 다음 기체연료 중 고위발열량(MJ/Sm³)이 가장 큰 것은?

① 고로가스
② 천연가스
③ 석탄가스
④ 수성가스

> **해설** 발열량(MJ/Sm³)
> • LPG : 100.8~134.4 MJ/Sm³
> • LNG : 46.2 MJ/Sm³

• 석탄가스 : 18.9 MJ/Sm³
• 수성가스 : 10.5 MJ/Sm³
• 고로가스 : 3.78 MJ/Sm³

**4.** 기체연료의 장점이 아닌 것은?

① 연소 조절이 용이하다.
② 운반과 저장이 용이하다.
③ 회분이나 매연이 적어 청결하다.
④ 적은 공기로 완전 연소가 가능하다.

> **해설** 기체연료(LNG, LPG)는 대부분 고압으로 유지되므로 고압가스 법에 적용되어 운반이나 저장에 어려움이 따른다.

**5.** A회사에 입하된 석탄의 성질을 조사하였더니 회분 6 %, 수분 3 %, 수소 5 % 및 고위발열량이 6000 kcal/kg이었다. 실제 사용할 때의 저발열량은 약 몇 kcal/kg인가?

① 3341
② 4341
③ 5712
④ 6341

> **해설** $H_L = H_h - 600(9\,H + W)$
> $= 6000 - 600(9 \times 0.05 + 0.03)$
> $= 5712 \text{ kcal/kg}$

**6.** 경유의 1000 L를 연소시킬 때 발생하는 탄소량은 약 몇 TC인가? (단, 경유의 석유환산계수는 0.92 TOE/kL, 탄소배출계수는 0.837 TC/TOE이다.)

① 77
② 7.7
③ 0.77
④ 0.077

> **해설** • TOE(석유환산계수) : 에너지(연료, 열, 전기)를 연간 사용한 전체량을 석유(오일)로 환산

※ T : 톤(1톤은 1000 kg), O : 오일,
　E : 환산
• TC(CO₂ 발생량) : 연간 탄산가스 발생량
을 톤으로 표시(Ton of Carbon)
탄소량 = 1 kL(1000 L) × 0.92 TOE/kL
　　　× 0.837 TC/TOE = 0.77 TC

**7.** 연소 시 100℃에서 500℃로 온도가 상승하였을 경우 500℃의 열복사 에너지는 100℃에서의 열복사 에너지의 약 몇 배가 되겠는가?

① 16.2　　　② 17.1
③ 18.5　　　④ 19.3

**해설** 슈테판-볼츠만의 법칙 : 열복사 에너지는 절대온도의 4승에 비례한다.

$$\frac{(500+273)^4}{(100+273)^4} = 18.445$$

**8.** 연소실에서 연소된 연소가스의 자연통풍력을 증가시키는 방법으로 틀린 것은?

① 연돌의 높이를 높인다.
② 배기가스의 비중량을 크게 한다.
③ 배기가스 온도를 높인다.
④ 연도의 길이를 짧게 한다.

**해설** 자연통풍력을 증가시키는 방법
• 배기가스의 온도를 높인다.
• 외기온도가 낮을수록 통풍력 증대
• 연돌의 높이를 증대시킨다.
• 연도의 굴곡부를 최소화한다.
• 연돌의 상부 단면적을 크게 한다.

**9.** 연소가스와 외부공기의 밀도 차에 의해서 생기는 압력차를 이용하는 통풍 방법은?

① 자연통풍
② 평형통풍
③ 압입통풍

④ 유인통풍

**해설** 통풍 방식
(1) 자연통풍 : 주위 공기와 연돌 내 배기가스와의 온도 차이에 따른 비중량 차이에 의해서 발생되는 통풍력으로 연소용 공기와 배기가스를 유통시키는 방식이다.
(2) 강제통풍
• 압입통풍 : 연소용 공기를 노 내부로 공급하고, 노에서 발생된 배기가스를 대기로 배출하는 방식으로 노의 내부 압력은 대기압보다 높은 150~450 mmAq 정도의 정압으로 유지하여야 한다. 주로 오일, 가스 연소 보일러에서 사용한다.
• 평형통풍 : 압입송풍기가 연소용 공기를 노내부로 공급하고, 유인송풍기가 배기가스를 대기로 배출시키는 방식으로, 주로 미분탄 연소 보일러에서 사용한다.
• 유인통풍 : 배풍기가 연도에 설치되어 노 내가 부압이 형성된다.

**10.** 연소 시 점화 전에 연소실가스를 몰아내는 환기를 무엇이라 하는가?

① 프리퍼지　　② 가압퍼지
③ 불착화퍼지　　④ 포스트퍼지

**해설** 환기 종류
• 프리퍼지 : 점화하기 전에 폭발 방지를 위하여 노 안에 있는 미연소가스를 밖으로 불어내는 것
• 포스트퍼지 : 보일러의 연소 정지 후에 연소실이나 연도에 있는 가스를 배출시키는 것

**11.** 배기가스 출구 연도에 댐퍼를 부착하는 주된 이유가 아닌 것은?

① 통풍력을 조절한다.
② 과잉공기를 조절한다.

③ 가스의 흐름을 차단한다.

④ 주연도, 부연도가 있는 경우에는 가스의 흐름을 바꾼다.

**해설** 댐퍼는 덕트 내에 흐르는 배기가스의 통풍력 조절 및 개폐를 하는 역할을 한다.

**12.** 연돌에서 배출되는 연기의 농도를 1시간 동안 측정한 결과가 다음과 같을 때 매연의 농도율은 몇 %인가?

- 농도 4도 : 10분
- 농도 3도 : 15분
- 농도 2도 : 15분
- 농도 1도 : 20분

① 25       ② 35

③ 45       ④ 55

**해설** 매연의 농도율

NO 0 : 0 %, NO 1 : 20 %, NO 2 : 40 %, NO 3 : 60 %, NO 4 : 80 %, NO5 : 100 %

$0.8 \times \dfrac{10}{60} + 0.6 \times \dfrac{15}{60} + 0.4 \times \dfrac{15}{60}$

$+ 0.2 \times \dfrac{20}{60} = 0.45 = 45\,\%$

**13.** 탄소 87 %, 수소 10 %, 황 3 %의 중유가 있다. 이때 중유의 탄산가스최대량($CO_2$)$_{max}$는 약 몇 % 인가?

① 10.23       ② 16.58

③ 21.35       ④ 25.83

**해설** $G_{od} = 8.89\,C + 21.07\left(H - \dfrac{O}{8}\right) + 3.33\,S$

$\qquad\qquad + 0.8 N_2$

$= 8.89 \times 0.87 + 21.07 \times 0.1 + 3.33 \times 0.03$

(산소와 질소는 제외)

$= 9.9412\ \mathrm{Nm^3/kg}$

$(CO_2)_{max} = \dfrac{1.867C + 0.7S}{G_{od}} \times 100$

$= \dfrac{1.867 \times 0.87 + 0.7 \times 0.03}{9.9412} \times 100$

$= 16.55\,\%$

**14.** 기체연료의 저장 방식이 아닌 것은?

① 유수식       ② 고압식

③ 가열식       ④ 무수식

**해설** 기체연료 저장에는 가스 홀더를 주로 사용한다. 구조에 따라 유수식과 무수식·수봉식·건식·고압식 등으로 분류된다. 유수식은 물통 속에 뚜껑이 있는 원통을 설치해 놓은 것으로, 그것이 상하하는 기구에 따라 유주식과 무주식이 있고, 가스가 수주 30 mm 이하의 압력으로 저장되며, 도시가스용으로 널리 사용된다. 무수식에는 다각통형과 구형으로 된 것이 있으며, 다각통형은 내부의 피스톤이 가스량의 증감에 따라 오르내리도록 되어 있고, 보통 타르나 그리스로 밀폐되어, 수주 600 mm 정도의 압력을 한도로 저장된다. 구형 탱크는 수기압하에서 가스를 저장할 수 있는 내압성의 것으로 각각 특징과 이점이 있다.

**15.** 공기비 1.3에서 메탄을 연소시킨 경우 단열연소온도는 약 몇 K인가? (단, 메탄의 저발열량은 49 MJ/kg, 배기가스의 평균비열은 1.29 kJ/kg · K이고 고온에서의 열분해는 무시하고, 연소 전 온도는 25℃이다.)

① 1663       ② 1932

③ 1965       ④ 2230

**해설** $CH_4 \ + \ 2O_2 \ \longrightarrow \ CO_2 \ + \ 2H_2O$

$16\ \mathrm{kg} \ : \ \dfrac{2 \times 32\ \mathrm{kg}}{0.232} \ : \ 44\ \mathrm{kg} : 2 \times 18\ \mathrm{kg}$

$1\ \mathrm{kg} \ : \ A_o \ : \ X \ : \ Y$(메탄 1 kg에 대한 발생량)

• $A_o = \dfrac{1\ \mathrm{kg} \times 2 \times 32\ \mathrm{kg}}{0.232 \times 16\ \mathrm{kg}} = 17.24\ \mathrm{kg}$

**정답**   12. ③    13. ②    14. ③    15. ②

- $X = \dfrac{1\,\text{kg} \times 44\,\text{kg}}{16\,\text{kg}} = 2.75\ \text{kg}$

- $Y = \dfrac{1\,\text{kg} \times 2 \times 18\,\text{kg}}{16\,\text{kg}} = 2.25\ \text{kg}$

- $N_2 = A_o \times (1 - 0.232)$

    $= 17.24\ \text{kg/kg} \times (1 - 0.232)$

    $= 13.24\ \text{kg/kg}$

- $G = (m - 0.232) \times A_o + CO_2 + H_2O$

    $= (1.3 - 0.232) \times 17.24 + 2.75 + 2.25$

    $= 23.41\ \text{kg}$

- $Q = G \times C \times \Delta t = G \times C \times (T_2 - T_1)$

    $T_2 = T_1 + \dfrac{Q}{GC}$

    $= (273 + 25) + \dfrac{49 \times 1000\,\text{kJ/kg}}{23.41\,\text{kg} \times 1.29\,\text{kJ/kg} \cdot \text{K}}$

    $= 1920.57\ \text{K}$

**16.** B중유 5 kg을 완전 연소시켰을 때 저위발열량은 약 몇 MJ인가?(단, B중유의 고위발열량은 41900 kJ/kg, 중유 1 kg에 수소 H는 0.2 kg, 수증기 W는 0.1 kg 함유되어 있다.)

① 96 ② 126
③ 156 ④ 186

**해설** 저위발열량($H_l$)
= 고위발열량($H_h$) − 600 × 4.2(9H + W)
= 41900 kJ/kg − 600 × 4.2(9 × 0.2 + 0.1)
= 37112 kJ/kg
5 kg에 대한 저위발열량($H_l$)
= 37112 kJ/kg × 5 kg
= 185560 kJ = 185.56 MJ

**17.** 석탄을 연소시킬 경우 필요한 이론산소량은 약 몇 Nm³/kg인가?(단, 중량비 조성은 C : 86 %, H : 4 %, O : 8 %, S : 2 %이다.)

① 1.49 ② 1.78
③ 2.03 ④ 2.45

**해설** 석탄 연소 시 이론산소량

$1.867C + 5.6(H - \dfrac{O}{8}) + 0.7S[\text{Nm}^3/\text{kg}]$

$= 1.867 \times 0.86 + 5.6(0.04 - \dfrac{0.08}{8})$

$+ 0.7 \times 0.02\ \text{Nm}^3/\text{kg}$

$= 1.7876\ \text{Nm}^3/\text{kg}$

**18.** 도시가스의 호환성을 판단하는 데 사용되는 지수는?

① 웨버지수(Webbe Index)
② 듀롱지수(Dulong Index)
③ 릴리지수(Lilly Index)
④ 제이도비흐지수(Zeldovich Index)

**해설** 웨버지수 : 가스기구에 대한 가스의 입열량을 표시하려는 지수로서 단위체적당 총발열량(kcal/m³)을 가스비중의 평방근으로 나눈 것으로 도시가스 호환성 판단에 사용한다.

**19.** 질량 기준으로 C 85 %, H 12 %, S 3 %의 조성으로 되어 있는 중유를 공기비 1.1로 연소시킬 때 건연소가스량은 약 몇 Nm³/kg인가?

① 9.7 ② 10.5 ③ 11.3 ④ 12.1

**해설** • 이론공기량($A_o$)

$= 8.89C + 26.67(H - \dfrac{O}{8}) + 3.33S$

$= 8.89 \times 0.85 + 26.67 \times 0.12 + 3.33 \times 0.03$
(O : 생략)

$= 10.8568\ \text{Nm}^3/\text{kg}$

• 건연소가스량($G_d$)

$= (m - 0.21)A_o + 1.867C + 0.7S + 0.8N$

$= (1.1 - 0.21) \times 10.8568 + 1.867 \times 0.85$
$+ 0.7 \times 0.03$

$= 11.27\ \text{Nm}^3/\text{kg}$

**20.** 가연성 혼합기의 공기비가 1.0일 때 당량비는?

① 0     ② 0.5     ③ 1.0     ④ 1.5

**해설** 당량비 $= \dfrac{\text{실제 연공비}}{\text{이론 연공비}} = \dfrac{1}{1} = 1$

혼합기 중의 연료와 공기의 중량비는 연공비로 공연비의 역수이다.

---

| 2과목 | 열역학 |

**21.** 오토 사이클의 열효율에 영향을 미치는 인자들만 모은 것은?

① 압축비, 비열비
② 압축비, 차단비
③ 차단비, 비열비
④ 압축비, 차단비, 비열비

**해설** 오토 사이클의 열효율 $\eta = 1 - \left(\dfrac{1}{\varepsilon}\right)^{k-1}$

여기서, $\varepsilon$ : 압축비, $k$ : 비열비

**22.** 용기 속에 절대압력이 850 kPa, 온도 52℃인 이상기체가 49 kg 들어 있다. 이 기체의 일부가 누출되어 용기 내 절대압력이 415 kPa, 온도 27℃가 되었다면 밖으로 누출된 기체는 약 몇 kg인가?

① 10.4       ② 23.1
③ 25.9       ④ 47.6

**해설** 이상기체 상태 방정식에 의하여
$P_1 V_1 = G_1 R T_1$, $P_2 V_2 = G_2 R T_2$
($V_1 = V_2$, $R$은 동일)

$\dfrac{P_1}{P_2} = \dfrac{G_1 T_1}{G_2 T_2}$ 에서

$G_2 = \dfrac{G_1 P_2 T_1}{P_1 T_2} = \dfrac{45\,\text{kg} \times 415\,\text{kPa} \times 325\,\text{K}}{850\,\text{kPa} \times 300\,\text{K}}$

$= 25.917\,\text{kg}$

$\therefore$ 누출된 양 $= 49\,\text{kg} - 25.917\,\text{kg}$
$= 23.09\,\text{kg}$

**23.** 증기터빈에서 상태 ⓐ의 증기를 규정된 압력까지 단열에 가깝게 팽창시켰다. 이때 증기터빈 출구에서의 증기 상태는 그림의 각각 ⓑ, ⓒ, ⓓ, ⓔ이다. 이 중 터빈의 효율이 가장 좋을 때 출구의 증기 상태로 옳은 것은?

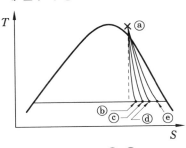

① ⓑ            ② ⓒ
③ ⓓ            ④ ⓔ

**해설** 가역 단열과정은 등엔트로피과정에 속하게 된다. 즉, 점선이 등엔트로피선이므로 이에 가까운 ⓑ가 터빈의 효율이 가장 좋을 때 출구의 증기 상태가 된다.

**24.** 냉매가 갖추어야 하는 요건으로 거리가 먼 것은?

① 증발잠열이 작아야 한다.
② 화학적으로 안정되어야 한다.
③ 임계온도가 높아야 한다.
④ 증발온도에서 압력이 대기압보다 높아야 한다.

**해설** 냉매의 구비조건
• 증발압력이 낮아 진공으로 되지 않을 것
• 응축압력이 너무 높지 않을 것
• 증발잠열 및 증기의 비열은 크고, 액체의 비열은 작을 것
• 임계온도가 높고, 응고온도가 낮을 것
• 증기의 비체적이 작을 것
• 누설이 어렵고, 누설 시는 검지가 쉬울 것
• 부식성이 없을 것
• 전기 저항이 크고, 열전도율이 높을 것
• 점성 및 유동 저항이 작을 것

**정답** 21. ①    22. ②    23. ①    24. ①

• 윤활유에 녹지 않을 것
• 무해·무독으로 인화, 폭발의 위험이 적을 것

**25.** 표준 증기 압축식 냉동 사이클의 주요 구성 요소는 압축기, 팽창밸브, 응축기, 증발기이다. 냉동기가 동작할 때 작동 유체(냉매)의 흐름의 순서로 옳은 것은?

① 증발기 → 응축기 → 압축기 → 팽창밸브 → 증발기
② 증발기 → 압축기 → 팽창밸브 → 응축기 → 증발기
③ 증발기 → 응축기 → 팽창밸브 → 압축기 → 증발기
④ 증발기 → 압축기 → 응축기 → 팽창밸브 → 증발기

**해설** 증기 압축식 냉동 사이클의 4대 구성 요소 및 작동 유체의 흐름의 순서 : 증발기(냉동, 냉장실) → 압축기(실제 동력 소비) → 응축기(공랭식, 수랭식) → 팽창밸브

**26.** 열펌프(heat pump)의 성능계수에 대한 설명으로 옳은 것은?

① 냉동 사이클의 성능계수와 같다.
② 가해준 일에 의해 발생한 저온체에서 흡수한 열량과의 비이다.
③ 가해준 일에 의해 발생한 고온체에 방출한 열량과의 비이다.
④ 열펌프의 성능계수는 1보다 작다.

**해설** 열펌프의 성능계수
$$= \frac{Q_1}{Q_1 - Q_2} = \frac{T_1}{T_1 - T_2}$$
여기서, $Q_1$ : 고온체 열량
$Q_2$ : 저온체 열량
$T_1$ : 고온체 절대온도
$T_2$ : 저온체 절대온도

냉동기 성능계수 $= \frac{Q_2}{Q_1 - Q_2} = \frac{T_2}{T_1 - T_2}$

**27.** 압력이 1300 kPa인 탱크에 저장된 건포화증기가 노즐로부터 100 kPa로 분출되고 있다. 임계압력 $P_c$는 몇 kPa인가? (단, 비열비는 1.135이다.)

① 751 　　② 643
③ 582 　　④ 525

**해설** 임계압력 $P_c = P \times \left( \frac{2}{k+1} \right)^{\frac{k}{k-1}}$
$$= 1300\,\text{kPa} \times \left( \frac{2}{1.135+1} \right)^{\frac{1.135}{1.135-1}}$$
$$= 750.65\,\text{kPa}$$

**28.** 물의 삼중점(triple point)의 온도는?

① 0 K 　　② 273.16℃
③ 73 K 　　④ 273.16 K

**해설** 물의 경우 삼중점의 온도는 0.0075℃로 절대온도 눈금의 기준점(273.16 K)이며, 압력은 4.58 mmHg(0.61 kPa)로 얼음, 물, 수증기가 안정하게 공존한다.

**29.** 밀도가 800 kg/m³인 액체와 비체적이 0.0015 m³/kg인 액체를 질량비 1:1로 잘 섞으면 혼합액의 밀도는 약 몇 kg/m³인가?

① 721 　　② 727
③ 733 　　④ 739

**해설** 밀도 800 kg/m³인 액체의 비체적
= 0.00125 m³/kg
• 0.00125 m³/kg + 0.0015 m³/kg
= 0.00275 m³/kg(혼합 비체적)
→ 밀도 : 363.63 kg/m³
• 질량비 1:1 → 2배이므로
2 × 363.63 kg/m³ = 727.27 kg/m³

**30.** 물에 관한 다음 설명 중 틀린 것은?

① 물은 4℃ 부근에서 비체적이 최대가 된다.

② 물이 얼어 고체가 되면 밀도가 감소한다.

③ 임계온도보다 높은 온도에서는 액상과 기상을 구분할 수 없다.

④ 액체상태의 물을 가열하여 온도가 상승하는 경우, 이때 공급한 열을 현열이라고 한다.

**해설** 물은 4℃에서 비중량(kg/L)이 가장 크며 비체적은 비중량의 역수이므로 가장 작게 나타난다.

**31.** 매시간 2000 kg의 포화수증기를 발생하는 보일러가 있다. 보일러 내의 압력은 200 kPa이고, 이 보일러에는 매시간 150 kg의 연료가 공급된다. 이 보일러의 효율은 약 얼마인가? (단, 보일러에 공급되는 물의 엔탈피는 84 kJ/kg이고, 200 kPa에서의 포화증기의 엔탈피는 2700 kJ/kg이며, 연료의 발열량은 42000 kJ/kg이다.)

① 77 % ② 80 %

③ 83 % ④ 86 %

**해설** 보일러 효율

$$= \frac{\text{증기 발생에 필요한 열량}}{\text{소비되는 열량}}$$

$$= \frac{2000\,\text{kg} \times (2700\,\text{kJ/kg} - 84\,\text{kJ/kg})}{150\,\text{kg} \times 42000\,\text{kJ/kg}} \times 100$$

$$= 83.05\,\%$$

**32.** 물체의 온도 변화 없이 상(phase, 相) 변화를 일으키는 데 필요한 열량은?

① 비열 ② 점화열

③ 잠열 ④ 반응열

**해설** 물체의 상태 변화

• 현열(감열) : 물질의 상태 변화 없이 온도 변화에 필요한 열

• 잠열 : 물질의 온도 변화 없이 상태 변화에 필요한 열

**33.** 폴리트로픽 과정을 나타내는 다음 식에서 폴리트로픽 지수 $n$과 관련하여 옳은 것은? (단, $P$는 압력, $V$는 부피이고, $C$는 상수이다. 또한, $k$는 비열비이다.)

$$PV^n = C$$

① $n = \infty$ : 단열과정

② $n = 0$ : 정압과정

③ $n = k$ : 등온과정

④ $n = 1$ : 정적과정

**해설** 폴리트로픽(polytropic) 지수 $n$

• $n = 0 \rightarrow$ 등압과정($P = C$)

• $n = 1 \rightarrow$ 등온과정($PV = C$)

• $n = k \rightarrow$ 단열과정($PV^k = C$)

• $n = \infty \rightarrow$ 정적과정($V = C$)

**34.** 온도가 $T_1$인 이상기체를 가역 단열과정으로 압축하였다. 압력이 $P_1$에서 $P_2$로 변하였을 때, 압축 후의 온도 $T_2$를 옳게 나타낸 것은? (단, $k$는 이상기체의 비열비를 나타낸다.)

① $T_2 = T_1 \left(\dfrac{P_2}{P_1}\right)^{\frac{k}{k-1}}$

② $T_2 = T_1 \left(\dfrac{P_2}{P_1}\right)^{\frac{k}{1-k}}$

③ $T_2 = T_1 \left(\dfrac{P_2}{P_1}\right)^{\frac{k-1}{k}}$

④ $T_2 = T_1 \left(\dfrac{P_2}{P_1}\right)^{\frac{1-k}{k}}$

**해설** 가역 단열압축

$$\frac{T_2}{T_1} = \left(\frac{P_2}{P_1}\right)^{\frac{k-1}{k}} \text{에서} \quad T_2 = T_1 \times \left(\frac{P_2}{P_1}\right)^{\frac{k-1}{k}}$$

**정답** 30. ① 31. ③ 32. ③ 33. ② 34. ③

**35.** 비엔탈피가 326 kJ/kg인 어떤 기체가 노즐을 통하여 단열적으로 팽창되어 비엔탈피가 322 kJ/kg으로 되어 나간다. 유입 속도를 무시할 때 유출 속도(m/s)는? (단, 노즐 속의 유동은 정상류이며 손실은 무시한다.)

① 4.4   ② 22.6
③ 64.7   ④ 89.4

**해설** $V = \sqrt{2(h_1 - h_2)}$
$= \sqrt{2(326 - 322) \times 1000}$
$= 89.44$ m/s

**36.** 비압축성 유체의 체적팽창계수 $\beta$에 대한 식으로 옳은 것은?

① $\beta = 0$   ② $\beta = 1$
③ $\beta > 0$   ④ $\beta > 1$

**해설** 비압축성 유체의 체적팽창률은 "0"에 해당된다.

**37.** 다음 중 열역학적 계에 대한 에너지 보존의 법칙에 해당하는 것은?

① 열역학 제0법칙   ② 열역학 제1법칙
③ 열역학 제2법칙   ④ 열역학 제3법칙

**해설** 열역학 법칙
- 제0법칙 : 두 물체의 온도가 같으면 열의 이동 없이 평형상태를 유지한다(온도계의 원리, 열평형의 법칙).
- 제1법칙 : 기계적 일은 열로, 열은 기계적 일로 변하는 비율은 일정하다($Q = AW$, $W = JQ$, 에너지 보존의 법칙).
- 제2법칙 : 기계적 일은 열로 변하기 쉬우나 열은 기계적 일로 변하기 어렵다. 열은 높은 곳에서 낮은 곳으로 흐른다(엔트로피의 법칙).
- 제3법칙 : 열은 어떠한 경우에도 그 절대온도인 −273℃에 도달할 수 없다.

**38.** 초기온도가 20℃인 암모니아(NH₃) 3 kg을 정적과정으로 가열시킬 때, 엔트로피가 1.255 kJ/K만큼 증가하는 경우 가열량은 약 몇 kJ인가? (단, 암모니아 정적비열은 1.56 kJ/kg·K이다.)

① 62.2   ② 101
③ 238   ④ 422

**해설** $\Delta s = GC_v \ln \dfrac{T_2}{T_1}$ 에서

$1.255$ kJ/K

$= 3$ kg $\times 1.56$ kJ/kg·K $\times \ln \dfrac{T_2}{293}$

$\therefore T_2 = 383.1$ K

$\Delta Q = GC_v \Delta t$
$= 3$ kg $\times 1.56$ kJ/kg·K $\times (383.1 - 293)$K
$= 421.7$ kJ

**39.** 온도 127℃에서 포화수 엔탈피는 560 kJ/kg, 포화증기의 엔탈피는 2720 kJ/kg일 때 포화수 1kg이 포화증기로 변화하는 데 따르는 엔트로피의 증가는 몇 kJ/kg·K인가?

① 1.4   ② 5.4
③ 9.8   ④ 21.4

**해설** $\Delta S = \dfrac{\Delta Q}{T} = \dfrac{2720\,\text{kJ/kg} - 560\,\text{kJ/kg}}{(273 + 127)\text{K}}$
$= 5.4$ kJ/kg·K

**40.** 원통형 용기에 기체상수 0.529 kJ/kg·K의 가스가 온도 15℃에서 압력 10 MPa로 충전되어 있다. 이 가스를 대부분 사용한 후에 온도가 10℃로, 압력이 1 MPa로 떨어졌다. 소비된 가스는 약 몇 kg인가? (단, 용기의 체적은 일정하며 가스는 이상기체로 가정하고, 초기 상태에서 용기 내의 가스 질량은 20 kg이다.)

① 12.5   ② 18.0
③ 23.7   ④ 29.0

**해설** 용기 체적($V$) $= \dfrac{GRT}{P}$

$= \dfrac{20\,\text{kg} \times 0.529\,\text{kJ/kg} \cdot \text{K} \times (273+15)\text{K}}{10 \times 1000\,\text{kPa}}$

$= 0.3\,\text{m}^3$

잔존하는 가스 질량($G$) $= \dfrac{PV}{RT}$

$= \dfrac{1 \times 1000\,\text{kPa} \times 0.3\,\text{m}^3}{0.529\,\text{kJ/kg} \cdot \text{K} \times (273+10)\text{K}} = 2.0\,\text{kg}$

∴ 소비된 가스량 = 20 kg − 2.0 kg = 18 kg

---

## 3과목      계측방법

**41.** 스프링저울 등 측정량이 원인이 되어 그 직접적인 결과로 생기는 지시로부터 측정량을 구하는 방법으로 정밀도는 낮으나 조작이 간단한 것은?

① 영위법      ② 치환법
③ 편위법      ④ 보상법

**해설** 측정 방식

- 편위법 : 측정하려는 양의 작용에 의하여 계측기의 지침에 편위를 일으켜 이 편위를 눈금과 비교함으로써 측정을 행하는 방식을 말한다(다이얼 게이지, 지시 전기 계기 부르동관 압력계).
- 영위법 : 측정하려고 하는 양과 같은 종류로서 크기를 조정할 수 있는 기준량을 준비하고 기준량을 측정량에 평행시켜 계측기의 지시가 0 위치를 나타낼 때의 기준량의 크기로부터 측정량의 크기를 간접적으로 측정하는 방식을 말한다(전위 차계, 마이크로미터, 휘트스톤 브리지).
- 치환법 : 이미 알고 있는 양으로부터 측정량을 아는 방법으로, 다이얼 게이지를 이용하여 길이를 측정할 때 블록 게이지를 올려놓고 측정한 다음 피측정물을 바꾸어 넣었을 때 지시의 차를 읽고 사용한 블록 게이지의 높이를 알면 피측정물의

높이를 구할 수 있다(다이얼 게이지).
- 보상법 : 크기가 거의 같은 미리 알고 있는 양의 분동을 준비하여 분동과 측정량의 차이로부터 측정량을 구하는 방법으로 천평을 이용하여 물체의 질량을 측정할 때 불평형 정도를 지침의 눈금 값으로 읽어 물체의 질량을 알 수 있다.

**42.** 대기압 750 mmHg에서 계기압력이 325 kPa이다. 이때 절대압력은 약 몇 kPa인가?

① 223      ② 327
③ 425      ④ 501

**해설** 750 mmHg $\times \dfrac{101.325\,\text{kPa}}{760\,\text{mmHg}}$

$= 99.99\,\text{kPa}$

절대압력 = 대기압 + 계기압

$= 99.99\,\text{kPa} + 325\,\text{kPa}$

$= 424.99\,\text{kPa}$

**43.** 주위 온도보상 장치가 있는 열전식 온도 기록계에서 주위온도가 20℃인 경우 1000℃의 지시치를 보려면 몇 mV를 주어야 하는가? (단, 20℃ : 0.80 mV, 980℃ : 40.53 mV, 1000℃ : 41.31 mV이다.)

① 40.51      ② 40.53
③ 41.31      ④ 41.33

**해설** 20℃에서 1000℃까지의 전압 차이만큼 주어지면 된다.

41.31 mV − 0.8 mV = 40.51 mV

**44.** 피드백 제어에 대한 설명으로 틀린 것은?

① 폐회로로 구성된다.
② 제어량에 대한 수정 동작을 한다.
③ 미리 정해진 순서에 따라 순차적으로 제어한다.
④ 반드시 입력과 출력을 비교하는 장치가 필

---

요하다.

해설 피드백 제어는 출력의 신호를 입력의 상태로 되돌려주는 제어이며, ③항은 시퀀스 제어(각 단계가 순차적으로 진행되는 자동 제어)에 해당된다.

**45.** 편차의 정(+), 부(−)에 의해서 조작신호가 최대, 최소가 되는 제어 동작은?

① 온·오프 동작　② 다위치 동작
③ 적분 동작　　　④ 비례 동작

해설 on−off 제어는 불연속 제어로 편차의 정(+), 부(−)에 의해서 조작신호가 최대, 최소가 되는 제어 동작이며 2위치 제어라고도 한다.

**46.** 수지관 속에 비중이 0.9인 기름이 흐르고 있다. 아래 그림과 같이 액주계를 설치하였을 때 압력계의 지시값은 몇 kg/cm²인가?

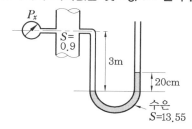

① 0.001　　　　② 0.01
③ 0.1　　　　　④ 1.0

해설 양측의 압력이 평형상태이므로
$P_x + 0.9\,\text{kg/L} \times 1\,\text{L}/1000\,\text{cm}^3 \times 300\,\text{cm}$
$= P + 13.55\,\text{kg/L} \times 1\,\text{L}/1000\,\text{cm}^3 \times 20\,\text{cm}$
$P_x - P = 0.271\,\text{kg/cm}^2 - 0.27\,\text{kg/cm}^2$
$\quad\quad = 0.001\,\text{kg/cm}^2$

**47.** 부자식(float) 면적 유량계에 대한 설명으로 틀린 것은?

① 압력손실이 적다.
② 정밀 측정에는 부적당하다.

③ 대유량의 측정에 적합하다.
④ 수직배관에만 적용이 가능하다.

해설 면적식 유량계 : 유량에 따라 관로 내의 단면수축면적을 증감하여 항상 단면수축 전후의 압력차를 일정하게 하여, 그 면적의 대소로 유량을 구하는 방식의 유량계로 구조가 매우 간단하고 소유량 측정에 널리 사용되고 있다(로터미터, 게이트형).

**48.** 피토관 유량계에 관한 설명이 아닌 것은?

① 흐름에 대해 충분한 강도를 가져야 한다.
② 더스트가 많은 유체 측정에는 부적당하다.
③ 피토관의 단면적은 관 단면적의 10 % 이상이어야 한다.
④ 피토관을 유체흐름의 방향으로 일치시킨다.

해설 피토관 유입측은 관 지름의 15~20배 이상의 직관거리에 설치하여야 하며 단면적은 관 단면적의 1 % 이하가 되어야 한다.

**49.** 베르누이 방정식을 적용할 수 있는 가정으로 옳게 나열된 것은?

① 무마찰, 압축성유체, 정상상태
② 비점성유체, 등유속, 비정상상태
③ 뉴턴유체, 비압축성유체, 정상상태
④ 비점성유체, 비압축성유체, 정상상태

해설 베르누이 방정식은 유체역학에서 점성과 압축성이 없는 이상적 유체가 규칙적으로 흐르는 경우에 유체의 속도와 압력, 위치에너지 사이의 관계를 나타낸 공식이다.

**50.** 관 속을 흐르는 유체가 층류로 되려면?

① 레이놀즈수가 4000보다 많아야 한다.
② 레이놀즈수가 2100보다 적어야 한다.
③ 레이놀즈수가 40000이어야 한다.
④ 레이놀즈수와는 관계가 없다.

정답　45. ①　46. ①　47. ③　48. ③　49. ④　50. ②

**해설** • 레이놀즈수($Re$) < 2100 : 충류
• 레이놀즈수($Re$) > 4000 : 난류
• 2100 < 레이놀즈수($Re$) < 4000 : 천이구역

**51.** 레이놀즈수를 나타낸 식으로 옳은 것은?
(단, $D$는 관의 내경, $\mu$는 유체의 점도, $\rho$는 유체의 밀도, $U$는 유체의 속도이다.)

① $\dfrac{D\mu U}{\rho}$  ② $\dfrac{DU\rho}{\mu}$

③ $\dfrac{D\mu\rho}{U}$  ④ $\dfrac{\mu\rho U}{U}$

**해설** 레이놀즈수는 어떤 유체 흐름의 충류, 난류를 판별하는 데 사용하며 레이놀즈수가 2100 이하이면 흐름은 항상 충류이고, 4000 이상이면 난류이다. 레이놀즈수가 2100~4000일 때에는 천이영역이라 부르며, 이 영역에서는 장치에 따라 충류 또는 난류가 된다.

$$Re = \frac{\rho DU}{\mu} = \frac{관성력}{점성력}$$

**52.** 수면계의 안전관리 사항으로 옳은 것은?
① 수면계의 최상부와 안전저수위가 일치하도록 장착한다.
② 수면계의 점검은 2일에 1회 정도 실시한다.
③ 수면계가 파손되면 물 밸브를 신속히 닫는다.
④ 보일러는 가동완료 후 이상 유무를 점검한다.

**해설** 수면계는 보일러와 같은 용기의 내부 수면을 외부에 표시하는 계기로, 경질의 유리관이나 판을 이용한 저압용·고압용이 있으며 파손 시에는 신속히 물 밸브를 폐쇄하여야 한다.

**53.** 점성계수 $\mu = 0.85$ poise, 밀도 $\rho = 85\,\text{N}$ $\cdot\,\text{s}^2/\text{m}^4$인 유체의 동점성계수는?

① $1\,\text{m}^2/\text{s}$  ② $0.1\,\text{m}^2/\text{s}$
③ $0.01\,\text{m}^2/\text{s}$  ④ $0.001\,\text{m}^2/\text{s}$

**해설** 동점성계수($\nu$)

$$= \frac{점성계수(\mu)}{밀도(\rho)} = \frac{0.1 \times 0.85\,\text{N} \cdot \text{s}/\text{m}^2}{85\,\text{N} \cdot \text{s}^2/\text{m}^4}$$

$= 0.001\,\text{m}^2/\text{s}$
※ $1\,\text{poise} = 0.1\,\text{Pa} \cdot \text{s} = 0.1\,\text{N} \cdot \text{s}/\text{m}^2$

**54.** 다음 중 물리적 가스분석계의 측정법이 아닌 것은?
① 밀도법  ② 세라믹법
③ 열전도율법  ④ 자동오르자트법

**해설** 오르자트법, 헴펠법, 게겔법 등은 화학적 가스분석계의 측정법에 해당된다.

**55.** 다음 연소가스 중 미연소가스계로 측정 가능한 것은?
① CO  ② $CO_2$
③ $NH_3$  ④ $CH_4$

**해설** 미연소가스는 아직 연소가 되지 않은 가스로 주로 $H_2$와 CO의 농도를 측정한다.

**56.** 가스 크로마토그래피법에서 사용하는 검출기 중 수소염 이온화검출기를 의미하는 것은 어느 것인가?
① ECD  ② FID
③ HCD  ④ FTD

**해설** 가스 크로마토그래피법에서 사용하는 검출기 종류
• 전자포획검출기(ECD) : 할로겐화합물 등의 친전자 성분이 포착하여 음이온이 되고, 이것이 양이온과 결합하는 결과 이온화 전류 값이 감소하는 것을 검출 원리로 한다.
• 불꽃이온화검출기(FID) : 시약을 수소염 속에 넣어 시약의 분해, 이온화로 전기

전도율의 증대를 도모하는 것을 원리로 한 검출기로 탄화수소류에 대해 높은 감도를 나타낸다.

- 열전도도검출기(TCD) : 가열된 물체가 주위에 있는 기체에 의해 열을 잃어버리는 원리를 적용한 것으로, 열전도가 기체의 조성에 따라 달라질 때 필라멘트에 흐르는 저항의 차이를 휘트스톤 브리지(Wheatstone bridge) 회로로 측정한다.
- 불꽃광도검출기(FPD) : 황과 인에 선택적으로 작용하여 이들 원소를 함유한 물질의 분석에 사용이 가능하다. 불꽃의 신호를 전기적 신호로 바꿀 수 있는 광전관이 추가로 부착되어 있다.

**57.** 서미스터 온도계의 특징이 아닌 것은?

① 소형이며 응답이 빠르다.
② 저항온도계수가 금속에 비하여 매우 작다.
③ 흡습 등에 의하여 열화되기 쉽다.
④ 전기저항체 온도계이다.

해설 서미스터 온도계는 백금, 니켈, 동 등의 금속 산화물을 소결하여 만든 반도체로, 서미스터를 측온 저항체로 한 전기저항 온도계이며 감도가 좋고 측온부가 작기 때문에 국부 온도의 측정에 편리하나 저항온도계수는 부특성(−)이다.

**58.** 다음 중 열전대 온도계에 대한 설명으로 옳은 것은?

① 흡습 등으로 열화된다.
② 밀도차를 이용한 것이다.
③ 자기가열에 주의해야 한다.
④ 온도에 대한 열기전력이 크며 내구성이 좋다.

해설 열전대 온도계는 열전대의 열기전력(열에너지를 전기에너지로 변화)에 의하여 온도를 측정하는 온도계이다.

**59.** 다음 중 방사 고온계는 어느 이론을 응용한 것인가?

① 제베크 효과
② 필터 효과
③ 윈−프랑크 법칙
④ 스테판−볼츠만 법칙

해설 방사 온도계는 복사 온도계라고도 하며 복사열은 절대온도의 4제곱에 비례한다(스테판 볼츠만의 법칙).

**60.** 다음 중 바이메탈 온도계의 측온 범위는?

① −200~200℃
② −30~360℃
③ −50~500℃
④ −100~700℃

해설 바이메탈은 열팽창계수가 다른 2개의 금속을 붙여서 온도의 변화에 따른 구부러짐의 차이를 보여주는 것으로 측정 온도 범위는 −50~500℃이다.

---

**4과목** **열설비재료 및 관계법규**

**61.** 원관을 흐르는 층류에 있어서 유량의 변화는?

① 관의 반지름의 제곱에 반비례해서 변한다.
② 압력강하에 반비례하여 변한다.
③ 점성계수에 비례하여 변한다.
④ 관의 길이에 반비례해서 변한다.

해설 하겐−푸아죄유 방정식

$$Q = \frac{\Delta P \pi d^4}{128 \mu L}$$

여기서, $Q$ : 유량, $\Delta P$ : 압력손실, $d$ : 직경
$\mu$ : 점성계수, $L$ : 길이

※ 유량은 압력손실과 관경에 비례하며 점성계수와 관 길이에는 반비례한다.

**62.** 배관의 신축 이음에 대한 설명으로 틀린 것은?

① 슬리브형은 단식과 복식의 2종류가 있으며, 고온, 고압에 사용한다.

② 루프형은 고압에 잘 견디며, 주로 고압증기의 옥외 배관에 사용한다.

③ 벨로스형은 신축으로 인한 응력을 받지 않는다.

④ 스위블형은 온수 또는 저압증기의 배관에 사용하며, 큰 신축에 대하여는 누설의 염려가 있다.

**해설** 슬리브형은 도시가스 배관 이음 등에 주로 사용하는 저압용이다.

**63.** 다음 중 내화 모르타르의 구비조건으로 틀린 것은?

① 시공성 및 접착성이 좋아야 한다.

② 화학 성분 및 광물 조성이 내화벽돌과 유사해야 한다.

③ 건조, 가열 등에 의한 수축 팽창이 커야 한다.

④ 필요한 내화도를 가져야 한다.

**해설** 내화 모르타르는 내화물의 분말에 가소성 점토, 물유리, 알루미나 시멘트 등을 배합해서 제조하는 것으로 벽돌과의 부착력이 강하고 팽창 수축이 작으며 저온도에서 용착되고 시공성 및 접착성이 있다.

**64.** 다음 중 샤모트질(chamotte) 벽돌의 주성분은?

① $Al_2O_3$, $2SiO_2$, $2H_2O$

② $Al_2O_3$, $7SiO_2$, $H_2O$

③ $FeO$, $Cr_2O_3$

④ $MgCO_3$

**해설** 샤모트질(chamotte)은 규산($SiO_2$)과 알

루미나($Al_2O_3$) 등을 주성분으로 하는 내화 점토의 소성분말이며 내화 벽돌, 내화 모르타르의 주원료이다.

**65.** 배관재료 중 온도범위 0~100℃ 사이에서 온도변화에 의한 팽창계수가 가장 큰 것은?

① 동

② 주철

③ 알루미늄

④ 스테인리스강

**해설** 팽창계수 : 물체가 가열되었을 때 그 길이 또는 체적이 증대하는 비율을 온도로 나타낸 값

• 동 : 1.71

• 철 : 1.2

• 알루미늄 : 2.38

• 스테인리스강 : 1.73

**66.** 내화물 SK−26번이면 용융온도 1580℃에 견디어야 한다. SK−30번이면 약 몇 ℃에 견디어야 하는가?

① 1460℃

② 1670℃

③ 1780℃

④ 1800

**해설** 내화물 SK에 따른 용융온도

• SK−26 : 1580℃

• SK−30 : 1670℃

• SK−32 : 1710℃

• SK−34 : 1750℃

• SK−42 : 2000℃

**67.** 제강 평로에서 채용되고 있는 배열회수 방법으로서 배기가스의 현열을 흡수하여 공기나 연료가스 예열에 이용될 수 있도록 한 장치는?

① 축열실

② 환열기

③ 폐열 보일러

④ 판형 열교환기

**해설** • 축열실 : 고온의 연소 폐가스의 현열을 이용해서 연소용 공기 혹은 공기와

연료가스를 예열하여 열 교환을 하게 하는 장치
- 환열기 : 축열기 이외의 열교환기로 연소 배기가스에 의한 연소용 공기 예열기이다.
- 폐열 보일러 : 보일러 자체에는 연소실이 없으며 보일러 이외의 노로부터 오는 고온 배기가스의 열을 이용하여 증기 발생을 하는 장치이다.
- 판형 열교환기 : 고온유체와 저온유체가 열판을 사이에 두고 간접적으로 열을 전달하는 장치이다.

**68.** 요로의 정의가 아닌 것은?

① 전열을 이용한 가열장치
② 원재료의 산화반응을 이용한 장치
③ 연료의 환원반응을 이용한 장치
④ 열원에 따라 연료의 발열반응을 이용한 장치

해설 요로 : 고온으로 가열함으로써 용융, 배소, 건류, 소성 및 환원을 목적으로 한다. 재료를 가열하여 물리적 및 화학적 성질을 변화시키는 환원반응을 하며 조업 방식에 따라 불연속식, 반연속식, 연속식으로 분류된다.

**69.** 보온재의 구비조건으로 틀린 것은?

① 불연성일 것
② 흡수성이 클 것
③ 비중이 작을 것
④ 열전도율이 작을 것

해설 보온재의 구비조건
- 흡수성이 작을 것(내습성이 클 것)
- 열전도율이 낮을 것(전열이 불량할 것)
- 비중이 작고 장시간 사용해도 변형이 없을 것
- 기계적 강도가 크고 내열성이 좋을 것

**70.** 내화물의 제조공정의 순서로 옳은 것은?

① 혼련 → 성형 → 분쇄 → 소성 → 건조
② 분쇄 → 성형 → 혼련 → 건조 → 소성
③ 혼련 → 분쇄 → 성형 → 소성 → 건조
④ 분쇄 → 혼련 → 성형 → 건조 → 소성

해설 • 내화물의 제조공정의 순서 : 분쇄 → 혼련 → 성형 → 건조 → 소성
• 혼련 : 고점성의 재료 또는 분체를 액체와 혼합하는 조작

**71.** 온수탱크의 나면과 보온면으로부터 방산 열량을 측정한 결과 각각 1000 kcal/m² · h, 300 kcal/m² · h이었을 때, 이 보온재의 보온효율(%)은?

① 30    ② 70    ③ 93    ④ 233

해설 보온효율 $= \dfrac{1000-300}{1000} = 0.7 = 70\%$

**72.** 노재의 화학적 성질을 잘못 짝지은 것은?

① 샤모트질 벽돌 : 산성
② 규석질 벽돌 : 산성
③ 돌로마이트질 벽돌 : 염기성
④ 크롬질 벽돌 : 염기성

해설 크롬질 벽돌 : 중성 내화물

**73.** 85℃의 물 120 kg의 온탕에 10℃의 물 140 kg을 혼합하면 약 몇 ℃의 물이 되는가?

① 44.6    ② 56.6
③ 66.9    ④ 70.0

해설 $\dfrac{85\times120+10\times140}{120+140} = 44.615℃$

**74.** 에너지법에서 정의하는 용어에 대한 설명으로 틀린 것은?

① "에너지사용자"란 에너지사용시설의 소유자 또는 관리자를 말한다.

② "에너지사용시설"이란 에너지를 사용하는 공장, 사업장 등의 시설이나 에너지를 전환하여 사용하는 시설을 말한다.

③ "에너지공급자"란 에너지를 생산, 수입, 전환, 수송, 저장, 판매하는 사업자를 말한다.

④ "연료"란 석유, 석탄, 대체에너지 기타 열 등으로 제품의 원료로 사용되는 것을 말한다.

**해설** 연료 : 석유·가스·석탄, 그 밖에 열을 발생하는 열원을 말하며 제품의 원료로 사용되는 것은 제외한다.

**75.** 에너지법에 의한 에너지 총조사는 몇 년 주기로 시행하는가?

① 2년 ② 3년
③ 4년 ④ 5년

**해설** 국가에너지 기본계획 및 에너지 관련 시책의 효과적인 수립·수행을 위한 에너지 총조사는 3년마다 시행한다.

**76.** 아래는 에너지이용 합리화법령상 에너지의 수급차질에 대비하기 위하여 산업통상자원부장관이 에너지저장의무를 부과할 수 있는 대상자의 기준이다. ( )에 들어갈 용어는?

> 연간 ( ) 석유환산톤 이상의 에너지를 사용하는 자

① 1천 ② 5천
③ 1만 ④ 2만

**해설** 산업통상자원부장관이 에너지저장의무를 부과할 수 있는 대상자는 다음과 같다.
• 전기사업법에 의한 전기사업자
• 도시가스사업법에 의한 도시가스사업자

• 석탄 산업법에 의한 석탄가공업자
• 집단에너지사업법에 의한 집단에너지사업자
• 연간 2만 석유환산톤 이상의 에너지를 사용하는 자

**77.** 에너지이용 합리화법령에 따라 에너지다소비사업자에게 에너지손실요인의 개선명령을 할 수 있는 자는?

① 산업통상자원부장관
② 시·도지사
③ 한국에너지공단이사장
④ 에너지관리진단기관협회장

**해설** 에너지다소비사업자는 '에너지이용 합리화법'에 따라 연료, 열 및 전력 등 에너지 연간 사용량 합계가 2000 TOE 이상인 사업자이며 산업통상자원부장관의 개선명령을 받는다.

**78.** 에너지이용 합리화법상의 "목표에너지원단위"란?

① 열사용기기당 단위시간에 사용할 열의 사용목표량
② 각 회사마다 단위기간 동안 사용할 열의 사용목표량
③ 에너지를 사용하여 만드는 제품의 단위당 에너지사용목표량
④ 보일러에서 증기 1톤을 발생할 때 사용할 연료의 사용목표량

**해설** 산업통상자원부장관은 에너지의 이용효율을 높이기 위하여 필요하다고 인정하면 관계 행정기관의 장과 협의하여 에너지를 사용하여 만드는 제품의 단위당 에너지사용목표량 또는 건축물의 단위면적당 에너지사용목표량(이하 "목표에너지원단위"라 한다)을 정하여 고시하여야 한다.

**정답** 75. ② 76. ④ 77. ① 78. ③

**79.** 에너지이용 합리화법에 따라 산업통상자원부장관은 에너지를 합리적으로 이용하게 하기 위하여 몇 년마다 에너지이용 합리화에 관한 기본계획을 수립하여야 하는가?

① 2년 　　　　　② 3년
③ 5년 　　　　　④ 10년

해설 산업통상자원부장관은 에너지를 합리적으로 이용하게 하기 위하여 5년마다 에너지이용 합리화에 관한 기본계획을 수립하여야 한다.

**80.** 에너지이용 합리화법에 따라 인정검사대상기기 조종자의 교육을 이수한 자의 조종범위에 해당하지 않는 것은?

① 용량이 3 t/h인 노통 연관식 보일러
② 압력용기
③ 온수를 발생하는 보일러로서 용량이 300 kW인 것
④ 증기보일러로서 최고사용압력이 0.5 MPa이고 전열면적이 9 m²인 것

해설 인정검사대상기기 조종자의 교육을 이수한 자의 조종범위
• 증기보일러로서 최고사용압력이 1 MPa 이하이고, 전열면적이 10 m² 이하인 것
• 온수발생 및 열매체를 가열하는 보일러로서 용량이 581.5 kW 이하인 것
• 압력용기

---

**5과목** 　　　**열설비설계**

**81.** 관 스테이를 용접으로 부착하는 경우에 대한 설명으로 옳은 것은?

① 용접의 다리길이를 10 mm 이상으로 한다.
② 스테이의 끝은 판의 외면보다 안쪽에 있어야 한다.
③ 관 스테이의 두께는 4 mm 이상으로 한다.
④ 스테이의 끝은 화염에 접촉하는 판의 바깥으로 5 mm를 초과하여 돌출해서는 안 된다.

해설 관 스테이를 용접으로 부착하는 경우
• 용접의 다리길이를 4 mm 이상으로 한다.
• 스테이의 끝은 판의 외면보다 안쪽에 있으면 안 된다.
• 관 스테이의 두께는 4 mm 이상으로 한다.
• 스테이의 끝은 화염에 접촉하는 판의 바깥으로 10 mm를 초과하여 돌출해서는 안 된다.
• 탄소 함유량은 0.35 % 이하로 한다.

**82.** 두께 150 mm인 적벽돌과 100 mm인 단열벽돌로 구성되어 있는 내화벽돌의 노벽이 있다. 적벽돌과 단열벽돌의 열전도율은 각각 1.4 W/m · ℃, 0.07 W/m · ℃일 때 단위면적당 손실열량은 약 몇 W/m²인가? (단, 노 내 벽면의 온도는 800℃이고, 외벽면의 온도는 100℃이다.)

① 336 　　　　　② 456
③ 587 　　　　　④ 635

해설 $K = \dfrac{1}{\dfrac{0.15\,\mathrm{m}}{1.4\,\mathrm{W/m \cdot ℃}} + \dfrac{0.1\,\mathrm{m}}{0.07\,\mathrm{W/m \cdot ℃}}}$

$= 0.651\,\mathrm{W/m^2 \cdot ℃}$

$Q = KF\Delta t$

$= 0.651\,\mathrm{W/m^2 \cdot ℃} \times (800 - 100)℃$

$= 455.7\,\mathrm{W/m^2}$

**83.** 육용 강제 보일러에서 동체의 최소 두께로 틀린 것은?

① 안지름이 900 mm 이하의 것은 6 mm(단, 스테이를 부착할 경우)
② 안지름이 900 mm 초과 1350 mm 이하의

것은 8 mm

③ 안지름이 1350 mm 초과 1850 mm 이하의
것은 10 mm

④ 안지름이 1850 mm 초과하는 것은 12 mm

**해설** 동체의 최소 두께
- 안지름이 900 mm 이하의 것 : 6 mm(스
테이 부착 : 8 mm)
- 안지름이 900 mm 초과 1350 mm 이하의
것 : 8 mm
- 안지름이 1350 mm 초과 1850 mm 이하
의 것 : 10 mm
- 안지름이 1850 mm 초과하는 것 : 12 mm

**84.** 용접 이음에 대한 설명으로 틀린 것은?

① 두께의 한도가 없다.

② 이음 효율이 우수하다.

③ 폭음이 생기지 않는다.

④ 기밀성이나 수밀성이 낮다.

**해설** 용접 이음은 모재와 같거나 비슷한 성
분의 용접봉을 사용하므로 기계적 강도가
증가하고 이음 효율이 증대되며 유체 흐름
에 저항이 거의 없고 기밀성이 양호하지만
용접부 확인이 어렵다.

**85.** 보일러의 증발량이 20 ton/h이고, 보일러
본체의 전열면적이 450 m²일 때, 보일러의
증발률(kg/m² · h)은?

① 24　　② 34　　③ 44　　④ 54

**해설** 보일러의 증발률
$$= \frac{20000 \, \text{kg/h}}{450 \, \text{m}^2} = 44.44 \, \text{kg/m}^2 \cdot \text{h}$$

**86.** 보일러 송풍장치의 회전수 변환을 통한
급기 풍량 제어를 위하여 2극 유도전동기에
인버터를 설치하였다. 주파수가 55 Hz일 때
유도전동기의 회전수는?

① 1650 rpm　　② 1800 rpm

③ 3300 rpm　　④ 3600 rpm

**해설** 회전수$(N) = \dfrac{120f}{P}$
$$= \frac{120 \times 55 \, \text{Hz}}{2} = 3300 \, \text{rpm}$$

**87.** 유체의 압력손실은 배관 설계 시 중요한
인자이다. 압력손실과의 관계로 틀린 것은?

① 압력손실은 관마찰계수에 비례한다.

② 압력손실은 유속의 제곱에 비례한다.

③ 압력손실은 관의 길이에 반비례한다.

④ 압력손실은 관의 내경에 반비례한다.

**해설** 압력손실은 마찰계수, 관 길이에 비례
하고 유속의 제곱에 비례하며 관경에는 반
비례한다.
$$\Delta H = f \cdot \frac{l}{d} \cdot \frac{V^2}{2g}$$

**88.** 다음 중 무차원 수에 대한 설명으로 틀린
것은?

① Nusselt 수는 열전달계수와 관계가 있다.

② Prandtl 수는 동점성계수와 관계가 있다.

③ Reynolds 수는 층류 및 난류와 관계가
있다.

④ Stanton 수는 확산계수와 관계가 있다.

**해설** 무차원 수
- Nusselt 수 : 어떤 유체 층을 통과하는
대류에 의해서 일어나는 열전달의 크기
와 동일한 유체 층을 통과하는 전도에 의
해서 일어나는 열전달의 크기의 비
- Prandtl 수 : 열 확산도에 대한 운동량
확산도의 비 또는 열 이류와 점성력의 곱
과 열 확산과 관성력의 곱의 비
- Reynolds 수 : 점성력에 대한 관성력의
비(점성력이 커서 유체가 매우 느리게 운
동하는 경우에 레이놀즈 수는 작으며 유

체 흐름은 층류가 된다. 반대로 유체가 대단히 빠르게 움직이거나 점성력이 작은 경우, 레이놀즈 수가 클 때, 난류가 발생한다.)
- Stanton 수 : 강제대류 흐름 내에서 열전달을 특성화시키는 무차원 수를 열전달계수 또는 스탠턴수(St)라고 하며 유체 열용량에 대한 유체에 전달된 열의 비를 말한다.
- Pélet 수 : 열 확산에 대한 열 이류의 비

## 89. 리벳 이음 대비 용접 이음의 장점으로 옳은 것은?

① 이음효율이 좋다.
② 잔류응력이 발생되지 않는다.
③ 진동에 대한 감쇠력이 높다.
④ 응력집중에 대하여 민감하지 않다.

**해설** 용접 이음의 특징
- 이음부분이 매끈하고 효율이 좋다.
- 유체 흐름에 대한 손실이 적다.
- 이음부분에 응력이 있다.

## 90. 증발량 2 ton/h, 최고사용압력이 10 kg/cm², 급수온도 20℃, 최대증발률 25 kg/m²·h인 원통 보일러에서 평균증발률을 최대증발률의 90 %로 할 때, 평균증발량(kg/h)은?

① 1200 ② 1500
③ 1800 ④ 2100

**해설** 평균증발량
= 2000 kg/h × 0.9 = 1800 kg/h

## 91. 다음 중 보일러수를 pH 10.5~11.5의 약알칼리로 유지하는 주된 이유는?

① 첨가된 염산이 강재를 보호하기 때문에
② 보일러수 중에 적당량의 수산화나트륨을 포함시켜 보일러의 부식 및 스케일 부착을

방지하기 위하여
③ 과잉 알칼리성이 더 좋으나 약품이 많이 소요되므로 원가를 절약하기 위하여
④ 표면에 딱딱한 스케일이 생성되어 부식을 방지하기 때문에

**해설** 보일러수관은 pH 정도에 따라 부식 정도가 다른데 pH 10.5~11.5일 때 부식이 가장 적게 발생한다. 따라서 일반적인 물은 중성이므로 보일러에 그냥 사용하면 부식되므로 pH 10.5~11.5에 맞추어 주어야 한다.

## 92. 보일러수의 처리 방법 중 탈기장치가 아닌 것은?

① 가압 탈기장치
② 가열 탈기장치
③ 진공 탈기장치
④ 막식 탈기장치

**해설** 탈기법은 액체 중에 용존하는 기체(주로 공기 또는 산소)를 제거하는 조작으로 보일러수에 녹아 있는 산소를 제거한다.
- 가열 탈기장치
- 진공 탈기장치
- 막식 탈기장치
- 촉매수지 탈기장치

## 93. 급수 및 보일러수의 순도 표시 방법에 대한 설명으로 틀린 것은?

① ppm의 단위는 100만분의 1의 단위이다.
② epm은 당량농도라 하고 용액 1kg 중에 용존되어 있는 물질의 mg 당량수를 의미한다.
③ 알칼리도는 수중에 함유하는 탄산염 등의 알칼리성 성분의 농도를 표시하는 척도이다.
④ 보일러수에서는 재료의 부식을 방지하기 위하여 pH가 7인 중성을 유지하여야 한다.

**해설** 보일러수의 pH는 10.5~11.5 정도로 유지되어야 한다.

**94.** 보일러의 만수보존법에 대한 설명으로 틀린 것은?

① 밀폐 보존 방식이다.
② 겨울철 동결에 주의하여야 한다.
③ 보통 2~3개월의 단기보존에 사용된다.
④ 보일러수는 pH 6 정도 유지되도록 한다.

**해설** 보일러의 만수보존법 : 보일러수의 pH, 인산 이온, 히드라진, 아황산 이온 등을 표준값 상한 가까이 보존액을 투입하여 수관을 모두 채워 만수 상태로 휴지 보존하는 방법이다. 다만, pH의 경우 12~13 정도로 높게 유지하며 동결의 위험이 있는 경우에는 부적합하다.

**95.** 보일러의 종류에 따른 수면계의 부착위치로 옳은 것은?

① 직립형 보일러는 연소실 천장판 최고부 위 95 mm
② 수평연관 보일러는 연관의 최고부 위 100 mm
③ 노통 보일러는 노통 최고부(플랜지부를 제외) 위 100 mm
④ 직립형 연관보일러는 연소실 천장판 최고부 위 연관길이의 2/3

**해설** 수면계의 부착위치
(1) 입형 횡관 보일러 : 화실 천장판에서 상부 75 mm 지점
(2) 직립형 연관 보일러 : 화실 관판 최고부 위 연관길이 1/3
(3) 횡연관식 보일러 : 최상단 연관 최고부 위 75 mm
(4) 노통 보일러 : 노통 최고부 위 100 mm

(5) 노통 연관식 보일러
• 연관이 높을 경우 : 최상단 부위 75 mm
• 노통이 높을 경우 : 노즐 최상단 100 mm

**96.** 다음 중 프라이밍 및 포밍의 발생 원인이 아닌 것은?

① 보일러를 고수위로 운전할 때
② 증기부하가 적고 증발수면이 넓을 때
③ 주증기밸브를 급히 열었을 때
④ 보일러수에 불순물, 유지분이 많이 포함되어 있을 때

**해설** • 프라이밍 : 보일러의 수면으로부터 격렬하게 증발하는 수증기와 동반하여 보일러수가 물보라처럼 다량으로 비산하여 보일러 밖으로 송출되는 현상
• 포밍 : 물속의 유지류, 용해 고형물, 부유물 등으로 인하여 수면에 다량의 거품이 발생하는 현상
※ 프라이밍과 포밍은 증기부하가 급격히 증가할 때 발생한다.

**97.** 가스용 보일러의 배기가스 중 이산화탄소에 대한 일산화탄소의 비는 얼마 이하여야 하는가?

① 0.001          ② 0.002
③ 0.003          ④ 0.005

**해설** 가스용 보일러의 배기가스 중 이산화탄소에 대한 일산화탄소의 비는 0.002 이하여야 한다.

**98.** "어떤 주어진 온도에서 최대 복사강도에서의 파장($\lambda_{max}$)은 절대온도에 반비례한다."와 관련된 법칙은?

① Wien의 법칙
② Planck의 법칙

③ Fourier의 법칙

④ Stefan-Boltzmann의 법칙

**[해설]** 빈(Wien)의 법칙 : "특정한 온도에서 물체가 최대로 방출하는 파장은 온도에 반비례한다."는 복사 법칙

## 99. 다음 중 줄-톰슨계수(Joule-Thomson coefficient, $\mu$)에 대한 설명으로 옳은 것은?

① $\mu$가 (−)일 때 기체가 팽창함에 따라 온도는 내려간다.

② $\mu$가 (+)일 때 기체가 팽창해도 온도는 일정하다.

③ $\mu$의 부호는 온도의 함수이다.

④ $\mu$의 부호는 열량의 함수이다.

**[해설]** 줄-톰슨계수(Joule-Thomson coefficient, $\mu$) : 유체가 작은 구멍을 통과할 때 외부계와의 열의 이동이 없을 경우, 즉 단열 팽창일 경우 온도가 변화하여도 엔탈피는 불변이 되는데, 이를 줄-톰슨효과라고 한다. 줄-톰슨계수가 0 이하로 감소하면 기체가 팽창할 때 온도가 상승하게 된다. 즉, 줄-톰슨계수는 온도의 함수이다.

## 100. 노통연관식 보일러의 특징에 대한 설명으로 옳은 것은?

① 외분식이므로 방산손실열량이 크다.

② 고압이나 대용량 보일러로 적당하다.

③ 내부청소가 간단하므로 급수처리가 필요없다.

④ 보일러의 크기에 비하여 전열면적이 크고 효율이 좋다.

**[해설]** 노통연관식 보일러는 원통형 보일러 중에서 방산열량이 적고 전열면적이 가장 크며 증기발생 시간이 빠르다. 또한 열효율이 높으나 고압 대용량 보일러 제작이 어렵다.

# 3회 CBT 실전문제

**1.** 연소의 정의를 가장 옳게 나타낸 것은?

① 연료가 환원하면서 발열하는 현상
② 화학변화에서 산화로 인한 흡열 반응
③ 물질의 산화로 에너지의 전부가 직접 빛으로 변하는 현상
④ 온도가 높은 분위기 속에서 산소와 화합하여 빛과 열을 발생하는 현상

**해설** 연소는 3요소와 연쇄반응으로 빛과 열을 발생하는 현상이다.
※ 연소의 3요소 : 가연물질, 산소공급원, 점화원

**2.** 다음 중 연소온도에 가장 많은 영향을 주는 것은?

① 외기온도
② 공기비
③ 공급되는 연료의 현열
④ 열매체의 온도

**해설** 공기비가 크면 연소실 내의 연소온도가 저하하며 배기가스에 의한 열손실이 많아진다. 또한 공기비가 작으면 불완전 연소가 되어 매연 발생이 심하다. 따라서 연소온도에 가장 많은 영향을 주는 것은 공기비이다.

**3.** 고체연료의 연소 방식으로 옳은 것은?

① 포트식 연소
② 화격자 연소
③ 심지식 연소
④ 증발식 연소

**해설** 연료에 따른 연소 방법

• 기체연료 : 확산연소
• 액체연료 : 버너연소
• 고체연료 : 화격자 연소, 스토커 연소

**4.** 다음 중 폭굉 현상에 대한 설명으로 옳지 않은 것은?

① 확산이나 열전도의 영향을 주로 받는 기체역학적 현상이다.
② 물질 내에 충격파가 발생하여 반응을 일으킨다.
③ 충격파에 의해 유지되는 화학 반응 현상이다.
④ 반응의 전파속도가 그 물질 내에서 음속보다 빠른 것을 말한다.

**해설** 폭굉(detonation) : 폭발 중에서도 격렬한 폭발로서 화염의 전파속도가 음속보다 빠른 경우로 파면선단에 충격파라고 하는 강력하게 솟구치는 압력파가 형성되는 폭발로 폭굉속도가 클수록 파괴 작용은 격렬해진다.
※ 폭굉유도거리가 짧아지는 조건
• 정상연소속도가 큰 혼합가스일수록
• 관 속에 방해물이 있거나 관경이 가늘수록
• 공급압력이 높을수록
• 점화원 에너지가 강할수록

**5.** 다음 중 중유의 착화온도(℃)로 가장 적합한 것은?

① 250~300
② 325~400
③ 400~440
④ 530~580

**해설** 착화점
• 등유 : 250℃

---

- 경유 : 260℃
- 가솔린 : 300℃
- 중유 : 580℃

**6.** 황 2 kg을 완전 연소시키는 데 필요한 산소의 양은 $Nm^3$인가? (단, S의 원자량은 32 이다.)

① 0.70  ② 1.00
③ 1.40  ④ 3.33

**해설** $S + O_2 \longrightarrow SO_2$
$32\,kg$ : $22.4\,Nm^3$
$2\,kg$ : $X$

$$X = \frac{2\,kg \times 22.4\,Nm^3}{32\,kg} = 1.4\,Nm^3$$

**7.** 다음 중 폭발의 원인이 나머지 셋과 크게 다른 것은?

① 분진 폭발  ② 분해 폭발
③ 산화 폭발  ④ 증기 폭발

**해설** • 분진, 분해, 산화 폭발 : 화학적 폭발
• 증기, 수증기 폭발 : 물리적 폭발

**8.** 프로판(propane)가스 2 kg을 완전 연소시킬 때 필요한 이론공기량은 약 몇 $Nm^3$인가?

① 6  ② 8
③ 16  ④ 24

**해설** $C_3H_8 + 5O_2 \longrightarrow 3CO_2 + 4H_2O$
$44\,kg$ : $\dfrac{5 \times 22.4\,Nm^3}{0.21}$
$2\,kg$ : $X$

$$X = \frac{2\,kg \times 5 \times 22.4\,Nm^3}{0.21 \times 44\,kg} = 24.24\,Nm^3$$

**9.** 메탄($CH_4$)가스를 공기 중에 연소시키려 한다. $CH_4$의 저위발열량이 50000 kJ/kg이라면 고위발열량은 약 몇 kJ/kg인가? (단, 물

의 증발잠열은 2450 kJ/kg으로 한다.)

① 51700  ② 55500
③ 58600  ④ 64200

**해설** 고위발열량 = 저위발열량 + 물의 잠열
$= 50000\,kJ/kg + 5512.5\,kJ/kg$
$= 55512.5\,kJ/kg$
※ $CH_4 + 2O_2 \longrightarrow CO_2 + 2H_2O$
$16\,kg$ : $2 \times 18\,kg$
물의 잠열
$$= \frac{2 \times 18\,kg \times 2450\,kJ/kg}{16\,kg} = 5512.5\,kJ/kg$$

**10.** 수소가 완전 연소하여 물이 될 때 수소와 연소용 산소와 물의 몰(mol)비는?

① 1:1:1  ② 1:2:1
③ 2:1:2  ④ 2:1:3

**해설** $2H_2 + O_2 \longrightarrow 2H_2O$
2몰 : 1몰 : 2몰

**11.** 배기가스 중 $O_2$의 계측값이 3 %일 때 공기비는? (단, 완전 연소로 가정한다.)

① 1.07  ② 1.11  ③ 1.17  ④ 1.24

**해설** 공기비$(m) = \dfrac{21}{21 - O_2}$
$$= \frac{21}{21 - 3} = 1.166$$

**12.** 고체연료의 연료비(fuel ratio)를 옳게 나타낸 것은?

① 휘발분 / 고정탄소
② 고정탄소 / 휘발분
③ 탄소 / 수소
④ 수소 / 탄소

**해설** 고체연료비 $= \dfrac{\text{고정탄소}(\%)}{\text{휘발분}(\%)}$
고정탄소(%) = 100 − (휘발분 + 수분 + 회분)

**정답** 6. ③  7. ④  8. ④  9. ②  10. ③  11. ③  12. ②

**13.** 연소에서 고온부식의 발생에 대한 설명으로 옳은 것은?

① 연료 중 황분의 산화에 의해서 일어난다.
② 연료 중 바나듐의 산화에 의해서 일어난다.
③ 연료 중 수소의 산화에 의해서 일어난다.
④ 연료의 연소 후 생기는 수분이 응축해서 일어난다.

**해설** 보일러의 과열기나 재열기, 복사 전열면과 같은 고온부 전열면에 중유의 회분 속에 포함되어 있는 바나듐 화합물(오산화바나듐($V_2O_5$))이 고온에서 용융 부착하여, 금속 표면의 보호 피막을 깨뜨리고 부식시키는 현상으로 바나듐이 주원인이다.

**14.** 메탄 50 V%, 에탄 25 V%, 프로판 25 V%가 섞여 있는 혼합 기체의 공기 중에서 연소하한계는 약 몇 %인가? (단, 메탄, 에탄, 프로판의 연소하한계는 각각 5 V%, 3 V%, 2.1 V%이다.)

① 2.3      ② 3.3
③ 4.3      ④ 5.3

**해설** 르 샤틀리에 공식에 의하여

$$\frac{100}{L} = \frac{50}{5} + \frac{25}{3} + \frac{25}{2.1}$$

$$\therefore \ L = 3.3 \%$$

**15.** $(CO_2)_{max}$가 24.0 %, $CO_2$가 14.2 %, CO가 3.0 %라면 연소가스 중의 산소는 약 몇 %인가?

① 3.8      ② 5.0
③ 7.1      ④ 10.1

**해설** $(CO_2)_{max} = \dfrac{(CO_2 + CO) \times 21}{(21 - O_2) + 0.395 CO}$

$24 = \dfrac{(14.2 + 3.0) \times 21}{(21 - O_2) + 0.395 \times 3.0}$

$O_2 = 7.1 \%$

**16.** 다음 중 배기가스와 접촉되는 보일러 전열면으로 증기나 압축공기를 직접 분사시켜서 보일러에 회분, 그을음 등 열전달을 막는 퇴적물을 청소하고 쌓이지 않도록 유지하는 설비는?

① 수트 블로어        ② 압입통풍 시스템
③ 흡입통풍 시스템    ④ 평형통풍 시스템

**해설** 수트 블로어는 증기나 압축공기를 배출하는 관내에 생긴 그을음을 제거하는 장치로 수관 보일러나 연관 보일러 등에서 사용한다.

**17.** 댐퍼를 설치하는 목적으로 가장 거리가 먼 것은?

① 통풍력을 조절한다.
② 가스의 흐름을 조절한다.
③ 가스가 새어나가는 것을 방지한다.
④ 덕트 내 흐르는 공기 등의 양을 제어한다.

**해설** 댐퍼 또는 베인은 덕트 속에 설치하여 유체 흐름과 유량 또는 방향을 제어한다.

**18.** 200 kg의 물체가 10 m의 높이에서 지면으로 떨어졌다. 최초의 위치 에너지가 모두 열로 변했다면 약 몇 kJ의 열이 발생하겠는가?

① 10.5      ② 15.12
③ 19.66     ④ 24.36

**해설** $Q = AW$

$= \dfrac{1}{427}$ kcal/kg · m × 200 kg × 10 m

$= 4.68$ kcal

$= 4.68$ kcal × 4.2 kJ/kcal $= 19.66$ kJ

**19.** 매연을 발생시키는 원인이 아닌 것은?

① 통풍력이 부족할 때
② 연소실 온도가 높을 때
③ 연료를 너무 많이 투입했을 때

**정답** 13. ②   14. ②   15. ③   16. ①   17. ③   18. ③   19. ②

④ 공기와 연료가 잘 혼합되지 않을 때

**해설** 연소실 온도가 높으면 완전 연소가 일어나므로 매연의 발생이 방지되며 오히려 연소실 온도가 낮을 때 매연의 발생이 심해진다.

## 20. 기계분(機械焚) 연소에 대한 설명으로 틀린 것은?

① 설비비 및 운전비가 높다.
② 산포식 스토커는 호퍼, 회전익차, 스크루 피더가 주요 구성요소이다.
③ 고정화격자 연소의 경우 효율이 떨어진다.
④ 저질연료를 사용하여도 유효한 연소가 가능하다.

**해설** 고정화격자 연소 방식은 폐기물을 화격자의 상부에 공급하고 공기를 화격자 밑에서 송풍하여 연소하는 방식으로 분해속도가 빠르고 가연성이 큰 것은 불완전 연소가 되어 검댕이 발생하므로 재연소를 행할 필요가 있다. 화격자 연소에 있어서 연료를 화격자 위에 기계적으로 공급하는 것을 기계 연소 또는 스토커 연소라 한다.

| 2과목 | 열역학 |
|---|---|

## 21. 80℃의 물 50 kg과 20℃의 물 100 kg을 혼합하면 이 혼합된 물의 온도는 약 몇 ℃인가? (단, 물의 비열은 4.2 kJ/kg · K이다.)

① 33
② 40
③ 45
④ 50

**해설** 혼합 온도를 구하는 문제이므로 비열은 무관하다.
$$T = \frac{50\,\text{kg} \times 80℃ + 100\,\text{kg} \times 20℃}{50\,\text{kg} + 100\,\text{kg}}$$
$$= 40℃$$

## 22. 공기가 표준 대기압하에 있을 때 산소의 분압은 몇 kPa인가?

① 1.0
② 21.3
③ 80.0
④ 101.3

**해설** • 대기압 = 101.325 kPa
• 공기의 조성 : 산소(21 %), 질소(78 %), 아르곤 및 기타(1 %)
∴ 산소의 분압
= 101.325 kPa × 0.21 = 21.278 kPa

## 23. 일정한 압력 300 kPa로 체적 0.5 m³의 공기가 외부로부터 160 kJ의 열을 받아 그 체적이 0.8 m³로 팽창하였다. 내부에너지 증가는 얼마인가?

① 30 kJ
② 70 kJ
③ 90 kJ
④ 160 kJ

**해설** 내부에너지
$= 160\,\text{kJ} - 300\,\text{kN/m}^2 \times (0.8 - 0.5)\text{m}^3$
$= 70\,\text{kN} \cdot \text{m} = 70\,\text{kJ}$

## 24. 압력 500 kPa, 온도 240℃인 과열증기와 압력 500 kPa의 포화수가 정상상태로 흘러들어와 섞인 후 같은 압력의 포화증기 상태로 흘러나간다. 1 kg의 과열증기에 대하여 필요한 포화수의 양은 약 몇 kg인가? (단, 과열증기의 엔탈피는 3063 kJ/kg이고, 포화수의 엔탈피는 636 kJ/kg, 증발열은 2109 kJ/kg이다.)

① 0.15
② 0.45
③ 1.12
④ 1.45

**해설** 과열증기 → 포화증기 ← 포화수
$3063\,\text{kJ/kg} - (636\,\text{kJ/kg} + 2109\,\text{kJ/kg})$
$= 2109\,\text{kJ/kg} \times a[\text{kg}]$
$a = 0.15\,\text{kg}$

## 25. 증기에 대한 설명 중 틀린 것은?

① 포화액 1 kg을 정압하에서 가열하여 포화
증기로 만드는 데 필요한 열량을 증발잠열
이라 한다.
② 포화증기를 일정 체적하에서 압력을 상승
시키면 과열증기가 된다.
③ 온도가 높아지면 내부에너지가 커진다.
④ 압력이 높아지면 증발잠열이 커진다.

**해설** 압력과 온도가 낮아질수록 증발잠열과
비체적은 증가하게 된다.

**26.** 압력 100 kPa, 체적 3 m³인 이상기체가
등엔트로피 과정을 통하여 체적이 2 m³으로
변하였다. 이 과정 중에 기체가 한 일은 약 몇
kJ인가? (단, 기체상수는 0.488 kJ/kg · K,
정적비열은 1.642 kJ/kg · K이다.)

① −113                    ② −129
③ −137                    ④ −143

**해설** $R = C_p - C_v$에서
$C_p = R + C_v$
$= 0.488$ kJ/kg · K $+ 1.642$ kJ/kg · K
$= 2.13$ kJ/kg · K

비열비$(k) = \dfrac{C_p}{C_v} = \dfrac{2.13\,\text{kJ/kg} \cdot \text{K}}{1.642\,\text{kJ/kg} \cdot \text{K}}$
$= 1.297 \fallingdotseq 1.3$
$P_1 V_1^k = P_2 V_2^k$에서 $100 \times 3^{1.3} = P_2 \times 2^{1.3}$
$\therefore \ P_2 = 169.4$ kPa
$W = \dfrac{P_1 V_1 - P_2 V_2}{k-1} = \dfrac{100 \times 3 - 169.4 \times 2}{1.3 - 1}$
$= -129.33$ kJ

**27.** 그림과 같은 압력−부피 선도($P - V$ 선
도)에서 A에서 C로의 정압과정 중 계는 50 J
의 일을 받아들이고 25 J의 열을 방출하며, C
에서 B로의 정적과정 중 75 J의 열을 받아들
인다면, B에서 A로의 과정이 단열일 때 계가
얼마의 일(J)을 하겠는가?

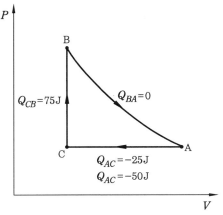

① 25          ② 50          ③ 75          ④ 100

**해설** $W = 50$ J $- 25$ J $+ 75$ J $= 100$ J

**28.** 100℃ 건포화증기 2 kg이 온도 30℃인
주위로 열을 방출하여 100℃ 포화액으로 되
었다. 전체(증기 및 주위)의 엔트로피 변화는
약 얼마인가? (단, 100℃에서의 증발잠열은
2257 kJ/kg이다.)

① −12.1 kJ/K              ② 2.8 kJ/K
③ 12.1 kJ/K               ④ 24.2 kJ/K

**해설** $S = G \dfrac{Q}{T}$
$= G\left(\dfrac{Q}{T_1} - \dfrac{Q}{T_2}\right) = G \dfrac{Q(T_2 - T_1)}{T_1 T_2}$
$= 2\,\text{kg} \times \dfrac{2257\,\text{kJ/kg} \times (373 - 303)\text{K}}{303\,\text{K} \times 373\,\text{K}}$
$= 2.8$ kJ/K

**29.** 공기 100 kg을 400℃에서 120℃로 냉각
할 때 엔탈피(kJ) 변화는? (단, 일정 정압비
열은 1.0 kJ/kg · K 이다.)

① −24000                  ② −26000
③ −28000                  ④ −30000

**해설** $Q = 100$ kg $\times 1.0$ kJ/kg · K
$\times (120 - 400)\text{K} = -28000$ kJ
즉, 28000 kJ만큼 엔탈피가 감소하게 된다.

**30.** 단열계에서 엔트로피 변화에 대한 설명으로 옳은 것은?

① 가역 변화 시 계의 전 엔트로피는 증가된다.
② 가역 변화 시 계의 전 엔트로피는 감소한다.
③ 가역 변화 시 계의 전 엔트로피는 변하지 않는다.
④ 가역 변화 시 계의 전 엔트로피의 변화량은 비가역 변화 시보다 일반적으로 크다.

**해설** 단열변화는 등엔트로피 과정으로 엔트로피는 불변이다.

**31.** 이상기체의 내부에너지 변화 $du$를 옳게 나타낸 것은? (단, $C_p$는 정압비열, $C_v$는 정적비열, $T$는 온도이다.)

① $C_p dT$
② $C_v dT$
③ $\dfrac{C_p}{C_v} dT$
④ $C_v C_p dT$

**해설** 이상기체는 이상기체 상태 방정식 ($PV = GRT$)을 만족하며 내부에너지는 온도($T$)에만 의존하는 함수이다. 그러므로 $C_v = \dfrac{du}{dT}$로 표시된다.

**32.** 비열비가 1.41인 이상기체가 1 MPa, 500 L에서 가역단열과정으로 120 kPa로 변할 때 이 과정에서 한 일은 약 몇 kJ인가?

① 561
② 625
③ 715
④ 825

**해설**
$$V_2 = V_1 \left(\frac{P_1}{P_2}\right)^{\frac{1}{k}}$$
$$= 0.5\,\mathrm{m}^3 \times \left(\frac{1000}{120}\right)^{\frac{1}{1.41}} = 2.25\,\mathrm{m}^3$$
$$W = \frac{P_1 V_1 - P_2 V_2}{k-1}$$
$$= \frac{1000 \times 0.5 - 120 \times 2.25}{1.41 - 1} = 560.975\,\mathrm{kJ}$$

**33.** 공기의 기체상수가 0.287 kJ/kg·K일 때 표준상태(0℃, 1기압)에서 밀도는 약 몇 kg/m³인가?

① 1.29
② 1.87
③ 2.14
④ 2.48

**해설** $PV = GRT$에서

밀도($\rho$)는 $\dfrac{G[\mathrm{kg}]}{V[\mathrm{m}^3]}$이므로

$$\rho = \frac{P}{RT} = \frac{101.325\,\mathrm{kN/m}^2}{0.287\,\mathrm{kJ/kg \cdot K} \times 273\,\mathrm{K}}$$
$$= 1.293\,\mathrm{kg/m}^3$$
※ 1기압 = 101.325 kN/m²

**34.** 동일한 압력에서 100℃, 3 kg의 수증기와 0℃, 3 kg의 물의 엔탈피 차이는 약 몇 kJ인가? (단, 물의 평균정압비열은 4.184 kJ/kg·K이고, 100℃에서 증발잠열은 2250 kJ/kg이다.)

① 8005
② 2668
③ 1918
④ 638

**해설** 동일한 조건으로 0℃를 기준으로 하면
• 0℃, 3 kg의 물의 엔탈피
  = 3 kg × 4.184 kJ/kg·K × (0−0)℃ = 0
• 100℃, 3 kg의 수증기의 엔탈피(0℃ 물 →100℃ 물 →100℃ 수증기)
  = 3 kg × [4.184 kJ/kg·K × (100−0)℃ +2250 kJ/kg]
  = 8005.2 kJ
∴ 8005.2 kJ − 0 kJ = 8005.2 kJ

**35.** 다음 중 터빈에서 증기의 일부를 배출하여 급수를 가열하는 증기 사이클은?

① 사바테 사이클
② 재생 사이클
③ 재열 사이클
④ 오토 사이클

**해설** 사이클 비교
• 재생 사이클 : 증기 원동기 내에서 증기의 팽창 도중에 그 일부를 유출해 보일러용

급수를 가열하게 하는 사이클로 복수기에 버리는 열량을 적게 하고, 급수 가열에 이용해 열효율을 높이도록 한 것이다.
- 재열 사이클 : 랭킨 사이클의 팽창 과정 중간에서 증기를 재가열함으로써 열효율의 향상과 터빈의 저압단 증기습도의 경감을 위한 열 사이클이다.
- 사바테 사이클 : 일정한 체적과 압력하에서 연소하는 사이클로서 정압 사이클과 정적 사이클이 복합된 것이다.
- 오토 사이클 : 가솔린기관의 열효율·출력을 생각할 때 기본이 되는 사이클이다.
- 디젤 사이클 : 내연기관의 사이클로서 압축비가 동일할 때는 오토 사이클의 효율보다도 낮으며 디젤 기관의 압축비는 상당히 높다.

**36.** 열역학적 사이클에서 열효율이 고열원과 저열원의 온도만으로 결정되는 것은?
① 카르노 사이클
② 랭킨 사이클
③ 재열 사이클
④ 재생 사이클

**해설** 카르노 사이클 : 열기관 시스템 내부에서 작동하는 유체가 고온의 영역에서 열에너지를 흡수하고, 저온의 영역에서 열에너지를 방출하는 단열변화 사이클로 이론적인 사이클이다.

$$\eta(\text{열효율}) = \frac{T_1 - T_2}{T_1} = \frac{Q_1 - Q_2}{Q_1}$$

여기서, $T_1$ : 고열원 온도
$T_2$ : 저열원 온도
$Q_1$ : 고열원 열량
$Q_2$ : 저열원 열량

**37.** Otto cycle에서 압축비가 8일 때 열효율은 약 몇 %인가? (단, 비열비는 1.4이다.)
① 26.4
② 36.4

③ 46.4
④ 56.4

**해설** $\eta = 1 - \left(\frac{1}{\varepsilon}\right)^{k-1} = 1 - \left(\frac{1}{8}\right)^{1.4-1}$
$= 0.5647 = 56.47\%$

**38.** 비열비($k$)가 1.4인 공기를 작동유체로 하는 디젤엔진의 최고온도($T_3$)가 2500 K, 최저온도($T_1$)가 300 K, 최고압력($P_3$)이 4 MPa, 최저압력($P_1$)이 100 kPa일 때 차단비(cut off ratio ; $r_c$)는 얼마인가?

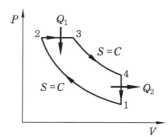

① 2.4
② 2.9
③ 3.1
④ 3.6

**해설** $\frac{T_2}{T_1} = \left(\frac{P_2}{P_1}\right)^{\frac{k-1}{k}}$ 에서(1→2 : 단열과정)

$T_2 = 300\,\text{K} \times \left(\frac{4000}{100}\right)^{\frac{1.4-1}{1.4}} = 860.7\,\text{K}$

2→3 : 등압과정이므로 $\frac{V_1}{T_1} = \frac{V_2}{T_2}$ 에서

$V_2 = T_2 \times \frac{V_1}{T_1}$

$= 860.7\,\text{K} \times \frac{V_1}{2500\,\text{K}} = 0.344\,V_1$

차단비(체적비) $= \frac{V_1}{0.344\,V_1} = 2.9$

**39.** 다음 중 오존층을 파괴하며 국제협약에 의해 사용이 금지된 CFC 냉매는?
① R−12
② HFO1234yf
③ $NH_3$
④ $CO_2$

**해설** CFC(염화불화탄소) : 오존파괴물질이며

지구 온난화의 원인으로 생산 및 사용이 금지되어 있다. 종류에는 R-11, R-12, R-113, R-114, R-115 등 5가지가 있다.

## 40. 그림은 Carnot 냉동 사이클을 나타낸 것이다. 이 냉동기의 성능계수를 옳게 표현한 것은?

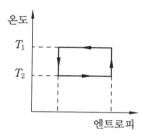

① $\dfrac{T_1 - T_2}{T_1}$      ② $\dfrac{T_1 - T_2}{T_2}$

③ $\dfrac{T_2}{T_1 - T_2}$      ④ $\dfrac{T_1}{T_1 - T_2}$

**해설** 냉동기의 성능계수

$$= \frac{Q_2}{Q_1 - Q_2} = \frac{T_2}{T_1 - T_2}$$

여기서, $Q_1$ : 고온측 열량(응축기 열량)

$Q_2$ : 저온측 열량(증발기 열량)

$T_1$ : 고온측 절대온도(응축 절대온도)

$T_2$ : 저온측 절대온도(증발 절대온도)

---

**3과목**      **계측방법**

## 41. 액체와 고체 연료의 열량을 측정하는 열량계는?

① 봄브식       ② 융커스식
③ 클리브랜드식       ④ 태그식

**해설** 봄브식 열량계는 액체와 고체 연료의 열량을 측정하는 데 사용되며 융커스식은 기체 연료의 열량 측정에 사용된다. 태그식

은 인화점 시험 방법 중 밀폐식 시험법이며 클리브랜드식은 제4류 인화성 액체를 시험하기 위한 방법이다.

## 42. 다음 중 실제 값이 나머지 3개와 다른 값을 갖는 것은?

① 273.15 K       ② 0℃
③ 460°R       ④ 32°F

**해설** 0℃를 °F로 환산하면 $\dfrac{9}{5} \times 0 + 32 = 32°F$

0℃를 K로 환산하면 $273.15 + 0 = 273.15 K$
32°F를 °R로 환산하면 $32 + 460 = 492°R$

## 43. 다이어프램 재질의 종류로 가장 거리가 먼 것은?

① 가죽       ② 스테인리스강
③ 구리       ④ 탄소강

**해설** 다이어프램 재질의 종류 : 구리, 스테인리스, 인청동, 양은, 가죽, 고무

## 44. 노내압을 제어하는 데 필요하지 않는 조작은?

① 공기량 조작       ② 연료량 조작
③ 급수량 조작       ④ 댐퍼의 조작

**해설** 노내압(보일러의 연소실 내의 압력) 제어에 필요한 조작 : 공기량 조절, 연료량 조작, 댐퍼 조작, 연료가스 배출량 조절

## 45. 온도의 정의 정점 중 평형수소의 삼중점은 얼마인가?

① 13.80 K       ② 17.04 K
③ 20.24 K       ④ 27.10 K

**해설** • 평형수소의 삼중점 : 13.80 K
• 물의 삼중점 : 273.16 K

---

**정답** 40. ③   41. ①   42. ③   43. ④   44. ③   45. ①

**46.** 다음 중 서미스터(thermister)의 특징이 아닌 것은?

① 소형이며 응답이 빠르다.
② 온도계수가 금속에 비하여 매우 작다.
③ 흡습 등에 의하여 열화되기 쉽다.
④ 전기저항체 온도계이다.

**해설** 서미스터 온도계의 특징
- 소형이며 응답이 빠른 반면 온도계수가 크고 저항온도계수는 음(−)의 값을 가진다.
- 흡습 등으로 열화되기 쉬우며 금속 특유의 균일성을 얻기가 어렵다.
- 자기가열에 주의하여야 하며 호환성이 작고 경년변화가 생긴다.

**47.** 100 mL 시료가스를 $CO_2$, $O_2$, CO 순으로 흡수시켰더니 남은 부피가 각각 50 mL, 30 mL, 20 mL이었으며 최종 질소가스가 남았다. 이때 가스 조성으로 옳은 것은?

① $CO_2$ 50 %
② $O_2$ 30 %
③ CO 20 %
④ $N_2$ 10 %

**해설** 가스의 조성
- $CO_2$ : 100 mL − 50 mL = 50 %
- $O_2$ : 50 mL − 30 mL = 20 %
- CO : 30 mL − 20 mL = 10 %
- $N_2$ : 100 − (50 + 20 + 10) = 20 %

**48.** 가스열량 측정 시 측정 항목에 해당되지 않는 것은?

① 시료가스의 온도
② 시료가스의 압력
③ 실내온도
④ 실내습도

**해설** 가스열량 측정 항목 : 시료가스 온도, 압력, 성분, 실내온도

**49.** 아르키메데스의 부력 원리를 이용한 액면 측정 기기는?

① 차압식 액면계
② 퍼지식 액면계
③ 기포식 액면계
④ 편위식 액면계

**해설** 아르키메데스의 부력 원리는 전부 또는 부분이 유체에 잠긴 물체는 밀어낸 유체의 무게만큼의 부력을 받는 것으로 편위식 액면계는 부자의 길이에 대한 부력으로 측정하는 것이다.

**50.** 점도 1 Pa·s와 같은 값은?

① 1 kg/m·s
② 1 P
③ kgf·s/m²
④ 1 cP

**해설** 점도 단위
- $1\,\mathrm{Pa \cdot s} = 1\,\mathrm{N \cdot s/m^2} = 1\,\mathrm{kg \cdot m/s}$ $= 10\,\mathrm{P}$(푸아즈)
- 1푸아즈(P) : 유체 내에 1 cm당 1 cm/s의 속도 경사가 있을 때, 그 속도 경사의 방향에 수직인 면에 있어 속도의 방향으로 1 cm²에 대해 1 dyn의 크기의 응력이 생기는 점도
- 1 dyne : 질량 1 g의 물체에 작용하여 1 cm/s²의 가속도가 생기게 하는 힘

**51.** 내경이 50 mm인 원관에 20℃ 물이 흐르고 있다. 층류로 흐를 수 있는 최대 유량은 약 몇 m³/s인가? (단, 임계 레이놀즈수($Re$)는 2320이고, 20℃일 때 동점성계수($\nu$) = $1.0064 \times 10^{-6}$ m²/s이다.)

① $5.33 \times 10^{-5}$
② $7.36 \times 10^{-5}$
③ $9.16 \times 10^{-5}$
④ $15.23 \times 10^{-5}$

**해설** $Re = \dfrac{\rho V d}{\mu} = \dfrac{Vd}{v}$

$V = \dfrac{Re\,\nu}{d} = \dfrac{2320 \times 1.0064 \times 10^{-6}}{50 \times 10^{-3}}$

$= 0.0467\ \mathrm{m/s}$

$Q = \dfrac{\pi}{4} d^2 V = \dfrac{\pi}{4} \times (0.05\ \mathrm{m})^2 \times 0.0467\ \mathrm{m/s}$

$= 9.16 \times 10^{-5}\ \mathrm{m^3/s}$

**정답** 46. ②  47. ①  48. ④  49. ④  50. ①  51. ③

**52.** 유속 10 m/s의 물속에 피토관을 세울 때 수주의 높이는 약 몇 m인가? (단, 여기서 중력가속도 $g = 9.8 \text{ m/s}^2$이다.)

① 0.51  ② 5.1
③ 0.12  ④ 1.2

**해설** $V = \sqrt{2gh}$ 에서
$$h = \frac{V^2}{2g} = \frac{(10 \text{ m/s})^2}{2 \times 9.8 \text{ m/s}^2} = 5.1 \text{ m}$$

**53.** 지름이 각각 0.6 m, 0.4 m인 파이프가 있다. (1)에서의 유속이 8 m/s이면 (2)에서의 유속(m/s)은 얼마인가?

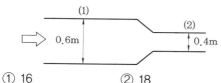

① 16  ② 18
③ 20  ④ 22

**해설** (1)과 (2)의 유량은 동일하므로
$$\frac{\pi}{4} \times (0.6 \text{ m})^2 \times 8 \text{ m/s} = \frac{\pi}{4} \times (0.4 \text{ m})^2 \times V$$
$$V = 18 \text{ m/s}$$

**54.** 월트만(Waltman)식과 관련된 설명으로 옳은 것은?

① 전자식 유량계의 일종이다.
② 용적식 유량계 중 박막식이다.
③ 유속식 유량계 중 터빈식이다.
④ 차압식 유량계 중 노즐식과 벤투리식을 혼합한 것이다.

**해설** 월트만(Waltman)식은 파이프에 수평으로 터빈 유량계를 설치하여 유체의 흐름에 의하여 발생하는 터빈의 회전수로 유량을 측정하는 방법이다.

**55.** 초음파 유량계의 특징이 아닌 것은?

① 압력손실이 없다.
② 대유량 측정용으로 적합하다.
③ 비전도성 액체의 유량 측정이 가능하다.
④ 미소기전력을 증폭하는 증폭기가 필요하다.

**해설** 초음파 유량계는 유체의 흐름에 초음파를 발사하면 그 전송 시간은 유속에 비례하여 감속하는 것을 이용한 유량계이다.
• 유체의 종류나 상태에 따라서 변화하지만 압력손실이 거의 없고 대용량에 적합하다.
• 기체 유량 측정보다 액체 유량 측정에 유리하고 비전도성 액체에도 사용 가능하다.

**56.** 피토관에 대한 설명으로 틀린 것은?

① 5 m/s 이하의 기체에서는 적용하기 힘들다.
② 먼지나 부유물이 많은 유체에는 부적당하다.
③ 피토관의 머리 부분은 유체의 방향에 대하여 수직으로 부착한다.
④ 흐름에 대하여 충분한 강도를 가져야 한다.

**해설** 피토관은 유체 이동방향과 평행하게 설치하여야 하며 주로 시험용으로 사용한다.

**57.** 다음 중 용적식 유량계에 해당하는 것은?

① 오리피스미터  ② 습식 가스미터
③ 로터미터  ④ 피토관

**해설** 용적식 유량계 : 압력차가 일정하게 되도록 유로의 단면적을 변화시키는 유량계로 습식 가스미터, 오벌식, 로터리식, 루츠식 등이 있다.

**58.** 다음 중 압전 저항효과를 이용한 압력계는 어느 것인가?

① 액주형 압력계
② 아네로이드 압력계
③ 박막식 압력계
④ 스트레인게이지식 압력계

**해설** 스트레인게이지식 압력계는 브리지회로를 구성하며 압전효과(기계적 에너지를 전기적 에너지로 변환시키는 현상)를 이용한다.

**59.** 분동식 압력계에서 300 MPa 이상 측정할 수 있는 것에 사용되는 액체로 가장 적합한 것은?

① 경유                    ② 스핀들유
③ 피마자유                ④ 모빌유

**해설** 분동식 압력계 액체 사용 압력
- 경유 : 4~10 MPa
- 스핀들유, 피마자유 : 10~100 MPa
- 모빌유 : 300 MPa

**60.** 절대압력 700 mmHg는 약 몇 kPa인가?

① 93 kPa                  ② 103 kPa
③ 113 kPa                 ④ 123 kPa

**해설** $700 \, \text{mmHg} \times \dfrac{101.325 \, \text{kPa}}{760 \, \text{mmHg}}$

$= 93.326 \, \text{kPa}$

---

**4과목**    **열설비재료 및 관계법규**

**61.** 용광로를 고로라고도 하는데, 이는 무엇을 제조하는 데 사용되는가?

① 주철                    ② 주강
③ 선철                    ④ 포금

**해설** 용광로는 철광석으로부터 선철을 제조하는 데 사용한다.

※ 선철 : 철광석을 코크스 또는 목탄 등으로 환원해서 얻은 철이며 철 속에 탄소 함유량이 1.7 % 이상인 것

**62.** 도염식요는 조업 방법에 의해 분류할 경우 어떤 형식에 속하는가?

① 불연속식
② 반연속식
③ 연속식
④ 불연속식과 연속식의 절충형식

**해설** 조업 방식(소성 방법)에 따라 연속가마, 반연속가마, 불연속가마로 구분한다.
- 연속가마 : 소성 작업이 연속적으로 이루어지는 가마 예 터널요, 고리가마(윤요), 선가마(견요)
- 불연속가마 : 가마의 크기가 작아서 한 번 불을 땔 때마다 예열과 소성, 냉각의 과정을 반복하는 가마로 단가마라고도 한다. 예 승염식, 횡염식, 도염식
- 반연속가마 : 경사진 언덕에 설치하며, 밑에서부터 굽기 시작하여 가마 전체의 온도를 일정하게 조절하므로 길이에 관계없이 균일하게 굽는 것이 가능하다. 예 오름가마(등요), 셔틀요

**63.** 보온재의 열전도율에 대한 설명으로 옳은 것은?

① 배관 내 유체의 온도가 높을수록 열전도율은 감소한다.
② 재질 내 수분이 많을 경우 열전도율은 감소한다.
③ 비중이 클수록 열전도율은 감소한다.
④ 밀도가 작을수록 열전도율은 감소한다.

**해설** 보온재의 비중이 증가할수록, 수분 함유량이 많을수록, 유체의 온도가 높아질수록 열전도율은 증가하며 이로 인해 보온효과가 떨어진다. 비중이나 밀도는 작을수록 보온효과가 좋다.

---

**정답**   59. ④   60. ①   61. ③   62. ①   63. ④

**64.** 다음 중 고온용 보온재가 아닌 것은?

① 우모 펠트     ② 규산칼슘

③ 세라믹 파이버     ④ 펄라이트

(해설) 유기질 보온재는 주로 저온용, 무기질 보온재는 주로 고온용으로 사용한다.

※ 유기질 보온재 : 기포성 수지, 코르크, 펠트, 텍스류, 각종 폼류

**65.** 크롬벽돌이나 크롬-마그벽돌이 고온에서 산화철을 흡수하여 표면이 부풀어 오르고 떨어져 나가는 현상은?

① 버스팅     ② 큐어링

③ 슬래킹     ④ 스폴링

(해설) • 버스팅 : 용적의 영구 팽창에 의한 붕괴로 크롬이나 크롬마그네시아질 내화물에 철분이 많은 스크랩이 반응하고 벽돌 표면이 산화철을 흡수해서 생기는 현상

• 큐어링 : 상처를 치유하는 것

• 슬래킹 : 고결(固結)된 바위가 흡습·건조의 반복에 의하여 붕괴되어 가는 현상

• 스폴링 : 표면 균열 등이 있는 곳에 하중이 가해져서 표면이 서서히 박리하는 현상

• 필링 : 섬유가 직물이나 편성물에서 빠져 나오지 않고 직물의 표면에서 뭉쳐져 섬유의 작은 방울을 형성한 것

• 스웰링 : 고체 안에 기체가 발생해 고체가 부푸는 현상

• 에로존 : 물체가 배관 등을 통과할 때 발생하는 일반적인 마모 현상

**66.** 다음 강관의 표시 기호 중 배관용 합금강 강관은?

① SPPH     ② SPHT

③ SPA     ④ STA

(해설) 배관용 강관

• SPP : 배관용 탄소 강관

• SPPS : 압력 배관용 탄소 강관

• SPPH : 고압 배관용 탄소 강관

• SPHT : 고온 배관용 탄소 강관

• SPLT : 저온 배관용 탄소 강관

• STS : 배관용 스테인리스 강관

• SPA : 배관용 합금강 강관

**67.** 주철관에 대한 설명으로 틀린 것은?

① 제조 방법은 수직법과 원심력법이 있다.

② 수도용, 배수용, 가스용으로 사용된다.

③ 인성이 풍부하여 나사 이음과 용접 이음에 적합하다.

④ 주철은 인장강도에 따라 보통 주철과 고급 주철로 분류된다.

(해설) 주철(무쇠)관은 탄소 함유량이 높아 취성이 있으며 주철관 이음에는 고무링을 압환으로 밀어 넣는 메커니컬(기계식) 이음이 주로 사용된다.

**68.** 관의 신축량에 대한 설명으로 옳은 것은?

① 신축량은 관의 열팽창계수, 길이, 온도차에 반비례한다.

② 신축량은 관의 길이, 온도차에는 비례하지만 열팽창계수는 반비례한다.

③ 신축량은 관의 열팽창계수, 길이, 온도차에 비례한다.

④ 신축량은 관의 열팽창계수에 비례하고 온도차와 길이에 반비례한다.

(해설) 관의 신축량 $= \alpha l \Delta t$

여기서, $\alpha$ : 관의 열팽창계수

$l$ : 관의 길이

$\Delta t$ : 온도차

**69.** 밸브의 몸통이 둥근 달걀형 밸브로서 유체의 압력 감소가 크므로 압력이 필요로 하지 않을 경우나 유량 조절용이나 차단용으로 적합한 밸브는?

① 글로브 밸브

② 체크 밸브

③ 버터플라이 밸브

④ 슬루스 밸브

**해설** • 글로브 밸브 : 유량 조절이 용이하나 압력손실이 크다.

• 슬루스 밸브 : 압력손실은 적으나 유량 조절이 어렵다.

• 펌프 등 흡입측은 압력손실이 증가하면 캐비테이션(공동현상)을 일으키므로 대부분 슬루스 밸브를 사용한다.

**70.** 다음은 보일러의 급수 밸브 및 체크 밸브 설치 기준에 관한 설명이다. (  ) 안에 알맞은 것은?

> 급수 밸브 및 체크 밸브의 크기는 전열면적 10 m² 이하의 보일러에서는 관의 호칭 ( ㉮ ) 이상, 전열면적 10 m²를 초과하는 보일러에서는 호칭 ( ㉯ ) 이상이어야 한다.

① ㉮ : 5 A, ㉯ : 10 A

② ㉮ : 10 A, ㉯ : 15 A

③ ㉮ : 15 A, ㉯ : 20 A

④ ㉮ : 20 A, ㉯ : 30 A

**해설** 급수 밸브 및 체크 밸브의 크기는 전열면적 10 m² 이하의 보일러에서는 관의 호칭 15 A 이상, 전열면적 10 m²를 초과하는 보일러에서는 호칭 20 A 이상이어야 한다.

**71.** 두께 230 mm의 내화벽돌, 114 mm의 단열벽돌, 230 mm의 보통벽돌로 된 노의 평면 벽에서 내벽면의 온도가 1200℃이고 외벽면의 온도가 120℃일 때, 노벽 1 m²당 열손실(W)은? (단, 내화벽돌, 단열벽돌, 보통벽돌의 열전도도는 각각 1.2, 0.12, 0.6 W/m · ℃이다.)

① 376.9

② 563.5

③ 708.2

④ 1688.1

**해설** $K$(열통과량) $= \dfrac{1}{\dfrac{0.23}{0.12} + \dfrac{0.114}{0.12} + \dfrac{0.23}{0.6}}$

$= 0.6557 \text{ W/m}^2 \cdot ℃$

$Q = KF\Delta t = 0.6557 \text{ W/m}^2 \cdot ℃$

$\times 1 \text{ m}^2 \times (1200 - 120)℃ = 708.156 \text{ W}$

**72.** 버터플라이 밸브의 특징에 대한 설명으로 틀린 것은?

① 90° 회전으로 개폐가 가능하다.

② 유량 조절이 가능하다.

③ 완전 열림 시 유체저항이 크다.

④ 밸브 몸통 내에서 밸브대를 축으로 하여 원판 형태의 디스크의 움직임으로 개폐하는 밸브이다.

**해설** 버터플라이 밸브는 유량 조정이 어려우며 압력손실이 크나 완전히 열었을 경우에는 압력손실이 작다.

**73.** 다음 중 에너지이용 합리화법의 목적이 아닌 것은?

① 에너지의 합리적인 이용을 증진

② 국민경제의 건전한 발전에 이바지

③ 지구온난화의 최소화에 이바지

④ 신재생에너지의 기술개발에 이바지

**해설** 에너지이용 합리화법

제1조(목적) : 에너지의 수급을 안정시키고 에너지의 합리적이고 효율적인 이용을 증진하며 에너지소비로 인한 환경피해를 줄임으로써 국민경제의 건전한 발전 및 국민복지의 증진과 지구온난화의 최소화에 이바지함을 목적으로 한다.

**74.** 에너지이용 합리화법상 온수발생 용량이 0.5815 MW를 초과하며 10 t/h 이하인 보일

러에 대한 검사대상기기관리자의 자격으로 모두 고른 것은?

> ㉮ 에너지관리기능장
> ㉯ 에너지관리기사
> ㉰ 에너지관리산업기사
> ㉱ 에너지관리기능사
> ㉲ 인정검사대상기기관리자의 교육을 이수한 자

① ㉮, ㉯
② ㉮, ㉯, ㉰
③ ㉮, ㉯, ㉰, ㉱
④ ㉮, ㉯, ㉰, ㉱, ㉲

**해설** 검사대상기기 관리자의 자격 및 조종범위

| 관리자의 자격 | 관리범위 |
|---|---|
| 에너지관리기능장 또는 에너지관리기사 | 용량이 30 t/h를 초과하는 보일러 |
| 에너지관리기능장, 에너지관리기사 또는 에너지관리산업기사 | 용량이 10 t/h를 초과하고 30 t/h 이하인 보일러 |
| 에너지관리기능장, 에너지관리기사, 에너지관리산업기사 또는 에너지관리기능사 | 용량이 10 t/h 이하인 보일러 |
| 에너지관리기능장, 에너지관리기사, 에너지관리산업기사, 에너지관리기능사 또는 인정검사대상기기관리자의 교육을 이수한 자 | 1. 증기보일러 최고사용압력이 1 MPa 이하이고 전열면적이 10 m² 이하인 것 2. 온수발생 및 열매체를 가열하는 보일러로서 용량이 581.5 kW 이하인 것 3. 압력용기 |

※ 온수발생 및 열매체를 가열하는 보일러의 용량은 697.8 kW를 1 t/h로 본다.

**75.** 에너지이용 합리화법령에 따라 에너지사용량이 대통령령이 정하는 기준량 이상이 되는 에너지다소비사업자는 전년도의 분기별 에너지사용량·제품생산량 등의 사항을 언제까지 신고하여야 하는가?

① 매년 1월 31일
② 매년 3월 31일
③ 매년 6월 30일
④ 매년 12월 31일

**해설** 에너지다소비사업자가 그 에너지사용시설이 있는 지역을 관할하는 시·도지사에게 신고하여야 할 사항(매년 1월 31일까지 신고)은 다음과 같다.
• 전년도의 분기별 에너지사용량·제품생산량
• 해당 연도의 분기별 에너지사용예정량·제품생산예정량
• 에너지사용기자재의 현황
• 전년도의 분기별 에너지이용 합리화 실적 및 해당 연도의 분기별 계획

**76.** 에너지이용 합리화법에 따라 에너지다소비사업자의 신고에 대한 설명으로 옳은 것은?

① 에너지다소비사업자는 매년 12월 31일까지 사무소가 소재하는 지역을 관할하는 시·도지사에게 신고하여야 한다.
② 에너지다소비사업자의 신고를 받은 시·도지사는 이를 매년 2월 말일까지 산업통상자원부장관에게 보고하여야 한다.
③ 에너지다소비사업자의 신고에는 에너지를 사용하여 만드는 제품·부가가치 등의 단위당 에너지이용효율 향상목표 또는 온실가스배출 감소목표 및 이행방법을 포함하여야 한다.
④ 에너지다소비사업자는 연료·열의 연간 사용량의 합계가 2천 티오이 이상이고, 전

력의 연간 사용량이 4백만 킬로와트시 이상인 자를 의미한다.

**해설** 에너지다소비사업자의 신고에 대한 설명
① 에너지다소비사업자는 매년 1월 31일까지 사무소가 소재하는 지역을 관할하는 시·도지사에게 신고하여야 한다.
② 에너지다소비사업자의 신고를 받은 시·도지사는 이를 매년 2월 말일까지 산업통상자원부장관에게 보고하여야 한다.
③ 에너지다소비사업자는 전년도 에너지 사용량·제품 생산량 등을 신고하여야 한다.
④ 에너지다소비사업자는 연료·열 및 전력의 연간 사용량의 합계가 2천 티오이 이상인 자를 말한다.

**77.** 에너지이용 합리화법령에 따라 사용연료를 변경함으로써 검사대상이 아닌 보일러가 검사대상으로 되었을 경우에 해당되는 검사는?
① 구조검사　　　② 설치검사
③ 개조검사　　　④ 재사용검사

**해설** 검사의 종류 및 대상
(1) 설치검사 : 신설한 경우의 검사(사용연료의 변경으로 검사대상이 아닌 보일러가 검사 대상으로 되는 경우의 검사 포함)
(2) 개조검사
　• 증기보일러를 온수보일러로 개조하는 경우
　• 보일러 섹션의 증감으로 용량을 변경하는 경우
　• 동체·돔·노통·연소실·경판·천정판·관판·관모음 또는 스테이를 변경하는 경우로 산업통상자원부장관이 정하여 고시하는 대수리인 경우
　• 연료 또는 연소방법을 변경하는 경우
　• 철금속가열로로서 산업통상자원부장관이 정하여 고시하는 경우의 수리
(3) 설치장소 변경검사 : 설치장소를 변경한 경우에 실시하는 검사(다만, 이동식

보일러 제외)
(4) 재사용검사 : 사용중지 후 재사용하려는 경우에 실시하는 검사
(5) 계속사용을 위한 안전검사 : 설치검사·개조검사·설치장소 변경검사 또는 재사용검사 후 안전부문에 대한 유효기간을 연장하려는 경우에 실시하는 검사
(6) 계속사용을 위한 운전성능검사 : 다음 중 어느 하나에 해당하는 기기에 대한 검사로서 설치검사 후 운전성능부문에 대한 유효기간을 연장하려는 경우에 실시하는 검사
　• 용량이 1 t/h(난방용의 경우에는 5 t/h) 이상인 강철제 보일러 및 주철제 보일러
　• 철금속가열로

**78.** 에너지이용 합리화법에 따른 특정열 사용기자재가 아닌 것은?
① 주철제 보일러　　　② 금속소둔로
③ 2종 압력용기　　　④ 석유 난로

**해설** 특정열 사용기자재 품목

| 구분 | 품목명 |
|---|---|
| 보일러 | 강철제 보일러, 주철제 보일러, 온수보일러, 구멍탄용 온수보일러, 축열식 전기보일러, 캐스케이드 보일러, 가정용 화목보일러 |
| 태양열 집열기 | 태양열 집열기 |
| 압력용기 | 1종 압력용기, 2종 압력용기 |
| 요업요로 | 연속식유리용융가마, 불연속식유리용융가마, 유리용융도가니가마, 터널가마, 도염식각가마, 셔틀가마, 회전가마, 석회용선가마 |
| 금속요로 | 용선로, 비철금속용융로, 금속소둔로, 철금속가열로, 금속균열로 |

**정답** 77. ②　78. ④

**79.** 에너지이용 합리화법령에 따라 검사대상 기기관리자는 선임된 날부터 얼마 이내에 교육을 받아야 하는가?

① 1개월 　　　 ② 3개월
③ 6개월 　　　 ④ 1년

해설 검사대상기기관리자는 선임된 날부터 6개월 이내, 그리고 매 3년마다 1회 이상 법정교육 이수를 하여야 한다.

**80.** 에너지이용 합리화법에 따라 가스를 사용하는 소형 온수보일러인 경우 검사대상기기의 적용 기준은?

① 가스사용량이 시간당 17 kg을 초과하는 것
② 가스사용량이 시간당 20 kg을 초과하는 것
③ 가스사용량이 시간당 27 kg을 초과하는 것
④ 가스사용량이 시간당 30 kg을 초과하는 것

해설 소형 온수보일러 검사대상기기의 적용 기준
• 가스사용량이 시간당 17 kg을 초과하는 것
• 도시가스는 232.6 kW를 초과하는 것

**5과목** 　　　 **열설비설계**

**81.** 노통 보일러에 갤러웨이 관을 직각으로 설치하는 이유로 적절하지 않은 것은?

① 노통을 보강하기 위하여
② 보일러수의 순환을 돕기 위하여
③ 전열면적을 증가시키기 위하여
④ 수격작용을 방지하기 위하여

해설 갤러웨이 관(Galloway tube)은 코니시 보일러나 랭커셔 보일러의 노통을 가로로 절단하여 부착한 원추형의 수관으로 노통의 외압에 대한 저항력을 증대하고 전열면적을 크게 함과 동시에, 보일러수의 순환을 양호하게 한다.

※ 갤러웨이 관 설치 목적
• 전열면적 증가
• 물의 순환 양호
• 노통 강도 보강

**82.** 원통형 보일러의 특징이 아닌 것은?

① 구조가 간단하고 취급이 용이하다.
② 부하변동에 의한 압력변화가 적다.
③ 보유량이 적어 파열 시 피해가 적다.
④ 고압 및 대용량에는 부적당하다.

해설 원통형 보일러는 구조상 고압이나 대용량 보일러 제작이 어렵고 구조가 복잡하며, 청소나 검사가 어렵고 보유수량이 많아 파열 시 피해가 크다.

**83.** 보일러의 용량을 산출하거나 표시하는 값으로 틀린 것은?

① 상당증발량
② 보일러마력
③ 재열계수
④ 전열면적

해설 보일러의 용량을 산출하거나 표시하는 값
• 상당증발량, 실제증발량
• 전열면적, 정격출력, 보일러마력
• 전열면 증발률, 연소율

**84.** 보일러에서 연소용 공기 및 연소가스가 통과하는 순서로 옳은 것은?

① 송풍기 → 절탄기 → 과열기 → 공기예열기 → 연소실 → 굴뚝
② 송풍기 → 연소실 → 공기예열기 → 과열기 → 절탄기 → 굴뚝
③ 송풍기 → 공기예열기 → 연소실 → 과열기 → 절탄기 → 굴뚝
④ 송풍기 → 연소실 → 공기예열기 → 절탄기

→ 과열기 → 굴뚝

**해설** • 보일러에서 연소가스가 통과하는 순서 : 송풍기 → 공기예열기 → 연소실 → 과열기 → 절탄기 → 굴뚝
• 연도에서 폐열회수장치의 설치 순서 : 본체 → 과열기 → 재열기 → 절탄기 → 공기예열기 → 연돌

**85.** 다음 중 기수분리의 방법에 따른 분류로 가장 거리가 먼 것은?

① 장애판을 이용한 것
② 그물을 이용한 것
③ 방향 전환을 이용한 것
④ 압력을 이용한 것

**해설** 기수분리기는 수관 보일러에 있어서, 기수 드럼 속에서 발생하는 증기 내의 함유 수분을 분리 제거하여 수실로 되돌려 보내고, 증기만을 과열기로 공급하도록 하는 장치로서, 기수분리는 증기 흐름의 방향 전환, 원심력 작용, 충격 작용 등으로 행해진다.
• 사이클론형 : 원심분리기 이용
• 스크레버형 : 파형의 다수강판 이용
• 건조 스크린형 : 금속망 이용
• 배플형 : 증기의 방향 전환 이용
• 다공판식 : 여러 개의 작은 구멍 이용

**86.** 노 앞과 연도 끝에 통풍 팬을 설치하여 노 내의 압력을 임의로 조절할 수 있는 방식은?

① 자연통풍식    ② 압입통풍식
③ 유인통풍식    ④ 평형통풍식

**해설** 평형통풍식은 급기 팬, 배기 팬을 모두 설치한 제1종 통풍시설과 동일한 방식이다.

**87.** 실제증발량이 1800 kg/h인 보일러에서 상당증발량은 약 몇 kg/h인가? (단, 증기엔

탈피와 급수엔탈피는 각각 2780 kJ/kg, 80 kJ/kg이다.)

① 1210    ② 1480
③ 2020    ④ 2150

**해설** 상당증발량 : 실제의 증기 증발량을 대기압에서 100℃의 물을 건포화 증기로 만드는 경우의 증발량으로 환산한 것

$$상당증발량(G_e) = \frac{G(h_2 - h_1)}{539}$$

$$= \frac{1800\,\mathrm{kg/h} \times (2780\,\mathrm{kJ/kg} - 80\,\mathrm{kJ/kg})}{539\,\mathrm{kcal/kg} \times 4.186\,\mathrm{kJ/kcal}}$$

$$= 2154\,\mathrm{kg/h}$$

**88.** 다음 그림의 용접 이음에서 생기는 인장 응력은 약 몇 kgf/cm²인가?

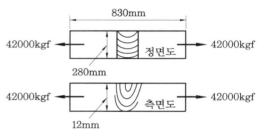

① 1250    ② 1400
③ 1550    ④ 1600

**해설** $\sigma = \dfrac{P}{tl} = \dfrac{42000\,\mathrm{kgf}}{1.2\,\mathrm{cm} \times 28\,\mathrm{cm}}$
$= 1250\,\mathrm{kgf/cm}^2$

**89.** 보일러의 전열면에 부착된 스케일 중 연질 성분인 것은?

① $Ca(HCO_3)_2$
② $CaSO_4$
③ $CaCl_2$
④ $CaSiO_4$

**해설** • 연질 스케일 : 탄산염($CaCO_3$, $Ca(HCO_3)_2$), 인산염($NaH_2PO_4$), 중탄산마그네슘($Mg(HCO_3)_2$)
• 경질 스케일 : 규산염($CaSiO_2$), 황산염($CaSO_4$)

**90.** 다음 중 줄−톰슨계수(Joule−Thomson coefficient, $\mu$)에 대한 설명으로 옳은 것은?

① $\mu$의 부호는 열량의 함수이다.

② $\mu$의 부호는 온도의 함수이다.

③ $\mu$가 (−)일 때 유체의 온도는 교축과정 동안 내려간다.

④ $\mu$가 (+)일 때 유체의 온도는 교축과정 동안 일정하게 유지된다.

**해설** 줄−톰슨계수(Joule−Thomson coefficient, $\mu$) : 유체가 작은 구멍을 통과할 때 외부계와의 열의 이동이 없을 경우, 즉 단열 팽창일 경우 온도가 변화하여도 엔탈피는 불변이 되는데, 이를 줄−톰슨효과라고 한다. 줄−톰슨계수가 0 이하로 감소하면 기체가 팽창할 때 온도가 상승하게 된다. 즉, 줄−톰슨계수는 온도의 함수이다.

**91.** 흑체로부터의 복사에너지는 절대온도의 몇 제곱에 비례하는가?

① $\sqrt{2}$      ② 2

③ 3      ④ 4

**해설** 스테판−볼츠만의 법칙 : 흑체의 단위면적당 복사에너지는 절대온도의 4제곱에 비례한다.

**92.** 최고사용압력이 1.5 MPa를 초과한 강철제 보일러의 수압시험압력은 그 최고사용압력의 몇 배로 하는가?

① 1.5      ② 2

③ 2.5      ④ 3

**해설** 보일러 수압시험압력

• 강철제 보일러(0.43 MPa 이하 : 2배, 0.43 MPa 초과∼1.5 MPa 이하 : 1.3배+0.3 MPa, 1.5 MPa 초과 : 1.5배)

• 주철제 보일러(0.43 MPa 이하 : 2배, 0.43 MPa 초과 : 1.3배+0.3 MPa)

• 소용량 강철제 보일러(0.35 MPa 이하 : 2배)

• 가스용 소형 온수보일러(0.43 MPa 이하 : 2배)

**93.** 급수에서 ppm 단위에 대한 설명으로 옳은 것은?

① 물 1 mL 중에 함유한 시료의 양을 g으로 표시한 것

② 물 100 mL 중에 함유한 시료의 양을 mg으로 표시한 것

③ 물 1000 mL 중에 함유한 시료의 양을 g으로 표시한 것

④ 물 1000 mL 중에 함유한 시료의 양을 mg으로 표시한 것

**해설** ppm은 기체나 액체에 포함되어 있는 물질의 농도를 표시하는 단위로 100만 분의 1을 말하며, 급수에서는 물 1000 mL 중에 함유한 시료의 양을 mg으로 표시한 것이다.

**94.** 다음 중 물의 탁도에 대한 설명으로 옳은 것은?

① 카올린 1 g의 증류수 1 L 속에 들어 있을 때의 색과 같은 색을 가지는 물을 탁도 1도의 물이라 한다.

② 카올린 1 mg의 증류수 1 L 속에 들어 있을 때의 색과 같은 색을 가지는 물을 탁도 1도의 물이라 한다.

③ 탄산칼슘 1 g의 증류수 1 L 속에 들어 있을 때의 색과 같은 색을 가지는 물을 탁도 1도의 물이라 한다.

④ 탄산칼슘 1 mg의 증류수 1 L 속에 들어 있을 때의 색과 같은 색을 가지는 물을 탁도 1도의 물이라 한다.

**해설** 물의 탁도 표준 : 물 1 L 중에 정제 카올

**정답** 90. ②   91. ④   92. ①   93. ④   94. ②

린 1 mg을 포함한 경우의 탁도를 1도 또는 1 ppm이라 한다.

**95.** 보일러의 급수 처리 방법에 해당되지 않는 것은?

① 이온교환법　　② 응집법
③ 희석법　　　　④ 여과법

**해설** 보일러의 급수 처리 방법 : 보일러용으로 급수하는 물의 불순물을 제거하는 하는 것으로 물리적 처리에는 모래·코크스·목탄 등으로 고형물이나 화학적 처리의 침전물 등을 제거하는 여과법, 감압·가열하여 용해 가스를 제거하는 탈기법, 급수를 증발·응축시켜서 양질의 급수를 얻는 증류법, 응집법, 보일러의 원수를 연화시키기 위해 이온교환체를 이용하는 이온교환법 등이 있다.

**96.** 직경 200 mm 철관을 이용하여 매분 1500 L의 물을 흘려보낼 때 철관 내의 유속 (m/s)은?

① 0.59　　② 0.79
③ 0.99　　④ 1.19

**해설** $Q = AV$에서

$$V = \frac{Q}{A} = \frac{\frac{1.5\,\mathrm{m}^3}{60\,\mathrm{s}}}{\frac{\pi}{4} \times (0.2\,\mathrm{m})^2} = 0.7957\,\mathrm{m/s}$$

**97.** 자연순환식 수관 보일러에서 물의 순환에 관한 설명으로 틀린 것은?

① 순환을 높이기 위하여 수관을 경사지게 한다.
② 발생증기의 압력이 높을수록 순환력이 커진다.
③ 순환을 높이기 위하여 수관 직경을 크게 한다.
④ 순환을 높이기 위하여 보일러수의 비중차를 크게 한다.

**해설** 자연순환식 수관 보일러에서 물의 순환 증가법
• 보일러의 급수가 가열되면 부분적으로 비중 차가 발생하고 비가열부분인 수관의 물과 가열부분인 증발관의 기수 혼합물 밀도(비중) 차이로 순환력이 발생한다.
• 수관 직경을 크게 하거나 경사지게 하면 순환력이 증가한다.

**98.** 급수 처리에서 양질의 급수를 얻을 수 있으나 비용이 많이 들어 보급수의 양이 적은 보일러 또는 선박 보일러에서 해수로부터 청수를 얻고자 할 때 주로 사용하는 급수 처리 방법은?

① 증류법
② 여과법
③ 석회소다법
④ 이온교환법

**해설** 해수로부터 청수를 얻는 법
• 증류법 : 바닷물을 수증기가 되는 온도 이상으로 가열해 바닷물에서 순수한 물만 증발시키는 방법으로 바닷물을 증발시키기 위한 에너지 소모량이 많다.
• 냉동법 : 바닷물이 얼음이 될 때 바닷물에 들어 있는 염분은 빠지고 순수한 물만 얼음이 되는 원리이며 해수의 빙점이 낮기 때문에 바닷물을 얼게 만들기가 어렵다는 단점이 있다.
• 역삼투법 : 상당한 압력을 이용해 반투막을 통해 물을 높은 농도의 용액으로부터 낮은 농도의 용액으로 보내는 방법으로 증류법에 비해 경제적이지만, 필터 교체 등 유지 관리가 어렵다.
• 전기투석법 : 분리막을 이용한다는 점에서 역삼투법과 비슷하지만, 전기 에너지를 이용한다.

**99.** 보일러 응축수 탱크의 가장 적절한 설치 위치는?

① 보일러 상단부와 응축수 탱크의 하단부를 일치시킨다.

② 보일러 하단부와 응축수 탱크의 하단부를 일치시킨다.

③ 응축수 탱크는 응축수 회수배관보다 낮게 설치한다.

④ 응축수 탱크는 송출 증기관과 동일한 양정을 갖는 위치에 설치한다.

해설 응축수 탱크는 상온의 보충수와 응축수가 만나서 모여지는 장소이며, 이렇게 모여진 응축수는 다시금 재활용 차원에서 보일러로 급수되는데, 응축수 회수배관보다 낮게 설치하여야 응축수 탱크로 회수가 가능하다.

**100.** 급수조절기를 사용할 경우 수압시험 또는 보일러를 시동할 때 조절기가 작동하지 않게 하거나, 모든 자동 또는 수동 제어 밸브 주위에 수리, 교체하는 경우를 위하여 설치하는 설비는?

① 블로 오프관

② 바이패스관

③ 과열 저감기

④ 수면계

해설 바이패스관은 주 배관의 이상으로 교체 또는 수리할 경우 지속적인 운전을 계속하기 위하여 설치하는 것으로 평상시에는 대부분 잠겨 있는 상태이다.

# 4회 CBT 실전문제

**1.** 다음 중 분진의 중력침강속도에 대한 설명으로 틀린 것은?

① 점도에 반비례한다.
② 밀도차에 반비례한다.
③ 중력가속도에 비례한다.
④ 입자직경의 제곱에 비례한다.

**해설** 분진의 중력침강속도는 입자와 유체의 밀도 차이에 비례하며 입자 크기의 제곱에 비례하고 유체의 점도에 반비례한다(스토크스의 법칙).

$$V_s = \frac{g(\rho_s - \rho_l) \times d^2}{18\mu}$$

여기서, $V_s$ : 침강속도(m/s)
         $g$ : 중력가속도(m/s$^2$)
         $\rho_s$ : 입자의 밀도(kg/m$^3$)
         $\rho_l$ : 액체의 밀도(kg/m$^3$)
         $d$ : 입자의 지름(m)
         $\mu$ : 액체의 점도(kg/m·s)

**2.** 다음 중 화염 검출기와 가장 거리가 먼 것은 어느 것인가?

① 플레임 아이      ② 플레임 로드
③ 스태빌라이저     ④ 스택 스위치

**해설** 화염 검출기
• 플레임 아이(flame eye)는 버너 염으로부터의 광선을 포착할 수 있는 위치에 부착되어 입사광의 에너지를 광전관에서 포착하여 출력 전류를 신호로 해서 조절부에 보내는 것이다.
• 스택 스위치(stack switch)는 연도에 설치된 바이메탈 온도 스위치이다.

• 플레임 로드(flame rod)는 버너의 분사구에 가까운 화염 중에 설치된 전극이다.

**3.** 가스 버너로 연료가스를 연소시키면서 가스의 유출속도를 점차 빠르게 하였다. 이때 어떤 현상이 발생하겠는가?

① 불꽃이 엉클어지면서 짧아진다.
② 불꽃이 엉클어지면서 길어진다.
③ 불꽃 형태는 변함없으나 밝아진다.
④ 별다른 변화를 찾기 힘들다.

**해설** 가스의 유출속도를 점차 빠르게 하면 흐름의 난류 현상으로 인하여 연소가 빨라지며 불꽃이 엉클어지면서 짧아진다.

**4.** 1차, 2차 연소 중 2차 연소란 어떤 것을 말하는가?

① 공기보다 먼저 연료를 공급했을 경우 1차, 2차 반응에 의해서 연소하는 것
② 불완전 연소에 의해 발생한 미연가스가 연도 내에서 다시 연소하는 것
③ 완전 연소에 의한 연소가스가 2차 공기에 의해서 폭발되는 것
④ 점화할 때 착화가 늦었을 경우 재점화에 의해서 연소하는 것

**해설** • 1차 연소 : 연소실 내에서 이루어지는 정상연소
• 2차 연소 : 연도 등에서 이루어지는 미연가스가 다시 연소하는 현상

**5.** 목탄이나 코크스 등 휘발분이 없는 고체연료에서 일어나는 일반적인 연소 형태는?

① 표면연소          ② 분해연소

③ 증발연소  ④ 확산연소

**해설** 연소의 종류
- 표면연소 : 휘발성 성분이 없는 고체연료의 연소 형태 예 코크스, 목탄
- 분해연소 : 열분해에 의해 가연성 가스가 발생하고 이로 인하여 연소하며, 고체, 액체연료의 두 가지 연소 형태로 존재한다. 예 목재, 석탄, 타르
- 증발연소 : 열을 가하면 가연성 증기가 발생하면서 연소된다. 예 휘발유, 등유, 알코올, 벤젠
- 확산연소 : 공기와 혼합하여 확산연소된다. 예 LPG, LNG

**6.** 제조 기체연료에 포함된 성분이 아닌 것은?

① C  ② $H_2$
③ $CH_4$  ④ $N_2$

**해설** 제조 기체연료는 가공 기체연료라고도 하며, 주성분은 $H_2$, $O_2$, $CH_4$, $CO_2$, $N_2$ 등이다.

**7.** 고체연료의 일반적인 특징으로 옳은 것은?

① 점화 및 소화가 쉽다.
② 연료의 품질이 균일하다.
③ 완전 연소가 가능하며 연소효율이 높다.
④ 연료비가 저렴하고 연료를 구하기 쉽다.

**해설** 고체연료는 성분이 일정하지 않아 완전 연소가 어렵지만 구입이 용이하며 경제적이다.

**8.** 고부하의 연소설비에서 연료의 점화나 화염 안정화를 도모하고자 할 때 사용할 수 있는 장치로서 가장 적절하지 않은 것은?

① 분젠 버너  ② 파일럿 버너
③ 플라스마 버너  ④ 스파크 플러그

**해설** 분젠 버너는 가스를 이용해 불을 일으

키는 도구로 일반 가정에서 사용하는 가스 레인지 등이 해당된다.

**9.** 298.15 K, 0.1 MPa 상태의 일산화탄소를 같은 온도의 이론공기량으로 정상유동 과정으로 연소시킬 때 생성물의 단열화염 온도를 주어진 표를 이용하여 구하면 약 몇 K인가? (단, 이 조건에서 CO 및 $CO_2$의 생성엔탈피는 각각 −110529 kJ/kmol, −393522 kJ/kmol 이다.)

| $CO_2$의 기준상태에서 각각의 온도까지 엔탈피 차 | |
|---|---|
| 온도(K) | 엔탈피 차(kJ/kmol) |
| 4800 | 266500 |
| 5000 | 279295 |
| 5200 | 292123 |

① 4835  ② 5058
③ 5194  ④ 5306

**해설**
- CO 생성엔탈피 : −110529 kJ/kmol
- $CO_2$ 생성엔탈피 : −393522 kJ/kmol
- 두 물질 생성엔탈피 차이($\Delta H$)
  = −110529 kJ/kmol − (−393522 kJ/kmol)
  = 282993 kJ/kmol
- 엔탈피 차이 값을 보면 5000 K와 5200 K 사이 온도가 유지된다.
- 5200 K − 5000 K = 200 K
- 292123 kJ/kmol − 279295 kJ/kmol
  = 12828 kJ/kmol
∴ 12828 kJ/kmol/200 K = 64.14 kJ/kmol · K
- 282993 kJ/kmol − 279295 kJ/kmol
  = 3698 kJ/kmol
∴ 3698 kJ/kmol/64.14 kJ/kmol · K = 57.6 K
화염 온도 = 5000 K + 57.6 K = 5057.6 K

**10.** 보일러실에 자연환기가 안 될 때 실외로부터 공급하여야 할 공기는 벙커C유 1 L당 최

소 몇 $Nm^3$이 필요한가? (단, 벙커C유의 이론 공기량은 10.24 $Nm^3$/kg, 비중은 0.96, 연소 장치의 공기비는 1.3으로 한다.)

① 11.34      ② 12.78
③ 15.69      ④ 17.85

**해설** $10.24\,Nm^3/kg \times 1\,L \times 0.96\,kg/L \times 1.3$
$= 12.779\,Nm^3$

**11.** 연도가스 분석 결과 $CO_2$ 12.0 %, $O_2$ 6.0 %, CO 0.0 %이라면 $(CO_2)_{max}$는 몇 %인가?

① 13.8      ② 14.8
③ 15.8      ④ 16.8

**해설** $(CO_2)_{max} = \dfrac{CO_2 \times 21}{21 - O_2} = \dfrac{12 \times 21}{21 - 6.0}$
$= 16.8\,\%$

**12.** 열병합 발전소에서 배기가스를 사이클론에서 전처리하고 전기 집진장치에서 먼지를 제거하고 있다. 사이클론 입구, 전기집진기 입구와 출구에서의 먼지 농도가 각각 95, 10, 0.5 $g/Nm^3$일 때 종합집진율은?

① 85.7 %      ② 90.8 %
③ 95.0 %      ④ 99.5 %

**해설** 종합집진율
$= \dfrac{\text{사이클론 입구 농도} - \text{전기집진기 출구 농도}}{\text{사이클론 입구 농도}}$
$= \dfrac{95 - 0.5}{95} \times 100 = 99.47\,\%$

**13.** 세정 집진장치의 입자 포집 원리에 대한 설명으로 틀린 것은?

① 액적에 입자가 충돌하여 부착한다.
② 입자를 핵으로 한 증기의 응결에 의하여 응집성을 증가시킨다.
③ 미립자의 확산에 의하여 액적과의 접촉을 좋게 한다.

④ 배기의 습도 감소에 의하여 입자가 서로 응집한다.

**해설** 습식 세정법
• 액적, 액막, 기포 등의 함진 배기를 세정하여 입자에 부착, 응집시켜 입자를 분리하는 방법으로 배기의 습도가 증가하면 입자의 응집이 원활해진다.
• 0.1~100 $\mu m$의 입경을 처리하며 압력손실이 300~800 $mmH_2O$로 비교적 크고 동력 소비가 크다.

**14.** 링겔만 농도표는 어떤 목적으로 사용되는가?

① 연돌에서 배출되는 매연 농도 측정
② 보일러수의 pH 측정
③ 연소가스 중의 탄산가스 농도 측정
④ 연소가스 중의 SOx 농도 측정

**해설** 링겔만 농도표는 배출가스의 연기의 농도와 표(0도~5도 : 6종류)를 비교하여 매연의 농도를 판정하는 기준이 된다.

**15.** 세정식 집진장치의 집진형식에 따른 분류가 아닌 것은?

① 유수식      ② 가압수식
③ 회전식      ④ 관성식

**해설** (1) 세정식(습식) 집진장치 : 물이나 액체를 함진가스와 충돌시켜 매진을 처리한다.
• 유수식
• 가압수식
• 회전식
(2) 가압수식 집진장치 : 함진가스에 가압한 물을 분사, 충돌시켜 함진가스 내의 매연, 매진물을 처리한다.
• 벤투리 스크러버
• 사이클론 스크러버
• 제트 스크러버
• 충진탑

**16.** 분젠 버너의 가스 유속을 빠르게 했을 때 불꽃이 짧아지는 이유는?

① 층류 현상이 생기기 때문에
② 난류 현상으로 연소가 빨라지기 때문에
③ 가스와 공기의 혼합이 잘 안되기 때문에
④ 유속이 빨라서 미처 연소를 못하기 때문에

**해설** 분젠 버너는 가스를 이용해 불을 일으키는 도구로 실험실용으로도 사용하지만 일반 가정에서 사용하는 가스레인지 등이 해당되며 가스의 유출속도를 점차 빠르게 하면 흐름의 난류로 인하여 연소가 빨라지며 불꽃은 일정하지 못하고 길이 또한 짧아진다.

**17.** 버너에서 발생하는 역화의 방지대책과 거리가 먼 것은?

① 버너 온도를 높게 유지한다.
② 리프트 한계가 큰 버너를 사용한다.
③ 다공 버너의 경우 각각의 연료분출구를 작게 한다.
④ 연소용 공기를 분할 공급하여 일차공기를 착화범위보다 적게 한다.

**해설** 역화(back fire)는 유출속도보다 연소속도가 빠른 경우로 불꽃이 염공으로 타 들어가는 현상이다. 특히 염공이나 가스 용접 팁 부분이 과열된 경우 심하게 일어나므로 이를 방지하기 위해서는 온도를 낮추어야 한다.

**18.** 저탄장 바닥의 구배와 실외에서의 탄층 높이로 가장 적절한 것은?

① 구배 : 1/50~1/100, 높이 : 2 m 이하
② 구배 : 1/100~1/150, 높이 : 4 m 이하
③ 구배 : 1/150~1/200, 높이 : 2 m 이하
④ 구배 : 1/200~1/250, 높이 : 4 m 이하

**해설** 고체연료 저장법
• 저탄장의 넓이는 필요면적에 통로 등을

더한 넓이로 한다.
• 지면은 콘크리트 포장하거나 단단하게 다져 평평하게 한다.
• 저탄장에는 배수시설(1/100~1/150)과 지붕시설을 한다(고온 및 직사광선을 피하여야 한다).
• 탄층의 높이는 2 m(실외는 4 m) 이하로 쌓는다.
• 탄층의 내부온도는 자연발화를 방지하기 위하여 60℃ 이하로 유지한다.

**19.** 부탄가스의 폭발 하한값은 1.8 Vol%이다. 크기가 10 m×20 m×3 m인 실내에서 부탄의 질량이 최소 약 몇 kg일 때 폭발할 수 있는가?(단, 실내 온도는 25℃이다.)

① 24.1  ② 26.1  ③ 28.5  ④ 30.5

**해설** $10 \text{ m} \times 20 \text{ m} \times 3 \text{ m} \times \frac{58 \text{kg}}{22.4 \text{m}^3}$
$\times \frac{273}{273+25} \times \frac{1.8}{100} = 25.62 \text{ kg}$

**20.** 증기의 성질에 대한 설명으로 틀린 것은?

① 증기의 압력이 높아지면 증발열이 커진다.
② 증기의 압력이 높아지면 비체적이 감소한다.
③ 증기의 압력이 높아지면 엔탈피가 커진다.
④ 증기의 압력이 높아지면 포화온도가 높아진다.

**해설** 증기는 압력이 낮아질수록 증발잠열이 증가하게 된다.

**2과목** 　　　　　**열역학**

**21.** 다음 $T-s$ 선도에서 냉동 사이클의 성능계수를 옳게 나타낸 것은?(단, $u$는 내부에너지, $h$는 엔탈피를 나타낸다.)

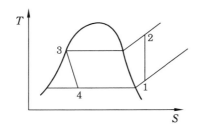

① $\dfrac{h_1 - h_4}{h_2 - h_1}$      ② $\dfrac{h_2 - h_1}{h_1 - h_4}$

③ $\dfrac{u_1 - u_4}{u_2 - u_1}$      ④ $\dfrac{u_2 - u_1}{u_1 - u_4}$

**해설** • ①→② : 압축과정
• ②→③ : 응축과정
• ③→④ : 팽창과정
• ④→① : 증발과정

성능계수 $= \dfrac{냉동력}{압축열량} = \dfrac{h_1 - h_4}{h_2 - h_1}$

**22.** 역카르노 사이클로 작동하는 냉동 사이클이 있다. 저온부가 −10℃로 유지되고, 고온부가 40℃로 유지되는 상태를 A 상태라고 하고, 저온부가 0℃, 고온부가 50℃로 유지되는 상태를 B 상태라 할 때, 성능계수는 어느 상태의 냉동 사이클이 얼마나 더 높은가?

① A 상태의 사이클이 약 0.8만큼 높다.
② A 상태의 사이클이 약 0.2만큼 높다.
③ B 상태의 사이클이 약 0.8만큼 높다
④ B 상태의 사이클이 약 0.2만큼 높다.

**해설** A 사이클 성능계수 $= \dfrac{263}{313 - 263} = 5.26$

B 사이클 성능계수 $= \dfrac{273}{323 - 273} = 5.46$

∴ $5.46 - 5.26 = 0.2$
즉, B 사이클이 A 사이클보다 0.2만큼 더 높게 나타난다.

**23.** 그림과 같은 피스톤−실린더 장치에서 피스톤의 질량은 40 kg이고, 피스톤 면적이

0.05 m²일 때 실린더 내의 절대압력은 약 몇 bar인가? (단, 국소대기압은 0.96 bar이다.)

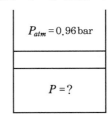

① 0.964      ② 0.982
③ 1.038      ④ 1.122

**해설** 절대압력 = 대기압 + 계기압력
= 국소대기압 + 계기압력

• 피스톤 − 실린더 장치 압력(계기압력)
$= \dfrac{40\,\text{kg}}{0.05\,\text{m}^2} = 800\,\text{kg/m}^2$
$= 800\,\text{kg/m}^2 \times 1.01325\,\text{bar}/10332\,\text{kg/m}^2$
$= 0.078\,\text{bar}$
∴ $0.96\,\text{bar} + 0.078\,\text{bar} = 1.038\,\text{bar}$

• 대기압 $1.0332\,\text{kg/cm}^2 = 10332\,\text{kg/m}^2$
$= 1.01325\,\text{bar} = 101325\,\text{Pa(N/m}^2)$
$= 101.325\,\text{kPa(kN/m}^2)$

**24.** 분자량이 16, 28, 32 및 44인 이상기체를 각각 같은 용적으로 혼합하였다. 이 혼합 가스의 평균 분자량은?

① 30    ② 33    ③ 35    ④ 40

**해설** $\dfrac{16 \times 1 + 28 \times 1 + 32 \times 1 + 44 \times 1}{4} = 30$

**25.** 물의 임계압력에서의 잠열은 몇 kJ/kg인가?

① 0      ② 333
③ 418      ④ 2260

**해설** 임계온도, 임계압력에서 액체의 잠열은 "0"이 된다. 즉, 액체는 액체로 존재할 수 없고 즉시 기체가 되며 이 점을 임계점이라 한다.

**26.** 증기에 대한 설명 중 틀린 것은?

① 동일 압력에서 포화증기는 포화수보다 온도가 더 높다.

② 동일 압력에서 건포화증기를 가열한 것이 과열증기이다.

③ 동일 압력에서 과열증기는 건포화증기보다 온도가 더 높다.

④ 동일 압력에서 습포화증기와 건포화증기는 온도가 같다.

**해설** 동일 압력에서 포화수와 포화증기는 잠열상태에 있으므로 온도는 동일하다. 즉, 100℃ 물과 100℃ 수증기의 온도는 같다.

**27.** 압력 1 MPa, 온도 400℃의 이상기체 2 kg이 가역단열과정으로 팽창하여 압력이 500 kPa로 변화한다. 이 기체의 최종온도는 약 몇 ℃인가? (단, 이 기체의 정적비열은 3.12 kJ/kg·K, 정압비열은 5.21 kJ/kg·K 이다.)

① 237  ② 279  ③ 510  ④ 622

**해설** 비열비$(k) = \dfrac{C_p}{C_v} = \dfrac{5.21\,\text{kJ/kg}\cdot\text{K}}{3.12\,\text{kJ/kg}\cdot\text{K}}$

$= 1.6698 = 1.67$

$T_2 = T_1\left(\dfrac{P_2}{P_1}\right)^{\frac{k-1}{k}} = 673 \times \left(\dfrac{500}{1000}\right)^{\frac{1.67-1}{1.67}}$

$= 509.62\,\text{K} = 236.62℃$

**28.** 압력 200 kPa, 체적 1.66 m³의 상태에 있는 기체가 정압조건에서 초기 체적의 1/2로 줄었을 때 이 기체가 행한 일은 약 몇 kJ인가?

① -166  ② -198.5
③ -236  ④ -245.5

**해설** $W = P(V_2 - V_1)$

$= 200\,\text{kN/m}^2 \times (1.66\,\text{m}^3 \times 1/2 - 1.66\,\text{m}^3)$

$= -166\,\text{kJ}$

**29.** 보일러로부터 압력 1 MPa로 공급되는 수증기의 건도가 0.95일 때 이 수증기 1 kg당 엔탈피는 약 몇 kcal인가? (단, 1 MPa에서 포화액의 비엔탈피는 181.2 kcal/kg, 포화증기의 엔탈피는 662.9 kcal/kg이다.)

① 457.6  ② 638.8
③ 810.9  ④ 1120.5

**해설** 엔탈피$(h)$

$= 181.2\,\text{kcal/kg}$

$+ 0.95 \times (662.9\,\text{kcal/kg} - 181.2\,\text{kcal/kg})$

$= 638.815\,\text{kcal/kg}$

**30.** 실린더 속에 100 g의 기체가 있다. 이 기체가 피스톤의 압축에 따라서 2 kJ의 일을 받고 외부로 3 kJ의 열을 방출했다. 이 기체의 단위 kg당 내부에너지는 어떻게 변화하는가?

① 1 kJ/kg 증가한다.
② 1 kJ/kg 감소한다.
③ 10 kJ/kg 증가한다.
④ 10 kJ/kg 감소한다.

**해설** 100 g의 기체 → 0.1 kg의 기체

내부에너지 증감 = 2 kJ - 3 kJ = -1 kJ

kg당 내부에너지 = -1 kJ/0.1 kg

$= -10\,\text{kJ/kg}$

∴ kg당 내부에너지는 10 kJ만큼 감소하였다.

**31.** 이상기체가 정압과정으로 온도가 150℃ 상승하였을 때 엔트로피 변화는 정적과정으로 동일 온도만큼 상승하였을 때 엔트로피 변화의 몇 배인가? (단, $k$는 비열비이다.)

① $1/k$  ② $k$
③ 1  ④ $k-1$

**해설** 정압$(\Delta S_1) = C_p \ln \dfrac{T_2}{T_1}$

정적($\Delta S_2$) $= C_v \ln \dfrac{T_2}{T_1}$

$$\frac{\Delta S_1}{\Delta S_2} = \frac{C_p \ln \dfrac{T_2}{T_1}}{C_v \ln \dfrac{T_2}{T_1}} = \frac{C_p}{C_v} = k$$

**32.** 1 mol의 이상기체가 25℃, 2 MPa로부터 100 kPa까지 가역 단열적으로 팽창하였을 때 최종온도(K)는? (단, 정적비열 $C_v$는 $\dfrac{3}{2}R$이다.)

① 60 　　　　　② 70
③ 80 　　　　　④ 90

해설 $R = C_p - C_v$에서

$C_p = R + C_v = R + \dfrac{3}{2}R = \dfrac{5}{2}R$

비열비$(k) = \dfrac{C_p}{C_v} = \dfrac{\dfrac{5}{2}R}{\dfrac{3}{2}R} = \dfrac{5}{3}$

$\dfrac{T_2}{T_1} = \left(\dfrac{P_2}{P_1}\right)^{\frac{k-1}{k}}$에서

$T_2 = (273 + 25)\,\mathrm{K} \times \left(\dfrac{100}{2000}\right)^{\frac{\frac{5}{3}-1}{\frac{5}{3}}} = 89.9\,\mathrm{K}$

**33.** 온도 30℃, 압력 350 kPa에서 비체적이 0.449 m³/kg인 이상기체의 기체상수는 몇 kJ/kg·K인가?

① 0.143 　　　　② 0.287
③ 0.518 　　　　④ 0.842

해설 이상기체 상태방정식 $PV = GRT$에서
$Pv = RT$($v$ : 비체적)

$R = \dfrac{Pv}{T} = \dfrac{350\,\mathrm{kN/m^2} \times 0.449\,\mathrm{m^3/kg}}{303\,\mathrm{K}}$

$= 0.5186\,\mathrm{kJ/kg \cdot K}$

**34.** 압력이 200 kPa로 일정한 상태로 유지되는 실린더 내의 이상기체가 체적 0.3 m³에서 0.4 m³로 팽창될 때 이상기체가 한 일의 양은 몇 kJ인가?

① 20 　　　　　② 40
③ 60 　　　　　④ 80

해설 $W = P\Delta V$
　$= 200\,\mathrm{kN/m^2} \times (0.4\,\mathrm{m^3} - 0.3\,\mathrm{m^3})$
　$= 20\,\mathrm{kN \cdot m} = 20\,\mathrm{kJ}$

**35.** N₂와 O₂의 기체상수는 각각 0.297 kJ/kg·K 및 0.260 kJ/kg·K이다. N₂가 0.7 kg, O₂가 0.3 kg인 혼합 가스의 기체상수는 약 몇 kJ/kg·K인가?

① 0.213 　　　　② 0.254
③ 0.286 　　　　④ 0.312

해설 $0.297\,\mathrm{kJ/kg \cdot K} \times 0.7\,\mathrm{kg}$
　$+ 0.260\,\mathrm{kJ/kg \cdot K} \times 0.3\,\mathrm{kg}$
　$= 0.2859\,\mathrm{kJ/kg \cdot K}$

**36.** 다음 중 수증기를 사용하는 증기 동력 사이클은?

① 랭킨 사이클 　　② 오토 사이클
③ 디젤 사이클 　　④ 브레이턴 사이클

해설 랭킨 사이클 : 2개의 단열변화와 2개의 등압변화로 구성되는 사이클 중 작동유체가 증기와 액체의 상태 변화를 수반하는 것으로 증기 사이클이라고도 한다.

**37.** 저위발열량 40000 kJ/kg인 연료를 쓰고 있는 열기관에서 이 열이 전부 일로 바꾸어지고, 연료 소비량이 20 kg/h라면 발생되는 동력은 약 몇 kW인가?

① 110 　　　　　② 222
③ 346 　　　　　④ 820

---

정답 **32.** ④ 　**33.** ③ 　**34.** ① 　**35.** ③ 　**36.** ① 　**37.** ②

**해설** $40000 \text{ kJ/kg} \times 20 \text{ kg/h} \times \dfrac{1 \text{ h}}{3600 \text{ s}}$

$= 222.22 \text{ kJ/s} = 222.22 \text{ kW}$

**38.** 오토(Otto) 사이클은 온도－엔트로피( $T$ －$S$ ) 선도로 표시하면 그림과 같다. 작동유체가 열을 방출하는 과정은?

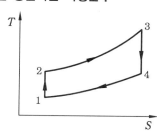

① 1→2 과정 　　 ② 2→3 과정
③ 3→4 과정 　　 ④ 4→1 과정

**해설** • 1→2 과정 : 단열 압축과정
• 2→3 과정 : 등적 가열과정(에너지 공급)
• 3→4 과정 : 단열 팽창과정
• 4→1 과정 : 등적 방열과정(에너지 방출)

**39.** 출력 50 kW의 가솔린 엔진이 매시간 10 kg의 가솔린을 소모한다. 이 엔진의 효율은?
(단, 가솔린의 발열량은 42000 kJ/kg이다.)

① 21 % 　　 ② 32 %
③ 43 % 　　 ④ 60 %

**해설** 효율 $= \dfrac{\text{출력(out put)}}{\text{입력(in put)}}$

$= \dfrac{50 \text{ kJ/s} \times 3600 \text{ s/h}}{10 \text{ kg/h} \times 42000 \text{ kJ/kg}}$

$= 0.4285 = 42.85 \%$

**40.** 증기 동력 사이클의 구성 요소 중 복수기 (condenser)가 하는 역할은?

① 물을 가열하여 증기로 만든다.
② 터빈에 유입되는 증기의 압력을 높인다.
③ 증기를 팽창시켜서 동력을 얻는다.

④ 터빈에서 나오는 증기를 물로 바꾼다.

**해설** 복수기는 밀폐된 용기이며 공급되는 냉각수에 의해 흘러들어오는 증기의 증발열을 빼앗아 증기를 물로 환원시키는 작용을 한다.

**3과목** 　　 **계측방법**

**41.** 아래 열교환기의 제어에 해당하는 제어의 종류로 옳은 것은?

> 유체의 온도를 제어하는 데 온도 조절의 추력으로 열교환기에 유입되는 증기의 유량을 제어하는 유량 조절기의 설정치를 조절한다.

① 추종 제어 　　 ② 프로그램 제어
③ 정치 제어 　　 ④ 캐스케이드 제어

**해설** (1) 캐스케이드 제어 : 1차 조절기의 출력 신호에 의해서 2차 조절기의 설정값을 움직여서 행하는 제어로 피드백 제어계에서 비교적 정밀도가 높은 온도 제어를 할 때 사용하며 증기 압력 제어나 증기 온도 제어 등에 널리 응용되고 있다.
(2) 자동 제어
• 피드백 제어 : 제어 대상의 시스템에서 그 장치의 출력을 확인하면서 목표치에 접근하도록 조절기의 입력을 조절하는 제어 방법
• 시퀀스 제어 : 미리 정한 조건에 따라서 그 제어 목표 상태가 달성되도록 정해진 순서대로 조작부가 동작하는 제어
• 프로그램 제어 : 목표값이 미리 정해진 시간적 변화를 하는 경우, 제어량을 그것에 추종시키기 위한 제어
• 오픈루프 제어 : 출력을 제어할 때 입력만 고려하고 출력은 전혀 고려하지 않는 개회로 제어 방식

- 추종 제어 : 목표값이 임의의 시간적 변화를 하는 경우, 제어량을 그것에 추종시키기 위한 제어로 위치, 방위, 자세 등이 포함된다.
- 정치 제어 : 시간에 관계없이 값이 일정한 제어

## 42. 비중량이 900 kgf/m³인 기름 18 L의 중량은?

① 12.5 kgf      ② 15.2 kgf
③ 16.2 kgf      ④ 18.2 kgf

**해설** $0.018 \, \text{m}^3 \times 900 \, \text{kgf/m}^3 = 16.2 \, \text{kgf}$

## 43. 오차와 관련된 설명으로 틀린 것은?

① 흩어짐이 큰 측정을 정밀하다고 한다.
② 오차가 적은 계량기는 정확도가 높다.
③ 계측기가 가지고 있는 고유의 오차를 기차라고 한다.
④ 눈금을 읽을 때 시선의 방향에 따른 오차를 시차라고 한다.

**해설** 오차와 흩어짐 관계
- 표준편차 : 데이터의 흩어짐의 정도를 의미한다.
- 표준오차 : 추정량의 흩어짐의 정도를 의미한다.
※ 흩어짐이 클수록 오차가 커지므로 신뢰도가 낮고 정밀도가 떨어지게 된다.

## 44. 다음 제어 방식 중 잔류편차(off set)를 제거하여 응답시간이 가장 빠르며 진동이 제거되는 제어 방식은?

① P      ② I      ③ PI      ④ PID

**해설** 비례적분미분(PID) 동작은 적분 동작으로 잔류편차를 제거하고 미분 동작으로 안정화를 취한 복합 동작으로 응답시간이 빠르고 진동이 제거된다.

## 45. 다음 블록 선도에서 출력을 바르게 나타낸 것은?

① $B(s) = G(s)A(s)$
② $B(s) = \dfrac{G(s)}{A(s)}$
③ $B(s) = \dfrac{A(s)}{B(s)}$
④ $B(s) = \dfrac{1}{G(s)A(s)}$

**해설** 블록 선도에서 출력이 직렬이므로 분모는 형성되지 않는다.

## 46. 액주식 압력계에 사용되는 액체의 구비조건으로 틀린 것은?

① 온도 변화에 의한 밀도 변화가 커야 한다.
② 액면은 항상 수평이 되어야 한다.
③ 점도와 팽창계수가 작아야 한다.
④ 모세관 현상이 적어야 한다.

**해설** 액주식 압력계의 액체 구비조건
- 항상 액면은 수평을 유지하고 액주의 높이를 정확하게 읽을 수가 있어야 한다.
- 액체의 점도나 팽창계수가 적고 온도 변화에 의한 밀도의 변화는 적을 것
- 화학적으로 안정하며 모세관 현상이 적고 휘발성, 흡수성이 적을 것
- 온도 변화에 의한 밀도 변화가 크게 되면 조그만 온도 변화에도 압력 변화가 심하게 되므로 밀도 변화는 작게 일어나야 한다.

## 47. 국소대기압이 740 mmHg인 곳에서 게이지 압력이 0.4 bar일 때 절대압력(kPa)은?

① 100      ② 121
③ 139      ④ 156

**정답**   42. ③    43. ①    44. ④    45. ①    46. ①    47. ③

**해설** $740 \,\text{mmHg} \times \dfrac{101.325 \,\text{kPa}}{760 \,\text{mmHg}}$

$= 98.66 \,\text{kPa}$

$0.4 \,\text{bar} \times \dfrac{101.325 \,\text{kPa}}{1.01325 \,\text{bar}} = 40 \,\text{kPa}$

절대압력 = 대기압 + 계기압력
$= 98.66 \,\text{kPa} + 40 \,\text{kPa}$
$= 138.66 \,\text{kPa}$

**48.** 다음 중 가장 높은 압력을 측정할 수 있는 압력계는?

① 부르동관 압력계
② 다이어프램식 압력계
③ 벨로스식 압력계
④ 링밸런스식 압력계

**해설** 압력 측정범위
• 부르동관 압력계 : $0.5 \sim 3000 \,\text{kg/cm}^2$
• 다이어프램식 압력계 : $0 \sim 16 \,\text{kg/cm}^2$
• 벨로스식 압력계 : $0.01 \sim 10 \,\text{kg/cm}^2$
• 링밸런스식 압력계 : $25 \sim 3000 \,\text{mmH}_2\text{O}$

**49.** 유량계에 대한 설명으로 틀린 것은?

① 플로트형 면적유량계는 정밀 측정이 어렵다.
② 플로트형 면적유량계는 고점도 유체에 사용하기 어렵다.
③ 플로 노즐식 교축유량계는 고압유체의 유량 측정에 적합하다.
④ 플로 노즐식 교축유량계는 노즐의 교축을 완만하게 하여 압력손실을 줄인 것이다.

**해설** 플로트형 면적유량계는 압력손실이 적고, 고점도 액체(중유)의 유량 측정에 이용된다.

**50.** 단요소식 수위 제어에 대한 설명으로 옳은 것은?

① 발전용 고압 대용량 보일러의 수위제어에 사용되는 방식이다.
② 보일러의 수위만을 검출하여 급수량을 조절하는 방식이다.
③ 부하변동에 의한 수위변화 폭이 대단히 적다.
④ 수위조절기의 제어 동작은 PID 동작이다.

**해설** 수위 제어 방법
• 단요소식 : 수위만 제어
• 2요소식 : 수위 + 증기 유량 제어
• 3요소식 : 수위 + 증기 유량 + 급수 유량 제어

**51.** 피토관에 의한 유속 측정식은 다음과 같다. $V = \sqrt{\dfrac{2g(P_1 - P_2)}{\gamma}}$ 이때 $P_1$, $P_2$의 각각의 의미는? (단, $V$는 유속, $g$는 중력가속도이고, $\gamma$는 비중량이다.)

① 동압과 전압을 뜻한다.
② 전압과 정압을 뜻한다.
③ 정압과 동압을 뜻한다.
④ 동압과 유체압을 뜻한다.

**해설** 피토관은 유체 흐름의 전압과 정압의 차이를 측정하고 이를 통해 유속을 구하는 장치이다.

**52.** 피토관으로 측정한 동압이 $10 \,\text{mmH}_2\text{O}$일 때 유속이 $15 \,\text{m/s}$이었다면 동압이 $20 \,\text{mmH}_2\text{O}$일 때의 유속은 약 몇 m/s인가? (단, 중력가속도는 $9.8 \,\text{m/s}^2$이다.)

① 18  ② 21.2  ③ 30  ④ 40.2

**해설** 유속은 유압의 제곱근에 비례한다.
$V_1 : V_2 = \sqrt{P_1} : \sqrt{P_2}$
$V_2 = V_1 \times \dfrac{\sqrt{P_2}}{\sqrt{P_1}} = 15 \,\text{m/s} \times \dfrac{\sqrt{20}}{\sqrt{10}}$
$= 21.21 \,\text{m/s}$

**53.** 관로의 유속을 피토관으로 측정할 때 마노미터의 수주가 50 cm였다. 이때 유속은 약 몇 m/s인가?

① 3.13　　　　② 2.21
③ 1.0　　　　④ 0.707

해설 $V = \sqrt{2gh} = \sqrt{2 \times 9.8 \times 0.5}$
　　　$= 3.13 \, m/s$

**54.** 다음 중 직접식 액위계에 해당하는 것은?

① 정전용량식　　② 초음파식
③ 플로트식　　　④ 방사선식

해설 ・직접식 액면 측정 : 게이지 글라스식, 검척식(눈금자 이용), 부자식(플로트식), 편위식
・간접식 액면 측정 : 기포식, 차압식, 음향식, 방사선식, 초음파식, 저항전극식

**55.** 화학적 가스분석계인 연소식 $O_2$계의 특징이 아닌 것은?

① 원리가 간단하다.
② 취급이 용이하다.
③ 가스의 유량 변동에도 오차가 없다.
④ $O_2$ 측정 시 팔라듐계가 이용된다.

해설 연소식 $O_2$계 : 가연성 가스와 산소를 촉매와 연소시켜 반응열이 $O_2$ 농도에 비례하는 것을 이용하는 것으로 촉매로 팔라듐계를 이용하며 취급이 간단하나 유량 변동이 심한 곳에는 오차가 심하므로 사용하기 어렵다.

**56.** 열전대 온도계에서 주위 온도에 의한 오차를 전기적으로 보상할 때 주로 사용되는 저항선은?

① 서미스터(thermistor)
② 구리(Cu) 저항선

③ 백금(Pt) 저항선
④ 알루미늄(Al) 저항선

해설 구리 저항선의 특징
・측정온도 : 0~120℃로 가장 낮은 온도 측정
・상온 부근에서 온도 측정이 용이하나 저항률이 낮다.
・주위 온도에 의한 오차를 전기적으로 보상하여야 한다.

**57.** 다음 중 사용온도 범위가 넓어 저항 온도계의 저항체로서 가장 우수한 재질은?

① 백금　　　　② 니켈
③ 동　　　　　④ 철

해설 저항 온도계 사용온도 범위
・백금선 : −200~500℃
・구리선 : 0~200℃
・니켈선 : −50~300℃
・서미스터 : −100~300℃

**58.** 광고온계의 측정온도 범위로 가장 적합한 것은?

① 100~300℃　　② 100~500℃
③ 700~2000℃　④ 4000~5000℃

해설 광온도계는 고온의 물체에서 나온 가시광선의 밝기를 표준 밝기와 비교해서 온도를 측정하는 계기로 700~1500℃의 온도범위를 보통 측정할 수 있으며, 텅스텐 램프를 사용하면 2300℃ 범위의 측정이 가능하다.

**59.** 단열식 열량계로 석탄 1.5 g을 연소시켰더니 온도가 4℃ 상승하였다. 통내의 유량이 2000 g, 열량계의 물당량이 500 g일 때 이 석탄의 발열량은 약 몇 J/g인가? (단, 물의 비열은 4.19 J/g · K이다.)

정답 53. ①　54. ③　55. ③　56. ②　57. ①　58. ③　59. ②

① $2.23 \times 10^4$  ② $2.79 \times 10^4$
③ $4.19 \times 10^4$  ④ $6.98 \times 10^4$

해설 물당량 : 어떤 물질의 열용량과 동일한 열용량을 갖는 물의 질량
- 물이 받은 열량
  $= 2000 \text{ g} \times 4.19 \text{ J/g} \cdot \text{K} \times 4 ℃ = 33520 \text{ J}$
- 열량계가 받은 열량
  $= 500 \text{ g} \times 4.19 \text{ J/g} \cdot \text{K} \times 4 ℃ = 8380 \text{ J}$
- 총 발생 열량
  $= 33520 \text{ J} + 8380 \text{ J} = 41900 \text{ J}$
- 석탄 발열량 : $41900 \text{ J} = 1.5 \text{ g} \times H_Q$
  $\therefore H_Q = 27933.333 \text{ J/g} = 2.79 \times 10^4 \text{ J/g}$

**60.** 다음 중 습도계의 종류로 가장 거리가 먼 것은?

① 모발 습도계
② 듀셀 노점계
③ 초음파식 습도계
④ 전기저항식 습도계

해설 습도계의 종류 : 모발 습도계, 듀셀 습도계, 전기저항식 습도계, 광전관식 습도계, 수정진동자식 습도계

---

**4과목**  **열설비재료 및 관계법규**

**61.** 고로(blast furnace)의 특징에 대한 설명이 아닌 것은?

① 축열실, 탄화실, 연소실로 구분되며 탄화실에는 석탄 장입구와 가스를 배출시키는 상승관이 있다.
② 산소의 제거는 CO 가스에 의한 간접 환원반응과 코크스에 의한 직접 환원반응으로 이루어진다.
③ 철광석 등의 원료는 노의 상부에서 투입되고 용선은 노의 하부에서 배출된다.

④ 노 내부의 반응을 촉진시키기 위해 압력을 높이거나 열풍의 온도를 높이는 경우도 있다.

해설 고로(blast furnace)는 노체 상부로부터 노구(throat), 샤프트(shaft, 노흉), 보시(bosh, 조안), 노상(hearth)으로 구성되어 있다.
- 노구(throat) : 노의 최상부(원료 장입장치)
- 샤프트(shaft, 노흉) : 고로 본체 및 수도 설비 고로의 상부
- 보시(bosh, 조안) : 노 바닥과 노 가운데 사이의 부분
- 노상(hearth) : 용융한 선철과 슬래그가 모이는 곳(하부에 위치)

**62.** 도염식 가마(down draft kiln)에서 불꽃의 진행방향으로 옳은 것은?

① 불꽃이 올라가서 가마천장에 부딪쳐 가마바닥의 흡입구멍으로 빠진다.
② 불꽃이 처음부터 가마바닥과 나란하게 흘러 굴뚝으로 나간다.
③ 불꽃이 연소실에서 위로 올라가 천장에 닿아서 수평으로 흐른다.
④ 불꽃의 방향이 일정하지 않으나 대개 가마 밑에서 위로 흘러나간다.

해설 요로의 연소가스(화염)의 진행방향에 따른 분류
- 도염식 가마 : 불길이 가마벽을 따라 돌아 천장에서 바닥의 구멍으로 흘러가므로 가마 속의 온도가 균일하여 열효율이 좋다.
- 승염식 가마 : 고온의 공기가 천장의 굴뚝으로 배출되어 가마 내부가 균일한 온도를 유지하기 어렵고 방출되는 열량이 많다.
- 횡염식 가마 : 연소실과 소성실이 평행해 불이 옆으로 이동하며 연소실 부근과 연돌 부근의 온도 차이가 있어 열 조절이 어렵다.

**63.** 요로를 균일하게 가열하는 방법이 아닌 것은?

① 노내 가스를 순환시켜 연소 가스량을 많게 한다.
② 가열시간을 되도록 짧게 한다.
③ 장염이나 축차연소를 행한다.
④ 벽으로부터의 방사열을 적절히 이용한다.

해설 요로를 균일하게 가열하기 위해서 또는 연속작업을 위해서 장염으로 가열시간을 길게 하여야 한다. 연소실 내에서 축차(rotor) 연소를 하기 위하여 연소가스와 연소용 공기를 별도로 하여야 한다.

**64.** 보온재의 열전도계수에 대한 설명으로 틀린 것은?

① 보온재의 함수율이 크게 되면 열전도계수도 증가한다.
② 보온재의 기공률이 클수록 열전도계수는 작아진다.
③ 보온재의 열전도계수가 작을수록 좋다.
④ 보온재의 온도가 상승하면 열전도계수는 감소된다.

해설 열전도계수는 전도에서의 비례상수이고, 열전달계수는 복사와 대류에서의 비례상수이다. 그러므로 보온재 온도가 상승하면 열전도계수는 상승하게 된다.

**65.** 규조토질 단열재의 안전사용온도는?

① 300~500℃
② 500~800℃
③ 800~1200℃
④ 1200~1500℃

해설 일반적으로 단열재의 안전사용온도는 800~1200℃이다.
• 보온재 : 200~800℃
• 보냉재 : 100℃ 이하

**66.** 단열재를 사용하지 않는 경우의 방출열량이 350 W이고, 단열재를 사용할 경우의 방출열량이 100 W라 하면 이때의 보온효율은 약 몇 %인가?

① 61  ② 71  ③ 81  ④ 91

해설 보온효율 $= \dfrac{350-100}{350}$
$= 0.71428 = 71.428\%$

**67.** 고온용 무기질 보온재로서 경량이고 기계적 강도가 크며 내열성, 내수성이 강하고 내마모성이 있어 탱크, 노벽 등에 적합한 보온재는?

① 암면  ② 석면
③ 규산칼슘  ④ 탄산마그네슘

해설 규산칼슘 보온재는 가볍고 기계적 강도가 크며 단열성이 좋으므로 뜨거운 배관 또는 표면의 단열재로 사용된다. 사용 적합 온도는 35~815℃이다.

**68.** 다음 중 전로법에 의한 제강 작업 시의 열원은?

① 가스의 연소열
② 코크스의 연소열
③ 석회석의 반응열
④ 용선 내의 불순원소의 산화열

해설 전로는 철이나 구리 등을 제련할 때 압착 공기를 노 밑에서 불어 넣고 강한 열을 가하여 불순물을 산화시켜 흡수함으로써 순수한 금속을 만드는 용광로이다.

**69.** 내식성, 굴곡성이 우수하고 양도체이며 내압성도 있어서 열교환기용 전열관, 급수관 등 화학공업용으로 주로 사용되는 관은?

① 주철관  ② 동관

③ 강관            ④ 알루미늄관

**해설** 동관은 열과 전기의 양도체로 내식성이 우수하고 가공이 용이하며 마찰저항이 적으므로 열교환기용관, 냉난방기용관, 압력계관, 급수관, 급탕관, 급유관 등으로 쓰이고 있다.

## 70. 배관설비의 지지를 위한 필요 조건에 관한 설명으로 틀린 것은?

① 온도의 변화에 따른 배관 신축을 충분히 고려하여야 한다.
② 배관 시공 시 필요한 배관 기울기를 용이하게 조정할 수 있어야 한다.
③ 배관설비의 진동과 소음을 외부로 쉽게 전달할 수 있어야 한다.
④ 수격현상 및 외부로부터 진동과 힘에 대하여 견고하여야 한다.

**해설** 배관설비의 진동과 소음은 차단 또는 최소화하여 외부 전달을 방지하여야 한다.

## 71. 유체가 관내를 흐를 때 생기는 마찰로 인한 압력손실에 대한 설명으로 틀린 것은?

① 유체의 흐르는 속도가 빨라지면 압력손실도 커진다.
② 관의 길이가 짧을수록 압력손실은 작아진다.
③ 비중량이 큰 유체일수록 압력손실이 작다.
④ 관의 내경이 커지면 압력손실은 작아진다.

**해설** $H_L = f \times \dfrac{V^2}{2g} \times \dfrac{l}{d}$

여기서, $f$ : 마찰계수, $V$ : 유속(m/s),
$l$ : 관 길이(m), $d$ : 관경(m),
$g$ : 중력가속도(m/s$^2$)
※ 배관 내에서의 압력손실은 관 길이에 비례하고 유속의 제곱에 비례하며 관경에는 반비례한다.

## 72. 유체의 역류를 방지하여 한쪽 방향으로만 흐르게 하는 밸브로 리프트식과 스윙식으로 대별되는 것은?

① 회전 밸브        ② 게이트 밸브
③ 체크 밸브        ④ 앵글 밸브

**해설** 체크 밸브의 종류
• 리프트식 : 수평 방향에만 사용
• 스윙식 : 수평, 수직 양방향 모두 사용 가능

## 73. 다음 중 에너지이용 합리화법령상 2종 압력용기에 해당하는 것은?

① 보유하고 있는 기체의 최고사용압력이 0.1 MPa이고 내부 부피가 0.05 m$^3$인 압력용기
② 보유하고 있는 기체의 최고사용압력이 0.2 MPa이고 내부 부피가 0.02 m$^3$인 압력용기
③ 보유하고 있는 기체의 최고사용압력이 0.3 MPa이고 동체의 안지름이 350 mm이며 그 길이가 1050 mm인 증기헤더
④ 보유하고 있는 기체의 최고사용압력이 0.4 MPa이고 동체의 안지름이 150 mm이며 그 길이가 1500 mm인 압력용기

**해설** 열사용기자재 : 연료 및 열을 사용하는 기기, 보일러, 태양열 집열기, 압력용기, 요로 등
(1) 1종 압력용기
• 증기 기타 열매체를 받아들이거나 증기를 발생시켜 고체 또는 액체를 가열하는 기기로서 용기 안의 압력이 대기압을 넘는 것
• 용기 안의 화학반응에 의하여 증기를 발생하는 용기로서 용기 안의 압력이 대기압을 넘는 것
• 용기 안의 액체의 성분을 분리하기 위하여 해당 액체를 가열하거나 증기를 발생시키는 용기로서 용기 안의 압력

이 대기압을 넘는 것
- 용기 안의 액체의 온도가 대기압에서의 비점을 넘는 것
(2) 2종 압력 용기 : 최고사용압력이 0.2 MPa(2 kg/cm$^2$)를 초과하는 기체를 그 안에 보유하는 용기로서 다음의 것
- 내용적이 0.04 m$^3$ 이상인 것
- 동체의 안지름이 200 mm 이상(단, 증기헤더의 경우에는 안지름이 300 mm 초과)이고 그 길이가 1천 mm 이상인 것

**74.** 에너지이용 합리화법령에 따라 자발적 협약체결기업에 대한 지원을 받기 위해 에너지사용자와 정부 간 자발적 협약의 평가기준에 해당하지 않는 것은?

① 계획 대비 달성률 및 투자실적
② 에너지이용 합리화 자금 활용실적
③ 자원 및 에너지의 재활용 노력
④ 에너지절감량 또는 에너지의 합리적인 이용을 통한 온실가스배출 감축량

**해설** 자발적 협약의 평가기준
- 에너지절감량 또는 에너지의 합리적인 이용을 통한 온실가스배출 감축량
- 계획 대비 달성률 및 투자실적
- 자원 및 에너지의 재활용 노력
- 그 밖에 에너지절감 또는 에너지의 합리적인 이용을 통한 온실가스배출 감축에 관한 사항

**75.** 다음 중 에너지이용 합리화법에 따라 에너지 다소비사업자에게 에너지관리 개선명령을 할 수 있는 경우는?

① 목표원단위보다 과다하게 에너지를 사용하는 경우
② 에너지관리지도 결과 10 % 이상의 에너지효율 개선이 기대되는 경우

③ 에너지 사용실적이 전년도보다 현저히 증가한 경우
④ 에너지 사용계획 승인을 얻지 아니한 경우

**해설** 에너지 다소비사업자에게 에너지관리 개선명령을 할 수 있는 경우는 에너지관리지도 결과 10 % 이상의 에너지효율 개선이 기대되는 경우로 규정되어 있다.

**76.** 에너지이용 합리화법에 따른 한국에너지공단의 사업이 아닌 것은?

① 에너지의 안정적 공급
② 열사용기자재의 안전관리
③ 신에너지 및 재생에너지 개발사업의 촉진
④ 집단에너지 사업의 촉진을 위한 지원 및 관리

**해설** 한국에너지공단의 사업
- 에너지이용 합리화 및 이를 통한 온실가스의 배출을 줄이기 위한 사업과 국제협력
- 에너지기술의 개발·도입·지도 및 보급
- 에너지이용 합리화, 신에너지 및 재생에너지의 개발과 보급, 집단에너지공급사업을 위한 자금의 융자 및 지원
- 에너지절약전문기업의 지원 사업
- 에너지진단 및 에너지관리지도
- 신에너지 및 재생에너지 개발사업의 촉진
- 에너지관리에 관한 조사·연구·교육 및 홍보
- 에너지이용 합리화사업을 위한 토지·건물 및 시설 등의 취득·설치·운영·대여 및 양도
- 집단에너지사업의 촉진을 위한 지원 및 관리
- 에너지사용기자재·에너지관련기자재의 효율관리 및 열사용기자재의 안전관리
- 사회취약계층의 에너지이용 지원

**77.** 에너지이용 합리화법에 따라 연간 검사대상기기의 검사유효기간으로 틀린 것은?

① 보일러의 개조검사는 2년이다.

② 보일러의 계속사용검사는 1년이다.

③ 압력용기의 계속사용검사는 2년이다.

④ 보일러의 설치장소 변경검사는 1년이다.

**해설** 개조검사 유효기간

- 보일러 : 1년
- 압력용기 및 가열로 : 2년

※ 개조검사 : 이미 설치한 보일러의 일부 나 전부를 개조한 경우에 실시하는 검사

---

**78.** 에너지이용 합리화법령에 따라 열사용기 자재 관리에 대한 설명으로 틀린 것은?

① 계속사용검사는 검사유효기간의 만료일이 속하는 연도의 말까지 연기할 수 있으며, 연기하려는 자는 검사대상기기 검사연기 신청서를 한국에너지공단이사장에게 제출 하여야 한다.

② 한국에너지공단이사장은 검사에 합격한 검사대상기기에 대해서 검사 신청인에게 검사일로부터 7일 이내에 검사증을 발급하 여야 한다.

③ 검사대상기기관리자의 선임신고는 신고 사유가 발생한 날로부터 20일 이내에 하여 야 한다.

④ 검사대상기기의 설치자가 사용 중인 검사 대상기기를 폐기한 경우에는 폐기한 날부 터 15일 이내에 검사대상기기 폐기신고서 를 한국에너지공단이사장에게 제출하여야 한다.

**해설** 검사대상기기관리자의 선임신고는 신 고 사유가 발생한 날로부터 30일 이내에 하여야 한다.

---

**79.** 에너지이용 합리화법에 따른 특정열사용 기자재 품목에 해당하지 않는 것은?

① 강철제 보일러

② 구멍탄용 온수보일러

③ 태양열 집열기

④ 태양광 발전기

**해설** 특정열 사용기자재 품목

| 구분 | 품목명 |
|---|---|
| 보일러 | 강철제 보일러, 주철제 보일 러, 온수보일러, 구멍탄용 온 수보일러, 축열식 전기보일 러, 캐스케이드 보일러, 가정 용 화목보일러 |
| 태양열 집열기 | 태양열 집열기 |
| 압력용기 | 1종 압력용기, 2종 압력용기 |
| 요업요로 | 연속식유리용융가마, 불연속 식유리용융가마, 유리용융도 가니가마, 터널가마, 도염식 각가마, 셔틀가마, 회전가마, 석회용선가마 |
| 금속요로 | 용선로, 비철금속용융로, 금 속소둔로, 철금속가열로, 금 속균열로 |

---

**80.** 에너지법령상 시·도지사는 관할 구역의 지역적 특성을 고려하여 저탄소 녹색성장 기 본법에 따른 에너지기본계획의 효율적인 달 성과 지역경제의 발전을 위한 지역에너지계 획을 몇 년마다 수립·시행하여야 하는가?

① 2년 　　　② 3년

③ 4년 　　　④ 5년

**해설** 특별시장·광역시장·특별자치시장·도 지사 또는 특별자치도지사(이하 "시·도지 사"라 한다)는 관할 구역의 지역적 특성을 고려하여 「저탄소 녹색성장 기본법」에 따른 에너지기본계획의 효율적인 달성과 지역경 제의 발전을 위한 지역에너지계획을 5년마 다 5년 이상을 계획기간으로 하여 수립·시 행하여야 한다.

**5과목** 　　　　　**열설비설계**

**81.** 수관 보일러에서 수랭 노벽의 설치 목적으로 가장 거리가 먼 것은?

① 고온의 연소열에 의해 내화물이 연화, 변형되는 것을 방지하기 위하여
② 물의 순환을 좋게 하고 수관의 변형을 방지하기 위하여
③ 복사열을 흡수시켜 복사에 의한 열손실을 줄이기 위하여
④ 전열면적을 증가시켜 전열효율을 상승시키고 보일러 효율을 높이기 위하여

해설 수랭 노벽의 설치 목적
• 전열면적의 증가로 증발량이 많아지며 보일러 효율이 향상된다.
• 연소실 내의 복사열을 흡수한다.
• 연소실 노벽을 보호한다.

**82.** 노통 보일러의 설명으로 틀린 것은?

① 구조가 비교적 간단하다.
② 노통에는 파형과 평형이 있다.
③ 내분식 보일러의 대표적인 보일러이다.
④ 코니시 보일러와 랭커셔 보일러의 노통은 모두 1개이다.

해설 • 코니시 보일러 : 노통 1개
• 랭커셔 보일러 : 노통 2개

**83.** 보일러의 부대장치 중 공기예열기 사용 시 나타나는 특징으로 틀린 것은?

① 과잉공기가 많아진다.
② 가스온도 저하에 따라 저온부식을 초래할 우려가 있다.
③ 보일러 효율이 높아진다.
④ 질소산화물에 의한 대기오염의 우려가 있다.

해설 공기예열기는 보일러 배출가스의 현열을 회수해서 연소용 공기를 예열하는 장치로 과잉공기와는 관계가 없다.

**84.** 보일러의 성능계산 시 사용되는 증발률 ($kg/m^2 \cdot h$)에 대한 설명으로 옳은 것은?

① 실제증발량에 대한 발생증기 엔탈피와의 비
② 연료소비량에 대한 상당증발량과의 비
③ 상당증발량에 대한 실제증발량과의 비
④ 전열면적에 대한 실제증발량과의 비

해설 증발률 : 보일러의 전열면 $1\,m^2$당 1시간의 증발량

$$증발률(kg/m^2 \cdot h) = \frac{실제증발량(kg/h)}{전열면적(m^2)}$$

**85.** 강제순환식 보일러의 특징에 대한 설명으로 틀린 것은?

① 증기 발생 소요시간이 매우 짧다.
② 자유로운 구조의 선택이 가능하다.
③ 고압 보일러에 대해서도 효율이 좋다.
④ 동력 소비가 적어 유지비가 비교적 적게 든다.

해설 강제순환식 보일러는 효율이 양호하고 증기 발생 시간이 짧지만 동력 소비가 크며 유지 관리비가 많이 든다.

**86.** 저압용으로 내식성이 크고, 청소하기 쉬운 구조이며, 증기압이 $2\,kg/cm^2$ 이하의 경우에 사용되는 절탄기는?

① 강관식　　　② 이중관식
③ 주철관식　　④ 황동관식

해설 절탄기는 연통으로 배출되는 연소가스의 열로 급수를 데워서 보일러에 공급하는 장치이다.

- 주철관식 : 저압 보일러에 사용되며 내식성이 좋다.
- 강관식 : 배관에 스케일 형성이 적으며 주로 고압용으로 사용한다.

## 87. 다음 [보기]에서 설명하는 보일러 보존 방법은?

[보기]
- 보존기간이 6개월 이상인 경우 적용한다.
- 1년 이상 보존할 경우 방청도료를 도포한다.
- 약품의 상태는 1~2주마다 점검하여야 한다.
- 동 내부의 산소 제거는 숯불 등을 이용한다.

① 석회밀폐 건조보존법
② 만수보존법
③ 질소가스 봉입보존법
④ 가열건조법

**해설** (1) 석회밀폐 건조보존법
- 보일러 내·외부를 깨끗이 정비하고 외부에서 습기가 스며들지 않게 조치한 다음 노내에 장작불 등을 피워 충분히 건조시킨 후 생석회나 실리카겔 등을 보일러 내에 삽입한다.
- 건조제의 양은 보일러 내용적 $1 m^3$당 $0.25 kg$, 실리카겔이나 염화칼슘 또는 활성알루미나의 경우에는 1~1.3 $kg/m^3$의 비율로 적당한 그릇에 담아 분산 배치한다. 이때 추가로 목탄을 넣고 태우면 더 효과가 좋으며 이후에 맨홀 등을 덮어서 밀폐시킨다. 그리고 2주 후에 건조제의 상태를 확인하고 건조제가 풍화되었을 때 교환을 해주며 3~6개월마다 정기적으로 점검을 실시한다.
- (2) 질소가스 봉입법 : 질소가스를 보일러 내에 주입하여 압력을 $0.6 kg/cm^2$로 유지

하여야 하므로 효과에 비해 압력유지 등이 어려워 현재는 잘 사용하지 않고 있다.
- (3) 만수보존법 : 보일러 내에 물을 만수시킨 후에 소다 등의 약제를 투입하여 일정 이상의 농도를 유지시키는 방법으로 동절기에는 동파가 될 수가 있으므로 주의를 요한다.

## 88. 열관류율에 대한 설명으로 옳은 것은?

① 인위적인 장치를 설치하여 강제로 열이 이동되는 현상이다.
② 고온의 물체에서 방출되는 빛이나 열이 전자파의 형태로 저온의 물체에 도달되는 현상이다.
③ 고체의 벽을 통하여 고온 유체에서 저온의 유체로 열이 이동되는 현상이다.
④ 어떤 물질을 통하지 않는 열의 직접 이동을 말하며 정지된 공기층에 열 이동이 가장 적다.

**해설** 열의 이동
- 전도 : 고체 내부에서의 열의 이동
- 전달 : 유체와 고체 간의 열의 이동
- 통과 : 고체를 사이에 둔 유체 간의 열의 이동( = 전열계수, 열통과율)

## 89. 연소실의 체적을 결정할 때 고려사항으로 가장 거리가 먼 것은?

① 연소실의 열부하
② 연소실의 열발생률
③ 연소실의 연소량
④ 내화벽돌의 내압강도

**해설** 내화벽돌의 내압강도는 연소실의 강도를 결정하며 연소실 크기와는 다른 성질이다.

## 90. 다음 중 증기관의 크기를 결정할 때 고려해야 할 사항으로 가장 거리가 먼 것은?

① 가격      ② 열손실
③ 압력강하      ④ 증기온도

**해설** 증기관의 크기 결정 시 고려사항 : 증기 유량, 증기유속, 관내의 압력손실, 관내의 열량손실, 경제성

**91.** 다음 중 용해 경도 성분 제거 방법으로 적절하지 않은 것은?

① 침전법      ② 소다법
③ 석회법      ④ 이온법

**해설** 경도 성분 제거 : 경수연화장치를 설치하여 물탱크로 유입되는 물속에 용해되어 있는 경도 성분인 칼슘, 마그네슘을 제거하여 내부로 유입되지 못하게 하여야 한다. 석회법, 이온법, 소다법 등이 있다.

**92.** 육용 강제 보일러에서 오목면에 압력을 받는 스테이가 없는 접시형 경판으로 노통을 설치할 경우, 경판의 최소 두께(mm)를 구하는 식으로 옳은 것은? (단, $P$ : 최고사용압력 (kg/cm$^2$), $R$ : 접시 모양 경판의 중앙부에서의 내면 반지름(mm), $\sigma_a$ : 재료의 허용인장응력(kg/mm$^2$), $\eta$ : 경판 자체의 이음효율, $A$ : 부식여유(mm)이다.)

① $t = \dfrac{PR}{150\sigma_a\eta} + A$   ② $t = \dfrac{150PR}{(\sigma_a + \eta)A}$
③ $t = \dfrac{PR}{150\sigma_a\eta} + R$   ④ $t = \dfrac{AR}{\sigma_a\eta} + 150$

**해설** 경판의 두께는 최소 6 mm 이상으로 하여야 하며 스테이 부착은 8 mm 이상으로 하여야 한다. 또한, 부식여유는 1 mm 이상으로 한다.

**93.** 최고사용압력 1.5 MPa, 파형 형상에 따른 정수($C$)를 1100, 노통의 평균 안지름이 1100 mm일 때, 파형 노통 판의 최소 두께는 몇 mm인가?

① 12   ② 15   ③ 24   ④ 30

**해설** $t = \dfrac{10PD}{C} = \dfrac{10 \times 1.5 \times 1100}{1100} = 15$ mm

**94.** 다음 급수 펌프 종류 중 회전식 펌프는?

① 워싱턴 펌프      ② 피스톤 펌프
③ 플런저 펌프      ④ 터빈 펌프

**해설** 워싱턴 펌프, 피스톤 펌프, 플런저 펌프는 왕복 펌프에 해당하며 회전식(원심식) 펌프에는 터빈 펌프와 벌류트 펌프가 있다.

**95.** 노통연관 보일러의 노통의 바깥면과 이것에 가장 가까운 연관의 면 사이에는 몇 mm 이상의 틈새를 두어야 하는가?

① 10      ② 20
③ 30      ④ 50

**해설** 노통 연관 보일러의 노통 바깥면과 이에 가장 가까운 연관의 면과는 50 mm 이상의 틈새를 두어야 한다.

**96.** 최고사용압력이 3.0 MPa 초과 5.0 MPa 이하인 수관 보일러의 급수 수질기준에 해당하는 것은? (단, 25℃를 기준으로 한다.)

① pH : 7~9, 경도 : 0 mg CaCO$_3$/L
② pH : 7~9, 경도 : 1 mg CaCO$_3$/L 이하
③ pH : 8~9.5, 경도 : 0 mg CaCO$_3$/L
④ pH : 8~9.5, 경도 : 1 mg CaCO$_3$/L 이하

**해설** 수관 보일러의 급수 수질기준
- 최고사용압력이 3.0 MPa 이하
 pH : 8~9.5, 경도 : 0 mg CaCO$_3$/L,
 용존 산소 : 0.1 mg O/L 이하
- 최고사용압력이 3.0 MPa 초과 5.0 MPa 이하
 pH : 8~9.5, 경도 : 0 mg CaCO$_3$/L,
 용존 산소 : 0.03 mg O/L 이하

**97.** 입형 횡관 보일러의 안전저수위로 가장 적당한 것은?

① 하부에서 75 mm 지점
② 횡관 전길이의 1/3 높이
③ 화격자 하부에서 100 mm 지점
④ 화실 천장판에서 상부 75 mm 지점

**해설** 안전저수위

(1) 입형 횡관 보일러 : 화실 천장판에서 상부 75 mm 지점
(2) 직립형 연관 보일러 : 화실 관판 최고부 위 연관길이 1/3
(3) 횡연관식 보일러 : 최상단 연관 최고부 위 75 mm
(4) 노통 보일러 : 노통 최고부 위 100 mm
(5) 노통 연관식 보일러
　• 연관이 높을 경우 : 최상단 부위 75 mm
　• 노통이 높을 경우 : 노즐 최상단 100 mm

**98.** 해수 마그네시아 정전 반응을 바르게 나타낸 식은?

① $3MgO + 2SiO_2 \cdot 2H_2O + 3CO_2$
　$\rightarrow 3MgCO_2 + 25O_2 + 2H_2O$
② $CaCO_3 + MgCO_3 \rightarrow CaMg(CO_2)_2$
③ $CaMg(CO_2)_2 + MgCO_2$
　$\rightarrow 2MgCO_3 + CaCO_3$
④ $MgCO_3 + Ca(OH)_2 \rightarrow Mg(OH)_2 + CaCO_3$

**해설** 해수 마그네시아 : 해수 중에 함유된 마그네슘 성분을 원료로 하여 이것에 석회유를 가하여 수산화마그네슘을 침전시켜 세척, 여과, 소성하여 얻은 마그네시아
$MgCO_3 + Ca(OH)_2 \rightarrow Mg(OH)_2 + CaCO_3$

**99.** 보일러 사용 중 저수위 사고의 원인으로 가장 거리가 먼 것은?

① 급수펌프가 고장이 났을 때
② 급수내관이 스케일로 막혔을 때
③ 보일러의 부하가 너무 작을 때
④ 수위 검출기가 이상이 있을 때

**해설** 보일러 운전 중에 수위가 안전저수면보다 낮아진 경우 연소를 계속하면 전열면 등의 과열 상태가 심화되어 팽출이나 파열에 이르게 된다. 주로 급수펌프가 고장이 나거나 급수관이 스케일 등으로 막혔을 때 일어나는 현상이며 보일러 부하와는 무관하다.

**100.** 보일러의 연소가스에 의해 보일러 급수를 예열하는 장치는?

① 절탄기　　　② 과열기
③ 재열기　　　④ 복수기

**해설**　• 절탄기 : 연통으로 배출되는 연소가스의 열로 급수를 데워서 보일러에 공급하는 장치
　• 과열기 : 보일러에서 발생된 포화증기를 다시 가열하여 과열증기로 만들기 위해 연도 내에 설치
　• 재열기 : 고압 터빈에서 쓰인 증기를 다시 가열하는 장치
　• 복수기 : 배수기를 냉각수에 의하여 냉각시켜 복수시키는 장치

# 5회 CBT 실전문제

**1.** 기체연료가 다른 연료에 비하여 연소용 공기가 적게 소요되는 가장 큰 이유는?

① 확산연소가 되므로
② 인화가 용이하므로
③ 열전도도가 크므로
④ 착화온도가 낮으므로

**해설** 기체연료는 공기와 혼합하여 확산연소한다.

**2.** 액체연료의 유동점은 응고점보다 몇 ℃ 높은가?

① 1.5  ② 2.0  ③ 2.5  ④ 3.0

**해설** 유동점은 응고점보다 2.5℃ 정도 높고 예열온도는 인화점보다 5℃ 낮다.

**3.** 액화석유가스(LPG)의 성질에 대한 설명으로 틀린 것은?

① 인화폭발의 위험성이 크다.
② 상온, 대기압에서는 액체이다.
③ 가스의 비중은 공기보다 무겁다.
④ 기화잠열이 커서 냉각제로도 이용 가능하다.

**해설** 액화석유가스(LPG)는 프로판과 부탄이 주성분이며 각각의 비등점은 −42.1℃, −0.5℃로 상온, 대기압에서 기체 상태이다.

**4.** 기체연료의 연소속도에 대한 설명으로 틀린 것은?

① 연소속도는 가연한계 내에서 혼합기체의 농도에 영향을 크게 받는다.
② 연소속도는 메탄의 경우 당량비가 1.1 부근에서 최저가 된다.
③ 보통의 탄화수소와 공기의 혼합기체 연소속도는 약 40~50 cm/s 정도로 느린 편이다.
④ 혼합기체의 초기온도가 올라갈수록 연소속도도 빨라진다.

**해설** 당량비($\phi$)는 공기 과잉률의 역수로서 공기비를 기준으로 한 값이다.

• $\phi = \dfrac{\text{이론 공연비}}{\text{실제 공급 공연비}}$

• $\phi > 1.0$이면 연소 공정은 연료 부족 또는 산소 과잉 운전

• $\phi < 1.0$이면 공기 부족 또는 연료 과잉 공급

**5.** 최소 착화에너지(MIE)의 특징에 대한 설명으로 옳은 것은?

① 질소농도의 증가는 최소 착화에너지를 감소시킨다.
② 산소농도가 많아지면 최소 착화에너지는 증가한다.
③ 최소 착화에너지는 압력 증가에 따라 감소한다.
④ 일반적으로 분진의 최소 착화에너지는 가연성가스보다 작다.

**해설** 최소 착화에너지(MIE)
• 인화성 물질의 증기 또는 가연성가스를 연소범위 내에서 점화시키기에 필요한 최저 에너지를 최소 착화에너지(MIE : Minimum Ignition Energy)라 한다.
• 최소 착화에너지에 영향을 주는 인자는

**정답** 1. ①  2. ③  3. ②  4. ②  5. ③

**6.** 석탄가스에 대한 설명으로 틀린 것은?

① 주성분은 수소와 메탄이다.
② 저온 건류가스와 고온 건류가스로 분류된다.
③ 탄전에서 발생되는 가스이다.
④ 제철소의 코크스 제조 시 부산물로 생성되는 가스이다.

**해설** 석탄을 밀폐한 용기 속에서 고온으로 건류하여 얻는 가연성의 기체로 메탄·수소·일산화탄소 등을 얻으며 건류 온도에 따라 고온 건류가스, 저온 건류가스로 구분된다. 건류장치는 대부분 코크스로이다.

**7.** 연료 중에 회분이 많을 경우 연소에 미치는 영향으로 옳은 것은?

① 발열량이 증가한다.
② 연소상태가 고르게 된다.
③ 클링커의 발생으로 통풍을 방해한다.
④ 완전 연소되어 잔류물을 남기지 않는다.

**해설** 회는 재를 나타내며 클링커는 석탄재가 녹아 덩어리로 굳은 것으로 통풍을 방해한다.

**8.** 연소가스는 연돌에 200℃로 들어가서 30℃가 되어 대기로 방출된다. 배기가스가 일정한 속도를 가지려면 연돌 입구와 출구의 면적비를 어떻게 하여야 하는가?

① 1.56    ② 1.93
③ 2.24    ④ 3.02

**해설** 면적($F$) $= \dfrac{G(1+0.0037t)}{3600\,W}$

- $F_1 = \dfrac{G(1+0.0037\times 200)}{3600\,W} = \dfrac{1.74\times G}{3600\,W}$
- $F_2 = \dfrac{G(1+0.0037\times 30)}{3600\,W} = \dfrac{1.11\times G}{3600\,W}$

∴ 면적비 $= \dfrac{F_1}{F_2} = \dfrac{1.74}{1.11} = 1.567$

**9.** 배기가스와 외기의 평균온도가 220℃와 25℃이고, 0℃, 1기압에서 배기가스와 대기의 밀도는 각각 0.770 kg/m³와 1.186 kg/m³일 때 연돌의 높이는 약 몇 m인가? (단, 연돌의 통풍력 $Z = 52.85$ mmH$_2$O이다.)

① 60    ② 80
③ 100    ④ 120

**해설** 연돌의 통풍력($Z$)

$= 273H\left[\dfrac{\gamma_a}{273+t_a} - \dfrac{\gamma_b}{273+t_b}\right]$

$H = \dfrac{Z}{273\left[\dfrac{\gamma_a}{273+t_a} - \dfrac{\gamma_b}{273+t_b}\right]}$

$= \dfrac{52.85}{273\left[\dfrac{1.186}{273+25} - \dfrac{0.770}{273+220}\right]}$

$= 80.075$ m

**10.** 효율이 60 %인 보일러에서 12000 kJ/kg의 석탄을 150 kg을 연소시켰을 때의 열손실은 몇 MJ인가?

① 720    ② 1080
③ 1280    ④ 1440

**해설** 효율이 60 %이므로 열손실은 40 %가 된다.
∴ 열손실 열량
$= 12000$ kJ/kg$\times 150$ kg$\times 0.4$
$= 720000$ kJ $= 720$ MJ

**11.** 저위발열량이 7492.8 kJ/kg인 석탄을 연소시켜 55440 kg/h의 증기를 발생시키는 보일러의 효율은? (단, 석탄의 사용량은 25368 kg/h이고, 증기의 엔탈피는 3116.4 kJ/kg, 급수의 엔탈피는 96.6 kJ/kg이다.)

① 64 %  ② 74 %
③ 88 %  ④ 94 %

**해설** 보일러 효율
$$= \frac{55440 \, \text{kg/h} \times (3116.4 - 96.6) \text{kJ/kg}}{7492.8 \, \text{kJ/kg} \times 25368 \, \text{kg/h}}$$
$$= 0.880787 = 88.08 \%$$

**12.** 연소효율은 실제의 연소에 의한 열량을 완전 연소했을 때의 열량으로 나눈 것으로 정의할 때, 실제의 연소에 의한 열량을 계산하는 데 필요한 요소가 아닌 것은?

① 연소가스 유출 단면적
② 연소가스 밀도
③ 연소가스 열량
④ 연소가스 비열

**해설** 연소효율(%)
$$= \frac{\text{실제로 발생한 열량}}{\text{연료의 저발열량}} \times 100$$
실제로 발생한 열량
= 연소가스 밀도($\text{kg/m}^3$)×연소가스 단면적($\text{m}^2$)×연소가스 높이(m)×연소가스 비열($\text{kJ/kg} \cdot \text{℃}$)×온도차(℃)

**13.** 환열실의 전열면적($\text{m}^2$)과 전열량(kcal/h) 사이의 관계는? (단, 전열면적은 $F$, 전열량은 $Q$, 총괄전열계수는 $V$이며, $\Delta t_m$은 평균온도차이다.)

① $Q = \dfrac{F}{\Delta t_m}$

② $Q = F \times \Delta t_m$

③ $Q = F \times V \times \Delta t_m$

④ $Q = \dfrac{V}{F \times \Delta t_m}$

**해설** 열통과율 공식에 의하여
$$Q = V \times F \times \Delta t_m$$
여기서, $Q$ : 전열량(kW)
$V$ : 전열계수($\text{kW/m}^2 \cdot \text{℃}$)
$F$ : 전열면적($\text{m}^2$)
$\Delta t_m$ : 평균온도차(℃)

**14.** 백 필터(bag-filter)에 대한 설명으로 틀린 것은?

① 여과면의 가스 유속은 미세한 더스트일수록 적게 한다.
② 더스트 부하가 클수록 집진율은 커진다.
③ 여포재에 더스트 일차 부착층이 형성되면 집진율은 낮아진다.
④ 백의 밑에서 가스백 내부로 송입하여 집진한다.

**해설** 백 필터(bag-filter) : 글라스 섬유나 솜, 양모, 합성 섬유, 석면 등으로 미세한 자루 모양의 여재에 의해 분진 기류를 거르는 여과 집진장치로 여포재에 더스트 일차 부착층이 형성되면 집진율은 높아진다.

**15.** $C_2H_4$가 10 g 연소할 때 표준상태인 공기는 160 g 소모되었다. 이때 과잉공기량은 약 몇 g인가? (단, 공기 중 산소의 중량비는 23.2 %이다.)

① 12.22  ② 13.22
③ 14.22  ④ 15.22

**해설** 탄화수소 완전 연소 반응식에 의하여
$$C_2H_4 + 3O_2 \rightarrow 2CO_2 + 2H_2O$$
28 g : $\dfrac{3 \times 32 \text{g}}{0.232}$
10 g : $X$
$$X = \frac{10 \text{g} \times 3 \times 32 \text{g}}{0.232 \times 28 \text{g}} = 147.78 \text{g}$$

과잉공기량
= 실제공기량 − 이론공기량
= 160 g − 147.78 g = 12.22 g

**16.** 수소 4 kg을 과잉공기계수 1.4의 공기로 완전 연소시킬 때 발생하는 연소가스 중의 산소량은?

① 3.20 kg      ② 4.48 kg
③ 6.40 kg      ④ 12.8 kg

**해설** 수소 완전 연소 반응식

$$2H_2 \ + \ O_2 \ \longrightarrow \ 2H_2O$$
$$4 \text{ kg} \ : \ 32 \text{ kg} \ : \ 36 \text{ kg}$$

∴ 연소가스 중의 산소량
= (과잉공기계수 − 1) × 산소 질량
= (1.4 − 1) × 32 kg = 12.8 kg

**17.** 전압은 분압의 합과 같다는 법칙은?

① 아마겟의 법칙      ② 뤼삭의 법칙
③ 돌턴의 법칙      ④ 헨리의 법칙

**해설** 돌턴의 분압법칙
전압 = 분압 + 분압 + 분압 + …

**18.** $C_2H_6$ 1 $Nm^3$을 연소했을 때의 건연소가스량($Nm^3$)은? (단, 공기 중 산소의 부피비는 21 %이다.)

① 4.5      ② 15.2
③ 18.1      ④ 22.4

**해설** $C_2H_6 + 3.5O_2 \longrightarrow 2CO_2 + 3H_2O$
건연소가스량($G_{od}$) = $(1 − 0.21)A_o + CO_2$

$$= (1 − 0.21) \times \frac{3.5}{0.21} + 2 = 15.166 \text{ Nm}^3$$

**19.** 석탄을 완전 연소시키기 위하여 필요한 조건에 대한 설명 중 틀린 것은?

① 공기를 적당하게 보내 피연물과 잘 접촉시

킨다.
② 연료를 착화온도 이하로 유지한다.
③ 통풍력을 좋게 한다.
④ 공기를 예열한다.

**해설** 석탄을 완전 연소시키기 위하여 필요한 조건
- 연료를 인화점 가까이 예열하여 공급한다.
- 적당한 양의 공기를 공급하고 연소실 온도를 높게 유지하며 연료와 잘 혼합하도록 한다.
- 연소실은 통풍력이 양호하여야 하며 완전 연소에 필요한 체적을 유지하여야 한다.

**20.** 건조한 석탄층을 공기 중에 오래 방치할 때 일어나는 현상 중에서 틀린 것은?

① 공기 중 산소를 흡수하여 서서히 발열량이 감소한다.
② 점결탄의 경우 점결성이 감소한다.
③ 불순물이 증발하여 발열량이 증가한다.
④ 산소에 의하여 산화와 직사광선으로 열을 발생하여 자연발화할 수도 있다.

**해설** 건조한 석탄층을 공기 중에 장시간 방치하게 되면 풍화작용 등에 의하여 질이 저하되며 이로 인하여 발열량 감소현상이 일어나게 된다.

| 2과목 | 열역학 |
|---|---|

**21.** 온도 45℃인 금속 덩어리 40 g을 15℃인 물 100 g에 넣었을 때, 열평형이 이루어진 후 두 물질의 최종 온도는 몇 ℃인가? (단, 금속의 비열은 0.9 J/g · ℃, 물의 비열은 4 J/g · ℃이다.)

① 17.5      ② 19.5
③ 27.4      ④ 29.4

**해설** 금속과 물의 열평형이 이루어지면 금속의 온도는 내려가고 물의 온도는 올라가게 된다.

$40 \text{ g} \times 0.9 \text{ J/g} \cdot \text{℃} \times (45 - t)\text{℃}$
$= 100 \text{ g} \times 4 \text{ J/g} \cdot \text{℃} \times (t - 15)\text{℃}$
$t = 17.47\text{℃}$

**22.** 80℃의 물 100 kg과 50℃의 물 50 kg을 혼합한 물의 온도는 약 몇 ℃인가? (단, 물의 비열은 일정하다.)

① 70    ② 65    ③ 60    ④ 55

**해설** $\dfrac{80 \times 100 + 50 \times 50}{100 + 50} = 70\text{℃}$

**23.** 부피 500 L인 탱크 내에 건도 0.95의 수증기가 압력 1600 kPa로 들어 있다. 이 수증기의 질량은 약 몇 kg인가? (단, 이 압력에서 건포화증기의 비체적은 $V_g$ = 0.1237 m³/kg, 포화수의 비체적은 $V_f$ = 0.001 m³/kg이다.)

① 4.83        ② 4.55
③ 4.25        ④ 3.26

**해설** 수증기의 비체적(m³/kg)
$= 0.001 \text{ m}^3/\text{kg}$
$\quad + 0.95(0.1237 \text{ m}^3/\text{kg} - 0.001 \text{ m}^3/\text{kg})$
$= 0.117565 \text{ m}^3/\text{kg}$
수증기의 질량($G$)
$= \dfrac{0.5 \text{ m}^3}{0.117565 \text{ m}^3/\text{kg}} = 4.252 \text{ kg}$

**24.** 포화액의 온도를 유지하면서 압력을 높이면 어떤 상태가 되는가?

① 습증기        ② 압축(과냉)액
③ 과열증기      ④ 포화액

**해설** 포화액의 온도에서 압력을 높이면 과냉액이 되며 압력을 낮추면 습증기 상태가 된다($P-h$ 선도 참조).

**25.** 일정한 질량유량으로 수평하게 증기가 흐르는 노즐이 있다. 노즐 입구에서 엔탈피는 3205 kJ/kg이고, 증기 속도는 15 m/s이다. 노즐 출구에서의 증기 엔탈피가 2994 kJ/kg일 때 노즐 출구에서의 증기의 속도는 약 몇 m/s인가? (단, 정상상태로서 외부와의 열교환은 없다고 가정한다.)

① 500        ② 550
③ 600        ④ 650

**해설** $V = \sqrt{2(h_1 - h_2)}$
$= \sqrt{2(3205 - 2994) \times 1000} = 649.62 \text{ m/s}$

**26.** 비열비는 1.3이고 정압비열이 0.845 kJ/kg·K인 기체의 기체상수(kJ/kg·K)는 얼마인가?

① 0.195       ② 0.5
③ 0.845       ④ 1.345

**해설** $C_v = \dfrac{C_p}{k} = \dfrac{0.845 \text{ kJ/kg} \cdot \text{K}}{1.3}$
$\quad\quad = 0.65 \text{ kJ/kg} \cdot \text{K}$
$R = C_p - C_v$
$\quad = 0.845 \text{ kJ/kg} \cdot \text{K} - 0.65 \text{ kJ/kg} \cdot \text{K}$
$\quad = 0.195 \text{ kJ/kg} \cdot \text{K}$

**27.** 동일한 온도, 압력 포화수 1 kg과 포화증기 4 kg을 혼합하였을 때 이 증기의 건도는?

① 20 %        ② 25 %
③ 75 %        ④ 80 %

**해설** 건도는 습포화증기 중의 건포화증기의 중량비이다.

증기의 건도 $= \dfrac{4 \text{ kg}}{1 \text{ kg} + 4 \text{ kg}} = 0.8 = 80\%$

**28.** 어떤 연료의 1 kg의 발열량이 36000 kJ 이다. 이 열이 전부 일로 바뀌고 1시간마다

30 kg의 연료가 소비된다고 하면 발생하는 동력은 약 몇 kW인가?

① 4  ② 10
③ 300  ④ 1200

**해설** $H_{kW} = 36000 \text{ kJ/kg} \times 30 \text{kg/h}$
$= 1080000 \text{ kJ/h} = 300 \text{ kJ/s} = 300 \text{ kW}$

## 29.
피스톤과 실린더로 구성된 밀폐된 용기 내에 일정한 질량의 이상기체가 차 있다. 초기상태의 압력은 2 atm, 체적은 0.5 m³이다. 이 시스템의 온도가 일정하게 유지되면서 팽창하여 압력이 1 atm이 되었다. 이 과정 동안에 시스템이 한 일은 몇 kJ인가?

① 64  ② 70  ③ 79  ④ 83

**해설** 온도가 일정(등온과정)하므로
$$W = P_1 V_1 \ln \frac{V_2}{V_1} = P_1 V_1 \ln \frac{P_1}{P_2}$$
$(1 \text{ atm} = 101.325 \text{ kN/m}^2)$
$= 2 \times 101.325 \text{ kN/m}^2 \times 0.5 \text{ m}^3$
$\times \ln\left(\frac{2 \text{ atm}}{1 \text{ atm}}\right)$
$= 70.23 \text{ kN} \cdot \text{m} = 70.23 \text{ kJ}$

## 30.
다음 중 열역학 제1법칙에 대한 설명으로 틀린 것은?

① 열은 에너지의 한 형태이다.
② 일을 열로 또는 열을 일로 변환할 때 그 에너지 총량은 변하지 않고 일정하다.
③ 제1종의 영구기관을 만드는 것은 불가능하다.
④ 제1종의 영구기관은 공급된 열에너지를 모두 일로 전환하는 가상적인 기관이다.

**해설** 제1종 영구기관 : 외부로부터 에너지 공급이 전혀 없는 환경에서 에너지를 생산해 내는 기관으로 에너지 보존 법칙에 위배되며, 실제로 제작이 불가능하다.

## 31.
임의의 과정에 대한 가역성과 비가역성을 논의하는 데 적용되는 법칙은?

① 열역학 제0법칙
② 열역학 제1법칙
③ 열역학 제2법칙
④ 열역학 제3법칙

**해설** 엔트로피의 변화는 항상 증가하거나 일정하며 절대로 감소하지 않는다. 엔트로피의 법칙은 열역학 제2법칙에 해당된다.
• 비가역 : 엔트로피 변화의 총합이 증가
• 가역 : 엔트로피 변화의 총합이 "0"

## 32.
물 1 kg이 50℃의 포화액 상태로부터 동일 압력에서 건포화증기로 증발할 때까지 2280 kJ을 흡수하였다. 이때 엔트로피의 증가는 몇 kJ/K인가?

① 7.06  ② 15.3
③ 22.3  ④ 47.6

**해설** $\Delta S = \frac{\Delta Q}{T} = \frac{2280 \text{ kJ}}{323 \text{ K}} = 7.058 \text{ kJ/K}$

## 33.
30℃에서 150 L의 이상기체를 20 L로 가역 단열압축시킬 때 온도가 230℃로 상승하였다. 이 기체의 정적 비열은 약 몇 kJ/kg · K인가? (단, 기체상수는 0.287 kJ/kg · K이다.)

① 0.17  ② 0.24
③ 1.14  ④ 1.47

**해설** 가역 단열압축이므로
$$\frac{T_2}{T_1} = \left(\frac{V_1}{V_2}\right)^{k-1} \text{에서} \frac{503}{303} = \left(\frac{150}{20}\right)^{k-1}$$
$1.66 = 7.5^{k-1}$
$\ln 1.66 = (k-1)\ln 7.5$
$k - 1 = \frac{\ln 1.66}{\ln 7.5} = 0.2515$
$C_v = \frac{R}{k-1} = \frac{0.287 \text{ kJ/kg} \cdot \text{K}}{0.2515}$
$= 1.14 \text{ kJ/kg} \cdot \text{K}$

**34.** 이상적인 카르노(Carnot) 사이클의 구성에 대한 설명으로 옳은 것은?

① 2개의 등온과정과 2개의 단열과정으로 구성된 가역 사이클이다.

② 2개의 등온과정과 2개의 정압과정으로 구성된 가역 사이클이다.

③ 2개의 등온과정과 2개의 단열과정으로 구성된 비가역 사이클이다.

④ 2개의 등온과정과 2개의 정압과정으로 구정된 비가역 사이클이다.

**해설** 카르노 사이클은 등온팽창, 단열팽창, 등온압축, 단열압축을 거치는 이상적인 가역 사이클이며 2개의 단열과정과 2개의 등온과정으로 구성된다.

**35.** 온도 250℃, 질량 50 kg인 금속을 20℃의 물속에 놓았다. 최종 평형 상태에서의 온도가 30℃이면 물의 양은 약 몇 kg인가? (단, 열손실은 없으며, 금속의 비열은 0.5 kJ/kg · K, 물의 비열은 4.18 kJ/kg · K이다.)

① 108.3  ② 131.6
③ 167.7  ④ 182.3

**해설** 금속과 물의 온도가 같아졌으므로

$50 \text{ kg} \times 0.5 \text{ kJ/kg} \cdot \text{K} \times (250-30)℃$
$= A[\text{kg}] \times 4.18 \text{ kJ/kg} \cdot \text{K} \times (30-20)℃$
$A = 131.578 \text{ kg}$

**36.** 물을 20℃에서 50℃까지 가열하는 데 사용된 열의 대부분은 무엇으로 변환되었는가?

① 물의 내부에너지
② 물의 운동에너지
③ 물의 유동에너지
④ 물의 위치에너지

**해설** 물을 20℃에서 50℃까지 가열하는 것은 현열 변화이며 이는 내부에너지의 축적에 해당된다.

**37.** 다음 그림은 Rankine 사이클의 $h-s$ 선도이다. 등엔트로피 팽창과정을 나타내는 것은?

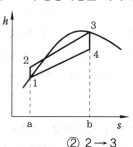

① 1→2  ② 2→3
③ 3→4  ④ 4→1

**해설** ① : 단열압축
② : 등압가열
③ : 단열팽창
④ : 등압방열

**38.** 랭킨 사이클에 과열기를 설치할 경우 과열기의 영향으로 발생하는 현상에 대한 설명으로 틀린 것은?

① 열이 공급되는 평균 온도가 상승한다.
② 열효율이 증가한다.
③ 터빈 출구의 건도가 높아진다.
④ 펌프일이 증가한다.

**해설** 보일러에서 열을 가하여 물을 수증기로 변환시키고 과열기는 이 수증기에 열을 가하면 고온의 수증기로 온도를 높여 효율을 증대시키므로 펌프의 일량을 감소시킨다.

**39.** 랭킨 사이클로 작동되는 발전소의 효율을 높이려고 할 때 초압(터빈 입구의 압력)과 배압(복수기 압력)은 어떻게 하여야 하는가?

① 초압과 배압 모두 올림
② 초압을 올리고 배압을 낮춤
③ 초압은 낮추고 배압을 올림
④ 초압과 배압 모두 낮춤

**해설** 랭킨 사이클의 효율을 높이는 방법

**정답** 34. ① 35. ② 36. ① 37. ③ 38. ④ 39. ②

• 터빈 입구 압력과 온도(초압, 초온)를 높인다.
• 복수기 출구 압력과 온도(배압, 배온)를 낮추어야 한다.

**40.** 다음 중 증발열이 커서 중형 및 대형의 산업용 냉동기에 사용하기에 가장 적정한 냉매는?

① 프레온-12  　　② 탄산가스
③ 아황산가스  　　④ 암모니아

**해설** 냉매 사용
• R-12 : 가정용 냉장고
• R-22 : 에어컨
• 암모니아 : 중·대형 제빙, 냉동형 창고

---

**3과목**　　　　　　**계측방법**

**41.** 공기 중에 있는 수증기 양과 그때의 온도에서 공기 중에 최대로 포함할 수 있는 수증기의 양을 백분율로 나타낸 것은?

① 절대습도  　　② 상대습도
③ 포화증기압  　　④ 혼합비

**해설** 상대습도와 절대습도
• 상대습도 : 수증기의 분압을 포화수증기압으로 나눈 값
• 절대습도 : 공기 1 kg이 가질 수 있는 수증기량

**42.** 다음 중 수분 흡수법에 의해 습도를 측정할 때 흡수제로 사용하기에 가장 적절하지 않은 것은?

① 오산화인  　　② 피크린산
③ 실리카겔  　　④ 황산

**해설** 피크린산은 페놀에 황산을 작용시키고

다시 진한 질산으로 나이트로화하여 만드는 노란색 결정이며 주로 폭약으로 쓰인다.
• 흡착제 : 실리카겔, 알루미나겔, 몰레큘러시브, 소바비이트 등
• 흡수제 : 염화칼슘, 염화나트륨, 오산화인, 황산 등

**43.** 다음 중 유도단위 대상에 속하지 않는 것은 어느 것인가?

① 비열  　　② 압력
③ 습도  　　④ 열량

**해설** 유도단위는 기본단위에서 유도된 물리량을 나타내는 단위이며 힘을 나타내는 뉴턴, 압력을 나타내는 파스칼, 면적을 나타내는 제곱미터, 부피를 나타내는 세제곱미터 등이 있다. 습도는 특수단위이다.

**44.** 다음 중 그림과 같은 조작량 변화 동작은?

① PI 동작  　　② ON-OFF 동작
③ PID 동작  　　④ PD 동작

**해설** 비례적분미분(PID) 동작은 적분 동작으로 잔류편차를 제거하고 미분 동작으로 안정화를 취한 복합 동작으로 응답시간이 빠르고 진동이 제거된다.

**45.** 기준압력과 주 피드백 신호와의 차에 의해서 일정한 신호를 조작요소에 보내는 제어장치는?

① 조절기  　　② 전송기
③ 조작기  　　④ 계측기

**해설** 조절기는 검출부에서 나온 신호를 받아

---

**정답**　40. ④　41. ②　42. ②　43. ③　44. ③　45. ①

목표값과 비교 조절하여 조작부로 조작신호를 보내는 장치이며 조작기는 사람을 대신하여 작업을 수행하는 인공장치이다.

**46.** 제어 시스템에서 응답이 계단변화가 도입된 후에 얻게 될 최종적인 값을 얼마나 초과하게 되는지를 나타내는 척도는?

① 오프셋　　　　② 쇠퇴비
③ 오버슈트　　　④ 응답시간

해설 오버슈트는 제어계의 특성을 나타내는 양으로, 단위 계단형 입력에 대하여 제어량이 목표값을 초과한 후 최초로 취하는 과도 편차의 극치이다.

**47.** 탄성 압력계에 속하지 않는 것은?

① 부자식 압력계　　② 다이어프램 압력계
③ 벨로스식 압력계　④ 부르동관 압력계

해설 탄성식 압력계는 유체의 압력과 탄성체의 탄성변형에 의한 응력의 균형을 이용하는 압력계로 액주식 압력계보다 큰 압력을 측정할 수 있기 때문에 공업용으로 널리 사용되고 있다. 부르동관, 다이어프램, 벨로스 압력계가 해당되며 부자식(float)은 액면계 종류에 해당된다.

**48.** 다음 중 U자관 압력계에 대한 설명으로 틀린 것은?

① 측정 압력은 1~1000 kPa 정도이다.
② 주로 통풍력을 측정하는 데 사용된다.
③ 측정의 정도는 모세관 현상의 영향을 받으므로 모세관 현상에 대한 보정이 필요하다.
④ 수은, 물, 기름 등을 넣어 한쪽 또는 양쪽 끝에 측정압력을 도입한다.

해설 U자관 압력계는 마노미터(manometer)라고도 하며 압력 측정에 사용되는 관으로, U자 부에 물·수은을 넣어 수압·수은주압

등으로 차압을 측정한다. 압력 측정범위는 10~2500 mmH$_2$O(0.1~24.52 kPa)이다.

**49.** 다음 중 구조상 먼지 등을 함유한 액체나 점도가 높은 액체에 적합하여 주로 연소가스의 통풍계로 사용되는 압력계는?

① 다이어프램식　　② 벨로스식
③ 링밸런스식　　　④ 분동식

해설 다이어프램식 압력계는 금속 등으로 만든 수압체에 생기는 변형을 기계적으로 확대해서 압력을 측정하는 것으로 응답속도가 빠르나 온도의 영향을 받으며 부식성 유체의 측정이 가능하다.
※ 다이어프램 격막 재료 : 인청동, 구리, 스테인리스, 특수고무, 천연고무, 테플론, 가죽 등

**50.** 다음 중 유량 측정의 원리와 유량계를 바르게 연결한 것은?

① 유체에 작용하는 힘 – 터빈 유량계
② 유속변화로 인한 압력차 – 용적식 유량계
③ 흐름에 의한 냉각효과 – 전자기 유량계
④ 파동의 전파 시간차 – 조리개 유량계

해설 유량계 종류
• 용적식 유량계 : 압력차가 일정하게 되도록 유로의 단면적을 변화시키는 유량계
• 전자기 유량계 : 패러데이의 전자유도의 법칙을 응용한 유량계로 자기장 가운데를 전도성 유체가 이동함에 따라 발생하는 전기를 이용하는 유량계
• 조리개 유량계 : 유로에 놓인 물체의 전후 압력 차이를 측정하는 유량계
• 터빈 유량계 : 터빈의 회전수와 체적유량의 비례 관계를 이용한 유량계

**51.** 공기압식 조절계에 대한 설명으로 틀린 것은?

① 신호로 사용되는 공기압은 약 0.2~1.0 kg/cm²이다.

② 관로저항으로 전송지연이 생길 수 있다.

③ 실용상 2000 m 이내에서는 전송지연이 없다.

④ 신호 공기압은 충분히 제습, 제진한 것이 요구된다.

**해설** 공기압식 조절계의 사용거리는 100 m 정도이다.

**52.** 내경 10 cm의 관에 물이 흐를 때 피토관에 의해 측정된 유속이 5 m/s이라면 유량은?

① 19 kg/s
② 29 kg/s
③ 39 kg/s
④ 49 kg/s

**해설** $Q = AV = \dfrac{\pi}{4} \times (0.1\,\mathrm{m})^2 \times 5\,\mathrm{m/s}$

$= 0.03926\,\mathrm{m^3/s}$

$0.03926\,\mathrm{m^3/s} \times 1000\,\mathrm{kg/m^3} = 39.26\,\mathrm{kg/s}$

(물의 비중량 $= 1\,\mathrm{kg/L} = 1000\,\mathrm{kg/m^3}$)

**53.** 다음 중 압력식 온도계를 이용하는 방법으로 가장 거리가 먼 것은?

① 고체 팽창식
② 액체 팽창식
③ 기체 팽창식
④ 증기 팽창식

**해설** 압력식 온도계는 액체·기체 등의 압력이 온도에 의해서 변하는 것을 이용한 온도계로 액체 팽창식, 증기 팽창식, 기체 팽창식 등이 있다.

**54.** 다음 열전대 보호관 재질 중 상용온도가 가장 높은 것은?

① 유리
② 자기
③ 구리
④ Ni-Cr 스테인리스

**해설** 열전대 보호관 재질의 상용온도

• 지르코니아 : 2100℃

• 자기관 : 1450℃

• 스테인리스관 : 850℃

• 황동관 : 400℃

**55.** 다음 그림은 열전대의 결선 방법과 냉접점을 나타낸 것이다. 냉접점을 표시하는 부분은?

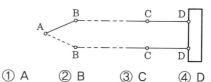

① A
② B
③ C
④ D

**해설** • A : 측온접점

• C : 냉접점(=기준접점)

**56.** 화씨(℉)와 섭씨(℃)의 눈금이 같게 되는 온도는 몇 ℃인가?

① 40
② 20
③ −20
④ −40

**해설** $℉ = \dfrac{9}{5}℃ + 32$, $℃ = \dfrac{5}{9}(℉ - 32)$

화씨(℉)와 섭씨(℃)의 눈금이 같게 되는 섭씨 온도를 $t_℃$ 라 하면

$t_℃ = \dfrac{5}{9}(t_℃ - 32)$

$4t_℃ = -160$

$\therefore t_℃ = -40$

**57.** 방사 고온계로 물체의 온도를 측정하니 1000℃였다. 전방사율이 0.7이면 진온도는 약 몇 ℃인가?

① 1119
② 1196
③ 1284
④ 1392

**해설** 전방사율$(\varepsilon) = \left[\dfrac{측정온도(T_2)}{진온도(T_1)}\right]^4$

$0.7 = \left(\dfrac{1273\,\mathrm{K}}{T_1}\right)^4$

$\therefore T_1 = 1391.73\,\mathrm{K} = 1118.73℃$

**정답** 52. ③  53. ①  54. ②  55. ③  56. ④  57. ①

**58.** 다음 중 액체의 온도 팽창을 이용한 온도계는?

① 저항 온도계     ② 색온도계

③ 유리제 온도계     ④ 광학 온도계

해설 유리제 온도계는 액체의 온도 팽창을 응용한 온도계로 수은 온도계, 알코올 온도계, 베크만 온도계가 해당된다.

**59.** 복사 온도계에서 전 복사에너지는 절대온도의 몇 승에 비례하는가?

① 2     ② 3     ③ 4     ④ 5

해설 스테판-볼츠만의 법칙 : 복사열은 절대온도의 4제곱에 비례한다는 법칙

**60.** 다음 중 가스분석 측정법이 아닌 것은?

① 오르자트법

② 적외선 흡수법

③ 플로노즐법

④ 가스 크로마토그래피법

해설 플로노즐법은 차압식 유량계에서 사용하는 측정법이다.

**4과목**     **열설비재료 및 관계법규**

**61.** 가스로 중 주로 내열강재의 용기를 내부에서 가열하고 그 용기 속에 열처리품을 장입하여 간접 가열하는 로를 무엇이라고 하는가?

① 레토르트로     ② 오븐로

③ 머플로     ④ 라디언트튜브로

해설 • 머플로 : 가열하고자 하는 물체에 직접 화염이 닿지 않도록 열실과 연소실 사이에 격벽을 설치한 것으로 전도 및 복사에 의하여 물체를 간접적으로 가열하는

구조이며 물체 표면의 오염 방지 및 균일한 가열을 할 수 있으나 가열 효율은 나쁘다.

• 레토르트로 : 증류기를 응용하여 고체를 간접적으로 가열하는 장치

• 오븐로 : 가마, 화덕 등의 총칭

**62.** 터널가마에서 샌드 실(sand seal) 장치가 마련되어 있는 주된 이유는?

① 내화벽돌 조각이 아래로 떨어지는 것을 막기 위하여

② 열 절연의 역할을 하기 위하여

③ 찬바람이 가마 내로 들어가지 않도록 하기 위하여

④ 요차를 잘 움직이게 하기 위하여

해설 샌드 실(sand seal)은 이음매 부분이나 활동 부분에서의 절연을 위해 누설을 막는 밀봉장치이다.

**63.** 중요 소성을 하는 평로에서 축열실의 역할로 가장 옳은 것은?

① 제품을 가열한다.

② 급수를 예열한다.

③ 연소용 공기를 예열한다.

④ 포화증기를 가열하여 과열증기로 만든다.

해설 축열실은 고온의 연소 폐가스의 현열을 이용해서 연소용 공기 혹은 공기와 연료가스를 예열하여 열 교환을 하게 하는 장치로 연료의 절약, 노 안의 고온 취득, 노의 능력 증대 등에 도움이 된다.

**64.** 내화물의 구비조건으로 틀린 것은?

① 내마모성이 클 것

② 화학적으로 침식되지 않을 것

③ 온도의 급격한 변화에 의해 파손이 적을 것

---

정답   58. ③   59. ③   60. ③   61. ③   62. ②   63. ③   64. ④

④ 상온 및 사용온도에서 압축강도가 적을 것

**해설** 내화물의 구비조건
- 내화도가 클 것
- 융점 및 연화점이 클 것
- 기계적 강도가 높고 체적변화가 적고 급격한 온도 변화에 견딜 수 있을 것
- 화학적으로 침식되지 않을 것

**65.** 다음 보온재 중 최고안전사용온도가 가장 높은 것은?

① 석면     ② 펄라이트
③ 폼 글라스     ④ 탄화마그네슘

**해설** 보온재의 최고안전사용온도
- 탄화코르크 : 130℃
- 폴리스티렌 발포제 : 120~130℃
- 폼 글라스 : 300℃
- 세라믹 파이버 : 1300℃
- 펄라이트 : 650℃
- 폴리우레탄 폼 : 80℃
- 규조토 : 500℃
- 규산칼슘 : 650℃

**66.** 다음 중 내화 모르타르의 분류에 속하지 않는 것은?

① 열경성     ② 화경성
③ 기경성     ④ 수경성

**해설** 내화 모르타르는 열경성, 기경성, 수경성으로 구분되며 열경성은 시공 후 가열에 의해 강도를 나타내고, 기경성은 상온에서 뛰어난 강도를 가지며 수경성은 물과 혼합된 상태에서 수화 경화하는 성질이다.

**67.** 고압 배관용 탄소 강관(KS D 3564)의 호칭지름의 기준이 되는 것은?

① 배관의 안지름
② 배관의 바깥지름

③ 배관의 $\dfrac{안지름 + 바깥지름}{2}$

④ 배관나사의 바깥지름

**해설** 고압 배관용 탄소 강관은 350℃ 정도 이하에서 사용 압력이 높은 배관에 사용하는 탄소 강관으로 바깥지름을 호칭지름으로 한다.

**68.** 고압 증기의 옥외배관에 가장 적당한 신축 이음 방법은?

① 오프셋형     ② 벨로스형
③ 루프형     ④ 슬리브형

**해설** 루프이음은 고온, 고압용에 사용하며 U형 벤드와 원형 벤드가 있다.

**69.** 매끈한 원관 속을 흐르는 유체의 레이놀즈수가 1800일 때의 관마찰계수는?

① 0.013     ② 0.015
③ 0.036     ④ 0.053

**해설** $Re = \dfrac{64}{f(관마찰계수)}$

$f = \dfrac{64}{Re} = \dfrac{64}{1800} = 0.03555$

**70.** 다이어프램 밸브(diaphragm valve)에 대한 설명으로 틀린 것은?

① 화학약품을 차단함으로써 금속부분의 부식을 방지한다.
② 기밀을 유지하기 위한 패킹을 필요로 하지 않는다.
③ 저항이 적어 유체의 흐름이 원활하다.
④ 유체가 일정 이상의 압력이 되면 작동하여 유체를 분출시킨다.

**해설** 다이어프램 밸브 : 둑(weir)과 다이어프램이 밀착하게 되면 유체가 폐쇄되고 두 부분이 떨어지면서 유체가 통과되며 유체통

로에서의 저항도 작으므로 각종 가스류, 침식성의 산·알칼리류 물질을 포함하고 있는 유체 또는 압력손실을 줄이려는 배관 등에서 사용한다.

※ ④항은 안전밸브의 설명에 해당된다.

**71.** 볼밸브의 특징에 대한 설명으로 틀린 것은?

① 유로가 배관과 같은 형상으로 유체의 저항이 작다.

② 밸브의 개폐가 쉽고 조작이 간편하여 자동조작 밸브로 활용된다.

③ 이음쇠 구조가 없기 때문에 설치공간이 작아도 되며 보수가 쉽다.

④ 밸브대가 90° 회전하므로 패킹과의 원주방향 움직임이 크기 때문에 기밀성이 약하다.

**해설** 볼밸브는 밸브 디스크가 공 모양이고 콕과 유사한 90도 회전 밸브로서 매우 양호한 기밀 유지 특성을 갖고 있다.

**72.** 일반적으로 압력 배관용에 사용되는 강관의 온도 범위는?

① 800℃ 이하　② 750℃ 이하
③ 550℃ 이하　④ 350℃ 이하

**해설** 일반적으로 압력 배관용에 사용되는 강관의 온도 범위는 350℃ 이하이며 압력 배관용 탄소 강관(SPPS)의 사용 압력 범위는 1~10 MPa이다.

**73.** 에너지이용 합리화법령상 검사의 종류가 아닌 것은?

① 설계검사　　② 제조검사
③ 계속사용검사　④ 개조검사

**해설** 에너지이용 합리화법령상 검사의 종류 : 설치검사, 개조검사, 계속사용검사, 변경검사, 재사용검사, 설치장소 변경검사, 제조검사

**74.** 신재생에너지법령상 신·재생에너지 중 의무공급량이 지정되어 있는 에너지 종류는?

① 해양에너지　　② 지열에너지
③ 태양에너지　　④ 바이오에너지

**해설** 신·재생에너지 : 기존의 화석연료를 변환시켜 이용하거나 햇빛·물·지열·강수·생물유기체 등을 포함하는 재생 가능한 에너지를 변환시켜 이용하는 에너지

• 신에너지 : 연료전지, 수소, 석탄액화·가스화 및 중질잔사유 가스화
• 재생에너지 : 태양광, 태양열, 바이오, 풍력, 수력, 해양, 폐기물, 지열
※ 의무공급량이 지정되어 있는 에너지는 태양에너지이다.

**75.** 다음 중 에너지이용 합리화법령상 에너지이용 합리화 기본계획에 포함될 사항이 아닌 것은?

① 열사용기자재의 안전관리
② 에너지절약형 경제구조로의 전환
③ 에너지이용 합리화를 위한 기술개발
④ 한국에너지공단의 운영 계획

**해설** 에너지이용 합리화 기본계획에 포함될 사항

• 에너지절약형 경제구조로의 전환
• 에너지이용효율의 증대
• 에너지이용합리화를 위한 기술개발
• 열사용기자재의 안전관리
• 에너지원간 대체
• 에너지의 합리적인 이용을 통한 온실가스의 배출을 줄이기 위한 대책

**76.** 다음 중 에너지이용 합리화법령에 따른 검사대상기기에 해당하는 것은?

① 정격용량이 0.5 MW인 철금속가열로
② 가스사용량이 20 kg/h인 소형 온수보일러
③ 최고사용압력이 0.1 MPa이고, 전열면적이 4 m²인 강철제 보일러

④ 최고사용압력이 0.1 MPa이고, 동체 안지름이 300 mm이며, 길이가 500 mm인 강철제 보일러

**해설** 검사대상기기

(1) 정격용량이 0.58 MW를 초과하는 철금속가열로

(2) 가스를 사용하는 것으로서 가스사용량이 17 kg/h를 초과하는 소형 온수보일러

(3) 강철제 보일러, 주철제 보일러
  • 최고사용압력이 0.1 MPa 이하이고, 동체의 안지름이 300 mm 이하이며, 길이가 600 mm 이하인 것
  • 최고사용압력이 0.1 MPa 이하이고, 전열면적이 5 $m^2$ 이하인 것
  • 2종 관류보일러
  • 온수를 발생시키는 보일러로서 대기개방형인 것

**77.** 에너지이용 합리화법에서 에너지의 절약을 위해 정한 "자발적 협약"의 평가 기준이 아닌 것은?

① 계획대비 달성률 및 투자실적

② 자원 및 에너지의 재활용 노력

③ 에너지 절약을 위한 연구개발 및 보급촉진

④ 에너지 절감량 또는 에너지의 합리적인 이용을 통한 온실가스배출 감축량

**해설** "자발적 협약"의 평가 기준
  • 에너지 절감량 또는 에너지의 합리적인 이용을 통한 온실가스배출 감축량
  • 자원 및 에너지의 재활용 노력
  • 계획대비 달성률 및 투자실적
  • 그 밖에 에너지 절감 또는 에너지의 합리적인 이용을 통한 온실가스배출 감축에 관한 사항

**78.** 에너지이용 합리화법령상 검사대상기기 검사 중 용접검사 면제 대상 기준이 아닌 것은?

① 압력용기 중 동체의 두께가 8 mm 미만인 것으로서 최고사용압력(MPa)과 내부 부피($m^3$)를 곱한 수치가 0.02 이하인 것

② 강철제 또는 주철제 보일러이며, 온수보일러 중 전열면적이 18 $m^2$ 이하이고, 최고사용 압력이 0.35 MPa 이하인 것

③ 강철제 보일러 중 전열면적이 5 $m^2$ 이하이고, 최고사용압력이 0.35 MPa 이하인 것

④ 압력용기 중 전열교환식인 것으로서 최고사용압력이 0.35 MPa 이하이고, 동체의 안지름이 600 mm 이하인 것

**해설** 용접검사 면제 대상범위
  • 강철제 보일러 중 전열면적이 5 $m^2$ 이하이고, 최고사용압력이 0.35 MPa 이하인 것
  • 주철제 보일러
  • 1종 관류보일러
  • 온수보일러 중 전열면적이 18 $m^2$ 이하이고, 최고사용압력이 0.35 MPa 이하인 것
  • 용접이음이 없는 강관을 동체로 한 헤더
  • 압력용기 중 동체의 두께가 6 mm 미만인 것으로서 최고사용압력(MPa)과 내부 부피($m^3$)를 곱한 수치가 0.02 이하(난방용의 경우에는 0.05 이하)인 것
  • 전열교환식인 것으로서 최고사용압력이 0.35 MPa 이하이고, 동체의 안지름이 600 mm 이하인 것

**79.** 에너지이용 합리화법에 따라 냉난방온도의 제한 대상 건물에 해당하는 것은?

① 연간 에너지사용량이 5백 티오이 이상인 건물

② 연간 에너지사용량이 1천 티오이 이상인 건물

③ 연간 에너지사용량이 1천 5백 티오이 이상인 건물

④ 연간 에너지사용량이 2천 티오이 이상인 건물

**해설** 냉난방온도의 제한 대상 건물 : 에너지다

소비업자의 에너지사용시설 중 연간 에너지사용량이 2천 티오이 이상인 건물

**80.** 에너지이용 합리화법에 따라 검사대상기기의 설치자가 사용 중인 검사대상기기를 폐기한 경우에는 폐기한 날부터 최대 며칠 이내에 검사대상기기 폐기신고서를 한국에너지공단이사장에게 제출하여야 하는가?

① 7일      ② 10일
③ 15일      ④ 200일

**해설** 검사대상기기의 설치자가 사용 중인 검사대상기기를 폐기한 경우에는 폐기한 날부터 15일 이내에 검사대상기기 폐기신고서를 한국에너지공단이사장에게 제출하여야 한다.

---

**5과목**      **열설비설계**

**81.** 노통 보일러의 수면계 최저 수위 부착 기준으로 옳은 것은?

① 노통 최고부 위 50 mm
② 노통 최고부 위 100 mm
③ 연관의 최고부 위 10 mm
④ 연소실 천정관 최고부 위 연관길이의 1/3

**해설** 노통 보일러의 수면계 최저 수위 부착 기준은 노통 최고부 위 100 mm이다.

**82.** NaOH 8 g을 200 L의 수용액에 녹이면 pH는?

① 9      ② 10
③ 11      ④ 12

**해설** NaOH 분자량 : 40 g/mol

$$\frac{8 \text{ g}}{40 \text{ g/mol}} = 0.2 \text{ mol}$$

$$\frac{0.2 \text{ mol}}{200 \text{ L}} = 1 \times 10^{-3} \text{ M}$$

$$pOH = -\log[OH^-] = -\log 10^{-3}$$
$$= 3 \log 10 = 3$$

$$pH = 14 - pOH = 14 - 3 = 11$$

**83.** 노통 보일러에서 브리딩 스페이스란 무엇을 말하는가?

① 노통과 거싯 스테이와의 거리
② 관군과 거싯 스테이와의 거리
③ 동체와 노통 사이의 최소거리
④ 거싯 스테이 간의 거리

**해설** 노통 보일러에 거싯 스테이를 부착할 경우 경판과의 부착부 하단과 노통 상부 사이에는 완충폭이 있어야 한다. 이 완충폭을 브리딩 스페이스라 한다.

**84.** 입형 보일러의 특징에 대한 설명으로 틀린 것은?

① 설치 면적이 좁다.
② 전열면적이 작고 효율이 낮다.
③ 증발량이 적으며 습증기가 발생한다.
④ 증기실이 커서 내부 청소 및 검사가 쉽다.

**해설** 입형은 세워져 있는 형태이므로 증기실 및 연소실이 작아서 청소 및 검사가 어렵다.

**85.** 보일러 성능시험 시 측정을 매 몇 분마다 실시하여야 하는가?

① 5분      ② 10분
③ 15분      ④ 20분

**해설** 보일러 성능시험 시 보일러 운전은 2시간 이상이며 계측기기 측정은 10분마다 한다.

**86.** 코니시 보일러의 노통을 한쪽으로 편심 부착시키는 주된 목적은?

---

**정답** 80. ③    81. ②    82. ③    83. ①    84. ④    85. ②    86. ④

① 강도상 유리하므로
② 전열면적을 크게 하기 위하여
③ 내부청소를 간편하게 하기 위하여
④ 보일러 물의 순환을 좋게 하기 위하여

**해설** 코니시 보일러는 노통을 편심으로 설치하여 보일러수의 순환이 잘 되도록 한다.

**87.** 수관식 보일러에서 핀패널식 튜브가 한쪽 면에 방사열, 다른 면에는 접촉열을 받을 경우 열전달계수를 얼마로 하여 전열면적을 계산하는가?

① 0.4
② 0.5
③ 0.7
④ 1.0

**해설** 수관식 보일러 핀패널식 열전달계수
• 방사열 – 방사열 → 1.0
• 방사열 – 접촉열 → 0.7
• 접촉열 – 접촉열 → 0.4

**88.** 다음 중 보일러 설치·시공기준상 보일러를 옥내에 설치하는 경우에 대한 설명으로 틀린 것은?

① 불연성 물질의 격벽으로 구분된 장소에 설치한다.
② 보일러 동체 최상부로부터 천장, 배관 등 보일러 상부에 있는 구조물까지의 거리는 0.3 m 이상으로 한다.
③ 연도의 외측으로부터 0.3 m 이내에 있는 가연성 물체에 대하여는 금속 이외의 불연성 재료로 피복한다.
④ 연료를 저장할 때에는 소형 보일러의 경우 보일러 외측으로부터 1 m 이상 거리를 두거나 반격벽으로 할 수 있다.

**해설** 보일러 동체 최상부로부터 천장, 배관 등 보일러 상부에 있는 구조물까지의 거리는 1.2 m 이상으로 한다(단, 소형 보일러의 경우에는 0.6 m 이상으로 한다).

**89.** 다음 중 열교환기의 성능이 저하되는 요인은?

① 온도차의 증가
② 유체의 느린 유속
③ 향류 방향의 유체 흐름
④ 높은 열전율의 재료 사용

**해설** 유속이 너무 빠른 경우에는 부식속도가 증가하고 너무 느린 경우에는 열교환이 원활하게 이루어지지 않으므로 일반적으로 수속은 1 m/s 정도가 가장 이상적이다.

**90.** 동일 조건에서 열교환기의 온도효율이 높은 순서대로 나열한 것은?

① 향류 > 직교류 > 병류
② 병류 > 직교류 > 향류
③ 직교류 > 향류 > 병류
④ 직교류 > 병류 > 향류

**해설** 열교환기
• 향류 : 외기와 배기가 서로 역류하면서 열교환이 이루어지며, 전열이 가장 양호하다.
• 직교류 : 환기의 열을 외부로부터의 급기로 옮겨 실내로 되돌아오게 하는 열교환기로 70 % 정도 효율을 얻을 수 있다.
• 병류 : 외기와 배기가 같은 방향으로 흐르는 것으로 열교환이 가장 나쁘다.

**91.** 플래시 탱크의 역할로 옳은 것은?

① 저압의 증기를 고압의 응축수로 만든다.
② 고압의 응축수를 저압의 증기로 만든다.
③ 고압의 증기를 저압의 응축수로 만든다.
④ 저압의 응축수를 고압의 증기로 만든다.

**해설** 플래시 탱크는 고압 증기의 드레인을 모아 감압하여 저압의 증기, 즉 재증발 증기를 발생시키는 탱크로 고압의 응축수를 저압의 증기로 만든다.

**92.** 다음 중 바이메탈 트랩에 대한 설명으로 옳은 것은?

① 배기능력이 탁월하다.

② 과열증기에도 사용할 수 있다.

③ 개폐온도의 차가 적다.

④ 밸브 폐색의 우려가 있다.

**해설** 바이메탈 트랩은 바이메탈의 증기(고온)와 드레인(저온)의 온도 변화에 의한 팽창 수축을 이용하여 밸브를 개폐함으로써 드레인을 배출한다.

※ 바이메탈 : 팽창계수가 다른 두 금속(니켈+구리)의 굴곡작용을 이용하는 것

**93.** 유량 2200 kg/h인 80℃의 벤젠을 40℃까지 냉각시키고자 한다. 냉각수 온도를 입구 30℃, 출구 45℃로 하여 대향류 열교환기 형식의 이중관식 냉각기를 설계할 때 적당한 관의 길이(m)는? (단, 벤젠의 평균비열은 1884 J/kg · ℃, 관 내경은 0.0427 m, 총괄전열계수는 600 W/m$^2$ · ℃이다.)

① 8.7      ② 18.7

③ 28.6     ④ 38.7

**해설** $\Delta_1 = 80 - 45 = 35$℃

$\Delta_2 = 40 - 30 = 10$℃

대수 평균 온도차(MTD)

$= \dfrac{\Delta_1 - \Delta_2}{\ln\dfrac{\Delta_1}{\Delta_2}} = \dfrac{35 - 10}{\ln\dfrac{35}{10}} = 19.955$℃

$600 \,\text{W/m}^2 \cdot ℃ \times \pi \times 0.0427 \,\text{m} \times L \times 19.955$℃

$= 2200 \,\text{kg/h} \times 1884 \,\text{J/kg} \cdot ℃$

$\times (80 - 40)℃ \times \dfrac{1\,\text{h}}{3600\,\text{s}}$

$L = 28.67 \,\text{m}$

**94.** 점식(pitting) 부식에 대한 설명으로 옳은 것은?

① 연료 내의 유황성분이 연소할 때 발생하는 부식이다.

② 연료 중에 함유된 바나듐에 의해서 발생하는 부식이다.

③ 산소농도차에 의한 전기 화학적으로 발생하는 부식이다.

④ 급수 중에 함유된 암모니아가스에 의해 발생하는 부식이다.

**해설** 점식(pitting) : 보일러 판이나 수관 내면에 용존 산소에 의한 부식으로 홈이 생기고 보일러용 철강재의 표면 성분이 불균일하거나 거친 경우 발생하며 상당히 빠르게 진행된다.

**95.** 용접봉 피복제의 역할이 아닌 것은?

① 용융금속의 정련작용을 하며 탈산제 역할을 한다.

② 용융금속의 급랭을 촉진시킨다.

③ 용융금속에 필요한 원소를 보충해 준다.

④ 피복제의 강도를 증가시킨다.

**해설** 용접봉 피복제의 역할

• 피복제의 강도 증가

• 슬래그 형성으로 용착금속의 급랭 방지

• 용융금속의 탈산작용으로 용착금속의 기계적 성질 향상

**96.** 유량 7 m$^3$/s의 주철제 도수관의 지름 (mm)은? (단, 평균유속(V)은 3 m/s이다.)

① 680      ② 1312

③ 1723     ④ 2163

**해설** 도수관 : 수원지에서 취수하여 정수장으로 보내는 관

$Q = AV = \dfrac{\pi}{4} d^2 V$

$d = \sqrt{\dfrac{4Q}{\pi V}} = \sqrt{\dfrac{4 \times 7 \,\text{m}^3/\text{s}}{\pi \times 3 \,\text{m/s}}}$

$= 1.72362 \,\text{m} = 1723.62 \,\text{mm}$

**정답** 92. ①   93. ③   94. ③   95. ②   96. ③

**97.** 보일러 급수 중에 함유되어 있는 칼슘(Ca) 및 마그네슘(Mg)의 농도를 나타내는 척도는?

① 탁도
② 경도
③ BOD
④ pH

**해설** 경도는 물의 세기 정도를 나타내는 것으로 주로 물에 녹아 있는 칼슘(Ca)과 마그네슘(Mg) 이온에 의해서 유발된다.

**98.** 보일러수의 분출 목적이 아닌 것은?

① 프라이밍 및 포밍을 촉진한다.
② 물의 순환을 촉진한다.
③ 가성취화를 방지한다.
④ 관수의 pH를 조절한다.

**해설** 보일러수의 분출 목적은 프라이밍 및 포밍을 방지하기 위함이다.

**99.** 유속을 일정하게 하고 관의 직경을 2배로 증가시켰을 경우 유량은 어떻게 변하는가?

① 2배로 증가
② 4배로 증가
③ 6배로 증가
④ 8배로 증가

**해설** 유속이 일정할 때 유량은 관의 직경의 제곱에 비례한다.

$$Q = \frac{\pi}{4} d^2 V$$

**100.** 물을 사용하는 설비에서 부식을 초래하는 인자로 가장 거리가 먼 것은?

① 용존 산소
② 용존 탄산가스
③ pH
④ 실리카

**해설** 용존 산소, 용존 탄산가스, pH 등은 산 또는 알칼리를 생성하여 배관 및 설비를 부식시키는 요소가 되며 실리카는 경질 스케일 생성의 원인이 된다.

# 에너지관리기사 필기
# 과년도 출제문제

2025년 3월 10일  인쇄
2025년 3월 15일  발행

저자 : 마용화
펴낸이 : 이정일

펴낸곳 : 도서출판 **일진사**
www.iljinsa.com

(우) 04317 서울시 용산구 효창원로 64길 6
대표전화 : 704-1616, 팩스 : 715-3536
이메일 : webmaster@iljinsa.com
등록번호 : 제1979-000009호(1979.4.2)

## 값 25,000원

ISBN : 978-89-429-2000-6